"十二五"国家重点图书出版规划项目

中国科学技术大学 精品 教材

量子力学基础

Liangzi Lixue Jichu

朱栋培　编著

中国科学技术大学出版社

内 容 简 介

本书介绍了量子力学的基础知识,突出物质世界的运动规律,突出实验和观察,突出物理,突出物理的实用威力,力求使学生掌握自然的面貌和物理的方法而不是一堆数学公式,在每一主题的讲解中帮助学生领会图像、理解概念、熟练推理,从而逐步让学生学会在处理问题时构建图像、提炼概念、利用合适的推理工具演绎,最终又返回物理,落实在科学和技术的应用上.

本书内容包括:量子力学的诞生与发展、状态和薛定谔方程、力学量和表象、带电粒子在电磁场中的运动、近似方法、全同粒子、量子散射,并附有习题参考答案. 为了方便读者使用,还添加了物理常量、元素周期表、常用积分和级数公式、常用函数和方程作为附录,并且对全书进行了名词索引.

本书适合高等院校相关专业本科生和准备考研深造的学生使用.

图书在版编目(CIP)数据

量子力学基础/朱栋培编著. —合肥:中国科学技术大学出版社,2012.8(2016.7 重印)

(中国科学技术大学精品教材)

"十二五"国家重点图书出版规划项目

ISBN 978-7-312-03042-0

Ⅰ. 量… Ⅱ. 朱… Ⅲ. 量子力学 Ⅳ. O413.1

中国版本图书馆 CIP 数据核字(2012)第 164795 号

中国科学技术大学出版社出版发行

安徽省合肥市金寨路 96 号,230026

http://press.ustc.edu.cn

安徽省瑞隆印务有限公司印刷

全国新华书店经销

开本:710 mm×960 mm　1/16　印张:30.5　插页:2　字数:581 千

2012 年 8 月第 1 版　2016 年 7 月第 2 次印刷

印数:3001—6000 册

定价:55.00 元

总　　序

　　2008 年,为庆祝中国科学技术大学建校五十周年,反映建校以来的办学理念和特色,集中展示教材建设的成果,学校决定组织编写出版代表中国科学技术大学教学水平的精品教材系列.在各方的共同努力下,共组织选题 281 种,经过多轮、严格的评审,最后确定 50 种入选精品教材系列.

　　五十周年校庆精品教材系列于 2008 年 9 月纪念建校五十周年之际陆续出版,共出书 50 种,在学生、教师、校友以及高校同行中引起了很好的反响,并整体进入国家新闻出版总署的"十一五"国家重点图书出版规划.为继续鼓励教师积极开展教学研究与教学建设,结合自己的教学与科研积累编写高水平的教材,学校决定,将精品教材出版作为常规工作,以《中国科学技术大学精品教材》系列的形式长期出版,并设立专项基金给予支持.国家新闻出版总署也将该精品教材系列继续列入"十二五"国家重点图书出版规划.

　　1958 年学校成立之时,教员大部分来自中国科学院的各个研究所.作为各个研究所的科研人员,他们到学校后保持了教学的同时又作研究的传统.同时,根据"全院办校,所系结合"的原则,科学院各个研究所在科研第一线工作的杰出科学家也参与学校的教学,为本科生授课,将最新的科研成果融入到教学中.虽然现在外界环境和内在条件都发生了很大变化,但学校以教学为主、教学与科研相结合的方针没有变.正因为坚持了科学与技术相结合、理论与实践相结合、教学与科研相结合的方针,并形成了优良的传统,才培养出了一批又一批高质量的人才.

　　学校非常重视基础课和专业基础课教学的传统,也是她特别成功的原因之一.当今社会,科技发展突飞猛进、科技成果日新月异,没有扎实的基础知识,很难在科学技术研究中作出重大贡献.建校之初,华罗庚、吴有训、严济慈等老一辈科学家、教育家就身体力行,亲自为本科生讲授基础课.他们以渊博的学识、精湛的讲课艺术、高尚的师德,带出一批又一批杰出的年轻教员,培养了一届又一届优秀学生.入选精品教材系列的绝大部分是基础课或专业基础课的教材,其作者大多直接或间接受到过这些老一辈科学家、教育家的教诲和影响,因此在教材中也贯穿着这些先辈的教育教学理念与科学探索精神.

改革开放之初,学校最先选派青年骨干教师赴西方国家交流、学习,他们在带回先进科学技术的同时,也把西方先进的教育理念、教学方法、教学内容等带回到中国科学技术大学,并以极大的热情进行教学实践,使"科学与技术相结合、理论与实践相结合、教学与科研相结合"的方针得到进一步深化,取得了非常好的效果,培养的学生得到全社会的认可.这些教学改革影响深远,直到今天仍然受到学生的欢迎,并辐射到其他高校.在入选的精品教材中,这种理念与尝试也都有充分的体现.

中国科学技术大学自建校以来就形成的又一传统是根据学生的特点,用创新的精神编写教材.进入我校学习的都是基础扎实、学业优秀、求知欲强、勇于探索和追求的学生,针对他们的具体情况编写教材,才能更加有利于培养他们的创新精神.教师们坚持教学与科研的结合,根据自己的科研体会,借鉴目前国外相关专业有关课程的经验,注意理论与实际应用的结合,基础知识与最新发展的结合,课堂教学与课外实践的结合,精心组织材料、认真编写教材,使学生在掌握扎实的理论基础的同时,了解最新的研究方法,掌握实际应用的技术.

入选的这些精品教材,既是教学一线教师长期教学积累的成果,也是学校教学传统的体现,反映了中国科学技术大学的教学理念、教学特色和教学改革成果.希望该精品教材系列的出版,能对我们继续探索科教紧密结合培养拔尖创新人才,进一步提高教育教学质量有所帮助,为高等教育事业作出我们的贡献.

中国科学院院士
第三世界科学院院士

前　　言

本书是作者几十年来在中国科学技术大学讲授量子力学的产物,对象是大学本科生和准备考研深造的学生.

量子力学是近代物理的基础.一百多年来,深广的研究和成功的应用证明它是比较成熟的学科.其内容非常丰富,并且还在不断向前发展,方兴未艾,前途未可限量.量子物理不光是科学技术工程,它的一些概念、术语等还渗透到社会的各个方面,成为现代文明的基本语言.

虽然内容很多,但最重要、最有效的是学好它的基础.基本概念、基本规律、基本技能,这些基本的门道要烂熟于心、娴熟于手,然后才能举一反三,善于拓延,得心应手.基础的东西就那么几条,在基本功上下笨工夫,这是学好任何学问的不二法门.

近代的离不开经典的.量子力学是在经典物理的基础上发展起来的,但并非简单地延伸,有飞跃,有"相变".要想学好它,思想观念上必须要有突破.要特别注意量子和经典的异同.从经典逻辑到量子逻辑这一跃变,掌握活的具体的辩证,是需要下特别工夫的.

如何才能学好"量子"? 我以为要努力三悟:

言悟.这是通过眼耳来接纳量子力学.现在教科书非常多,任何一本都可以作为打基础的向导.网上则更是信息繁多.但我更愿意专心听人讲.任何讲的人总有他自己的体会.听过后再去看,岂非事半功倍? 只有去听了,才会发现明师,而听明师一席话,胜读十年书.听人讲最好还是要记笔记,"好记性不如烂笔头",这是自己在做初步的加工,是进一步钻研的原材料.

思悟.外来的东西,只有经过自己的头脑,才能加工成自己智慧仓库里的武器,纳入自己的系统."学而不思则罔",必须对听来读来的材料深入思考和整理,弄清图像观念,前因后果,内涵外延,逻辑脉络,重点难点,边界关节,适用范围,理解、分析、综合、评价和推广,逐步使量子力学的基础了然于心,见微知著,得意欢喜,信受奉行.

行悟.物理学是实践的学问.学好"量子"必须动手操作实践,把理念转到行动,以检验,以精确,以熟练,以发展.学得好不好,用过就知道.没有经过实际检验的东西充满泡沫,是经不住考验的,正所谓"绝知此事要躬行".在大学里,这行动包括做习题和课题研究.做习题要精练,努力提高效率,一题多解,一解多题.

闻学思行,持续不停,循环往复,螺旋上升,逐步就能"有所发现,有所发明,有所创造,有所前进".虽然教了几十年,虽然感觉不断有所进步,但我自知对量子力学的了解还很肤浅.教学相长,教学过程中形式多样、强度各异的相互作用使我很享受.感谢师长、同事和学生,感谢他们穿越我生命的时空,留下那么多丰富生动的美好记忆!

朱栋培

2012 年 3 月于中国科学技术大学

目　　录

第 1 章　量子力学的诞生与发展

　　自然科学是人们认识自然、适应自然、改造自然的一种武器.随着人类实践范围的不断深入和扩大,自然科学的理论也必然向前发展.20 世纪前后,人类实践的足迹踏进了微观(10^{-10} m)领域,旧的经典物理不再能完全适用了,在生产和实验技术的推动下,产生了量子力学.

　　量子力学建立以后,长期的实践证明它是较好地总结了微观低速(远比光速小)物质世界运动规律的一门科学,获得了广泛的应用.到现在,根据量子力学规律而发展出的大量技术甚至进入了我们每个人的日常生活.

　　基于量子力学的成功,人们把它运用到其他认识领域,从而建立了原子物理、原子核理论、量子化学、量子统计、固体理论、量子电子学、超导超流理论等理论学科.量子力学向高速方面的发展,建立了量子电动力学、量子场论等,以进一步认识下一层次物质运动的规律.所以,量子力学本身已成为一门基础科学.

　　和其他任何一门自然科学一样,量子力学也是由于生产技术发展的需要而产生的.20 世纪以前,人们的生产实践基本上限制在宏观低速的范围,这是在日常生活中可以看到、听到、感觉到的运动,是人们最先在经典力学、热力学统计物理、电动力学等所谓经典物理中描述的运动.经典物理学在宏观低速范围内是很成功的理论,举凡声、光、电、热等现象,都可得到符合实际的说明,因而获得了广泛的应用,促进了技术和生产的发展,促进了社会经济的繁荣.理论和实践暂时得到较好的统一.这种情况在一些人的头脑中产生了假象:似乎对物质世界的认识已经到顶,在继续探索物质运动的规律方面,后代人已经无事可做了.这当然是过早自满的看法.实际上,早在经典物理和实践一致的背后萌发了新的矛盾.随着生产水平的提高,新技术的应用,人们实践的范围也开始深入到物质的微观领域,发现了许多新现象,如原子光谱、光电效应、黑体辐射、固体比热等.这些现象没法用经典物理来说明,它们暴露了经典概念的局限和破绽,孕育了对传统物理观念的革命.打破旧传统的束缚,建立辩证的新概念来说明这些新现象,这是量子力学产生的前奏. 在这些新观念的基础上, 进一步寻找新领域内物质运动的规律, 建立符合实际的新理论, 这就导致了量子力学的产生.

量子力学的核心观念是物质的波粒二象性. 以波粒二象性的发现为开头唱响了前奏, 接着较好地描述了物质的波粒二象性而完成动力学理论的架构. 量子力学在各方面的成功应用坚定了人们的信心, 而波粒二象性的奥秘引导着量子物理研究的继续兴旺发展.

1.1 光的波粒二象性

1.1.1 黑体辐射与能量子

物体受热会发出电磁波(光), 称为**热辐射**. 物体既能发射热辐射, 也能吸收落在它上面的热辐射. 一个物体如果能全部吸收射到它表面的电磁波, 则称为**黑体**. 一个只开一小孔的空腔就可以近似看做一个黑体. 在它具有一定温度时, 腔内就充满了**黑体辐射**; 腔壁小孔的辐射具有黑体辐射的性质.

研究热辐射, 首先就归结为研究一定温度的黑体腔内电磁场的性质. 第一个量自然就是**辐射的能量密度** u, 即单位体积的热辐射强度. 但这显然还不够. 同一温度下, 物体发出的光有各种颜色, 即有不同频率的电磁波. 各种颜色的光的比例还随温度的不同而不同. 设在一定温度下, 频率在 ν 到 $\nu + \mathrm{d}\nu$ 之间的单位体积热辐射强度为 $\rho\mathrm{d}\nu$, 则称 ρ 为**黑体辐射的谱密度**. 早在 1859 年, 基尔霍夫(G. Kirchhoff)就证明, ρ 只与黑体温度和频率有关. 显然辐射能量密度与谱密度之间有关系:

$$u = \int \rho \mathrm{d}\nu \tag{1.1.1}$$

由于在实验上长度测量比较容易, 我们可以定义一个以波长为变量的谱密度 E: 在一定温度下波长在 λ 到 $\lambda + \mathrm{d}\lambda$ 之间的黑体辐射能量密度为 $E\mathrm{d}\lambda$, 则显然有

$$u = \int E \mathrm{d}\lambda \tag{1.1.2}$$

对于电磁波, 波长与频率之间有关系: $\nu\lambda = c$ (c 是光速), 于是可得两种不同变量的谱密度之间的关系为

$$\rho = \frac{c}{\nu^2} E \big|_{\lambda = c/\nu} \tag{1.1.3}$$

实验上可以测量一定温度下黑体辐射的谱密度 E(或 ρ). 对某个温度 T, 测量谱密度与波长的关系, 其数据图形见图 1.1.1. 对一定温度而言, 谱密度曲线是单峰的. 1879 年, 斯特藩(J. Stefan)提出, 黑体表面的发射功率 P 与其温度 T 的关系为四次方定律:

$$P = \sigma T^4 \tag{1.1.4}$$

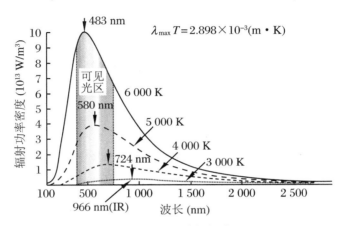

图 1.1.1　黑体辐射谱

$\sigma = 5.671\, 0^{-12}\ \text{W}/(\text{cm}^2 \cdot \text{K}^4)$, 叫斯特藩常量, 式(1.1.4)称斯特藩定律. 而维恩(W. Wien)则证明波长分布中峰值对应的波长 $\lambda_{\max}$(称为最可几波长)与其温度成反比:

$$\lambda_{\max} T = 0.289\,(\text{cm} \cdot \text{K}) \tag{1.1.5}$$

此式被称为维恩位移律.

许多物理学家试图用经典热力学和统计力学理论来解释此现象. 其中比较好的有德国的维恩, 他根据热力学原理以及位移律, 假设辐射按波长分布类似于麦克斯韦(C. Maxwell)的分子速率分布, 得到黑体辐射谱具有如下的函数形式:

$$E = \frac{C_1}{\lambda^5} \mathrm{e}^{-\frac{c_2}{\lambda T}} \tag{1.1.6}$$

式中两个常量 C_1, C_2 可由实验值确定, 称为维恩公式. 维恩公式基本上给出了黑体辐射谱密度曲线的形状, 和实验符合较好, 只是在长波(高温)处有较大偏差.

1900 年 10 月, 一直从事热力学和热辐射研究工作的德国科学家普朗克(M. Planck), 从实验数据出发, 提出一个唯象的内插公式:

$$\rho \mathrm{d}\nu = \frac{C_1}{c^3} \frac{1}{\mathrm{e}^{C_2 \nu/T} - 1} \nu^3 \mathrm{d}\nu \tag{1.1.7}$$

调节两个参量 C_1, C_2, 此公式可以很好地拟合实验曲线.

普朗克并没有停留在形式的满足上, 他希望上面的式子能立足在某种理性基础上. 1900 年 12 月, 他突破传统物理观念的束缚, 提出了**能量子假说**. 他认为物质与辐射场的能量交换是以所谓"能包"的形式, 一份一份地进行的. 每份的大小为 ε_0, 称为一个**能量量子**(energy quanta). 由于这种量子化的交换方式, 不论是物质体系还是辐射场, 其能量的变化都是不连续的, 允许的能量只能是能量子的整数倍, $E = n\varepsilon_0 (n = 0, 1, 2, \cdots)$. 根据玻耳兹曼分布, 可得电磁场的每一自由度的平均能量

$$\bar{E} = \frac{\sum n\varepsilon_0 \mathrm{e}^{-n\varepsilon_0/(kT)}}{\sum \mathrm{e}^{-n\varepsilon_0/(kT)}} = \frac{\varepsilon_0}{\mathrm{e}^{\varepsilon_0/(kT)} - 1} \tag{1.1.8}$$

由此得出谱密度公式:

$$\rho_\nu \mathrm{d}\nu = \frac{8\pi\nu^2}{c^3} \frac{\varepsilon_0}{\mathrm{e}^{\varepsilon_0/(kT)} - 1} \mathrm{d}\nu \tag{1.1.9}$$

低温近似下与维恩从热力学推出的公式(1.1.6)比较, 得到

$$\varepsilon_0 = h\nu \tag{1.1.10}$$

这样我们就有黑体辐射的**普朗克公式**:

$$\rho \mathrm{d}\nu = n\mathrm{d}\nu\bar{E} = \frac{8\pi h\nu^3}{c^3} \frac{1}{\mathrm{e}^{h\nu/(kT)} - 1} \mathrm{d}\nu \tag{1.1.11}$$

其中 h 是**普朗克常量**, 由实验定出 $h = 6.626\,069\,3(11) \times 10^{-34}\ \mathrm{J \cdot s}$.

普朗克能量量子化假设的提出, 标志着量子理论的诞生. 由于普朗克研究的是实物与辐射(电磁场)的能量平衡过程, 因此他在能量子假设中把频率与能量联系了起来, 这样把能量子与物质存在的另一形式——场建立了联系, 从而包含了对物质的波粒二象性认识的萌芽. 这个要领的最直接的应用就是克服了经典物理的另一个困难——光电效应.

1.1.2 光电效应与光量子

光电效应是光照在金属表面上, 金属发射出电子的现象. 金属中的电子从光那儿获得足够的能量而逸出金属, 称为**光电子**, 由光电子组成的电流叫**光电流**.

实验指出, 在光电效应中, 光电子的最大动能与光的强度无关, 只依赖于光的频率(图 1.1.2). 光的强度只决定光电子的多少. 光照上后, 很快就会出现光电流. 对确定的金属而言, 当光的频率低于某一确定值(临界频率)时, 再强的光也不能产生光电子.

这一情况不能用经典理论解释. 因为按照经典理论, 当一束光照到金属上时, 金属板中的电子就会在入射电磁波的作用下作受迫振荡, 获得能量. 当电子获得的能量超过了逸出功, 电子就可能从金属表面逸出. 预期发射电子的数目和速度应与入射电磁波的强度有关. 光越强则电磁波的振幅越大, 电子振荡幅度也越大, 越强烈, 因此就有更多的电子从金属中振出来, 且电子的速度也会更大, 因而光电子数目及它的初始动能应与光强有关

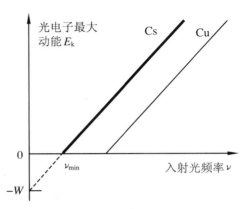

图 1.1.2　光电效应

而和频率无关, 不应存在什么临界频率. 如果光的频率越高, 则金属中一个电子逸出金属表面可能会快一些. 当光很弱时, 电子需要较长的时间来获得足够大的振动幅度才能脱离金属. 这些推论与实验相悖, 经典物理理论不能解释实验事实.

为了解释光电效应的特殊规律, 1905 年, 爱因斯坦 (A. Einstein) 发展了普朗克的能量子假说, 提出了光的量子理论. 他认为光束是 (光) 粒子雨, 粒子不可分裂, 但可整个地被吸收或发射, 光粒子的 (能量) 大小由光的颜色决定. 因此频率为 ν 的光束实际上是由一定数量的以光速运动的、能量为 $h\nu$ 的 "粒子" 组成的. 这种 "粒子" 在运动中不会分解, 只能整个地被金属的电子吸收或发射. 爱因斯坦称这种粒子为 **光量子** (light quantum), 每一个光量子的能量和辐射场的频率的关系是 $E = h\nu$. 当光量子投射到金属表面时, 与金属中的电子发生撞击, 有可能被电子吸收. 若电子获得的能量足以克服金属的 **逸出功** W 时, 电子就能作为光电子从金属中逸出, 并具有动能的最大值 E_k. 利用能量守恒, 对此过程可写下方程:

$$E_k = h\nu - W \tag{1.1.12}$$

这称为光电效应的 **爱因斯坦方程**. 此方程明白地表达了光电子最大动能与入射光频率的线性关系, 可以直截了当地说明前面的实验结果. 由于动能必须为正, 可得 **临界频率** 为

$$\nu_{\min} = W/h \tag{1.1.13}$$

这是测量普朗克常量的另一个方法.

公式 (1.1.12) 指出, 光电子的最大动能 (表现为实验中的 **截止电压** U) 与入射光频率的关系必定是一条直线, 它的斜率与阴极材料的性质无关. 美国人密立根 (R. Milikan) 的实验测得截止电压 U 与 ν 有线性关系, 其斜率为 h/e. 由于电子电

荷值 e 是已知的,所以可以由斜率来测定普朗克常量 h.密立根实验精确地验证了爱因斯坦方程式.当时他测得 $h = 6.58 \times 10^{-34}$ J·s,与用其他方法所测定的值符合得很好.

光量子如果是个真正的物理客体,那么除了能量外,它还应该具有动量.1916年爱因斯坦在研究辐射与物质的作用时,提出波长为 λ 的光量子具有相应的动量 $p = h/\lambda$.和前面的能量一起,对一个光子就有下面的关系:

$$\begin{cases} E = h\nu = \hbar\omega \\ p = nh/\lambda = \hbar k \\ E^2 = p^2 c^2 + m_\gamma^2 c^4 \\ m_\gamma = 0 \end{cases} \tag{1.1.14}$$

上式称为关于**光量子的爱因斯坦关系**,其中 $\hbar = h/(2\pi)$;k 称为波矢.最后一个式子表明,光量子是个静止质量为零的粒子.

光的量子理论得到了康普顿散射实验的进一步证实.人们很早就发现,X 射线被物质散射时,波长有所增加,但当时对此并未重视.1922~1923 年,美国人康普顿(A. Compton)从具有能量和动量的光量子理论出发,正确地解释了这一现象,并以精确的实验证实了其理论结果.

1926 年美国科学家罗伊斯(G. Lews)把光的量子叫做**光子**(photon),以更好地反映光的粒子特性.

光由光子组成,只有把光看成是由光子组成的才能理解光电效应和康普顿散射实验.但许多实验表明,光是波,怎样用光子的观点来理解反映光的波动特性的衍射和干涉等现象呢?

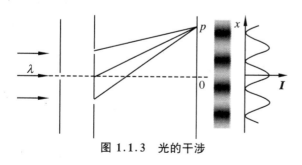

图 1.1.3 光的干涉

标准的干涉实验如图 1.1.3 所示.如果单色入射光的强度很大,我们在屏上一下子就得到一个干涉图像(条纹),即光的强度的分布.如果我们将光强调低,差不多每次只有一个光子入射,这时,我们一次只在屏上随机地看到一个亮点.时间长了,打入的光子多了,渐渐显现某种花样.足够长时间后,我们就见到了干涉条纹.这表明,我们每次接收到的是一整个光子,光子没有分裂(粒子性);光子多了,得到了干涉条纹,条纹表明这是个波动现象,反映了光子的波动性.

由于单色光的光子能量一样,干涉条纹显示的强度分布也就是光子个数的分布.如果把总强度或总光子数除去,那就是光子在各处出现概率的分布.

从电动力学知道,自由电磁场的单色平面波,在洛伦茨(L. V. Lorenz,丹麦)规范下,可用矢势 A 描写:

$$A(x,t) = a(k)\mathrm{e}^{\mathrm{i}(k\cdot x - \omega t)} \tag{1.1.15}$$

电场强度 E 为

$$E = -\frac{\partial A}{\partial t} = \mathrm{i}\omega a(k)\mathrm{e}^{\mathrm{i}(k\cdot x - \omega t)}$$

从光学知道,光的强度 I 是能流密度 S 的平均值,此处

$$S = \left|\sqrt{\frac{\varepsilon}{\mu}}E^2\right| = \sqrt{\frac{\varepsilon}{\mu}}\omega^2|a(k)|^2 \tag{1.1.16}$$

如果差一个倍数,令

$$a(k) = \sqrt{\frac{\hbar}{\omega}\sqrt{\frac{\mu}{\varepsilon}}}\,b(k) \tag{1.1.17}$$

那么有

$$I = S = \hbar\omega|b(k)|^2 \tag{1.1.18}$$

由于 $\hbar\omega$ 是一个光子的能量,所以,量 $|b|^2$ 代表光子的个数.可见,矢势 A 的振幅 a 的平方模 $|a|^2$,是正比于光子的个数的.如果 A 看做是描写单个光子的,那么它的平方模 $|A|^2$ 就是正比于光子在空间出现的概率.干涉条纹的出现正可以用这个概率分布来说明.

函数(1.1.15)描写了一个光波,它的圆频率为 ω,波长为 $2\pi/|k|$,传播速度为 $\omega/|k| = c$,传播方向为 $k/|k|$,其振幅大小为 $|a(k)|$,它反映波的能量或强度.如果我们通过光量子关系(1.1.14)再来看,那么它又是描写一群粒子的.每一个粒子有能量 $E = \hbar\omega$,动量 $p = \hbar k$,运动速度为 $c = |p|c^2/E$,粒子的数目正比于模方 $|a|^2 = |A|^2$.看来,函数(1.1.15)可以很合适地描写光的波粒二象性的统计结果,我们称式(1.1.15)为自由光子状态的**波函数**.

1.2 微粒的波粒二象性

前面我们讨论了光不仅具有波动性,还具有粒子性.那么,实物粒子(微粒),即

那些静止质量不为零的粒子,是否具有波的性质呢? 法国学者德布罗意(L. de Broglie)在 1923 年首先提出了这个问题.

波动性应由波动的量来反映.德布罗意假定,对机械能量为 E、动量为 p、静止质量为 m_0 的实物粒子,与一个频率为 ν、波长为 λ 的平面波对应.其中 ν,λ 与 E,p 通过以下德布罗意关系相联系:

$$\begin{cases} \nu = E/h \\ \lambda = h/p \\ E^2 = p^2 c^2 + m_0^2 c^4 \end{cases} \tag{1.2.1}$$

德布罗意称与物质粒子相联系的波为**物质波**(matter wave),后人也称它为**德布罗意波**.

由上面的**德布罗意关系式**可知,粒子动量增大时,波长 λ 减小;对有相同速度的粒子,静止质量 m_0 越大则波长越短.若以 E_k 表示粒子的动能,则相对论粒子的能量和动量为

$$E = E_k + m_0 c^2$$
$$c^2 p^2 = E^2 - m_0^2 c^4$$

由此得到相应物质波的波长为

$$\begin{aligned} \lambda &= \frac{hc}{\sqrt{E^2 - m_0^2 c^4}} = \frac{hc}{\sqrt{E_k(E_k + 2m_0 c^2)}} \\ &= \frac{h}{\sqrt{2m_0 E_k}} \cdot \frac{1}{\sqrt{1 + E_k/(2m_0 c^2)}} \end{aligned} \tag{1.2.2}$$

当粒子速度 v 比光速 c 小许多时,即 $\beta = v/c \ll 1$,为非相对论情形,粒子的动能比静止能小很多,$E_k/(2m_0 c^2)$ 是个小量,于是有关系式

$$\lambda \approx \frac{h}{\sqrt{2m_0 E_k}} = \frac{h}{m_0 v} \tag{1.2.3}$$

物理学上提出新概念是重要的一步,但更重要的是可否被证实(或证伪).德布罗意关于物质波的观点是否可以用实验来验证呢? 实物粒子的粒子性是由大量实验事实所揭示的.对于电子,正是由于确认了电子在空间的位置是可确定的,可用空间坐标来表示它的位置,运动时具有确定的轨迹,确定的能量、动量等,我们才认为电子是粒子.在汤姆孙实验中就是根据这些定出了电子的荷质比的.从光学中我们知道,光的波动性是由干涉、衍射等实验所揭示的.在光学实验中,只要光学仪器的有关线度,如障碍物、光栅的线度等,与光的波长可比拟或小于光的波长时,就能观察到波动形态所特有的干涉和衍射现象.那么,对于实物粒子,当物质波的波长

与障碍物或"孔"的线度可比拟时,是否也能显示出波动性呢? 对于那些从宏观上来说是很小的质点,例如,一个质量 m_0 是 10 μg 的粒子,它的速度为 $v = 1$ cm/s时,由式(1.2.1)可计算出它相应的德布罗意波的波长 $\lambda \approx 6 \times 10^{-24}$ m.这样的波长太短了,在宏观物理中不可能观察到它的波动性.因此为观察物质波的存在,必须要使粒子的波长可与仪器的某些几何参数相比拟.具体地说,就是要找出一种可以用来观察它的衍射现象的"光栅".

由公式可知,如想要得到大的波长,应该选择质量小的实物粒子.在各类实物粒子中,电子的质量最小($m_e = 9.1 \times 10^{-31}$ kg $= 0.511$ MeV/c^2).当它低速运动时,相应的波长较长.由式(1.2.1)计算可知,动能为 150 eV 的电子的德布罗意波长与晶体中原子之间的距离(~ 0.1 nm)恰好相近,从而可以用晶体作为"光栅".

1927 年,美国的戴维孙(C. J. Davisson)和革末(L. H. Germer)合作完成了镍晶体的电子衍射实验,对电子的德布罗意波给出了明确的实验验证.

1927 年,英国人 G·汤姆孙(G. P. Thomson)用一窄束阴极射线(能量在20～60 keV)打在金属薄箔(厚度在 10^{-6} cm 量级)上,在薄箔后面垂直于入射电子束方向放置照相胶片接收散射电子,显影后底片上得到了德拜-谢勒衍射环(Debye-Scherrer rings).根据 X 射线衍射的数据可以知道金属的晶格结构,由此计算的电子波长和由电子动量计算的德布罗意波长的误差在 1% 以内.为了进一步确认衍射图是由电子引起的,实验在电子通过薄箔后再经过一个均匀磁场,发现在经过磁场后电子只是有了偏转,但仍能保持衍射图案,因而确定这不是 X 射线衍射而是**电子衍射**.

物质波,在经典物理中是不可能解释的现象,而这却是量子物理的核心.物理学家通过各种实验来检验和证实.19 世纪初,杨氏双缝实验证实了光的波动性.1909 年泰勒(G. I. Taylor)用很弱的光源(相当于在 1 mi* 外的一支蜡烛)观测到干涉条纹.戴维孙和汤姆孙的实验都是电子打在晶体上引起的干涉,并没有完成电子的双缝实验.1961 年第一个电子双缝实验成功,类似于杨氏实验.1989 年用非常弱的电子源(每次只可能有一个电子通过棱镜,两个电子同时穿过的概率极低)和电子双棱镜,经过 20 min 的数据积累后,观测到条纹图案.图 1.2.1 给出了实验的示意图(a)和经过不同时间数据积累的图形(b),(c),(d),类似于对光波的泰勒实验.

粒子的波动性不仅在电子的实验中得到证实,而且中子、氦原子和氢分子,其

---

*: 英里,1 mi = 1.609 344 km.

至大到像 C_{60} 和 C_{70} 这样的大分子的波动性都得到验证. 1993 年克罗米（M. F. Corrie）等人用扫描电子显微镜技术,把铜(111)表面上的铁原子排列成半径为 7.13 nm 的圆环形量子围栏,并观测到了围栏内的同心圆柱状驻波,直接证实了物质波的存在. 1999 年昂特(M. Arndt)等人将从约 1 000 K 的高温炉中升华出来的 C_{60} 分子束经过两条准直狭缝,然后射向一个吸收光栅,观测到 C_{60} 分子束的衍射现象. 这是迄今为止在实验上观测到波动性的质量最重、结构最复杂的粒子. 原子和分子的实验意义更深刻,它们和电子不同,都是由电子和其他一些粒子组成的复合体系. 原子和分子也具有波动性充分表明了物质普遍具有波动性.

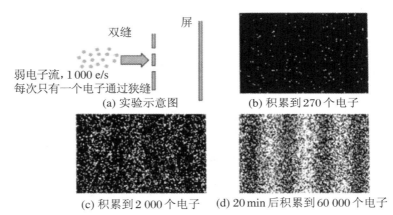

(a) 实验示意图

(b) 积累到 270 个电子

(c) 积累到 2 000 个电子

(d) 20 min 后积累到 60 000 个电子

图 1.2.1 电子双缝实验

实物粒子的波动性已在科学实验和技术中得到了广泛应用,例如电子显微镜,低能中子散射技术等.

前面我们曾经用概率波描写了光子的波粒二象性. 对粒子完全可以同样地做. 一个自由粒子,动量能量是不变的,从德布罗意关系知道,它有固定的波长和频率,因此是个单色平面波. 这样,自由粒子的概率波可记为

$$\Phi(x,t) = A e^{i(k \cdot x - \omega t)} \tag{1.2.4}$$

因为我们对粒子习惯性使用的是动量、能量的语言,根据德布罗意关系,式(1.2.4)可记为

$$\Phi(x,t) = A e^{i(p \cdot x - Et)/\hbar} \tag{1.2.5}$$

和用平面波(1.1.15)描述自由光子的情形一样,函数(1.2.4)也很好地描述了一个能量为 E,动量为 P 的自由粒子;同时根据德布罗意关系,它也很好地描述了相应的德布罗意波. 时刻 t 在空间 x 处的粒子数密度或概率密度比例于 $|\Phi|^2$. 函数 Φ

称为自由粒子的**波函数**.在光的情形,波函数有确切的物理意义,它和电场强度、磁感应强度等物理量联系着;它的模方则与光子数(概率)相联系.在粒子的情形,波函数的模方是与粒子数(概率)联系着的,但它还与什么物理量直接有关,却还并不清楚.

1.3　量子力学的发展

1896 年,汤姆孙(J. J. Thomson)发现了原子的一个成分——电子,并在 1904 年提出一个原子的布丁模型,认为电子点缀在正电荷糊中.1911 年卢瑟福(E. Rutherford)等在 α 粒子散射实验后确立了原子的**有核模型**,认为原子中心有个很小但重且荷正电的核,电子在外围运动.1913 年,玻尔(N. Bohr)根据原子光谱的实验数据总结,利用能量子、光量子等概念提出了氢原子的玻尔模型,主要强调了定态概念、角动量量子化、能级跃迁的思想,导出了氢原子的能级公式,从而解释了光谱线的规律.

1925 年,海森堡(W. Heisenberg)受玻尔对应原理的影响,提出任何物理理论中只应出现可以观测的物理量的思想.他继承了旧量子论中合理的内容(定态、量子跃迁、频率条件等),而又摈弃了玻尔理论中的轨道概念.海森堡、玻恩(M. Born)和若尔当(P. Jordan)共同建立了以力学量为核心概念、以矩阵为主要数学形式、以对易关系式为基本规律特征的**矩阵力学**.在矩阵力学中每一个物理量都是一个矩阵,它们的运算规则也与经典物理不同,两个量的乘积一般不满足交换律.矩阵力学成功地解决了谐振子、氢原子等量子系统的分立能级、光谱线频率、强度和选择定则等问题,引起物理学界普遍关注.但当时的大多数物理学家对海森堡的数学方法很陌生,接受矩阵力学是不大容易的.

物质粒子既然有波动性,为什么在过去实践中将其视为经典粒子而没出错呢?这是因为在经典物理范围内物质波的波长极短,其波动性显示不出来.1925 年爱因斯坦发表关于玻色凝聚的论文,文中提到了德布罗意物质波的假说,启发和引导了奥地利物理学家薛定谔(E. Schrödinger),他于 1926 年创立了量子力学的另一个版本——**波动力学**.对物质的波动性的深刻表达,是由薛定谔方程完成的.波动力学以概率幅为核心,以二阶线性微分方程的形式给出动力学规律,把分立能级的求解视为在一定边界条件下求解微分方程的本征值问题,成功地解释了许多微观现象.

后来,玻恩对波函数做了**统计诠释**,使得量子力学的思想更加清晰.1925 年,泡利(W. Pauli)引入了**不相容原理**;1928 年狄拉克(P. Dirac)建立了描写电子的相对论性方程,自然地引入了自旋;1935 年,数学家冯·诺依曼(von Neumann)证明了当时量子力学理论的自洽性;1942 年,费曼(R. Feynman)提出了量子力学的又一种形式——**路径积分**.至此,非相对论量子力学的体系架构基本完成.20 世纪下半叶,当非线性科学研究盛行时,也掀起了对量子混沌的研究;而当量子概念向经典信息论渗透时,由于隐含着的强大技术前景以及对量子基础奥秘的好奇,很快促进了量子信息学、量子计算、量子通信等方面研究的展开,到今天,量子调控正迅速成为世界热门研究领域之一.发展了一百多年的量子论又成了热门研究课题!

现在我们所讲的**非相对论量子力学**,是以电子干涉为基本实验、波粒二象性为基本图像、量子化为基本概念、波函数为基本表述形式、力学量为核心,薛定谔方程为基本规律,概率为基本特征、普朗克常量为其特征参数、复数为基本工作数域的物理理论体系,是许多近代技术发明的基础,经受了上百年的思辨理论计算和实验实践检验,是近代社会经济文化发展的科学基石.

习　题　1

1.1　人类的大部分信息由眼睛获得.设人类可见光的波长范围为 380～760 nm,在黑体辐射光谱中可见光部分能量所占比例与黑体温度有关.若要求可见光的比例最大,则辐射源黑体的温度 T 是多少?

1.2　平面镜以速度 v 沿其法向匀速运动.试用光子与运动平面镜碰撞的观点推求光反射时的反射角 θ' 与入射角 θ 的关系(反射定律).

1.3　在经典的氢原子模型中,电子围绕原子核做圆周运动,电子的向心力来自于核电场的作用.可是,经典的电磁理论表明,电子做加速运动会发射电磁波,因而不能稳定.加速电子发射功率可表示为(拉莫尔公式): $P = \dfrac{e^2 a^2}{6\pi c^3 \varepsilon_0}$,其中 a 为电子加速度,c 为真空光速,e 为电子电荷量绝对值.若不考虑相对论效应,试估计在经典模型中氢原子的寿命 τ.(实验测得氢原子的结合能 $E_B = 13.6\,\text{eV}$,电子静止能量 $m_0 c^2 = 0.511\,\text{MeV}$)

1.4 (a) 计算室温下($T = 300$ K)中子的运动速度和相应的德布罗意波长 λ.
($m_n c^2 = 940$ MeV, $k_B = 8.67 \times 10^{-11}$ MeV/K)

(b) 低能中子在表面分析中非常有用,因为它不带电且波长与表面结构尺度相近.为获得低能中子,一种办法是利用有着大量热中子的反应堆.在反应堆的壁上开口插一晶体柱(例如石墨),则在柱轴方向能得到低能中子束.设石墨的晶格常量 $d_C = 40$ nm,计算获得的低能中子的速度上限 v_{max}.

(c) 这样的中子称为冷中子.计算这种速度相当于在什么温度 T_C 下中子的运动.

(d) 如果用铍(Be, $d_{Be} = 23$ nm)来代替石墨,则出来的中子相当于在什么温度 T_{Be} 下运动?

1.5 恒星发热发光,靠内部热核反应维持.假设恒星由电离氢(电子 + 质子)组成,并可把组成恒星的气体当成理想气体.

(a) 要想使两个质子发生聚变反应,必须要让两个质子间的最小距离达到 $d_C = 10^{-15}$ cm.问:气体的温度 T_C 达到多高,才能做到这一点.

(b) (a)中估计不对.在平衡时,向内引力与向外的气体压力平衡,此时

$$\frac{\Delta P}{\Delta r} = -G \frac{M_r \rho_{\Delta r}}{r^2},$$ 这里 P 为气体压强.可以只考虑最外面一层,此时

$$\Delta P = -P_C, \quad \Delta r = R, \quad M_r = M_R = M, \quad \rho_{\Delta r} \approx \rho_C = M/(4\pi R^3/3)$$

(1) 导出一估计温度 T_C 的公式.

(2) 估计恒星的质量半径比 M/R,并与太阳比较.

(c) 量子粒子有波动性.如果两粒子的距离达到粒子的德布罗意波长 λ_p 时,在量子力学意义上质子间发生了重叠,就可能聚变.假设粒子距离 $d_C = \lambda_p/\sqrt{2}$ 为发生聚变的条件,对于速度为 v_p 的质子,求出决定温度 T_C 的方程,并算出数值.并由此计算出恒星的质量半径比,再与太阳作比较.(对太阳,$M_\Theta = 2.0 \times 10^{30}$ kg, $R_\Theta = 7.0 \times 10^8$ m)

第2章 状态和薛定谔方程

2.1 状态和波函数

2.1.1 微观系统运动状态

在物质波粒二象性概念的基础上,迅速地建立起了一门正确反映微观世界物质机械运动规律的科学,即量子力学,也叫波动力学.

量子力学讨论的主要是微观粒子或微观系统(也叫量子系统)的运动.所谓**微观系统**,是指在原子大小范围内,一些粒子按照一定的相互作用方式构成的力学体系,如电子、中子、氦分子、碳原子等等.为了叙述的方便,我们把微观系统统称为**微观粒子**.

在一定的条件下(如光照,受热,在加速电场中,磁场影响,光栅等),微观粒子就将有符合一定规律的可能运动.我们称每一个这样的运动为该粒子的一个**运动状态**.

在一个实验中,粒子的总数(如衍射实验中的总亮度,光子数或电子数)没有确定可比较的意义,而处于各个运动状态的粒子数的相对比例即相对粒子数(各状态的粒子数与总粒子数之比)却是完全确定的,是反映单个粒子的动力学特性的.为了确定起见,我们可以只考虑这个相对粒子数,即在系统状态中把粒子数除掉,或者不很精确地说,把总的状态对它包含的粒子总数作一"算术平均"(在由一个粒子多次重复实验的情况下,这就是系统的状态对重复次数的"平均").这种过程叫**归一化**.

归一化后,这个典型粒子的状态,代表实验中粒子处于各个位置或各个运动状态的概率.我们知道,这种概率和光的亮度有着类似的特性.为了描写这种特性,一种现成的办法是引进概率波,而概率就作为这个概率波的强度.**概率波**可以用一个概率振幅来表示,它也叫**波函数**.在一般的量子力学问题中,系统的状态可以很复杂,怎么描写呢? 我们把在衍射、干涉中采用的办法直接推广而假定:**系统的状态用波函数完全描写,而波函数是概率振幅**.这是**量子力学第一假定**.把波函数解释为概率振幅,是玻恩在 1926 年提出来的,称为**概率解释**.

所谓完全描写,是指波函数给出粒子的有关力学知识的总汇,它能告诉我们粒子可以处于一些什么运动状态和处于每个状态的概率.如果粒子的运动状态用位置坐标来标记,那么,归一化后的波函数在某处的强度(模方)就给出粒子处于该点的概率密度.

现在,我们把前面的意思数学化,以便今后进行严格的定量计算.

2.1.2　归一化

像前面自由粒子的波函数那样,我们可以用一个时间空间函数 $\Phi(x,y,z,t)$ 来描写系统的状态,这概率振幅的模方 $|\Phi(x,y,z,t)|^2$ 就比例于 t 时刻在点 (x,y,z) 处的粒子数密度(粒子数与相应体积之比)n:

$$n(x,y,z,t) = \frac{\mathrm{d}N}{\mathrm{d}\tau} = \alpha\,|\Phi(x,y,z,t)|^2$$
$$= \alpha\Phi^*(x,y,z,t)\Phi(x,y,z,t) \tag{2.1.1}$$

这里 N 表示粒子数;$\mathrm{d}\tau = \mathrm{d}x\mathrm{d}y\mathrm{d}z$,代表包含点 (x,y,z) 在内的体积元;Φ^* 代表 Φ 的复共轭,可以先最广泛地假定 Φ 是个复函数,α 则为某个正的比例常量.

由式(2.1.1),总粒子数为

$$N(t) = \int n\mathrm{d}\tau = \alpha\int|\Phi(x,y,z,t)|^2\mathrm{d}\tau$$
$$= \alpha\int\Phi^*(x,y,z,t)\Phi(x,y,z,t)\mathrm{d}\tau \tag{2.1.2}$$

积分遍及整个状态所在的空间.N 显然是大于零的.

现在我们进行归一化,把粒子总数除去,以 ρ 代表**概率密度**,它也就是相对的粒子数分布:

$$\begin{cases} \rho(x,y,z,t) = \dfrac{n(x,y,z,t)}{N(t)} = |A\Phi(x,y,z,t)|^2 \\ A = 1/\sqrt{\int|\Phi|^2\mathrm{d}\tau} \end{cases} \tag{2.1.3}$$

这概率密度应当等于某个归一化后的波函数的模方,这个归一化波函数可取为

$$\begin{cases} \Psi(x,y,z,t) = A\Phi(x,y,z,t) \\ \rho(x,y,z,t) = |\Psi(x,y,z,t)|^2 \end{cases} \tag{2.1.4}$$

显然有

$$\int \rho(x,y,z,t)\mathrm{d}\tau = \int |\Psi(x,y,z,t)|^2\mathrm{d}\tau = 1 \tag{2.1.5}$$

式(2.1.5)常称为**归一化条件**,A 常称为**归一化系数**.我们看到,由于我们描写系统状态的曲折性(系统的状态是个概率分布,而概率要用一个概率振幅来反映),所以"在系统的状态中除去总粒子数"这句话落实在概率振幅上就变成归一化,ρ 就是粒子在空间各处出现的概率密度,而归一化条件的意义就是总可以在整个空间找到它.

经过归一化后,系统状态中的一个不确定因素——粒子总数去掉了,那么,描写这个状态的归一化了的波函数是否完全确定了呢? 不,因为从式(2.1.4)可以看到,如果令

$$\Psi' = \mathrm{e}^{\mathrm{i}\varepsilon}\Psi \tag{2.1.6}$$

ε 是个实数,$\mathrm{e}^{\mathrm{i}\varepsilon}$ 称为**相因子**,$\varepsilon = \varepsilon(x,y,z,t)$ 称为**相角**,则乘了一个相因子的波函数 Ψ' 同样是归一化的,给出同样的概率密度 ρ.可以看到,由于我们描述方法的特别,给波函数带来了某种不确定性.但是这个 ε 是否可以任意呢? 譬如:

$$\begin{cases} \varepsilon = \varepsilon(x,y,z,t) \\ \Psi'(x,y,z,t) = \mathrm{e}^{\mathrm{i}\varepsilon(x,y,z,t)}\Psi(x,y,z,t) \end{cases} \tag{2.1.7}$$

即相因子随空间、时间不同而不同,这时单从粒子位置的概率密度来看,两个波函数代表的是一样的概率分布:

$$|\Psi'(x,y,z,t)|^2 = |\Psi(x,y,z,t)|^2 \tag{2.1.8}$$

但是这两个波函数反映的系统状态却不完全一样,因为粒子在空间出现的概率,仅仅是反映状态的一个物理内容.尽管这个内容相同,但其他的物理内容却是完全可以不一样的,譬如,如果在 $\Psi(x,y,z,t)$ 描写的状态中,所有的粒子都有相同的相位,那么在 Ψ' 描写的状态中,处于各个点的相位就不一样,有一个相位的分布,而对于波来讲相位是重要的.只有当相位 ε 不随空间变化而只是一个纯粹的时间函数时,Ψ' 与 Ψ 代表的系统状态在同一时刻才有相同的相位分布.当 $\varepsilon = \varepsilon(t)$ 时,同一系统在不同时刻有不同的相位,如果我们比较一个系统在不同时刻的行为,这个相因子的作用还是不容忽略的.只有当 ε 是个纯粹的实数而非时空的函数时,两种波函数才能代表同一个物理内容,所以我们一般说,**波函数精确到一个常数(整体)相因子**.

可以归一化的波函数在数学上就要受到一定的限制.从公式(2.1.5)知道波函数的模的平方在整个空间的积分必须是有限的,即模方可积或简单地说**平方可积**.从物理上讲,波函数一般应该是连续的、单值的和有界的.有时这也称为**波函数标**

准条件.和初始条件、边界条件一样,波函数满足的标准条件也是判别物理态的重要依据.

2.1.3　态叠加原理

波函数应当给出我们所需要的全部力学知识,能否做到这一点,很大程度上依赖于量子力学的一个假设——运动状态的叠加原理.

关于运动状态的叠加原理,在牛顿力学中,一般是不存在的.这反映在牛顿第二定律中,运动方程一般是非线性非齐次的.但在特殊情况,如简谐振动等现象中,运动的叠加是有的.我们知道,一个粒子的两个振动合起来就成为一种新振动.

在波动现象中,状态的叠加性则是比较普遍的.我们知道,光学里有惠更斯(Huyghens)原理,在电磁波理论里是可以证明的:一处的电磁波,可看做前一时刻波前上各点所发出的电磁波的叠加.应用这个原理,可以很清楚地说明波的干涉、衍射等现象.在关于纵波的理论,如声学中,也有叠加性存在,可用以说明声的干涉(驻波)等现象.

前面说过,由于微观粒子的显著波粒二象性,在粒子的行为中,同样有干涉、衍射等现象,并且看到,为解释这些现象,要引进概率波.因此,可以预期,在量子力学里,存在着态的叠加性.

在叙述量子力学的态叠加原理之前,我们先来看一个理想实验.

事实表明,在一种选择性的光电效应中,如果入射光是平面偏振的话,那么,光打出电子的效率是与偏振有关的.偏振方向与金属表面法线的夹角越小,则效率越高.因此,光子应当带有一定的偏振性质.一束在某一方向平面偏振的光应当看成由大量在此方向偏振的光子组成.因此,偏振性质也可以作为光子运动状态的量度,这样的状态叫**偏振态**.

现在我们让一束平面偏振光通过一块方解石晶体,这种晶体能使光产生双折射现象.偏振方向与晶体光轴垂直的光可以直接通过,而偏振方向平行于光轴的光会被折射掉.如果偏振与光轴成一角度(斜偏振),则只有一部分光透过(图2.1.1).

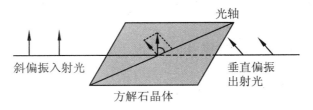

图 2.1.1　偏振光透射

现在有一束偏振方向与光轴成 α 角的平面偏振光入射.为使问题尖锐起见,我们让光子一个一个地射向晶体,此时会发生什么现象呢? 我们可以发现:在晶体的另一方,要么发现一整个光子,要么不发现;所发现的光子的偏振方向与原来入射前的光子不一样,现在是与光轴垂直的了;发现这种光子的数量与入射光子总数之比和角度 α 有关,为 $\sin^2\alpha$.

很奇怪,入射光子的偏振态是与光轴成一锐角的,出射的光子却与光轴垂直偏振了.看来,可以这样解释,原来斜偏振的状态可以分解为垂直偏振态和平行偏振态,光子以一定的概率处于这两种状态中,因此,斜偏态可以看做垂直偏振态和平行偏振态的叠加.这种分解和叠加的方式可以很不一样,如转动晶体,则出射光子的偏振不同,数量也不同,这每一种分解都有物理意义.

在量子力学中,每一个粒子的状态可以分解为两个或更多个状态的线性叠加;反过来,任何两个或更多个状态可以线性叠加起来产生一个新态.这就是量子力学中的**态叠加原理**,它是波粒二象性的反映.

在数学上可以这样表达态叠加原理.设 $\Psi_1,\Psi_2,\cdots,\Psi_n$ 是描写粒子的几个可能的独立运动状态的波函数,那么,由这些波函数的线性组合所得的波函数

$$\Psi = c_1\Psi_1 + c_2\Psi_2 + \cdots + c_n\Psi_n = \sum_{i=1}^{n} c_i\Psi_i \qquad (2.1.9)$$

也描写粒子的一个可能的状态.这里 c_i 是任意的复数.

反过来,式(2.1.9)也表示,如果 Ψ 是描写粒子的状态,它也可以看做粒子以一定的比例处于各个可能的状态 Ψ_i 中.如在前面的光子偏振实验中,如果以 $|\alpha\rangle$ 代表入射光子偏振态,$|\perp\rangle$, $|\parallel\rangle$ 分别代表与光轴垂直和平行的偏振态,则把 $|\alpha\rangle$ 分解为后二态的叠加可表为

$$|\alpha\rangle = \sin\alpha|\perp\rangle + \cos\alpha|\parallel\rangle \qquad (2.1.10)$$

光子处于态 $|\perp\rangle$ 的概率为 $\sin^2\alpha$,即为组合系数的模方.

在粒子衍射实验中,粒子穿过金属粉末后,就将以不同的动量 $\boldsymbol{p}$ 射向屏板,一个有确定动量的自由粒子状态用平面波描写,波函数为

$$\Psi_{\boldsymbol{p}}(\boldsymbol{x},t) = A\mathrm{e}^{\mathrm{i}(\boldsymbol{p}\cdot\boldsymbol{x}-Et)/\hbar} = A\Psi_{\boldsymbol{p}}(\boldsymbol{x})\mathrm{e}^{-\mathrm{i}Et/\hbar} \qquad (2.1.11)$$

那么,穿过了金属粉末的粒子状态可用态叠加原理表达为各种动量的态的叠加:

$$\Psi(\boldsymbol{x},t) = \sum_{\boldsymbol{p}} c(\boldsymbol{p},t)\Psi_{\boldsymbol{p}}(\boldsymbol{x}) \qquad (2.1.12)$$

因为动量可以连续变化,求和应当改为积分.

2.1.4 动量空间波函数

这一点是普遍的.我们可以证明,粒子的任何一个物理状态都可以由自由状态

叠加而成,即任何一个波函数 $\Psi(\boldsymbol{x}, t)$ 均可表达为有各种动量的平面波 $\Psi_p(\boldsymbol{x})$ 的线性组合:

$$\Psi(\boldsymbol{x}, t) = \iiint_{-\infty}^{\infty} C(\boldsymbol{p}, t) \Psi_p(\boldsymbol{x}) \mathrm{d}p_x \mathrm{d}p_y \mathrm{d}p_z \tag{2.1.13}$$

$$\Psi_p(\boldsymbol{x}) = \frac{1}{(2\pi\hbar)^{3/2}} \mathrm{e}^{\mathrm{i}\boldsymbol{p}\cdot\boldsymbol{x}/\hbar} \tag{2.1.14}$$

这里取平面波的归一化常数 $A = \dfrac{1}{(2\pi\hbar)^{3/2}}$,以后会说明. 公式(2.1.13)是显然的,因为这正是数学里的傅里叶(Fourier)变换,只要取 $C(\boldsymbol{p}, t)$ 为函数 $\Psi(\boldsymbol{x}, t)$ 的傅里叶分量就可以了:

$$C(\boldsymbol{p}, t) = \frac{1}{(2\pi\hbar)^{3/2}} \iiint \Psi(\boldsymbol{x}, t) \mathrm{e}^{-\mathrm{i}\boldsymbol{p}\cdot\boldsymbol{x}/\hbar} \mathrm{d}x\mathrm{d}y\mathrm{d}z \tag{2.1.15}$$

现在我们来看展开系数 $C(\boldsymbol{p}, t)$ 的意义. 在衍射实验中,在离晶体很远的地方,粒子离开了小孔的限制,到达远处的粒子已是自由的,且分得很开了,因此只有动量为 $\boldsymbol{p}$ 的粒子才能到达该处,它用展开式(2.1.13)中动量为 $\boldsymbol{p}$ 的那一项波函数描写,这就是

$$C(\boldsymbol{p}, t) \Psi_p(\boldsymbol{x}) \tag{2.1.16}$$

根据统计解释,在该处接收到的粒子数正比于

$$|C(\boldsymbol{p}, t)\Psi_p|^2 = |C(\boldsymbol{p}, t)|^2 \frac{1}{(2\pi\hbar)^3} \tag{2.1.17}$$

所以,在 $\Psi(\boldsymbol{x}, t)$ 描写的态中,粒子具有动量 $\boldsymbol{p}$ 的概率正比于 $|C(\boldsymbol{p}, t)|^2$;或者说,粒子动量在 $\boldsymbol{p}$ 和 $\boldsymbol{p} + \mathrm{d}\boldsymbol{p}$ 之间的概率正比于

$$|C(\boldsymbol{p}, t)|^2 \mathrm{d}^3 p = |C(\boldsymbol{p}, t)|^2 \mathrm{d}p_x \mathrm{d}p_y \mathrm{d}p_z \tag{2.1.18}$$

我们可以证明,如果 $\Psi(\boldsymbol{x}, t)$ 是归一化了的,则 $C(\boldsymbol{p}, t)$ 对动量也是归一化的:

$$\int |C(\boldsymbol{p}, t)|^2 \mathrm{d}^3 p = \iiint C^*(\boldsymbol{p}, t) C(\boldsymbol{p}, t) \mathrm{d}^3 p$$

$$= \iiint \mathrm{d}^3 p \frac{1}{(2\pi\hbar)^{3/2}} \int \mathrm{d}^3 x \Psi^*(\boldsymbol{x}, t) \mathrm{e}^{\mathrm{i}\boldsymbol{p}\cdot\boldsymbol{x}/\hbar} \frac{1}{(2\pi\hbar)^{3/2}} \int \mathrm{d}^3 x' \Psi(\boldsymbol{x}', t) \mathrm{e}^{-\mathrm{i}\boldsymbol{p}\cdot\boldsymbol{x}'/\hbar}$$

$$= \frac{1}{(2\pi\hbar)^3} \int \mathrm{d}^3 x' \mathrm{d}^3 x \mathrm{d}^3 p \Psi^*(\boldsymbol{x}, t) \Psi(\boldsymbol{x}', t) \mathrm{e}^{\mathrm{i}\boldsymbol{p}\cdot(\boldsymbol{x}-\boldsymbol{x}')/\hbar} \tag{2.1.19}$$

把式(2.1.15)代入式(2.1.13),我们有

$$\Psi(\boldsymbol{x}, t) = \frac{1}{(2\pi\hbar)^3} \int \mathrm{d}^3 x' \mathrm{d}^3 p \Psi(\boldsymbol{x}', t) \mathrm{e}^{\mathrm{i}\boldsymbol{p}\cdot(\boldsymbol{x}-\boldsymbol{x}')/\hbar} \tag{2.1.20}$$

把式(2.1.20)代入式(2.1.19)就有

$$\int C^*(\boldsymbol{p},t)C(\boldsymbol{p},t)\mathrm{d}^3 p = \int \Psi^*(\boldsymbol{x},t)\Psi(\boldsymbol{x},t)\mathrm{d}^3 x = 1 \qquad (2.1.21)$$

这样,我们可以把 $|C(\boldsymbol{p},t)|^2$ 直接解释为概率密度,即如果把归一化的 $\Psi(\boldsymbol{x},t)$ 表示的状态展开为平面波的叠加,则叠加的系数的模方 $|C(\boldsymbol{p},t)|^2$ 表示 t 时刻粒子具有动量 $\boldsymbol{p}$ 的概率密度. $\Psi(\boldsymbol{x},t)$ 与 $C(\boldsymbol{p},t)$ 是互相对应的,因此我们可以把 $C(\boldsymbol{p},t)$ 看做是以动量为自变量的波函数,称为**动量空间波函数**.

从这里我们可以看到傅里叶展开有着深刻的物理意义.把一个函数作展开,在数学上不止傅里叶级数一个办法.但是,这种展开是否有意义,要看所讨论问题的物理条件.量子力学态叠加原理告诉我们粒子的状态之间有一定的关系.因为状态总要用一定的力学量(如坐标、动量等)来描写,这使我们有可能来了解各力学量之间的关系,从而通过一个波函数就可以给出有关粒子运动的各个力学量的知识,弄清态的物理意义.

态叠加原理把一个态分解为一些态的叠加,这些被叠加的态就可以分别研究,从而把问题简化;同时,由于我们可以按所研究的力学量的性质把状态展开分别研究,所以在量子力学里允许讨论的性质比经典力学多,如对称性等.

态叠加原理是量子力学的一个基本原理,它给出严格的量子力学理论的一个限制.

2.2　薛定谔方程

量子系统运动状态用波函数描写,这些波函数满足叠加原理.那么,这些运动状态怎么变化呢?量子力学里的运动遵循什么样的规律?或者说描写状态的波函数满足什么样的数学方程呢?

2.2.1　薛定谔方程

量子力学中粒子状态的变化规律是用薛定谔方程来表达的,即波函数满足薛定谔方程.薛定谔方程本身是个假定,它不能由其他的理论推出来,这是因为我们来到了一个物质运动的新领域,这个领域里的运动规律不能归结到旧物理理论中去.表达新规律的数学方程的正确性只能由实践和实验来判断.

但是这并不是说我们只能被动地去接受这种规律.我们可以根据实验的启示、理论上的考虑来缩小所找规律形式的范围.

首先,既然是运动,也就是状态随时间和空间的变化,那么,方程中一定有关于时间的导数.当然,这导数至少是一次,能否有二次呢?不必.如果波函数 $\Psi(x,t)$ 满足一个有二次时间导数的方程,那么要解这个方程必须知道两个初始条件,一个是起始时刻 t_0 的波函数值 $\Psi(x,t_0)$,一个是起始时刻波函数的时间导数值 $\left.\dfrac{\partial \Psi(x,t)}{\partial t}\right|_{t=t_0}$.我们知道,牛顿力学就是这样的,解牛顿第二定律运动方程必须知道初始位置和初始速度才能定解,所以牛顿力学中运动状态用坐标和动量两个量来描写.但是在量子力学里,根据 2.1 节所说,状态由波函数完全描写,而不用告诉我们状态的变化率.所以,描写量子力学状态变化的方程可以是时间的一次微分方程.

其次,由于存在着态叠加原理,因此运动方程必须是线性齐次的.

第三,方程式的系数不能包含有表示具体状态的参量如动量、能量等等,但应有粒子的固有性质如质量、相互作用的常量以及表征微观世界特征的普朗克常量等.

根据这几条,我们可以把方程的一般形式表达如下:

$$\left(\frac{\partial}{\partial t} + \hat{L}\right)\Psi(x,t) = 0 \tag{2.2.1}$$

这里 $\hat{L} = \hat{L}(x,t,\nabla;m,\hbar,\cdots)$ 是个**线性算符**,是时间、空间坐标等的函数.所谓算符,在数学上是一种运算,把一个函数变成另一个函数,如微分等.说算符 $\hat{L}$ 是线性的,是指 $\hat{L}$ 满足条件:

$$\hat{L}(a\Psi_1 + b\Psi_2) = a\hat{L}\Psi_1 + b\hat{L}\Psi_2 \tag{2.2.2}$$

Ψ_1,Ψ_2 为任意的两个波函数,a,b 为任意常数.对时间的求导 $\dfrac{\partial}{\partial t}$ 就是一个线性算符.

第四,方程(2.2.1)应当在复数域内求解.因为这种对时间一次微商的方程是一种热传导型或扩散型的方程.在实数范围内,一般得不出波动(周期运动)的解.但这种波动性在微观系统中却是普遍的.解决这个矛盾的办法是扩大解方程的数域,在方程和它的解中采用复数.这就是说 $\hat{L}$ 可以是一个复的算符.

$\hat{L}$ 具体形式如何?只能假定.但我们现在有一个现成的波函数,即自由粒子状态波函数.这个特殊状态的波函数应当满足我们所要找的那类方程.我们来看看它可以满足什么样的方程.

非相对论性的自由粒子波函数为

$$\Psi(\pmb{x},t) = A\mathrm{e}^{\mathrm{i}(\pmb{p}\cdot\pmb{x}-Et)/\hbar} \tag{2.2.3}$$

先看对时间的微商,

$$\frac{\partial}{\partial t}\psi(\pmb{x},t) = -\mathrm{i}\frac{E}{\hbar}A\mathrm{e}^{\mathrm{i}(px-Et)/\hbar} = -\mathrm{i}\frac{E}{\hbar}\Psi \tag{2.2.4}$$

这当然不能作为方程,因为它一方面包含有状态参量 E,另一方面却不包含空间的变化.因此,最多只能作为特殊的运动的描述.

在非相对论的力学中,自由粒子的动能 E 和动量 $\pmb{p}$ 之间有一定的关系:

$$E = \frac{\pmb{p}^2}{2m} \tag{2.2.5}$$

从自由粒子的波函数中引出 $\pmb{p}^2$ 来是空间的二次微商:

$$\pmb{p}^2\Psi = \pmb{p}^2 A\mathrm{e}^{\mathrm{i}(\pmb{p}\cdot\pmb{x}-Et)/\hbar} = \left(\frac{\hbar}{\mathrm{i}}\right)^2\nabla^2(A\mathrm{e}^{\mathrm{i}(\pmb{p}\cdot\pmb{x}-Et)/\hbar})$$
$$= -\hbar^2\nabla^2\Psi \tag{2.2.6}$$

这里 $\nabla = i\dfrac{\partial}{\partial x} + j\dfrac{\partial}{\partial y} + k\dfrac{\partial}{\partial z}$ 是梯度算符.

把式(2.2.4)、式(2.2.5)和式(2.2.6)联立起来,消去状态参量 E,$\pmb{p}$,就能得到

$$\mathrm{i}\hbar\frac{\partial}{\partial t}\Psi = -\frac{\hbar^2}{2m}\nabla^2\Psi \tag{2.2.7}$$

这就是自由粒子的波函数所应满足的方程.我们可以看到,这个方程只要在自由粒子的能量动量关系(2.2.5)中把能量、动量用算符代换:

$$\begin{cases} E \rightarrow \mathrm{i}\hbar\dfrac{\partial}{\partial t} \\[2mm] p \rightarrow \dfrac{\hbar}{\mathrm{i}}\nabla \end{cases} \tag{2.2.8}$$

然后作用到波函数上就可以得到.我们可以一般地把这种对应办法作为求出方程的手段.当粒子在某个势场 V(只是坐标的函数)中运动,机械能和动量的关系式为

$$E = \frac{\pmb{p}^2}{2m} + V \tag{2.2.9}$$

算符化,作用到波函数上就得

$$\mathrm{i}\hbar\frac{\partial\Psi(\pmb{x},t)}{\partial t} = -\frac{\hbar^2}{2m}\nabla^2\Psi(\pmb{x},t) + V\Psi(\pmb{x},t) \tag{2.2.10}$$

这是一般的运动方程了,它符合我们前面的全部要求.这方程称为**薛定谔方程**,是薛定谔在 1926 年首先提出来的,是量子力学的基本方程.

我们可以看到,薛定谔方程是个假定.它能否反映微观世界机械运动的规律?这甚至连薛定谔本人当初也很怀疑.但是应用这个方程去解决具体问题,发现它的结果和实验符合得很好.

长期的实践告诉我们,这个方程在非相对论性量子物理的范围内是正确的.

波函数满足薛定谔方程,这是**量子力学第二假定**.有了这个假定,态叠加原理就自然满足了,因为薛定谔方程正是一个线性齐次方程.

薛定谔方程是时间一次、空间二次的微分方程,要定解,必须要知道一个初始条件和一定的边界条件.量子力学在数学方面的基本任务就是在一定的位势中,在给定初始条件和边界条件的情况下解薛定谔方程,求出波函数.当然,满足这个方程的波函数应当符合一定的要求,如平方可积、连续性、单值性、有界性等.

2.2.2　定态

在一般的薛定谔方程中,势 V 是可以随时间变化的.但是在一大类经常碰到的问题中,V 不随时间变化:

$$V = V(\boldsymbol{x}) \tag{2.2.11}$$

这时薛定谔方程为

$$i\hbar \frac{\partial}{\partial t}\Psi = -\frac{\hbar^2}{2m}\nabla^2\Psi + V(\boldsymbol{x})\Psi \tag{2.2.12}$$

这种两边算符变量不同的方程一般可以用分离变量法来解.设这方程有特解,形式为

$$\Psi(\boldsymbol{x}, t) = \psi(\boldsymbol{x})f(t) \tag{2.2.13}$$

而它的一般解,可以用这种解的叠加来得到.

把式(2.2.13)代到式(2.2.12),变换后有

$$\frac{i\hbar}{f(t)}\frac{\mathrm{d}f(t)}{\mathrm{d}t} = \frac{1}{\psi(\boldsymbol{x})}\left[-\frac{\hbar^2}{2m}\nabla^2\psi(\boldsymbol{x}) + V(\boldsymbol{x})\psi(\boldsymbol{x})\right] \tag{2.2.14}$$

由于两边算符和函数的变量不一样,因此只有当它等于一个常量时,方程才会成立.令此常量为 E,方程(2.2.14)就化为联立方程:

$$i\hbar\frac{\mathrm{d}f}{\mathrm{d}t} = Ef \tag{2.2.15}$$

$$-\frac{\hbar^2}{2m}\nabla^2\psi + V(\boldsymbol{x})\psi = E\psi \tag{2.2.16}$$

解第一个方程直接得到

$$f = Ce^{-iEt/\hbar} \tag{2.2.17}$$

所以薛定谔方程(2.2.12)的一种解形式为

$$\Psi(\boldsymbol{x}, t) = \psi_E(\boldsymbol{x})e^{-iEt/\hbar} \tag{2.2.18}$$

其中 $\psi_E(\boldsymbol{x})$ 为式(2.2.16)的解. 具有这种形式的波函数称为**定态波函数**, 它代表的态称为**定态**. 在定态中, 概率密度 $|\Psi(\boldsymbol{x}, t)|^2 = |\psi_E(\boldsymbol{x})|^2$ 不随时间而变化. 从我们建立方程的过程中可以看到, 这个常量 E 就是粒子的能量.

定态系统的一般解可以由特解线性叠加而来:

$$\Psi(\boldsymbol{x}, t) = \sum_E C_E \psi_E(\boldsymbol{x}) e^{-iEt/\hbar} \tag{2.2.19}$$

叠加系数则由初始条件来定.

2.2.3 概率守恒

薛定谔方程描述了波函数在时空中的变化. 根据统计解释, 波函数可以给出粒子出现的概率. 概率是个有更直接物理意义的量. 那么, 概率是怎样随时间、空间变化的呢?

由统计解释, 时刻 t 在空间 $\boldsymbol{x}$ 处找到粒子的**概率密度**为

$$\rho(\boldsymbol{x}, t) = \psi^*(\boldsymbol{x}, t)\psi(\boldsymbol{x}, t) \tag{2.2.20}$$

它随时间的变化率为

$$\frac{\partial}{\partial t}\rho(\boldsymbol{x}, t) = \left(\frac{\partial}{\partial t}\psi^*(\boldsymbol{x}, t)\right)\psi(\boldsymbol{x}, t) + \psi^*(\boldsymbol{x}, t)\frac{\partial}{\partial t}\psi(\boldsymbol{x}, t) \tag{2.2.21}$$

由薛定谔方程:

$$\begin{cases} \dfrac{\partial}{\partial t}\psi(\boldsymbol{x}, t) = \dfrac{i\hbar}{2m}\nabla^2\psi + \dfrac{1}{i\hbar}V\psi \\[2mm] \dfrac{\partial}{\partial t}\psi^*(\boldsymbol{x}, t) = \dfrac{-i\hbar}{2m}\nabla^2\psi^* - \dfrac{1}{i\hbar}\psi^*V^* \end{cases} \tag{2.2.22}$$

把这两个方程代入式(2.2.21)中得

$$\begin{aligned} \frac{\partial}{\partial t}\rho(\boldsymbol{x}, t) &= \frac{i\hbar}{2m}\left[\psi^*\nabla^2\psi - (\nabla^2\psi^*)\psi\right] + \frac{1}{i\hbar}(\psi^*V\psi - \psi^*V^*\psi) \\[2mm] &= \frac{i\hbar}{2m}\nabla\cdot\left[\psi^*\nabla\psi - (\nabla\psi^*)\psi\right] + \frac{1}{i\hbar}(V - V^*)\psi^*\psi \\[2mm] &= -\nabla\cdot\boldsymbol{j} + \frac{1}{i\hbar}(V - V^*)\rho \end{aligned} \tag{2.2.23}$$

这里

$$j = \frac{\hbar}{2\mathrm{i}m}\big[\psi^* \nabla\psi - (\nabla\psi^*)\psi\big] \tag{2.2.24}$$

在一般情况下，我们讨论的位势 V 都是实的，即

$$V^* = V \tag{2.2.25}$$

此时，方程(2.2.23)中正比于概率密度的最末一项消失，方程变为

$$\frac{\partial}{\partial t}\rho + \nabla \cdot j = 0 \tag{2.2.26}$$

这种方程，是连续性方程，它是**概率守恒**的微分表达式.为了更清楚地说明此式的意义，我们可以在任一固定体积 V 中积分此方程，此时有

$$\frac{\mathrm{d}}{\mathrm{d}t}\int_V \rho\,\mathrm{d}\tau = \int_V \frac{\partial\rho}{\partial t}\,\mathrm{d}\tau$$
$$= -\int_V (\nabla\cdot j)\,\mathrm{d}\tau = -\oint_S j\cdot\mathrm{d}s \tag{2.2.27}$$

S 为包围 V 的表面，$\mathrm{d}s$ 为面积元.上式的最后一个等号利用了场论中的高斯定理.

上式表明，一个体积内概率的增长率等于一个矢量 j 从体积 V 的表面 S 流进的量，因此 j 可以称为**概率流密度矢量**.

现在我们把积分扩展到整个可以找到粒子的空间.在此空间的表面上没有粒子从外面流入，概率流也为零，此时，式(2.2.27)变为

$$\frac{\mathrm{d}}{\mathrm{d}t}\int \rho\,\mathrm{d}\tau = \frac{\mathrm{d}}{\mathrm{d}t}\int \psi^*\psi\,\mathrm{d}\tau = 0 \tag{2.2.28}$$

此式表示，在整个空间内粒子出现的总概率不随时间而变化，也就是

$$\int \psi^*\psi\,\mathrm{d}\tau = N = 常数 \tag{2.2.29}$$

即**粒子数守恒**.这样可知，满足薛定谔方程的波函数的归一化系数是个常量，一旦在某个时刻归一化了，任何时候波函数也是归一化的.

ρ, j 是概率密度和概率流密度，如果乘上粒子物理性质如质量 m（或电荷 e）就可以表示质量（电荷）密度、质量（电荷）流密度等，方程式(2.2.26)就表示质量（电荷）守恒.

从前面的讨论知道，概率守恒要求系统位势是实的，这在一般情况下是满足的.但在有的现象如讨论原子核反应中的吸收时，就可以假定位势是复的（如光学模型），这时概率当然不守恒了.

2.3 一维定态问题

在讨论具体的量子系统之前,我们先来一般地了解一下满足薛定谔方程的状态的特点. 我们用一维定态问题作为例子.

一维定态的位势只是空间坐标的实函数:

$$V = V(x), \quad V^* = V \tag{2.3.1}$$

在波函数取为如下形式:

$$\Psi(x, t) = e^{-iEt/\hbar} \psi(x) \tag{2.3.2}$$

后,空间部分(经常被方便地称为定态波函数)满足方程

$$\frac{\mathrm{d}^2 \psi}{\mathrm{d}x^2} + \frac{2m}{\hbar^2}\big[E - V(x)\big]\psi = 0 \tag{2.3.3}$$

这是个二阶常微分方程.

1. 波函数的一般行为

可以把方程改写成

$$\psi''(x) + \omega(x)\psi(x) = 0 \tag{2.3.4}$$

这里 ψ'' 为波函数的二次空间导数,

$$\omega(x) \equiv \frac{2m}{\hbar^2}(E - V(x)) \tag{2.3.5}$$

可以理解为某种与"空间频率平方"有关的量.

从上面方程出发,根据我们微分方程的知识,可以得到对波函数的一般行为的理解.

在能量高于势能的地方,$E - V > 0$,这方程的解是正弦、余弦型的,即(空间)振荡的形状,位势愈低处,振荡愈快. 如果波函数 ψ 是正的,则其二阶导数 ψ'' 是负的,亦即波函数形状向下弯;如果 ψ 是负的,则 ψ'' 是正的,图像向上弯. 合起来,在这种情况下,图像总是弯向坐标轴,呈振动形态,见图 2.3.1.

在能量低于势能的地方,$E - V < 0$,方程的解是发散或衰减型的,图像见图 2.3.2.

在能量等于位势处,或是波函数为零处(节点),则波函数的二次导数为零,即它的图形在这些地方发生转折.

根据这样的分析,我们可以在具体求解之前,大致画出波函数的基本形状,这对求解来说是很好的向导.

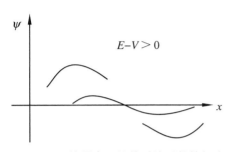

图 2.3.1　能量高于位势时波函数的行为

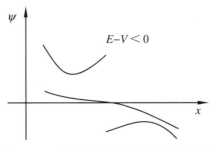

图 2.3.2　能量低于位势时波函数的行为

2. 朗斯基行列式

在讨论定态方程的解的特点之前,我们先引进一个工具.设 ψ_1,ψ_2 是两个函数,定义它们的朗斯基行列式为

$$W(\psi_1,\psi_2) \equiv \begin{vmatrix} \psi_1 & \psi_1{}' \\ \psi_2 & \psi_2{}' \end{vmatrix} = \psi_1\psi_2{}' - \psi_1{}'\psi_2 \tag{2.3.6}$$

它有下面的性质:

A. 反称性

$$W(\psi_1,\psi_2) = - W(\psi_2,\psi_1) \tag{2.3.7}$$

B. 线性

$$W(\psi_1,C_2\psi_2 + C_3\psi_3) = C_2 W(\psi_1,\psi_2) + C_3 W(\psi_1,\psi_3) \tag{2.3.8}$$

其中,C_2,C_3 为常数.

C. 雅科比恒等式

$$W(\psi_1,W(\psi_2,\psi_3)) + W(\psi_2,W(\psi_3,\psi_1)) + W(\psi_3,W(\psi_1,\psi_2)) = 0$$

利用朗斯基行列式易于判断两个函数 ψ_1,ψ_2 是否**线性相关**.所谓 n 个函数 $\psi_1,\psi_2,\cdots,\psi_n$ 线性不相关(或**线性独立**)是指它们满足下面的条件:

若有

$$C_1\psi_1 + C_2\psi_2 + \cdots + C_n\psi_n = 0 \tag{2.3.9}$$

其中 $C_1,C_2,\cdots,C_n$ 为常数,则必有

$$C_1 = C_2 = \cdots = C_n = 0 \tag{2.3.10}$$

对两个函数 ψ_1,ψ_2 而言,线性相关意味着 $\psi_2 = C_2\psi_1$,那么

$$W(\psi_1,\psi_2) = W(\psi_1,C_2\psi_1) = C_2 W(\psi_1,\psi_1) = 0$$

反之亦真.亦即函数 $\psi_1(x)$ 与 $\psi_2(x)$ 线性相关的充要条件是 $W(\psi_1,\psi_2) = 0$.

3. 九个命题

命题 1 如果 $\psi_1(x)$ 与 $\psi_2(x)$ 是定态薛定谔方程(2.3.3)的两个解,则

$$W(\psi_1, \psi_2) \equiv \psi_1 \psi_2{}' - \psi_2 \psi_1{}' = 常量 \qquad (2.3.11)$$

证明

$$\psi_1{}'' + \frac{2m}{\hbar^2}(E - V)\psi_1 = 0$$

$$\psi_2{}'' + \frac{2m}{\hbar^2}(E - V)\psi_2 = 0$$

$$W'(\psi_1, \psi_2) = (\psi_1 \psi_2{}' - \psi_2 \psi_1{}')'$$
$$= \psi_1 \psi_2{}'' - \psi_2 \psi_1{}'' = 0$$

积分后有上面的结论.

简并度 对一定的能量 E,方程(2.3.3)线性独立解的个数称为简并度,记为 $D(E)$.

命题 2 $D(E) \leqslant 2$.

证明 可以用反证法.设此方程有三个独立解:ψ_1, ψ_2, ψ_3,则由命题1,

$$W(\psi_1, \psi_2) = C_{12}$$
$$W(\psi_1, \psi_3) = C_{13}$$

有

$$0 = C_{13} W(\psi_1, \psi_2) - C_{12} W(\psi_1, \psi_3)$$
$$= W(\psi_1, C_{13}\psi_2 - C_{12}\psi_3)$$

于是知道 ψ_1 是与 $C_{13}\psi_2 - C_{12}\psi_3$ 线性相关的,与前提"三者独立"矛盾.

命题 3 对给定的能量 E,方程(2.3.3)解 ψ 的实部与虚部分别都是解,即如果

$$\psi = u + \mathrm{i}v$$
$$u^* = u$$
$$v^* = v$$

是方程(2.3.3)的解,则 u 和 v 分别满足方程(2.3.3).

证明 把 ψ 代入方程:

$$(u + \mathrm{i}v)'' + \frac{2m}{\hbar^2}(E - V)(u + \mathrm{i}v) = 0$$

$$(u'' + \mathrm{i}v'') + \frac{2m}{\hbar^2}(E - V)(u + \mathrm{i}v) = 0$$

把实部与虚部分开后,知道 u 和 v 分别满足同一个方程.

束缚态 如果粒子只在有限范围内运动,则此状态称为束缚态.用数学表示,

即束缚态波函数满足条件

$$\psi(x) \xrightarrow{\ |x|\,\to\,\infty\ } 0 \tag{2.3.12}$$

这条件有时也称为**自然边界条件**.

命题 4　对一维束缚态，$D(E)=1$.

证明　还是用反证法. 如果命题不对，则至少有两个独立解 ψ_1 和 ψ_2，它们都满足条件

$$\psi_1|_{|x|\,\to\,\infty}=0,\quad \psi_2|_{|x|\,\to\,\infty}=0$$

于是有

$$W(\psi_1,\psi_2)=\text{const.}=W(\psi_1,\psi_2)|_{x\,\to\,\infty}=0$$

根据命题 1 中的论断，这两个波函数必线性相关，与前提矛盾.

命题 5　一维束缚态可用实波函数描述. 即可以选择波函数 ψ，使之满足条件

$$\psi^*=\psi$$

证明　设波函数 φ 描写一维束缚态，是个复函数，则它可表示为

$$\varphi=u+\mathrm{i}v$$

$$u^*=u,\quad v^*=v$$

由命题 3，u 和 v 都是描写同一状态的；但由命题 4，它们必定线性相关，即

$$v=Cu$$

于是

$$\varphi=u+\mathrm{i}v=u+\mathrm{i}Cu$$
$$=(1+\mathrm{i}C)u=A\mathrm{e}^{\mathrm{i}\theta}u$$

如果 φ 和 u 都是归一化的，则 $A=1$；φ 和 u 只差一个常数相因子，描写同一个态. 于是可选

$$\psi=u=(\varphi+\varphi^*)/2$$

作为此态的波函数，它是实的.

命题 6　束缚态的能量不小于势能的最小值.

证明　设束缚态波函数（假定已取为实的）已归一化，则从定态方程可得能量的表达式：

$$E=\int \mathrm{d}x\,\psi^*\hat{H}\psi$$

$$=\int \mathrm{d}x\,\psi\left(-\frac{\hbar^2}{2m}\frac{\mathrm{d}^2\psi}{\mathrm{d}x^2}+V\psi\right)$$

$$=-\frac{\hbar^2}{2m}\psi\frac{\mathrm{d}\psi}{\mathrm{d}x}\bigg|_{-\infty}^{\infty}+\frac{\hbar^2}{2m}\int \mathrm{d}x\,(\psi')^2+\int \mathrm{d}x\,V\psi^2$$

$$\geq V_{\min}\int \mathrm{d}x\psi^2 = V_{\min}$$

这里用了束缚态边界条件及最小值条件 $V(x) \geq V_{\min}$.

正交 如果两个函数 ψ_1 和 ψ_2 的**重叠积分**(也称为**内积**)为零,即

$$(\psi_1,\psi_2) \equiv \int \mathrm{d}x\psi_1^* \psi_2 = 0 \tag{2.3.13}$$

则称此二态相互正交.

命题 7 对应不同能量的两个一维束缚态互相正交.

证明 ψ_1 和 ψ_2 分别是对应能量 E_1 和 E_2 的两个一维束缚态,即它们分别满足方程:

$$\psi_1'' + \frac{2m}{\hbar^2}(E_1 - V)\psi_1 = 0$$

$$\psi_2'' + \frac{2m}{\hbar^2}(E_2 - V)\psi_2 = 0$$

为方便不妨假定这两个函数都是实的.第二式乘 ψ_1,减去第一式乘 ψ_2,移项后有

$$W(\psi_1,\psi_2)' = \frac{2m}{\hbar^2}(E_2 - E_1)\psi_1\psi_2$$

于是积分后有

$$\frac{2m}{\hbar^2}(E_2 - E_1)\int \mathrm{d}x\psi_1\psi_2 = \int \mathrm{d}xW'$$

$$= W\Big|_{-\infty}^{\infty} = 0$$

这里用了束缚态条件.当能量不同时,$E_2 - E_1 \neq 0$,则有

$$\int \mathrm{d}x\psi_1^* \psi_2 = \int \mathrm{d}x\psi_1\psi_2 = 0$$

宇称 如果函数 $\psi(x)$ 在**空间反射**操作 $\hat{P}$:

$$\hat{P}: x \rightarrow - x$$

作用后仍描写同一个状态,则称此态具有**空间宇称**.此时

$$\hat{P}\psi(x) = \psi(\hat{P}x) = \psi(-x) = a\psi(x)$$

其中 a 为数.由于

$$\psi(x) = \psi(-(-x)) = a^2\psi(x)$$

故有

$$a^2 = 1, \quad a = \pm 1$$

对于空间对称的态,即 $a = 1$,

$$\hat{P}\psi(x) = \psi(-x) = \psi(x)$$

称为具有**正宇称**或**偶宇称**;空间反对称的态,即满足条件

$$\hat{P}\psi(x) = \psi(-x) = -\psi(x)$$

的态,称为具有**负宇称**或**奇宇称**.

命题 8 如果系统的位势是对称的,即

$$V(-x) = V(x) \tag{2.3.14}$$

则一定能量的束缚态具有确定的宇称,即其波函数要么是空间对称的,要么是反对称的.

证明 设对应能量 E 的态用波函数 $\psi(x)$ 描写,即 $\psi(x)$ 满足方程

$$\frac{\mathrm{d}^2\psi(x)}{\mathrm{d}x^2} + \frac{2m}{\hbar^2}(E - V(x))\psi(x) = 0$$

对此方程进行空间反射操作,变为

$$\frac{\mathrm{d}^2\psi(-x)}{\mathrm{d}x^2} + \frac{2m}{\hbar^2}(E - V(-x))\psi(-x) = 0$$

由于位势对称,后一方程就是

$$\frac{\mathrm{d}^2\psi(-x)}{\mathrm{d}x^2} + \frac{2m}{\hbar^2}(E - V(x))\psi(-x) = 0$$

这表明,波函数 $\psi(-x)$ 与 $\psi(x)$ 满足同一个方程,都对应同一个能量.但是由于一维束缚态简并度为1,故这两个波函数必定线性相关,

$$\psi(-x) = \hat{P}\psi(x) = a\psi(x)$$

由于 $a = \pm 1$,故知对称势中束缚态必具一定宇称.

节点 如有某点 x_0,波函数 $\psi(x)$ 在此取零值,即 $\psi(x_0) = 0$,则称此点为此态的节点.节点显然是波动的语言,实为波函数的**零点**,也即粒子在该处出现的概率为零的点.

命题 9 束缚态**节点定理**:

(a) 没有节点的态对应的能量最低;

(b) 在低能态的每两个相邻节点之间,一定有高能态的节点.

这里我们约定束缚态边界(例如无穷远处)的节点不算在内.

证明 (a) 设束缚态波函数 ψ_0 和 $\psi(x)$ 分别对应能量 E_0 和 E,即

$$\psi_0''(x) + \frac{2m}{\hbar^2}(E_0 - V(x))\psi_0(x) = 0$$

$$\psi''(x) + \frac{2m}{\hbar^2}(E - V(x))\psi(x) = 0$$

不妨假定两个波函数都已归一化,且都取为实的.假定 ψ_0 无节点,则 ψ 可表示为

$$\psi(x) = \psi_0(x)\eta(x)$$

于是有

$$
\begin{aligned}
E &= \int \mathrm{d}x\psi^* \hat{H}\psi = \int \mathrm{d}x\psi\left(-\frac{\hbar^2}{2m}\psi'' + V\psi\right) \\
&= \int \mathrm{d}x\left[V\psi^2 - \frac{\hbar^2}{2m}\eta\psi_0(\eta\psi_0)''\right] \\
&= \int \mathrm{d}x\eta^2\psi_0\left(-\frac{\hbar^2}{2m}\psi_0'' + V\psi_0\right) - \frac{\hbar^2}{2m}\int \mathrm{d}x(2\eta\eta'\psi_0\psi_0' + \psi_0^2\eta\eta'') \\
&= \int \mathrm{d}x\eta^2\psi_0 E_0\psi_0 - \frac{\hbar^2}{2m}\left(\int \mathrm{d}(\psi_0^2)\eta\eta' + \int \mathrm{d}x\psi_0^2\eta\eta''\right) \\
&= E_0\int \mathrm{d}x\psi^2 - \frac{\hbar^2}{2m}\left[\psi_0^2\eta\eta'\Big|_{-\infty}^{\infty} - \int\psi_0^2\mathrm{d}(\eta\eta') + \int \mathrm{d}x\psi_0^2\eta\eta''\right] \\
&= E_0 + \frac{\hbar^2}{2m}\int \mathrm{d}x\psi_0^2(\eta')^2 \geqslant E_0
\end{aligned}
$$

上式中等号当且仅当 $\eta' = 0$ 或 $\eta = \text{const.}$ 时才成立,于是确信无节点态能量最低.

(b) 设束缚态波函数 ψ_1 和 ψ_2 分别对应能量 E_1 和 E_2,即

$$\psi_1''(x) + \frac{2m}{\hbar^2}(E_1 - V(x))\psi_1(x) = 0$$

$$\psi_2''(x) + \frac{2m}{\hbar^2}(E_2 - V(x))\psi_2(x) = 0$$

而

$$E_2 > E_1$$

即

$$E_2 - E_1 > 0$$

再设 d_1, d_2 是态 ψ_1 的两个相邻的节点,

$$\psi_1(d_1) = \psi_1(d_2) = 0, \quad d_2 > d_1$$

在区间 (d_1, d_2),ψ_1 再也没有零点.不妨设此区间内 ψ_1 是正的,

$$\psi_1(x) > 0, \quad x \in (d_1, d_2)$$

由上面两个方程可计算出 ψ_1 和 ψ_2 的朗斯基行列式的导数为

$$W(\psi_1, \psi_2)' = -\frac{2m}{\hbar^2}(E_2 - E_1)\psi_1\psi_2$$

对上式在区间 $[d_1, d_2]$ 积分,

$$W\Big|_{d_1}^{d_2} = (\psi_1\psi_2' - \psi_2\psi_1')\Big|_{d_1}^{d_2} = -\frac{2m}{\hbar^2}(E_2 - E_1)\int_{d_1}^{d_2} \mathrm{d}x\psi_1\psi_2$$

或

$$\psi_1'(d_2)\psi_2(d_2) - \psi_1'(d_1)\psi_2(d_1) = \frac{2m}{\hbar^2}(E_2 - E_1)\int_{d_1}^{d_2}\mathrm{d}x\psi_1\psi_2$$

由于前面假定在区间(d_1, d_2)中 ψ_1 取正值,因此定有

$$\psi_1'(d_1) > 0, \quad \psi_1'(d_2) < 0$$

于是从方程可推出波函数 ψ_2 在区间$[d_1, d_2]$中必变号,即必有零点.否则,假如不改变符号,设 ψ_2 也是正的,$\psi_2(d_1) \geqslant 0$,$\psi_2(d_2) \geqslant 0$,则上面方程左侧是小于等于零的,而右侧是大于零的,矛盾! 证毕.

由此定理还可得到如下的推论:

除边界外,基态束缚态在基本区域内无节点,第一激发态有一个节点……

如果系统存在宇称,则基态是正宇称的,以后激发态宇称交错.奇宇称态中坐标原点必为节点;偶宇称态中坐标原点则为局部极值点.

2.4　一维无限高方势阱

现在我们把量子力学的基本方程——薛定谔方程应用到具体问题上,看看量子力学的结果与经典力学的结果有什么区别和联系.

2.4.1　方势阱

先讨论一个简单的例子.设一个质量为 m 的粒子作一维有限运动,即只可以在一个方向上来回运动,但局限在某一范围内.它所在的势场如同一个无限高的阱(图 2.4.1),故称为一维无限高方势阱,用式子表示就是

$$V(x) = \begin{cases} \infty, & |x| > a \\ 0, & |x| < a \end{cases}$$

$$= \lim_{n \to \infty}(|x|/a)^n, \quad a > 0 \quad (2.4.1)$$

虽然这是个非常简单的模型,但已包含了量子运动特征的所有萌芽.

因为势 V 不显含时间,因此有定态解.

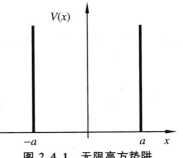

图 2.4.1　无限高方势阱

设粒子有确定的有限能量 E, 则定态波函数可写为

$$\psi(x,t) = \psi(x)\mathrm{e}^{-\mathrm{i}Et/\hbar} \qquad (2.4.2)$$

$\psi(x)$ 满足方程

$$\left\{ -\frac{\hbar^2}{2m}\frac{\mathrm{d}^2}{\mathrm{d}x^2} + V(x) \right\}\psi(x) = E\psi(x) \qquad (2.4.3)$$

从上节命题 6 知, 能量 $E \geqslant 0$.

2.4.2 分区解

考虑到势场在一些地方有跳跃变化, 不连续, 我们可以分区来解这个方程.

$$\begin{array}{lll} \text{第 1 区} & x < -a & V(x) = U_1 \to \infty \\ \text{第 2 区} & -a < x < a & V(x) = U_2 = 0 \\ \text{第 3 区} & x > a & V(x) = U_3 \to \infty \end{array}$$

由于在每一区中, 势都是常值, 方程一般可写为

$$-\frac{\hbar^2}{2m}\frac{\mathrm{d}^2}{\mathrm{d}x^2}\psi_i = (E - U_i)\psi_i, \quad U_i = \text{常数}, i = 1,2,3 \qquad (2.4.4)$$

ψ_i 为相应各区的空间波函数.

在第 1 区, 方程 (2.4.4) 的一般解为

$$\psi_1(x) = C_1^+ \mathrm{e}^{\sqrt{2m(U_1-E)}x/\hbar} + C_1^- \mathrm{e}^{-\sqrt{2m(U_1-E)}x/\hbar} \qquad (2.4.5)$$

当 $U_1 \to \infty$ 时, 第一项自然为零了 (x 小于零), 所以

$$\psi_1(x) = C_1^- \mathrm{e}^{-\sqrt{2m(U_1-E)}x/\hbar} \qquad (2.4.6)$$

当 $U_1 \to \infty$ 时, 如果系数 C_1^- 不为零, 此式趋于无限, 不符合我们关于波函数有界的条件. 于是只有

$$C_1^- = 0$$

或

$$\psi_1(x) = 0, \quad x < -a \qquad (2.4.7)$$

这表示在位势无限大的区域不可能找到粒子.

同样可求得

$$\psi_3(x) = 0, \quad x > a \qquad (2.4.8)$$

在第 2 区, $|x| < a$, $U_2 = 0$, 解为

$$\begin{aligned} \psi_2(x) &= C_2^+ \mathrm{e}^{\mathrm{i}\sqrt{2mE}x/\hbar} + C_2^- \mathrm{e}^{-\mathrm{i}\sqrt{2mE}x/\hbar} \\ &= A\sin(kx + \delta) \end{aligned} \qquad (2.4.9)$$

其中 k 为波数:

$$k = \frac{\sqrt{2mE}}{\hbar} \tag{2.4.10}$$

上面是 k 不为零时的解. 如果 $k=0$,则解为

$$\psi_2'(x) = A'x + B' \tag{2.4.11}$$

其中 A', B' 为常量.

2.4.3　连接条件

要定下数 A, k, δ 或 A', B' 则必须应用对波函数的一些要求. 我们知道,波函数应当是连续的,三个区的波函数在交界处应该连接起来,于是有

$$\begin{cases} x = -a, & \psi_2(-a) = \psi_1(-a) \\ x = a, & \psi_2(a) = \psi_3(a) \end{cases} \tag{2.4.12}$$

把波函数(2.4.11)代进去有

$$\begin{cases} A' = 0 = B' \\ \psi = 0 \end{cases} \tag{2.4.13}$$

即不存在 $E=0$ 的解.

把波函数(2.4.10)代入,则有

$$\begin{cases} A\sin(-ka + \delta) = 0 \\ A\sin(ka + \delta) = 0 \end{cases} \tag{2.4.14}$$

A 显然不能为零,若为零,则 $\psi_2 = 0$,波函数全为零,无意义. A 不为零时,方程 (2.4.14)导致

$$\begin{cases} -ka + \delta = n_1\pi \\ ka + \delta = n_2\pi \end{cases} \tag{2.4.15}$$

n_1, n_2 皆为整数. 由此我们得

$$\begin{cases} 2ka = (n_2 - n_1)\pi = n\pi \\ n = n_2 - n_1 \end{cases} \tag{2.4.16}$$

此时

$$k = \sqrt{\frac{2mE}{\hbar^2}} = n\frac{\pi}{2a} \tag{2.4.17}$$

或

$$E = E_n = n^2 \frac{\pi^2 \hbar^2}{2m(2a)^2}, \quad n = 1,2,3,\cdots \tag{2.4.18}$$

而另一个参数为

$$\delta = (n_1 + n_2)\pi/2 = n\pi/2 + n_1 \tag{2.4.19}$$

于是在第 2 区的波函数为

$$\psi_2(x) = A\sin\left[n\pi\left(\frac{x+a}{2a}\right) + n_1\pi\right]$$

$$= \pm A\sin\left[n\pi\left(\frac{x+a}{2a}\right)\right] \tag{2.4.20}$$

由于波函数可以相差到一个整体相因子,因而上面的符号没有意义.而常量 A 可由归一化条件定下来:

$$1 = \int_{-\infty}^{\infty} \psi^*(x)\psi(x)\mathrm{d}x$$

$$= \int_{-a}^{a} \psi_2^*(x)\psi_2(x)\mathrm{d}x$$

$$= A^*A\int_{-a}^{a} \sin^2\left[n\pi\left(\frac{x+a}{2a}\right)\right]\mathrm{d}x$$

$$= aA^*A \tag{2.4.21}$$

精确到一个相因子,可取

$$A = \sqrt{\frac{1}{a}} \tag{2.4.22}$$

2.4.4 能级和波函数

最后我们得到粒子在一维无限深方势阱中运动的空间波函数部分为

$$\psi_n(x) = \begin{cases} 0, & |x| > a \\ \sqrt{\dfrac{1}{a}}\sin\left[n\pi\left(\dfrac{x+a}{2a}\right)\right], & |x| < a \end{cases}, \quad n = 1,2,3,\cdots \tag{2.4.23}$$

相应状态的粒子能量为

$$E_n = \frac{\hbar^2\pi^2}{8ma^2}n^2, \quad n = 1,2,3,\cdots \tag{2.4.24}$$

波函数(2.4.23)满足关系

$$(\psi_m, \psi_n) = \int_{-\infty}^{\infty} \mathrm{d}x\,\psi_m^*(x)\psi_n(x) = \delta_{mn} = \begin{cases} 1, & m = n \\ 0, & m \neq n \end{cases} \tag{2.4.25}$$

它也称为正交归一关系.

这就是用量子力学方法求出的粒子在一维无限高方势阱中运动时的一切可能的状态.这种状态和经典力学中同样条件下的运动有什么区别和联系呢?

2.4.5　物理意义

先看粒子的能量.从式(2.4.24)可以看到,这里粒子能量不能取任意值,它是分立的或量子化的,称为**分立谱**.根据玻尔的跃迁准则,这时可能出现分立的线光谱;它的最小能量不为零,

$$E_{\min} = E_{n=1} = \frac{\pi^2 \hbar^2}{8ma^2}$$

最小能量称为**基态能量**.基态能量不为零(称为**零点能**),表明在量子力学中,微观世界粒子没有"绝对静止"的状态存在.在经典力学中,粒子完全可以绝对静止,它也可以取任意值的能量,在势阱中来回作匀速直线运动.所以,量子力学的结果和经典力学的结果完全不一样.但也不是说二者一点关系也没有.从式(2.4.24)可以看出相邻两个能级间的距离 δE 与势阱宽度量 $2a$ 有关,

$$\delta E \propto \frac{1}{(2a)^2}$$

当我们看准两个能级时,发现势阱宽度愈窄(a 愈小),这两个能级的间隔 δE 就越大,或量子化越显著;而势阱越宽,则量子化越不明显.如果势阱很宽很宽,那能级的间隔就趋于零,可以认为能量是连续变化的了.所以,当我们考虑问题的空间范围很小时,量子化就明显,量子力学与经典力学的结果就有很大差别;而当空间范围很大时,量子性不显著,量子力学与经典力学的结果比较接近.可见,量子性显著地表现在空间范围很小的物理现象中,正是这样,在原子范围内,经典力学不再适用而要采用量子力学了.

为什么在量子力学里粒子的能量会有分立的数值? 这是由于限制运动在一个小范围内,粒子的波动性就会明显地表现出来.我们来看波函数.为了看出运动,可以把式(2.4.23)乘上时间相因子,得

$$\psi_n(x,t) = \frac{1}{2\mathrm{i}\sqrt{a}}\left[\mathrm{e}^{\mathrm{i}\left(\frac{n\pi}{2a}x - \frac{E_n}{n}t\right)} - \mathrm{e}^{-\mathrm{i}\left(\frac{n\pi}{2a}x + \frac{E_n}{n}t\right) - \mathrm{i}n\pi}\right] \tag{2.4.26}$$

从局域看,这像是两列具有相同振幅、频率、波长的波的叠加.第 1 个波沿 x 正方向传播,第 2 个波则向 x 负方向运动,二者相位差为 $n\pi$.第 2 个波可以看做是第一个波的反射波.这两个波的叠加产生干涉,形成驻波,所以存在定态.驻波有波节和波腹,阱内的波节数正是 $n-1$(不考虑边界),基态无节点,第一激发态有一个节点……依此类推.从经典物理我们知道,只有空间范围(势阱宽度)是一个波的半波长的倍数时才能存在驻波,即

$$n = \frac{2a}{\left(\frac{\lambda}{2}\right)} = \frac{4a}{\lambda}, \quad \lambda = \frac{4a}{n} \tag{2.4.27}$$

而反映粒子的波粒二象性的德布罗意关系告诉我们,波长与粒子动量有关系:

$$p = \frac{h}{\lambda} = \frac{2\pi\hbar}{\lambda} = \frac{2\pi\hbar}{4a}n = \frac{\pi\hbar}{2a}n \tag{2.4.28}$$

粒子动能为

$$E = \frac{p^2}{2m} = \frac{\hbar^2}{2m}\left(\frac{\pi}{2a}\right)^2 n^2$$

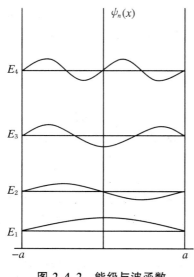

图 2.4.2 能级与波函数

这正是粒子的能级.由于波节数总是整的,所以粒子的能量是量子化的.由此可见,粒子能量的量子化反映了波粒二象性.我们不必解薛定谔方程,只要根据波粒二象性和驻波的概念就可以找出能级来(图 2.4.2).这只是在问题比较简单的时候才可以,在一般情况下,这种办法就难以奏效.但就在这简单的例子里也可以看到,薛定谔方程是描写了粒子的波粒二象性这个特点的;在复杂情形下,就更能显示出它的深刻意义了.

从波函数可看到,基态是对称的,即有偶宇称;第一激发态为奇宇称;以后宇称交替,一般可写为 $p(E_n) = (-1)^{n-1}$.宇称的存在是由于势阱是对称的,这与我们选择坐标有关.因此适当选择坐标系,有利于我们对问题的认识.

根据波函数的概率意义,波函数的模方应当代表找到粒子的个数或次数(概率).这里我们又看到量子力学和经典力学不同的地方.经典力学里,不管粒子有多大能量,总是作匀速直线运动,因此,在势阱内各个点,在相当长的等时间内看到粒子的个数是一样的.但是在量子力学里却不这样,有的地方出现的个数多,有的地方少,甚至有的地方粒子根本不出现(波节处,节点)! 这种粒子不出现的禁点随着能量的增加而增多.我们也看到,当粒子的能量很高时,与粒子相应的波的波长很短,结果波峰几乎连在一起,即粒子在各处出现的概率差不多是相等的,这和牛顿力学类似.这时,粒子的波长和位势发生明显变化的范围(这儿是势阱宽度)相比很小很小. 可见, 当粒子动能很大或位势变化较慢(相对于粒子的波长)时, 量子力学和牛顿力学就比较相近; 反之, 量子现象明显, 两者的差别就大.

根据波函数的概率解释, 我们可以来计算确定能量态中的粒子位置分布和平均值, 在 $(x, x + \mathrm{d}x)$ 中粒子出现的概率为 $|\psi_n(x, t)|^2 \mathrm{d}x$, 于是粒子位置的平均值为

$$\bar{x} = \int_{-\infty}^{\infty} \mathrm{d}x x |\psi_n(x, t)|^2 = \int_{-a}^{a} \mathrm{d}x x |\psi_n(x)|^2 = 0 \qquad (2.4.29)$$

这结果与经典物理中粒子的位置平均值一致.

2.4.6 动量分布与平均值

要知道势阱中粒子的动量, 只要知道其动量空间的波函数就可以了. 由 2.1.4 小节知道, 动量空间波函数为

$$C_n(p) = \frac{1}{\sqrt{2\pi\hbar}} \int \mathrm{d}x \mathrm{e}^{-\mathrm{i}px/\hbar} \psi_n(x) = \frac{1}{\sqrt{2\pi\hbar}} \int_{-a}^{a} \mathrm{d}x \mathrm{e}^{-\mathrm{i}px/\hbar} \frac{1}{\sqrt{a}} \sin\frac{n\pi(x+a)}{2a}$$

$$= \frac{1}{\mathrm{i}} \frac{\mathrm{e}^{\mathrm{i}n\pi/2}}{\sqrt{2\pi\hbar a}} \left[\frac{\sin\left(\dfrac{n\pi}{2} - \dfrac{pa}{\hbar}\right)}{\dfrac{n\pi}{2a} - \dfrac{p}{\hbar}} + (-1)^{n+1} \frac{\sin\left(\dfrac{n\pi}{2} + \dfrac{pa}{\hbar}\right)}{\dfrac{n\pi}{2a} + \dfrac{p}{\hbar}} \right] \qquad (2.4.30)$$

我们看到这动量波函数在 $p = \pm n\dfrac{\pi\hbar}{2a}$ 有极大值, 且与坐标波函数类似, 有反射对称性:

$$C_n(-p) = (-1)^n C_n(p) \qquad (2.4.31)$$

动量在 $(p, p + \mathrm{d}p)$ 之间的概率密度为

$$P(p) = |C_n(p)|^2 \qquad (2.4.32)$$

它显然是对称的, 于是粒子的动量平均值为 0:

$$\bar{p} = \int_{-\infty}^{\infty} \mathrm{d}p p P(p) = \int_{-\infty}^{\infty} \mathrm{d}p p |C_n(p)|^2 = 0 \qquad (2.4.33)$$

2.4.7 一般状态波函数

一般情况下, 粒子在阱中的行为可以很复杂, 但它一定可以由定态组合起来:

$$\Psi(x, t) = \sum_n a_n \psi_n(x, t) = \sum_n a_n \psi_n(x) \mathrm{e}^{-\mathrm{i}E_n t/\hbar} \qquad (2.4.34)$$

其中 a_n 为叠加系数, 一般是复的. 归一化条件

$$(\Psi, \Psi) = \int_{-\infty}^{\infty} \mathrm{d}x \Psi^* \Psi = 1 \tag{2.4.35}$$

导致

$$\sum_n |a_n|^2 = \sum_n a_n^* a_n = 1 \tag{2.4.36}$$

从波函数(2.4.34)的形式看,$|a_n|^2$ 就是粒子处于定态 $\psi_n(x,t)$ 的概率. 于是可以算出,在这一般叠加态中粒子的平均位置

$$\bar{x} = \int_{-\infty}^{\infty} \mathrm{d}x x |\Psi(x,t)|^2 \tag{2.4.37}$$

它是否不随时间变化呢? 同样可以计算一般态中粒子的动量分布及其平均值,预期会怎样?

2.4.8　二维方阱

若粒子在二维无限高方势阱

$$V(x,y) = \begin{cases} \infty, & |x| > a, |y| > b \\ 0, & |x| < a, |y| < b \end{cases} \tag{2.4.38}$$

中运动,则哈密顿量为

$$H = \frac{\hat{p}_x^2 + \hat{p}_y^2}{2m} + V(x,y) \tag{2.4.39}$$

薛定谔方程为

$$-\frac{\hbar^2}{2m} \frac{\partial^2 \psi(x,y)}{\partial x^2} - \frac{\hbar^2}{2m} \frac{\partial^2 \psi(x,y)}{\partial y^2} + V(x,y)\psi(x,y) = E\psi(x,y) \tag{2.4.40}$$

此方程只需在阱内解,且可分离变量,是两个方向上独立在无限高势阱中运动的叠加,波函数和相应能级为

$$\psi_{n_x n_y}(x,y) = \sqrt{\frac{1}{ab}} \sin \frac{n_x \pi (x+a)}{2a} \sin \frac{n_y \pi (y+b)}{2b} \tag{2.4.41}$$

$$E_{n_x n_y} = \frac{\pi^2 \hbar^2}{2m} \left[\left(\frac{n_x}{2a} \right)^2 + \left(\frac{n_y}{2b} \right)^2 \right], \quad n_x, n_y = 1, 2, 3, \cdots \tag{2.4.42}$$

波函数相乘,能量相加.

2.4.9　两个粒子

如果质量分别为 m_1 和 m_2 的两个粒子无作用地在同一个无限高方势阱里运

动,则哈密顿量为

$$H = \frac{\hat{p}_1^2}{2m_1} + \frac{\hat{p}_2^2}{2m_2} + V \tag{2.4.43}$$

其中 V 类似于式(2.4.1)表示的势阱,而 $\hat{p}_1$,$\hat{p}_2$ 分别表示两个粒子的动量,薛定谔方程写为

$$-\frac{\hbar^2}{2m_1}\frac{\partial^2 \psi(x_1,x_2)}{\partial x_1^2} - \frac{\hbar^2}{2m_2}\frac{\partial^2 \psi(x_1,x_2)}{\partial x_2^2} + V\psi(x_1,x_2) = E\psi(x_1,x_2)$$

$$\tag{2.4.44}$$

方程只要在区域:$|x_1| < a$,$|x_2| < a$ 内解,同样可以分离变量,波函数和能级分别为

$$\psi_{n_1 n_2}(x_1,x_2) = \frac{1}{a}\sin\frac{n_1\pi(x_1 + a)}{2a}\sin\frac{n_2\pi(x_2 + a)}{2a} \tag{2.4.45}$$

$$E_{n_1 n_2} = \frac{\pi^2 \hbar^2}{8a^2}\left[\frac{n_1^2}{m_1} + \frac{n_2^2}{m_2}\right], \quad n_1, n_2 = 1,2,3,\cdots \tag{2.4.46}$$

我们看到,如果两粒子质量相等,则两个粒子在一维方阱中的运动相当于一个粒子在二维方阱中的运动.

上面的做法很容易推广到一个粒子在高维方阱中的运动,或者多个粒子在一维方阱中的运动.

2.5 有限深对称方势阱

在很多情况下,位势不是无限高的,而是有限的,例如在金属中电子所处的环境.

1. 有限深对称势阱

位势的形式为

$$V(x) = \begin{cases} 0, & |x| < a \\ V_0, & |x| > a \end{cases} \tag{2.5.1}$$

其中 $V_0 > 0$,见图 2.5.1.

我们先讨论**束缚态**问题,因此假定能量 $0 < E < V_0$.

由于位势有奇异性,可以分区求解.分区写下定态方程:

$$\begin{cases} |x| < a, & \psi'' + k^2\psi = 0, \quad k = \sqrt{2mE/\hbar^2} \\ |x| > a, & \psi'' - k'^2\psi = 0, \quad k' = \sqrt{2m(V_0 - E)/\hbar^2} \end{cases} \quad (2.5.2)$$

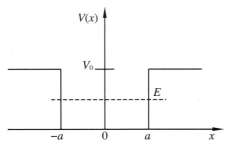

图 2.5.1 有限深对称势阱

显然有约束关系

$$k^2 + k'^2 = 2mV_0/\hbar^2 \quad (2.5.3)$$

不难把各区的解写下来:

$$\begin{cases} \psi = A_1 e^{-k'x} + B_1 e^{k'x}, & x < -a \\ \psi = A\cos(kx + \delta), & |x| < a \\ \psi = A_2 e^{-k'x} + B_2 e^{k'x}, & x > a \end{cases}$$

$$(2.5.4)$$

根据波函数标准条件

$$\psi(x) \to 0, \quad x \to \pm\infty \quad (2.5.5)$$

上面的解中有

$$A_1 = 0, \quad B_2 = 0 \quad (2.5.6)$$

由于我们的势阱是对称的,态有宇称,可以分开求解.

2. 偶宇称解

波函数满足条件

$$\psi(-x) = \psi(x) \quad (2.5.7)$$

从上面的解可知,必有

$$\begin{cases} A_2 = B_1 \\ \delta = 0 \end{cases} \quad (2.5.8)$$

现在引用连接条件,波函数应在交接处连续,

$$\begin{cases} \psi(-a_-) = \psi(-a_+) \\ \psi(a_-) = \psi(a_+) \end{cases} \quad (2.5.9)$$

这导致下面的关系:

$$A_2 e^{-k'a} = A\cos ka \quad (2.5.10)$$

现在有三个未知量 A_2, A, k,但约束关系只有一个,无法定解.虽然要求波函数归一化可以提供另一个约束,但还缺一个,到哪儿去找?

3. 导数连接条件

边界条件一般由相互作用位势确定.现在的位势有奇异性,在奇点处会对波函数有要求.

现在我们把薛定谔方程在位势奇点 $x = a$ 附近区间 (b, x) $(0 < b < a, x \geqslant a)$ 积分:

$$\int_b^x \mathrm{d}x \left(\psi'' + \frac{2mE}{\hbar^2} \psi - \frac{2m}{\hbar^2} V\psi \right) = 0 \tag{2.5.11}$$

$$\psi'(x) - \psi'(b) = -\frac{2mE}{\hbar^2} \int_b^x \mathrm{d}x\, \psi + \frac{2m}{\hbar^2} \int_b^x \mathrm{d}x\, V\psi \tag{2.5.12}$$

由于波函数本身连续,因此上式右边第一项是 x 的连续函数.而第二项的积分可改写为

$$\int_b^x \mathrm{d}y\, V(y) \psi = \int_b^x \mathrm{d}y\, \psi(y) V_0 \theta(y - a)$$

$$= \begin{cases} 0, & x \leqslant a \\ V_0 \displaystyle\int_a^x \mathrm{d}y\, \psi(y), & x > a \end{cases}$$

$$= \theta(x - a) V_0 \int_a^x \mathrm{d}y\, \psi \tag{2.5.13}$$

这里阶梯函数 θ 定义为

$$\theta(x) = \begin{cases} 0, & x < 0 \\ 1, & x > 0 \end{cases} \tag{2.5.14}$$

式(2.5.13)中的积分当 x 趋于 a 时连续地趋于零(V_0 有限),这表明式(2.5.12)中第二项也是 x 的连续函数.于是可知,波函数的导数在奇点 $x = a$ 附近也是 x 的连续函数:

$$\psi'(a_-) = \psi'(a_+) \tag{2.5.15}$$

把前面的解代到此条件中,得

$$- k' A_2 \mathrm{e}^{-k'a} = - kA \sin ka$$

加上式(2.5.10)可得

$$ka \tan ka = k'a$$

令

$$\xi = ka, \quad \eta = k'a \tag{2.5.16}$$

则上式可改写为

$$\eta = \xi \tan \xi \tag{2.5.17}$$

加上前面的约束式(2.5.3),有

$$\xi^2 + \eta^2 = \frac{2mV_0 a^2}{\hbar^2} \tag{2.5.18}$$

这就是决定问题解的一对方程.

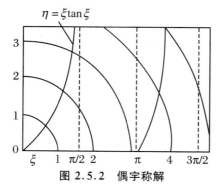

图 2.5.2　偶宇称解

这对方程可以计算求解或图形求解(图2.5.2).从图上得到交点处的横坐标 ξ_n,由此得能量的值

$$E_n = \frac{\hbar^2 k_n^2}{2m} = \frac{\hbar^2}{2ma^2}\xi_n^2 \quad (2.5.19)$$

解的个数是有限的.但从图上可见,不管位势多深多宽,至少有一个解,即有限深对称方势阱总有束缚态.

导数连接条件式(2.5.15)与波函数连续条件式(2.5.9)合起来可写为

$$(\ln\psi)'\big|_{x=a^-} = (\ln\psi)'\big|_{x=a^+} \quad (2.5.20)$$

称为波函数对数导数连续.当我们对具体系数不感兴趣时,可直接用这个连接条件,它实际上是表示相位连续.

4. 奇宇称解

奇宇称解要求波函数满足

$$\psi(-x) = -\psi(x) \quad (2.5.21)$$

于是解可写为

$$\psi(x) = \begin{cases} -A_2 e^{k'x}, & x < -a \\ A\sin kx, & |x| < a \\ A_2 e^{-k'x}, & x > a \end{cases} \quad (2.5.22)$$

同样利用波函数及其导数在 $x=a$ 处连续的条件,可得

$$\begin{cases} A\sin ka = A_2 e^{-k'a} \\ kA\cos ka = -k'A_2 e^{-k'a} \end{cases} \quad (2.5.23)$$

两者相比得

$$\eta = -\xi\cot\xi = \xi\tan(\xi - \pi/2) \quad (2.5.24)$$

加上约束式(2.5.18),可以从图上求解(图2.5.3).

同样从交点的横坐标 ξ_n 求出能量来.和偶宇称解不同,从图上可看出,系统不一定有奇宇称解.只有当

$$\sqrt{\frac{2mV_0 a^2}{\hbar^2}} > \frac{\pi}{2} \quad (2.5.25)$$

时才可能有奇宇称束缚态.

合起来,我们看到,在有限深对称方势阱中的束缚态能量由方程

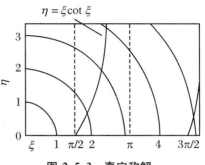

$$\begin{cases} \eta = \xi \tan\left(\xi - r\pi/2\right), \quad r = 0,1 \\ \eta^2 + \xi^2 = \dfrac{2mV_0 a^2}{\hbar^2} \end{cases}$$

$$\text{(2.5.26)}$$

图 2.5.3 奇宇称解

的解 ξ_n 给出

$$E_n = \frac{\hbar^2}{2ma^2}\xi_n^2 \qquad \text{(2.5.27)}$$

束缚态的个数为

$$N = \lceil 2a\sqrt{2mV_0}/(\pi\hbar) \rceil \qquad \text{(2.5.28)}$$

其中 $\lceil x \rceil$ 是**天花板函数**,例如 $\lceil 3 \rceil = 3$,$\lceil \pi \rceil = 4$.

(思考:式(2.5.25)中可否取等号?)

5. 特殊情况 1:无限高阱

如果势阱高度 V_0 趋于无穷,势阱就变为无限高方势阱.这时约束条件(2.5.18)就是一段半径为无限大的圆弧.方程的解就变为

$$\xi = \xi_n = n \cdot \frac{\pi}{2} \qquad \text{(2.5.29)}$$

此时相应的能级为

$$E = E_n = \frac{\hbar^2}{2ma^2}\xi_n^2 = \frac{\pi^2\hbar^2}{8ma^2}n^2, \quad n = 1,2,3,\cdots \qquad \text{(2.5.30)}$$

这正是我们在前一节获得的结果.

6. 特殊情况 2:半无限高阱

所谓半无限高阱是指下面的位势:

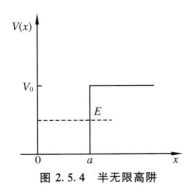

图 2.5.4 半无限高阱

$$V(x) = \begin{cases} \infty, & x < 0 \\ 0, & 0 < x < a \\ V_0, & x > a \end{cases} \qquad \text{(2.5.31)}$$

见图 2.5.4.在这种阱中运动的粒子显然不能到 $x<0$ 的左边去.由波函数的连续性,在右边必须要选在坐标原点为零的波函数.由于方程式是一样的,因此只要用前面的奇宇称的解就可以了.即能量为式(2.5.26)中取 $r = 1$.于是可知,在这样的位势中运动至少有一个束缚态的条件是式

(2.5.25).而有且仅有一个束缚态的条件是

$$\frac{\pi}{2} < \sqrt{\frac{2mV_0 a^2}{\hbar^2}} \leq \frac{3\pi}{2} \tag{2.5.32}$$

在历史上,这曾是用来判断原子核中相互作用强度的方法.

7. 高维和多粒子

我们可以和上节一样,讨论一个粒子在二维有限对称方阱中的束缚态问题:

$$V(x,y) = \begin{cases} 0, & |x| < a, |y| < a \\ V_0(>0), & \text{其他} \end{cases} \tag{2.5.33}$$

或者两个粒子无作用地在一维有限对称势阱中的运动,做法是类似的.

2.6 隧 道 效 应

除了束缚态的各种特性外,量子粒子还表现出许多经典粒子从未有过的现象.其中一种表现在散射上.自从卢瑟福群体的 α 粒子散射实验之后,散射或碰撞成了人们研究微观系统结构和相互作用的一种重要实验手段.

2.6.1 一维势阶散射

为演示物理,我们先从最简单的势阶散射开始.**势阶**是指位势在某处有个跳跃,形式为

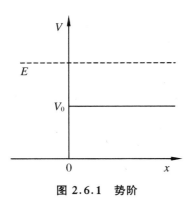

图 2.6.1 势阶

$$V(x) = \begin{cases} 0, & x < 0 \\ V_0, & x > 0 \end{cases} \tag{2.6.1}$$

不妨设 $V_0 > 0$,其形状如图 2.6.1.

考虑一个质量为 μ、能量为 E 的粒子,从负无穷远处射向这样一个势阶,会发生什么现象.

现设粒子能量较大,超过势阶高度,$E > V_0$.按照经典力学,粒子会全部通过,跑到无穷远处去.

在量子力学里,这属于定态问题.定态薛定谔方程为

$$\psi'' + \frac{2\mu}{\hbar^2}(E - V)\psi = 0 \tag{2.6.2}$$

由于势有奇点,可分区解.

$$\begin{cases} x < 0, & \psi'' + k^2\psi = 0, \quad k = \sqrt{2\mu E / \hbar^2} \\ x > 0, & \psi'' + k''^2\psi = 0, \quad k'' = \sqrt{2\mu(E - V_0)/\hbar^2} \\ k^2 - k''^2 = 2\mu V_0 / \hbar^2 \end{cases} \tag{2.6.3}$$

相应解为

$$\begin{cases} x < 0, & \psi = A e^{ikx} + r e^{-ikx} \\ x > 0, & \psi = t e^{ik''x} + C e^{-ik''x} \end{cases} \tag{2.6.4}$$

2.6.2 散射边界条件

和以前的束缚态问题不同,我们遇到了另一类物理问题.这里的粒子能量是由实验条件给定的,大小可随意,因此是个连续谱问题.

其次,粒子是被设定从 $x = -\infty$ 处作为束流源发射过来的,因此上面解中**入射波**的系数 A 必定不为零.为运算干净起见,不妨设 $A = 1$.

第三,没有粒子从 $x = \infty$ 射过来,因此系数 $C = 0$.

现在可以把各个区的解用波函数条件连接起来.由于位势只有有限跃变,因此各区的波函数应该光滑地连接起来,即波函数及其导数要连续.

在 $x = 0$ 处,要求

$$\psi(0^-) = \psi(0^+), \quad \psi'(0^-) = \psi'(0^+) \tag{2.6.5}$$

给出

$$\begin{cases} 1 + r = t \\ ik - ikr = ik''t \end{cases} \tag{2.6.6}$$

由此易解出

$$\begin{cases} t = \dfrac{2}{1 + k''/k} \\ r = \dfrac{1 - k''/k}{1 + k''/k} \end{cases} \tag{2.6.7}$$

亦即得到薛定谔方程的解为

$$\psi(x) = \begin{cases} e^{ikx} + e^{-ikx}(1 - k''/k)/(1 + k''/k), & x < 0 \\ 2e^{ik''x}/(1 + k''/k), & x > 0 \end{cases} \tag{2.6.8}$$

从这个解可以看到,在势阶右边,有向正方向运动的行波,即有粒子穿过势阶,向无穷远处前进,称为**透射波**.这和经典力学的预期相似.但我们看,在势阶左边,即 $x < 0$ 处,除了有发射来的粒子外(向正方向前进的波 e^{ikx}),还有反过来向负无穷处前进的波 e^{-ikx},这是被势阶反射的,称为**反射波**.显然这出乎经典力学预期!

2.6.3　反射系数与透射系数

在这个实验安排中我们测量什么? 我们在无限远处单位时间、单位垂直(与入射方向)面积向 x 正方向发射多个单能粒子,然后在某处(一般远离相互作用区)用探测器(如法拉第圆筒、集流器等)朝某个方向捕捉粒子,再与发射出来的粒子数比较.我们测量的不是在某处静止的粒子数,而是有一定流动趋势的粒子数,即测量的是概率流.这是散射问题与束缚态问题很大的不同.

在这个实验中一共有三种流:**入射流**、**透射流**和**反射流**,后两种也称为**散射流**.

入射流(密度)j_{in},其相应的波函数为 e^{ikx},准确到一个公共常数因子:

$$j_{in} = \frac{1}{2\mu}\left[\psi^* \frac{\hbar}{i} \frac{d\psi}{dx} - \frac{\hbar}{i} \frac{d\psi^*}{dx} \psi\right]$$

$$= \hbar k/\mu = \sqrt{2\mu E}/\mu \tag{2.6.9}$$

它的物理意义为在 $x = -\infty$ 处单位时间、单位垂直面积向 x 正方向发射的粒子数.这些粒子能量为 E,动量为 p.

透射流 j_t,其相应的波函数为 $t\,e^{ik''x}$:

$$j_t = \frac{1}{2\mu}\left[\psi^* \frac{\hbar}{i} \frac{d\psi}{dx} - \frac{\hbar}{i} \frac{d\psi^*}{dx} \psi\right]$$

$$= t^* t \hbar k''/\mu = |t|^2 \sqrt{2\mu(E - V_0)}/\mu = |t|^2 p''/\mu \tag{2.6.10}$$

它的物理意义为穿过势阶后单位时间、单位垂直面积向 x 正方向运动的粒子数,p'' 即为穿过势阶后粒子的动量.如果在 $x > a$ 的地区,放置一探测器,其口朝向 $-x$ 方向,则单位时间、单位垂直面积就可以接收到这么多的粒子.

反射流 j_{re},其相应的波函数为 $r\,e^{-ikx}$:

$$j_{re} = \frac{1}{2\mu}\left[\psi^* \frac{\hbar}{i} \frac{d\psi}{dx} - \frac{\hbar}{i} \frac{d\psi^*}{dx} \psi\right]$$

$$= -r^* r \hbar k/\mu = -|r|^2 \sqrt{2\mu E}/\mu = -|r|^2 p/\mu \tag{2.6.11}$$

它的物理意义为单位时间、单位垂直面积经由势阶作用后向 x 负方向运动的粒子数.如果在 $x < 0$ 的地区放置一探测器,其口朝向 $+x$ 方向,则单位时间、单位垂直面积就可以接收到这么多被势阶反射回来的粒子.

由于实验中总的粒子数(束流强度)没有特别的意义,因此我们如下定义此实

验中测量的物理量:

透射系数 穿透粒子数占总发射粒子数之比例,实际上就是透射概率:

$$T = |j_t| / |j_{in}| \tag{2.6.12}$$

反射系数 反射粒子数占总发射粒子数之比例:

$$R = |j_{re}| / |j_{in}| \tag{2.6.13}$$

利用上面算得的结果,我们得到在势阶散射中的两个系数:

$$\begin{cases} T = |t|^2 \dfrac{p''}{p} = \dfrac{4kk''}{(k+k'')^2} = \dfrac{4\sqrt{E(E-V_0)}}{2E - V_0 + 2\sqrt{E(E-V_0)}} \\[4mm] R = |r|^2 = \left(\dfrac{k-k''}{k+k''}\right)^2 = \dfrac{2E - V_0 - 2\sqrt{E(E-V_0)}}{2E - V_0 + 2\sqrt{E(E-V_0)}} \end{cases} \tag{2.6.14}$$

从这两个量的表达式可以看到它们之间有如下关系:

$$T + R = 1 \tag{2.6.15}$$

从这些量的物理意义知道,此式是普遍成立的,代表粒子数守恒,是概率守恒定律的反映.

从透射系数和发射系数的表达式看,它们对于波数 k, k'' 是对称的,即如果把它们互换,$k \rightleftharpoons k''$,这两个测量值不变.这意味着把势阶反过来,粒子从高台阶飞向低台阶,透射系数与反射系数还是没变.这性质叫**反转关系**或**倒易关系**.这在经典物理里就有!

2.6.4 趋肤效应

如果入射粒子能量小于势阶(图 2.6.2),

$$E < V_0$$

此时各区的解为

$$\begin{cases} x < 0, & \psi = A e^{ikx} + r e^{-ikx} \\ x > 0, & \psi = t' e^{-k'x} + C e^{k'x} \end{cases} \tag{2.6.16}$$

其中波数的定义同前面,而在 $x>0$ 区域,

$$k' = \sqrt{\dfrac{2\mu(V_0 - E)}{\hbar^2}} \tag{2.6.17}$$

由波函数标准条件,$C = 0$.再由在 $x = 0$ 处波函数的连接条件得

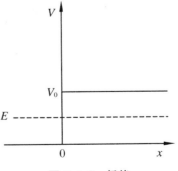

图 2.6.2 低能

$$\begin{cases} \dfrac{r}{A} = \dfrac{\mathrm{i}k + k'}{\mathrm{i}k - k'} \\[2mm] \dfrac{t'}{A} = \dfrac{2\mathrm{i}k}{\mathrm{i}k - k'} \end{cases} \tag{2.6.18}$$

计算透射流与反射流：

$$\begin{cases} j_{\mathrm{t}} = 0 \\ j_{\mathrm{re}} = |r|^2 p/\mu = |A|^2 p/\mu \end{cases}$$

于是知透射系数和反射系数：

$$\begin{cases} T = 0 \\ R = 1 \end{cases}$$

这结果倒与经典一致.但是注意,在 $x>0$ 区,波函数不完全为零,即粒子也可以渗透到势阶里面,不过渗透进去的概率随距离很快衰减,这种效应称为**趋肤效应**.如果把概率衰减到势阶边概率的 $1/e$ 的距离定义为粒子能跑进势阶里面的**特征距离**,即

$$|\psi(d)|^2/|\psi(0)|^2 = 1/e \tag{2.6.19}$$

则称 d 为**趋肤深度**.由式(2.6.16)和式(2.6.17)知

$$d = \frac{1}{2k'} = \frac{\hbar}{2\sqrt{2m(V_0 - E)}} = \frac{\hbar c}{2\sqrt{2mc^2(V_0 - E)}} \tag{2.6.20}$$

粒子可以跑到总能量小于势能的地方,这是量子行为不同于经典力学的地方之一,是波粒二象性的反映.

2.6.5　势垒贯穿

考虑一个能量为 E 的粒子,从负无穷远处射向一个**势垒**(图2.6.3)：

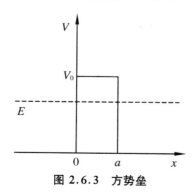

图 2.6.3　方势垒

$$V(x) = \begin{cases} V_0(>0), & 0 < x < a \\ 0, & x < 0, x > a \end{cases} \tag{2.6.21}$$

如果是经典粒子,当能量大于势垒高度,$E>V_0$,粒子会全部穿过势垒区域,到达正无穷处而被观测到.当能量小于势垒高度,$E<V_0$,则经典力学告诉我们,粒子全部被势垒反射而回到出发点.

量子力学里的情形怎样呢？

质量为 μ 的粒子在这样的势场中运动时,属于定态问题.定态薛定谔方程为

$$\psi'' + \frac{2\mu}{\hbar^2}(E - V)\psi = 0 \qquad (2.6.22)$$

为了对比明显起见,我们可先讨论粒子能量小于势垒高度的情形:$0 < E < V_0$.

由于位势有奇异性,可以分区解方程,然后再按波函数条件连接起来.

$$\begin{cases} x < 0, x > a, & \psi'' + k^2\psi = 0, \quad k = \sqrt{2\mu E/\hbar^2} \\ 0 < x < a, & \psi'' - k'^2\psi = 0, \quad k' = \sqrt{2\mu(V_0 - E)/\hbar^2} \\ k^2 + k'^2 = 2\mu V_0/\hbar^2 \end{cases} \qquad (2.6.23)$$

各个区域的解分别为

$$\begin{cases} x < 0, & \psi = A\mathrm{e}^{ikx} + r\mathrm{e}^{-ikx} \\ 0 < x < a, & \psi = B\mathrm{e}^{k'x} + B'\mathrm{e}^{-k'x} \\ x > a, & \psi = t\mathrm{e}^{ikx} + C\mathrm{e}^{-ikx} \end{cases} \qquad (2.6.24)$$

现在我们要应用上面实验安排的边界条件(2.6.2 小节),来确定这些系数 A, r, B, B', t, C 之间的关系.

和前面一样,可以取 $A = 1$,而 $C = 0$.

现在可以把各个区的解用波函数条件连接起来.由于位势只有有限跃变,因此各区的波函数应该光滑地连接起来,即波函数及其导数要连续.

在 $x = 0$ 处,要求

$$\psi(0^-) = \psi(0^+), \quad \psi'(0^-) = \psi'(0^+) \qquad (2.6.25)$$

给出

$$\begin{cases} 1 + r = B + B' \\ ik - ikr = k'B - k'B' \end{cases} \qquad (2.6.26)$$

同样,在 $x = a$ 处要求

$$\begin{cases} B\mathrm{e}^{k'a} + B'\mathrm{e}^{-k'a} = t\mathrm{e}^{ika} \\ Bk'\mathrm{e}^{k'a} - B'k'\mathrm{e}^{-k'a} = ikt\mathrm{e}^{ika} \end{cases} \qquad (2.6.27)$$

经过几步数学运算我们从这些式子中可得到

$$\begin{cases} t = \mathrm{e}^{-ika}\Big/\Big[\cosh k'a + \frac{1}{2}\Big(\frac{ik'}{k} + \frac{k}{ik'}\Big)\sinh k'a\Big] \\ r = -\frac{1}{2}\Big(\frac{ik'}{k} - \frac{k}{ik'}\Big)\sinh k'a\Big/\Big[\cosh k'a + \frac{1}{2}\Big(\frac{ik'}{k} + \frac{k}{ik'}\Big)\sinh k'a\Big] \\ k = \sqrt{2\mu E/\hbar^2}, \quad k' = \sqrt{2\mu(V_0 - E)/\hbar^2} \end{cases}$$

$$(2.6.28)$$

由此可以计算势垒贯穿中的穿透系数和反射系数,

$$
\begin{aligned}
T &= \left[1 + \frac{1}{4} \left(\frac{k'}{k} + \frac{k}{k'} \right)^2 \sinh^2 k'a \right]^{-1} \\
&= 1 - \frac{\sinh^2 k'a}{4 \dfrac{E}{V_0} \left(1 - \dfrac{E}{V_0} \right) + \sinh^2 k'a}
\end{aligned} \tag{2.6.29}
$$

$$
\begin{aligned}
R &= \frac{1}{4} \left(\frac{k'}{k} + \frac{k}{k'} \right)^2 \sinh^2 k'a \left[1 + \frac{1}{4} \left(\frac{k'}{k} + \frac{k}{k'} \right)^2 \sinh^2 k'a \right]^{-1} \\
&= \frac{\sinh^2 k'a}{4 \dfrac{E}{V_0} \left(1 - \dfrac{E}{V_0} \right) + \sinh^2 k'a}
\end{aligned} \tag{2.6.30}
$$

当然同样有关系

$$
T + R = 1
$$

2.6.6 隧道效应

从系数 T, R 的表达式看到,在粒子能量 E 小于势垒高度 V_0 的情况下,确实一部分粒子被势垒反射回去了,就像经典物理预言的那样;但还是有一部分粒子没有被反射回去,而是穿过了势垒.这是经典力学不允许的.这些量子粒子好像在势垒上挖了条隧道穿了过去,因此叫做**量子隧道效应**.

在能量远小于势垒高度的情况下,透射系数可近似表达为

$$
T = 16 \frac{E}{V_0} \left(1 - \frac{E}{V_0} \right) \mathrm{e}^{-2a \sqrt{2\mu(V_0 - E)}/\hbar} \tag{2.6.31}
$$

它对系统的参数如 μ, a, V_0 及粒子的能量十分敏感.

如果粒子的能量 E 高于势垒高度 V_0,同样可以解薛定谔方程.完全类似于上面的解法,得到穿透系数和反射系数为

$$
\begin{cases}
T = 1 - \dfrac{\sin^2 la}{4 \dfrac{E}{V_0} \left(\dfrac{E}{V_0} - 1 \right) + \sin^2 la} \\
l \equiv \sqrt{2\mu(E - V_0)/\hbar^2} \\
R = 1 - T
\end{cases} \tag{2.6.32}
$$

我们可以看到,即使粒子的能量很高,它也有可能被不起眼的势垒反射回去.

把穿透系数与粒子能量的关系画出来（图 2.6.4），我们看到，随着粒子能量的提高，粒子被反射的可能性越来越小，而穿透的概率也越来越大．

量子隧道效应是量子粒子特有的．实验上证明了这一量子效应是存在的，并且得到了广泛的应用，可以用来解释奇怪的原子核的 α 衰变现象等，是隧道二极管、扫描隧道电镜等技术发明的基础．

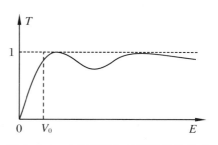

图 2.6.4　穿透系数与粒子能量的关系

2.6.7　共振穿透

即使粒子的能量远远高于势垒（$E \gg V_0$），一般情况下，粒子还是有可能被势垒反射回去．但是当粒子的能量满足条件

$$\sin l a = \sin \sqrt{2\mu(E - V_0)a^2/\hbar^2} = 0$$

或

$$E = E_n = \frac{\pi^2 \hbar^2}{2\mu a^2} n^2 + V_0, \quad n = 1,2,3,\cdots \qquad (2.6.33)$$

时，穿透系数等于 1，或者说粒子能全部穿过势垒．这种现象称为**共振穿透**．我们注意到，式（2.6.32）中能量高出势垒顶的部分正是粒子在宽为 a 的无限高方势阱中的能级．

2.6.8　势阱情形

如果粒子对势阱散射（图 2.6.5），则只要在公式（2.6.27）中用势阱深度 $-U_0$ 代替势垒高度 V_0，或用 l' 代替 l，而

$$l' = \sqrt{2\mu(E + U_0)/\hbar^2} \qquad (2.6.34)$$

可以看到这里同样有共振穿透．

在低能电子与稀有气体（氖、氩、氪等）原子碰撞的过程中，发现有电子几乎完全穿透的过程，称为 **Ramsauer 效应**．适当简化后，可以用共振穿透来解释．

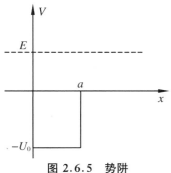

图 2.6.5　势阱

2.6.9 一维多量子垒

类似地,可以讨论双势垒问题,例如图 2.6.6 所示的最简单一种,

$$V(x) = \begin{cases} 0, & x < 0, a < x < d, x > a + d \\ V_0, & 0 < x < a, d < x < a + d \end{cases} \quad (2.6.35)$$

一般地,对于一维多量子垒,例如有 n 个常值位势 $V_1, V_2, \cdots, V_{n-1}, V_n$,选 V_1 与 V_2 阶跃点的坐标为零($x_1 = 0$),$V_1 = V_n = 0$,V_j 和 V_{j+1} 阶跃点的坐标为 x_j,第 j 个位势的宽度为 $d_j = x_j - x_{j-1}$(图 2.6.7).这种一维多量子势垒在超晶格设计中很容易实现.位势可写为

$$V(x) = \begin{cases} \cdots \\ V_j, & x_j < x < x_{j+1} \\ \cdots \end{cases} \quad (2.6.36)$$

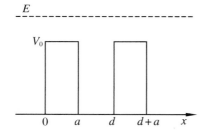

图 2.6.6 双势垒

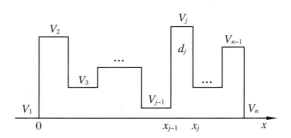

图 2.6.7 一维多量子垒

可以在每一个垒(或阱)中写下薛定谔方程的解(不妨先设能量 E 高于所有势垒):

$$\begin{cases} \psi_j(x) = t_j e^{ik_j x} + r_j e^{-ik_j x_j} \\ x_j < x < x_{j+1} \\ k_j = \sqrt{2\mu(E - V_j)/\hbar^2} \\ j = 1, 2, \cdots, n \end{cases} \quad (2.6.37)$$

然后写下波函数及其导数的连接条件,

$$\begin{aligned} \psi_j(x_j) &= \psi_{j+1}(x_{j+1}) \\ \psi_j{}'(x_j) &= \psi_{j+1}{}'(x_{j+1}) \end{aligned} \quad (2.6.38)$$

即

$$\begin{cases} t_j e^{ik_j x_j} + r_j e^{-ik_j x_j} = t_{j+1} e^{ik_{j+1} x_j} + r_{j+1} e^{-ik_{j+1} x_j} \\ ik_j(t_j e^{ik_j x_j} - r_j e^{-ik_j x_j}) = ik_{j+1}(t_{j+1} e^{ik_{j+1} x_j} - r_{j+1} e^{-ik_{j+1} x_j}) \quad (2.6.39) \\ j = 1, 2, \cdots, n \end{cases}$$

或写成矩阵形式

$$\begin{cases} \begin{bmatrix} t_j \\ r_j \end{bmatrix} = K^{(j)} \begin{bmatrix} t_{j+1} \\ r_{j+1} \end{bmatrix} \\[3mm] K^{(j)} = \begin{bmatrix} \mu_j \mathrm{e}^{\mathrm{i}k_j^- x_j} & \eta_j \mathrm{e}^{-\mathrm{i}k_j^+ x_j} \\ \eta_j \mathrm{e}^{\mathrm{i}k_j^+ x_j} & \mu_j \mathrm{e}^{-\mathrm{i}k_j^- x_j} \end{bmatrix} \\[3mm] \mu_j = \dfrac{1}{2}\left(1 + \dfrac{k_{j+1}}{k_j}\right), \quad \eta_j = \dfrac{1}{2}\left(1 - \dfrac{k_{j+1}}{k_j}\right) \\[3mm] k_j^- = k_{j+1} - k_j, \qquad k_j^+ = k_{j+1} + k_j \\[2mm] j = 1, 2, \cdots, n \end{cases} \tag{2.6.40}$$

最后有关系

$$\begin{bmatrix} t_1 \\ r_1 \end{bmatrix} = \prod_{j=1}^{n-1} K^{(j)} \begin{bmatrix} t_n \\ r_n \end{bmatrix} \tag{2.6.41}$$

对于散射问题，

$$t_1 = 1, \quad r_n = 0 \tag{2.6.42}$$

就可算出穿透幅和穿透系数：

$$\begin{cases} t_n = \dfrac{1}{\left(\prod\limits_{j=1}^{n-1} K^{(j)}\right)_{11}} = \left\{ \sum\limits_{i_1 i_2 \cdots i_{n-2}=1}^{2} K_{1 i_1}^{(1)} K_{i_1 i_2}^{(2)} \cdots K_{i_{n-2} 1}^{(n-1)} \right\}^{-1} \\[5mm] T = |t_n|^2 \end{cases} \tag{2.6.43}$$

虽然对于多势垒,计算是复杂的,手算是费劲的,但现在有了计算机技术,可以用程序来快速计算啊!

2.7　δ　势

2.7.1　δ 函数

δ 函数是英国物理学家狄拉克在量子力学研究中首先应用的一种特别的函数,其特征可用下面两个式子表示:

$$\delta(x) = \begin{cases} 0, & x \neq 0 \\ \infty, & x = 0 \end{cases} \tag{2.7.1}$$

$$\int_{-\infty}^{\infty} \delta(x)\mathrm{d}x = 1 \tag{2.7.2}$$

式(2.7.1)称为集中性,式(2.7.2)称为归一性.由此导致许多有趣的性质,例如

$$\int_{-\infty}^{\infty} f(x)\delta(x)\mathrm{d}x = f(0) \tag{2.7.3}$$

$$\int_{-\infty}^{\infty} f(x)\delta'(x)\mathrm{d}x = -f'(0) \tag{2.7.4}$$

狄拉克用 δ 函数来表示瞬时的或极短程的相互作用.好些数学家起初不承认这是函数,后来发现它用处极大,并可看做函数列的极限,就开始认真对待它,发展出一门数学新学科——**广义函数论**. δ 函数的发现可以看做是物理对数学的反作用,是数学的发展与实践密切相关的一个证据.

2.7.2 吸引 δ 势阱

吸引 δ 势阱可以看做短程吸引势的极限,

$$V(x) = -V_0\delta(x), \quad V_0 > 0 \tag{2.7.5}$$

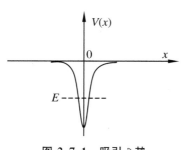

一个方势阱,如果保持阱宽与阱深的乘积不变而让阱宽趋于零,那就是 δ 势了(图 2.7.1).

设一个质量为 μ 的粒子在吸引 δ 势中运动,则哈密顿量为

$$H = \frac{\hat{p}^2}{2\mu} + V(x) = \frac{\hat{p}^2}{2\mu} - V_0\delta(x)$$

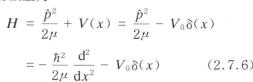

$$= -\frac{\hbar^2}{2\mu}\frac{\mathrm{d}^2}{\mathrm{d}x^2} - V_0\delta(x) \tag{2.7.6}$$

图 2.7.1 吸引 δ 势

由 δ 函数的归一性知道,其量纲为长度的倒数.因此量 V_0 的量纲为能量乘长度.从哈密顿量(2.7.6)可以读出,这个系统中有一个长度量纲的**特征量**:

$$l_0 = \frac{\hbar^2}{\mu V_0} \tag{2.7.7}$$

用它可以标志在这个势中运动的粒子的特征范围,故称为**特征长度**.

与此哈密顿量对应的定态薛定谔方程为

$$-\frac{\hbar^2}{2\mu}\frac{\mathrm{d}^2\psi}{\mathrm{d}x^2} - V_0\delta(x)\psi = E\psi \tag{2.7.8}$$

我们可以根据设定条件来解这个方程.

2.7.3　束缚态

我们先来讨论束缚态问题,此时能量是负的,$E<0$.由于位势在坐标原点有奇异性,故要分区解.在原点以外,定态方程为

$$\psi'' - k'^2 \psi = 0, \quad k' = \sqrt{-2\mu E / \hbar^2} \tag{2.7.9}$$

分区解为

$$\begin{cases} \psi = A_1 e^{k'x} + B_1 e^{-k'x}, & x < 0 \\ \psi = A_2 e^{k'x} + B_2 e^{-k'x}, & x > 0 \end{cases} \tag{2.7.10}$$

现在我们先用束缚态要求

$$\psi \to 0, \quad x \to \pm \infty$$

则

$$B_1 = 0, \quad A_2 = 0 \tag{2.7.11}$$

再应用连接条件.在坐标原点,波函数要连续:

$$\psi(0_-) = \psi(0_+)$$

这导致

$$A_1 + B_1 = A_2 + B_2 \tag{2.7.12}$$

式(2.7.10)中共有 5 个未定量,若先不管归一化,要定解还需 4 个条件.现在有了 3 个,还缺 1 个.能否让波函数的导数在原点连续呢?

2.7.4　导数跳跃条件

如果要求导数连续,结果是无解.我们在前面讲过,相互作用决定边界条件.在势能奇异处的条件由方程决定.对方程(2.7.8)在坐标原点附近积分:

$$\begin{aligned}
\psi'(0_+) - \psi'(0_-) &= \lim_{\varepsilon \to 0} \int_{-\varepsilon}^{\varepsilon} \psi'' \mathrm{d}x \\
&= \lim_{\varepsilon \to 0} \left(-\frac{2\mu}{\hbar^2} \right) \int_{-\varepsilon}^{\varepsilon} (E + V_0 \delta(x)) \psi \mathrm{d}x \\
&= \frac{2\mu(-V_0)}{\hbar^2} \psi(0) \tag{2.7.13}
\end{aligned}$$

这一条件被称为**导数跳跃条件**,是 δ 势中运动的特征性条件,其根源是,坐标原点是位势的奇点.把这条件用到解式(2.7.10)上,得到

$$k'(A_1 - B_1) - k'(A_2 - B_2) = \frac{2\mu V_0}{\hbar^2}(A_1 + B_1) \tag{2.7.14}$$

这样我们共有 4 个定解条件,足够了.

2.7.5 束缚态能级与波函数

波函数不能为零,由此解出

$$k' = \frac{\mu V_0}{\hbar^2} \tag{2.7.15}$$

或能量本征值为

$$E = -\frac{\mu V_0^2}{2\hbar^2} \tag{2.7.16}$$

只有一个能级! 相应的归一化波函数为

$$\psi(x) = \begin{cases} \dfrac{\sqrt{\mu V_0}}{\hbar} \mathrm{e}^{\frac{\mu V_0}{\hbar^2} x}, & x < 0 \\[3mm] \dfrac{\sqrt{\mu V_0}}{\hbar} \mathrm{e}^{-\frac{\mu V_0}{\hbar^2} x}, & x > 0 \end{cases}$$

$$= \frac{\sqrt{\mu V_0}}{\hbar} \mathrm{e}^{-\frac{\mu V_0 |x|}{\hbar^2}} \tag{2.7.17}$$

这是个对称波函数,即态有正宇称.

从波函数的形式看,虽然是束缚态,但粒子基本都是在势阱外运动.

2.7.6 反射系数和穿透系数

现在我们来讨论粒子对 δ 势阱的散射问题,此时能量大于零,即 $E>0$. 在原点外定态方程为

$$\begin{cases} \psi'' + k^2 \psi = 0 \\ k = \sqrt{2\mu E/\hbar^2} \end{cases} \tag{2.7.18}$$

分区的解是

$$\begin{cases} \psi = A_1 \mathrm{e}^{\mathrm{i}kx} + r\mathrm{e}^{-\mathrm{i}kx}, & x < 0 \\ \psi = t\mathrm{e}^{\mathrm{i}kx} + B_2 \mathrm{e}^{-\mathrm{i}kx}, & x > 0 \end{cases} \tag{2.7.19}$$

和前面讨论隧道效应时一样,我们要用散射边界条件,当然还要用波函数在原点的连接条件及导数跳跃条件,可求得

$$t = \frac{1}{1 - \dfrac{\mathrm{i}\mu V_0}{k\hbar^2}} \tag{2.7.20}$$

由此得到粒子射向 δ 势阱的穿透系数

$$T = |t|^2 = \frac{1}{1 + \dfrac{\mu V_0^2}{2E\hbar^2}} \tag{2.7.21}$$

2.7.7 散射幅中的束缚态

式(2.7.20)中的 t 是散射波振幅,它是波数的函数.在散射问题里,波数是实的.但我们不妨发挥一下想象力,假定波数是个复数,然后探讨一下散射幅的极点的位置.从式(2.7.20)马上得到,极点在

$$k = \mathrm{i}\frac{\mu V_0}{\hbar^2} \tag{2.7.22}$$

处.利用能量与波数的关系,这极点对应的能量为

$$E = \frac{k^2\hbar^2}{2\mu} = -\frac{\mu V_0^2}{2\hbar^2} \tag{2.7.23}$$

与式(2.7.16)比较一下,这不正是束缚态的能级吗.于是有人总结出一个求解束缚态的方法,说"**束缚态藏在散射幅在复波数平面正虚轴上的极点里**".这方法有普遍性,有兴趣的读者不妨用此法来讨论有限对称阱中的束缚态.

2.7.8 δ 势垒

对于势垒,只要把 2.7.5 小节里的解搬过来就可以了,做个代换 $-V_0 \to V_0$.注意到在式(2.7.21)中,V_0 以平方的形式出现,因此不管在势垒还是在势阱中散射,穿透系数是一样的.

2.7.9 动量空间解法

波函数可以有不同的形式,它们都是等价的.前面我们提过动量空间的波函数形式,它们与坐标空间波函数的关系为

$$\begin{cases} \psi(x) = \dfrac{1}{\sqrt{2\pi\hbar}} \displaystyle\int \mathrm{d}p\, \varphi(p)\mathrm{e}^{ipx/\hbar} \\[3mm] \varphi(p) = \dfrac{1}{\sqrt{2\pi\hbar}} \displaystyle\int \mathrm{d}x\, \psi(x)\mathrm{e}^{-ipx/\hbar} \end{cases} \tag{2.7.24}$$

即它们互为傅里叶变换像.

今对描写束缚态的方程(2.7.8)做傅里叶变换,利用式(2.7.24),可得到动量

空间波函数满足的一个代数方程：

$$\frac{2\mu E - p^2}{\hbar^2}\varphi(p) = -\frac{2\mu V_0}{\hbar^2\sqrt{2\pi\hbar}}\psi(0) \tag{2.7.25}$$

由此得

$$\varphi(p) = \frac{2\mu V_0}{p^2 - 2\mu E}\frac{\psi(0)}{\sqrt{2\pi\hbar}} \tag{2.7.26}$$

这就是动量空间的波函数. 做反傅里叶变换, 得坐标空间波函数：

$$\psi(x) = \frac{1}{\sqrt{2\pi\hbar}}\int\mathrm{d}p\,\varphi(p)\mathrm{e}^{\mathrm{i}px/\hbar} = \frac{2\mu V_0\psi(0)}{2\pi\hbar}\int\mathrm{d}p\,\frac{1}{p^2 - 2\mu E}\mathrm{e}^{\mathrm{i}px/\hbar}$$

$$= \psi(0)\frac{\mu V_0}{\hbar\sqrt{-2\mu E}}\mathrm{e}^{-\sqrt{-2\mu E}|x/\hbar|} \tag{2.7.27}$$

这结果的获得, 要用到复变函数中的留数定理. 波函数不能恒为零, 上式在坐标原点处取值, 得

$$1 = \frac{\mu V_0}{\hbar\sqrt{-2\mu E}}$$

或得能量

$$E = -\frac{\mu V_0^2}{2\hbar^2} \tag{2.7.28}$$

把它代入式 (2.7.27) 就可得到波函数的形式.

我们可以看到, 在动量空间中, 运动方程的形式比较简单; 而在求解过程中, 也没有明显用到波函数跳跃条件, 这是因为经过积分, 波函数的行为会改善.

2.7.10 多 δ 势

可以把多个 δ 势组合起来, 例如对称双吸引 δ 势 (图 2.7.2),

$$V(x) = -V_0[\delta(x+a) + \delta(x-a)] \tag{2.7.29}$$

同样可以解它的束缚态以及散射等问题.

还可以把 δ 势与其他势结合起来讨论, 变化就更多了. 处理的关键是, 对 δ 势系统不要忘了波函数的导数跳跃条件.

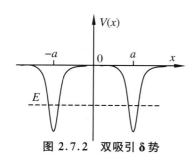

图 2.7.2 双吸引 δ 势

2.8　周　期　势

2.8.1　周期势

在一类量子系统中,相互作用有着空间的周期结构,例如在晶体中运动的电子.周期势 $V(x)$ 具有下面的对称性质:

$$V(x + na) = V(x) \tag{2.8.1}$$

这里 n 是整数,而 a 称为(空间)周期(图 2.8.1).当质量为 μ 的粒子在这样的势中运动时,会有什么样的特征呢?

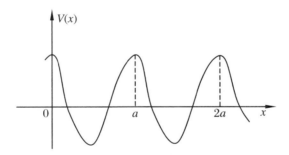

图 2.8.1　周期势

系统的定态薛定谔方程为

$$\frac{\mathrm{d}^2 \psi(x)}{\mathrm{d}x^2} + \frac{2\mu}{\hbar^2}(E - V(x))\psi(x) = 0 \tag{2.8.2}$$

做变换 $x \rightarrow x + a$,利用微分算符的平移不变性及周期势特点,式(2.8.2)就化为

$$\frac{\mathrm{d}^2 \psi(x + a)}{\mathrm{d}x^2} + \frac{2\mu}{\hbar^2}(E - V(x))\psi(x + a) = 0 \tag{2.8.3}$$

比较方程(2.8.2)和(2.8.3),可以看到,如果 $\psi(x)$ 是系统对应于能量 E 的解,那么 $\psi(x + a)$ 也是对应于能量 E 的解.

在前面 2.3 节我们曾证明,对一定能量,最多只有两个独立的一维定态解(简并度最多为 2).现在设对于能量 E,有两个独立的解 $u_1(x)$ 和 $u_2(x)$.显然, $u_1(x + a)$ 和 $u_2(x + a)$ 也是线性独立的两个解,这两个解只能是前面两个解的组合：

$$\begin{cases} u_1(x+a) = \alpha_{11}u_1(x) + \alpha_{21}u_2(x) \\ u_2(x+a) = \alpha_{12}u_1(x) + \alpha_{22}u_2(x) \end{cases} \tag{2.8.4}$$

或者表示为

$$u_i(x+a) = \sum_j \alpha_{ji}u_j(x), \quad i = 1,2 \tag{2.8.5}$$

其中组合系数 α_{ji} 显然是能量 E 的函数.只要解 $u_1(x)$ 和 $u_2(x)$ 选定,α_{ji} 就是确定的数.

2.8.2 Floquet 定理

对于一定的能量 E,方程(2.8.2)一定存在这样的解,它们具有性质：

$$\psi(x+a) = \lambda\psi(x) \tag{2.8.6}$$

其中 λ 为数.

这定理告诉我们,周期势中的运动可以是"平移不变"的!

证明 我们用**构造法**来证明这一定理.作一个新的解,

$$\psi(x) = \sum_i \beta_i u_i(x) \tag{2.8.7}$$

选择组合系数 β_i 使 ψ 满足性质(2.8.6).把式(2.8.7)代入式(2.8.6)后,利用式(2.8.5),移项后得

$$\sum_{ji} (\alpha_{ji} - \lambda\delta_{ji})\beta_i u_j(x) = 0 \tag{2.8.8}$$

由于 $u_1(x)$ 和 $u_2(x)$ 是线性独立的,因此

$$\sum_i (\alpha_{ji} - \lambda\delta_{ji})\beta_i = 0 \tag{2.8.9}$$

这是个本征方程.它有非零(β_i)解的充分必要条件为

$$\det(\alpha - \lambda) = 0 \tag{2.8.10}$$

即 λ 为矩阵 $\alpha \equiv (\alpha_{ji})$ 的本征值,它当然与能量有关.从关系(2.8.5)可以看出,矩阵 (α_{ji}) 联系两组线性独立的量 $(u_1(x),u_2(x))$ 与 $(u_1(x+a),u_2(x+a))$,因此它应当是非奇异的,即有非零的行列式或有非零的本征值.设这两个本征值为 $\lambda_j (j=1,2)$,把它们分别代入方程(2.8.9),求出相应的解 $\beta_i^{(j)}$,再代到式(2.8.7)中,得相应的波函数

$$\psi^{(j)}(x) = \sum_i \beta_i^{(j)} u_i(x) \tag{2.8.11}$$

它们就满足关系

$$\psi^{(j)}(x+a) = \sum_i \beta_i^{(j)} u_i(x+a) = \sum_i \beta_i^{(j)} \sum_k \alpha_{ki} u_k(x)$$
$$= \lambda_j \psi^{(j)}(x), \quad j = 1,2 \tag{2.8.12}$$

2.8.3　Bloch 定理

周期势中的能量本征波函数可以取为
$$\psi(x) = e^{iKx} \Phi_K(x) \tag{2.8.13}$$
其中函数 $\Phi_K(x)$ 是周期函数:
$$\Phi_K(x+a) = \Phi_K(x) \tag{2.8.14}$$
K 则是个可以选定的量,称为 **Bloch 波数**.

证明　设 $\psi^{(j)}(x)(j=1,2)$ 是满足条件(2.8.12)的两个线性独立解.从前面 2.3 节知,它们的朗斯基行列式是非零常量,
$$W[\psi^{(1)}(x),\psi^{(2)}(x)] = \text{const.}$$
与坐标 x 无关.但从式(2.8.12)出发,我们有
$$\begin{aligned} W[\psi^{(1)}(x+a),\psi^{(2)}(x+a)] &= W[\lambda_1 \psi^{(1)}(x),\lambda_2 \psi^{(2)}(x)] \\ &= (\lambda_1 \lambda_2) W[\psi^{(1)}(x),\psi^{(2)}(x)] \\ &= W[\psi^{(1)}(x),\psi^{(2)}(x)] \end{aligned}$$
于是有
$$\lambda_1 \lambda_2 = 1 \tag{2.8.15}$$
即这两个本征值一定互逆.

下面我们证明,根据波函数的标准条件,这两个本征值的绝对值一定为 1.可以用反证法.如果 λ_1 的绝对值大于 1,即 $|\lambda_1|>1$,则有
$$\psi^{(1)}(x+na) = \lambda_1^n \psi^{(1)}(x) \tag{2.8.16}$$
当 $n\to\infty$ 时,$\psi^{(1)}(x+na)\to\infty$,这违反波函数有限的要求;若 λ_1 的绝对值小于 1,即 $|\lambda_1|<1$,则
$$\psi^{(1)}(x-na) = \lambda_1^{-n} \psi^{(1)}(x)$$
当 $n\to\infty$ 时,$\psi^{(1)}(x-na)\to\infty$,同样不行.因此只有 $|\lambda_1|=1$,同样 $|\lambda_2|=1$.于是可一般地设
$$\lambda_1 = e^{iKa} \tag{2.8.17}$$
则
$$\lambda_2 = e^{-iKa} \tag{2.8.18}$$
这里 K 自然是个实量,显然它可以被限制在范围

$$-\frac{\pi}{a} \leqslant K \leqslant \frac{\pi}{a} \tag{2.8.19}$$

把这些结果代到式(2.8.6)中,就有

$$\psi(x + na) = e^{inKa}\psi(x) \tag{2.8.20}$$

为满足此要求,可令

$$\psi(x) \equiv e^{iKx}\Phi_K(x) \tag{2.8.21}$$

代到式(2.8.20),马上得到对 $\Phi_K(x)$ 的要求:

$$\Phi_K(x + na) = \Phi_K(x) \tag{2.8.22}$$

这也就是式(2.8.14).

Bloch 定理告诉我们,在周期势中运动的可以是一个空间周期调幅的行波.这个行波称为 **Bloch 波**.

2.8.4　能带

周期性相当于某种边界条件,它会对能量本征值有影响.由于势有周期性,我们可以分周期来解方程,然后连接起来.

设对于一定的能量 E,在一个周期 $(0, a)$ 内,方程(2.8.2)有两个独立的解 $u_1(x)$ 和 $u_2(x)$,则一般解会是它们的组合:

$$\begin{aligned}\psi(x) &= \beta_1 u_1(x) + \beta_2 u_2(x) \\ &= \sum_i \beta_i u_i(x), \quad 0 \leqslant x \leqslant a \end{aligned} \tag{2.8.23}$$

当然 $u_1(x)$ 和 $u_2(x)$ 的朗斯基行列式不为零:

$$W(u_1, u_2) \neq 0 \tag{2.8.24}$$

现在我们移动到第二个周期 $x \in (a, 2a)$,设 $x = a + y, y \in (0, a)$.选择 Bloch 波,在第二个周期的解

$$\begin{aligned}\psi(x) &= \psi(y + a) = e^{iK(y+a)}\Phi_K(y + a) \\ &= e^{iKa}\psi(y) = e^{iKa}\psi(x - a) \\ &= e^{iKa}\sum_i \beta_i u_i(x - a), \quad x \in (a, 2a) \end{aligned} \tag{2.8.25}$$

显然 $\psi(x - a)$ 就是第一个周期的解.

假设位势没有特别的奇异性,波函数以及它的导数在第一周期与第二周期的交界处 $x = a$ 都要连续:

$$\sum_i \beta_i u_i(a) = e^{iKa}\sum_i \beta_i u_i(0)$$

$$\sum_i \beta_i u_i{}'(a) = \mathrm{e}^{\mathrm{i}Ka} \sum_i \beta_i u_i{}'(0)$$

或者改写为

$$\begin{cases} \sum_i [u_i(a) - \mathrm{e}^{\mathrm{i}Ka} u_i(0)] \beta_i = 0 \\ \sum_i [u_i{}'(a) - \mathrm{e}^{\mathrm{i}Ka} u_i{}'(0)] \beta_i = 0 \end{cases} \tag{2.8.26}$$

这方程组有非零 (β_i) 解的充分必要条件是系数行列式为零:

$$\begin{vmatrix} u_1(a) - \mathrm{e}^{\mathrm{i}Ka} u_1(0) & u_2(a) - \mathrm{e}^{\mathrm{i}Ka} u_2(0) \\ u_1{}'(a) - \mathrm{e}^{\mathrm{i}Ka} u_1{}'(0) & u_2{}'(a) - \mathrm{e}^{\mathrm{i}Ka} u_2{}'(0) \end{vmatrix} = 0 \tag{2.8.27}$$

展开出来整理一下得

$$\frac{u_1(a) u_2{}'(0) + u_1(0) u_2{}'(a) - [u_2(a) u_1{}'(0) + u_2(0) u_1{}'(a)]}{2 W(u_1, u_2)} = \cos Ka$$

$$\tag{2.8.28}$$

由于 $u_1(x)$ 和 $u_2(x)$ 都依赖于能量,因此这是关于能量的方程. 由此可解出能谱,就像我们以前做过的那样. 假设对于给定 K 的一个值,解出来分立谱 $E = E_n(K)$. 那么当 K 连续变化时,就可能跑出一段段互相分开的连续片段,我们称它为**带谱**. 带谱是周期势中运动粒子能量的一个特色.

2.8.5　Kronig-Penney 模型

Kronig-Penney 模型是一种简单的脉冲型周期势,满足条件

$$V(x + d) = V(x) \tag{2.8.29}$$

而在一个周期内,它可以表达为

$$V(x) = \begin{cases} 0, & 0 < x < a \\ V_0, & a < x < d \end{cases} \tag{2.8.30}$$

见图 2.8.2.

为简单起见,我们先讨论较大能量时的情形,即设能量高于势垒高度,

$$E > V_0 \tag{2.8.31}$$

此时在一个周期内,位势有奇异,故要分区解,各个区的薛定谔方程的解很容易写出来:

$0 < x < a,$

$$\psi(x) = A \mathrm{e}^{\mathrm{i}k_1 x} + B \mathrm{e}^{-\mathrm{i}k_1 x}, \quad k_1^2 = 2\mu E / \hbar^2 \tag{2.8.32}$$

$$a < x < d$$
$$\psi(x) = Ce^{ik_2 x} + De^{-ik_2 x}, \quad k_2^2 = 2\mu(E - V_0)/\hbar^2 \qquad (2.8.33)$$

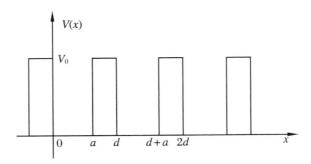

图 2.8.2 Kronig-Penney 势

在位势奇异处波函数以及导数要连续,这里给出两个方程:

$$\begin{cases} Ae^{ik_1 a} + Be^{-ik_1 a} = Ce^{ik_2 a} + De^{-ik_2 a} \\ ik_1(Ae^{ik_1 a} - Be^{-ik_1 a}) = ik_2(Ce^{ik_2 a} - De^{-ik_2 a}) \end{cases} \qquad (2.8.34)$$

由这组方程可定出在第一个周期中的解,当然有两个自由参数.

现在我们应用周期势中对 Bloch 波的要求,写下第二个周期的解:

$$\psi(x) = e^{iKd}\psi(x - d) \qquad (2.8.35)$$

再在两个周期的交界处将波函数连接起来,这导致

$$\begin{cases} Ce^{ik_2 d} + De^{-ik_2 d} = e^{iKd}(A + B) \\ ik_2(Ce^{ik_2 d} - De^{-ik_2 d}) = ik_1 e^{iKd}(A - B) \end{cases} \qquad (2.8.36)$$

将方程(2.8.34)和(2.8.36)重新写成矩阵形式:

$$\begin{pmatrix} e^{ik_1 a} & e^{-ik_1 a} & -e^{ik_2 a} & -e^{-ik_2 a} \\ ik_1 e^{ik_1 a} & -ik_1 e^{-ik_1 a} & -ik_2 e^{ik_2 a} & ik_2 e^{-ik_2 a} \\ 1 & 1 & -e^{-i(K-k_2)d} & -e^{-i(K+k_2)d} \\ ik_1 & -ik_1 & -ik_2 e^{-i(K-k_2)d} & ik_2 e^{-i(K+k_2)d} \end{pmatrix} \begin{pmatrix} A \\ B \\ C \\ D \end{pmatrix} = 0 \qquad (2.8.37)$$

这个方程要有非零解的充要条件是前面那个方阵的行列式为零,整理后得到决定能量的方程:

$$\begin{cases} \cos k_1 a \cos[k_2(d - a)] - \dfrac{k_1^2 + k_2^2}{2k_1 k_2} \sin k_1 a \sin[k_2(d - a)] = \cos Kd \\ k_1^2 - k_2^2 = 2\mu V_0/\hbar^2 \end{cases}$$

$$\qquad (2.8.38)$$

对于一个选定的波数 K,从上面方程就可解出能量 $E = E(K)$.

2.8.6 狄拉克梳

狄拉克梳是下面定义的周期势：

$$V(x) = V_0 \sum_{n=-\infty}^{\infty} \delta(x + na) \tag{2.8.39}$$

其中 a 就是空间周期(图 2.8.3).

现在第一个周期选择解：

$$\begin{cases} 0 < x < a \\ \psi(x) = \beta_1 \mathrm{e}^{\mathrm{i}kx} + \beta_2 \mathrm{e}^{-\mathrm{i}kx}, \quad k^2 = 2\mu E/\hbar^2 \end{cases} \tag{2.8.40}$$

到第二个周期 $a < x < 2a$，由 Bloch
波的特点，波函数可写为

$$\psi(x) = \mathrm{e}^{\mathrm{i}Ka}(\beta_1 \mathrm{e}^{\mathrm{i}k(x-a)} + \beta_2 \mathrm{e}^{-\mathrm{i}k(x-a)}) \tag{2.8.41}$$

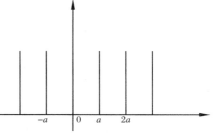

图 2.8.3 狄拉克梳

现在在两个周期边界上把波函数连接起来.注意边界处是奇异的,波函数连续,而
导数要跳跃.

$$\begin{cases} \psi(a_-) = \psi(a_+) \\ \psi'(a_+) - \psi'(a_-) = \dfrac{2\mu V_0}{\hbar^2}\psi(a) \end{cases} \tag{2.8.42}$$

把式(2.8.40)与式(2.8.41)代入,整理后即得

$$\begin{cases} (\mathrm{e}^{\mathrm{i}Ka} - \mathrm{e}^{\mathrm{i}ka})\beta_1 + (\mathrm{e}^{\mathrm{i}Ka} - \mathrm{e}^{-\mathrm{i}ka})\beta_2 = 0 \\ (\mathrm{i}k\mathrm{e}^{\mathrm{i}Ka} - \mathrm{i}k\mathrm{e}^{\mathrm{i}ka} - 2\Omega\mathrm{e}^{\mathrm{i}ka})\beta_1 - (\mathrm{i}k\mathrm{e}^{\mathrm{i}Ka} - \mathrm{i}k\mathrm{e}^{-\mathrm{i}ka} + 2\Omega\mathrm{e}^{-\mathrm{i}ka})\beta_2 = 0 \\ \Omega \equiv \mu V_0/\hbar^2 \end{cases} \tag{2.8.43}$$

这方程要有非零解的充分必要条件是系数行列式为零,即

$$\begin{vmatrix} \mathrm{e}^{\mathrm{i}Ka} - \mathrm{e}^{\mathrm{i}ka} & \mathrm{e}^{\mathrm{i}Ka} - \mathrm{e}^{-\mathrm{i}ka} \\ \mathrm{i}k\mathrm{e}^{\mathrm{i}Ka} - \mathrm{i}k\mathrm{e}^{\mathrm{i}ka} - 2\Omega\mathrm{e}^{\mathrm{i}ka} & -\mathrm{i}k\mathrm{e}^{\mathrm{i}Ka} + \mathrm{i}k\mathrm{e}^{-\mathrm{i}ka} - 2\Omega\mathrm{e}^{-\mathrm{i}ka} \end{vmatrix} = 0 \tag{2.8.44}$$

展开,整理后得

$$\cos ka + \frac{\Omega a}{ka}\sin ka = \cos Ka$$

或改写为

$$\cos\left[ka - \arctan\left(\frac{\Omega a}{ka}\right)\right] = \frac{\cos Ka}{\sqrt{1 + \left(\dfrac{\Omega a}{ka}\right)^2}} \tag{2.8.45}$$

选定 Bloch 波数 K 的值,就可从上面这方程里解出波数 k,即可得能量 E.方程(2.8.45)可用图来解,见图 2.8.4.当 Bloch 波数从 0 变化到 π/a 时,在 ka 横轴上就给出相应的波数 k 的解(横轴上的粗黑线段),然后由公式

$$E = \frac{k^2 \hbar^2}{2\mu} \tag{2.8.46}$$

给出相应的能量.

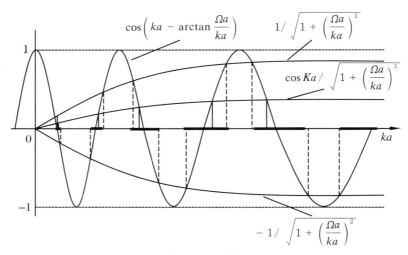

图 2.8.4 图解

能量与 Bloch 波数的关系可以用另一个图表示(图 2.8.5).

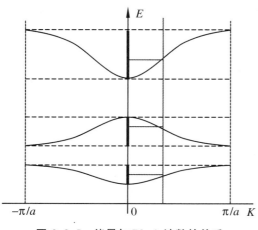

图 2.8.5 能量与 Bloch 波数的关系

如果狄拉克梳代表某种一维晶体点阵对在其中运动的电子的作用,则图 2.8.5 中纵轴上的黑线段就代表它被允许的能量,也即具有这样能量的电子可以在晶体中运动.这样的能量形成一段段的连续的带,称为**导带**.而能量在两段导带之间区域内的电子运动是不允许存在的,这个区域称为**禁带**.能带结构是在周期势中运动的粒子的主要特征之一!

周期势有着广泛的应用.过去

在半导体等的发展中起了很大的作用.近年来超晶格、光子晶体和周期介电常数系统等的研究正揭示着更重要的技术应用前景.

2.9　谐　振　子

在经典物理里,到处能碰到简谐振动.一个体系在势能平衡点附近,可能会做周期性的小振动,这就是简谐振动.简谐振动是自然界最基本的一种机械运动模式.在量子力学里,简谐振动同样是非常基本的运动模式.

2.9.1　简谐振子

选定简谐振子的平衡点作为坐标原点,则一维简谐振子的势可写为

$$V(x) = \frac{1}{2} kx^2 \tag{2.9.1}$$

这里 k 是刚性系数(图2.9.1).

一个质量为 μ 的粒子在这样的势中运动,其哈密顿量为

$$H = \frac{\hat{p}^2}{2\mu} + \frac{1}{2} kx^2 = \frac{\hat{p}^2}{2\mu} + \frac{1}{2} \mu\omega^2 x^2 \tag{2.9.2}$$

这里频率

$$\omega = \sqrt{k/\mu} \tag{2.9.3}$$

于是相应的定态薛定谔方程为

$$\left(\frac{\hat{p}^2}{2\mu} + \frac{1}{2} \mu\omega^2 x^2 \right) \psi(x) = E\psi(x) \tag{2.9.4}$$

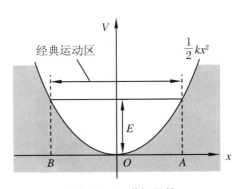

图 2.9.1　谐振子势

把 $\hat{p}$ 的形式代入:

$$\frac{\hbar^2}{2\mu} \frac{\mathrm{d}^2\psi}{\mathrm{d}x^2} + \left(E - \frac{\mu\omega^2}{2} x^2 \right) \psi = 0 \tag{2.9.5}$$

为解此方程,先作无量纲化,令

$$\begin{cases} \xi = \sqrt{\mu\omega/\hbar}\, x = \alpha x, \quad \alpha = \sqrt{\mu\omega/\hbar} \\ \psi(x) = \psi(\xi/\alpha) = \varphi(\xi) \end{cases} \quad (2.9.6)$$

方程(2.9.5)化为

$$\frac{\mathrm{d}^2\varphi}{\mathrm{d}\xi^2} + (\lambda - \xi^2)\varphi = 0, \quad \lambda = 2E/(\hbar\omega) \quad (2.9.7)$$

此方程在 $\xi \to \infty$ 时有渐近解:

$$\varphi(\xi) = \mathrm{e}^{-\frac{\xi^2}{2}}, \quad \xi \to \infty \quad (2.9.8)$$

因此可作变换把渐近行为显示出来,令

$$\varphi(\xi) = \mathrm{e}^{-\frac{\xi^2}{2}} u(\xi) \quad (2.9.9)$$

代入方程(2.9.7),$u(\xi)$ 满足的方程为

$$\frac{\mathrm{d}^2 u(\xi)}{\mathrm{d}\xi^2} - 2\xi \frac{\mathrm{d} u(\xi)}{\mathrm{d}\xi} + (\lambda - 1)u(\xi) = 0 \quad (2.9.10)$$

这个方程可用级数求解. 如果只要求能量(相应于 λ),则可以用领头项办法. 设方程(2.9.10)有幂级数解,其最高幂次项为 ξ^n,即

$$u(\xi) = \xi^n + a_1 \xi^{n-1} + \cdots$$

代入方程(2.9.10)中,有

$$n(n-1)\xi^{n-2} + (n-1)(n-2)a_1\xi^{n-3} + \cdots - 2n\xi^n - 2(n-1)a_1\xi^{n-1} - \cdots + (\lambda-1)\xi^n + (\lambda-1)a_1\xi^{n-1} + \cdots = 0$$

我们看 ξ^n 项的系数,它应为零,于是有

$$\lambda = 2n+1, \quad n = 0,1,2,3,\cdots \quad (2.9.11)$$

由此即可得能量本征值

$$E = E_n = \left(n + \frac{1}{2}\right)\hbar\omega, \quad n = 0,1,2,3,\cdots \quad (2.9.12)$$

为求具体的波函数解,可令

$$u = \sum_{\nu=0}^{\infty} a_\nu \xi^{\sigma+\nu} \quad (2.9.13)$$

显然要求 $a_0 \neq 0, \sigma \geqslant 0$. 把它代入方程,比较同一幂次项的系数,得

$$\begin{cases} a_0\sigma(\sigma-1) = 0 \\ a_1(\sigma+1)\sigma = 0 \\ a_{\nu+2}(\sigma+\nu+2)(\sigma+\nu+1) - a_\nu[2(\sigma+\nu) - \lambda + 1] = 0 \end{cases} \quad (2.9.14)$$

从第一式知 $\sigma = 0$ 或 $\sigma = 1$;代入第二式,知当 $\sigma = 1$ 时,$a_1 = 0$. 从第三式知,

$$a_{\nu+2} = \frac{2(\sigma + \nu) - \lambda + 1}{(\sigma + \nu + 2)(\sigma + \nu + 1)} a_\nu \tag{2.9.15}$$

在 $\sigma = 1$ 时, u 是奇次幂的级数; 在 $\sigma = 0$ 时, 则 u 可以是偶次幂的级数. 这是可理解的, 因为系统是空间反射对称的, 态有宇称, 波函数不是对称就是反对称.

但是是否 u 可以为无限级数呢? 不能. 因为从级数系数比的渐近行为看,

$$a_{\nu+2}/a_\nu = \frac{2(\sigma + \nu) - \lambda + 1}{(\sigma + \nu + 2)(\sigma + \nu + 1)} \xrightarrow{\nu \to \infty} \frac{2}{\nu} \tag{2.9.16}$$

它与函数 e^{ξ^2} 的级数展开系数比的渐近行为一致. 如果 u 是无限级数, 那它就会趋于函数 e^{ξ^2}, 从而波函数 ψ 趋于无界, 这不符合波函数的标准条件.

因此 u 必须是个有限级数, 即到某幂次就截断. 从递推关系看, 设在 $\nu = k$ 处截断, 则只要

$$2(\sigma + k) - \lambda + 1 = 0 \tag{2.9.17}$$

就可以了, 因为以后的系数皆为零. 这导致

$$\lambda = 2(\sigma + k) + 1 = 2n + 1, \quad n = 0, 1, 2, \cdots$$

这就给出了能级条件. 此时 u 是一个 n 次多项式, 叫**厄米多项式**, 它是一个常用的函数, 可表示为

$$u = H_n(\xi) = (-1)^n e^{\xi^2} \frac{d^n}{d\xi^n}(e^{-\xi^2}) \tag{2.9.18}$$

它的头三个表达式为

$$H_0(\xi) = 1, \quad H_1(\xi) = 2\xi, \quad H_2(\xi) = 4\xi^2 - 2$$

厄米多项式满足下面的递推关系:

$$H_{n+1}(\xi) - 2\xi H_n(\xi) + 2n H_{n-1}(\xi) = 0 \tag{2.9.19}$$

还有一些性质, 如

$$\begin{cases} H_n(-\xi) = (-1)^n H_n(\xi) \\ H'_n(\xi) = 2n H_{n-1}(\xi) \end{cases} \tag{2.9.20}$$

$H_n(\xi)$ 有 n 个零点.

2.9.2　能级和波函数

这样我们从式(2.9.11)得到系统的能量为

$$E = E_n = (n + 1/2)\hbar\omega, \quad n = 0, 1, 2, \cdots \tag{2.9.21}$$

对应于此能量的本征波函数为

$$\psi_n(x) = N_n e^{-\frac{\xi^2}{2}} H_n(\xi) = N_n e^{-\frac{1}{2}a^2 x^2} H_n(\alpha x) \tag{2.9.22}$$

由归一化条件

$$\int \psi_n^* \psi_n \mathrm{d}x = 1$$

得

$$N_n = \left(\frac{\alpha}{\sqrt{\pi}2^n n!}\right)^{1/2} \tag{2.9.23}$$

简谐振子的开头几个波函数的形式为(图2.9.2)

$$\begin{cases} \psi_0(x) = \dfrac{\sqrt{\alpha}}{\pi^{1/4}} \mathrm{e}^{-\alpha^2 x^2/2} \\[2mm] \psi_1(x) = \dfrac{\sqrt{2}\sqrt{\alpha}}{\pi^{1/4}} \alpha x \mathrm{e}^{-\alpha^2 x^2/2} \\[2mm] \psi_2(x) = \dfrac{\sqrt{\alpha}}{\pi^{1/4}\sqrt{2}} (2\alpha^2 x^2 - 1)\mathrm{e}^{-\alpha^2 x^2/2} \end{cases} \tag{2.9.24}$$

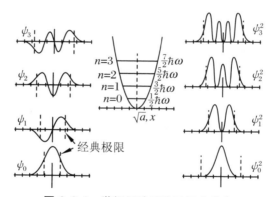

图 2.9.2　谐振子波函数及概率分布

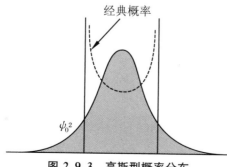

图 2.9.3　高斯型概率分布

现在我们来看简谐振子的能级特点.

首先从式(2.9.21)看到,系统最低的能量本征值不为零:

$$E_0 = \hbar\omega/2 \tag{2.9.25}$$

它称为**零点能**.这和经典力学不一样.这个基态的波函数 ψ_0 是高斯型的(图2.9.3).

基态里绝大多数粒子是在位势的最

低处(即经典的平衡位置),但其他地方同样会出现粒子,不过越远处粒子越少.

其次看到,谐振子的能级是等间隔的:

$$\Delta E = \hbar\omega \qquad (2.9.26)$$

第三,态有宇称.基态为偶宇称,以后宇称交替.

第四,基态无节点;第 n 激发态有 n 个节点.

这些是不是会让我们想起在一开始讨论的粒子在无限高方势阱里的运动?

2.9.3 半谐振子

谐振子系统可以有各种变形,例如下面的半谐振子势:

$$V(x) = \begin{cases} \infty, & x < 0 \\ \dfrac{1}{2} kx^2, & x > 0 \end{cases} \qquad (2.9.27)$$

一个质量为 μ 的粒子在这样的势中运动,显然只能在 $x>0$ 的区域.而在此区域的薛定谔方程是和简谐振子一样的(图 2.9.4).由波函数连续条件,只能取谐振子态中以原点为节点的波函数,即那些反对称的波函数.于是我们得到半谐振子的能量本征值和波函数为

$$E_k = (2k + 3/2)\hbar\omega, \quad k = 0,1,2,\cdots \qquad (2.9.28)$$

$$\psi_k(x) = \begin{cases} 0, & x < 0 \\ N'_k e^{-\alpha^2 x^2/2} H_{2k+1}(\alpha x), & x > 0 \end{cases} \qquad (2.9.29)$$

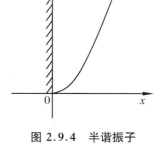

图 2.9.4 半谐振子

其中归一化常数

$$N'_k = \left[\frac{\alpha}{\sqrt{\pi} 2^{2k}(2k + 1)!} \right]^{1/2} \qquad (2.9.30)$$

我们看到,这时基态能量为 $3\hbar\omega/2$.

2.9.4 三维各向同性谐振子

一个质量为 μ 的粒子在三维各向同性谐振子势中运动,其位势形式

$$V(x,y,z) = \frac{1}{2} k(x^2 + y^2 + z^2) \qquad (2.9.31)$$

为对称计,我们常把坐标编上号,式(2.9.31)可改写为

$$V(x,y,z) = V(x_1,x_2,x_3) = V(\boldsymbol{x})$$

$$= \frac{1}{2}k(x_1^2 + x_2^2 + x_3^2) = \frac{1}{2}k\sum_{i=1}^{3}x_i^2$$

$$= \frac{1}{2}k\boldsymbol{x}^2 \qquad (2.9.32)$$

定态薛定谔方程为

$$-\frac{\hbar^2}{2\mu}\left(\frac{\partial^2\psi}{\partial x_1^2} + \frac{\partial^2\psi}{\partial x_2^2} + \frac{\partial^2\psi}{\partial x_3^2}\right) + \frac{1}{2}k(x_1^2 + x_2^2 + x_3^2)\psi = E\psi(x_1,x_2,x_3) \quad (2.9.33)$$

这方程显然可以分离变量而化为三个独立的方程:

$$\begin{cases} -\dfrac{\hbar^2}{2\mu}\dfrac{\mathrm{d}^2\psi_i}{\mathrm{d}x_i^2} + \dfrac{1}{2}\mu\omega^2 x_i^2\psi_i = E_i\psi_i(x_i) \\ i = 1,2,3 \\ \omega \equiv \sqrt{k/\mu} \\ E = \sum_i E_i \end{cases} \qquad (2.9.34)$$

这是三个独立的谐振子,利用前面的结果,马上得到三维各向同性谐振子的解.能量

$$\begin{cases} E = \sum_{i=1}^{3}E_i = \sum_{i=1}^{3}\left(n_i + \dfrac{1}{2}\right)\hbar\omega = \left(N + \dfrac{3}{2}\right)\hbar\omega \\ n_i = 0,1,2,3,\cdots \\ N = \sum_{i=1}^{3}n_i = 0,1,2,3,\cdots \end{cases} \qquad (2.9.35)$$

波函数

$$\begin{cases} \psi_{n_1 n_2 n_3}(x_1,x_2,x_3) = \psi_{n_1}(x_1)\psi_{n_2}(x_2)\psi_{n_3}(x_3) \\ \qquad = N_{n_1 n_2 n_3}\mathrm{H}_{n_1}(\alpha x_1)\mathrm{H}_{n_2}(\alpha x_2)\mathrm{H}_{n_3}(\alpha x_3)\mathrm{e}^{-\alpha^2(x_1^2+x_2^2+x_3^2)/2} \\ N_{n_1 n_2 n_3} = \left(\dfrac{\alpha}{\sqrt{\pi}}\right)^{3/2}\left(\dfrac{1}{2^{n_1+n_2+n_3}n_1!\,n_2!\,n_3!}\right)^{1/2} \\ \alpha = \sqrt{\mu\omega/\hbar} \end{cases}$$

$$(2.9.36)$$

对于用量子数 N 表示的能级,其简并度为

$$D(N) = \frac{1}{2}(N+1)(N+2) \qquad (2.9.37)$$

同样可以讨论宇称、节线等问题.

这种解法显然可推广到更高维的谐振子问题.

2.10　转　　子

本章主要讲的是一维运动.但这概念也可适当推广,例如把只有一个参数的运动称做广义的一维运动,例如平面转子.

2.10.1　转子

转子相当于经典力学中的匀速圆周运动,是一种基本的运动形式.例如,一个质量为 μ 的粒子限制在平面上作半径为 a 的圆周运动,没有其他相互作用,就是一个转子(图 2.10.1).转子的经典哈密顿量可以写为

$$H = \frac{p^2}{2\mu} = \frac{(pa)^2}{2\mu a^2} = \frac{L^2}{2\mu a^2} = \frac{L^2}{2I}, \quad I = \mu a^2 \tag{2.10.1}$$

这里 p 是切向动量,L 是角动量,I 是转动惯量.

转到量子,可以直接算符化:

$$\begin{cases} \hat{H} = \dfrac{\hat{p}^2}{2\mu} = \dfrac{1}{2\mu}\left(-\dfrac{\hbar}{i}\dfrac{\partial}{\partial(a\varphi)}\right)^2 = -\dfrac{\hbar^2}{2\mu a^2}\left(\dfrac{d}{d\varphi}\right)^2 \\[2mm] \qquad = -\dfrac{\hbar^2}{2\mu a^2}\dfrac{d^2}{d\varphi^2} = \dfrac{\hat{L}^2}{2I} \\[2mm] \hat{L} \equiv \dfrac{\hbar}{i}\dfrac{d}{d\varphi} \end{cases}$$

$$\tag{2.10.2}$$

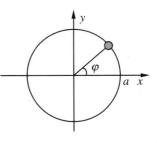

图 2.10.1　转子

这里 $\hat{L}$ 就称为角动量算符.

定态薛定谔方程

$$-\frac{\hbar^2}{2I}\frac{d^2\psi(\varphi)}{d\varphi^2} = E\psi(\varphi) \tag{2.10.3}$$

能量必须非负,方程可改写为

$$\begin{cases} \psi'' + k^2\psi = 0 \\ k^2 = 2IE/\hbar^2 \end{cases} \tag{2.10.4}$$

2.10.2 周期边界条件及解

当 $E = 0$ 或 $k = 0$ 时,方程的解为

$$\psi(\theta) = A + B\varphi \tag{2.10.5}$$

如何定解? 这时我们注意到,这个广义一维问题中有个特殊的情形,位势对于角坐标是周期性的,周期为 2π. 我们要求波函数满足连接条件:

$$\begin{cases} \psi(\varphi + 2\pi) = \psi(\varphi) \\ \psi'(\varphi + 2\pi) = \psi'(\varphi) \end{cases} \tag{2.10.6}$$

把式(2.10.5)代入,得

$$B = 0$$

即能量为零时,波函数为常量,对角度归一化:

$$\int_0^{2\pi} \mathrm{d}\varphi\, \psi^* \psi = 1 \tag{2.10.7}$$

我们得零能解

$$\begin{cases} E = 0 \\ \psi_0(\varphi) = \dfrac{1}{\sqrt{2\pi}} \end{cases} \tag{2.10.8}$$

当能量大于零时,方程(2.10.4)的解为

$$\psi(\varphi) = C\mathrm{e}^{\mathrm{i}k\varphi} + D\mathrm{e}^{-\mathrm{i}k\varphi} \tag{2.10.9}$$

同样应用连接条件(2.10.6)的两个方程:

$$\begin{cases} C\mathrm{e}^{\mathrm{i}k\varphi}(\mathrm{e}^{\mathrm{i}2k\pi} - 1) = 0 \\ D\mathrm{e}^{-\mathrm{i}k\varphi}(\mathrm{e}^{-\mathrm{i}2k\pi} - 1) = 0 \end{cases} \tag{2.10.10}$$

系数 C、D 不能同时为零,于是有

$$\mathrm{e}^{\mathrm{i}2k\pi} - 1 = 0, \quad k = 0, \pm 1, \pm 2, \cdots \tag{2.10.11}$$

这样我们得到转子的允许能量

$$E = E_m = \frac{\hbar^2 m^2}{2I} = \frac{\hbar^2}{2\mu a^2} m^2, \quad m = 0, \pm 1, \pm 2, \cdots \tag{2.10.12}$$

相应的归一化的本征波函数为

$$\psi_m(\varphi) = \sqrt{\frac{1}{2\pi}} \mathrm{e}^{\mathrm{i}m\varphi} \tag{2.10.13}$$

我们看到,除基态外,激发态能级都是两重简并的! 这是和前面一维束缚态很不同的一个地方.

除平面转子外,还可以有别的一维等效运动的形式,例如粒子在等距螺线中的运动,加上磁场等,处理的方法则基本类似.

习 题 2

2.1 设 $\psi_1(\pmb{x},t)$ 和 $\psi_2(\pmb{x},t)$ 是量子体系的两个时间演化态,试证明这两个态的内积

$$(\psi_1,\psi_2) = \int \mathrm{d}^3 \pmb{x} \psi_1^*(\pmb{x},t)\psi_2(\pmb{x},t)$$

与时间无关.

2.2 质量为 μ 的粒子限制在一维区域 $0<x<a$ 内运动,$t=0$ 时,处于波函数 $\psi(x) = A[1+2\cos(\pi x/a)]\sin(\pi x/a)$($A$ 为常数)描述的状态,求

(a) t 时刻的波函数;

(b) t 时刻的平均能量;

(c) t 时刻的动量平均值.

2.3 质量为 μ 的粒子在深为 V_0、宽为 a 的有限深对称阱中运动,试求阱中有且只有两个束缚态的条件.

2.4 金属中的电子在近表面处所受到的势场可近似为阶跃势场,试估算铜中自由电子的趋肤距离 d(设铜的功函数为 $4\,\mathrm{eV}$).

2.5 粒子被一维势垒

$$V(x) = \begin{cases} 0, & x<0, x>a \\ V_0(>0), & 0<x<a \end{cases}$$

散射.当粒子的能量 $E=V_0$ 时,有一半粒子被反射回去,求粒子的质量 μ.

2.6 质量为 μ 的粒子在下面的势中运动:

$$V(x) = \begin{cases} \infty, & x<0 \\ -V_0\delta(x-a), & x>0 \end{cases}$$

试求存在束缚态的条件.

2.7 一个质量为 μ 的粒子在下面的势阱中运动:

$$V(x) = \begin{cases} \infty, & x<0, x>2a \\ A\delta(x-a), & 0<x<2a \end{cases}$$

其中 $A > 0$ 为常量. 求系统第三激发态的能量本征值.

2.8 （a）求电子在 Bloch 态

$$\psi(x) = e^{iKx} u(x)$$

中的动量平均值；

（b）证明：若周期函数 $u(x)$ 是实的，则动量平均值 $\langle p \rangle = \hbar K$.

2.9 质量为 μ 的粒子作一维运动，已知它处于用波函数 $\psi(x) = Ax^n e^{-\alpha^2 x^2/2}$（$A, n$ 和 $\alpha > 0$ 均为实常量）描述的能量本征态，请找出粒子所处位势 $V(x)$ 和相应能量 E. 已知 $x = b$ 处 $V(b) = 0$.

2.10 两个具有相同质量 μ 和频率 ω 的谐振子相互作用，哈密顿量为

$$H = \frac{1}{2\mu}(p_1^2 + p_2^2) + \frac{1}{2}\mu\omega^2(x_1^2 + x_2^2) + \lambda x_1 x_2$$

其中 λ 为实常量. 试求该体系的能级.

2.11 开始时，质量为 μ、半径为 R 的平面转子处于状态

$$\psi(\theta) = A + B\cos^2\theta$$

其中 θ 为转子的角变量，A, B 为常量. 试求 t 时刻转子的波函数以及能量平均值.

第3章 力学量和表象

在量子力学中,微观粒子的运动状态用波函数完全描写,波函数满足薛定谔方程.在(系统)相互作用知道后,就可以在理论上求出波函数.

粒子运动的性质用力学量如坐标、动量、角动量、能量等来标志,波函数描写这种力学量的一个分布.既然波函数作为状态的完全描述,它就应当能给出有关粒子的全部力学知识,即它能给出各个标志粒子运动状态的力学量的全部分布.例如,根据波函数的统计解释,归一的波函数的模方 $|\Psi|^2$ 给出粒子坐标的概率分布;而在2.1节讲了,如果把 Ψ 分解为有确定的动量状态的叠加,就可以求出动量的分布 $|C(p)|^2$ 来.那么,其他一般力学量的分布如何求呢? 弄清这些是十分重要的.因为一方面只有弄清楚这些,才能把描写状态的波函数所包含的物理内容揭示出来,从而真正实现波函数完全描写状态;另一方面,波函数本身同电场强度等物理量不一样,不能直接测量,实验上测量的都是一些力学量,波函数是不是粒子真实运动的反映,一般只能间接和实验结果比较.弄清了波函数和力学量之间的关系,我们就可以用实验来检验理论.反过来呢,当系统运动是未知的时候,我们可以通过实验来寻找波函数,从而了解系统.

作为粒子运动状态的描写,波函数是最精确全面的了,即是完全的描述.但是所谓完全也是相对的,要看问题的需要而有不同的标准.波函数不是容易找到的.例如要对粒子的位置进行测量,才能定出分布,再确定波函数,这往往很不容易.另一方面,实际上我们常常不需要知道分布的细致特征,而只要知道这种分布总的特征就可以了,譬如在经典力学里大量粒子的集合,我们有时只要知道系统的质心和转动惯量,就可以把粒子密度分布的主要特点刻画出来.这种能反映分布总体特点的量称为**特征量**.因此我们要弄清楚:① 知道了波函数,怎样求出各种特征量;② 知道特征量的情况能确定波函数的一些什么性质;③ 同一波函数同时代表各种力学量的分布,这些分布间有一定的关系,那么反映这些分布特征的特征量之间也会有一定的关系,这些关系是怎样的呢?

在这一章中,我们主要就来解决这些问题.

3.1 力学量的平均值

作为反映力学性质总体特征的第一个特征量是**平均值**,它反映分布的集中性质.由于分布可以是各种各样的力学量,所以我们一般讲力学量的平均值,数学上则称为**期望值**.这种平均值如何求呢? 我们先来看看坐标平均值.

3.1.1 坐标平均值

根据平均值的一般定义,平均坐标应当等于所有粒子的坐标加起来除以总粒子数.用数学式子表示就是

$$\bar{x} \equiv \langle x \rangle = \frac{\sum_x x N(x)}{\sum_x N(x)} \tag{3.1.1}$$

$\bar{x}$ 表示 x 坐标的平均值,$N(x)$ 表示具有坐标值为 x 的粒子数.因为坐标可以连续变化,求和化为积分:

$$\bar{x} = \frac{\int x N(x) \mathrm{d}x}{\int N(x) \mathrm{d}x} \tag{3.1.2}$$

由波函数的统计解释,包含 $\boldsymbol{x}$ 点在内的体积元 $\mathrm{d}\tau = \mathrm{d}x\mathrm{d}y\mathrm{d}z$ 中的粒子数为

$$N(\boldsymbol{x})\mathrm{d}\tau = |\psi(\boldsymbol{x},t)|^2\mathrm{d}\tau = \psi^*(\boldsymbol{x},t)\psi(\boldsymbol{x},t)\mathrm{d}x\mathrm{d}y\mathrm{d}z \tag{3.1.3}$$

如果只看坐标 x,问在 x 和 $x+\mathrm{d}x$ 之间的粒子数,那就为

$$N(x)\mathrm{d}x = \mathrm{d}x\iint \mathrm{d}y\mathrm{d}z\psi^*(\boldsymbol{x},t)\psi(\boldsymbol{x},t) \tag{3.1.4}$$

把式(3.1.4)代到式(3.1.2)中,有

$$\bar{x} = \frac{\iiint x\psi^*(\boldsymbol{x},t)\psi(\boldsymbol{x},t)\mathrm{d}x\mathrm{d}y\mathrm{d}z}{\iiint \psi^*(\boldsymbol{x},t)\psi(\boldsymbol{x},t)\mathrm{d}x\mathrm{d}y\mathrm{d}z} = \iiint \frac{\psi^*(\boldsymbol{x},t)}{\sqrt{N}} x \frac{\psi(\boldsymbol{x},t)}{\sqrt{N}}\mathrm{d}\tau \tag{3.1.5}$$

如果波函数已归一化,$N = \int \psi^*\psi\mathrm{d}\tau = 1$,那么粒子的平均位置就是

$$\bar{x} = \iiint \psi^*(\boldsymbol{x}, t) x \psi(\boldsymbol{x}, t) \mathrm{d}\tau \qquad (3.1.6)$$

对其他两个坐标同样有

$$\bar{y} = \iiint \psi^*(\boldsymbol{x}, t) y \psi(\boldsymbol{x}, t) \mathrm{d}\tau \qquad (3.1.7)$$

$$\bar{z} = \iiint \psi^*(\boldsymbol{x}, t) z \psi(\boldsymbol{x}, t) \mathrm{d}\tau \qquad (3.1.8)$$

这个求平均值的办法就是

$$\text{平均坐标 } \bar{x} = \sum_x \text{坐标 } x \times \text{粒子在坐标 } x \text{ 处的概率} \qquad (3.1.9)$$

这也是由概率求平均值的一般公式.一般地,如果一个力学量 F 是粒子坐标 $\boldsymbol{x}$ 的函数:

$$F = F(x, y, z) = F(\boldsymbol{x}) \qquad (3.1.10)$$

那么,由于在状态 $\psi(\boldsymbol{x}, t)$ 中粒子的坐标有个分布,这个力学量也就有分布,我们同样可以求这力学量的平均值.用上面的办法可以证明:

$$\bar{F}(t) = \int \psi^*(\boldsymbol{x}, t) F(\boldsymbol{x}) \psi(\boldsymbol{x}, t) \mathrm{d}\tau \qquad (3.1.11)$$

3.1.2　动量平均值

现在我们来求粒子的平均动量.和坐标一样,我们知道在一个实验中各粒子的动量不一样,如在衍射中,它们飞到屏上各处去.因此作为这种分布的结果,我们可以求粒子的平均动量.从求坐标的平均值启发我们:

$$\text{平均动量 } \bar{p} = \sum_p \text{动量 } p \times \text{粒子具有动量 } p \text{ 的概率} w(p)$$

为简单起见,我们先来讨论一维的情形.如果 $\psi(x, t)$ 描写粒子的运动状态,已归一化,那么由 2.1 节知道,粒子具有动量 p 的概率密度为

$$w(p) = |C(p, t)|^2 \qquad (3.1.12)$$

$C(p, t)$ 为 $\psi(x, t)$ 的傅里叶分量:

$$C(p, t) = \frac{1}{(2\pi\hbar)^{1/2}} \int \psi(x, t) \mathrm{e}^{-\mathrm{i}px/\hbar} \mathrm{d}x \qquad (3.1.13)$$

这里归一化系数为 $\dfrac{1}{(2\pi\hbar)^{1/2}}$ 而非 $\dfrac{1}{(2\pi\hbar)^{3/2}}$ 是因为只考虑了一维情形.这样,平均动量为

$$\bar{p} \equiv \langle p \rangle = \int p w(p) \mathrm{d}p = \int p |C(p, t)|^2 \mathrm{d}p$$

$$= \frac{1}{2\pi\hbar} \iiint \psi^*(x',t) e^{ipx'/\hbar} p \psi(x,t) e^{-ipx/\hbar} dx' dx dp \qquad (3.1.14)$$

由于

$$
\begin{cases}
p e^{-ipx/\hbar} = i\hbar \dfrac{d}{dx}(e^{-ipx/\hbar}) \\[2mm]
\displaystyle\int_{-\infty}^{\infty} \psi(x,t) p e^{-ipx/\hbar} dx = \int_{-\infty}^{\infty} \psi(x,t) i\hbar \dfrac{d}{dx}(e^{-ipx/\hbar}) dx \\[3mm]
\qquad\qquad = i\hbar \psi(x,t) e^{-ipx/\hbar} \Big|_{-\infty}^{\infty} - \int e^{-ipx/\hbar} i\hbar \dfrac{\partial}{\partial x} \psi(x,t) dx
\end{cases} \qquad (3.1.15)
$$

积分遍及粒子所在区域,因此在积分区域外粒子不出现,波函数为零,上面的第一项消失,只剩第二项.代到式(3.1.14)中有

$$\bar{p} = \frac{1}{(2\pi\hbar)} \int \psi^*(x',t) e^{-ip(x'-x)/\hbar} dx' dp (-i\hbar) \frac{\partial}{\partial x} \psi(x,t) dx$$

$$= \int \psi^*(x,t) \frac{\hbar}{i} \frac{\partial \psi(x,t)}{\partial x} dx \qquad (3.1.16)$$

最后一个等号利用了 2.2 节的公式(2.2.22).

这个式子很容易推广到三维的情形:

$$\bar{p}_i = \int \psi^*(\boldsymbol{x},t) \frac{\hbar}{i} \frac{\partial}{\partial x_i} \psi(\boldsymbol{x},t) d\tau \qquad (3.1.17)$$

或者合起来

$$\langle \boldsymbol{p} \rangle = \int \psi^*(\boldsymbol{x},t) \frac{\hbar}{i} \nabla \psi(\boldsymbol{x},t) d\tau \qquad (3.1.18)$$

3.1.3 算符

由此可见,求粒子在状态 $\psi(\boldsymbol{x},t)$ 中的平均动量,只要将微分运算 $\frac{\hbar}{i}\nabla$ 作用在已归一化的波函数上,然后与共轭波函数相乘再在整个空间积分.从得到平均值这种办法的过程可以看出,这本质上和把这个态展开为有确定动量值的状态的叠加,求出动量的分布,再求平均动量是一码事.我们记

$$\hat{p}_x = \frac{\hbar}{i} \frac{\partial}{\partial x}, \quad \hat{p}_y = \frac{\hbar}{i} \frac{\partial}{\partial y}, \quad \hat{p}_z = \frac{\hbar}{i} \frac{\partial}{\partial z}$$

或

$$\begin{cases} \hat{p}_i = \dfrac{\hbar}{\mathrm{i}} \dfrac{\partial}{\partial x_i} \\[2mm] \hat{\boldsymbol{p}} = \dfrac{\hbar}{\mathrm{i}} \nabla \end{cases} \tag{3.1.19}$$

并称它为**动量算符**. 这样求动量平均值的公式为

$$\langle p_i \rangle = \bar{p}_i = \int \psi^*(\boldsymbol{x}, t) \hat{p}_i \psi(\boldsymbol{x}, t) \mathrm{d}\tau \equiv (\psi, \hat{p}_i \psi) \tag{3.1.20}$$

和坐标的情形一样, 一般有

$$\langle p_i^2 \rangle = \int \psi^*(\boldsymbol{x}, t) \hat{p}_i^{\,2} \psi(\boldsymbol{x}, t) \mathrm{d}\tau$$

$$= \int \psi^*(\boldsymbol{x}, t) \left(\frac{\hbar}{\mathrm{i}} \frac{\partial}{\partial x_i} \right)^2 \psi(\boldsymbol{x}, t) \mathrm{d}\tau \tag{3.1.21}$$

如果力学量 F 纯是动量的函数:

$$F = F(\boldsymbol{p}) \tag{3.1.22}$$

则其平均值为

$$\bar{F} = \int \psi^*(\boldsymbol{x}, t) F(\hat{\boldsymbol{p}}) \psi(\boldsymbol{x}, t) \mathrm{d}\tau$$

$$= \int \psi^*(\boldsymbol{x}, t) F\left(\frac{\hbar}{\mathrm{i}} \nabla \right) \psi(\boldsymbol{x}, t) \mathrm{d}\tau \equiv (\psi, \hat{F}\psi) \tag{3.1.23}$$

把 F 展开成 $\boldsymbol{p}$ 的幂级数, 然后用数学归纳法就可以证明这一点. 动量用一个算符对应, 这在上一章讲到薛定谔方程时已碰到过. 同样, 我们可以把求坐标平均值的办法纳入这种形式, 只要定义一个**坐标算符**, 这算符就是坐标本身,

$$\hat{x}_i = x_i \tag{3.1.24}$$

$$\langle x_i \rangle = \int \psi^*(\boldsymbol{x}, t) \hat{x}_i \psi(\boldsymbol{x}, t) \mathrm{d}\tau \equiv (\psi, \hat{x}_i \psi) \tag{3.1.25}$$

这样我们就有了两个算符:

$$\begin{cases} \hat{x}_i = x_i \\[2mm] \hat{p}_i = \dfrac{\hbar}{\mathrm{i}} \dfrac{\partial}{\partial x_i} \end{cases} \tag{3.1.26}$$

这是量子力学的两个基本算符. 在经典力学中, 一般力学量都是正则坐标和正则动量的函数:

$$F = F(x_i, p_i)$$

在量子力学里, 要计算它在某个态里的平均值, 则一般把它转化为算符然后参照上面的方法计算.

3.1.4 能量平均值

作为例子我们来看能量平均值. 在上一章里我们计算了几个定态系统, 定态波函数形式为

$$\psi_n(x,t) = \psi_n(x)\mathrm{e}^{-\mathrm{i}E_n t/\hbar}$$

其中 $\psi_n(x)$ 满足本征方程

$$\hat{H}\psi_n(x) = E_n\psi_n(x)$$

系统一般的态是

$$\Psi(x,t) = \sum c_n\psi_n(x,t) = \sum c_n\psi_n(x)\mathrm{e}^{-\mathrm{i}E_n t/\hbar}$$

不妨设 $\psi_n(x)$ 和 $\Psi(x,t)$ 都是已经归一化的:

$$(\psi_n,\psi_m) = \int \mathrm{d}x\,\psi_n^*\psi_m = \delta_{nm}$$

$$(\Psi,\Psi) = \int \mathrm{d}x\,\Psi^*\Psi = \sum c^*c = 1$$

则有

$$\begin{aligned}
(\Psi,\hat{H}\Psi) &= \left(\sum_n c_n\psi_n\mathrm{e}^{-\mathrm{i}E_n t/\hbar}, \hat{H}\sum_m c_m\psi_m\mathrm{e}^{-\mathrm{i}E_m t/\hbar}\right) \\
&= \sum_n c_n^*\,\mathrm{e}^{\mathrm{i}E_n t/\hbar}\sum_m c_m\mathrm{e}^{-\mathrm{i}E_m t/\hbar}(\psi_n,\hat{H}\psi_m) \\
&= \sum_{nm} c_n^*c_m\mathrm{e}^{\mathrm{i}(E_n-E_m)t/\hbar}E_m(\psi_n,\psi_m) \\
&= \sum_n E_n\,|c_n|^2 = \overline{E}
\end{aligned} \tag{3.1.27}$$

也即在定态系统中, 其能量平均值可通过其哈氏量算符来算出. 而 $|c_n|^2$ 即为处于态 ψ_n, 具有能量 E_n 之概率.

3.2 算　符

上节中我们为了从波函数求力学量的平均值, 引进了算符, 现在需要对算符作明确的说明.

3.2.1　算符运算

如果一个运动状态在某种作用下变成了另一个运动状态,这种作用就代表力学量.状态是用波函数来描写的,代表状态间的变换的力学量则用算符表示.用数学式子表示就是

$$\Phi = \hat{A}\Psi \tag{3.2.1}$$

Ψ, Φ 表示两个状态的波函数,$\hat{A}$ 为代表力学量 A 的算符.波函数在数学上就是个函数,因此,算符就是某种运算.

1. 算符的相等

如果算符 $\hat{A}$ 和算符 $\hat{B}$ 作用在任意状态 ψ 上都得到两个相同的状态,则 $\hat{A}, \hat{B}$ 相等,即如果

$$\hat{A}\psi = \hat{B}\psi \quad \forall \psi$$

则

$$\hat{A} = \hat{B}$$

这里 $\forall \psi$ 表示"对一切 ψ"之意.

2. 算符的相加

如果

$$\hat{C}\psi = \hat{A}\psi + \hat{B}\psi \quad \forall \psi$$

则

$$\hat{C} = \hat{A} + \hat{B}$$

3. 算符的相乘

如果

$$\hat{A}(\hat{B}\psi) = \hat{C}\psi \quad \forall \psi$$

则

$$\hat{A}\hat{B} = \hat{C}$$

显然,这种乘法满足结合律:

$$\hat{A}(\hat{B}\hat{C}) = (\hat{A}\hat{B})\hat{C} = \hat{A}\hat{B}\hat{C} \tag{3.2.2}$$

3.2.2　线性算符

如果 ψ_1, ψ_2 为描写两个状态的波函数,根据叠加原理,它们的线性叠加

$$\psi = C_1\psi_1 + C_2\psi_2$$

（C_1，C_2 为任意复数）代表的也是一个态.经过某种作用后,各个状态都发生了变化,一般讲来,上面这种线性叠加关系不一定会保持.如果一种作用 $\hat{A}$ 能使这种线性关系保持,即

$$\hat{A}\psi = C_1\hat{A}\psi_1 + C_2\hat{A}\psi_2 \quad \forall\, \psi_1, \psi_2 \tag{3.2.3}$$

则称 $\hat{A}$ 为**线性算符**.

3.2.3 对易关系和反对易关系

在算符的乘法中,需要特别注意相乘的次序,因为这里不是两个数的相乘而是依次对状态施加两种作用,顺序很重要.作用一样,顺序不同,其结果一般并不一样.这在日常生活中也不乏其例.因此一般讲对算符

$$\hat{A}\hat{B} \neq \hat{B}\hat{A}$$

譬如,坐标算符 $\hat{x}$ 和动量算符 $\hat{p}$ 就是如此:

$$\begin{aligned} \hat{p}\hat{x}\psi &= -\mathrm{i}\hbar\frac{\mathrm{d}}{\mathrm{d}x}(x\psi) = -\mathrm{i}\hbar\psi - \mathrm{i}\hbar x\frac{\mathrm{d}}{\mathrm{d}x}\psi \\ &= -\mathrm{i}\hbar\psi + \hat{x}\hat{p}\psi \end{aligned} \tag{3.2.4}$$

即

$$\begin{cases} \hat{p}\hat{x} = \hat{x}\hat{p} - \mathrm{i}\hbar \\ \hat{x}\hat{p} - \hat{p}\hat{x} = \mathrm{i}\hbar \end{cases} \tag{3.2.5}$$

这样,因为算符作用的顺序不同就会产生差别,这个差别很重要,要特别加以讨论.记差

$$\hat{A}\hat{B} - \hat{B}\hat{A} \equiv [\hat{A}, \hat{B}] \tag{3.2.6}$$

称为算符 $\hat{A}$，$\hat{B}$ 的**对易式**,而记和

$$\hat{A}\hat{B} + \hat{B}\hat{A} \equiv \{\hat{A}, \hat{B}\} \tag{3.2.7}$$

称为 $\hat{A}$，$\hat{B}$ 的**反对易式**.

如果作用的结果和顺序无关,即

$$[\hat{A}, \hat{B}] = 0 \tag{3.2.8}$$

则称这两个算符 $\hat{A}$，$\hat{B}$ 是**可对易**的,或**可交换**的,也有称为**相容**（compatible）的.

如果作用顺序反一下,出一个负号,即

$$\{\hat{A}, \hat{B}\} = 0 \tag{3.2.9}$$

则称它们是**反对易**的.

两个算符的对易式有很重要的一些性质:

(1) 反对称性

$$[\hat{A}, \hat{B}] = -[\hat{B}, \hat{A}] \tag{3.2.10}$$

(2) 线性

$$[\hat{A}, \alpha\hat{B} + \beta\hat{C}] = \alpha[\hat{A}, \hat{B}] + \beta[\hat{A}, \hat{C}] \tag{3.2.11}$$

α, β 为纯数.

(3) 分部作用

$$[\hat{A}, \hat{B}\hat{C}] = [\hat{A}, \hat{B}]\hat{C} + \hat{B}[\hat{A}, \hat{C}] \tag{3.2.12}$$

(4) 雅可比(Jacobi)恒等式

$$[\hat{A}, [\hat{B}, \hat{C}]] + [\hat{B}, [\hat{C}, \hat{A}]] + [\hat{C}, [\hat{A}, \hat{B}]] = 0 \tag{3.2.13}$$

对易式并不能传递,即 $\hat{A}$, $\hat{B}$ 可易, $\hat{B}$, $\hat{C}$ 可易, $\hat{A}$, $\hat{C}$ 不一定可易.

反对易式有如下一些性质:

(1) 对称性

$$\{\hat{A}, \hat{B}\} = \{\hat{B}, \hat{A}\} \tag{3.2.14}$$

(2) 线性

$$\{\hat{A}, \alpha\hat{B} + \beta\hat{C}\} = \alpha\{\hat{A}, \hat{B}\} + \beta\{\hat{A}, \hat{C}\} \tag{3.2.15}$$

(3) 分部作用

$$\{\hat{A}, \hat{B}\hat{C}\} = [\hat{A}, \hat{B}]\hat{C} - \hat{B}\{\hat{A}, \hat{C}\} \tag{3.2.16}$$

$$\{\hat{A}, \hat{B}\hat{C}\} = \{\hat{A}, \hat{B}\}\hat{C} - \hat{B}[\hat{A}, \hat{C}] \tag{3.2.17}$$

这些都可以根据定义直接验证.

任何两个算符的乘积都可以分解为它们的对易式和反对易式之和:

$$\hat{A}\hat{B} = \frac{1}{2}[\hat{A}, \hat{B}] + \frac{1}{2}\{\hat{A}, \hat{B}\} \tag{3.2.18}$$

3.2.4　本征值和本征波函数

一般讲来,一个状态在力学量 $\hat{A}$ 作用下会变为另一个状态. 但是有些特殊状态可以在作用 $\hat{A}$ 下保持不变,即作用在这个状态上得到的还是这个状态. 用波函数的话讲就是这种作用只是使波函数伸缩一下,乘上某个倍数:

$$\hat{A}\psi = \lambda\psi \tag{3.2.19}$$

λ 为某个数. 这种在力学量作用下不变的状态很能说明这种力学量的本质特征, 因此称它为力学量 $\hat{A}$ 的**本征态**, 数 λ 称为**本征值**, 波函数 ψ 称为力学量 $\hat{A}$ 对应于本征值 λ 的**本征波函数**, 并可记为 ψ_λ. 方程 (3.2.19) 称为 $\hat{A}$ 的**本征方程**. 不是任意的波函数和任意的数都可以作为算符 $\hat{A}$ 的本征波函数和本征值的, 它们不仅决定于算符 $\hat{A}$ 的具体形式, 而且依赖于波函数应满足的各种条件. 我们在上章就解了好几个能量算符的本征值方程, 其本征值即为能量.

3.2.5 本征值谱与简并度

算符本征值的集合称为该算符的**本征值谱**, 简称谱. 一个算符的本征值的个数可能是有限的, 也可能是无限的; 在无限的情形, 本征值的分布可能是分立的, 也可能是连续的, 或两者兼而有之. 这些都决定于算符的性质和边界条件等. 如果本征值是分立的, 则称这些本征值组成**分立谱**; 如果本征值是连续的, 则称它们为**连续谱**.

对应于一个本征值, 算符可能只有一个本征波函数, 但也可能不止一个而有多个相互线性独立的本征波函数. 设有 f 个本征波函数 $\varphi_1, \varphi_2, \cdots, \varphi_f$, 同属于本征值 λ. 假如这 f 个本征波函数中的任何一个都不能由其他波函数线性叠加而成, 那么我们就说这本征值是 f **重简并**或**退化**的, f 就是此本征值的**简并度**. "f 个波函数中任一个不能由其他波函数线性叠加而成", 在数学上称这些波函数为线性无关或线性独立, 即满足如下条件: 如果存在等式

$$c_1\varphi_1 + c_2\varphi_2 + \cdots + c_f\varphi_f = 0 \tag{3.2.20}$$

则

$$c_1 = c_2 = \cdots = c_f = 0 \tag{3.2.21}$$

在一维束缚定态问题中, 对应于每个能量只有一个波函数, 所以简并度为 1, 通常则称为非简并.

3.2.6 厄米算符

我们考虑两个状态之间的关系. 积分

$$T = \int \psi^* \varphi \mathrm{d}\tau \equiv (\psi, \varphi) \tag{3.2.22}$$

可代表用 φ 描述的状态与用 ψ 描述的状态之间的相似或重叠的程度, 也可以说是态 φ 中含有态 ψ 的成分或从态 φ 变到态 ψ 的可能性, 称为**重叠积分**. 归一化条件

$$\int \psi^* \psi \mathrm{d}\tau = 1 \tag{3.2.23}$$

表示自己跟自己完全一样,这是大实话.而如果积分

$$\int \psi^* \varphi \mathrm{d}\tau = 0 \tag{3.2.24}$$

那么,这两个态之间毫无共同之处,称为**正交**的.

现在,设态 φ 在 $\hat{A}$ 的作用下变为另一个态,这个态中包含有态 ψ 的成分,可用积分

$$\int \psi^* \hat{A}\varphi \mathrm{d}\tau \tag{3.2.25}$$

来描写,它实际上就表达了态 φ 经过作用 $\hat{A}$ 变为态 ψ 的可能性.而积分

$$\int (\hat{A}\psi)^* \varphi \mathrm{d}\tau \tag{3.2.26}$$

则代表 φ 中包含有 ψ 经 $\hat{A}$ 作用后的态的成分.一般讲,这两种量不会相同.式 (3.2.26) 一般不等于式(3.2.25),但它可以等于某一个算符 $\hat{B}$ 作用在 φ 上变到 ψ 的可能,即

$$\int \psi^* \hat{B}\varphi \mathrm{d}\tau = \int (\hat{A}\psi)^* \varphi \mathrm{d}\tau \tag{3.2.27}$$

这个算符 $\hat{B}$ 与算符 $\hat{A}$ 当然有一定的关系,因此称它为 $\hat{A}$ 的**厄米共轭算符**,或**伴随算符**,且记为

$$\hat{B} = \hat{A}^+ \tag{3.2.28}$$

于是式(3.2.27)可写为

$$\int \psi^* \hat{A}^+ \varphi \mathrm{d}\tau = \int (\hat{A}\psi)^* \varphi \mathrm{d}\tau \tag{3.2.29}$$

它可以看做 $\hat{A}$ 的厄米共轭算符的定义.在一般情况下,厄米共轭算符不见得等于原算符.但是在实际的物理情形下,这两者常常相等,这种情形有特殊的意义.如果两者相等,即

$$\hat{A}^+ = \hat{A} \tag{3.2.30}$$

或以积分式表示,对任意的态 ψ, φ,有

$$\int \psi^* \hat{A}\varphi \mathrm{d}\tau = \int (\hat{A}\psi)^* \varphi \mathrm{d}\tau \tag{3.2.31}$$

则称 $\hat{A}$ 为**厄米算符**或**自共轭算符**,在数学上它们属于自伴算符.显然坐标算符是厄米算符,因为一个数的厄米共轭就等于复数共轭.利用波函数满足的标准条件,不难证明动量算符 $\hat{P} = \dfrac{\hbar}{\mathrm{i}} \dfrac{\mathrm{d}}{\mathrm{d}x}$ 也是厄米算符:

$$\int \psi^* \hat{p} \varphi \mathrm{d}x = \int \psi^* \frac{\hbar}{\mathrm{i}} \frac{\mathrm{d}}{\mathrm{d}x} \varphi \mathrm{d}x = \int \frac{\hbar}{\mathrm{i}} \frac{\mathrm{d}}{\mathrm{d}x} (\psi^* \varphi) \mathrm{d}x - \int \frac{\hbar}{\mathrm{i}} \left(\frac{\mathrm{d}}{\mathrm{d}x} \psi^* \right) \varphi \mathrm{d}x$$

$$= \frac{\hbar}{\mathrm{i}} \psi^* \varphi \Big|_{-\infty}^{\infty} + \int \left(\frac{\hbar}{\mathrm{i}} \frac{\mathrm{d}}{\mathrm{d}x} \psi \right)^* \varphi \mathrm{d}x = \int \left(\frac{\hbar}{\mathrm{i}} \frac{\mathrm{d}}{\mathrm{d}x} \psi \right)^* \varphi \mathrm{d}x = \int (\hat{p}\psi)^* \varphi \mathrm{d}x$$

$$(3.2.32)$$

从这儿也可以看出,微分算符 $\dfrac{\mathrm{d}}{\mathrm{d}x}$ 不是厄米的,因此复数单位 i 在这里扮演了一个不可缺少的角色,它把微分算符厄米化了.

以后我们会看到,算符和它的厄米共轭之间的关系类似于矩阵和厄米共轭阵之间的关系.厄米共轭运算有下面一些性质:

(1) 相互性,即厄米共轭是相互的.如果

$$\hat{B} = \hat{A}^+$$

则

$$\hat{A} = \hat{B}^+$$

或用一个式子表达为

$$(\hat{A}^+)^+ = \hat{A} \qquad (3.2.33)$$

(2) 倒序性,即

$$(\hat{A}\hat{B}\hat{C}\cdots)^+ = \cdots \hat{C}^+ \hat{B}^+ \hat{A}^+ \qquad (3.2.34)$$

(3) 倒序性用到对易式上,有

$$[\hat{A}, \hat{B}]^+ = [\hat{B}^+, \hat{A}^+] = -[\hat{A}^+, \hat{B}^+] \qquad (3.2.35)$$

特别地,如果 $\hat{A}, \hat{B}$ 是厄米算符,其对易式是个**纯数**,则称这对算符为**共轭算符**或**相克(inter-restricted)算符**.可以证明,共轭算符间的对易式一定是个纯虚数:

$$\hat{A}^+ = \hat{A}, \quad \hat{B}^+ = \hat{B}$$

$$[\hat{A}, \hat{B}] = n$$

n 为数,则

$$[\hat{A}, \hat{B}]^+ = n^+ = n^*$$

另一方面

$$[\hat{A}, \hat{B}]^+ = -[\hat{A}^+, \hat{B}^+] = -[\hat{A}, \hat{B}] = -n$$

$$n^* = -n$$

$$n = \mathrm{i}R$$

R 为实数.

3.2.7　厄米算符的重要性质

1. 厄米算符的本征值是实数

设 $\hat{A}$ 为厄米算符,其本征值方程为

$$\hat{A}\psi = \lambda\psi \tag{3.2.36}$$

作积分,有

$$\int \psi^* \hat{A}\psi \mathrm{d}\tau = \int \psi^* \lambda\psi \mathrm{d}\tau = \lambda \int \psi^* \psi \mathrm{d}\tau$$

另一方面,由 A 的厄米性:

$$\int \psi^* \hat{A}\psi \mathrm{d}\tau = \int (\hat{A}\psi)^* \psi \mathrm{d}\tau = \int (\lambda\psi)^* \psi \mathrm{d}\tau$$

$$= \lambda^* \int \psi^* \psi \mathrm{d}\tau$$

$\int \psi^* \psi \mathrm{d}\tau$ 是非零的,于是有

$$\lambda = \lambda^* \tag{3.2.37}$$

即本征值 λ 为实数.

2. 厄米算符对应不同本征值的本征态互相正交

$$\hat{A}\psi_1 = \lambda_1\psi_1, \quad \hat{A}\psi_2 = \lambda_2\psi_2$$

若

$$\lambda_1 \neq \lambda_2$$

则

$$\int \mathrm{d}x\psi_2^* \psi_1 = 0$$

证明

$$\lambda_2^* \int \mathrm{d}x\psi_2^* \psi_1 = \int \mathrm{d}x\,(\hat{A}\psi_2)^* \psi_1 = \int \mathrm{d}x\psi_2^* \hat{A}\psi_1$$

$$= \lambda_1 \int \mathrm{d}x\psi_2^* \psi_1$$

$$(\lambda_2^* - \lambda_1)\int \mathrm{d}x\psi_2^* \psi_1 = 0$$

λ_2 是实数.若 $\lambda_2 \neq \lambda_1$,则由上式知

$$\int \mathrm{d}x\psi_2^* \psi_1 = 0$$

3. 属于同一本征值而线性无关的本征态可以互相正交

设 λ 是线性厄米算符 $\hat{A}$ 的本征值，f 重简并

$$\hat{A}\varphi_k = \lambda\varphi_k, \quad k = 1,2,3,\cdots,f$$

$\{\varphi_k\}$ 之间互相线性独立.

我们可以通过下面的正交化手续，将它们重新组合，构成另一套互相正交的本征态，它们仍对应同一本征值.

先取

$$\psi_1 = \varphi_1$$

然后取

$$\psi_2 = \varphi_2 + c_{21}\varphi_1$$

选择系数 c_{21} 使得 ψ_2 与 ψ_1 正交：

$$(\psi_2,\psi_1) = 0$$
$$c_{21} = -(\varphi_2,\varphi_1)/(\varphi_1,\varphi_1)$$

显然，如果 φ_2 本来就是与 φ_1 正交的，则 ψ_2 就是 φ_2.

接着再作第三个. 令

$$\psi_3 = \varphi_3 + c_{31}\varphi_1 + c_{32}\varphi_2$$

选择系数 c_{31} 和 c_{32}，使得它与 ψ_1 和 ψ_2 都正交：

$$(\psi_3,\psi_1) = 0$$
$$(\psi_3,\psi_2) = 0$$

通过这样的程序我们就得到一组互相正交的本征态 $\{\psi_k\}$，当然每个都可以归一化，它们满足

$$\hat{A}\psi_k = \lambda\psi_k$$
$$(\psi_m,\psi_n) = \delta_{mn}$$

4. 厄米算符的本征值可以排成一个不降序列

把厄米算符的本征态和本征值编好号，可以排列成

本征波函数 $\quad \psi_1,\psi_2,\psi_3,\cdots,\psi_n,\psi_{n+1},\cdots$

本征值 $\quad\quad \lambda_1,\lambda_2,\lambda_3,\cdots,\lambda_n,\lambda_{n+1},\cdots$

而有关系

$$\lambda_n \leqslant \lambda_{n+1}$$
$$\int \mathrm{d}x\psi_m^*\psi_n = \delta_{mn}$$

3.2.8　力学量用线性厄米算符代表

前面我们已经给出求力学量 $\hat{F}$ 的平均值的公式

$$\bar{F} = \int \psi^* \hat{F}\psi \mathrm{d}x \tag{3.2.38}$$

$\hat{F}$ 是代表力学量 F 的一个算符. 物理上测量到的力学量值都是实数, 如坐标、动量、角动量、能量等等, 因此, 它们的平均值也是实数, 于是要求

$$\bar{F}^* = \bar{F} \tag{3.2.39}$$

$$\bar{F}^* = \left(\int \psi^* \hat{F}\psi \mathrm{d}\tau\right)^* = \int (\psi^* \hat{F}\psi)^* \mathrm{d}\tau$$

$$= \int (\hat{F}\psi)^* \psi \mathrm{d}\tau = \bar{F} = \int \psi^* \hat{F}\psi \mathrm{d}\tau \tag{3.2.40}$$

式 (3.2.40) 告诉我们代表力学量的算符 $\hat{F}$ 要是厄米的.

3.3　均方差和本征态

在 3.1 节里面我们讲了一个反映波函数总体特征的量——平均值. 我们也知道了求平均值的方法. 但是用平均值来反映分布是很粗略的.

3.3.1　均方差

图 3.3.1 代表粒子系统的两种坐标分布, 虽然平均值一样, 但分散的程度却很不相同.

平均值可以反映较多粒子的力学量值在什么值附近, 因此反映了粒子状态集中的特点. 另外还必须考虑反映偏离这个集中量的分散特征.

要表达这一特点, 最简单的办法是求出每个粒子的坐标 x 与坐标平均值之差, 或一般地, 给出每个力学

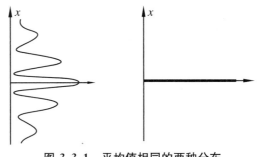

图 3.3.1　平均值相同的两种分布

量值 F 与力学量平均值 $\bar{F}$ 的差:

$$\Delta F = F - \bar{F} \qquad (3.3.1)$$

当然,完全知道了这个偏差 ΔF 和平均值 $\bar{F}$,就等于知道了整个分布.这和我们用一些量来表征状态的总体特征这个目标不合.那么我们能否用这个偏差的平均值来代表偏离平均的程度呢? 不行,因为对任何分布来说,这个偏差的平均值为零,不能说明任何问题:

$$\langle \Delta F \rangle = \overline{(F - \bar{F})} = \bar{F} - \bar{F} = 0 \qquad (3.3.2)$$

这个平均值之所以为零,是因为粒子的力学量值总在平均值上下跳动,而取代数平均值时,不同符号的值互相抵消了.为了避免这一问题,可以用偏差绝对值的平均值

$$\langle \, |\Delta F| \, \rangle$$

或一般地,用偏差的平方和的平均值

$$\langle (\Delta F)^2 \rangle \equiv \overline{\Delta F^2}$$

来表征力学量偏离平均值的程度.$\overline{(\Delta F)^2}$ 称为**平均平方差**或简称**均方差**.由平均值的定义,有

$$\overline{\Delta F^2} = \int \psi^* \, (\Delta \hat{F})^2 \psi \mathrm{d}\tau$$

$$= \int \psi^* \, (\hat{F} - \bar{F})^2 \psi \mathrm{d}\tau \qquad (3.3.3)$$

$\hat{F}$ 是代表力学量 F 的厄米算符.把式(3.3.3)积分中的算符展开后,易得

$$\overline{(\Delta F)^2} = \overline{F^2} - \bar{F}^2 \qquad (3.3.4)$$

而均方差的算术根

$$\Delta F \equiv \sqrt{\overline{F^2} - \bar{F}^2} = \sqrt{\overline{\Delta F^2}} \qquad (3.3.5)$$

则称为**均方差根**.

均方差反映力学量分布的分散程度.均方差越大,则分布越分散.均方差和平均值一起可以较好地反映力学量分布的总的特征面貌:这个力学量取值是分散些呢还是集中些;它们的中心在什么地方,等等.在某些情况下,甚至可以由这两个量把分布完全定下来.

3.3.2 本征态

我们来考虑这样一种状态,所有的粒子系统都具有同一个力学量值,譬如都在同一个位置,又如都有相同的动量.或者换另一种说法,多次测量一个粒子的某力

学量,都获得相同的值.这时我们称粒子的某力学量**有确定的值**.显然,这时候平均值也就等于单个的值:

$$\bar{F} = F \tag{3.3.6}$$

因而均方差是零:

$$\overline{\Delta F^2} = 0 \tag{3.3.7}$$

反过来也对.如果均方差为零,则分布没有离散而完全集中,式(3.3.6)成立.所以式(3.3.7)是式(3.3.6)成立的充分必要条件.

现在我们来看看这种情况对波函数有什么限制.

由算符的厄米性,

$$\begin{cases} (\Delta \hat{F})^{+} = (\hat{F} - \bar{F})^{+} = \hat{F}^{+} - \bar{F} = \hat{F} - \bar{F} = \Delta \hat{F} \\ \langle \Delta F^2 \rangle = \int \psi^{*} (\Delta \hat{F})^2 \psi \mathrm{d}\tau = \int \psi^{*} (\Delta \hat{F})(\Delta \hat{F}) \psi \mathrm{d}\tau \\ \qquad = \int (\Delta \hat{F} \psi)^{*} \Delta F \psi \mathrm{d}\tau = \int |\Delta \hat{F} \psi|^2 \mathrm{d}\tau \end{cases} \tag{3.3.8}$$

积分内被积函数 $|(\Delta \hat{F})\psi|^2$ 恒非负,故均方差为零的充要条件是

$$\begin{cases} \Delta \hat{F} \psi = 0 \\ (\hat{F} - \bar{F})\psi = 0 \\ \hat{F}\psi = \bar{F}\psi \end{cases} \tag{3.3.9}$$

这正是代表力学量 F 的厄米算符 $\hat{F}$ 的本征值方程,平均值 $\bar{F}$,即每个粒子的力学量 F 的值,正是这算符的本征值,而反映这种分布的波函数正是算符 $\hat{F}$ 相应于本征值 $\bar{F}$ 的本征波函数.所以在本征态中,每个粒子的测量值(每次的测量值)都一样,是完全确定的,等于其平均值,故也称此态为**有确定值**的态.

由此可以得到结论:力学量有确定值的充要条件是粒子处于这个力学量的本征态,而这确定值就是力学量相应于这本征态的本征值.

3.3.3　代表力学量的算符的线性特征

以前我们讲过,代表力学量的算符必须是厄米的,在这里得到了进一步的说明.因为这个算符的本征值就是实际的力学量的值,总是实数,而厄米算符的本征值正好全是实的.不光如此,这里还可以证明,为了不和态叠加原理矛盾,代表力学量的算符必须是线性的,这在力学量的本征值有简并的情况下特别明显.设 ψ_1, ψ_2 代表力学量 $\hat{F}$ 有确定的值 f 的两个不同的状态:

$$\begin{cases} \hat{F}\psi_1 = f\psi_1 \\ \hat{F}\psi_2 = f\psi_2 \end{cases} \tag{3.3.10}$$

在 ψ_1 和 ψ_2 中,所有粒子都有相同的力学量 $\hat{F}$ 的值,等于 f.根据态叠加原理,这两个态以一定的比例混合起来,

$$\psi = c_1\psi_1 + c_2\psi_2 \tag{3.3.11}$$

仍是一个态.在这个态中,显然所有的粒子仍然是都有相同的力学量 $\hat{F}$ 的值 f,ψ 还是 F 的属于本征 f 的本征态:

$$\hat{F}\psi = f\psi \tag{3.3.12}$$

左方为

$$\hat{F}\psi = \hat{F}(c_1\psi_1 + c_2\psi_2)$$

右方为

$$\begin{aligned} f\psi &= fc_1\psi_1 + fc_2\psi_2 \\ &= c_1f\psi_1 + c_2f\psi_2 \\ &= c_1\hat{F}\psi_1 + c_2\hat{F}\psi_2 \end{aligned}$$

合起来有

$$\hat{F}(c_1\psi_1 + c_2\psi_2) = c_1\hat{F}\psi_1 + c_2\hat{F}\psi_2 \tag{3.3.13}$$

即代表力学量的算符 $\hat{F}$ 应是线性的.

所以,物理中要求我们对代表力学量的算符有一定的限制,它们必须是线性厄米算符.力学量用线性厄米算符来代表,这就是量子力学第三假定的一部分要求.

3.4　基　本　算　符

现在我们来讨论一些常用的算符和它们的本征值、本征波函数,且总结出一般定义算符的办法.

3.4.1　坐标算符

不失一般性,我们先讨论一维的情形.这算符是

$$\hat{x} = x \tag{3.4.1}$$

其本征值方程为

$$\hat{x}\varphi_\lambda(x) = \lambda\varphi_\lambda(x) \tag{3.4.2}$$

λ 为 $\hat{x}$ 的本征值，φ_λ 为对应于本征值 λ 的本征波函数.

把式(3.4.1)代入，移项后有

$$(x - \lambda)\varphi_\lambda(x) = 0 \tag{3.4.3}$$

此方程表示，当本征波函数的变量 x 不等于本征值 λ 时，波函数为零；而当 $x = \lambda$ 时，波函数可以不为零，也可为零.但如为零，则本征波函数恒为零，无意义.故有

$$\varphi_\lambda(x)\begin{cases} = 0, & x \neq \lambda \\ \neq 0, & x = \lambda \end{cases} \tag{3.4.4}$$

满足方程(3.4.3)的这种函数叫 δ 函数，且记为

$$\varphi_\lambda(x) = \delta(x - \lambda) \tag{3.4.5}$$

δ 函数不是普通的函数，而是广义函数，我们在前面第 2 章讲 δ 势时曾提到过。

δ 函数可以有各种定义法.一般把它定义为满足如下两个条件的函数：

$$\begin{cases} \displaystyle\int\delta(x)\mathrm{d}x = 1 \\ \delta(x) = 0, \quad x \neq 0 \end{cases} \tag{3.4.6}$$

它还有如下一些性质：

$$\delta(-x) = \delta(x) \tag{3.4.7}$$

$$x\delta(x) = 0 \tag{3.4.8}$$

$$\delta(x^2 - a^2) = \frac{1}{2|a|}\left[\delta(x + a) + \delta(x - a)\right] \tag{3.4.9}$$

$$\int f(x)\delta(x)\mathrm{d}x = f(0) \tag{3.4.10}$$

$$\int f(x)\delta'(x)\mathrm{d}x = -f'(0) \tag{3.4.11}$$

在数学上，δ 函数可以用一些连续函数序列的极限来实现，如

$$\delta(x) = \lim_{\alpha \to \infty}\frac{\sin\alpha x}{\pi x} \tag{3.4.12}$$

它也可用积分来表达，如

$$\delta(x) = \frac{1}{2\pi}\int\mathrm{e}^{\mathrm{i}kx}\mathrm{d}k \tag{3.4.13}$$

在 2.1 节中公式(2.1.20)实际上就是用了 δ 函数的性质.

这样我们知道，坐标算符的本征值是连续的，组成连续谱，它相应的本征波函

数是 δ 函数.坐标的本征态,代表所有粒子全集中在一点的状态,所以可用 δ 函数表示.三维情况下有

$$\hat{x}_i \delta(x_1 - \lambda_1)\delta(x_2 - \lambda_2)\delta(x_3 - \lambda_3) = \lambda_i \delta(x_1 - \lambda_1)\delta(x_2 - \lambda_2)\delta(x_3 - \lambda_3)$$
$$i = 1, 2, 3 \tag{3.4.14}$$

λ_i 为 $\hat{x}_i$ 的本征值.

式(3.4.14)可以合起来写为

$$\hat{x}\delta^{(3)}(\boldsymbol{x} - \boldsymbol{\lambda}) = \boldsymbol{\lambda}\delta^{(3)}(\boldsymbol{x} - \boldsymbol{\lambda})$$

$$\delta^{(3)}(\boldsymbol{x} - \boldsymbol{\lambda}) \equiv \delta(x_1 - \lambda_1)\delta(x_2 - \lambda_2)\delta(x_3 - \lambda_3)$$

它们满足**正交归一关系**:

$$\int \delta^{(3)}(\boldsymbol{x} - \boldsymbol{\lambda})\delta^{(3)}(\boldsymbol{x} - \boldsymbol{\lambda}')\mathrm{d}\tau = \delta^{(3)}(\boldsymbol{\lambda} - \boldsymbol{\lambda}') \tag{3.4.15}$$

3.4.2　动量算符

我们已经知道动量算符为

$$\hat{p}_i = \frac{\hbar}{\mathrm{i}} \frac{\partial}{\partial x_i} \tag{3.4.16}$$

它的本征态即为有确定动量的态

$$\varphi_p(\boldsymbol{x}) = C\mathrm{e}^{\frac{\mathrm{i}}{\hbar}p \cdot x} \tag{3.4.17}$$

显然波函数满足本征方程

$$\hat{p}_i\varphi_p(\boldsymbol{x}) = p_i\varphi_p(\boldsymbol{x}) \tag{3.4.18}$$

p_i 是任意的,所以动量算符有连续谱.

我们知道波函数要归一化,现在我们尝试把动量的本征波函数归一化.

由于积分

$$\int \varphi_p^*(\boldsymbol{x})\varphi_p(\boldsymbol{x})\mathrm{d}\tau$$

是发散的,归一化有困难.发散的原因在于无限远处找到粒子的概率不为零.于是我们可以这样考虑,设想粒子被限制在一个每边边长均为 L 的大箱子里运动(图3.4.1).取坐标原点在箱子的中心.我们要求在箱子的相对两壁处有相同的波函数值,这叫做周期

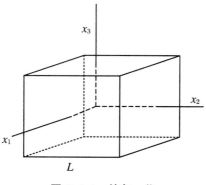

图 3.4.1　箱归一化

性边界条件.

例如,沿 x_1 方向而言,要求在 $A'\left(-\dfrac{L}{2},x_2,x_3\right)$ 和 $A\left(\dfrac{L}{2},x_2,x_3\right)$ 有相同的 φ_p 的值,这时

$$\varphi_p\left(-\frac{L}{2},x_2,x_3\right)=\varphi_p\left(\frac{L}{2},x_2,x_3\right) \tag{3.4.19}$$

把式(3.4.17)代入,有

$$\begin{cases} Ce^{i(p_1\frac{-L}{2}+p_2 x_2+p_3 x_3)/\hbar}=Ce^{i(p_1\frac{L}{2}+p_2 x_2+p_3 x_3)/\hbar} \\ e^{ip_1 L/\hbar}=1 \\ p_1 L/\hbar=2n_1\pi \\ p_1=2\pi\hbar n_1/L,\quad n_1=0,\pm1,\pm2,\cdots \end{cases} \tag{3.4.20}$$

这时动量第一分量 p_1 的本征值不再是连续的而是分立的了.

同样,有

$$\begin{cases} p_2=2\pi\hbar n_2/L \\ p_3=2\pi\hbar n_3/L \end{cases} \tag{3.4.21}$$

n_2,n_3 为整数.

本征值分立后,就很容易归一化了.可以计算归一化常数:

$$\begin{cases} 1=\int\varphi_p^*(\boldsymbol{x})\varphi_p(\boldsymbol{x})\mathrm{d}\tau=C^*CL^3=C^*CV \\ C=\dfrac{1}{L^{3/2}}=\dfrac{1}{\sqrt{V}} \end{cases} \tag{3.4.22}$$

其中 $V=L^3$ 是箱子的体积.这样归一化的波函数就是

$$\begin{cases} \varphi_p(\boldsymbol{x})=\dfrac{1}{\sqrt{V}}e^{i(\boldsymbol{p}\cdot\boldsymbol{x})/\hbar}=\dfrac{1}{\sqrt{L^3}}e^{i(\boldsymbol{p}\cdot\boldsymbol{x})/\hbar} \\ p_i=2\pi\hbar n_i/L,\quad n_i=0,\pm1,\pm2,\cdots \end{cases} \tag{3.4.23}$$

正交归一化条件为

$$\int\varphi_p^*(\boldsymbol{x})\varphi_{p'}(\boldsymbol{x})\mathrm{d}\tau=\delta_{pp'}=\delta_{p_1 p_1'}\delta_{p_2 p_2'}\delta_{p_3 p_3'}$$
$$=\delta_{n_1 n_1'}\delta_{n_2 n_2'}\delta_{n_3 n_3'} \tag{3.4.24}$$

我们看到,把粒子限制在一个大箱子内且赋予周期性边界条件可以使有连续谱的波函数归一化,这种方法叫**箱归一化**,它在许多实际问题中都有用.物理学应该不依赖于归一化方法.箱归一化使连续谱变为分立谱,这一点也不奇怪,在2.3节我们就谈过这类内容.当限制粒子运动的箱子无限大时($L\to\infty$),分立谱又变为

连续谱了.

3.4.3 海森堡代数

动量算符各分量和坐标算符的相应各分量之间是不可对易的,但不同分量之间可以对易:

$$\begin{cases} [\hat{x}_i, \hat{x}_j] = 0 \\ [\hat{p}_i, \hat{p}_j] = 0 \\ [\hat{x}_i, \hat{p}_j] = i\hbar\delta_{ij} \end{cases} \tag{3.4.25}$$

这是量子力学的基本对易关系,称为**海森堡代数**.动量算符和一般的坐标、动量的函数的对易关系为

$$[\hat{p}_i, \hat{f}] = \hat{p}_i\hat{f} - \hat{f}\hat{p}_i = (\hat{p}_i f)$$

$$= -i\hbar\frac{\partial\hat{f}}{\partial\hat{x}_i} \tag{3.4.26}$$

一般的论证如下:

$$\hat{f} = f(\hat{x}, \hat{p})$$

利用 $\hat{x}, \hat{p}$ 之间的对易关系,适当排列 $\hat{x}, \hat{p}$ 的位置,总可以把 f 展开成幂级数的形式:

$$\hat{f} = \sum_m \sum_n C_{mn}\hat{x}^m\hat{p}^n \tag{3.4.27}$$

C_{mn} 为数.我们看动量算符 $\hat{p}$ 和 $\hat{f}$ 的一项对易式:

$$[\hat{p}, \hat{x}^m\hat{p}^n] = [\hat{p}, \hat{x}^m]\hat{p}^n = m\hat{x}^{m-1}[\hat{p}, \hat{x}]\hat{p}^n$$

$$= -i\hbar m\hat{x}^{m-1}\hat{p}^n = -i\hbar\frac{\partial}{\partial\hat{x}}(\hat{x}^m\hat{p}^n) \tag{3.4.28}$$

这样合起来就有式(3.4.26).同样可以证明

$$[\hat{x}_i, \hat{f}] = i\hbar\frac{\partial\hat{f}}{\partial\hat{p}_i} \tag{3.4.29}$$

3.4.4 动量算符的物理意义

现在我们来说明动量算符的物理意义.为简单起见,可以只考虑一维运动.设整个系统沿 x 方向平移一段小距离 a(图3.4.2).这时原来的态 φ 变成了另一个态 φ'.两个态之间显然有下面的关系:

$$\varphi'(x) = \varphi(x - a) \tag{3.4.30}$$

因为距离 a 很小,可以作泰勒展开:

$$\varphi'(x) = \varphi(x - a) = \varphi(x) + (-a)\frac{\mathrm{d}}{\mathrm{d}x}\varphi(x) + \frac{(-a)^2}{2!}\frac{\mathrm{d}^2}{\mathrm{d}x^2}\varphi(x) + \cdots$$

$$= \left[1 + \left(-a\frac{\mathrm{d}}{\mathrm{d}x}\right) + \frac{1}{2!}\left(-a\frac{\mathrm{d}}{\mathrm{d}x}\right)^2 + \cdots\right]\varphi(x)$$

$$= \mathrm{e}^{-a\frac{\mathrm{d}}{\mathrm{d}x}}\varphi(x) = \mathrm{e}^{-\frac{\mathrm{i}}{\hbar}a\hat{p}}\varphi(x) \tag{3.4.31}$$

在 a 是无穷小的情况下,精确到一级项,有

$$\varphi'(x) = \varphi(x) - \frac{\mathrm{i}}{\hbar}a\hat{p}\varphi(x) \tag{3.4.32}$$

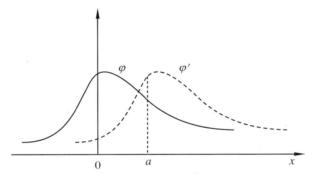

图 3.4.2　状态平移

状态 $\varphi(x)$ 平移后变为另一个态.根据算符的定义,这个新态等于某个算符作用在原来态上的结果.这个算符可以用动量算符表达出来,即为 $\mathrm{e}^{-\mathrm{i}a\hat{p}/\hbar}$.特别在无穷小移动的情况下,动量算符纯粹反映了系统空间平移的特性,所以有时也称它为**平移无穷小算符**.这种看法和经典力学里理解动量的精神是一致的.在经典力学里,动量是反映粒子空间位置变化的趋势或能力的.

推广到三维空间,状态 φ 经平移矢量 $\boldsymbol{a}$ 后变为

$$\varphi'(\boldsymbol{x}) = \varphi(\boldsymbol{x} - \boldsymbol{a}) = \mathrm{e}^{-\frac{\mathrm{i}}{\hbar}\boldsymbol{a}\cdot\hat{\boldsymbol{p}}}\varphi(\boldsymbol{x}) \tag{3.4.33}$$

3.4.5　角动量算符

在经典力学中,角动量由下面的公式给出:

$$\boldsymbol{L} = \boldsymbol{x} \times \boldsymbol{p} \tag{3.4.34}$$

在量子力学里,对应角动量的算符应当如何取呢? 一个最简单的办法是把已知的

坐标算符和动量算符代入,得

$$\hat{L} = \hat{x} \times \hat{p} = x \times \hat{p} \tag{3.4.35}$$

或者写成分量形式

$$\begin{cases} \hat{L}_1 = \dfrac{\hbar}{i}\left(x_2\dfrac{\partial}{\partial x_3} - x_3\dfrac{\partial}{\partial x_2}\right) \\[2mm] \hat{L}_2 = \dfrac{\hbar}{i}\left(x_3\dfrac{\partial}{\partial x_1} - x_1\dfrac{\partial}{\partial x_3}\right) \\[2mm] \hat{L}_3 = \dfrac{\hbar}{i}\left(x_1\dfrac{\partial}{\partial x_2} - x_2\dfrac{\partial}{\partial x_1}\right) \end{cases} \tag{3.4.36}$$

为简单起见,可以用一个张量 e_{ijk} 把(3.4.36)表达出来.e_{ijk} 是个**三阶全反对称张量**,即对任何两个指标的交换都出一个负号,

$$e_{ijk} = -e_{jik} = -e_{ikj}, \quad i,j,k = 1,2,3 \tag{3.4.37}$$

而规定

$$e_{123} = 1 \tag{3.4.38}$$

利用反对称性,其他凡有两个指标相同的分量皆为零.e_{ijk} 有如下一些性质:

$$\sum_{i,j,k} e_{ijk} e_{ijk} = 3! = 6 \tag{3.4.39}$$

$$\sum_{ij} e_{ijk} e_{ijk'} = 2!\delta_{kk'} \tag{3.4.40}$$

$$\sum_{k} e_{ijk} e_{i'j'k} = (\delta_{ii'}\delta_{jj'} - \delta_{ij'}\delta_{ji'}) \tag{3.4.41}$$

这样,式(3.4.36)可记为

$$\hat{L}_i = \frac{\hbar}{i}\sum_{jk} e_{ijk} x_j \frac{\partial}{\partial x_k} = \sum_{jk} e_{ijk} \hat{x}_j \hat{p}_k \tag{3.4.42}$$

角动量平方算符定义为

$$\hat{L}^2 = \hat{L}_1^2 + \hat{L}_2^2 + \hat{L}_3^2$$

$$= \sum_i \hat{L}_i \hat{L}_i \tag{3.4.43}$$

和坐标算符、动量算符不同,角动量算符各分量之间是不可对易的:

$$[\hat{L}_1, \hat{L}_2] = [x_2\hat{p}_3 - x_3\hat{p}_2, x_3\hat{p}_1 - x_1\hat{p}_3]$$

$$= [x_2\hat{p}_3, x_3\hat{p}_1] - [x_2\hat{p}_3, x_1\hat{p}_3] - [x_3\hat{p}_2, x_3\hat{p}_1] + [x_3\hat{p}_2, x_1\hat{p}_3]$$

$$= -i\hbar x_2\hat{p}_1 + x_1 i\hbar\hat{p}_2 = i\hbar\hat{L}_3 \tag{3.4.44}$$

同样有

$$\begin{cases} \left[\hat{L}_2,\hat{L}_3\right] = \mathrm{i}\,\hbar\hat{L}_1 \\ \left[\hat{L}_3,\hat{L}_1\right] = \mathrm{i}\,\hbar\hat{L}_2 \end{cases} \tag{3.4.45}$$

这些式子也可用矢量的矢积形式记为

$$\hat{\boldsymbol{L}} \times \hat{\boldsymbol{L}} = \mathrm{i}\,\hbar\hat{\boldsymbol{L}} \tag{3.4.46}$$

用 e_{ijk} 记则为

$$\left[\hat{L}_i,\hat{L}_j\right] = \mathrm{i}\,\hbar\sum_k e_{ijk}\hat{L}_k, \quad i,j = 1,2,3 \tag{3.4.47}$$

易证 $\hat{\boldsymbol{L}}^2$ 与各分量 $\hat{L}_i$ 是可易的:

$$\left[\hat{\boldsymbol{L}}^2,\hat{L}_i\right] = 0, \quad i = 1,2,3 \tag{3.4.48}$$

为了讨论角动量算符的本征值和本征波函数,我们转到球坐标系,因为直角坐标系不易显示出角动量的本质特点.

球坐标 (r,θ,φ) 与直角坐标 (x_1,x_2,x_3) 有如下关系:

$$\begin{cases} x_1 = r\sin\theta\cos\varphi \\ x_2 = r\sin\theta\sin\varphi \\ x_3 = r\cos\theta \end{cases} \tag{3.4.49}$$

$$\begin{cases} r^2 = x_1^2 + x_2^2 + x_3^2 \\ \cos\theta = \dfrac{x_3}{r} \\ \tan\varphi = \dfrac{x_2}{x_1} \end{cases} \tag{3.4.50}$$

$$\frac{\partial r}{\partial x_i} = \frac{x_i}{r} \tag{3.4.51}$$

$$\begin{aligned} \frac{\partial\theta}{\partial x_i} &= \frac{\mathrm{d}\theta}{\mathrm{d}\cos\theta}\frac{\partial\cos\theta}{\partial x_i} = \frac{1}{\sin\theta}\frac{\partial\left(\dfrac{x_3}{r}\right)}{\partial x_i} = \frac{1}{-r^3\sin\theta}(r^2\delta_{i3} - x_3x_i) \\ &= \begin{cases} \dfrac{x_1x_3}{r^3\sin\theta} \\ \dfrac{x_2x_3}{r^3\sin\theta} \\ -\dfrac{x_1^2 + x_2^2}{r^3\sin\theta} \end{cases} = \begin{cases} \dfrac{1}{r}\cos\theta\cos\varphi, & i = 1 \\ \dfrac{1}{r}\cos\theta\sin\varphi, & i = 2 \\ -\dfrac{1}{r}\sin\theta, & i = 3 \end{cases} \end{aligned} \tag{3.4.52}$$

$$\frac{\partial \varphi}{\partial x_i} = \frac{\mathrm{d}\varphi}{\mathrm{d}\tan\varphi}\frac{\partial \tan\varphi}{\partial x_i} = \cos^2\varphi \frac{\partial\left(\frac{x_2}{x_1}\right)}{\partial x_i} = \cos^2\varphi \frac{\frac{\partial x_2}{\partial x_i}x_1 - x_2\frac{\partial x_2}{\partial x_i}}{x_1^2}$$

$$= \cos^2\varphi \frac{x_1\delta_{2i} - x_2\delta_{1i}}{x_1^2} = \begin{cases} -\dfrac{1}{r}\dfrac{\sin\varphi}{\sin\theta}, & i = 1 \\[2mm] \dfrac{1}{r}\dfrac{\cos\varphi}{\sin\theta}, & i = 2 \\[2mm] 0, & i = 3 \end{cases} \tag{3.4.53}$$

由此可得用 $\dfrac{\partial}{\partial r}, \dfrac{\partial}{\partial \theta}, \dfrac{\partial}{\partial \varphi}$ 来表示 $\dfrac{\partial}{\partial x_i}$ 的式子：

$$\begin{cases} \dfrac{\partial}{\partial x_1} = \dfrac{\partial r}{\partial x_1}\dfrac{\partial}{\partial r} + \dfrac{\partial \theta}{\partial x_1}\dfrac{\partial}{\partial \theta} + \dfrac{\partial \varphi}{\partial x_1}\dfrac{\partial}{\partial \varphi} \\[2mm] \qquad = \sin\theta\cos\varphi\dfrac{\partial}{\partial r} + \dfrac{1}{r}\cos\theta\cos\varphi\dfrac{\partial}{\partial \theta} - \dfrac{1}{r}\dfrac{\sin\varphi}{\sin\theta}\dfrac{\partial}{\partial \varphi} \\[2mm] \dfrac{\partial}{\partial x_2} = \sin\theta\sin\varphi\dfrac{\partial}{\partial r} + \dfrac{1}{r}\cos\theta\sin\varphi\dfrac{\partial}{\partial \theta} + \dfrac{1}{r}\dfrac{\cos\varphi}{\sin\theta}\dfrac{\partial}{\partial \varphi} \\[2mm] \dfrac{\partial}{\partial x_3} = \cos\theta\dfrac{\partial}{\partial r} - \dfrac{1}{r}\sin\theta\dfrac{\partial}{\partial \theta} \end{cases} \tag{3.4.54}$$

于是得到**球坐标**下的 $\hat{L}_i, \hat{L}^2$ 的表达式：

$$\begin{cases} \hat{L}_1 = \mathrm{i}\hbar\left(\sin\varphi\dfrac{\partial}{\partial \theta} + \cot\theta\cos\varphi\dfrac{\partial}{\partial \varphi}\right) \\[2mm] \hat{L}_2 = -\mathrm{i}\hbar\left(\cos\varphi\dfrac{\partial}{\partial \theta} - \cot\theta\sin\varphi\dfrac{\partial}{\partial \varphi}\right) \\[2mm] \hat{L}_3 = -\mathrm{i}\hbar\dfrac{\partial}{\partial \varphi} \end{cases} \tag{3.4.55}$$

$$\hat{L}^2 = -\hbar^2\left[\frac{1}{\sin\theta}\frac{\partial}{\partial \theta}\left(\sin\theta\frac{\partial}{\partial \theta}\right) + \frac{1}{\sin^2\theta}\frac{\partial^2}{\partial \varphi^2}\right] \tag{3.4.56}$$

我们可以看到，这些角动量算符与径向坐标 r 无关，因此，它们的本征波函数也只与角度 θ, φ 有关．角动量平方的本征值方程为

$$\hat{L}^2\psi(\theta, \varphi) = \lambda'\psi(\theta, \varphi) \tag{3.4.57}$$

把式(3.4.56)代入，有

$$-\hbar^2\left[\frac{1}{\sin\theta}\frac{\partial}{\partial \theta}\left(\sin\theta\frac{\partial}{\partial \theta}\right) + \frac{1}{\sin^2\theta}\frac{\partial^2}{\partial \varphi^2}\right]\psi(\theta, \varphi) = \lambda'\psi(\theta, \varphi)$$

$$\frac{1}{\sin\theta}\frac{\partial}{\partial\theta}\left(\sin\theta\,\frac{\partial\psi}{\partial\theta}\right) + \frac{1}{\sin^2\theta}\frac{\partial^2\psi}{\partial\varphi^2} = -\lambda\psi, \quad \lambda = \lambda'/\hbar^2 \qquad (3.4.58)$$

3.4.6　球谐函数

满足方程(3.4.58)并符合波函数条件的解称为球谐函数,在一般的数理方程书中都有详细的解.

把方程(3.4.58)改写一下:

$$\left[\sin\theta\,\frac{\partial}{\partial\theta}\left(\sin\theta\,\frac{\partial}{\partial\theta}\right) + \lambda\sin^2\theta\right]\mathbf{Y} = -\frac{\partial^2\mathbf{Y}}{\partial\varphi^2} \qquad (3.4.59)$$

这方程可以分离变量,令

$$\mathbf{Y}(\theta,\varphi) = \Theta(\theta)\Phi(\varphi) \qquad (3.4.60)$$

代到方程后又化为两个方程:

$$\frac{1}{\sin\theta}\frac{\mathrm{d}}{\mathrm{d}\theta}\left(\sin\theta\,\frac{\mathrm{d}\Theta}{\mathrm{d}\theta}\right) + \left(\lambda - \frac{\nu}{\sin^2\theta}\right)\Theta = 0 \qquad (3.4.61)$$

$$\frac{\mathrm{d}^2\Phi}{\mathrm{d}\varphi^2} + \nu\Phi = 0 \qquad (3.4.62)$$

其中 ν 为某个常量.

先解式(3.4.62),有

$$\begin{cases} \Phi(\varphi) = A\mathrm{e}^{\mathrm{i}\sqrt{\nu}\varphi} + B\mathrm{e}^{-\mathrm{i}\sqrt{\nu}\varphi}, & \nu \neq 0 \\ \Phi(\varphi) = C + D\varphi, & \nu = 0 \end{cases} \qquad (3.4.63)$$

A, B, C, D 均为常量.

由于波函数必须是单值的,当方位角 φ 角转过 2π 时,物理系统仍不变,因此要求波函数也不变,即

$$\Phi(\varphi + 2\pi) = \Phi(\varphi) \qquad (3.4.64)$$

这就要求

$$\begin{cases} D = 0 \\ \sqrt{\nu} = 0 \text{ 或整数 } m \end{cases} \qquad (3.4.65)$$

所以方程(3.4.62)的特解可记为

$$\Phi_m(\varphi) = \frac{1}{\sqrt{2\pi}}\mathrm{e}^{\mathrm{i}m\varphi}, \quad m = 0, \pm 1, \pm 2, \cdots \qquad (3.4.66)$$

$$\int_0^{2\pi}\Phi_m^*(\varphi)\Phi_n(\varphi)\mathrm{d}\varphi = \delta_{mn} \qquad (3.4.67)$$

系数$\dfrac{1}{\sqrt{2\pi}}$是为了归一化.

现在来看式(3.4.61),把$\nu = m^2$代入,有

$$\frac{1}{\sin\theta}\frac{\mathrm{d}}{\mathrm{d}\theta}\left(\sin\theta\frac{\mathrm{d}\Theta}{\mathrm{d}\theta}\right) + \left(\lambda - \frac{m^2}{\sin^2\theta}\right)\Theta = 0 \tag{3.4.68}$$

作变量变换,令

$$\zeta = \cos\theta, \quad 0 \leqslant \theta \leqslant \pi, -1 \leqslant \zeta \leqslant 1 \tag{3.4.69}$$

$$\frac{\mathrm{d}}{\mathrm{d}\theta} = \frac{\mathrm{d}\zeta}{\mathrm{d}\theta}\frac{\mathrm{d}}{\mathrm{d}\zeta} = -\sin\theta\frac{\mathrm{d}}{\mathrm{d}\zeta} = -(1-\zeta^2)^{1/2}\frac{\mathrm{d}}{\mathrm{d}\zeta} \tag{3.4.70}$$

而$\Theta(\theta)$变为以ζ为自变量的函数P:

$$P(\zeta) = P(\cos\theta) = \Theta(\theta) \tag{3.4.71}$$

把式(3.4.69)、式(3.4.70)、式(3.4.71)代入式(3.4.68),P满足的方程就是

$$\frac{\mathrm{d}}{\mathrm{d}\zeta}\left[(1-\zeta^2)\frac{\mathrm{d}P}{\mathrm{d}\zeta}\right] + \left[\lambda - \frac{m^2}{1-\zeta^2}\right]P = 0 \tag{3.4.72}$$

只要关注方程的两个奇点$\zeta = \pm 1$,由于ζ的变化范围,方程(3.4.72)的另一个奇点∞不在讨论范围内.从方程在奇点附近的行为知道,只有当P有如下形式时才有有限解:

$$P(\zeta) = (1-\zeta^2)^{\frac{|m|}{2}}\nu_m(\zeta) \tag{3.4.73}$$

$|m|$表示m的绝对值.函数$\nu_m(\zeta)$满足的方程为

$$(1-\zeta^2)\frac{\mathrm{d}^2\nu_m}{\mathrm{d}\zeta^2} - 2(|m|+1)\zeta\frac{\mathrm{d}\nu_m}{\mathrm{d}\zeta} + (\lambda - |m| - m^2)\nu_m = 0 \tag{3.4.74}$$

$\nu_m(\zeta)$可在ζ变化的范围内展开成幂级数:

$$\nu_m(\zeta) = \sum_{\rho=0}^{\infty} a_\rho\zeta^\rho \tag{3.4.75}$$

代入式(3.4.74),比较ζ^ρ的系数,有

$$(\rho+2)(\rho+1)a_{\rho+2} = [\rho(\rho-1) + 2(|m|+1)\rho - \lambda + |m| + m^2]a_\rho \tag{3.4.76}$$

由展开系数的比知道,如果级数ν是无限项级数,则P必定发散;物理中要求我们波函数有限,这就要求级数ν只有有限项,即级数应在某一项中断而成为多项式.设$\rho = k$是多项式中的最高次幂,则$a_{k+2} = 0$,由式(3.4.76)得

$$k(k-1) + 2(|m|+1)k - \lambda + |m| + m^2 = 0 \qquad (3.4.77)$$

$$\lambda = (k+|m|)(k+|m|+1) = l(l+1)$$

$$l = k + |m| \qquad (3.4.78)$$

l 称为**轨道（角动量）量子数**，显然它是零或正整数. 当 l 取定后，$|m|$ 不能取大于 l 的值，m 称为**磁量子数**. l 可表征轨道角动量的大小，而 m 标志角动量在某个轴上投影的大小.

前面的分析告诉我们，只有当 λ 取式(3.4.78)的形式时，才有满足物理中要求的波函数解. 现在就设

$$\begin{cases} \lambda = l(l+1) \\ l = 0,1,2,3,\cdots \\ m = 0, \pm 1, \pm 2, \cdots, \pm l \end{cases} \qquad (3.4.79)$$

方程(3.4.72)可写为

$$\frac{\mathrm{d}}{\mathrm{d}\zeta}\left[(1-\zeta^2)\frac{\mathrm{d}p}{\mathrm{d}\zeta}\right] + \left[l(l+1) - \frac{m^2}{1-\zeta^2}\right]p = 0 \qquad (3.4.80)$$

此方程在数理方程中称为**连带勒让德（Legendre）方程**. 为解它可先讨论 $m=0$ 的情形. 此时所得解称为**勒让德多项式（Legendre Polynomials）**，记为 $\mathrm{P}_l(\zeta)$. P_l 满足下面的方程：

$$\frac{\mathrm{d}}{\mathrm{d}\zeta}\left[(1-\zeta^2)\frac{\mathrm{d}\mathrm{P}_l}{\mathrm{d}\zeta}\right] + l(l+1)\mathrm{P}_l = 0 \qquad (3.4.81)$$

从式(3.4.73)、式(3.4.75)和式(3.4.78)知道：

$$\mathrm{P}_l(\zeta) = \sum_{\rho=0}^{\infty} a_\rho \zeta^\rho \qquad (3.4.82)$$

$$a_{\rho+2} = \frac{\rho(\rho+1) - l(l+1)}{(\rho+2)(\rho+1)} a_\rho \qquad (3.4.83)$$

这个关系只联系隔项的系数，因此 P_l 可以只包含奇次幂项或只包含偶次幂项. 我们分别令 $a_0 \neq 0, a_1 = 0$ 和 $a_0 = 0, a_1 \neq 0$，就可以得到 l 为偶、奇时的解；但这时解还未完全确定，因为有一个因子未定. 如果令

$$\mathrm{P}_l(1) = 1 \qquad (3.4.84)$$

则勒让德多项式就完全定下来了. 这种多项式可用微分式子表达：

$$\mathrm{P}_l(\zeta) = \frac{1}{2^l l!} \frac{\mathrm{d}^l}{\mathrm{d}\zeta^l}(\zeta^2 - 1)^l \qquad (3.4.85)$$

不难验证，这个多项式满足方程(3.4.81).

现在我们来看 $m \neq 0$ 时的解，这就要求出 ν_m. 先来观察一下 ν_m 满足的方程的

特点. 把方程(3.4.74)微分一次:

$$(1 - \zeta^2)\nu'''_m - 2\zeta\nu''_m - 2(|m| + 1)\zeta\nu''_m - 2(|m| + 1)\nu'_m + (\lambda - |m| - m^2)\nu'_m = 0$$

整理一下, 得

$$(1 - \zeta^2)\nu'''_m - 2[(|m| + 1) + 1]\zeta\nu''_m + [\lambda - (|m| + 1) - (|m| + 1)^2]\nu'_m = 0$$

$$(3.4.86)$$

和式(3.4.74)对比一下, 这正是 $\nu_{|m|+1}$ 所满足的方程. 所以差一个系数,

$$
\begin{cases}
\nu_{|m|+1} \propto \dfrac{d\nu_{|m|}}{d\zeta} \propto \dfrac{d^{|m|+1}}{d\zeta^{|m|+1}}\nu_0 \\
\nu_0 = P_l(\zeta) \\
\nu_{|m|+1}(\zeta) = C\dfrac{d^{|m|}}{d\xi^{|m|}}P_l(\zeta)
\end{cases}
\tag{3.4.87}
$$

C 为某个常数, 取 $|m| = 0$, 就知 $C = 1$. 这样, 我们得到方程(3.4.80)的解:

$$P_l^{|m|}(\zeta) = (-1)^{|m|}(1 - \zeta^2)^{\frac{|m|}{2}}\frac{d^{|m|}}{d\zeta^{|m|}}P_l(\zeta) \tag{3.4.88}$$

它被称为**连带勒让德多项式**(Associated Legendre Polynomials).

勒让德多项式有一定的对称性, 这从式(3.4.85)和式(3.4.88)可以看出

$$P_l^{|m|}(-\zeta) = (-1)^{l+|m|}P_l^{|m|}(\zeta) = (-1)^{l+m}P_l^{|m|}(\zeta) \tag{3.4.89}$$

为方便起见, 我们定义

$$P_l^{-m}(\zeta) = (-1)^m\frac{(l - m)!}{(l + m)!}P_l^m(\zeta), \quad m > 0 \tag{3.4.90}$$

综合到此为止的结果有, 函数

$$Y_{lm}(\theta, \varphi) = N_{lm}P_l^m(\cos\theta)e^{im\varphi} \tag{3.4.91}$$

是方程(3.4.58)的解, 称为**球谐函数**. 它满足方程

$$
\begin{cases}
\hat{L}^2 Y_{lm}(\theta, \varphi) = l(l + 1)\hbar^2 Y_{lm}(\theta, \varphi) \\
\hat{L}_3 Y_{lm}(\theta, \varphi) = m\hbar Y_{lm}(\theta, \varphi) \\
l = 0, 1, 2, \cdots, \quad m = -l, -l + 1, \cdots, l - 1, l
\end{cases}
\tag{3.4.92}
$$

N_{lm} 为角向归一化常数, 由

$$\int_{\varphi=0}^{2\pi}\int_{\theta=0}^{\pi} Y_{lm}^*(\theta, \varphi)Y_{l'm'}(\theta, \varphi)\sin\theta d\theta d\varphi = \delta_{ll'}\delta_{mm'} \tag{3.4.93}$$

得

$$N_{lm} = \sqrt{\frac{(2l + 1)(l - m)!}{4\pi(l + m)!}} \tag{3.4.94}$$

这里列出前面几个球谐函数的形式:

$$Y_{00} = \frac{1}{\sqrt{4\pi}}$$

$$Y_{11} = -\sqrt{\frac{3}{8\pi}}\sin\theta e^{i\varphi}, \quad Y_{10} = \sqrt{\frac{3}{4\pi}}\cos\theta, \quad Y_{1,-1} = \sqrt{\frac{3}{8\pi}}\sin\theta e^{-i\varphi}$$

$$Y_{22} = \sqrt{\frac{15}{32\pi}}\sin^2\theta e^{i2\varphi}, \quad Y_{21} = -\sqrt{\frac{15}{8\pi}}\sin\theta\cos\theta e^{i\varphi}$$

$$Y_{20} = \sqrt{\frac{5}{16\pi}}(3\cos^2\theta - 1)$$

$$Y_{2,-1} = \sqrt{\frac{15}{8\pi}}\sin\theta\cos\theta e^{-i\varphi}, \quad Y_{2,-2} = \sqrt{\frac{15}{32\pi}}\sin^2\theta e^{-2i\varphi}$$

习惯上,我们常把轨道量子数 $l = 0,1,2,3,\cdots$ 的波函数代表的状态分别记为 S,P,D,F,…态.

我们看到,Y_{lm} 是 $\hat{L}^2$ 和 $\hat{L}_3$ 的共同本征波函数,本征值分别为 $l(l+1)\hbar^2$ 和 $m\hbar$. 可见,角动量平方和角动量在第 3 轴上投影都有分立的本征值谱. 对角动量平方而言,本征值一般是简并的,对每一个 l 值,有 $(2l+1)$ 个独立的本征波函数.

在量子力学里,角动量不再有连续的值,甚至它的投影也不是连续的,这和经典力学不一样. 有人称这种情形为**轨道量子化**、**空间量子化**. 这是由于存在着非零的作用量子 $\hbar$ 的缘故.

角动量反映了状态的转动特征. 把系统在空间里转动,产生的状态变化结果可以用角动量算符来表达.

3.4.7　一般力学量

综合前面讲的坐标、动量特别是角动量算符的情况,我们得到一个办法,即如何从经典力学里的力学量转到量子力学里的算符. 如果经典力学里有一个量是坐标和动量的函数 $F(x,p)$,转到量子力学中相应的量一般只要用算符 $\hat{x}, \hat{p}$ 代入就可以了:

$$F(x,p) \to \hat{F} = F(\hat{x}, \hat{p}) \tag{3.4.95}$$

当必须用别的坐标系(例如球坐标系)来表示算符时,最好先在笛卡儿坐标系中写下算符的形式,然后按通常的变换方式来进行变换.

这种办法是有一定的道理的. 实际上,在一定程度上,经典力学是量子力学在

普朗克常量 $h \rightarrow 0$ 的近似情形,两者力学量的表达式应当有一定的相似之处.

但是,光有式(3.4.95)还不全面.因为在经典力学里,力学量只是一些数量,乘在一起时次序影响不大.但在量子力学中,力学量是算符,它们一般是不可交换的,先后顺序很重要.因此,在用关系(3.4.95)从经典力学量转到量子力学的算符的时候,还要注意算符内各量的次序,究竟何种次序为对,由实验对它的结果作检验.

3.4.8 能量算符

能量算符我们已经熟悉了.如动能算符

$$\hat{T} = \frac{\hat{p}^2}{2\mu} = \frac{-\hbar^2}{2\mu} \nabla^2 \tag{3.4.96}$$

它的本征波函数即为自由粒子波函数.

在球坐标下,式(3.4.96)可写为

$$\hat{T} = \frac{-\hbar^2}{2\mu r^2} \left\{ \frac{\partial}{\partial r} r^2 \frac{\partial}{\partial r} + \frac{1}{\sin\theta} \frac{\partial}{\partial \theta} \left(\sin\theta \frac{\partial}{\partial \theta} \right) + \frac{1}{\sin^2\theta} \frac{\partial^2}{\partial \varphi^2} \right\}$$

$$= -\frac{\hbar^2}{2\mu r^2} \frac{\partial}{\partial r} \left(r^2 \frac{\partial}{\partial r} \right) + \frac{\hat{L}^2}{2\mu r^2} \tag{3.4.97}$$

在经典力学中,球坐标下的动能为

$$T = \frac{p_r^2}{2\mu} + \frac{L^2}{2\mu r^2} \tag{3.4.98}$$

p_r 为径向动量.

一般粒子在保守力场中运动时,能量算符为动能算符和位能算符之和:

$$\hat{H} = \hat{T} + \hat{U} \tag{3.4.99}$$

在经典力学中,能量以动量和坐标表示的式子称为哈密顿函数.在量子力学中,相应的算符 $\hat{H}$ 称为**哈密顿算符**.

如果不是保守力场,只能谈哈密顿算符.设力 f 由一个力函数描写:

$$\boldsymbol{f} = -\nabla U(\boldsymbol{x}, t) \tag{3.4.100}$$

哈密顿函数是

$$H = T + U(\boldsymbol{x}, t) \tag{3.4.101}$$

则在量子力学里,相应的哈密顿算符为

$$\hat{H} = \hat{T} + \hat{U} \tag{3.4.102}$$

和坐标、动量、角动量算符等不同,哈密顿算符的本征值和本征波函数随系统的不同而不同,它反映具体系统的性质.这一点我们在第 2 章中早就看到了.

3.4.9　宇称算符

前面讨论的一些算符在经典力学里都是有对应的量的.但是,是否量子力学只讨论这样一些量呢? 不,量子力学可讨论比经典力学广泛得多的内容,可以研究一些没有经典对应的量.这里引进的宇称就是一种,其他的如自旋等以后再讨论.

为简单起见,我们先讨论一维情形.在上章我们曾提过对称势中态的宇称问题.设系统状态用波函数 $\varphi(x,t)$ 描写.现在把这系统对着坐标原点翻转一下,或者从放在坐标原点的镜子进而观察这个系统状态;从坐标的观点讲,就是作变换

$$x \rightarrow x' = -x \tag{3.4.103}$$

这在数学上叫坐标反射,物理上则称为空间反射.这时,系统的状态从原坐标系看来是不一样了.它与原来状态的关系为

$$\varphi'(x,t) = \varphi(-x,t) \tag{3.4.104}$$

$\varphi'(x,t)$ 为反射后的状态波函数.

由空间反射而引起的状态的改变可以用一个厄米算符来表达:

$$\varphi'(x,t) = \hat{P}\varphi(x,t) = \varphi(-x,t) \tag{3.4.105}$$

厄米算符 $\hat{P}$ 称为**宇称算符**,上式便是它的定义.它所代表的力学量称为(空间)宇称.一般讲,空间反射后的状态不会和原来一样.如果一样,那就能反映这个状态的空间对称性质,它是宇称的本征态,有确定的宇称.我们来考察宇称算符的本征态.

如果对已经作了一次空间反射的状态再作一次空间反射,那就会回到原来的状态,即

$$\hat{P}^2\varphi(x,t) = \hat{P}[\hat{P}\varphi(x,t)] = \hat{P}\varphi(-x,t) = \varphi(x,t) \tag{3.4.106}$$

因此

$$\hat{P}^2 = 1 \tag{3.4.107}$$

这"1"代表恒等算符,它的本征值皆为 1.不难证明,任何一个算符的平方的本征值等于算符本征值的平方,因此,宇称算符的本征值可为 ±1.

凡是属于本征值为 +1 的本征波函数,即在宇称算符作用下不变的波函数所描写的状态,我们说它有偶宇称;凡是属于本征值为 -1 的本征波函数,即在空间反射下改变符号的波函数所描写的状态,则具有奇宇称.

上面的描述不难推广到三维情形.

在球坐标下,三维空间反射 $x \rightarrow -x$ 运算为

$$\begin{cases} r \rightarrow r \\ \theta \rightarrow \pi - \theta \\ \varphi \rightarrow \pi + \varphi \end{cases} \tag{3.4.108}$$

角动量本征态球谐函数只是角坐标的函数:

$$\mathbf{Y}_{lm} = \mathbf{N}_{lm} \mathbf{P}_l^m (\cos \theta) \mathrm{e}^{im\varphi} \tag{3.4.109}$$

利用公式(3.4.90)和关系

$$\mathrm{e}^{im(\varphi + \pi)} = \mathrm{e}^{im\pi} \mathrm{e}^{im\varphi} = (-1)^m \mathrm{e}^{im\varphi}$$

知

$$\begin{aligned} \hat{P} \mathbf{Y}_{lm}(\theta, \varphi) &= \mathbf{Y}_{lm}(\pi - \theta, \varphi + \theta) = \mathbf{N}_{lm} \mathbf{P}_l^m \big[\cos(\pi - \theta)\big] \mathrm{e}^{im(\pi + \varphi)} \\ &= \mathbf{N}_{lm}(-1)^l \mathbf{P}_l^m(\cos \theta) \mathrm{e}^{im\varphi} = (-1)^l \mathbf{N}_{lm} \mathbf{P}_l^m(\cos \theta) \mathrm{e}^{im\varphi} \\ &= (-1)^l \mathbf{Y}_{lm}(\theta, \varphi) \end{aligned} \tag{3.4.110}$$

即由轨道量子数 l 表示的态,其宇称为 $(-1)^l$.

任何状态都可以分解为具有奇、偶宇称的态的叠加:

$$\begin{aligned} \varphi(\boldsymbol{x}, t) &= \frac{1}{2} \big[\varphi(\boldsymbol{x}, t) + \varphi(-\boldsymbol{x}, t)\big] + \frac{1}{2} \big[\varphi(\boldsymbol{x}, t) - \varphi(-\boldsymbol{x}, t)\big] \\ &= \frac{1}{2} (1 + \hat{P}) \varphi(\boldsymbol{x}, t) + \frac{1}{2} (1 - \hat{P}) \varphi(\boldsymbol{x}, t) \\ &= \varphi_+(\boldsymbol{x}, t) + \varphi_-(\boldsymbol{x}, t) \end{aligned} \tag{3.4.111}$$

其中

$$\begin{cases} \varphi_+(\boldsymbol{x}, t) = \dfrac{1}{2}(1 + \hat{P}) \varphi(\boldsymbol{x}, t) \\ \varphi_-(\boldsymbol{x}, t) = \dfrac{1}{2}(1 - \hat{P}) \varphi(\boldsymbol{x}, t) \end{cases} \tag{3.4.112}$$

为分别有偶、奇宇称的波函数.

3.5   力学量本征态的完备性

现在,我们已经知道由波函数怎样求得力学量的平均值和均方差.力学量是用线性厄米算符代表的;它的本征值全是实的;属不同本征值的本征波函数两两正交;本征波函数描写的是有确定力学量值的本征态.但是本章开头提出的一个主要问题还未回答:由波函数怎样求出力学量的分布来呢?

3.5.1 叠加态的分布

我们可以从前面求动量的分布中得到启发.在 2.1 节,我们从分析实验出发得到一个办法,要求动量的分布,只要把状态按其有确定动量值的态展开,这些态可以互相分开.那么,展开系数就是动量的分布函数,所谓有确定动量的态就是动量的本征态.互相分开是什么意思呢? 显然是指这些本征态互不相关、互不包含,即是彼此正交的.

这一办法有没有一般意义呢?

我们先倒过来讲.设

$$
力学量 \quad \hat{F} \quad
\begin{array}{l}
本征值 \quad f_1, f_2, \cdots, f_n, \cdots \\
本征波函数 \quad \varphi_1, \varphi_2, \cdots, \varphi_n, \cdots
\end{array}
$$

为简单起见,我们假定 $\hat{F}$ 有分立谱,此时本征波函数满足正交归一化条件:

$$\int \varphi_n^* \varphi_m \mathrm{d}\tau = (\varphi_n, \varphi_m) = \delta_{nm} \tag{3.5.1}$$

在态 φ_n 中,粒子具有力学量 F 的确定值 f_n.现在我们按一定比例把这些本征态叠加起来:

$$\psi = \sum_n C_n \varphi_n \tag{3.5.2}$$

C_n 是系数.根据态叠加原理,叠加得到的波函数 ψ 也代表一个态.在这个态中,一部分粒子处于 φ_1 中,有力学量 F 的值 f_1;一部分在 φ_2 中,有值 f_2;处于各态的粒子的多少或比例大小由系数 C_n 来决定.

在这态 ψ 中,力学量 $\hat{F}$ 的平均值为

$$
\begin{aligned}
\bar{F} &= \int \psi^* \hat{F} \psi \mathrm{d}\tau \Big/ \int \psi^* \psi \mathrm{d}\tau = \int \Big(\sum_n C_n \varphi_n \Big)^* \hat{F} \sum_m C_m \varphi_m \mathrm{d}\tau \Big/ \int \psi^* \psi \mathrm{d}\tau \\
&= \sum_n \sum_m C_n^* C_m f_n \int \varphi_n^* \varphi_m \mathrm{d}\tau \Big/ \int \psi^* \psi \mathrm{d}\tau = \sum_n \sum_m C_n^* C_m f_m \delta_{mn} \Big/ \sum_n C_n^* C_n \\
&= \sum_n C_n^* C_n f_n \Big/ \sum_n C_n^* C_n
\end{aligned}
\tag{3.5.3}
$$

由求平均的一般法则知道,$|C_n|^2 = C_n^* C_n$ 代表具有力学量值 f_n 的粒子数.如果态 φ 已归一化:

$$1 = \int \psi^* \psi \mathrm{d}\tau = \sum_n C_n^* C_n \tag{3.5.4}$$

则 $|C_n|^2$ 就代表粒子具有值 f_n 的概率.

反过来当然也一样.如果一个态可以像式(3.5.2)那样展开为力学量 $\hat{F}$ 的本征态的叠加,那么展开系数就描写了该态中力学量 F 值的分布.显然,在这个态中,力学量 F 只能取它的本征值,因为展开式中只出现它的本征态.

这一办法似乎可以采用.但问题是这一办法是否对任意量子态适用,即是否任意态都可以由力学量的本征态叠加而成.在任意波函数 ψ 用 F 的本征波函数 φ_n 展开的过程中,式(3.5.2)会不会出现不属于本征态的别的函数? 因为如果出现了不属于本征态的"余项",那么式(3.5.3)就不会成立,展开系数的意义也就不明确了.

3.5.2 本征态的完备性

对这个问题的回答,物理上是很明确的.譬如在电子衍射实验中,我们来分析电子的位置.由于电子的粒子性,每个电子在屏上总是落在一点上,即每个电子都有确定的坐标,处于坐标的本征态,电子坐标总是坐标算符本征值的一个,系统的任何状态都是由这些具有确定的坐标的粒子状态组成的,即任意状态都可以由坐标的本征态叠加而成,状态不同,不过分布不同,叠加的方式不一样罢了.从动量的角度看也一样.所以一般讲,所有有确定的力学量值的物理态总是完备的,因为我们把真实粒子具有的力学量的一切可能值,所有的本征态通通包罗进去了.问题是,在数学上能否实现这一点?

数学应当是现实的反映.差不多与量子力学发展的同时,数学上发展了一些新分支如泛函分析等,为量子力学的发展提供了有力的工具,正如过去微积分曾为经典力学的发展提供了武器一样.在数学上知道,满足一定条件的线性厄米算符,它的本征函数构成完备系,任意满足一定条件(如平方可积等)的函数都可以用这些算符的本征函数展开.在量子力学里,力学量正是用线性厄米算符代表的.因此,上面的性质用物理的语言可以这样讲:物理系统力学量的本征态构成完备系,即任意一个状态都可以由这些本征态叠加而成.

这一性质叫做力学量本征态的**完备性**.由此完备性和前面的正交性,任意归一的波函数 ψ 可用力学量 F 的正交归一完备本征波函数集合 φ_n 来展开式(3.5.2):

$$\psi = \sum_n C_n \varphi_n$$

则此态中力学量 F 的平均值为

$$\langle F \rangle = (\psi, \hat{F}\psi) = \sum f_n |C_n|^2 \tag{3.5.5}$$

而展开系数

$$C_n = \int \varphi_n^* \psi \mathrm{d}\tau = (\varphi_n, \psi) \tag{3.5.6}$$

代表粒子的力学量 F 的分布**概率振幅**,即力学量 F 有 f_n 值的概率为 C_n 的模方 $P(f_n) = |C_n|^2 = C_n^* C_n$.

因此,当粒子处于用波函数 ψ 描写的状态时,测量粒子的力学量 F 得到的只能是这个力学量的本征值;测量每个粒子或每次测量粒子的力学量 F 的值,总是这些本征值中的一个,如 f_n,而总的来说,测量 F 的值得到 f_n 的概率为 $|C_n|^2$.

这样就解决了从波函数求力学量分布的问题.但是前面只讲了分立谱的情形.在有连续谱时,关系是类似的,只是对本征值的求和要改为积分.

3.5.3 连续谱情形

设力学量 $\hat{G}$ 只有连续的本征值谱,对应于连续本征值 λ 的本征波函数为 φ_λ,

$$\hat{G}\varphi_\lambda = \lambda\varphi_\lambda \tag{3.5.7}$$

那么,任意的波函数 ψ 可用 $\langle \varphi_\lambda \rangle$ 展开:

$$\psi = \int C_\lambda \varphi_\lambda \mathrm{d}\lambda \tag{3.5.8}$$

如果 ψ 已经归一化:

$$\int \psi^* \psi \mathrm{d}\tau = 1 \tag{3.5.9}$$

则此态中力学量 $\hat{G}$ 的平均值为

$$\langle G \rangle = (\psi, \hat{G}\psi) = \iint \lambda \mathrm{d}\lambda \mathrm{d}\lambda' C_{\lambda'}^* C_\lambda (\varphi_{\lambda'}, \varphi_\lambda) \tag{3.5.10}$$

如果连续谱的正交归一化条件为

$$\int \varphi_\lambda^* \varphi_{\lambda'} \mathrm{d}\tau = (\varphi_\lambda, \varphi_{\lambda'}) = \delta(\lambda - \lambda') \tag{3.5.11}$$

平均值就表示为

$$\langle G \rangle = (\psi, \hat{G}\psi) = \int \lambda \ \mathrm{d}\lambda \ |C_\lambda|^2 \tag{3.5.12}$$

即 $|C_\lambda|^2 \mathrm{d}\lambda$ 代表力学量 G 具有值在 λ 和 $\lambda + \mathrm{d}\lambda$ 之间的概率,或 $|C_\lambda|^2$ 是力学量 G 的分布的概率密度.和分立谱的情形一样,此时展开系数可由下式确定:

$$C_\lambda = (\varphi_\lambda, \psi) = \int \varphi_\lambda^* \varphi \mathrm{d}\tau \tag{3.5.13}$$

式(3.5.11)的作用和分立谱中的正交归一条件一样,不过是分立的 δ 符号改为有连续变量的 δ 函数.它是有连续谱的本征波函数所应满足的正交归一条件.

对连续谱,我们曾讲过箱归一化的办法,那似乎显得有些做作.现在可以看到,干干净净的办法不是归到 1 而是归到 δ 函数.譬如动量的本征波函数

$$\varphi_p(x) = C e^{ipx/\hbar}$$

利用正交归一关系(3.5.12),有

$$\delta(p' - p) = \int \varphi_{p'}^* \varphi_p \, \mathrm{d}x = \int C^* C e^{-i(p'-p)x/\hbar} \, \mathrm{d}x$$

$$= C^* C 2\pi\hbar \delta(p' - p)$$

$$C^* C = 1/(2\pi\hbar)$$

$$C = 1/\sqrt{2\pi\hbar}$$

在三维情形下则为

$$\varphi_p(\boldsymbol{x}) = C e^{i\boldsymbol{p}\cdot\boldsymbol{x}/\hbar}$$

$$\int \varphi_{p'}^*(\boldsymbol{x}) \varphi_p(\boldsymbol{x}) \mathrm{d}\tau = \delta^{(3)}(\boldsymbol{p}' - \boldsymbol{p})$$

$$= \delta(p_1' - p_1)\delta(p_2' - p_2)\delta(p_3' - p_3)$$

$$C = 1/(2\pi\hbar)^{3/2}$$

这个系数在 2.1 节早用过了.

3.5.4 一般谱

一般讲来,如果力学量 $\hat{F}$ 既有分立的本征值,又有连续的本征值,即谱既分立又连续:

$$f_1, f_2, \cdots, f_n \cdots; \qquad \lambda$$

$$\varphi_1, \varphi_2, \cdots, \varphi_n \cdots; \qquad \varphi_\lambda$$

$$\hat{F}\varphi_n = f_n\varphi_n$$

$$\hat{F}\varphi_\lambda = \lambda\varphi_\lambda$$

本征波函数间满足正交归一条件:

$$\begin{cases} \int \varphi_m^* \varphi_n \mathrm{d}\tau = \delta_{mn} \\ \int \varphi_\lambda^* \varphi_{\lambda'} \mathrm{d}\tau = \delta(\lambda - \lambda') \\ \int \varphi_n^* \varphi_\lambda \mathrm{d}\tau = 0 \end{cases} \tag{3.5.14}$$

对应于连续本征值和对应于分立本征值的波函数彼此亦正交.所有这些本征波函数合起来构成完备系,任意波函数都可用它展开:

$$\psi = \sum_n C_n \varphi_n + \int C_\lambda \varphi_\lambda \mathrm{d}\lambda \qquad (3.5.15)$$

$$\begin{cases} C_n = \int \varphi_n^* \psi \mathrm{d}\tau \\ C_\lambda = \int \varphi_\lambda^* \psi \mathrm{d}\tau \end{cases} \qquad (3.5.16)$$

设 ψ 已归一化,则

$$\sum |C_n|^2 + \int |C_\lambda|^2 \mathrm{d}\lambda = 1 \qquad (3.5.17)$$

$|C_n|^2$ 代表力学量 F 具有值 f_n 的概率,$|C_\lambda|^2 \mathrm{d}\lambda$ 代表力学量 F 具有值在 λ 和 $\lambda + \mathrm{d}\lambda$ 之间的概率.而力学量 F 在态 ψ 中的平均值为

$$\bar{F} = \int \psi^* \hat{F} \psi \mathrm{d}\tau$$

$$= \sum |C_n|^2 f_n + \int |C_\lambda|^2 \lambda \mathrm{d}\lambda \qquad (3.5.18)$$

这样,我们得到了一般的求力学量分布的方法.这一方法依赖于本征态的完备性,这个性质也可以用另一种方式来表达.

3.5.5　完备性关系

由式(3.5.18),得

$$\psi(\boldsymbol{x}) = \sum_n C_n \varphi_n(\boldsymbol{x}) + \int C_\lambda \varphi_\lambda(\boldsymbol{x}) \mathrm{d}\lambda$$

$$= \sum_n \left[\int \mathrm{d}\tau' \psi(\boldsymbol{x}') \varphi_n^*(\boldsymbol{x}') \right] \varphi_n(\boldsymbol{x}) + \int \left[\int \mathrm{d}\tau' \psi(\boldsymbol{x}') \varphi_\lambda^*(\boldsymbol{x}') \right] \varphi_\lambda(\boldsymbol{x}) \mathrm{d}\lambda$$

$$= \int \psi(\boldsymbol{x}') \left\{ \sum_n \varphi_n(\boldsymbol{x}) \varphi_n^*(\boldsymbol{x}') + \int \mathrm{d}\lambda \varphi_\lambda(\boldsymbol{x}) \varphi_\lambda^*(\boldsymbol{x}') \right\} \mathrm{d}\tau'$$

由于 ψ 是任意的,由 δ 函数的性质知

$$\sum \varphi_n(\boldsymbol{x}) \varphi_n^*(\boldsymbol{x}') + \int \varphi_\lambda(\boldsymbol{x}) \varphi_\lambda^*(\boldsymbol{x}') \mathrm{d}\lambda = \delta^{(3)}(\boldsymbol{x} - \boldsymbol{x}') \qquad (3.5.19)$$

式(3.5.19)称为**完备性条件**.这种性质有时也称为本征态波函数的**封闭性**.利用这种完备性条件,把状态波函数直接作用上去,即可直接得到展开式(3.5.15).

从这一节的讨论可以看到,很容易把对分立谱的讨论推广到有连续谱的情形,只要把对分立谱的求和改为对连续谱的积分,把区别分立量子数的 δ 符号改为区别连续量子数的 δ 函数.为了叙述的简明,今后当我们只做一般的讨论时,总是以分立谱为代表,大家可以按这儿的办法把它推广到有连续谱的情形.

3.5.6 量子力学第三假定

上面我们知道了如何从波函数求出某力学量分布,即测得某本征值的概率.但如果测得了一个本征值,系统会怎样呢? 在经典物理中,测量对系统本身是没有影响的.但在量子力学里,一旦测量力学量 $\hat{F}$ 得到本征值 f_n,系统就有确定的值 f_n,即系统处于力学量的本征态 φ_n.测量是个作用,使系统的原状态发生了变化,从一般的叠加状态进入某个本征态,把潜在的可能变为现实.这个过程也叫**塌缩**(reduction).最早是冯诺依曼发现量子力学必须包含此过程的,我们可以用图 3.5.1 来表示它.

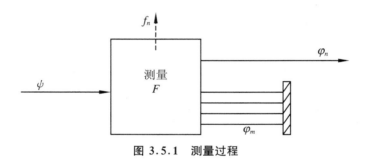

图 3.5.1　测量过程

这样我们可以归纳出量子力学的**第三假定**:

力学量用具完备正交归一的本征函数系的线性厄米算符代表;归一化的状态波函数在此本征系上的展开系数是该态中具相应力学本征值的概率振幅;在测得某本征值时,系统进入与此本征值相应的本征态.

可以用符号表达得更具体一些.

力学量 F 用线性厄米算符 $\hat{F}$ 表示,此算符的本征态构成完备的正交归一系:

$$\hat{F}\varphi_n = f_n\varphi_n, \quad n = 1, 2, \cdots$$

$$\int \varphi_m^* \varphi_n \mathrm{d}\tau = (\varphi_m, \varphi_n) = \delta_{mn}$$

$$\sum_n \varphi_n(\boldsymbol{x})\varphi_n^*(\boldsymbol{x}') = \delta^{(3)}(\boldsymbol{x} - \boldsymbol{x}')$$

系统归一的状态 ψ,$\int \psi^* \psi \mathrm{d}\tau = 1$,在 $\hat{F}$ 的本征态上的展开系数 C_n:

$$\psi = \sum_n C_n \varphi_n$$

$$C_n = (\varphi_n, \psi) = \int d\tau \varphi_n^* \psi$$

是在状态 ψ 中测量 $\hat{F}$ 得值 f_n 的**概率振幅**,或者说,在状态 ψ 中测量 $\hat{F}$ 得值 f_n 的概率是

$$P(f_n) = |C_n|^2 = \left| \int d\tau \varphi_n^* \psi \right|^2$$

当测量 F 得到值 f_n 后,系统即处于与所得之值 f_n 相应的本征态 φ_n.

3.6　态空间和表象

3.6.1　态空间

有了求力学量分布的方法,如果知道了一个状态 ψ,我们就可以求出各种力学量 $\hat{F}, \hat{G}, \hat{H}, \cdots$ 的分布 $\varphi(f), \rho(g), \chi(h), \cdots$. φ, ρ, χ 等分布和 ψ 一样,也是描写这个状态的,不过是从不同的方面、不同的性质、不同的观点去看待和分析这个状态. 实际上,我们用普通坐标写出的波函数 $\psi(x, t)$ 也不过是描写 t 时刻力学量 x 的分布. 因为坐标算符 $\hat{x}$ 的本征波函数为 $\delta^{(3)}(x - x')$,在 ψ 描写的这个态中,粒子坐标的分布为

$$\int \psi(x, t) \delta^{(3)}(x - x') d\tau = \psi(x', t) \tag{3.6.1}$$

即粒子具有坐标 x' 的概率振幅为 $\psi(x', t)$. 这是大家早已熟悉的,不过现在把它纳入一个统一的形式中了. 显然坐标这个力学量和其他力学量相比也没有什么特别之处. 因此,各种力学量的分布都可以用来描写这个状态的波函数,是波函数的不同形式. 我们称这个不同形式为波函数在不同表象中的**表示**. 某力学量 F 的分布函数 $\varphi(f)$,称为在 F **表象**中的**波函数**. 我们通常用的波函数就是在**坐标表象**中的波函数.

所以存在许多不同的波函数的表示方式是因为存在着许多代表各种力学量的线性厄米算符,存在着许多不同的完备本征波函数系. 这种情形非常相似于几何中一个矢量在不同坐标架下有不同的表示方式.

我们知道,在三维空间中,任何一个三维欧氏空间矢量 R 可以分解为三个互

相正交的单位矢量 e_i 的叠加：

$$\begin{cases} R = r_1 e_1 + r_2 e_2 + r_3 e_3 \\ e_i \cdot e_j = \delta_{ij}, \\ r_i = e_i \cdot R, \quad i, j = 1, 2, 3 \end{cases} \tag{3.6.2}$$

这三个矢量 e_i 构成三维空间的完备正交基，展开系数 r_i 就是矢量 R 在这组基下的表示，或称为坐标．基不同，坐标不同，即表示也不一样．

现在，力学量 F 的本征态 φ_n 构成正交完备系：

$$\begin{cases} \hat{F} \varphi_n = f_n \varphi_n \\ \int \varphi_n^* \varphi_m \mathrm{d}x \equiv (\varphi_n, \varphi_m) = \delta_{mn} \end{cases} \tag{3.6.3}$$

它们形成一个 F **表象**．任一态 ψ 可用这些本征态叠加起来：

$$\begin{cases} \psi = \sum C_n \varphi_n \\ C_n = \int \varphi_n^* \psi \mathrm{d}x = (\varphi_n, \psi) \end{cases} \tag{3.6.4}$$

展开系数 C_n 是态在 F 表象中的表示．

比较式(3.6.2)和式(3.6.4)，我们看到两者在形式上是完全相似的，只是在量子力学里不光涉及代数运算，还涉及函数，因此，凡是碰到连续变量，就要由求和改为积分．所以可以说，力学量 F 的本征态构成量子力学态空间的完备基，而任意态可以看做这态空间的一个矢量，称为**态矢量**．这个空间称为**希尔伯特（Hilbert）空间**．各种不同的波函数形式实际上是态在希尔伯特空间的不同基下的表示式．

希尔伯特空间和普通的几何空间不同，它是无限维的复线性函数空间．

3.6.2　力学量的表示

既然过去常用的波函数形式只是态在坐标表象下的表示，那么作为状态之间变换的力学量的代表，那些算符的形式，也是在坐标表象中的表示．在不同的表象中，波函数形式不一样，算符的形式也应不同．现在我们来看看一般表象中算符的表示．

态是希尔伯特空间中的一个矢量，那么，线性算符把一个矢量变为另一个矢量，因而是希尔伯特空间里的一个线性变换．设算符 $\hat{G}$ 把态 ψ 变为态 φ：

$$\varphi = \hat{G} \psi \tag{3.6.5}$$

ψ, φ 都可以在某一组完备基 $\{\hat{F}, f_n, \varphi_n\}$（$F$ 表象）下写出来：

$$\psi = \sum_n c_n \varphi_n \tag{3.6.6}$$

$$\varphi = \sum_m b_m \varphi_m \tag{3.6.7}$$

把它们代到式(3.6.5)中,利用 φ_n 的正交归一关系,有

$$\begin{cases} \sum_m b_m \varphi_m = \hat{G} \sum_n c_n \varphi_n = \sum_n c_n \hat{G} \varphi_n \\ b_m = \sum_n c_n \int \varphi_m^* \hat{G} \varphi_n \mathrm{d}\tau = \sum g_{mn} c_n \end{cases} \tag{3.6.8}$$

b_m 和 c_n 分别是态 φ 和 ψ 在 F 表象中的表示,显然,一组数

$$g_{mn} = \int \varphi_m^* \hat{G} \varphi_n \mathrm{d}\tau = (\varphi_m, \hat{G}\varphi_n) \tag{3.6.9}$$

就是算符 $\hat{G}$ 在 F 表象中的表示.

3.6.3　矩阵表示

我们还可以用更几何化的语言表达上面的内容.在三维空间里,在给定正交基 e_1, e_2, e_3 下,用分量 (r_1, r_2, r_3) 表示矢量 R 时,可以把它们排成一个列矩阵:

$$R = \begin{pmatrix} r_1 \\ r_2 \\ r_3 \end{pmatrix}$$

而这些矢量之间的变换用方矩阵表示,然后利用矩阵就可以进行矢量的各种运算了.

在希尔伯特空间里也一样,在选定表象 $F\{\hat{F}, f_n, \varphi_n\}$ 下,用分量 c_n 表示态 ψ 时,也可以把它们排成一列:

$$C = \begin{pmatrix} c_1 \\ c_2 \\ \vdots \end{pmatrix} \tag{3.6.10}$$

这样,态 ψ 的归一化条件 $\int \psi^* \psi \mathrm{d}\tau = 1 = \sum_n |c_n|^2 = \sum_n c_n^* c_n$ 就变为

$$1 = (c_1^* \ c_2^* \ \cdots) \begin{pmatrix} c_1 \\ c_2 \\ \vdots \end{pmatrix} = C^+ C \tag{3.6.11}$$

C^+ 是矩阵 C 的厄米共轭.代表态矢量之间变换的算符 $\hat{G}$ 就可以用一个矩阵表示:

$$G = (g_{mn}) = \begin{pmatrix} g_{11} & g_{12} & g_{13} & \cdots \\ g_{21} & g_{22} & g_{23} & \cdots \\ g_{31} & g_{32} & g_{33} & \cdots \\ \cdots & \cdots & \cdots & \cdots \end{pmatrix} \tag{3.6.12}$$

而表示态 φ 和 ψ 之间变换的式(3.6.8)就可记为

$$B = GC \tag{3.6.13}$$

算符的厄米性告诉我们,力学量 G 的矩阵元有关系:

$$g_{mn} = \int \varphi_m^* \hat{G} \varphi_n \mathrm{d}\tau = \int (\hat{G}\varphi_m)^* \varphi_n \mathrm{d}\tau$$

$$= \left(\int \varphi_n^* \hat{G} \varphi_m \mathrm{d}\tau \right)^* = g_{nm}^* \tag{3.6.14}$$

即矩阵 G 是个厄米矩阵

$$G = G^+ = \begin{pmatrix} g_{11}^* & g_{21}^* & g_{31}^* & \cdots \\ g_{12}^* & g_{22}^* & g_{32}^* & \cdots \\ g_{13}^* & g_{23}^* & g_{33}^* & \cdots \\ \cdots & \cdots & \cdots & \cdots \end{pmatrix} \tag{3.6.15}$$

算符的本征方程:

$$\hat{G}\varphi = g\varphi \tag{3.6.16}$$

表示为矩阵 G 的本征方程

$$(G - gI)B = 0 \tag{3.6.17}$$

I 表示单位矩阵.解这方程可以求出 $\hat{G}$ 本征值和它的本征波函数在 F 表象中的表示.从线性代数知道,这个方程有非零解的充要条件是行列式

$$|G - gI| = 0 \tag{3.6.18}$$

这就是 G 的本征值应当满足的方程,由此可以解出本征值来.

作为特例,算符 $\hat{F}$ 在自己的表象中表示矩阵元为

$$F_{mn} = \int \varphi_m^* \hat{F} \varphi_n \mathrm{d}\tau = f_n \delta_{mn} \tag{3.6.19}$$

即 F 为对角矩阵:

$$F = \begin{pmatrix} f_1 & 0 & 0 & \cdots \\ 0 & f_2 & \cdots & \cdots \\ \cdots & \cdots & \cdots & \cdots \\ 0 & 0 & \cdots & \cdots \end{pmatrix} \tag{3.6.20}$$

而对角元为它的本征值.在线性代数里知道,求一个厄米矩阵的本征值的办法本来

就是用西变换使矩阵对角化. 以前我们求量子系统的能级, 实际上就是找能量表象的基, 在这表象里, 能量算符是对角化的, 各对角元就是能量值. 把波函数和力学量算符在一定表象 F 中写成矩阵形式就称为波函数和算符的**矩阵表示**.

3.6.4　狄拉克记号

在希尔伯特空间中, 给定一个表象 F, 也就是知道 $\hat{F}$ 的本征值 f_n, 本征波函数 φ_n, 它们满足正交归一关系, 构成希尔伯特空间的一组完备基. 这些本征波函数可以用本征值来标志. 任何一个态, 只要给出在这组基下的分量; 任何一个算符, 只要给出在这组基下的矩阵元, 那么物理内容就完全清楚了. 显然, 我们并不一定要把态和基的形式在坐标空间里写出来. 基于这一点, 也为了应用的广泛以及便于和几何空间对照, 我们采用下面的更为抽象和一般的记号来表示前面的内容.

把希尔伯特空间中的态矢量 ψ 记为

$$| \psi \rangle$$

称为**右矢**. 与其对应, 在共轭空间中的相应矢量记为

$$\langle \psi | = (| \psi \rangle)^+ \tag{3.6.21}$$

称为 $|\psi\rangle$ 的共轭态, 叫做**左矢**.

右矢组合态 $a | \psi \rangle + b | \varphi \rangle$ 对应的左矢为 $a^* \langle \psi | + b^* \langle \varphi |$.

一般地, 当我们有时用矩阵形式

$$| \psi \rangle = \begin{pmatrix} | \psi_1 \rangle \\ | \psi_2 \rangle \\ \vdots \end{pmatrix}$$

记右矢态时, 其厄米共轭即为

$$\langle \psi | = | \psi \rangle^+ = (\langle \psi_1 |, \langle \psi_2 |, \cdots)$$

基矢 φ_n 记为

$$| \varphi_n \rangle \equiv | f_n \rangle \equiv | n \rangle \tag{3.6.22}$$

定义两个矢态 $|\varphi\rangle$ 和 $|\psi\rangle$ 之间的内积为

$$\langle \varphi | \psi \rangle = \int \varphi^* \psi \mathrm{d}\tau \tag{3.6.23}$$

这样, 各个公式为

$$\begin{cases} | \psi \rangle = \sum c_n | \varphi_n \rangle = \sum c_n | f_n \rangle \\ \langle f_m | f_n \rangle = \delta_{nm} \\ c_n = \langle f_n | \psi \rangle \end{cases} \tag{3.6.24}$$

$$| \varphi \rangle = \hat{G} | \psi \rangle \tag{3.6.25}$$

$$\langle \varphi | = (\hat{G} | \psi \rangle)^+ \equiv \langle \psi | \hat{G}^+ \tag{3.6.26}$$

归一化条件

$$\langle \psi | \psi \rangle = 1 \tag{3.6.27}$$

算符 $\hat{G}$ 的厄米性定义

$$\langle \varphi | \hat{G}\psi \rangle = \langle \hat{G}\varphi | \psi \rangle \equiv \langle \varphi | \hat{G} | \psi \rangle \tag{3.6.28}$$

$\hat{G}$ 的矩阵元为

$$g_{nm} = \langle f_n | \hat{G} | f_m \rangle \tag{3.6.29}$$

当用矩阵表示态矢时，$|\psi\rangle$ 用列阵

$$C = \begin{bmatrix} c_1 \\ c_2 \\ \vdots \end{bmatrix} = \begin{bmatrix} \langle f_1 | \psi \rangle \\ \langle f_2 | \psi \rangle \\ \vdots \\ \vdots \end{bmatrix} \tag{3.6.30}$$

表示，而其厄米共轭用行阵

$$C^+ = (c_1^* \ c_2^* \cdots) = (\langle \psi | f_1 \rangle \quad \langle \psi | f_2 \rangle \cdots) \tag{3.6.31}$$

表示. 而力学量 $\hat{G}$ 则用方阵

$$G = (\langle f_m | \hat{G} | f_n \rangle) = \begin{bmatrix} \langle f_1 | \hat{G} | f_1 \rangle & \langle f_1 | \hat{G} | f_2 \rangle & \cdots \\ \langle f_2 | \hat{G} | f_1 \rangle & \langle f_2 | \hat{G} | f_2 \rangle & \cdots \\ \cdots & \cdots & \cdots \end{bmatrix}$$

表示. 这种记号称为**狄拉克记号**.

任一态可作展开

$$\begin{aligned} | \psi \rangle &= \sum c_n | f_n \rangle \\ &= \sum_n | f_n \rangle\langle f_n | \psi \rangle \\ &= \sum | f_n \rangle\langle f_n | \cdot | \psi \rangle \end{aligned} \tag{3.6.32}$$

$$\sum | f_n \rangle\langle f_n | = 1 \tag{3.6.33}$$

式(3.6.33)就是狄拉克记号下的**完备性条件**. 需要说明的是，力学量本征态的完备性与具体力学量有关，所以上式右方的恒等算符 1 也是相对的. 在力学量 F 还有连续谱的情况下，完备性条件则可写为

$$\sum |f_n\rangle\langle f_n| + \int d\lambda\, |\lambda\rangle\langle\lambda| = 1 \tag{3.6.34}$$

利用狄拉克记号,我们可以很方便地转到普通的波函数形式中去.

由于坐标算符的本征态为 δ 函数,所以以 $|\psi\rangle$ 在坐标表象的表示为

$$\langle \boldsymbol{x} \mid \psi \rangle = \int \delta^{(3)}(\boldsymbol{x}' - \boldsymbol{x})\psi(\boldsymbol{x}',t)d\tau' = \psi(\boldsymbol{x},t) \tag{3.6.35}$$

于是,动量本征态 $|\boldsymbol{p}\rangle$ 在坐标表象中的表示为

$$\langle \boldsymbol{x} \mid \boldsymbol{p} \rangle = \int d\tau' \delta^{(3)}(\boldsymbol{x} - \boldsymbol{x}')\frac{1}{(2\pi\hbar)^{3/2}}e^{i\boldsymbol{p}\cdot\boldsymbol{x}'/\hbar}$$

$$= \frac{1}{(2\pi\hbar)^{3/2}}e^{i\boldsymbol{p}\cdot\boldsymbol{x}/\hbar} \tag{3.6.36}$$

这样,在动量表象中,态 $|\psi\rangle$ 的表示为

$$\langle \boldsymbol{p} \mid \psi \rangle = \int d\tau \langle \boldsymbol{p} \mid \boldsymbol{x}\rangle\langle \boldsymbol{x} \mid \psi \rangle = \frac{1}{(2\pi\hbar)^{3/2}}\int e^{-i\boldsymbol{p}\cdot\boldsymbol{x}/\hbar}\psi(\boldsymbol{x},t)d\tau$$

$$= C(\boldsymbol{p},t) \tag{3.6.37}$$

其他如薛定谔方程等都可用狄拉克符号写成一般形式:

$$i\hbar\frac{\partial}{\partial t}|\psi\rangle = \hat{H}|\psi\rangle \tag{3.6.38}$$

然后可转到各种表象中去得到具体表象中方程的表达式.

利用完备性关系,我们也可以得到一个力学量用其本征态表达的关系式.由于在自己的表象中力学量 $\hat{F}$ 的矩阵元是对角的,

$$\langle f_m \mid \hat{F} \mid f_n \rangle = f_n\delta_{mn}$$

用 $|f_m\rangle \cdots \langle f_n|$ 一夹,对 m,n 求和,利用完备性关系,可得

$$\hat{F} = \sum_n f_n |f_n\rangle\langle f_n| \tag{3.6.39}$$

3.6.5　酉变换

知道了一个状态的波函数,我们可以求出它在各种表象中的表示,即各种力学量的分布.既然这些表示都代表同一个状态,那么这些不同表象中的表示之间有些什么关系呢? 或者说,当表象改变时,波函数的表示怎么改变呢?

在希尔伯特空间里,这问题就是一个矢量在不同基下的表示之间有什么关系.在几何空间里,它就是坐标变换问题.

设在希尔伯特空间里有二套基:

$$\{\hat{F}, f_n, \mid \psi_n\rangle\} \tag{3.6.40}$$

$$\{\hat{G}, g_a, \mid \varphi_a\rangle\} \tag{3.6.41}$$

由于基的完备性, G 表象的基 φ_a 一定可用 F 表象的基 ψ_m 展开:

$$\begin{cases} \mid \varphi_a\rangle = \sum_n S_{na} \mid \psi_n\rangle \\ S_{na} = \langle \psi_n \mid \varphi_a\rangle \\ \langle \varphi_b \mid = \sum \langle \psi_m \mid S_{mb}^* \\ S_{mb}^* = \langle \psi_m \mid \varphi_b\rangle^* = \langle \varphi_b \mid \psi_m\rangle \end{cases} \tag{3.6.42}$$

G 表象的基也正交归一完备, 数 S_{na} 反映了二组完备正交归一基之间的变换, 它必须满足一定的条件:

$$\begin{aligned} \delta_{ab} &= \langle \varphi_a \mid \varphi_b\rangle \\ &= \sum_{nm} S_{ma}^* S_{na} \langle \psi_m \mid \psi_n\rangle \\ &= \sum_{nm} S_{ma}^* S_{nb} \delta_{mn} = \sum_n S_{na}^* S_{nb} \end{aligned} \tag{3.6.43}$$

如果把 S_{na} 排成一个矩阵:

$$S = (S_{na}) = \begin{pmatrix} S_{11} & S_{12} & S_{13} & \cdots \\ S_{21} & S_{22} & S_{23} & \cdots \\ \cdots & \cdots & \cdots & \cdots \end{pmatrix} \tag{3.6.44}$$

则式(3.6.42)可以记为

$$\begin{pmatrix} \mid \varphi_1\rangle \\ \mid \varphi_2\rangle \\ \vdots \\ \vdots \end{pmatrix} = \begin{pmatrix} S_{11} & S_{21} & S_{31} & \cdots \\ S_{12} & S_{22} & S_{32} & \cdots \\ S_{13} & S_{23} & S_{33} & \cdots \\ \cdots & \cdots & \cdots & \cdots \end{pmatrix} \begin{pmatrix} \mid \psi_1\rangle \\ \mid \psi_2\rangle \\ \vdots \\ \vdots \end{pmatrix} = \widetilde{S} \begin{pmatrix} \mid \psi_1\rangle \\ \mid \psi_2\rangle \\ \vdots \\ \vdots \end{pmatrix} \tag{3.6.45}$$

$\widetilde{S}$ 表示矩阵 S 的转置. 式(3.6.43)表示

$$S^+ S = 1 \tag{3.6.46}$$

再由基 $\mid \varphi_a\rangle$ 的完备性, 得

$$\begin{aligned} (SS^+)_{nm} &= \sum_a S_{na} S_{ma}^* \\ &= \sum_a \langle \psi_m \mid \varphi_a\rangle\langle \varphi_a \mid \psi_n\rangle = \langle \psi_n \mid \left(\sum_a \mid \varphi_a\rangle\langle \varphi_a \mid\right) \mid \psi_n\rangle \\ &= \langle \psi_n \mid 1 \mid \psi_m\rangle = \delta_{mn} \end{aligned} \tag{3.6.47}$$

即

$$SS^+ = 1 \tag{3.6.48}$$

由(3.6.46)和(3.6.48)二式可以看出,S 是一个酉阵.所以希尔伯特空间中两组完备正交基之间的转换是由一个酉矩阵来表示的,因此称为表象的**酉变换**(也有称幺正**变换**).需要注意的是,在有限维空间里,关系(3.6.46)就可以表示矩阵 S 的酉性,但当空间是无限维的时候,必须(3.6.46)、(3.6.48)两式同时成立才能说明 S 是酉的.

在表象的酉变换下,态$|\psi\rangle$怎样变换呢? 设

$$\begin{cases} |\psi\rangle = \sum C_a^G |\varphi_a\rangle \\ |\psi\rangle = \sum C_n^F |\psi_n\rangle \end{cases} \tag{3.6.49}$$

即在 F 表象中,波函数表示为 C_n^F,在 G 表象中为 C_a^G,物理态$|\psi\rangle$当然是一个,因此

$$\sum C_a^G |\varphi_a\rangle = \sum C_n^F |\psi_n\rangle$$

由式(3.6.42)有

$$\sum_a C_a^G \sum_m S_{ma} |\psi_m\rangle = \sum C_n^F |\psi_n\rangle$$

$$\sum_a C_a^G S_{ma} = C_m^F$$

或

$$C^F = SC^G \tag{3.6.50}$$

反过来有

$$C^G = S^{-1} C^F = S^+ C^F \tag{3.6.51}$$

这两个式子就是变换表象时波函数表示的变换关系.

再来看力学量如何变换.

设算符 $\hat{H}$ 把态$|A\rangle$变为态$|B\rangle$:

$$|B\rangle = \hat{H} |A\rangle \tag{3.6.52}$$

$|A\rangle,|B\rangle,\hat{H}$ 在 F 表象中的表示分别为

$$A^F = \begin{pmatrix} a_1^F \\ a_2^F \\ \vdots \end{pmatrix}, \quad B^F = \begin{pmatrix} b_1^F \\ b_2^F \\ \vdots \end{pmatrix}, \quad H^F = \begin{pmatrix} H_{11}^F & H_{12}^F & \cdots \\ H_{21}^F & H_{22}^F & \cdots \\ \cdots & \cdots & \cdots \end{pmatrix} \tag{3.6.53}$$

在 G 表象中,它们分别是

$$A^G = \begin{pmatrix} a_1^G \\ a_2^G \\ \vdots \end{pmatrix}, \quad B^G = \begin{pmatrix} b_1^G \\ b_2^G \\ \vdots \end{pmatrix}, \quad H^G = \begin{pmatrix} H_{11}^G & H_{12}^G & \cdots \\ H_{21}^G & H_{21}^G & \cdots \\ \cdots & \cdots & \cdots \end{pmatrix} \tag{3.6.54}$$

即有

$$
\begin{cases}
B^{\mathrm{F}} = H^{\mathrm{F}} A^{\mathrm{F}} \\
B^{\mathrm{G}} = H^{\mathrm{G}} A^{\mathrm{G}}
\end{cases}
\tag{3.6.55}
$$

现在求 H^{G} 与 H^{F} 的关系. 由波函数的变换规则:

$$
B^{\mathrm{G}} = S^{-1} B^{\mathrm{F}}, \quad A^{\mathrm{G}} = S^{-1} A^{\mathrm{F}}
$$

$$
B^{\mathrm{G}} = S^{-1} B^{\mathrm{F}} = S^{-1} H^{\mathrm{F}} A^{\mathrm{F}} = H^{\mathrm{G}} A^{\mathrm{G}} = H^{\mathrm{G}} S^{-1} A^{\mathrm{F}}
$$

$$
S^{-1} H^{\mathrm{F}} A^{\mathrm{F}} = H^{\mathrm{G}} S^{-1} A^{\mathrm{F}}
$$

态 A 是任意的,

$$
\begin{cases}
S^{-1} H^{\mathrm{F}} = H^{\mathrm{G}} S^{-1} \\
H^{\mathrm{G}} = S^{-1} H^{\mathrm{F}} S
\end{cases}
\tag{3.6.56}
$$

这就是从表象 F 转到表象 G 时算符形式的变换关系.

3.6.6 物理性质的表示无关性

西变换反映了对态和力学量的不同描述方法之间的关系. 对物理内容而言, 它当然不会因描述方法的不同而改变. 因此, 有关态和力学量的物理性质在西变换下是不变的. 前面已用到过一些, 这儿还可再举几例.

(1) 两个态之间的关系反映在内积

$$
\langle \varphi \mid \psi \rangle
$$

上, 它反映两个态互相包含的程度或从态 $|\varphi\rangle$ 转变到态 $|\psi\rangle$ 的可能性, 它在西变换下不变. 作为特例, 正交归一条件在西变换下不变.

(2) 力学量 H 的本征值, 代表粒子具有力学量 H 的值, 是物理的, 它当然在西变换下不变.

既然力学量的每个本征值不变, 那么所有的本征值之和当然也不变. 所有本征值之和, 就是算符的**迹**, 记为 $\mathrm{Sp} H$ 或 $\mathrm{Tr} H$, 它也就是在某表象中力学量的矩阵表示的对角元之和, 在西变换下是不变的.

(3) 矩阵元 $\langle \varphi | \hat{F} | \psi \rangle$ 代表两态之间经 F 作用而互相转换的可能, 是物理的, 因此也是在西变换下不变的.

在表象变换下不变的量, 可以在任意表象中求出. 这给了我们选择合适表象进行方便计算和表述的自由.

3.7　状态的完全确定

我们曾经讲过,状态的一种力学量分布反映了状态的一种特性、一个侧面.一般,状态的物理性质是多方面的,因此就存在一个问题,对一个状态要知道些什么才能完全确定呢? 这在实验上和理论上都是有意义的.弄清楚了这一点就可以知道,我们测量些什么量和测多少量后就可以把这个状态完全了解.

3.7.1　自由度问题

在经典力学里,这个问题就是系统的自由度问题.自由度是确定粒子运动状态的独立条件的最小数目,或者说是粒子可能同时作的独立运动的个数.譬如电子和质子组成的系统,自由度是六,因为如果把质子的三个位置坐标和电子的三个位置坐标同时固定了,这系统(氢原子)就没有活动的余地了.这种自由度可以有不同的理解,例如氢原子的六个自由度也可以看做质心有三个自由度,电子相对质子运动有三个自由度.在经典力学里描写一个独立运动要两个独立的量如坐标和动量,加上牛顿定律可以把运动完全定下来.因此经典力学里每一个自由度要用两个量来描写.

在量子力学里,同样存在着自由度的问题.例如前面讲到的三维各向同性谐振子,它可以在三个方向独立振动.只有知道了每个方向的振动情况(如能量)才算完全了解它的振动状态.

具体描述,就要用波函数的语言讲.在实验上,由于波函数不能直接测量,只能测力学量.光测一个力学量不一定能完全定出波函数.一般讲,如测量粒子的力学量 F,得到的是一系列的值 $f_1, f_2, \cdots$ 和各值的概率.这概率等于这个状态中力学量 F 的分布 $C(f_n)$ 的模方 $|C(f_n)|^2$.分布 $C(f_n)$ 直接关联到波函数 $\psi(x, t)$,而从 $|C(f_n)|^2$ 到 $C(f_n)$ 还有距离,例如从 $|\psi|^2$ 到 ψ 本身可以差一个相因子 $\mathrm{e}^{\mathrm{i}\varepsilon(x,t)}$,只靠测位置本身是没法确定的.所以,单测一个力学量,一般讲并不能把波函数定下来.

在理论上,测得了状态 ψ 中力学量 F 的值 $f_1, f_2, \cdots$ 就是知道了 F 的本征波函数 $\psi_1, \psi_2, \cdots$,即从 $\hat{F}$ 形式和本征值 f_n 可以定下本征波函数 ψ_n 来.但是知道一个

力学量的本征波函数,只能确定总波函数 ψ 的一部分.譬如自由粒子,我们知道它的波函数是

$$
\begin{cases}
\psi(\boldsymbol{x}, t) = C \mathrm{e}^{\mathrm{i}(\boldsymbol{p} \cdot \boldsymbol{x} - Et)/\hbar} \\
E = \boldsymbol{P}^2/(2m)
\end{cases}
\tag{3.7.1}
$$

如果我们测量了动量的 x_1 方向分量 p_1,当我们知道有确定的 p_1 值时,粒子是处于 $\hat{P}_1$ 的本征态,这个波函数是

$$
\psi = C_1 \mathrm{e}^{\mathrm{i} p_1 x_1/\hbar}
\tag{3.7.2}
$$

但 C_1 显然可以是 x_2, x_3 和 t 的函数:

$$
C_1 = C_1(x_2, x_3, t)
$$

即测量动量第一分量有确定值 p_1,只能定出整个波函数的一部分——沿 x_1 方向变化的部分.

那么如果我们再测一个量 F,它是 $\hat{P}_1$ 的函数 $F(\hat{P}_1)$,得值 $F(p_1)$,能否对波函数的确定有所贡献呢? 没用,因为它所能确定的波函数部分还是 x_1 方向变化的部分.原因是 F 和 $\hat{P}_1$ 不是独立的,本质上反映状态的同一方面.但是,如果我们同时测量这粒子的 $\hat{P}_2, \hat{P}_3$,得到确定值 p_2, p_3,那么可以再定下沿 x_2, x_3 方向变化的部分,它们是 $\hat{P}_2, \hat{P}_3$ 的本征波函数.

$$
\begin{aligned}
\psi &= C_3(t) \mathrm{e}^{\mathrm{i} p_1 x_1/\hbar} \mathrm{e}^{\mathrm{i} p_2 x_2/\hbar} \mathrm{e}^{\mathrm{i} p_3 x_3/\hbar} \\
&= C_3(t) \mathrm{e}^{\mathrm{i} \boldsymbol{p} \cdot \boldsymbol{x}/\hbar}
\end{aligned}
\tag{3.7.3}
$$

如果我们知道没有位势(相互作用),那么由薛定谔方程就把这个自由粒子的波函数完全定下来了(归一化后确定到一个常数相因子).

由此可见,要确定一个有三个自由度的自由粒子的运动状态,需要同时知道三个动量的分量 p_1, p_2, p_3 的值,它们彼此是独立的,并且我们知道,动量算符各分量之间是可以对易的.

前面两点不难理解,即确定一个状态所应知道的力学量的数目应当与系统的自由度相应,这些力学量要彼此独立.但第三点却代表这些力学量的算符之间可以对易似乎不见得一定必要.

不,这是必不可少的.因为我们对状态 ψ 测力学量 F, G,有确定的值 f, g,是指用力学量 F, G 对状态作用后仍得到原状态.那么,先作用 F 再作用 G 得到状态本身;先作用 G 再作用 F,得到的还是这个状态,即两个力学量先后作用的结果与次序无关,用算符讲就是可易.

3.7.2 共有完备本征态的条件

现在我们来严格证明:

两个力学量具有共同完备本征态系的充分必要条件是代表这两个力学量的算符可以对易.

先证必要性. 力学量 $\hat{F}$ 的本征态 $|\psi_1\rangle, |\psi_2\rangle, \cdots,$

$$\hat{F} | \psi_n \rangle = f_n | \psi_n \rangle \tag{3.7.4}$$

它们构成希尔伯特空间的一组完备基. 如果这组本征态也是力学量 $\hat{G}$ 的本征态,

$$\hat{G} | \psi_n \rangle = g_n | \psi_n \rangle \tag{3.7.5}$$

则显然有下面关系:

$$\hat{F}\hat{G} | \psi_n \rangle = \hat{F}(g_n | \psi_n \rangle) = g_n f_n | \psi_n \rangle$$

$$\hat{G}\hat{F} | \psi_n \rangle = g_n f_n | \psi_n \rangle$$

$$(\hat{F}\hat{G} - \hat{G}\hat{F}) | \psi_n \rangle = [\hat{F}, \hat{G}] | \psi_n \rangle = 0 \tag{3.7.6}$$

由于 $|\psi_n\rangle$ 构成完备基, 上式意味着

$$[\hat{F}, \hat{G}] = 0 \tag{3.7.7}$$

这表示, 这两个力学量总是同时有确定的值, 它们就有共同的完备的本征波函数, 这两个算符必须是可易的. 注意, 这儿不是对一个特定状态讲的. 对一个状态讲, 即使两个算符不可易, 也可能同时有确定值.

现在来证充分性, 即反过来, 如果两个算符可易, 那么它们一定有共同的完备的本征波函数, 在所有这些本征态中, 这两个力学量同时有确定值.

设表象 $\langle \hat{F}, f_n, |\psi_n\rangle \rangle$:

$$\hat{F} | \psi_n \rangle = f_n | \psi_n \rangle \tag{3.7.8}$$

$|\psi_n\rangle$ 构成完备系. 先假定 f_n 都**不退化**(非简并), 对每一个本征值只有一个本征波函数与它对应.

$\hat{G}$ 算符与 $\hat{F}$ 可易:

$$[\hat{F}, \hat{G}] = 0 \tag{3.7.9}$$

于是有

$$\hat{G}\hat{F} | \psi_n \rangle = \hat{F}\hat{G} | \psi_n \rangle = f_n \hat{G} | \psi_n \rangle \tag{3.7.10}$$

$\hat{G} | \psi_n \rangle$ 是 $\hat{F}$ 的属于本征值 f_n 的本征波函数, 由于 f_n 不退化, 因此 $\hat{G}(|\psi_n\rangle)$ 是 $|\psi_n\rangle$

的倍数：

$$\hat{G}\mid\psi_n\rangle = g_n\mid\psi_n\rangle \tag{3.7.11}$$

$\mid\psi_n\rangle$也是$\hat{G}$的本征波函数，即$\hat{F},\hat{G}$两者有共同的本征波函数.

如果$\hat{F}$的本征谱中有某个本征值f是退化的，简并度为k：

$$f：\mid\psi^{(1)}\rangle,\mid\psi^{(2)}\rangle,\cdots,\mid\psi^{(k)}\rangle$$

$$\hat{F}\mid\psi^{(i)}\rangle = f\mid\psi^{(i)}\rangle, \quad i = 1,2,\cdots,k \tag{3.7.12}$$

设归一化的$\mid\psi^{(i)}\rangle$彼此已正交化；那么，同样有

$$\hat{F}\hat{G}\mid\psi^{(i)}\rangle = f\hat{G}\mid\psi^{(i)}\rangle \tag{3.7.13}$$

因此，$\hat{G}\mid\psi^{(i)}\rangle$是属于$\hat{F}$的本征值为$f$的本征波函数，一般它应是$\mid\psi^{(1)}\rangle,\mid\psi^{(2)}\rangle,$$\cdots,\mid\psi^{(k)}\rangle$的线性组合：

$$\hat{G}\mid\psi^{(i)}\rangle = \sum_{j=1}^{k} c_{ji}\mid\psi^{(j)}\rangle \tag{3.7.14}$$

c_{ji}为数，对于确定的函数$\mid\psi^{(i)}\rangle$和算符$\hat{G}$，它们是完全确定的：

$$c_{ji} = \langle\psi^{(j)}\mid\hat{G}\mid\psi^{(i)}\rangle$$

现在我们可以把$\mid\psi^{(i)}\rangle$重新组合一下，得到$\hat{G}$的本征波函数，同时保持仍为$\hat{F}$的本征波函数：

$$\mid\varphi\rangle = \sum a_i\mid\psi^{(i)}\rangle$$

而

$$\hat{G}\mid\varphi\rangle = g\mid\varphi\rangle$$

这就要求

$$\hat{G}\mid\varphi\rangle = \sum a_i\hat{G}\mid\psi^{(i)}\rangle = \sum a_i\sum c_{ji}\mid\psi^{(j)}\rangle = \sum_{ij}a_ic_{ji}\mid\psi^{(j)}\rangle = \sum_i ga_i\mid\psi^{(i)}\rangle$$

比较$\mid\psi^{(i)}\rangle$的系数，有

$$\sum_{i=1}^{k} c_{ji}a_i = ga_j \tag{3.7.15}$$

这是矩阵c_{ij}的本征方程，其有非零解的充要条件是行列式

$$\mid c_{ji} - g\delta_{ji}\mid = 0 \tag{3.7.16}$$

或

$$\begin{vmatrix} c_{11} - g & c_{12} & c_{13} & \cdots & c_{1k} \\ c_{21} & c_{22} - g & c_{23} & \cdots & c_{2k} \\ \cdots & \cdots & \cdots & \cdots & \cdots \\ c_{k1} & c_{k2} & \cdots & \cdots & c_{kk} - g \end{vmatrix} = 0 \tag{3.7.17}$$

由此解出 k 个根(本征值)g^i 来,代回方程(3.7.15),求出系数 a(记为 $a_j^{(i)}$),得到 $\hat{G}$ 的相应于本征值 g^i 的本征波函数 $|\varphi^{(i)}\rangle$:

$$|\varphi^{(i)}\rangle = \sum_j a_j^{(i)} |\psi^{(j)}\rangle, \quad i = 1,2,\cdots,k \qquad (3.7.18)$$

这 $|\varphi^{(i)}\rangle$ 当然还是 $\hat{F}$ 的本征波函数.

这样,不管 $\hat{F}$ 的本征态是非简并的还是简并的,我们都可以经过适当加工,得到一个函数系,它们是 $\hat{F}$ 和 $\hat{G}$ 的共同本征波函数.由于 $\hat{F}$ 的本征波函数系是完备的,因此这个共同本征波函数系是完备的.

这样,我们证明了两力学量有共同的完备的本征波函数系的充要条件是两个算符可以对易.当粒子处于共同的本征态中时,两个力学量同时有确定的值.这个结果可以推广到多个力学量上去.如果这些力学量有共同的完备的本征波函数,则这些力学量彼此都可以交换.反过来也对.

这样,我们在前面讲到,选三个互相可易的动量分量来确定自由粒子的波函数,这不是偶然的,因为它们有共同的本征波函数系.同样,角动量平方 $\hat{L}^2$ 和它的分量 $\hat{L}_3$ 是可对易的,所以有共同的本征波函数系,即球谐函数 Y_{lm}.

从上面的证明我们看到,虽然两个相互可以对易的算符 $\hat{F},\hat{G}$ 有共同的完备的本征波函数系,但只有当 $\hat{F}$ 的本征值没有简并时,$\hat{F}$ 的本征波函数才一定是 $\hat{G}$ 的本征波函数;而当有简并时,$\hat{F}$ 的本征波函数不一定是 $\hat{G}$ 的本征波函数.此时,当我们知道状态有确定的值 f,并不能确定本征波函数是 $|\psi^{(i)}\rangle(i=1,2,\cdots,k)$ 中的哪一个或什么组合.只有当我们同时知道力学量 $\hat{G}$ 的值 g^j 时才确定了波函数 $|\varphi^{(i)}\rangle$.这样,用 $\hat{G}$ 的量子数可把同属于量子数 f 的各个波函数分开.因此,当自由度大于1时,单凭一个力学量是无法把波函数完全定下来的.由此也可见,如果力学量 $\hat{F},\hat{G}$ 可易,$\hat{F},\hat{K}$ 也可易,但这两组力学量的共同本征波函数一般是不一样的,虽然它们都是 $\hat{F}$ 的本征波函数.

3.7.3　完全力学量组(CSCO)

现在知道,要完全确定系统所处的状态,需要一组相互可以对易的独立力学量.这组力学量称为该系统的可观察力学量的**完全集合**(记为 **CSCO**).譬如三维各向同性谐振子,如果我们知道了粒子总的振动能量(用量子数 N 表示),还不能完全定下波函数.如果我们又知道了 x 方向的振动情况(用量子数 n_x 标志),我们对波函数可确定得更多,选择的范围窄了.但还不能定下,因为还有 $N - n_x + 1$ 重简并.如果我们又测得了粒子在 y 方向振动的能量值(用量子数 n_y 标志),那么波函数就全定了,如

$$\psi_{n_x n_y n_z}(x, y, z) = \psi_{n_x}(x) \psi_{n_y}(y) \psi_{N - n_x - n_y}(z)$$

所以,确定三维振子的运动最少要用三个量:

$$\hat{H}, \hat{H}_x, \hat{H}_y$$

它们彼此是可以对易的:

$$[\hat{H}, \hat{H}_x] = [\hat{H}, \hat{H}_y] = [\hat{H}_x, \hat{H}_y] = 0$$

三维振子运动的自由度为三,用三个独立的量子数标志,这和经典力学里的自由度数一样.但是不要以为在量子力学里,自由度总和经典的一样.因为量子力学允许的运动内容比经典力学广泛和深入,因此它讨论的自由度也可能会更多.

3.8 不确定关系

上节我们讲了,两个力学量总是同时有确定值的条件是它们可交换.在 3.3 节讲过,在一个状态中力学量有确定值意味着在此状态中每个粒子有相同的力学量值,或平均值等于单个值,均方差为零.上节的结论就是,如果力学量 $\hat{F}$ 和 $\hat{G}$ 可易:

$$[\hat{F}, \hat{G}] = 0 \tag{3.8.1}$$

那么它们有共同的本征态,在此态中,F 均方差为零:

$$(\overline{\Delta F})^2 = 0 \tag{3.8.2}$$

同时,G 的均方差亦为零:

$$(\overline{\Delta G})^2 = 0 \tag{3.8.3}$$

即同时有这两个力学量的平均值等于单个粒子的值.状态反映力学量的分布,由于两个力学量有某种特殊的关系(可交换),所以就存在这样的状态,其中两个力学量的分布都是完全集中而没有分散的.

但是,一般讲,由于有些力学量相互有牵扯,有影响,所以通常不可对易.不可对易的最简单而极端的情况是对易式为一个数,即此力学量为**完全不相容力学量**或**相克(inter-restricted)力学量**.以前证明过,这个数一定是纯虚数,如坐标和动量:

$$[\hat{x}, \hat{p}] = i\hbar$$

这种力学量既然**完全不可对易**,那肯定不会同时有确定值,因此不会在任何状态中,两个力学量的均方差同时为零.但是会不会有什么关系呢?

3.8.1　实验分析

我们先来看实验.

粒子衍射是反映粒子波粒二象性的典型实验(图 3.8.1).大量的单能粒子,有相同的沿 y 方向的动量 p,在穿过宽为 $2d$ 的小缝后,射到屏上各处,产生规则的衍射图样.粒子穿过小缝,就对所有粒子的 x 坐标有了限制,即

$$\Delta x = d \tag{3.8.4}$$

它就是粒子的坐标偏离中心的程度,或 x 坐标的不确定程度.穿过小缝后,粒子大部分在 $x = 0$ 附近,那儿有一个主极大.主极大说明大部分粒子还是继续按原来方向运动的.但在屏上别处也出现粒子,说明一部分粒子在小缝处获得了 x 方向的动量增量 Δp_x.按主极大峰估计,由图 3.8.1 可见

$$\Delta p_x = p \sin \alpha = \frac{2\pi\hbar}{\lambda} \sin \alpha \tag{3.8.5}$$

λ 是入射粒子的德布罗意波长.

另一方面,由衍射理论知道,第一个极小的角度 α 由下面的公式给出:

$$2d \sin \alpha = \lambda/2 \tag{3.8.6}$$

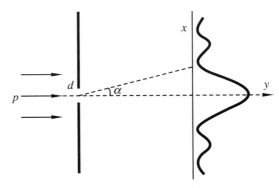

图 3.8.1　粒子衍射

由以上这些关系可得

$$\Delta x \cdot \Delta p_x = d \cdot \frac{2\pi\hbar}{\lambda} \sin \alpha$$

$$= \pi\hbar \frac{2d \sin \alpha}{\lambda} = \pi\hbar/2$$

由于粒子不只是局限在主极大,还有次极大等,所以 Δp_x 还要大些,上式可改为不等式:

$$\Delta x \Delta p_x \geqslant \pi\hbar/2 = h/4 \tag{3.8.7}$$

这就是海森堡最早提出的**不确定度关系**(uncertainty relation). Δx 表示粒子活动

的范围,Δp 是粒子在相应方向的动量变化范围.因此,公式(3.8.7)告诉我们,粒子活动的空间大小与和它相联系的波动的波长大小之间有一种关系.我们举例来说明它的意义.

3.8.2 两种分布

设作一维运动的粒子的波函数为

$$\psi(x) = Ne^{-x^2/(2a^2)} \tag{3.8.8}$$

我们知道这是谐振子的基态波函数,它表示粒子基本在平衡点(坐标原点)附近运动,可以用 a 来标志偏离中心的值,或粒子运动的基本范围:

$$\Delta x = a \tag{3.8.9}$$

因为当 $x = \pm a$ 时,波函数为原点值的 $1/\sqrt{e} = 1/1.6$,而找到粒子的概率下降到 $1/2.7$(图 3.8.2).

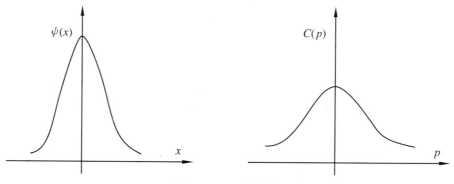

图 3.8.2 两种分布

由于粒子的波粒二象性,粒子的这种运动可以和一系列平面波相联系,即可以展开为一定动量 p 的平面波的叠加.但是一个单色平面波肯定不行,因为它是无边无沿、各处等概率的,而粒子运动大致有一个基本范围,因此要展开为一系列平面波的叠加:

$$\psi(x) = \int_{-\infty}^{\infty} C(p)\varphi_p(x)\mathrm{d}p$$

$$= \int_{-\infty}^{\infty} C(p)\frac{1}{\sqrt{2\pi\hbar}}e^{ipx/\hbar}\mathrm{d}p \tag{3.8.10}$$

参与这种叠加的各种波有不同的比例,波长用 p 标志的波所参与的比重与系数 $C(p)$ 的模方有关,

$$C(p) = \int_{-\infty}^{\infty} \psi(x) \frac{1}{\sqrt{2\pi\hbar}} \mathrm{e}^{-\mathrm{i}px/\hbar} \mathrm{d}x = \int \mathrm{d}x N \mathrm{e}^{-x^2/(2a^2)} \frac{1}{\sqrt{2\pi\hbar}} \mathrm{e}^{-\mathrm{i}px/\hbar}$$

$$= \frac{N}{\sqrt{2\pi\hbar}} \int \mathrm{d}x \mathrm{e}^{-[x/(a\sqrt{2})+\mathrm{i}ap/(\hbar\sqrt{2})]^2} \mathrm{e}^{[\mathrm{i}ap/(\hbar\sqrt{2})]^2} = \frac{a}{\sqrt{\hbar}} N \mathrm{e}^{-p^2/[2(\hbar/a)^2]} \quad (3.8.11)$$

不同波长的波参与叠加的权重不同. 同样, 主要波的波长范围可以用波长谱线 (图 3.8.2 右图) 在峰值最高点 $1/\sqrt{\mathrm{e}}$ 处的宽度标志, 即

$$\Delta p = \hbar/a \quad (3.8.12)$$

把式 (3.8.12) 与式 (3.8.9) 合起来就有

$$\Delta p \Delta x = \hbar \quad (3.8.13)$$

这里我们是取曲线最高处的 $1/\sqrt{\mathrm{e}}$ 处的宽度作为分布胖瘦程度标志的. 如果我们取离最高处的一半的宽度 (半宽度) 作为量度, 那么就有

$$\Delta p \Delta x \geqslant \hbar \quad (3.8.14)$$

这就和前面从实验分析得到的关系差不多了.

从上面的推导过程可以看到, 粒子的运动和波相联系, 当粒子的运动局限在有限的空间范围 τ 内时, 在这范围之外, 这些波应当互相干涉掉 (图 3.8.3), 这样对这些波的波长 (动量) 有一定的限制. 粒子运动的空间范围越小, 那么这些波的波长 (动量) 范围就越大, 这样才能使波干涉掉的范围越大. 这种关系并不依赖于我们所选的波函数 (3.8.8)

图 3.8.3　波的干涉

的形式. 在数学里曲线的宽度和它的傅里叶分量曲线的宽度之间存在着类似于式 (3.8.14) 的关系. 现在我们用量子力学的语言来给它一个严格的证明.

3.8.3　理论证明

前面讲过粒子的某种力学量分布的离散程度或不确定程度是由均方差来表达的. 设 $\hat{A}, \hat{B}$ 为两个力学量, 那么有

$$\overline{(\Delta\hat{A})^2} = \overline{(A-\bar{A})^2} = \langle \hat{A}^2 - 2\hat{A}\bar{A} + \bar{A}^2 \rangle = \langle \hat{A}^2 - 2\bar{A}\bar{A} + \bar{A}^2 \rangle$$

$$= \langle A^2 \rangle - \langle A \rangle^2 \quad (3.8.15)$$

同样

$$\overline{(\Delta B)^2} = \langle B^2 \rangle - \langle B \rangle^2 \tag{3.8.16}$$

考虑在任意态中的一个非负平均值

$$I(\xi) = \int | [\hat{A} + \mathrm{i}\xi\hat{B}] \varphi |^2 \mathrm{d}\tau \geqslant 0 \tag{3.8.17}$$

其中 ξ 是实参数. 把 I 展开, 有

$$
\begin{aligned}
I(\xi) &= \int [(\hat{A} + \mathrm{i}\xi\hat{B})\psi]^* (\hat{A} + \mathrm{i}\xi\hat{B})\psi \mathrm{d}\tau \\
&= \int \mathrm{d}\tau \{ (\hat{A}\psi)^* \hat{A}\psi + \mathrm{i}\xi(\hat{A}\psi)^* \hat{B}\psi - \mathrm{i}\xi(\hat{B}\psi)^* \hat{A}\psi + (\hat{B}\psi)^* \hat{B}\psi \} \\
&= \int \mathrm{d}\tau \{ \psi^* \hat{A}^2 \psi + \mathrm{i}\xi\psi^* \hat{A}\hat{B}\psi - \mathrm{i}\xi\psi^* \hat{B}\hat{A}\psi + \psi^* \hat{B}^2 \psi \} \\
&= \overline{A^2} + \mathrm{i}\xi \overline{[\hat{A}, \hat{B}]} + \xi^2 \overline{B^2} \geqslant 0
\end{aligned}
$$

此不等式对任意 ξ 成立, 这就要求

$$\overline{\mathrm{i}[\hat{A}, \hat{B}]}^2 - 4 \overline{A^2} \cdot \overline{B^2} \leqslant 0$$

或

$$\overline{A^2} \cdot \overline{B^2} \geqslant \frac{1}{4} \overline{\mathrm{i}[\hat{A}, \hat{B}]}^2 \tag{3.8.18}$$

如果分别用 $\Delta\hat{A} = \hat{A} - \bar{A}, \Delta\hat{B} = \hat{B} - \bar{B}$ 来代替算符 $\hat{A}, \hat{B}$, 由于

$$[\Delta\hat{A}, \Delta\hat{B}] = [\hat{A} - \bar{A}, \hat{B} - \bar{B}] = [\hat{A}, \hat{B}]$$

则式(3.8.18)变为

$$\overline{(\Delta A)^2} \cdot \overline{(\Delta B)^2} \geqslant \frac{1}{4} \overline{\mathrm{i}[\hat{A}, \hat{B}]}^2 \tag{3.8.19}$$

这就是**不确定度关系**或简称**不确定关系**的一般表达式.

特别地, 如果 $\hat{A}, \hat{B}$ 是**共轭力学量**或相克力学量, $\hat{A}, \hat{B}$ 的对易式是纯虚数,

$$[\hat{A}, \hat{B}] = \mathrm{i}\hbar \tag{3.8.20}$$

则有

$$\overline{(\Delta A)^2} \, \overline{(\Delta B)^2} \geqslant \frac{\hbar^2}{4} \tag{3.8.21}$$

如坐标和动量就是如此:

$$[\hat{x}, \hat{p}_x] = \mathrm{i}\hbar$$

$$\overline{(\Delta x)^2} \cdot \overline{(\Delta p_x)^2} \geqslant \frac{\hbar^2}{4} \tag{3.8.22}$$

有时为了简单起见,用均方差根,这关系常记为

$$\Delta x \Delta p \geqslant \hbar / 2 \tag{3.8.23}$$

从上面全部证明过程可以看到,不确定关系存在的根源在于粒子的波粒二象性,在于量子力学对微观现象的统计描述方式.由于我们用概率幅或波函数来统计地描写粒子的行为,力学量是个分布,要用算符代表,这就使力学量之间带来一些新的关系.同一个波函数既然同时给出各种力学量的分布,那么,有一定的关系的力学量之间的分布也会有某种关系.不确定关系只是其中的一种.它表示,如果两个力学量彼此有相克的关系,那么在任意态中它们的分布是**互相制约**的:一个收得紧些,一个就散得开些;一个"胖"些,另一个就"瘦"些.

正是由于这些,不确定关系非但不是消极的限制,反而是我们认识世界的积极的手段.我们试举几例说明.

3.8.4 应用

1. 谐振子的基态

$$\hat{H} = \frac{\hat{p}^2}{2\mu} + \frac{1}{2} \mu \omega^2 \hat{x}^2 \tag{3.8.24}$$

它在任何态中的平均值即能量可能为

$$E = \bar{H} = \frac{1}{2\mu} \overline{p^2} + \frac{1}{2} \mu \omega^2 \overline{x^2}$$

$$\geqslant 2 \left(\frac{1}{2\mu} \overline{p^2} \cdot \frac{1}{2} \mu \omega^2 \overline{x^2} \right)^{1/2} = \omega \left[\overline{p^2} \cdot \overline{x^2} \right]^{1/2}$$

$$\geqslant \omega \left(\frac{1}{4} \overline{\mathrm{i}[\hat{p}, \hat{x}]}^2 \right)^{1/2} = \frac{1}{2} \hbar \omega \tag{3.8.25}$$

于是知,谐振子的基态能量为 $\hbar \omega / 2$.

2. 氢原子基态能级

氢原子中电子相对质子运动的能量为

$$E = \frac{p^2}{2m} - \frac{e^2}{r} \tag{3.8.26}$$

利用不确定关系估计

$$pr \geqslant \hbar \tag{3.8.27}$$

$$E \geqslant \frac{\hbar^2}{2mr^2} - \frac{e^2}{4\pi\varepsilon_0 r} \tag{3.8.28}$$

基态相当于能量的极小值

$$\frac{\mathrm{d}E}{\mathrm{d}r} = 0, \qquad \frac{-2\hbar^2}{2mr^3} + \frac{e^2}{4\pi\varepsilon_0 r^2} = 0$$

$$r = a = \frac{4\pi\varepsilon_0 \hbar^2}{me^2} \tag{3.8.29}$$

代回式(3.8.28),得基态能量为

$$E_1 = -\frac{me^4}{2(4\pi\varepsilon_0)^2 \hbar^2} \tag{3.8.30}$$

结果和用粗估的办法得到的是一致的.

历史上,人们根据不确定关系,才最终确认原子核中是束缚不住电子的.

3. 基态动能

设系统哈氏量为

$$\hat{H} = \hat{T} + V = \frac{1}{2\mu}\hat{p}^2 + V(x)$$

证明在一维束缚态问题中,动能在基态中的平均值$\langle T\rangle_0$满足下面的不等式:

$$\langle \hat{T}\rangle_0 \geqslant (E_1 - E_0)/4$$

这里E_1, E_0分别为系统第一激发态和基态的能量本征值.

在束缚态能量本征态中,动量平均值为零,故其动量平方平均值等于其均方差:

$$\langle \hat{p}^2\rangle = \langle \Delta\hat{p}^2\rangle$$

由不确定关系

$$\langle \Delta\hat{p}^2\rangle\langle \Delta\hat{x}^2\rangle \geqslant \hbar^2/4$$

可得

$$\langle \hat{T}\rangle_0 = \frac{1}{2\mu}\langle \hat{p}^2\rangle_0 \geqslant \frac{\hbar^2}{8\mu}\frac{1}{\langle \Delta\hat{x}^2\rangle_0}$$

这里$\Delta\hat{x} = \hat{x} - \langle x\rangle$.直接计算给出对易关系:

$$[\Delta\hat{x},[\Delta\hat{x},\hat{H}]] = -\hbar^2/\mu$$

两边夹以能量本征态$|m\rangle$,中间插一完备本征态,可得一求和关系:

$$\sum_n (E_n - E_m)|\langle m|\Delta\hat{x}|n\rangle|^2 = \hbar^2/2\mu$$

如果取$|m\rangle$为基态,则有

$$\sum_n (E_n - E_0)|\langle 0|\Delta\hat{x}|n\rangle|^2 \geqslant \sum_n (E_1 - E_0)|\langle 0|\Delta\hat{x}|n\rangle|^2$$

$$= (E_1 - E_0)\langle \Delta\hat{x}^2\rangle_0$$

结合前式,我们有

$$\langle \Delta \hat{x}^2 \rangle_0 \leqslant \frac{1}{E_1 - E_0} \frac{\hbar^2}{2\mu}$$

代回前面不等式得

$$\langle \hat{T} \rangle_0 \geqslant (E_1 - E_0)/4$$

3.9　图　　像

3.9.1　薛定谔图像

在我们见过的表象中,如坐标表象、动量表象、角动量表象以及定态的能量表象等,力学量与时间无关,相应的本征态也与时间无关.这一类表象我们总称之为**薛定谔图像**.在薛定谔图像里,力学量不随时间变化,其本征态也与时间无关,表象架子是固定的,状态的变化全由波函数承担:

$$\begin{cases} i\hbar \dfrac{\partial \hat{F}}{\partial t} = 0 \\ i\hbar \dfrac{\partial \mid \psi \rangle}{\partial t} = \hat{H} \mid \psi \rangle \end{cases} \tag{3.9.1}$$

哈氏量作为力学量,当然也不显含时间,因此严格讲,薛定谔图像只适用于定态系统.

3.9.2　形式解

量子系统的薛定谔方程求解一般因系统而异.但是对于定态系统或在薛定谔图像中,我们可以得到一个形式解,它在许多情况下有用.

定态系统的哈氏量 $\hat{H}$ 不显含时间:

$$i\hbar \partial_t \hat{H} \equiv i\hbar \frac{\partial \hat{H}}{\partial t} = 0 \tag{3.9.2}$$

系统演化的薛定谔方程为

$$i\hbar \partial_t \mid \psi(t) \rangle = \hat{H} \mid \psi(t) \rangle \tag{3.9.3}$$

加上一定的初始条件:

$$\left. |\psi(t)\rangle \right|_{t=0} = |\psi(0)\rangle \equiv |\psi_0\rangle \qquad (3.9.4)$$

就是定解问题.

不妨设

$$|\psi(t)\rangle = \hat{U}(t)|\psi(0)\rangle \qquad (3.9.5)$$

代入薛定谔方程可得算符 $\hat{U}$ 满足的方程和初始条件:

$$\begin{cases} i\hbar\,\partial_t\hat{U}(t) = \hat{H}\hat{U}(t) \\ \hat{U}(0) = 1 \end{cases} \qquad (3.9.6)$$

这个方程可以用迭代法积出来:

$$\hat{U}(t) = \exp\left[\frac{1}{i\hbar}\int_0^t \hat{H}\mathrm{d}\tau\right]$$

$$= \mathrm{e}^{-i\hat{H}t/\hbar} \qquad (3.9.7)$$

于是我们得到薛定谔方程的形式解:

$$|\psi(t)\rangle = \hat{U}(t)|\psi(0)\rangle$$

$$= \mathrm{e}^{-i\hat{H}t/\hbar}|\psi_0\rangle \qquad (3.9.8)$$

算符 $\hat{U}(t)$ 称为系统的**时间演化算符**. 由于哈氏量是厄米的,容易验证,演化算符是个**酉算符**,满足关系

$$\hat{U}(t)\hat{U}^+(t) = \hat{U}^+(t)\hat{U}(t) = 1 \qquad (3.9.9)$$

这表明,定态量子系统从初态到末态的演化是个酉过程. 在希尔伯特空间看,初态矢量和末态矢量的模一样,不变化,因此是个酉变换.

3.9.3 守恒量

一个量子系统的哈氏量包含了系统的全部信息并控制着系统的演化,因此常常是完全力学量组的第一成员,其他成员必须与哈氏量可易,这样的力学量有些什么特点呢?

设定态系统哈氏量为 $\hat{H}$,反映系统演化的薛定谔方程为

$$i\hbar\frac{\partial}{\partial t}|\psi\rangle = \hat{H}|\psi\rangle \qquad (3.9.10)$$

我们先来考虑不显含时间的力学量 $\hat{F}$,即它满足

$$\partial_t \hat{F} \equiv \frac{\partial \hat{F}}{\partial t} = 0 \tag{3.9.11}$$

同时它与系统的哈氏量可以交换:

$$[\hat{F}, \hat{H}] = 0 \tag{3.9.12}$$

于是它有资格入选完全力学量组. 根据前面的讨论, 我们知道它和哈氏量有共同的完备本征态系 $\langle|n,f\rangle\rangle$:

$$\begin{cases} \hat{H} \mid n,f \rangle = E_n \mid n,f \rangle \\ \hat{F} \mid n,f \rangle = f \mid n,f \rangle \\ \langle n,f \mid n',f' \rangle = \delta_{nn'} \delta_{ff'} \\ \sum_{nf} \mid n,f \rangle \langle n,f \mid = 1 \end{cases} \tag{3.9.13}$$

系统的任何状态都可以展开为这些本征态的叠加:

$$\mid \psi(t) \rangle = \sum_{nf} C_{nf}(t) \mid n,f \rangle \tag{3.9.14}$$

而展开系数可表示为

$$\begin{aligned} C_{nf}(t) &= \langle n,f \mid \psi(t) \rangle = \langle n,f \mid \hat{U}(t) \mid \psi(t=0) \rangle \\ &= \langle n,f \mid e^{-i\hat{H}t/\hbar} \mid \psi(0) \rangle = e^{-iE_n t/\hbar} \langle n,f \mid \psi(0) \rangle \\ &= e^{-iE_n t/\hbar} C_{nf}(0) \end{aligned} \tag{3.9.15}$$

于是我们可以得到以下结论:

(1) 定态系统的力学量 $\hat{F}$ 分布不随时间而变化

根据概率解释, t 时刻力学量的分布概率为

$$\begin{aligned} P(f,t) &= \mid C_{nf}(t) \mid^2 = \mid e^{-iE_n t/\hbar} C_{nf}(0) \mid^2 \\ &= \mid C_{nf}(0) \mid^2 = P(f,0) \end{aligned} \tag{3.9.16}$$

或简单表示为

$$\partial_t P(f) = 0 \tag{3.9.17}$$

即分布是稳定的.

(2) 好量子数

如果系统开始时处于 $\hat{F}$ 的某个本征态, 则以后任何时刻, 系统将处于 $\hat{F}$ 的同一本征态, 与此本征态对应的量子数将伴随终生, 故称为**好量子数**.

这是显然的, 本征态不过是个特殊的分布而已.

(3) 平均值不变

力学量 $\hat{F}$ 在任意态中的平均值为

$$\bar{F}(t) = \langle \psi(t) \mid \hat{F} \mid \psi(t) \rangle = \langle \psi(0) \mid \hat{U}^+(t) \hat{F} \hat{U}(t) \mid \psi(0) \rangle$$

$$= \langle \psi(0) \mid e^{i\hat{H}t/\hbar} \hat{F} e^{-i\hat{H}t/\hbar} \mid \psi(0) \rangle = \langle \psi(0) \mid \hat{F} \mid \psi(0) \rangle$$

$$= \bar{F}(0) \tag{3.9.18}$$

或记为

$$\partial_t \bar{F} = 0 \tag{3.9.19}$$

计算中用到了公式

$$e^{i\hat{H}t/\hbar} \hat{F} e^{-i\hat{H}t/\hbar} = \hat{F} + \frac{1}{1!} \frac{-\mathrm{i}t}{\hbar} [\hat{F}, \hat{H}] + \frac{1}{2!} \left(\frac{-\mathrm{i}t}{\hbar} \right)^2 [[\hat{F}, \hat{H}], \hat{H}] + \cdots$$

$$\tag{3.9.20}$$

由于这里算符可易,故有

$$e^{i\hat{H}t/\hbar} \hat{F} e^{-i\hat{H}t/\hbar} = \hat{F} \tag{3.9.21}$$

如果一个量子系统中,某个力学量在任意态中的平均值均不随时间变化,则称该力学量为此系统的**守恒量**(conserved quantity).从前面的讨论我们看到,如果不显含时的力学量与系统的哈氏量可以对易,那它就是系统的守恒量;或者说,在薛定谔图像里,与哈氏量可以交换的力学量是守恒量.

在一个定态系统,如果我们有一组不显含时的力学量完全组$(\hat{H}, \hat{F}, \hat{G}, \cdots)$,实际上我们就是选定了一组守恒量,它们在态中的分布将永远不变,它们的量子数就是好量子数.一旦系统用它们标志了状态,这组量子数将伴随系统终身!这是否能使我们回忆起经典力学中用守恒量来求解问题的情形?

3.9.4 对称性

在3.4节,我们讨论动量算符的物理意义时,讲过如果对系统作个空间平移,相当于坐标作变换:

$$x \rightarrow x' = x - a \tag{3.9.22}$$

则波函数将作变换:

$$\psi(x) \rightarrow \psi'(x) = \psi(x - a)$$

$$= \hat{T}(a) \psi(x) = e^{-ia\hat{p}/\hbar} \psi(x) \tag{3.9.23}$$

其中$\hat{p} = \dfrac{\hbar}{\mathrm{i}} \dfrac{\mathrm{d}}{\mathrm{d}x}$为动量算符,它产生或反映了平移的基本行为,有时也称为空间平移的**生成元**.而

$$\hat{T}(a) = e^{-ia\hat{p}/\hbar} \tag{3.9.24}$$

则代表了有限空间平移变换的操作. 从这个式子我们可以把动量算符表达为

$$\hat{p} = \lim_{a \to 0} \left(-\frac{\hbar}{i} \right) \frac{\partial}{\partial a} \hat{T}(a) \qquad (3.9.25)$$

故动量算符也称为空间平移的**无穷小算符**.

由于动量算符是厄米的, $\hat{T}$ 满足关系

$$\hat{T}^+ \hat{T} = \hat{T}\hat{T}^+ = 1 \qquad (3.9.26)$$

是个**酉算符**.

在式 (3.9.22) 平移作用下, 定态薛定谔方程

$$\hat{H}(x)\psi(x) = E\psi(x) \qquad (3.9.27)$$

将变为

$$\hat{H}(x-a)\psi(x-a) = E\psi(x-a) \qquad (3.9.28)$$

或

$$\hat{H}'(x)\psi'(x) = E\psi'(x) \qquad (3.9.29)$$

显然

$$\begin{cases} \psi'(x) = \psi(x-a) \\ \hat{H}'(x) = \hat{H}(x-a) \end{cases} \qquad (3.9.30)$$

利用表达式 (3.9.23), 方程 (3.9.29) 又可写为

$$\hat{H}'\hat{T}(a)\psi(x) = E\hat{T}(a)\psi(x)$$

或改写为

$$\hat{T}^{-1}(a)\hat{H}'\hat{T}(a)\psi(x) = E\psi(x)$$

与方程 (3.9.27) 比较, 我们知

$$\hat{T}^{-1}(a)\hat{H}'\hat{T}(a) = \hat{H} \qquad (3.9.31)$$

或者反过来:

$$\hat{H}' = \hat{T}(a)\hat{H}\hat{T}^{-1}(a) \qquad (3.9.32)$$

这样我们就得到在坐标变换式 (3.9.22) 下, 波函数与哈氏量进行相应变换的另一种形式:

$$\begin{cases} x \to x' = x - a \\ \psi \to \psi'(x) = \psi(x') = \psi(x-a) = \hat{T}(a)\psi(x) \\ \hat{H} \to \hat{H}'(x) = \hat{H}(x') = \hat{H}(x-a) = \hat{T}(a)\hat{H}(x)\hat{T}^{-1}(a) \\ \qquad\qquad = \hat{T}(a)\hat{H}(x)\hat{T}^+(a) \end{cases} \qquad (3.9.33)$$

$(\hat{H}', \psi')$ 和 $(\hat{H}, \psi)$ 一样,描写同一个系统,同一个状态,并没有实质性的变化,只是好像坐标相对移动了一下.

现在我们来考虑有着特别性质的系统,例如,如果一个系统有**平移不变性**,即其哈氏量在平移下不变:

$$\hat{H}'(x) = \hat{H}(x - a) = \hat{H}(x) \tag{3.9.34}$$

这时我们称系统具有**空间平移对称性**.例如自由粒子,其哈氏量为

$$\hat{H} = \frac{\hat{p}^2}{2\mu} = -\frac{\hbar^2}{2\mu}\frac{\mathrm{d}^2}{\mathrm{d}x^2} \tag{3.9.35}$$

就是平移对称的.这样的系统的状态有些什么特性呢?

首先,把式(3.9.34)代入式(3.9.32),马上得

$$\hat{T}(a)\hat{H}\hat{T}^{-1}(a) = \hat{H}' = \hat{H} \tag{3.9.36}$$

或写为对易关系

$$[\hat{T}, \hat{H}] = 0 \tag{3.9.37}$$

利用一般公式(3.9.20),从式(3.9.36)可以推出空间平移的无穷小算符与哈氏量可易:

$$[\hat{p}, \hat{H}] = 0 \tag{3.9.38}$$

按照前面关于守恒量的要求,动量是个守恒量.或者说有平移对称的系统,就有个守恒量——动量.

再来看变换后的薛定谔方程(3.9.29).把式(3.9.36)代入,得到

$$\hat{H}(x)\psi'(x) = E\psi'(x) \tag{3.9.39}$$

比较方程(3.9.39)与原来的薛定谔方程,我们看到原来的波函数 $\psi(x)$ 与变换后的波函数 $\psi'(x)$ 满足同一个定态方程,对应的是同一个能量 E.如果 $\psi'(x)$ 与 $\psi(x)$ 不同,那么能级 E 就是简并的.所以**对称性会导致简并**.

$\psi'(x)$ 与 $\psi(x)$ 之间的关系是

$$\psi'(x) = \hat{T}(a)\psi(x) \tag{3.9.40}$$

知道了对称变换,那我们可能从一个解得到另一个解.

以上的描述都是以具有平移不变性的系统作为例子来讲的.事实上,以上的陈述有一般的意义.

如果系统的哈氏量具有某种不变性,即在某种变换下不改变形式:

$$\hat{T}(a)\hat{H}\hat{T}^{-1}(a) = \hat{H} \tag{3.9.41}$$

对称变换可由某种操作生成:

$$\hat{T}(a) = e^{ia\hat{F}} \tag{3.9.42}$$

其中 $\hat{F}$ 是厄米算符,称为相应对称的**生成元**,那么由式(3.9.41)可得

$$[\hat{F}, \hat{H}] = 0 \tag{3.9.43}$$

若 $\hat{F}$ 又不显含时间,则 $\hat{F}$ 就是系统的守恒量. 于是马上有前面关于守恒量的许多结论,以及本节关于简并度等的论断.

事实上,由于量子物理中时间演化用演化算符 $\hat{U}(t)$ 表达,而

$$\hat{U}(t) = e^{-it\hat{H}/\hbar} \tag{3.9.44}$$

从式(3.9.43)可以得到

$$\hat{U}(t)\hat{F}\hat{U}^+(t) = \hat{F} \tag{3.9.45}$$

这表示由算符 $\hat{F}$ 代表的力学量是不随时间演化的(守恒)!

3.9.5　海森堡图像

薛定谔图像里,把时间演化由波函数完全承担,而力学量不动,可以走向另一个极端,让波函数不动而时间演化由力学量承担,这是个新图像,称为**海森堡图像**. 从薛定谔图像出发,作变换

$$\begin{cases} |\psi(t)\rangle^H = \hat{U}^{-1}(t)|\psi(t)\rangle^S \\ \hat{F}^H = \hat{U}^{-1}(t)\hat{F}^S\hat{U}(t) \\ \hat{U}(t) = e^{-i\hat{H}^S t/\hbar} \end{cases} \tag{3.9.46}$$

这里上标 S 表示薛定谔图像的量,而上标 H 表示海森堡图像的量.

在海森堡图像里波函数呈什么样? 由前面式(3.9.8),

$$\begin{aligned} |\psi(t)\rangle^H &= \hat{U}^{-1}(t)|\psi(t)\rangle^S = \hat{U}^{-1}(t)\hat{U}(t)|\psi(0)\rangle^S \\ &= |\psi(0)\rangle^S = |\psi(0)\rangle^H \end{aligned} \tag{3.9.47}$$

也即在海森堡图像中,状态由初态决定,一直不变化!

力学量如何变? 对式(3.9.46)中的力学量关系求时间变化:

$$i\hbar\frac{\partial}{\partial t}\hat{F}^H = i\hbar\frac{\partial}{\partial t}(e^{itH^S/\hbar}\hat{F}^S e^{-itH^S/\hbar})$$

$$= [\hat{F}^H, \hat{H}^H] \tag{3.9.48}$$

这里用了前面薛定谔图像中的基本关系(3.9.1),以及事实

$$\hat{H}^H = e^{itH^S/\hbar}\hat{H}^S e^{-itH^S/\hbar} = \hat{H}^S \tag{3.9.49}$$

这两个图像有相同的哈氏量形式.把式(3.9.47)与式(3.9.48)合在一起,我们可得到海森堡图像中的基本关系或运动方程:

$$
\begin{cases}
i\hbar\dfrac{\partial\,|\,\psi\rangle^{\mathrm{H}}}{\partial t} = 0 \\[2mm]
i\hbar\dfrac{\partial\hat{F}^{\mathrm{H}}}{\partial t} = \big[\hat{F}^{\mathrm{H}},\hat{H}^{\mathrm{H}}\big]
\end{cases}
\tag{3.9.50}
$$

我们看到,在海森堡图像里,波函数一开始啥样就永远那样,不动弹;而力学量随时间变化着.在希尔伯特空间,态矢量由初态决定,不动;而表象的架子则随时间变化,于是态在架子上的投影(概率幅)也随时间变化,反映了体系性质的改变.而任何一个力学量 $\hat{G}$ 的平均值可用任何一种图像表达:

$$
\bar{G} = {}^{\mathrm{S}}\langle\psi\,|\,\hat{G}^{\mathrm{S}}\,|\,\psi\rangle^{\mathrm{S}} = {}^{\mathrm{H}}\langle\psi\,|\,\hat{G}^{\mathrm{H}}\,|\,\psi\rangle^{\mathrm{H}}
\tag{3.9.51}
$$

同样可以在海森堡图像中讨论守恒量问题.从薛定谔图像里守恒量的性质式(3.9.12)我们知道,在海森堡图像里,守恒量也一定与哈氏量可易,从式(3.9.50)就可知,此时力学量不随时间变化,或不显含时间坐标.在海森堡图像里,不显含时的力学量就是守恒量!这似乎更容易判断.

由式(3.9.40)看到,式(3.9.50)的力学量变化方程也有个形式解:

$$
\hat{F}^{\mathrm{H}}(t) = e^{i\hat{H}^{\mathrm{H}}t/\hbar}\,\hat{F}^{\mathrm{H}}(0)e^{-i\hat{H}^{\mathrm{H}}t/\hbar}
\tag{3.9.52}
$$

3.9.6 Feynman-Hellmann 定理

现在来讨论几个有用的定理.

系统的薛定谔方程及其共轭为

$$
\begin{cases}
i\hbar\,\partial_t\,|\,\psi\rangle = \hat{H}\,|\,\psi\rangle \\[2mm]
i\hbar\,\partial_t\langle\psi\,| = -\langle\psi\,|\,\hat{H}
\end{cases}
\tag{3.9.53}
$$

这里自然用了哈氏量的厄米性.哈氏量除了是坐标动量的函数外,一般还包含一些参数,例如普朗克常量、质量、光速、电荷等等.所以定态系统的能量一般也是这些参数 λ 的函数:

$$
\begin{cases}
\hat{H} = \hat{H}(\lambda) \\[2mm]
E = \langle\psi\,|\,\hat{H}(\lambda)\,|\,\psi\rangle = E(\lambda)
\end{cases}
\tag{3.9.54}
$$

当然这里已假定状态是可归一化的:

$$
\langle\psi\,|\,\psi\rangle = 1
\tag{3.9.55}
$$

现在问能量本征值如何随参数变化?

直接进行运算. 利用方程 (3.9.52) 和归一化条件式 (3.9.54) 可得

$$\frac{\partial E}{\partial \lambda} = \frac{\partial}{\partial \lambda} \langle \psi \mid \hat{H} \mid \psi \rangle = \frac{\partial \langle \psi \mid}{\partial \lambda} \hat{H} \mid \psi \rangle + \langle \psi \mid \frac{\partial \hat{H}}{\partial \lambda} \mid \psi \rangle + \langle \psi \mid \hat{H} \frac{\partial \mid \psi \rangle}{\partial \lambda}$$

$$= \langle \psi \mid \frac{\partial \hat{H}}{\partial \lambda} \mid \psi \rangle + E \frac{\partial}{\partial \lambda} \langle \psi \mid \psi \rangle = \langle \psi \mid \frac{\partial \hat{H}}{\partial \lambda} \mid \psi \rangle$$

即

$$\frac{\partial E}{\partial \lambda} = \langle \psi \mid \frac{\partial \hat{H}}{\partial \lambda} \mid \psi \rangle \qquad (3.9.56)$$

这就是 **Feynman-Hellmann 定理**.

看起来简单, 用得好, F-H 定理能发挥很大的作用.

【例 1】　能量与粒子质量的关系.

一个质量为 μ 的粒子在一个与质量无关的势场里运动, 如果质量增大, 能量是否也增大呢?

在经典物理里, 这不好说. 在量子力学里, 结论很确定.

系统的哈氏量为

$$\hat{H} = \frac{\hat{p}^2}{2\mu} + V$$

由 F-H 定理, 能量随质量的变化率为

$$\frac{\partial E}{\partial \mu} = \langle \frac{\partial \hat{H}}{\partial \mu} \rangle = \langle -\frac{\hat{p}^2}{2\mu^2} \rangle = -\frac{1}{\mu} \langle \hat{T} \rangle \leqslant 0$$

这里 $\hat{T}$ 代表动能算符. 由此可见, 随着质量的增加, 能量本征值是减小的.

【例 2】　能量大小.

若质量为 μ 的粒子在位势 $V_1(x)$ 中运动, 其束缚态能级可排为序列

$$E_1^{(1)} < E_2^{(1)} < E_3^{(1)} < \cdots$$

如在位势 $V_2(x)$ 中运动, 则束缚态能级可排成

$$E_1^{(2)} < E_2^{(2)} < E_3^{(2)} < \cdots$$

若在同一处, $V_1(x)$ 总是高于 $V_2(x)$:

$$V_1(x) > V_2(x)$$

请证明, 对同一个序位的能级

$$E_n^{(1)} > E_n^{(2)}$$

证明　今造一介于两个势之间的系统, 哈氏量为

$$H(\lambda) = \frac{\hat{p}^2}{2\mu} + V_\lambda(x) = \frac{\hat{p}^2}{2\mu} + \lambda V_1(x) + (1 - \lambda) V_2(x)$$

相应能量可表示为 $E_n(\lambda)$. 显然, $\hat{H}(0)$ 描写粒子在第 2 个势中的运动, 相应能量为 $E_n(0) = E_n^{(2)}$; $\hat{H}(1)$ 描写粒子在第 1 个势中的运动, 相应能量为 $E_n(1) = E_n^{(1)}$. 于是根据 F－H 定理:

$$\frac{\partial E_n(\lambda)}{\partial \lambda} = \langle \frac{\partial \hat{H}(\lambda)}{\partial \lambda} \rangle = \langle \frac{\partial}{\partial \lambda} [\lambda V_1 + (1 - \lambda) V_2] \rangle$$
$$= \langle V_1 - V_2 \rangle > 0$$

于是知, $E_n(\lambda)$ 是参数 λ 的增函数. 可见 $E_n^{(1)} = E_n(1) > E_n(0) = E_n^{(2)}$.

【例 3】 动能和位能.

通过解定态薛定谔方程得到能量本征值, 它一般是总能量, 即动能与势能的和. 在有的过程(例如化学反应)中动能与势能的作用不同, 因此有必要区分各自的大小. 利用 F－H 定理, 有时就能做到这一点.

设系统的势能与粒子的质量无关:

$$\hat{H} = \frac{\hat{p}^2}{2\mu} + V$$

$$\frac{\partial V}{\partial \mu} = 0$$

那么由 F－H 定理, 计算能量本征值随质量的变化为

$$\mu \frac{\partial E}{\partial \mu} = \langle \mu \frac{\partial \hat{H}}{\partial \mu} \rangle = \langle \mu \frac{\partial}{\partial \mu} \left(\frac{\hat{p}^2}{2\mu} + V \right) \rangle = \langle - \frac{\hat{p}^2}{2\mu} \rangle = - \langle T \rangle$$

或能量 E 中的动能部分是

$$E_{动} = \langle T \rangle = - \mu \frac{\partial E}{\partial \mu} \tag{3.9.57}$$

能量 E 中的势能部分就是

$$E_{势} = E - E_{动} = \left(1 + \mu \frac{\partial}{\partial \mu} \right) E \tag{3.9.58}$$

只要知道了能量与质量的依赖关系, 就可算出动能与势能来.

例如, 在吸引 δ 势中的束缚态, 能量可表示为

$$E = - \frac{\mu V_0^2}{2 \hbar^2}$$

则动能与势能部分分别为

$$E_{动} = \frac{\mu V_0^2}{2\hbar^2} = -E$$

$$E_{势} = -\frac{\mu V_0^2}{\hbar^2} = 2E$$

又如对一维谐振子:

$$E = E_n = \left(n + \frac{1}{2}\right)\hbar\omega = \left(n + \frac{1}{2}\right)\hbar\sqrt{\frac{K}{\mu}}$$

此时动能与势能分别是

$$E_{动} = -\mu\frac{\partial}{\partial\mu}\left(n + \frac{1}{2}\right)\hbar\sqrt{\frac{K}{\mu}} = \frac{1}{2}E_n$$

$$E_{势} = \frac{1}{2}E_n = E_{动}$$

一般哈氏量里有好几个参数,适当选择参数可以方便地分出动能与势能来.

3.9.7　位力定理

利用 F－H 定理还可以来证明另一个有用的定理——**位力(Virial)定理**.
定态方程

$$\hat{H}(x)\psi(x) = E\psi(x)$$

如果我们把坐标 x 形式上膨胀一下变为 λx,则上面方程中能量形式上是不变的:

$$\hat{H}(\lambda x)\psi(\lambda x) = E\psi(\lambda x)$$

$\psi(\lambda x)$ 总可以归一化. 于是由 F－H 定理:

$$0 = \frac{\partial E}{\partial\lambda} = \left\langle\frac{\partial\hat{H}}{\partial\lambda}\right\rangle = \left\langle\frac{\partial}{\partial\lambda}\left[-\frac{\hbar^2}{2\mu}\frac{d^2}{\lambda^2 dx^2} + V(\lambda x)\right]\right\rangle$$

$$= \left\langle\frac{2}{\lambda^3}\frac{\hbar^2}{2\mu}\frac{d^2}{dx^2} + \frac{\partial V(\lambda x)}{\partial(\lambda x)}\frac{\partial(\lambda x)}{\partial\lambda}\right\rangle = \left\langle-\frac{1}{\lambda^3}\hat{T} + x\frac{\partial V(\lambda x)}{\partial(\lambda x)}\right\rangle$$

$$= \left\langle-\frac{1}{\lambda^3}\hat{T} + x\frac{\partial V(\lambda x)}{\partial(\lambda x)}\right\rangle\Big|_{\lambda=1} = -\langle\hat{T}\rangle + \left\langle x\frac{\partial V}{\partial x}\right\rangle$$

或者写开来,有

$$2\langle\hat{T}\rangle = \left\langle x\frac{\partial V}{\partial x}\right\rangle \tag{3.9.59}$$

这就是所谓的位力定理.利用它也可用来分解动能和位能的值.

我们用位力定理来讨论幂律势中的存在束缚态的条件. 幂律势是如下形式的对称势:

$$V(x) = A |x|^n = \begin{cases} A(-x)^n, & x < 0 \\ Ax^n, & x > 0 \end{cases}$$

如果幂次 n 是正的, 那么只要作用强度 A 是正的, 就一定存在束缚态, 因为在无穷远处位势无穷高.

当幂次 n 是负的时候, A 必须是负的, 即为吸引位势, 才可能有束缚态. 我们来讨论后一种情形. 此时束缚态能量一定小于零. 由位力定理得

$$2\langle \hat{T} \rangle = \langle x \frac{\partial V}{\partial x} \rangle = n \langle V \rangle$$

于是能量为

$$E = \langle \hat{T} + V \rangle = \frac{2+n}{n} \langle \hat{T} \rangle = \frac{2+n}{2} \langle V \rangle$$

能量要求为负的, 而位势平均值也是负的, 于是有

$$2 + n > 0$$

或

$$n > -2$$

这就是幂律势中束缚态存在的限制条件.

3.9.8 相互作用图像

可以在薛定谔图像和海森堡图像之间建立一个图像, 称为**相互作用图像**. 它是狄拉克首先引入的, 其要点是把哈氏量分为原始部分和相互作用部分. 从薛定谔图像出发, 设哈氏量可分解为两部分:

$$\hat{H}^S = \hat{H}_0^S + \hat{H}_i^S \tag{3.9.60}$$

假定这两部分都是厄米的. 现进行图像变换:

$$\begin{cases} | \psi(t) \rangle^I = e^{i\hat{H}_0^S t/\hbar} | \psi(t) \rangle^S \\ \hat{F}^I = e^{i\hat{H}_0^S t/\hbar} \hat{F}^S e^{-i\hat{H}_0^S t/\hbar} \end{cases} \tag{3.9.61}$$

分别计算态与力学量的时间变化:

$$i\hbar \frac{\partial}{\partial t} | \psi \rangle^I = i\hbar \frac{\partial}{\partial t} (e^{i\hat{H}_0^S/\hbar} | \psi \rangle^S) = e^{i\hat{H}_0^S/\hbar}(-\hat{H}_0^S) | \psi \rangle^S + e^{i\hat{H}_0^S/\hbar} \hat{H}^S | \psi \rangle^S$$

$$= e^{i\hat{H}_0^S/\hbar} \hat{H}_i^S e^{-i\hat{H}_0^S/\hbar} e^{i\hat{H}_0^S/\hbar} | \psi \rangle^S = \hat{H}_i^I | \psi \rangle^I$$

$$i\hbar\frac{\partial}{\partial t}\hat{F}^{\mathrm{I}} = i\hbar\frac{\partial}{\partial t}(e^{i\hat{H}_0^S t/\hbar}\hat{F}^{\mathrm{S}}e^{-i\hat{H}_0^S t/\hbar})$$

$$= -e^{i\hat{H}_0^S t/\hbar}\hat{H}_0^S\hat{F}^{\mathrm{S}}e^{-i\hat{H}_0^S t/\hbar} + e^{i\hat{H}_0^S t/\hbar}i\hbar\frac{\partial\hat{F}^{\mathrm{S}}}{\partial t}e^{-i\hat{H}_0^S t/\hbar} + e^{i\hat{H}_0^S t/\hbar}\hat{F}^{\mathrm{S}}\hat{H}_0^S e^{-i\hat{H}_0^S t/\hbar}$$

$$= [\hat{F}^{\mathrm{I}},\hat{H}_0^{\mathrm{I}}]$$

合在一起有

$$\begin{cases} i\hbar\dfrac{\partial}{\partial t}\mid\psi\rangle^{\mathrm{I}} = \hat{H}_i^{\mathrm{I}}\mid\psi\rangle^{\mathrm{I}} \\ i\hbar\dfrac{\partial}{\partial t}\hat{F}^{\mathrm{I}} = [\hat{F}^{\mathrm{I}},\hat{H}_0^{\mathrm{I}}] \end{cases} \tag{3.9.62}$$

这就是相互作用图像里的**基本运动方程**.

在相互作用图像里,态和力学量由不同的算符控制变化.态由相互作用 $\hat{H}_i^{\mathrm{I}}$ 控制,力学量则由"无作用"原始哈氏量 $\hat{H}_0^{\mathrm{I}}$ 控制.

在希尔伯特空间看,三个图像的时间行为可以这样描述:在薛定谔图像里,坐标架不动,态矢转动;在海森堡图像里,态矢不动,坐标架反向转动;在相互作用表象里,坐标架和态矢都转,但转的方式不同.

相互作用图像显然更为一般.相互作用 $\hat{H}_i^{\mathrm{S}}$ 为零,就是海森堡图像,而没有 $\hat{H}_0^{\mathrm{S}}$ 就是薛定谔图像.

3.10　粒子数表象中的谐振子

我们都知道,在数学中,各个坐标系虽然都是等价的,但在不同的问题中,选择合适的坐标系常常能使问题简化.在量子力学里也一样,不同的表象虽然可以等价,但选择合适的表象,常常可以使问题易于解决,且容易看出明显的物理意义.作为一个例子,我们再来讨论一下线性谐振子.

在前面我们已经讨论过谐振子的量子行为,给出了能级和本征波函数.现在我们利用表象理论再来看同样一个问题.

3.10.1 吸收算符和发射算符

一维谐振子的哈密顿量为

$$\begin{cases} \hat{H} = \dfrac{1}{2\mu}\hat{p}^2 + \dfrac{1}{2}kx^2 = \dfrac{1}{2\mu}\hat{p}^2 + \dfrac{1}{2}\mu\omega^2 x^2 \\ \omega = \sqrt{k/\mu} \end{cases} \tag{3.10.1}$$

现在我们引进一个新算符:

$$\hat{a} = \left(\frac{\mu\omega}{2\hbar}\right)^{1/2}\left(\hat{x} + \frac{\mathrm{i}}{\mu\omega}\hat{p}\right) \tag{3.10.2}$$

其厄米共轭则为

$$\hat{a}^+ = \left(\frac{\mu\omega}{2\hbar}\right)^{1/2}\left(\hat{x} - \frac{\mathrm{i}}{\mu\omega}\hat{p}\right) \tag{3.10.3}$$

反过来有

$$\begin{cases} \hat{x} = \left(\dfrac{\hbar}{2\mu\omega}\right)^{1/2}(\hat{a} + \hat{a}^+) \\ \hat{p} = \dfrac{1}{\mathrm{i}}\left(\dfrac{\hbar\omega\mu}{2}\right)^{1/2}(\hat{a} - \hat{a}^+) \end{cases} \tag{3.10.4}$$

$\hat{a}$ 称为**吸收算符**,$\hat{a}^+$ 则称为**发射算符**,它们不是厄米算符,因而它们不能代表有物理意义的力学量. 我们通过式(3.10.2)和式(3.10.3)把两个厄米算符组合为一个非厄米算符,利用坐标和动量之间的对易关系可以证明,$\hat{a}$ 和 $\hat{a}^+$ 之间的对易式为

$$\begin{aligned} [\hat{a}, \hat{a}^+] &= \frac{\mu\omega}{2\hbar}\left[\hat{x} + \frac{\mathrm{i}}{\mu\omega}\hat{p}, \hat{x} - \frac{\mathrm{i}}{\mu\omega}\hat{p}\right] \\ &= \frac{\mu\omega}{2\hbar}\left\{\left[\hat{x}, \frac{-\mathrm{i}}{\mu\omega}\hat{p}\right] + \left[\frac{\mathrm{i}}{\mu\omega}\hat{p}, \hat{x}\right]\right\} \\ &= 1 \end{aligned} \tag{3.10.5}$$

而此时式(3.10.1)可改写为

$$\begin{aligned} \hat{H} &= \frac{1}{2\mu}(\hat{p}^2 + \mu^2\omega^2 x^2) = \frac{\hbar\omega}{4}\left[(\hat{a} + \hat{a}^+)^2 - (a - \hat{a}^+)^2\right] \\ &= \frac{\hbar\omega}{2}(2\hat{a}^+\hat{a} + 1) = \hbar\omega\hat{a}^+\hat{a} + \frac{1}{2}\hbar\omega = \hbar\omega\left(\hat{N} + \frac{1}{2}\right) \end{aligned} \tag{3.10.6}$$

其中

$$\hat{N} = \hat{a}^+\hat{a} \tag{3.10.7}$$

称为**粒子数算符**,它显然是厄米的.

计算算符 $\hat{a}$,$\hat{a}^+$ 和 $\hat{N}$ 之间的对易关系,可得

$$\begin{cases} [\hat{a},\hat{a}] = 0, & [\hat{a}^+,\hat{a}^+] = 0, & [\hat{a},\hat{a}^+] = 1 \\ [\hat{a},\hat{N}] = a, & [\hat{a}^+,\hat{N}] = -\hat{a}^+ \end{cases} \tag{3.10.8}$$

有时上面的关系也被称为**玻色子代数**.

3.10.2　粒子数算符的本征态

现在我们来求谐振子的能级即哈密顿量的本征值.从式(3.10.6)可见,这等价于求粒子数算符的本征值,因此我们来仔细讨论这个粒子数算符.

首先,$\hat{N}$ 的本征值都是非负的.设 $\hat{N}$ 的本征态矢为 $|n\rangle$,

$$\begin{cases} \hat{N}|n\rangle = n|n\rangle \\ \langle n|n\rangle| = 1 \end{cases} \tag{3.10.9}$$

我们可证

$$n \geqslant 0 \tag{3.10.10}$$

这是因为

$$\langle n|\hat{N}|n\rangle = n\langle n|n\rangle = n$$

而另一方面

$$\langle n|\hat{N}|n\rangle = \langle n|\hat{a}^+\hat{a}|n\rangle$$

按定义这是态矢 $\hat{a}|n\rangle$ 的模方,所以是非负的,

$$\langle n|\hat{N}|n\rangle \geqslant 0 \tag{3.10.11}$$

命题得证.式(3.10.11)中等号当且仅当 $\hat{a}|n\rangle = 0$ 时才成立.

由此可知,谐振子能级 E_n 满足下面的关系:

$$E_n = \hbar\omega n + \frac{1}{2}\hbar\omega \geqslant \frac{1}{2}\hbar\omega \tag{3.10.12}$$

这和不确定关系估计的结果是一致的.

利用前面算符 $\hat{a}$,$\hat{a}^+$ 与 $\hat{N}$ 的对易关系,可以计算

$$\begin{aligned} \hat{N}\hat{a}|n\rangle &= ([\hat{N},\hat{a}] + \hat{a}\hat{N})|n\rangle \\ &= (n-1)\hat{a}|n\rangle \end{aligned} \tag{3.10.13}$$

$$\hat{N}\hat{a}^{+} \mid n \rangle = ([\hat{N}, \hat{a}^{+}] + \hat{a}^{+}\hat{N}) \mid n \rangle$$
$$= (n + 1)\hat{a}^{+} \mid n \rangle \tag{3.10.14}$$

它表明,如果 $\mid n \rangle$ 是 $\hat{N}$ 的本征值为 n 的本征矢,则 $\hat{a} \mid n \rangle$ 也是 $\hat{N}$ 的本征矢,相应的本征值为 $(n-1)$,$\hat{a}^{+} \mid n \rangle$ 也是 $\hat{N}$ 的本征矢,相应的本征值为 $(n+1)$. 依次这样做下去,我们就得到 $\hat{N}$ 的本征值和本征矢系列:

本征矢 $\quad \cdots, \hat{a}^{2} \mid n \rangle, \hat{a} \mid n \rangle, \mid n \rangle, \hat{a}^{+} \mid n \rangle, \hat{a}^{+2} \mid n \rangle, \cdots$

本征值 $\quad \cdots, n-2, n-1, n, n+1, n+2, \cdots$

但是这个本征值系列不能无限下去,因为前面已证明 $\hat{N}$ 的所有本征值不能取负值. 设最小本征值为 n_0,对应的本征矢记为 $\mid n_0 \rangle$:

$$\begin{cases} \hat{N} \mid n_0 \rangle = n_0 \mid n_0 \rangle \\ \langle n_0 \mid n_0 \rangle = 1 \\ \hat{a} \mid n_0 \rangle = 0 \end{cases} \tag{3.10.15}$$

最后一式是为保证 n_0 最小的必要条件,否则 $n_0 - 1$ 也就为本征值. 于是

$$n_0 = \langle n_0 \mid \hat{N} \mid n_0 \rangle = \langle n_0 \mid \hat{a}^{+}\hat{a} \mid n_0 \rangle = 0 \tag{3.10.16}$$

即 $\hat{N}$ 的本征值最小为零. 我们得到 $\hat{N}$ 的本征矢和本征值系列为

本征矢 $\quad \mid 0 \rangle, \mid \hat{a}^{+} \mid 0 \rangle, \mid \hat{a}^{+2} \mid 0 \rangle, \cdots, \mid \hat{a}^{+n} \mid 0 \rangle, \cdots$

本征值 $\quad 0, 1, 2, \cdots, n, \cdots$

但是本征矢还没有归一化. 为归一化,只要求这些矢量的模方就可以了. 先设最低态 $\mid 0 \rangle$ 是已经归一化的:

$$\langle 0 \mid 0 \rangle = 1 \tag{3.10.17}$$

则

$$\langle 0 \mid \hat{a}\hat{a}^{+} \mid 0 \rangle = \langle 0 \mid ([\hat{a}, \hat{a}^{+}] + \hat{a}^{+}\hat{a}) \mid 0 \rangle = 1$$

$$\langle 0 \mid \hat{a}\hat{a}\hat{a}^{+}\hat{a}^{+} \mid 0 \rangle = \langle 0 \mid \hat{a}(1 + \hat{N})\hat{a}^{+} \mid 0 \rangle = \langle 0 \mid \hat{a}\hat{a}^{+} \mid 0 \rangle + \langle 0 \mid a\hat{N}\hat{a}^{+} \mid 0 \rangle$$

$$= \langle 0 \mid \hat{a}\hat{a}^{+} \mid 0 \rangle + \langle 0 \mid (\hat{N}\hat{a} + \hat{a})\hat{a}^{+} \mid 0 \rangle$$

$$= 2\langle 0 \mid \hat{a}\hat{a}^{+} \mid 0 \rangle + \langle 0 \mid \hat{N}\hat{a}\hat{a}^{+} \mid 0 \rangle$$

$$= 2!$$

用归纳法不难证明

$$\langle 0 \mid \hat{a}^{k}\hat{a}^{+k} \mid 0 \rangle = k! \tag{3.10.18}$$

因此归一化的本征矢可取为 $\mid k \rangle = \dfrac{1}{\sqrt{k!}}\hat{a}^{+k} \mid 0 \rangle$. 这样可得本征矢

$$| n \rangle = \frac{1}{\sqrt{n!}} \hat{a}^{+n} | 0 \rangle \tag{3.10.19}$$

满足

$$\begin{cases} \hat{N} | n \rangle = n | n \rangle \\ \langle n | k \rangle = \delta_{nk} \\ n, k = 0, 1, 2, 3, \cdots \end{cases} \tag{3.10.20}$$

3.10.3　各算符的矩阵形式

根据表象理论,我们可以用粒子数算符的本征矢 $| n \rangle$ 作基底构成一表象.在此表象中,粒子数算符本身为对角矩阵,对角元即为本征值.因此它的形式为

$$N = \begin{pmatrix} 0 & 0 & 0 & 0 & \cdots \\ 0 & 1 & 0 & 0 & \cdots \\ 0 & 0 & 2 & 0 & \cdots \\ 0 & 0 & 0 & 3 & \cdots \\ \cdots & \cdots & \cdots & \cdots & \cdots \end{pmatrix} \tag{3.10.21}$$

在这表象中,算符 $\hat{a}, \hat{a}^{+}$ 的形式也可求出来,这只要求一个矩阵元

$$\langle m | a^{+} | n \rangle$$

就可以了.

$$\langle m | \hat{a}^{+} | n \rangle = \langle m | \hat{a}^{+} \frac{\hat{a}^{+n}}{\sqrt{n!}} | 0 \rangle = \langle m | \sqrt{n+1} \frac{\hat{a}^{+n+1}}{\sqrt{(n+1)!}} | 0 \rangle$$

$$= \sqrt{n+1} \langle m | n+1 \rangle = \sqrt{n+1} \delta_{m,n+1} \tag{3.10.22}$$

$$a^{+} = \begin{pmatrix} 0 & 0 & 0 & \cdots \\ \sqrt{1} & 0 & 0 & \cdots \\ 0 & \sqrt{2} & 0 & \cdots \\ \cdots & \cdots & \cdots & \cdots \end{pmatrix} \tag{3.10.23}$$

它的厄米共轭算符 $\hat{a}$ 的表示则为

$$a = \begin{pmatrix} 0 & \sqrt{1} & 0 & \cdots \\ 0 & 0 & \sqrt{2} & \cdots \\ 0 & 0 & 0 & \cdots \\ \cdots & \cdots & \cdots & \cdots \end{pmatrix} \tag{3.10.24}$$

这两个表示也可简写为

$$a \mid n \rangle = \sqrt{n} \mid n - 1 \rangle$$

$$a^+ \mid n \rangle = \sqrt{n + 1} \mid n + 1 \rangle$$

现在回过头来看能级. 因为能量算符和粒子数算符成简单线性关系, 所以粒子数算符的本征态也是能量本征矢, 其本征值为

$$E_n = \langle n \mid \hat{H} \mid n \rangle = \langle n \mid \left(\hbar\omega \left(\hat{N} + \frac{1}{2} \right) \right) \mid n \rangle$$

$$= \left(n + \frac{1}{2} \right) \hbar\omega \tag{3.10.25}$$

因此, 粒子数表象实则上也就是能量表象, 其中哈密顿算符为

$$H = \begin{pmatrix} \hbar\omega/2 & 0 & 0 & \cdots \\ 0 & 3\hbar\omega/2 & 0 & \cdots \\ 0 & 0 & 5\hbar\omega/2 & \cdots \\ \cdots & \cdots & \cdots & \cdots \end{pmatrix} \tag{3.10.26}$$

而坐标算符和动量算符的形式分别为

$$x = \left(\frac{\hbar}{2\mu\omega} \right)^{1/2} (\hat{a} + \hat{a}^+) = \left(\frac{\hbar}{2\mu\omega} \right)^{1/2} \begin{pmatrix} 0 & \sqrt{1} & 0 & \cdots \\ \sqrt{1} & 0 & \sqrt{2} & \cdots \\ 0 & \sqrt{2} & 0 & \cdots \\ \cdots & \cdots & \cdots & \cdots \end{pmatrix} \tag{3.10.27}$$

$$p = \frac{1}{i} \left(\frac{\hbar\omega\mu}{2} \right)^{1/2} (\hat{a} - \hat{a}^+)$$

$$= \frac{1}{i} \left(\frac{\hbar\omega\mu}{2} \right)^{1/2} \begin{pmatrix} 0 & \sqrt{1} & 0 & \cdots \\ -\sqrt{1} & 0 & \sqrt{2} & \cdots \\ 0 & -\sqrt{2} & 0 & \cdots \\ \cdots & \cdots & \cdots & \cdots \end{pmatrix} \tag{3.10.28}$$

或写成分量形式为

$$x_{mn} = \left(\frac{\hbar}{2\mu\omega} \right)^{1/2} (a_{mn} + a_{mn}^+)$$

$$= \left(\frac{\hbar}{2\mu\omega} \right)^{1/2} (\sqrt{n + 1}\delta_{mn+1} + \sqrt{n}\delta_{mn-1}) \tag{3.10.29}$$

$$p_{mn} = \frac{1}{i} \left(\frac{\hbar\mu\omega}{2} \right)^{1/2} (a_{mn} - a_{mn}^+)$$

$$= \frac{1}{i} \left(\frac{\hbar\mu\omega}{2} \right)^{1/2} (\sqrt{n + 1}\delta_{mn+1} - \sqrt{n}\delta_{mn-1}) \tag{3.10.30}$$

3.10.4　谐振子谱

这样,我们又得到了前面的结果,谐振子有等间隔的分立谱,在谐振子系统中只有束缚态存在.任何两个相邻的能级之间都差一份相同的能量 $\hbar\omega$.这一份份的能量 $\hbar\omega$ 就是能量子,它在量子力学的启蒙阶段扮演了重要的角色.在这里,我们可以把这份能量子比拟叫做**声子**.这样,我们可以把能量本征态解释如下:基态 $|0\rangle$ 代表没有一个声子激发出来,于是只有零点能 $\hbar\omega/2$;第一激发态 $|1\rangle$,代表激发出了一个声子,能量为 $\hbar\omega + \hbar\omega/2 = 3\hbar\omega/2$;一般,$|n\rangle$ 代表有 n 个声子激发出来,能量为 $n\hbar\omega + \hbar\omega/2 = (2n+1)\hbar\omega/2$.

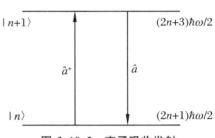

图 3.10.2　声子吸收发射

于是,算符 $\hat{N}$ 代表声子的个数,而算符 $\hat{a}^+$ 作用在一个声子态上能使它变为增加一个声子激发的态:

$$\hat{a}^+ | n\rangle = \sqrt{n+1} | n+1\rangle$$

它反映了声子的激发,因此称为**发射算符**,而相反,$\hat{a}$ 就称为**吸收算符**.这样,两个相邻态之间的过渡可以看做声子的发射或吸收过程.

3.10.5　状态波函数

如果只要求谐振子的能级特性,那么到此问题就解决了.但有时还要求出表示状态的波函数的具体形式,以了解别的内容。$|n\rangle$ 作为系统哈氏量 $\hat{H}$ 的本征态,本征值为 $(n+1/2)\hbar\omega$,我们还只有抽象的形式。此态满足的方程为

$$\hat{H} | n\rangle = \frac{2n+1}{2}\hbar\omega | n\rangle \tag{3.10.31}$$

在坐标表象中,它的形式为

$$\hat{H}(\hat{x},\hat{p})\langle x | n\rangle = \frac{2n+1}{2}\hbar\omega\langle x | n\rangle$$

$\langle x | n\rangle$ 即为波函数在坐标表象中的表示,记为 $\psi_n(x)$,

$$\hat{H}(x,\hat{p})\psi_n(x) = \frac{2n+1}{2}\hbar\omega\psi_n(x)$$

或

$$\left(\frac{\hat{p}^2}{2\mu} + \frac{1}{2}\mu\omega^2 x^2 \right)\psi_n(x) = \left(n + \frac{1}{2} \right)\hbar\omega\psi_n(x)$$

把 $\hat{p}$ 的形式代入,为

$$\frac{\hbar^2}{2\mu}\frac{\mathrm{d}^2\psi_n}{\mathrm{d}x^2} + \left[\left(n + \frac{1}{2} \right)\hbar\omega - \frac{\mu\omega^2}{2}x^2 \right]\psi_n = 0 \qquad (3.10.32)$$

它的解法我们以前已经讨论过了. 现在我们可用另一种递推的办法来求谐振子的波函数.

在我们前面用粒子数表象来求能级时得到一个基态的边界条件,

$$\hat{a} \mid 0 \rangle = 0 \qquad (3.10.33)$$

写到坐标表象中,它就是

$$\langle x \mid \hat{a} \mid 0 \rangle = 0 \qquad (3.10.34)$$

插入坐标表象的完备基:

$$\int \mathrm{d}x' \langle x \mid \hat{a} \mid x' \rangle \langle x' \mid\mid 0 \rangle = \int \mathrm{d}x' \langle x \mid \hat{a} \mid x' \rangle \langle x' \mid 0 \rangle = 0$$

利用吸收算符的定义及坐标动量算符在坐标表象中的表达式,我们得方程:

$$\left(\frac{\mu\omega}{2\hbar} \right)^{\frac{1}{2}} \int \mathrm{d}x' \langle x \mid \left(\hat{x} + \frac{\mathrm{i}}{\mu\omega}\hat{p} \right) \mid x' \rangle \psi_0(x') = 0$$

或者

$$\left(x + \frac{\mathrm{i}}{\mu\omega}\frac{\hbar}{\mathrm{i}}\frac{\mathrm{d}}{\mathrm{d}x} \right)\psi_0(x) = 0 \qquad (3.10.35)$$

由此解出基态波函数:

$$\begin{cases} \psi_0(x) = A\mathrm{e}^{-\frac{1}{2}\frac{\mu\omega}{\hbar}x^2} = A\mathrm{e}^{-\frac{1}{2}\alpha^2 x^2} \\ \alpha = \sqrt{\mu\omega/\hbar} \end{cases} \qquad (3.10.36)$$

第一激发态的波函数,则可以如下递推:

$$\langle x \mid 1 \rangle = \langle x \mid \hat{a}^+ \mid 0 \rangle = \int \mathrm{d}x' \langle x \mid \hat{a}^+ \mid x' \rangle \langle x' \mid\mid 0 \rangle$$

$$= \int \mathrm{d}x' \sqrt{\frac{\mu\omega}{2\hbar}} \langle x \mid \left(\hat{x} - \frac{\mathrm{i}}{\mu\omega}\hat{p} \right) \mid x' \rangle \psi_0(x')$$

$$= \sqrt{\frac{\mu\omega}{2\hbar}} \left(x - \frac{\hbar}{\mu\omega}\frac{\mathrm{d}}{\mathrm{d}x} \right)\psi_0(x) = \sqrt{2}\alpha x\psi_0(x) \qquad (3.10.37)$$

3.10.6　相干态

谐振子基态中没有任何声子,代表了某种"真空"性质. 我们来看看它还有什么

特点. 它是最小不确定态, 即在此态中, 不确定关系达到了它的下限:

$$\Delta x \Delta p = \hbar / 2 \tag{3.10.38}$$

可以从具体波函数来直接算. 我们现在用另一种方法证明它. 由于系统有宇称, 故坐标和动量在能量本征态中平均值均为零:

$$\begin{cases} \bar{x} = 0 \\ \bar{p} = 0 \end{cases} \tag{3.10.39}$$

两个均方差为

$$\begin{cases} \langle (\Delta x)^2 \rangle = \langle \hat{x}^2 \rangle \\ \langle (\Delta p)^2 \rangle = \langle \hat{p}^2 \rangle \end{cases} \tag{3.10.40}$$

从不确定关系知

$$\Delta x \Delta p = \sqrt{\langle (\Delta x)^2 \rangle} \sqrt{\langle (\Delta p)^2 \rangle} = \sqrt{\langle x^2 \rangle} \sqrt{\langle p^2 \rangle} \geqslant \frac{1}{2} \sqrt{\langle (\mathrm{i}[\hat{x}, \hat{p}]) \rangle^2} = \frac{\hbar}{2} \tag{3.10.41}$$

但另一方面,

$$\sqrt{\langle \hat{x}^2 \rangle \langle \hat{p}^2 \rangle} \leqslant \frac{1}{\omega} \left[\frac{1}{2\mu} \langle \hat{p}^2 \rangle + \frac{1}{2} \mu \omega^2 \langle x^2 \rangle \right] = \frac{1}{\omega} \langle \frac{1}{2\mu} \hat{p}^2 + \frac{1}{2} \mu \omega^2 x^2 \rangle$$

$$= \frac{1}{\omega} \langle \hat{H} \rangle$$

在基态中上式为

$$\Delta x \Delta p \leqslant \frac{\hbar}{2} \tag{3.10.42}$$

两式合起来就有式 (3.10.38), 即基态确实是 **最小不确定态**, 也称 **相干态**, 或最接近经典的量子态.

也可以从另一个观点来看最小不确定态. 前面讲到基态满足边条件

$$\hat{a} \, | \, 0 \rangle = 0 \tag{3.10.43}$$

也即基态是吸收算符的本征态, 本征值为零. 由于算符不厄米, 因此它的本征值一般不为实数. 那么除了这一个本征态外, 吸收算符还有没有其他本征态呢? 这些本征态有何性质?

总结这一章, 我们可以回答本章开头提出的问题. 要使波函数能完全描写状态, 必须假定力学量用线性厄米算符代表. 描写一个系统需要一组独立的相互对易的力学量. 这些力学量的共同本征态构成正交归一完备系, 形成希尔伯特空间的一组基, 成为一个表象. 力学量 *F* 的本征值, 即它在自己表象中表示矩阵的对角元, 表示该力学量可能取的值, 而波函数在 *F* 的表象中的表示, 就代表粒子取该力学量值的概率振幅.不同表象之间,亦即力学量的不同分布之间或波函数的各种表示之间的关系是酉变换.用平均值和均方差可以反映状态的基本特征.互相对易的力学量在它们的共同本征态中能够同时有确定值,即均方差同时为零;对易式为数的相克力学量的均方差之间满足不确定关系.有了这样一些手段,就可以把波函数的物理意义基本表达出来了.

到此为止,我们把量子力学的基础理论部分学完了.量子力学是在人们的实践深入微观世界、经典力学日益不够应用的情况下产生的,在波粒二象性概念的引导下,量子力学建立了一整套物理数学理论,它可以用下面假设的形式归纳起来:

量子系统运动的状态用波函数完全描写,波函数是概率振幅.

波函数满足薛定谔方程.

力学量用线性厄米算符代表,其本征值即为粒子可能取的值,而归一的状态波函数在它的完备本征函数系上的展开系数即为它取该力学量值的概率幅,在测得某本征值之时,系统处于相应的本征态.

这样,通常的量子力学问题归结为在给定相互作用(位势)下求解薛定谔方程,找出波函数.

习　题　3

3.1　证明公式

$$e^{\hat{A}}\hat{B}e^{-\hat{A}} = \hat{B} + [\hat{A},\hat{B}] + \frac{1}{2!}[\hat{A},[\hat{A},\hat{B}]] + \frac{1}{3!}[\hat{A},[\hat{A},[\hat{A},\hat{B}]]] + \cdots.$$

3.2　(a) 设 x 和 p_x 是经典情形下一维运动的位置和动量,计算经典泊松括号

$$\{x, f(p_x)\}_{\text{P.B.}}$$

(b) 在量子力学中,位置和动量分别用算符 $\hat{x}$ 和 $\hat{p}_x$ 表示,计算对易关系

$$\left[\hat{x}, \exp\left(\frac{\mathrm{i}a\hat{p}_x}{\hbar}\right)\right]$$

其中 a 为常量.

(c) 设 $\hat{x}$ 的本征值方程为 $\hat{x}|x'\rangle = x'|x'\rangle$,证明

$$\exp\left(\frac{\mathrm{i}a\hat{p}_x}{\hbar}\right)|x'\rangle$$

是位置算符 $\hat{x}$ 的本征态. 相应的本征值是多少?

3.3 计算

$$\mathrm{e}^{-\mathrm{i}\theta\hat{L}_z/\hbar}\,\hat{x}\,\mathrm{e}^{\mathrm{i}\theta\hat{L}_z/\hbar}$$

领会角动量算符 $\hat{L}_z$ 的物理含义.

3.4 设 $|\psi_q\rangle$ 是厄米算符 $\hat{Q}$ 的本征态, 本征值为 q, 即 $\hat{Q}|\psi_q\rangle = q|\psi_q\rangle$. 若存在一个算符 $\hat{C}$, 作用到 $|\psi_q\rangle$ 上后使之成为 $\hat{Q}$ 的本征值为 $-q$ 的本征态: $\hat{C}|\psi_q\rangle = |\psi_{-q}\rangle$. 证明算符 $\hat{C}$ 与算符 $\hat{Q}$ 反对易, 即 $\hat{C}\hat{Q} + \hat{Q}\hat{C} = 0$.

3.5 若力学量 $\hat{F}$ 与 $\hat{G}$ 互相反对易,

$$\{\hat{F}, \hat{G}\} = \hat{F}\hat{G} + \hat{G}\hat{F} = 0$$

已知 $\hat{F}$ 的本征值皆不为零. $|\psi\rangle$ 是 $\hat{F}$ 的本征态. 证明:

(a) $\hat{G}$ 在此态中的平均值为零;

(b) 若此态也是 $\hat{G}$ 的本征态, 则 $\hat{G}$ 在此态中的本征值为零.

3.6 质量为 μ 的粒子作一维运动, 哈氏量为 $\hat{H} = \dfrac{\hat{p}^2}{2\mu} + V(x)$, 定态为 $|n\rangle$, $\hat{H}|n\rangle = E_n|n\rangle$, $n = 1, 2, 3, \cdots$.

(a) 证明: $\langle n|\hat{p}|m\rangle = a_{nm}\langle n|\hat{x}|m\rangle$, 并求系数 a_{nm};

(b) 利用式 (a), 推导求和公式:

$$\sum_n (E_n - E_m)^2 \,|\langle n|\hat{x}|m\rangle|^2 = \frac{\hbar^2}{\mu^2}\langle m|\hat{p}^2|m\rangle$$

(c) 证明:

$$\sum_n (E_n - E_m)\,|\langle n|x|m\rangle|^2 = \frac{\hbar^2}{2\mu}$$

(Thomas-Reiche-Kuhn 公式)

3.7 定义径向动量算符

$$\hat{p}_r \equiv \frac{1}{2}\left(\hat{\boldsymbol{p}}\cdot\hat{\boldsymbol{r}}\,\frac{1}{r} + \frac{1}{r}\hat{\boldsymbol{r}}\cdot\hat{\boldsymbol{p}}\right)$$

证明:

(a) $\hat{p}_r^+ = \hat{p}_r$;

(b) $\hat{p}_r = \dfrac{\hbar}{\mathrm{i}}\left(\dfrac{\partial}{\partial r} + \dfrac{1}{r}\right)$;

(c) $[r, \hat{p}_r] = \mathrm{i}\hbar$;

(d) $\hat{p}_r^2 = -\hbar^2 \dfrac{1}{r^2} \dfrac{\partial}{\partial r} r^2 \dfrac{\partial}{\partial r}$.

3.8 考虑一维量子体系 $H = \hat{p}^2/(2\mu) + V(x)$，$V(x) = V_0 x^\lambda$，$V_0 > 0$，$\lambda = 2, 4, 6,$ $\cdots$. 设 H 的本征波函数为 ψ_n.

(a) 证明在态 ψ_n 中动量的平均值为零；

(b) 求在态 ψ_n 中，系统的动能平均值和势能平均值之间的关系.

3.9 对于势能为 $V(x)$ 的一维定态情形,证明：

$$\Delta E \Delta x \geqslant \frac{\hbar}{2m} \langle \hat{p}_x \rangle$$

3.10 粒子在一维方盒 $(-a/2, a/2)$ 中运动,处于定态中.

(a) 证明 $\Delta p_{\min} \equiv \sqrt{\langle p^2 \rangle_{\min}} = \dfrac{h}{2a}$；

(b) 证明 $\Delta x_{\min} \equiv \sqrt{\langle x^2 \rangle_{\min}} = \dfrac{a}{2\sqrt{3}} \sqrt{1 - 6/\pi^2}$；

(c) 在什么态中达到 $\Delta p_{\min}, \Delta x_{\min}$?

3.11 证明三维空间量子运动中

$$(\Delta r)^2 (\Delta p)^2 \geqslant \frac{9}{4} \hbar^2$$

3.12 设一维束缚态系统的哈氏量为

$$\hat{H} = \hat{T} + V = \frac{1}{2\mu} \hat{p}^2 + V(x)$$

若基态中势能平均值 $\langle V \rangle_0$ 非负,则第一激发态能量 E_1 与基态能量 E_0 之间有关系：

$$E_1 \leqslant 5E_0$$

证明这一点.

3.13 在海森堡图像中考虑一维谐振子,t 时刻粒子运动的位置算符为 $\hat{x}(t)$,计算如下对易关系：

(a) $[\hat{x}(t_1), \hat{x}(t_2)]$；

(b) $[\hat{x}(t_1), \hat{p}(t_2)]$；

(c) $[\hat{p}(t_1), \hat{p}(t_2)]$.

3.14 在海森堡图像中,位置算符随时间变化,即 $\hat{x}(t)$. 定义关联函数为

$$C(t) = \langle \hat{x}(t)\hat{x}(0) \rangle$$

对于一维谐振子的基态,计算关联函数 $C(t)$.

3.15　粒子在对数函数型势场中运动，$V(r) = C\ln(r/a)$，其中 C, a 是与质量无关且大于零的常量. 证明：

(a) 各束缚本征态中动能平均值都一样；

(b) 能级间距与粒子质量无关.

3.16　对氢原子，其哈氏量为

$$\hat{H} = \frac{\hat{p}^2}{2\mu} - \frac{e^2}{4\pi\varepsilon_0 r}$$

证明 Runge-Lenz 矢量

$$\hat{K} = \frac{4\pi\varepsilon_0}{2\mu e^2}(\hat{L} \times \hat{p} - \hat{p} \times \hat{L}) + \frac{x}{r}$$

是个守恒量.

3.17　设体系的含时厄米算符 $\hat{I}(t) = \hat{I}^+(t)$ 满足关系

$$i\hbar\frac{\partial \hat{I}}{\partial t} = [\hat{H}, \hat{I}]$$

$\hat{H}$ 为系统哈氏量，则称 $\hat{I}(t)$ 为系统的含时不变量. 证明含时不变量的本征值不随时间而变.

3.18　质量为 μ 的粒子在有心力场中运动，$V(r) = \lambda r^\nu (\nu > -2, \lambda/\nu > 0)$. 试利用 Feynman-Hellmann 定理及位力定理分析能量本征值对参数 $\lambda, \hbar, \mu$ 的依赖关系.

3.19　一维谐振子的本征态记做 $|n\rangle, n = 0, 1, 2, \cdots$.

(a) 构造一个由 $|0\rangle$ 和 $|1\rangle$ 线性叠加而成的态，使得 $\hat{x}$ 在这个态中的期望值为最大；

(b) 设 $t = 0$ 时刻系统的量子态为 (a) 中所得结果，求 $t > 0$ 时系统的态是怎样的？

(c) 分别在薛定谔图像和海森堡图像中计算 $t > 0$ 时位置算符 $\hat{x}$ 的期望值.

3.20　一量子系统，其哈氏量可写为

$$\hat{H} = \hat{a}^+\hat{a} + \alpha\hat{a} + \beta\hat{a}^+$$

其中 α, β 为数，而算符 $\hat{a}$ 及其厄米共轭 $\hat{a}^+$ 分别为吸收算符与发射算符，满足下面的对易关系：

$$[\hat{a}, \hat{a}^+] = 1$$

试求此系统的能量本征值.

3.21　中子 n 与反中子 $\bar{n}$ 的质量都是 m，它们的状态 $|n\rangle, |\bar{n}\rangle$ 可以看做一个自由

哈氏量 $\hat{H}_0$ 的简并本征态,

$$\hat{H}_0 \mid n \rangle = mc^2 \mid n \rangle, \quad \hat{H}_0 \mid \bar{n} \rangle = mc^2 \mid \bar{n} \rangle$$

设有某相互作用 $\hat{H}'$ 使中子和反中子互相转变,

$$\hat{H}' \mid n \rangle = \lambda \mid \bar{n} \rangle, \quad \hat{H}' \mid \bar{n} \rangle = \lambda \mid n \rangle$$

其中 λ 为实数,$\lambda^* = \lambda$. 试求一个中子在 t 时刻变为反中子的概率.

第4章 带电粒子在电磁场中的运动

4.1 粒子在有心力场中的运动

4.1.1 有心力场

首先,我们一般讨论一下粒子在有心力场中的运动.**有心力场**的势只与考察点离力心的距离有关,可以写成下面的形式:

$$U = U(\boldsymbol{x}) = U(|\boldsymbol{x}|) = U(r) \tag{4.1.1}$$

一个质量为 μ 的粒子在这样的有心力场中运动,其哈氏量为

$$\hat{H} = \frac{\hat{\boldsymbol{p}}^2}{2\mu} + U(r) \tag{4.1.2}$$

这样的系统有三个自由度.由于空间各向同性,用球坐标表示比较合适(图 4.1.1);由于空间转动对称,角动量守恒,我们可以取一组完全力学量 $(\hat{H}, \boldsymbol{L}^2, \hat{L}_z)$,定态解可取为它们的共同本征态.这样定态薛定谔方程

$$\hat{H}\psi(\boldsymbol{x}) = E\psi(\boldsymbol{x}) \tag{4.1.3}$$

中波函数 ψ 可取为

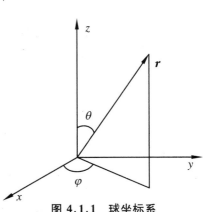

图 4.1.1 球坐标系

$$\psi(\boldsymbol{x}) = \psi(r, \theta, \varphi) = R(r)\mathrm{Y}_{lm}(\theta, \varphi) \tag{4.1.4}$$

其中 Y_{lm} 是轨道角动量平方和第三分量的共同本征态:

$$\begin{cases} \hat{\boldsymbol{L}}^2 \mathrm{Y}_{lm} = l(l+1)\hbar^2 \mathrm{Y}_{lm} \\ \hat{L}_z \mathrm{Y}_{lm} = m\hbar \mathrm{Y}_{lm} \\ l = 0, 1, 2, \cdots, \quad m = -l, -l+1, \cdots, l \end{cases} \tag{4.1.5}$$

在球坐标下,哈氏量可写为

$$\hat{H} = -\frac{\hbar^2}{2\mu}\frac{1}{r^2}\frac{\partial}{\partial r}r^2\frac{\partial}{\partial r} + \frac{\hat{L}^2}{2\mu r^2} + U(r) \tag{4.1.6}$$

把式(4.1.4)和式(4.1.6)代入方程(4.1.3),利用式(4.1.5),我们得到**径向波函数**满足的方程:

$$\frac{1}{r^2}\frac{\mathrm{d}}{\mathrm{d}r}\left(r^2\frac{\mathrm{d}R}{\mathrm{d}r}\right) + \left\{\frac{2\mu}{\hbar^2}\big[E - U(r)\big] - \frac{l(l+1)}{r^2}\right\}R = 0 \tag{4.1.7}$$

径向波函数满足的方程(4.1.7)至少有一个奇点,$r = 0$,可以先把这个奇点分出来,令

$$R(r) = u(r)/r \tag{4.1.8}$$

代到方程(4.1.7)中去,$u(r)$满足的方程为

$$u'' + \left\{\frac{2\mu}{\hbar^2}\big[E - U(r)\big] - \frac{l(l+1)}{r^2}\right\}u = 0 \tag{4.1.9}$$

这相当于粒子在一个位**势**

$$U_l = U(r) + \frac{\hbar^2}{2\mu}\frac{l(l+1)}{r^2} \tag{4.1.10}$$

中作一维半空间$[0, \infty)$运动的波函数所满足的方程.势能中与角动量l有关的一项是正的,代表的是**离心势**或**排斥势**.角动量越大,排斥也越大.等效的哈氏量便为

$$\hat{H}_l = -\frac{\hbar^2}{2\mu}\frac{\mathrm{d}^2}{\mathrm{d}r^2} + U_l = -\frac{\hbar^2}{2\mu}\frac{\mathrm{d}^2}{\mathrm{d}r^2} + U(r) + \frac{l(l+1)\hbar^2}{2\mu r^2} \tag{4.1.11}$$

归一化条件为

$$\int_0^\infty \mathrm{d}r u^* u = 1 \tag{4.1.12}$$

相应的能量计算为

$$E = (\psi, \hat{H}\psi) = (RY_{lm}, \hat{H}RY_{lm})$$
$$= -\frac{\hbar^2}{2\mu}\int \mathrm{d}r u^* \frac{\mathrm{d}^2 u}{\mathrm{d}r^2} + \int \mathrm{d}r u^* u\left(U + \frac{l(l+1)\hbar^2}{2\mu r^2}\right) \tag{4.1.13}$$

4.1.2 径向波函数

为考察原点处的行为,我们先设$U(r)$的形式为

$$U(r) = A/r^s, \quad s > 0 \tag{4.1.14}$$

当常数$A > 0$时是**排斥势**,$A < 0$时,则为**吸引势**.把式(4.1.14)代入式(4.1.9),u

满足的方程具体化了：

$$u'' + \left\{ \frac{2\mu}{\hbar^2}E - \frac{2\mu A}{\hbar^2}\frac{1}{r^s} - \frac{l(l+1)}{r^2} \right\}u = 0 \tag{4.1.15}$$

我们来探究函数 u 的一些性质.

先看 $r \to \infty$ 时方程解的行为. 此时

$$U(r) \to 0, \quad 1/r^2 \to 0, \quad r \to \infty \tag{4.1.16}$$

渐近方程为

$$u'' + \frac{2\mu}{\hbar^2}Eu = 0, \quad r \to \infty \tag{4.1.17}$$

当 $E > 0$ 时，**渐近解为**

$$u(r) = C_1 e^{ikr} + C_2 e^{-ikr}, \quad k = \sqrt{2\mu E/\hbar^2} \tag{4.1.18}$$

$$R(r) = u/r = C_1 \frac{e^{ikr}}{r} + C_2 \frac{e^{-ikr}}{r}, \quad r \to \infty \tag{4.1.19}$$

无论粒子的能量 E 取什么值, 这个渐近的 R 都能满足波函数的条件. 如果乘上波函数的时间因子 $e^{-iEt/\hbar}$, 就可以清楚地看出, 上式第一项是**发散球面波**, 第二项是**汇聚球面波**. 前者代表粒子从中心向无限远处的运动, 后者相反, 代表粒子从无限远处向中心汇合的运动. 所以这种运动是**非束缚态**, 相应于经典力学中的非周期性轨道运动, 在量子力学里就是散射问题, 这到以后会讨论.

当 $E < 0$ 时 (这只有在吸引势的情形, 即 $A < 0$),

$$u(r) = B_1 e^{-\beta r} + B_2 e^{\beta r}, \quad \beta = \sqrt{2\mu(-E)/\hbar^2} \tag{4.1.20}$$

$$R(r) = B_1 e^{-\beta r}/r + B_2 e^{\beta r}/r, \quad r \to \infty \tag{4.1.21}$$

由于上式第二项在 $r \to \infty$ 时发散, 不符合波函数条件, 因此必须有 $B_2 = 0$,

$$R(r) = B_1 e^{-\beta r}/r$$

此时显然有

$$|R(r)|^2 = |B_1|^2 \frac{e^{-2\beta r}}{r^2} \to 0, \quad r \to \infty \tag{4.1.22}$$

即粒子在较大 r 处出现的概率很小, 粒子只在势场中心附近运动. 这种状态是束缚态, 相当于经典力学中的周期轨道运动, 在量子力学里就是定态能级问题, 对能量 E 有一定的限制.

我们再来看看 $r \to 0$ 时 $u(r)$ 的行为.

先设 $S < 2$. 当 $r \to 0$ 时, 可先略去 A/r^s 和能量 E 的项, 方程近似为

$$u'' - \frac{l(l+1)}{r^2}u = 0, \quad r \to 0 \tag{4.1.23}$$

此方程在 $r=0$ 处是正则奇点($l\neq0$ 时),可用罗朗级数解. 设

$$u(r) = r^{\rho} \sum_{\nu=0}^{\infty} b_{\nu} r^{\nu} \tag{4.1.24}$$

代入方程(4.1.23),得

$$\sum (\nu+\rho)(\nu+\rho-1) b_{\nu} r^{\nu+\rho-2} - l(l+1) \sum b_{\nu} r^{\nu+\rho-2} = 0 \tag{4.1.25}$$

按 r 的幂次展开为

$$[\rho(\rho-1) - l(l+1)] r^{\rho-2} + (r^{\rho-1} \text{ 以上高次幂}) = 0 \tag{4.1.26}$$

要使此方程成立,各系数要为零,至少有

$$\rho(\rho-1) - l(l+1) = 0 \tag{4.1.27}$$

解得

$$\begin{cases} \rho = -l \\ \rho = l+1 \end{cases} \tag{4.1.28}$$

当 $\rho = -l$ 时,

$$u(r) = r^{-l} \sum b_{\nu} r^{\nu} \to \infty, \quad r \to 0$$
$$R(r) = u(r)/r \to \infty, \qquad r \to 0 \tag{4.1.29}$$

显然不符合波函数的条件.

当 $\rho = l+1$ 时

$$u(r) = r^{l+1} \sum b_{\nu} r^{\nu} \to 0, \quad r \to 0$$
$$R(r) = u(r)/r \to 0, \qquad r \to 0(l \neq 0) \tag{4.1.30}$$

是满足波函数条件的,且当 l 越大,R 越快地趋于零,即粒子越不易到中心去. 这和角动量提供一个离心势是一致的.

现在再讨论 $S>2$ 的情形. 此时 $r\to0$ 的渐近方程形式为

$$u'' - \frac{2\mu}{\hbar^2} \frac{A}{r^s} u = 0, \quad r \to 0 \tag{4.1.31}$$

同样,令

$$u = r^{\rho} \sum_{\nu=0}^{\infty} b_{\nu} r^{\nu}$$

代入方程有

$$\sum (\rho+\nu)(\rho+\nu-1) b_{\nu} r^{\nu+\rho-2} - \frac{2\mu}{\hbar^2} A \sum b_{\nu} r^{\rho+\nu-s} = 0 \tag{4.1.32}$$

此方程中,由于 $S>2$,所以最低次幂 $r^{\rho-s}$ 的系数 $-\dfrac{2\mu}{\hbar^2} b_0 A$ 必为零. 由于 b_0 是不为

零的,所以必须 $A = 0$,即要求整个势为零.实际上,微分方程的理论告诉我们,$S > 2$ 时,$r = 0$ 是个非正则奇点,不存在正则的解.所以当 $S > 2$ 时不存在满足波函数条件的**束缚态解**.

当 $S = 2$ 时,仔细讨论波函数的归一和能量的有限性可以证明,只要吸引势的强度不超过离心势强度太多,就可能存在束缚态.

现在我们可以小结一下:

当粒子能量大于零时,代表散射态;

当粒子能量小于零时,仅当在吸引位势且幂次 $S \leqslant 2$ 时才可能有束缚态存在.这与上章用位力定理讨论的结果一致.

径向本征方程(4.1.9)的解一般会出现一个量子数 n_r,那么能量本征值就记为

$$E = E_{n_r l} \tag{4.1.33}$$

而相应的径向波函数 $R = u/r$ 就可记为

$$R = R_{n_r l}(r) \tag{4.1.34}$$

而整个能量波函数为

$$\psi = \psi_{n_r l m}(r, \theta, \varphi) = R_{n_r l}(r) Y_{lm}(\theta, \varphi) \tag{4.1.35}$$

其中 Y_{lm} 是已知的轨道角动量的本征函数——球谐函数.

4.1.3　束缚态

我们来讨论有心力场中束缚态的共同基本特性.

1. 几何简并度

由于方程(4.1.9)中,磁量子数 m 不出现,因此能量本征值不依赖于它.m 可取 $l, l-1$,$\cdots, -l$ 共 $2l + 1$ 个值,于是该能级至少是 $2l + 1$ 重简并的.这种简并源于系统的球对称,一眼就能看出,故称为**几何简并**,也称为**表面简并**.

2. 角动量愈大,能级愈高

这从等效位势(4.1.10)可以看出.因为由于旋转而提供的离心位势是正的或排斥的.角动量愈大,排斥愈厉害,等效位势升高(图 4.1.2).当其他量子数一样时,角动量愈大,能级就愈高.

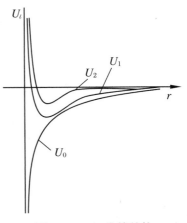

图 4.1.2　一维等效势

从 Feynman-Hellmann 定理也可以计算出

$$\frac{\partial E}{\partial l} = \langle \frac{\partial H_l}{\partial l} \rangle = \langle \frac{(2l+1)\hbar^2}{2\mu r^2} \rangle$$

$$= (2l+1)\hbar^2 \langle \frac{1}{2\mu r^2} \rangle > 0 \qquad (4.1.36)$$

能量随轨道角动量量子数增大而升高. 于是可以想见, 基态应该是 S 态.

在原子物理里, 常用表 4.1.1 所示符号代表各角动量态.

表 4.1.1 代表角动量态的符号

轨道量子数 l	态符号	英文原意
0	S	sharp
1	P	principal
2	D	diffuse
3	F	fundamental
4	G	
5	H	
6	I	
7	J	
8		

3. 力场势是球对称的, 也是空间反射对称的, 因此能量本征态可以具有宇称

由于角向部分是球谐函数, 其空间宇称为 $(-1)^l$,

$$\hat{P} Y_{lm}(\theta, \varphi) = Y_{lm}(\pi - \theta, \varphi + \pi)$$

$$= (-1)^l Y_{ml}(\theta, \varphi) \qquad (4.1.37)$$

4. 径向量子数通常代表径向激发, 因此它也表示了径向节面数

这些节面是同心球面. 于是可知, 基态应该是没有节面的, 或是"实心的".

4.1.4 束缚态幂次对应关系

对于幂律形式的球对称势

$$V(r) = A r^\nu \qquad (4.1.38)$$

必须要是吸引的才存在束缚态. 当幂次 ν 大于零时, 要求 A 是正的; 当 $\nu<0$, 则需要 $A<0$. 或者说束缚态存在时, 至少 $A\nu>0$. 表面上看, 正幂次势与负幂次势的态是完全独立的.但实际上,这两种势中的运动状态之间有一种对应关系.

我们从负幂次势开始.设

$$V(r) = -\alpha r^\nu, \quad \alpha > 0, \quad -2 < \nu < 0 \tag{4.1.39}$$

等效一维问题方程为

$$\chi'' + \left[\frac{2\mu}{\hbar^2} E + \frac{2\mu\alpha}{\hbar^2} r^\nu - \frac{l(l+1)}{r^2} \right] \chi = 0, \quad E = E(\nu) < 0 \tag{4.1.40}$$

采用无量纲量:

$$\begin{cases} E(\nu) = -\left(\dfrac{\hbar^2}{2\mu} \right)^{\frac{\nu}{\nu+2}} \alpha^{\frac{2}{\nu+2}} f_\nu \\[3mm] x = \left(\dfrac{2\mu\alpha}{\hbar^2} \right)^{\frac{1}{\nu+2}} r \\[3mm] \chi(r) = \chi\left[\left(\dfrac{2\mu\alpha}{\hbar^2} \right)^{-\frac{1}{\nu+2}} x \right] \equiv u(x) \end{cases} \tag{4.1.41}$$

那么方程 (4.1.40)转化为

$$\frac{\mathrm{d}^2 u(x)}{\mathrm{d}x^2} + \left[-f_\nu + x^\nu - \frac{l(l+1)}{x^2} \right] u = 0, \quad -2 < \nu < 0, \quad f_\nu > 0 \tag{4.1.42}$$

由此解出 f_ν,也就解出了能级.

现在作个变量变换:

$$\begin{cases} x = \dfrac{\nu+2}{2\sqrt{f_\nu}} y^{\frac{2}{\nu+2}} \\[3mm] u(x) = \sqrt{\dfrac{\nu+2}{2\sqrt{f_\nu}}}\, y^{\frac{1}{\nu+2}} w(y) \end{cases} \tag{4.1.43}$$

那么,变换后的函数 $w(y)$满足下面的方程:

$$\begin{cases} \dfrac{\mathrm{d}^2 w(y)}{\mathrm{d}y^2} + \left[\bar{f} - y^{\bar{\nu}} - \dfrac{\bar{l}(\bar{l}+1)}{y^2} \right] w(y) = 0 \\[3mm] \bar{\nu} = -\dfrac{2\nu}{\nu+2}, \quad \bar{l} = \dfrac{2l+1}{\nu+2} - \dfrac{1}{2} \\[3mm] \bar{f} = \left(\dfrac{2}{\nu+2} \right)^2 \left[f_\nu \left(\dfrac{2}{\nu+2} \right)^2 \right]^{-\frac{\nu+2}{2}} \end{cases} \tag{4.1.44}$$

对比方程(4.1.42),我们知道,这是描写一个粒子在一维势 $y^{\bar{\nu}}$ 中的运动,能量为 $\bar{f}$.由于幂次 ν 是负的,故新幂次 $\bar{\nu}$ 是正的,束缚态能量也是正的.这样我们经过变换,从负幂次吸引势系统 $-x^{\nu}$ 的解出发,就可以得到正幂次系统 $y^{\bar{\nu}}$ 中的解. 幂次之间的具体对应见表 4.1.2.

表 4.1.2　幂次对应

ν	0	$-1/2$	$-2/3$	-1	$-6/5$	$-4/3$	$-10/7$	$-3/2$	-2
$\bar{\nu}$	0	$2/3$	1	2	3	4	5	6	∞

从这个表里看到,吸引库仑势($\nu=-1$)对应谐振子势($\bar{\nu}=2$).

4.2　氢　原　子

4.2.1　库仑势

现在我们来讨论一种常用的吸引位势,即与距离成反比的位势,譬如牛顿万有引力位势或电磁学中的库仑位势:

$$U(r) = -Q/r, \quad Q > 0 \tag{4.2.1}$$

Q 为常数,如一个电荷为 $-e$(e 是电子所带电荷量)的粒子在一固定电荷 Ze 的库仑场中运动,则 $Q = kZe^2 = Ze^2/(4\pi\varepsilon_0)$.

在这样的势场中存在束缚态. 我们来讨论这个束缚态,此时粒子能量 $E<0$.

径向波函数满足的方程为

$$\frac{1}{r^2}\frac{\mathrm{d}}{\mathrm{d}r}\left(r^2\frac{\mathrm{d}R}{\mathrm{d}r}\right) + \left\{\frac{2\mu}{\hbar^2}\left[E + \frac{Q}{r}\right] - \frac{l(l+1)}{r^2}\right\}R = 0 \tag{4.2.2}$$

令 $R = u/r$,

$$u'' + \left\{\frac{2\mu}{\hbar^2}\left[E + \frac{Q}{r}\right] - \frac{l(l+1)}{r^2}\right\}u = 0 \tag{4.2.3}$$

为讨论方便起见,定义

$$\bar{\alpha} = \left(\frac{8\mu|E|}{\hbar^2}\right)^{1/2}, \quad \beta = \frac{2\mu Q}{\alpha\hbar^2} = \frac{Q}{\hbar}\left(\frac{\mu}{2|E|}\right)^{1/2} \tag{4.2.4}$$

作变量变换(无量纲化):

$$\rho = \bar{\alpha}r, \quad u(r) = u\left(\frac{\rho}{\bar{\alpha}}\right) = v(\rho) \tag{4.2.5}$$

方程化为

$$\frac{\mathrm{d}^2 v}{\mathrm{d}\rho^2} + \left[\frac{\beta}{\rho} - \frac{1}{4} - \frac{l(l+1)}{\rho^2}\right] v = 0 \qquad (4.2.6)$$

当 $\rho \to \infty$ 时, 它的渐近方程是

$$\frac{\mathrm{d}^2 v}{\mathrm{d}\rho^2} - \frac{1}{4} v = 0, \quad \rho \to \infty \qquad (4.2.7)$$

其解为

$$v(\rho) = \mathrm{e}^{\pm \rho/2}, \quad \rho \to \infty$$

显然 $\mathrm{e}^{\rho/2}$ 的解不符合要求, 只能取 $\mathrm{e}^{-\rho/2}$. 于是包括这种渐近性质, 可令 v 的形式为

$$v(\rho) = \mathrm{e}^{-\rho/2} f(\rho) \qquad (4.2.8)$$

代到原方程中, f 满足下面的方程:

$$\frac{\mathrm{d}^2 f}{\mathrm{d}\rho^2} - \frac{\mathrm{d}f}{\mathrm{d}\rho} + \left[\frac{\beta}{\rho} - \frac{l(l+1)}{\rho^2}\right] f = 0 \qquad (4.2.9)$$

这可以用幂级数解, 令

$$f = \sum_{\nu=0}^{\infty} b_\nu \rho^{\nu+\gamma} \qquad (4.2.10)$$

其中 γ 为正数, 以保证 $R = u/r$ 在 $r \to 0$ 时有界平方可积. 代到上面方程中, 得

$$\sum_\nu (\nu+\gamma)(\nu+\gamma-1) b_\nu \rho^{\nu+\gamma-2} - \sum (\gamma+\nu) b_\nu \rho^{\nu+\gamma-1}$$

$$+ \sum \beta b_\nu \rho^{\nu+\gamma-1} - \sum l(l+1) b_\nu \rho^{\nu+\gamma-2} = 0 \qquad (4.2.11)$$

比较同次幂的系数, 有

$$\begin{cases} (\nu+\gamma)(\nu+\gamma+1) b_{\nu+1} - (\nu+\gamma) b_\nu + \beta b_\nu - l(l+1) b_{\nu+1} = 0 \\ b_{\nu+1} = \dfrac{-\beta + (\nu+\gamma)}{(\nu+\gamma)(\nu+\gamma+1) - l(l+1)} b_\nu \end{cases}$$

$$(4.2.12)$$

如果 f 是个无穷级数, 那么, 其系数比有如下关系:

$$\frac{b_{\nu+1}}{b_\nu} \xrightarrow[\nu \to \infty]{} \frac{1}{\nu} \qquad (4.2.13)$$

这和指数函数

$$\mathrm{e}^\rho = \sum \frac{\rho^\nu}{\nu!}$$

的系数关系一样, 所以 f 具有 e^ρ 的性质, 这样 v 就具有 $\mathrm{e}^{\rho/2}$ 的性质, 这是不合要求的.

所以，f 必须是个多项式，即级数在某处中断. 设最高次幂项为

$$b_{n_r}\rho^{n_r+\gamma}$$

即

$$b_{n_r+1} = 0 \tag{4.2.14}$$

这就要求

$$\frac{-\beta + (n_r + \gamma)}{(n_r + \gamma)(n_r + \gamma + 1) - l(l+1)} = 0, \quad \beta = n_r + \gamma \tag{4.2.15}$$

另一方面，级数从 ρ^γ 开始，即要求

$$b_{-1} = \frac{(-1 + \gamma)(-1 + \gamma + 1) - l(l+1)}{-1 + \gamma - \beta}b_0 = 0$$

$$\gamma(\gamma - 1) - l(l+1) = 0$$

$$\begin{cases} \gamma = -l \\ \gamma = l + 1 \end{cases} \tag{4.2.16}$$

$\gamma = -l$ 显然不符合要求，所以 $\gamma = l + 1$，于是有

$$\beta = n_r + l + 1 = n \tag{4.2.17}$$

n_r 称为**径向量子数**，n 称为**主量子数**. 因为 n_r, l 都是零或正整数，所以 $n = 1, 2,$ $3, \cdots$ 为整数. 把 β 值代回到式（4.2.4），我们得到粒子处于束缚态的能量值为

$$E_n = -\frac{\mu Q^2}{2\hbar^2}\frac{1}{n^2}, \quad n = 1, 2, 3, \cdots \tag{4.2.18}$$

这表明在束缚态下，粒子能量取分立的值，即形成能级.

把 β, γ 的值代回到式（4.2.12）中，有

$$b_{\nu+1} = -\frac{n - l - 1 - \nu}{(\nu + 1)(2l + 2 + \nu)}b_\nu \tag{4.2.19}$$

$$f(\rho) = b_0\rho^{l+1}\Big[1 - \frac{n - l - 1}{1!(2l + 2)}\rho + \frac{(n - l - 1)(n - l - 2)}{2!(2l + 2)(2l + 3)}\rho^2 + \cdots$$

$$- (-1)^{n-l-1}\frac{(n - l - 1)(n - l - 2)\cdots 1}{(n - l - 1)!(2l + 2)(2l + 3)\cdots(n + l)}\rho^{n-l-1}\Big]$$

$$= -b_0\frac{(2l + 1)!(n - l - 1)!}{[(n + l)!]^2}\rho^{l+1}\mathrm{L}_{n+l}^{2l+1}(\rho) \tag{4.2.20}$$

式中

$$\mathrm{L}_{n+l}^{2l+1}(\rho) = \sum_{\nu=0}^{n-l-1}(-1)^{\nu+1}\frac{[(n + l)!]^2\rho^\nu}{(n - l - 1 - \nu)!(2l + 1 + \nu)!\nu!} \tag{4.2.21}$$

称为**连带拉盖尔多项式**（Associated Laguerre Polynomials），它也可表示为

$$\mathrm{L}_{n+l}^{2l+1}(\rho) = \frac{\mathrm{d}^{2l+1}}{\mathrm{d}\rho^{2l+1}} \left[\mathrm{e}^{\rho} \frac{\mathrm{d}^{n+l}}{\mathrm{d}\rho^{n+l}} (\mathrm{e}^{-\rho}\rho^{n+l}) \right]$$

$$= \frac{\mathrm{d}^{2l+1}}{\mathrm{d}\rho^{2l+1}} \mathrm{L}_{n+l}(\rho) \qquad (4.2.22)$$

而

$$\mathrm{L}_{n+l}(\rho) = \mathrm{e}^{\rho} \frac{\mathrm{d}^{n+l}}{\mathrm{d}\rho^{n+l}} (\mathrm{e}^{-\rho}\rho^{n+l}) \qquad (4.2.23)$$

叫做**拉盖尔多项式**.

注意现在

$$\begin{cases} \bar{\alpha} = \bar{\alpha}_n = \left(\dfrac{8\mu \mid E_n \mid}{\hbar^2} \right)^{1/2} = \dfrac{2\mu Q}{\hbar^2} \dfrac{1}{n} \\ \rho = \bar{\alpha}_n r \end{cases} \qquad (4.2.24)$$

这样得到径向波函数为

$$R_{nl}(r) = \frac{1}{r} u(r) = \frac{1}{r} v(\rho) = \frac{1}{\bar{\alpha}_n r} N_{nl} \mathrm{e}^{-\rho/2} f(\rho)$$

$$= N_{nl} \frac{1}{\bar{\alpha}_n r} \mathrm{e}^{-\frac{1}{2}\bar{\alpha}_n r} f(\bar{\alpha}_n r)$$

$$= N_{nl} \frac{1}{\bar{\alpha}_n r} \mathrm{e}^{-\frac{1}{2}\bar{\alpha}_n r} (\bar{\alpha}_n r)^{l+1} \mathrm{L}_{n+l}^{2l+1}(\bar{\alpha}_n r)$$

$$= N_{nl} \mathrm{e}^{-\frac{\mu Q r}{\hbar^2 n}} \left(\frac{2\mu Q}{\hbar^2 n} \right)^{l} \mathrm{L}_{n+l}^{2l+1} \left(\frac{2\mu Q}{\hbar^2 n} r \right) \qquad (4.2.25)$$

式中 N_{nl} 由归一化条件决定:

$$1 = \int_{\varphi=0}^{2\pi} \mathrm{d}\varphi \int_{\theta=0}^{\pi} \mathrm{d}\theta \sin\theta \int_{r=0}^{\infty} r^2 \mathrm{d}r \psi^*(r,\theta,\varphi) \psi(r,\theta,\varphi)$$

$$= \int_{o}^{\infty} \mid R_{nl}(r) \mid^2 r^2 \mathrm{d}r \iint Y_{lm}^* Y_{lm} \sin\theta \mathrm{d}\theta \mathrm{d}\varphi$$

$$= \int_{0}^{\infty} \mid R_{nl}(r) \mid^2 r^2 \mathrm{d}r \qquad (4.2.26)$$

定出

$$N_{nl} = - \left\{ \bar{\alpha}_n^3 \frac{(n-l-1)!}{2n \left[(n+l)! \right]^3} \right\}^{1/2}$$

$$= - \left\{ \left(\frac{2\mu Q}{\hbar^2 n} \right)^3 \frac{(n-l-1)!}{2n \left[(n+l)! \right]^3} \right\}^{1/2} \qquad (4.2.27)$$

前面几个径向波函数的表达式为

$$
\begin{cases}
R_{10}(r) = \left(\dfrac{\mu Q}{\hbar^2}\right)^{\frac{3}{2}} 2\mathrm{e}^{-\frac{\mu Q}{\hbar^2}r} \\[3mm]
R_{21}(r) = \left(\dfrac{\mu Q}{2\hbar^2}\right)^{\frac{3}{2}} \dfrac{\mu Q}{\sqrt{3}\,\hbar^2} r\,\mathrm{e}^{-\frac{\mu Q}{2\hbar^2}r} \\[3mm]
R_{20}(r) = \left(\dfrac{\mu Q}{2\hbar^2}\right)^{\frac{3}{2}} \left(2 - \dfrac{\mu Q}{\hbar^2}r\right)\mathrm{e}^{-\frac{\mu Q}{2\hbar^2}r}
\end{cases}
\tag{4.2.28}
$$

总结到此为止的结果,可得如下结论:在与距离成反比的吸收位势 $U(r) = -Q/r(Q>0)$ 中运动的粒子具有束缚态,其波函数为

$$
\psi_{nlm}(r,\theta,\varphi) = R_{nl}(r)\mathrm{Y}_{lm}(\theta,\varphi)
\tag{4.2.29}
$$

R 的表达式见式(4.2.25).相应的能级为

$$
E_n = -\frac{\mu Q^2}{2\hbar^2}\frac{1}{n^2}, \quad n = 1,2,3,\cdots
\tag{4.2.30}
$$

当主量子数 n 定下以后,粒子的能量就完全定下来了,但这时波函数还不能完全定下来,因为 l 可取 n 个值:

$$
l = 0,1,2,\cdots,n-1
\tag{4.2.31}
$$

l,m 不同,波函数 ψ_{nlm} 也不一样,总共个数有

$$
\sum_{l=0}^{n-1}\sum_{m=-l}^{l}1 = \sum_{l=0}^{n-1}(2l+1) = n^2
\tag{4.2.32}
$$

对应于一个用主量子数 n 标志的能级,有 n^2 个不同的独立波函数,我们称这个能级是 n^2 重简并的.这个简并显然超过单纯从球对称引出的简并(由磁量子数 m 产生),是在同一个主量子数 n 下,不同的轨道量子数 l 引起的,故叫做 l **简并**,有时也被称为**偶然简并**或**动力学简并**.

4.2.2 氢原子

现在我们来看氢原子.简单地说,它是由一个电子和一个氢原子核(质子)通过静电相互作用而组成的稳定系统.氢光谱告诉我们这里存在着束缚态.这个问题是个两体问题.我们可以用对应的办法来建立运动方程.

设电子的坐标为 $\boldsymbol{x}_{\mathrm{e}}$,质量为 m_{e};质子的坐标为 $\boldsymbol{x}_{\mathrm{N}}$,质量为 m_{N}.以 $\boldsymbol{X}$ 代表质心坐标,$\boldsymbol{x}$ 代表电子相对于原子核的坐标,则有(见图 4.2.1)

$$
\begin{cases}
M\boldsymbol{X} = m_{\mathrm{e}}\boldsymbol{x}_{\mathrm{e}} + m_{\mathrm{N}}\boldsymbol{x}_{\mathrm{N}} \\
\boldsymbol{x} = \boldsymbol{x}_{\mathrm{e}} - \boldsymbol{x}_{\mathrm{N}}
\end{cases}
\tag{4.2.33}
$$

其中,$M = m_{\mathrm{e}} + m_{\mathrm{N}}$.

氢原子的总能量包括电子的动能和质子的动能,加上它们之间的相互作用能. 这种相互作用为库仑作用,可以用一个位势表达,它只是电子和原子核间距离的函数.

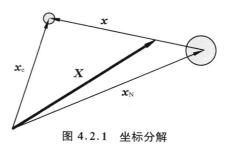

$$E_T = \frac{\boldsymbol{p}_e^2}{2m_e} + \frac{\boldsymbol{p}_N^2}{2m_N} + U(|\boldsymbol{x}_e - \boldsymbol{x}_N|)$$

$$(4.2.34)$$

图 4.2.1 坐标分解

其中 $\boldsymbol{p}_e$ 为电子动量,$\boldsymbol{p}_N$ 为原子核动量. 用对应关系算符化

$$\boldsymbol{p}_e \rightarrow \frac{\hbar}{i} \nabla_{x_e}, \quad \boldsymbol{p}_N \rightarrow \frac{\hbar}{i} \nabla_{x_N}$$

且作用到波函数上,可以得到定态波函数 $\psi(\boldsymbol{x}_e, \boldsymbol{x}_N)$ 所满足的方程:

$$E_T \Psi(\boldsymbol{x}_e, \boldsymbol{x}_N) = \left[-\frac{\hbar^2 \nabla_{x_e}^2}{2m_e} - \frac{\hbar^2 \nabla_{x_N}^2}{2m_N} + U(|\boldsymbol{x}_e - \boldsymbol{x}_N|) \right] \Psi(\boldsymbol{x}_e, \boldsymbol{x}_N)$$

$$(4.2.35)$$

如果转换到质心坐标和相对坐标,则有

$$\begin{cases} \dfrac{\partial}{\partial x_{ei}} = \sum_{j=1}^{3} \left(\dfrac{\partial X_j}{\partial x_{ei}} \dfrac{\partial}{\partial X_j} + \dfrac{\partial x_j}{\partial x_{ei}} \dfrac{\partial}{\partial x_j} \right) = \dfrac{m_e}{M} \dfrac{\partial}{\partial X_i} + \dfrac{\partial}{\partial x_i} \\[2mm] \dfrac{\partial}{\partial X_{Ni}} = \dfrac{m_N}{M} \dfrac{\partial}{\partial X_i} - \dfrac{\partial}{\partial x_i} \end{cases}$$

$$(4.2.36)$$

或

$$\begin{cases} \nabla_{x_e} = \dfrac{m_e}{M} \nabla_X + \nabla_x \\[2mm] \nabla_{x_N} = \dfrac{m_N}{M} \nabla_X - \nabla_x \end{cases}$$

$$(4.2.37)$$

相应还有

$$\begin{cases} \nabla_{x_e}^2 = \dfrac{m_e^2}{M^2} \nabla_X^2 + 2\dfrac{m_e}{M} (\nabla_X \cdot \nabla_x) + \nabla_x^2 \\[2mm] \nabla_{x_N}^2 = \dfrac{m_N^2}{M^2} \nabla_X^2 - 2\dfrac{m_N}{M} (\nabla_X \cdot \nabla_x) + \nabla_x^2 \end{cases}$$

$$(4.2.38)$$

$$\frac{\nabla_{x_e}^2}{2m_e} + \frac{\nabla_{x_N}^2}{2m_N} = \frac{1}{2M} \nabla_X^2 + \frac{1}{2} \left(\frac{1}{m_e} + \frac{1}{m_N} \right) \nabla_x^2 = \frac{1}{2M} \nabla_X^2 + \frac{1}{2\mu} \nabla_x^2 \quad (4.2.39)$$

其中 $\mu = \dfrac{m_e m_N}{m_e + m_N} = \dfrac{m_e m_N}{M}$,称为原子的**折合(约化)质量**.

这样作了变数变换后,方程就化为

$$\left[-\frac{\hbar^2 \nabla_X^2}{2M} - \frac{\hbar^2 \nabla_x^2}{2\mu} + U(|\boldsymbol{x}|) \right] \Psi(\boldsymbol{X}, \boldsymbol{x}) = E_T \Psi(\boldsymbol{X}, \boldsymbol{x}) \quad (4.2.40)$$

这个方程可以用分离变量法来解.令

$$\Psi(\boldsymbol{X}, \boldsymbol{x}) = \psi(\boldsymbol{x}) \varphi(\boldsymbol{X}) \quad (4.2.41)$$

ψ, φ 分别满足下面的方程:

$$-\frac{\hbar^2}{2\mu} \nabla_x^2 \psi(\boldsymbol{x}) + U(|\boldsymbol{x}|) \psi(\boldsymbol{x}) = E\psi(\boldsymbol{x}) \quad (4.2.42)$$

$$-\frac{\hbar^2}{2M} \nabla_X^2 \varphi(\boldsymbol{X}) = (E_T - E) \varphi(\boldsymbol{X}) \quad (4.2.43)$$

E 为电子相对于原子核运动的能量.

方程(4.2.43)是描写质心运动的波函数 φ 所满足的方程.可以看出是能量为 $E_T - E$ 的自由粒子定态方程,质心作自由运动.方程(4.2.42)中 $\psi(\boldsymbol{x})$ 描写原子内电子相对于核的运动状态,它正是我们要讨论的内容.前面变换的物理内容实际上就是氢原子的运动可以分解为质心运动和内部相对运动两部分.**相对运动**部分相当于一个质量为 μ 的粒子在有心力场 $U(|\boldsymbol{x}|)$ 中运动.在原子中,

$$U(|\boldsymbol{x}|) = -\frac{Q}{|\boldsymbol{x}|} = -\frac{Q}{r}, \quad Q > 0 \quad (4.2.44)$$

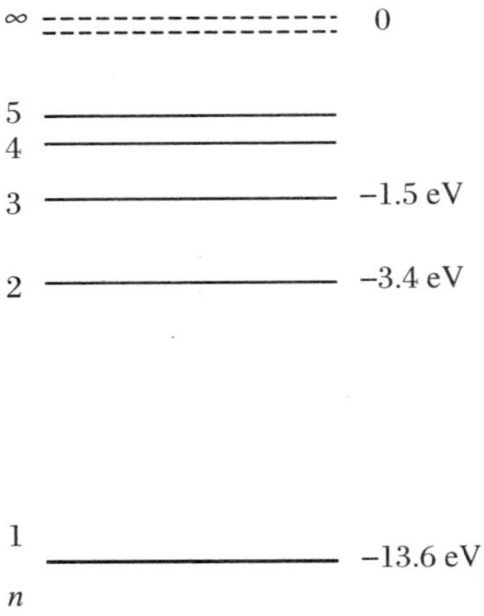

对氢原子,$Q = e^2/(4\pi\varepsilon_0)$,对类氢原子,$Q = Ze^2/(4\pi\varepsilon_0)$,$Z$ 为核电荷数.

应用前面讨论的结果,我们得到类氢原子的内部运动能级(图4.2.2):

$$E_n = -\frac{1}{(4\pi\varepsilon_0)^2} \frac{\mu Z^2 e^4}{2\hbar^2 n^2} = -\frac{1}{4\pi\varepsilon_0} \frac{Z^2 e^2}{2a_0 n^2}$$

$$= -\frac{1}{2} \mu c^2 \alpha^2 Z^2 \frac{1}{n^2}, \quad n = 1, 2, 3, \cdots$$

$$(4.2.45)$$

这里 $a_0 = 4\pi\varepsilon_0 \hbar^2/(\mu e^2) = \hbar c/(\alpha \mu c^2) = a_\infty(1 + m_e/m_N)$,$a_\infty$ 为**玻尔半径**,$\alpha = e^2/(4\pi\varepsilon_0 \hbar c)$ 是**精细结构常数**.

这完全类似于玻尔用轨道量子化办法求出

图 4.2.2 氢原子能级

∞ =============== 0
5 ———————
4 ———————
3 ——————— −1.5 eV
2 ——————— −3.4 eV
1 ——————— −13.6 eV
n

的能级,现在从薛定谔方程系统地求了出来.我们知道,这样的能级可以很清楚地解释氢光谱的现象和规律.

把氢原子完全散开(电离)需要一定能量,最小的称为**电离能**.基态氢原子的电离能为

$$E_{电离} = 0 - E_1 = - E_1$$

$$= \frac{1}{(4\pi\varepsilon_0)^2} \frac{\mu e^4}{2\hbar^2} = 13.6\,(\text{eV}) \tag{4.2.46}$$

这与实验结果是一致的.

氢原子中电子相对于原子核的运动波函数为

$$\begin{cases} \psi_{nlm}(r,\theta,\varphi) = R_{nl}(r)Y_{lm}(\theta,\varphi) \\ n = 1,2,\cdots \\ l = 0,1,\cdots,n-1 \\ m = 0,\pm 1,\cdots,\pm l \end{cases} \tag{4.2.47}$$

其中 Y_{lm} 为球谐函数.相应基态和几个低激发态的径向波函数为

$$\begin{cases} R_{10}(r) = \left(\dfrac{Z}{a_0}\right)^{\frac{3}{2}} 2e^{-\frac{Z}{a_0}r} \\[2mm] R_{21}(r) = \left(\dfrac{Z}{2a_0}\right)^{\frac{3}{2}} \dfrac{Zr}{\sqrt{3}a_0} e^{-\frac{Z}{2a_0}r} \\[2mm] R_{20}(r) = \left(\dfrac{Z}{2a_0}\right)^{\frac{3}{2}} \left(2 - \dfrac{Zr}{a_0}\right) e^{-\frac{Z}{2a_0}r} \end{cases} \tag{4.2.48}$$

在具体工作中要计算径向波函数的积分.利用拉盖尔函数的递推关系可得到

$$\int r^2 dr R^*_{n'l'} r^k R_{nl}$$

$$= \frac{4nn'}{(n+n')^3} \left[\frac{nn'a_0}{(n+n')Z}\right]^k \sqrt{(n'-l'-1)!(n-l-1)!(n'+l')!(n+l)!}$$

$$\times \sum_{i=0}^{n'-l'-1} \sum_{j=0}^{n-l-1} \frac{(-1)^{i+j}[2n/(n+n')]^{l'+i}[2n'/(n+n')]^{l+j}(l+l'+k+i+j+2)!}{i!j!(n'-l'-i-1)!(n-l-j-1)!(2l'+i+1)!(2l+j+1)!} \tag{4.2.49}$$

4.2.3　电子云

我们现在来看看氢原子中电子的分布.当电子处于 $\psi_{nlm}(r,\theta,\varphi)$ 描写的状态时,根据波函数的概率解释,位于空间一点 (r,θ,φ) 附近体积元

$$\mathrm{d}\tau = r^2 \sin\theta \mathrm{d}r\mathrm{d}\theta\mathrm{d}\varphi$$

中的概率为

$$w_{nlm}(r,\theta,\varphi)r^2\sin\theta\mathrm{d}\theta\mathrm{d}\varphi\mathrm{d}r = |\psi_{nlm}(r,\theta,\varphi)|^2 r^2\sin\theta\mathrm{d}r\mathrm{d}\theta\mathrm{d}\varphi$$

$$(4.2.50)$$

其中 ψ_{nlm} 由式(4.2.29)给出.

我们求在半径 r 到 $r+\mathrm{d}r$ 的球壳内找到电子的概率.这时

$$w_{nl}(r)\mathrm{d}r = r^2\mathrm{d}r\int_0^{2\pi}\int_0^{\pi}|R_{nl}(r)Y_{lm}(\theta,\varphi)|^2\sin\theta\mathrm{d}\theta\mathrm{d}\varphi$$

$$= |R_{nl}(r)|^2 r^2\mathrm{d}r \qquad (4.2.51)$$

图(4.2.3)表示在不同的 n,l 值时,径向分布 w_{nl} 相对于 r/a_0 的关系. $n_r = n-l-1$ 是径向波函数 R_{nl} 的节点数.

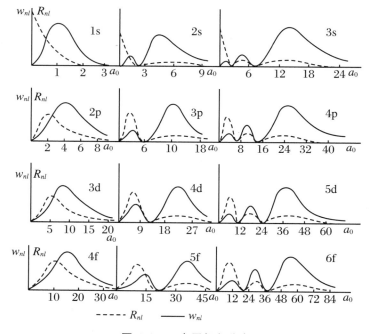

图 4.2.3 电子径向分布

同样,我们可以看看电子的角向分布,即在各个方向上的概率分布.电子在方向 (θ,φ) 附近立体角元 $\mathrm{d}\Omega = \sin\theta\mathrm{d}\theta\mathrm{d}\varphi$ 内出现的概率为

$$w_{lm}(\theta,\varphi)\mathrm{d}\Omega = \mathrm{d}\Omega\int_{r=0}^{\infty}|R_{nl}(r)|^2 r^2\mathrm{d}r\,|Y_{lm}(\theta,\varphi)|^2$$

$$= N_{lm}^2\left[P_l^m(\cos\theta)\right]^2 d\Omega \qquad (4.2.52)$$

角向分布 w_{lm} 与 φ 角无关,即对 z 轴是旋转对称的.

开头的几个角向分布 $w(\theta,\varphi)$ 为

$$w_{0,0}=\frac{1}{4\pi},\quad w_{1,\pm1}=\frac{3}{8\pi}\sin^2\theta,\quad w_{1,0}=\frac{3}{4\pi}\cos^2\theta$$

图 4.2.4 表示处于各种态的电子的角向分布.

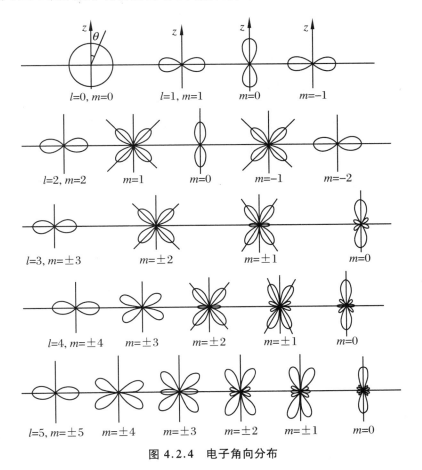

图 4.2.4　电子角向分布

图 4.2.5 给出了氢原子中电子云的模拟分布,越亮的地方电子密度越大.

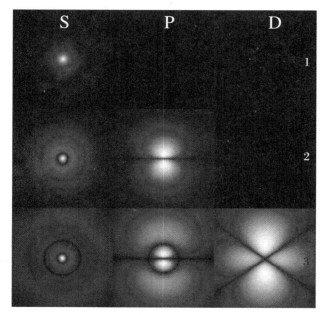

图 4.2.5　氢原子中的电子云

（纵向为主量子数，横向为角动量态记号）

4.3　其他有心力场

其他有心力场还有很多，下面列出若干常见的．

4.3.1　无限高球阱

当一个质量为 μ 的粒子被限制在一个半径为 R 的刚球内部运动时，这就是无限高势阱的情形（图 4.3.1），相应位势为

$$V(r) = \begin{cases} 0, & r < R \\ \infty, & r > R \end{cases} \tag{4.3.1}$$

它显然为一维无限高阱的推广．粒子只能在球内运动，因此在球外的波函数为零．在球内等效一维定态方程是

$$\frac{\mathrm{d}^2 u}{\mathrm{d} r^2} + \left[\frac{2\mu E}{\hbar^2} - \frac{\ell(\ell+1)}{r^2} \right] u = 0 \tag{4.3.2}$$

粒子的能量不能小于零,方程可改写为

$$\begin{cases} u'' + \left(k^2 - \dfrac{\ell(\ell+1)}{r^2} \right) u = 0 \\[2mm] k = \sqrt{\dfrac{2\mu E}{\hbar^2}} \end{cases} \tag{4.3.3}$$

对于 S 态($\ell = 0$),没有离心势,方程完全回归到一维情形,我们知道其能量本征值为

$$E_{n_r 0} = \frac{\pi^2 \hbar^2}{2\mu R^2} (n_r + 1)^2, \quad n_r = 0,1,2,\cdots \tag{4.3.4}$$

对于轨道角动量激发态,等效位势如图 4.3.2 所示.为解方程(4.3.3),可先把它无量纲化.令

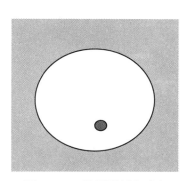

图 4.3.1　粒子限制在球内

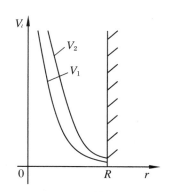

图 4.3.2　等效位势

$$\rho = kr, \quad u(r) = u(\rho/k) = f(\rho) \tag{4.3.5}$$

则 $f(\rho)$ 满足方程

$$f'' + \left[1 - \frac{\ell(\ell+1)}{\rho^2} \right] f = 0 \tag{4.3.6}$$

再作个变换,此方程可化为数学上研究过的方程,设

$$f(\rho) = \sqrt{\rho}\, v(\rho) \tag{4.3.7}$$

函数 $v(\rho)$ 满足标准的 Bessel 方程:

$$v'' + \frac{1}{\rho} v' + \left[1 - \frac{(\ell + 1/2)^2}{\rho^2} \right] v = 0 \tag{4.3.8}$$

其解是 Bessel 函数 $J_{\pm(l+1/2)}(\rho)$. 于是式(4.3.8)的一般解为

$$v = C'_+ J_{l+1/2}(\rho) + C'_- J_{-(l+1/2)}(\rho) \tag{4.3.9}$$

原来方程(4.3.2)的解就是

$$u_l(r) = \sqrt{\frac{\pi k r}{2}} \left[C_+ J_{l+1/2}(kr) + C_- J_{-(l+1/2)}(kr) \right] \tag{4.3.10}$$

数学上一般用**球 Bessel 函数**来表示:

$$\begin{cases} j_l(z) = \sqrt{\dfrac{\pi}{2z}} J_{l+1/2}(z) \\[2mm] n_l(z) = \sqrt{\dfrac{\pi}{2z}} J_{-(l+1/2)}(z) \end{cases} \tag{4.3.11}$$

故

$$u_l(r) = kr \left[C_+ j_l(kr) + C_- n_l(kr) \right] \tag{4.3.12}$$

因为要讨论奇点——坐标原点处的行为,我们要知道球 Bessel 函数在零点的渐近行为.它们是

$$\begin{cases} j_l(z) \xrightarrow{z \to 0} \dfrac{2^l l!}{(2l+1)!} z^l \\[3mm] n_l(z) \xrightarrow{z \to 0} \dfrac{(2l)!}{2^l l!} z^{-(l+1)} \end{cases} \tag{4.3.13}$$

我们要求 u_l 在原点处趋零,显然第二个函数不合适,于是

$$C_- = 0 \tag{4.3.14}$$

这样阱内的解是

$$u_l = kr C_+ j_l(kr) \tag{4.3.15}$$

为确定能量,我们要利用在球面上的波函数连接条件:

$$u_l |_{r=R} = 0 \tag{4.3.16}$$

C_+ 不能为零,这导致方程

$$j_l(kR) = 0 \tag{4.3.17}$$

这是球 Bessel 函数的求根方程.设球 Bessel 函数的根为 $z_{n_r l}$,

$$j_l(z_{n_r l}) = 0, \quad n_r = 0,1,2,\cdots, \quad l = 0,1,2,\cdots \tag{4.3.18}$$

则我们得到系统的能量:

$$\begin{cases} E = E_{n_r l} = \dfrac{\hbar^2 k^2}{2\mu} = \dfrac{\hbar^2}{2\mu R^2} z_{n_r l}^2 \\[3mm] n_r = 0,1,2,\cdots, \quad l = 0,1,2,\cdots \end{cases} \tag{4.3.19}$$

相应的波函数是

$$\psi_{n_r l m}(r,\theta,\varphi) = C j_l(z_{n_r l} r/R) Y_{lm}(\theta,\varphi) \qquad (4.3.20)$$

几个低阶的球 Bessel 函数是

$$\begin{cases} j_0(z) = \dfrac{\sin z}{z} \\[2mm] j_1(z) = \dfrac{\sin z}{z^2} - \dfrac{\cos z}{z} \\[2mm] j_2(z) = -3\dfrac{\cos z}{z^2} + \dfrac{1}{z}\left(\dfrac{3}{z^2}-1\right)\sin z \\[2mm] \vdots \end{cases} \qquad (4.3.21)$$

相应的几个低阶的球 Bessel 函数的根 $z_{n_r l}$ 列于表 4.3.1.

表 4.3.1 低阶的球 Bessel 函数的根

$z_{n_r l}$ n_r l	$n_r = 0$	1	2	3
0	π	2π	3π	4π
1	4.493	7.725	10.904	14.066
2	5.764	9.095	12.323	
3	6.988	10.417	13.698	
4	8.183	11.705		

从量子数的几何意义知道，n_r 代表态中径向球面形节面的数目.

4.3.2 有限深球阱

位势形式为

$$V(r) = \begin{cases} -V_0, & r < R \\ 0, & r > R \end{cases} \qquad (4.3.22)$$

等效势形式见图 4.3.3.

由于位势有有限跳跃，故需分区解.等效一维方程分别为

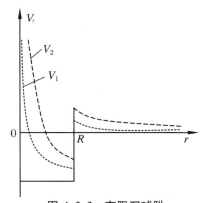

图 4.3.3 有限深球阱

$$u'' + \left[\frac{2\mu}{\hbar^2}(E + V_0) - \frac{\ell(\ell + 1)}{r^2}\right]u = 0, \quad r < R \qquad (4.3.23)$$

$$u'' + \left[\frac{2\mu}{\hbar^2}E - \frac{\ell(\ell + 1)}{r^2}\right]u = 0, \quad r > R \qquad (4.3.24)$$

这里我们只讨论束缚态, $-V_0 < E < 0$, 方程简化为

$$u'' + \left[k^2 - \frac{\ell(\ell + 1)}{r^2}\right]u = 0, \quad r < R \qquad (4.3.25)$$

$$u'' - \left(k'^2 + \frac{\ell(\ell + 1)}{r^2}\right)u = 0, \quad r > R \qquad (4.3.26)$$

这里

$$\begin{cases} k = \sqrt{\frac{2\mu(E + V_0)}{\hbar^2}}, \quad k' = \sqrt{\frac{-2\mu E}{\hbar^2}} \\ k^2 + k'^2 = \frac{2\mu V_0}{\hbar^2} \end{cases} \qquad (4.3.27)$$

在阱内满足零点条件的解, 和前面一样:

$$u = Ckr\mathrm{j}_\ell(kr), \quad r < R \qquad (4.3.28)$$

而在阱外, 由束缚态要求, 波函数在无穷处当如 $\mathrm{e}^{-k'r}$ 形衰减, 其解为虚变量的球 Bessel 函数:

$$u = Dkr\mathrm{h}_\ell^{(1)}(\mathrm{i}k'r), \quad r > R \qquad (4.3.29)$$

在势阱边缘, 波函数及其导数都要连续, 合起来要求 $(\ln u)'$ 在 $r = R$ 处连续. 由式 (4.3.28)、(4.3.29)得

$$k\left.\frac{\mathrm{j}_\ell'(kr)}{\mathrm{j}_\ell(kr)}\right|_{r=R} = \mathrm{i}k'\left.\frac{\mathrm{h}_\ell^{(1)'}(\mathrm{i}k'r)}{\mathrm{h}_\ell^{(1)}(\mathrm{i}k'r)}\right|_{r=R} \qquad (4.3.30)$$

这是关于 k, k' 的一个方程; 加上(4.3.27)第二式的约束, 就可以求解出 k, 从而获得能量本征值. 如果令

$$\xi = kR, \quad \eta = k'R \qquad (4.3.31)$$

则两个方程就是

$$\begin{cases} \xi\frac{\mathrm{j}_\ell'(\xi)}{\mathrm{j}_\ell(\xi)} = \mathrm{i}\eta\frac{\mathrm{h}_\ell^{(1)'}(\mathrm{i}\eta)}{\mathrm{h}_\ell^{(1)}(\mathrm{i}\eta)} \\ \xi^2 + \eta^2 = \frac{2\mu V_0 R^2}{\hbar^2} \end{cases} \qquad (4.3.32)$$

有了 Bessel 函数的具体形式就可以求解了.

前面已给出低阶 j_l 的形式,下面给出几个函数 $h_l^{(1)}$ 的形式:

$$
\begin{cases}
h_0^{(1)}(z) = -\,\mathrm{i}e^{\mathrm{i}z} \\[2mm]
h_1^{(1)}(z) = \left(-\dfrac{\mathrm{i}}{z} - 1\right)e^{\mathrm{i}z} \\[2mm]
h_2^{(1)}(z) = \left(-\dfrac{3\mathrm{i}}{z^2} - \dfrac{3}{z} + \mathrm{i}\right)e^{\mathrm{i}z}
\end{cases}
\tag{4.3.33}
$$

对于 S 态($l=0$),方程组(4.3.32)变为

$$
\begin{cases}
\eta = -\,\xi\cot\xi = \xi\tan(\xi - \pi/2) \\[2mm]
\xi^2 + \eta^2 = 2\mu V_0 R^2/\hbar^2
\end{cases}
\tag{4.3.34}
$$

大家回想我们在第 2 章有限深阱中束缚态的讨论,这正是对称阱中奇宇称解满足的方程(2.5.23),或就是那节后面讲的半无限高阱的情形! 此时要存在束缚态,势阱需满足一定条件.

对于 P 态($l=1$),这组方程便是

$$
\begin{cases}
\dfrac{\eta(1 + \eta + \eta^2)}{1 + \eta} = \dfrac{(1 - \xi^2)\tan\xi - \xi}{\tan\xi - \xi} \\[3mm]
\eta^2 + \xi^2 = \dfrac{2\mu V_0 R^2}{\hbar^2}
\end{cases}
\tag{4.3.35}
$$

4.3.3　三维各向同性谐振子

位势是

$$
V(r) = \frac{1}{2}kr^2
\tag{4.3.36}
$$

前面已经在直角坐标系里讨论过,可以把它分解为三个方向的独立振动. 我们也曾在上一章末用粒子数表象讨论振动,三维的只要引入三种声子就可以了.

现在我们在球坐标下讨论,实际上就是用球坐标下的自由度来分解三维振动. 波函数写为

$$
\psi(\boldsymbol{r}) = \frac{u(r)}{r}\mathrm{Y}_{lm}(\theta, \varphi)
\tag{4.3.37}
$$

u 满足方程

$$
\begin{cases}
u'' + \left[\dfrac{2\mu}{\hbar^2}\left(E - \dfrac{1}{2}\mu\omega^2 r^2\right) - \dfrac{l(l+1)}{r^2}\right]u = 0 \\[3mm]
\omega \equiv \sqrt{\dfrac{k}{\mu}}
\end{cases}
\tag{4.3.38}
$$

作无量纲化,令

$$\begin{cases} \rho = \alpha r, \quad \alpha = \sqrt{\dfrac{\mu\omega}{\hbar}}, \quad \beta = \dfrac{2E}{\hbar\omega} \\ u(r) = u(\rho/\alpha) = v(\rho) \end{cases} \tag{4.3.39}$$

$v(\rho)$满足方程

$$v''(\rho) + \left(\beta - \rho^2 - \frac{l(l+1)}{\rho^2} \right) v(\rho) = 0 \tag{4.3.40}$$

分析在奇点 $0, \infty$ 处的行为后,把渐近行为明示出来,令

$$v(\rho) = \rho^{l+1} \mathrm{e}^{-\rho^2/2} g(\rho) \tag{4.3.41}$$

则 $g(\rho)$满足方程

$$\begin{cases} g'' + 2\left(\dfrac{l+1}{\rho} - \rho \right) g' + 4 n_r g(\rho) = 0 \\ 4 n_r = \beta - 2l - 3 \end{cases} \tag{4.3.42}$$

从方程分析,可知 g 一定是 $\rho^2 = \eta$ 的函数:

$$g(\rho) = g(\sqrt{\eta}) = h(\eta) \tag{4.3.43}$$

函数 $h(\eta)$满足方程

$$\eta h'' + \left(l + \frac{3}{2} - \eta \right) h' + n_r h(\eta) = 0 \tag{4.3.44}$$

这个方程是标准的**合流超几何方程**,其解为

$$\mathrm{F}\left(-n_r, l + \frac{3}{2}, \eta \right)$$

要得有限级数解,必须

$$n_r = 0, 1, 2, \cdots \tag{4.3.45}$$

由式(4.3.42)和式(4.3.39)我们就得到能量本征值:

$$\begin{cases} E = E_{n_r l} = \hbar\omega\left(2 n_r + l + \dfrac{3}{2} \right) = \hbar\omega\left(N + \dfrac{3}{2} \right) \\ N = 2 n_r + l = 0, 1, 2, \cdots, \quad n_r = 0, 1, 2, \cdots, \quad l = 0, 1, 2, \cdots \end{cases} \tag{4.3.46}$$

相应本征波函数为

$$\psi_{n_r l m}(r, \theta, \varphi) = C r^l \mathrm{e}^{-\alpha^2 \rho^2/2} \mathrm{F}\left(-n_r, l + \frac{3}{2}, \alpha^2 r^2 \right) \mathrm{Y}_{lm}(\theta, \varphi) \tag{4.3.47}$$

在直角坐标系,同一个量子数 N 表示为

$$N = n_1 + n_2 + n_3$$

在第一激发态,$N = 1$,三重简并,量子数分别为

$$(n_1, n_2, n_3) = (1,0,0), (0,1,0), (0,0,1)$$

代表在三个方向各自的振动(犹如线偏振);在球坐标下,同一个激发态的量子数为

$$(n_r, l, m) = (0,1,1), (0,1,0), (0,1,-1)$$

代表绕轴的三种转动而径向没有动作.

4.3.4　若干简单的球对称势

1. 灰球壳势

$$V(r) = -V_0 \delta(r-a) \tag{4.3.48}$$

V_0 是常量.

2. 球面转子

$$V(r) = \begin{cases} 0, & r = R \\ \infty, & r \neq R \end{cases} \tag{4.3.49}$$

相应的哈氏量是

$$H = \frac{\hat{L}^2}{2\mu R^2} \tag{4.3.50}$$

$\hat{L}$ 为轨道角动量.

3. 对数势

$$V(r) = V_0 l n\left(\frac{r}{r_0}\right), \quad V_0 > 0 \tag{4.3.51}$$

动动手,这些势中的束缚态不难求出来.

4.4　玻姆-阿哈拉诺夫效应

4.4.1　带电粒子在电磁场中运动的哈密顿量

电磁相互作用是自然界非常普遍的一种力,氢原子就是两个带电粒子——质子和电子在静电作用下形成的束缚态.

在经典电动力学里我们知道,电磁场是用电场强度 E 和磁感应强度 B 来描述的,它们是可以直接测量的物理量.为了运算方便,电动力学中也引进电磁势 φ 和

A, 分别称为**标量势**和**矢量势**, 合起来则称为 **4-矢量势**, 它们和电磁场强度的关系是

$$E = -\frac{\partial A}{\partial t} - \nabla \varphi \tag{4.4.1}$$

$$B = \nabla \times A \tag{4.4.2}$$

电磁场的运动规律也可写成哈密顿形式. 从电动力学知道, 质量为 μ、荷电 q 的粒子在由电磁势 (φ, A) 描写的电磁场中运动, 其运动方程可以从下面的哈密顿量导出:

$$H = \frac{1}{2\mu}(p - qA)^2 + q\varphi \tag{4.4.3}$$

现在进到量子力学, 即讨论同样一个粒子的量子运动, 情形会如何?

首先哈密顿量要算符化. 按照我们前面的做法, 此时的哈密顿算符为

$$\hat{H} = \frac{1}{2\mu}(\hat{p} - qA)^2 + q\varphi$$

$$= \frac{1}{2\mu}\hat{p}^2 - \frac{q}{2\mu}(A \cdot \hat{p} + \hat{p} \cdot A) + \frac{q^2}{2\mu}A^2 + q\varphi$$

$$= -\frac{\hbar^2}{2\mu}\nabla^2 + \frac{\mathrm{i}q\hbar}{\mu}A \cdot \nabla + \frac{\mathrm{i}\hbar q}{2\mu}(\nabla \cdot A) + \frac{q^2}{2\mu}A^2 + q\varphi \tag{4.4.4}$$

如果既有电磁场, 又有保守力场, 则在哈密顿量上还要加一个非电磁位能项:

$$\hat{H} = \frac{1}{2\mu}(\hat{p} - qA)^2 + q\varphi + U(x) \tag{4.4.5}$$

4.4.2 运动方程

带电粒子在电磁场中运动的薛定谔方程为

$$\mathrm{i}\hbar\frac{\partial \Psi}{\partial t} = \hat{H}\Psi \tag{4.4.6}$$

在纯电磁场中运动的单粒子薛定谔方程是

$$\mathrm{i}\hbar\frac{\partial \Psi}{\partial t} = \left[\frac{1}{2\mu}(\hat{p} - qA)^2 + q\varphi\right]\Psi$$

$$= \left[-\frac{\hbar^2}{2\mu}\nabla^2 + \frac{\mathrm{i}q\hbar}{\mu}A \cdot \nabla + \frac{\mathrm{i}\hbar q}{2\mu}(\nabla \cdot A) + \frac{q^2}{2\mu}A^2 + q\varphi\right]\Psi \tag{4.4.7}$$

如果电磁场是稳定的, 则电磁势可不显含时间, 定态薛定谔方程是

$$\begin{cases} \left[\dfrac{1}{2\mu}(\hat{\boldsymbol{p}} - q\boldsymbol{A})^2 + q\varphi \right]\Psi = E\Psi \\[4mm] \left[-\dfrac{\hbar^2}{2\mu}\nabla^2 + \dfrac{\mathrm{i}q\hbar}{\mu}\boldsymbol{A}\cdot\nabla + \dfrac{\mathrm{i}\hbar q}{2\mu}(\nabla\cdot\boldsymbol{A}) + \dfrac{q^2}{2\mu}\boldsymbol{A}^2 + q\varphi \right]\Psi = E\Psi \end{cases} \quad (4.4.8)$$

可以选择适当的规范来解方程.

在只有静电场的情形,矢量势可选为零,于是带电粒子在静电场中运动的定态薛定谔方程变为

$$\begin{cases} \left[\dfrac{1}{2\mu}\hat{\boldsymbol{p}}^2 + q\varphi \right]\Psi = E\Psi \\[4mm] \left[-\dfrac{\hbar^2}{2\mu}\nabla^2 + q\varphi \right]\Psi = E\Psi \end{cases} \quad (4.4.9)$$

这个方程我们在解氢原子中的相对运动时已经见到过.

如果只有静磁场,定态方程变成

$$\left[-\dfrac{\hbar^2}{2\mu}\nabla^2 + \dfrac{\mathrm{i}q\hbar}{\mu}\boldsymbol{A}\cdot\nabla + \dfrac{\mathrm{i}\hbar q}{2\mu}(\nabla\cdot\boldsymbol{A}) + \dfrac{q^2}{2\mu}\boldsymbol{A}^2 \right]\Psi = E\Psi \quad (4.4.10)$$

后面我们会见到它的应用.

4.4.3　概率守恒

概率守恒定律是薛定谔方程的基本结果之一. 我们现在从带电粒子在电磁场中运动的薛定谔方程(4.4.7)出发,来看看这一定律的特殊形式.

和前面 2.2 节中的推导类似,式(4.4.7)的复共轭为

$$-\mathrm{i}\hbar\frac{\partial\Psi^*}{\partial t} = \left[-\frac{\hbar^2}{2\mu}\nabla^2 - \frac{\mathrm{i}q\hbar}{\mu}\boldsymbol{A}\cdot\nabla - \frac{\mathrm{i}\hbar q}{2\mu}(\nabla\cdot\boldsymbol{A}) + \frac{q^2}{2\mu}\boldsymbol{A}^2 + q\varphi \right]\Psi^* \quad (4.4.11)$$

这里自然假定了电磁势是时空的实函数. 用 Ψ^* 乘式(4.4.7)减去 Ψ 乘式(4.4.11)的积,适当运算后可得下面的守恒定律:

$$\frac{\partial\rho}{\partial t} + \nabla\cdot\boldsymbol{j} = 0 \quad (4.4.12)$$

这里概率密度 ρ 和概率流密度 $\boldsymbol{j}$ 分别为

$$\begin{cases} \rho = |\Psi|^2 = \Psi^*\Psi \\[3mm] \boldsymbol{j} = \dfrac{1}{2\mu}\{\Psi^*(\hat{\boldsymbol{p}} - q\boldsymbol{A})\Psi + [(\hat{\boldsymbol{p}} - q\boldsymbol{A})\Psi]^*\Psi\} \\[3mm] \quad = \dfrac{-\mathrm{i}\hbar}{2\mu}[\Psi^*\nabla\Psi - (\nabla\Psi^*)\Psi] - \dfrac{q}{\mu}\Psi^*\boldsymbol{A}\Psi \end{cases} \quad (4.4.13)$$

和 2.2 节相比,概率流密度有变化.它的前一项是和以前一样的,但在后面多了一项,与电磁场的矢量势有关,它显然是从外加电磁场来的贡献.

4.4.4 规范变换

在经典电磁理论里,基本物理量是电场强度 E 和磁感应强度 B,当引进电磁势 φ 和 A 后,两者的关系是式(4.4.1)和式(4.4.2),但它们之间并不完全相当,因为对一定的 E 和 B,电磁势并不确定,还有个规范自由度,即存在另一组电磁势 φ' 和 A',如果它们与原来的电磁势 φ 和 A 之间有关系:

$$\begin{cases} \varphi' = \varphi - \dfrac{\partial \chi}{\partial t} \\ A' = A + \nabla \chi \end{cases} \tag{4.4.14}$$

则 φ' 和 A' 给出同一个 E 和 B,其中 χ 为某种连续的时空函数.式(4.4.14)称为电磁场的**规范变换**.经典电动力学里,麦克斯韦方程中只出现电磁场量 E 和 B,因此它是在电磁势的规范变换下不变的.换句话说,在经典电动力学里,用电磁势来描写电磁场,有多余的自由度.我们可以选择一定的限制条件来确定电磁势,这种条件称为**规范条件**.常用的规范条件有**洛伦茨**(L. Lorenz)**规范**:

$$\nabla \cdot A + \frac{1}{c^2} \frac{\partial \varphi}{\partial t} = 0 \tag{4.4.15}$$

和**库仑规范**(横规范):

$$\nabla \cdot A = 0 \tag{4.4.16}$$

在量子力学里,由于采用正则描述,出现在系统哈氏量里的是电磁势而非电磁场强.那么相差一个规范变换的电磁势,会不会带来不同的结果呢? 换言之,如果两组电磁势 (φ', A') 和 (φ, A),它们之间满足关系(4.4.14),那么与此对应,有两个哈氏量:

$$\begin{cases} \hat{H} = \dfrac{1}{2\mu}(p - qA)^2 + q\varphi + U \\ \hat{H}' = \dfrac{1}{2\mu}(p - qA')^2 + q\varphi' + U \end{cases} \tag{4.4.17}$$

它们对应的是同一个经典外场,量子上会有什么不同吗?

我们从第一个哈氏量的薛定谔方程出发,

$$i\hbar \frac{\partial \psi}{\partial t} = \hat{H}\psi \tag{4.4.18}$$

对波函数 ψ 作个变换,

$$\psi = \mathrm{e}^{-\mathrm{i}q\chi/\hbar}\psi'\qquad(4.4.19)$$

代入方程(4.4.18),看 ψ' 满足什么方程.

运算:

$$\mathrm{i}\hbar\frac{\partial\psi}{\partial t} = \mathrm{i}\hbar\frac{\partial}{\partial t}(\mathrm{e}^{-\mathrm{i}q\chi/\hbar}\psi') = \mathrm{e}^{-\mathrm{i}q\chi/\hbar}\left(\mathrm{i}\hbar\frac{\partial\psi'}{\partial t} + q\frac{\partial\chi}{\partial t}\psi'\right)$$

$$(\hat{\boldsymbol{p}} - q\boldsymbol{A})\psi = \left(\frac{\hbar}{\mathrm{i}}\nabla - q\boldsymbol{A}\right)(\mathrm{e}^{-\mathrm{i}q\chi/\hbar}\psi') = \mathrm{e}^{-\mathrm{i}q\chi/\hbar}\left[\frac{\hbar}{\mathrm{i}}\nabla - q(\boldsymbol{A}+\nabla\chi)\right]\psi'$$

$$\hat{H}\psi = \mathrm{e}^{-\mathrm{i}q\chi/\hbar}\{[\frac{\hbar}{\mathrm{i}}\nabla - q(\boldsymbol{A}+\nabla\chi)]^2 + q\varphi + U\}\psi'$$

代入方程(4.4.19),并稍作整理,得

$$\mathrm{i}\hbar\frac{\partial\psi'}{\partial t} = \left\{\frac{1}{2\mu}[\hat{\boldsymbol{p}} - q(\boldsymbol{A}+\nabla\chi)]^2 + q\left(\varphi - \frac{\partial\chi}{\partial t}\right) + U\right\}\psi'$$

$$= \left[\frac{1}{2\mu}(\hat{\boldsymbol{p}} - q\boldsymbol{A}')^2 + q\varphi' + U\right]\psi'$$

$$= \hat{H}'\psi'\qquad(4.4.20)$$

这正是第二个哈氏量对应的薛定谔方程.

我们看到两个哈氏量描写的系统,只是波函数有个对应的变换,我们称它为**波函数的规范变换**.于是我们可以讲,在外电磁场作用下的量子力学系统在下面的规范变换下不变:

$$\begin{cases}\varphi \to \varphi' = \varphi - \dfrac{\partial\chi}{\partial t}\\[2mm] \boldsymbol{A} \to \boldsymbol{A}' = \boldsymbol{A} + \nabla\chi\\[2mm] \psi \to \psi' = \mathrm{e}^{\mathrm{i}q\chi/\hbar}\psi\end{cases}\qquad(4.4.21)$$

这种不变性也称为**规范不变性**.这显然是种对称性.而物理测量量应该是规范不变的.

4.4.5　玻姆-阿哈拉诺夫效应

为了了解量子运动与经典运动的差别,我们再来看一下电子的双缝干涉效应.

之前我们已经看到过,单能电子穿过有着双缝的栅墙时会在后面的显示屏上留下浓淡相间的干涉条纹.

现在如果在栅墙的两缝之间放入一根螺旋管,方向与电子的运动方向垂直,通过电流后就可产生磁场(图 4.4.1),但是磁场会局限在螺旋管内,在电子经过的地

方不会有磁场.按照经典物理学,此时电子不会受到磁场的作用,于是在显示屏上的干涉条纹应该没有变化.

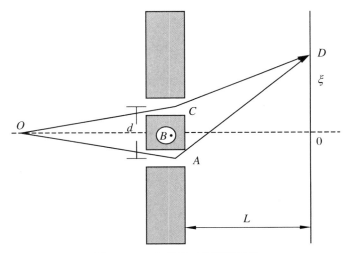

图 4.4.1　有磁场时的双缝干涉

对此量子力学如何说? 在量子力学里,出现在哈氏量里的不是磁感应强度而是矢量势.在没有磁场时,矢量势可以在全空间选为零;但在有磁场时,由于连续性,即使在没有磁场的地方我们也不能把它全选为零,这会有物理效应吗?

我们来解相应的量子力学问题.

此时的哈氏量是(对电子,电荷 $q = -e$, $e > 0$)

$$\hat{H} = \frac{1}{2\mu}(\hat{\boldsymbol{p}} + e\boldsymbol{A})^2 \tag{4.4.22}$$

$$\boldsymbol{B} = \nabla \times \boldsymbol{A} \tag{4.4.23}$$

定态方程为

$$\hat{H}\Psi = E\Psi \tag{4.4.24}$$

由于是散射问题,能量可以实验预设.

当没有磁场时($B = 0$),完全是自由电子,定态解为

$$\Psi(\boldsymbol{x}, t) = \psi_0(\boldsymbol{x})\mathrm{e}^{-\mathrm{i}Et/\hbar} \tag{4.4.25}$$

当磁场不为零时($B \neq 0$),定态波函数满足的方程为

$$-\frac{\hbar^2}{2\mu}\left(\nabla + \frac{\mathrm{i}e}{\hbar}\boldsymbol{A}\right)^2 \Psi(\boldsymbol{x}, t) = E\Psi(\boldsymbol{x}, t) \tag{4.4.26}$$

此方程可用下面的办法解.令

$$\Psi(\boldsymbol{x}, t) = e^{-iEt/\hbar} \psi_0(\boldsymbol{x}) \varphi(\boldsymbol{x}) \qquad (4.4.27)$$

其中 $\psi_0(\boldsymbol{x})$ 即为无磁场时的自由电子解，

$$-\frac{\hbar^2}{2\mu} \nabla^2 \psi_0(\boldsymbol{x}) = E\psi_0(\boldsymbol{x}) \qquad (4.4.28)$$

而函数 $\varphi(\boldsymbol{x})$ 则满足辅助方程

$$\left(\nabla + \frac{ie}{\hbar}\boldsymbol{A}\right)\varphi(\boldsymbol{x}) = 0 \qquad (4.4.29)$$

这两个方程都易于解出，于是我们得到一般解：

$$\Psi(\boldsymbol{x}, t) = N\exp\left\{-iEt/\hbar + i\int^x (\boldsymbol{p} - e\boldsymbol{A}) \cdot d\quad/\hbar\right\} \qquad (4.4.30)$$

根据叠加性可以求出在屏上 D 处发现粒子的概率，

$$
\begin{aligned}
P(D) &\sim |\Psi(D, t)|^2 \\
&= |\Psi_{OA}(D, t) + \Psi_{OC}(D, t)|^2 \\
&= \left| N\left[\exp\left\{i\int_{OAD}(\boldsymbol{p} - e\boldsymbol{A}) \cdot d\quad/\hbar\right\} + \exp\left\{i\int_{OCD}(\boldsymbol{p} - e\boldsymbol{A}) \cdot d\quad/\hbar\right\}\right]\right|^2 \\
&= 2|N|^2(1 + \cos\delta) \qquad (4.4.31)
\end{aligned}
$$

这里相角

$$
\begin{aligned}
\delta &= \frac{1}{\hbar}\left[\int_{OAD}(\boldsymbol{p} - e\boldsymbol{A}) \cdot d\quad - \int_{OCD}(\boldsymbol{p} - e\boldsymbol{A}) \cdot d\quad\right] \\
&= \frac{1}{\hbar}\left[\int_{OAD}(\boldsymbol{p} - e\boldsymbol{A}) \cdot d\quad + \int_{DCO}(\boldsymbol{p} - e\boldsymbol{A}) \cdot d\quad\right] \\
&= \frac{1}{\hbar}\oint(\boldsymbol{p} - e\boldsymbol{A}) \cdot d\quad = \frac{-e}{\hbar}\oint\boldsymbol{A} \cdot d\quad + \frac{1}{\hbar}\oint\boldsymbol{p} \cdot d\quad \\
&= \frac{-e}{\hbar}\iint\nabla \times \boldsymbol{A} \cdot d\boldsymbol{s} + \frac{1}{\hbar}\oint\boldsymbol{p} \cdot d\quad \\
&= \frac{-e}{\hbar}\iint\boldsymbol{B} \cdot d\boldsymbol{s} + \frac{1}{\hbar}\oint\boldsymbol{p} \cdot d\quad \qquad (4.4.32)
\end{aligned}
$$

这最后一式的第一项比例于螺管中的**磁通量**，

$$\Phi = \iint\boldsymbol{B} \cdot d\boldsymbol{s} \qquad (4.4.33)$$

而第二项，参看图 4.4.1，可以从两条路径的波程差算出，

$$
\begin{aligned}
\frac{1}{\hbar}\oint\boldsymbol{p} \cdot d &= \frac{2\pi}{\lambda}(l_{OAD} - l_{OCD}) = \frac{2\pi}{\lambda}(l_{AD} - l_{CD}) \\
&= \frac{2\pi}{\lambda}(\sqrt{L^2 + (\xi + d/2)^2} - \sqrt{L^2 + (\xi - d/2)^2})
\end{aligned}
$$

$$\doteq \frac{2\pi}{\lambda}\frac{\xi d}{L} \tag{4.4.34}$$

其中 d 为缝宽，L 为屏栅间距离，而

$$\lambda = h/p = h/\sqrt{2\mu E} \tag{4.4.35}$$

是电子的德布罗意波长．

最终我们得到干涉相角的表达式：

$$\delta = \frac{2\pi d \xi}{L\lambda} - \frac{e\Phi}{\hbar} \tag{4.4.36}$$

干涉条纹的主极大在干涉相角等于零处．如果没有磁场，磁通为零，那么干涉条纹的主极大在中心处：

$$\xi = 0 \tag{4.4.37}$$

如果存在磁场，磁通 $\Phi \neq 0$，则主极大有变化，要移动到坐标非零 ξ 处，

$$\xi = \frac{L\lambda}{2\pi d}\frac{ce\Phi}{\hbar} = \frac{L}{d}\frac{ce\Phi}{\sqrt{2\mu c^2 E}} \tag{4.4.38}$$

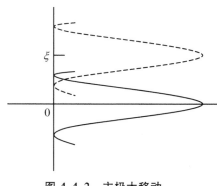

图 4.4.2　主极大移动

如果是像图 4.4.1 所示，磁场向纸外穿出，$\Phi > 0$，则当加上磁场时，干涉条纹的主极大会向上移动（图 4.4.2）．如果改变磁场方向，则主极大会向相反方向移动．

实验完全证实了理论的预测．这一效应称为 **玻姆－阿哈拉诺夫效应**，是玻姆（D. Bohm）和阿哈拉诺夫（Y. Aharonov）在 1959 年理论上提出，1961 年实验证实的．它反映了经典物理所没有揭示的电磁场的整体特性．

4.5　朗　道　能　级

现在我们来讨论带电粒子如电子在均匀恒定磁场中的运动（图 4.5.1）．此时磁感应强度是个常矢量，于是可选个不含时的矢量势：

$$\begin{cases} \dfrac{\partial \boldsymbol{B}}{\partial t} = 0, \quad \dfrac{\partial \boldsymbol{B}}{\partial x_i} = 0 \\ \boldsymbol{B} = \nabla \times \boldsymbol{A}, \quad \partial_t \boldsymbol{A} = 0 \end{cases} \qquad (4.5.1)$$

这个方程可以有多个解,不同解之间差个规范变换.在经典物理里,带电粒子在一定柱面上作螺旋运动,其回旋半径和回旋频率是一定的.在量子力学里运动状态如何呢?

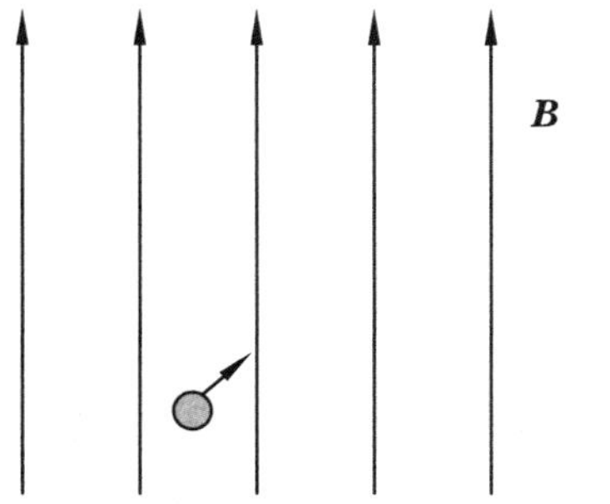

图 4.5.1　电子在均匀恒定磁场中

4.5.1　不对称规范

设磁场沿 z 方向,

$$\boldsymbol{B} = (0, 0, B) \qquad (4.5.2)$$

我们可取个**不对称规范**,令

$$\boldsymbol{A} = (-By, 0, 0) \qquad (4.5.3)$$

这时系统的哈氏量为

$$\hat{H} = \frac{1}{2M}(\hat{\boldsymbol{p}} - q\boldsymbol{A})^2$$

$$= \frac{1}{2M}\left[(\hat{p}_x + qBy)^2 + \hat{p}_y^2 + \hat{p}_z^2\right] \qquad (4.5.4)$$

这里 M 是粒子的质量;q 是粒子的电荷,对电子,则 $q = -e$.这是个有三个自由度的系统.从哈氏量看,其中只出现坐标 y,因此 x, z 方向的动量就与哈氏量可以对易,即可选为完备力学量组成员.我们得到力学量完全组(CSCO):

$$\begin{cases} (\hat{H}, \hat{p}_x, \hat{p}_z) \\ [\hat{H}, \hat{p}_x] = [\hat{H}, \hat{p}_z] = [\hat{p}_z, \hat{p}_x] = 0 \end{cases} \qquad (4.5.5)$$

这样定态方程

$$\hat{H}\psi(x, y, z) = E\psi(x, y, z) \qquad (4.5.6)$$

的解可以用它们的共同本征态展开.动量 $\hat{p}_x, \hat{p}_z$ 的本征态是平面波,于是有

$$\psi(x, y, z) = \mathrm{e}^{\mathrm{i}(p_1 x + p_3 z)/\hbar}\chi(y) \qquad (4.5.7)$$

把它代入定态方程,我们得到函数 $\chi(y)$ 满足的方程:

$$\frac{1}{2M}\left[(p_1 + qBy)^2 - \hbar^2 \frac{\mathrm{d}^2}{\mathrm{d}y^2} + p_3^2\right]\chi(y) = E\chi(y) \qquad (4.5.8)$$

整理后得到下面的方程:

$$-\frac{\hbar^2}{2M}\frac{\mathrm{d}^2\chi(y)}{\mathrm{d}y^2} + \frac{1}{2}M\omega^2(y-y_0)^2\chi(y) = \varepsilon\chi(y) \tag{4.5.9}$$

其中

$$\omega^2 = \left(\frac{qB}{M}\right)^2, \quad y_0 = -\frac{p_1}{qB}, \quad \varepsilon = E - \frac{p_3^2}{2M} \tag{4.5.10}$$

这是个 y 方向的谐振子,频率为 ω,平衡点在 y_0 处. 根据以前关于谐振子的结果,我们得到 $\varepsilon = (n+1/2)\hbar\omega$,于是总的能量本征值是

$$E = E_{p_3 n} = \frac{p_3^2}{2M} + \left(n + \frac{1}{2}\right)\hbar\omega$$

$$= \frac{p_3^2}{2M} + \left(n + \frac{1}{2}\right)\frac{\hbar|qB|}{M}, \quad n = 0,1,2,\cdots \tag{4.5.11}$$

而相应的本征波函数为

$$\psi_{p_1 p_3 n}(x,y,z) = N\mathrm{e}^{\mathrm{i}(p_1 x + p_3 z)/\hbar}\mathrm{e}^{-\alpha^2(y-y_0)^2/2}\mathrm{H}_n[\alpha(y-y_0)]$$

$$= N\mathrm{e}^{\mathrm{i}(p_1 x + p_3 z)/\hbar}\mathrm{e}^{-\frac{|qB|}{2\hbar}\left(y+\frac{p_1}{qB}\right)^2}\mathrm{H}_n\left[\sqrt{\frac{|qB|}{\hbar}}\left(y+\frac{p_1}{qB}\right)\right] \tag{4.5.12}$$

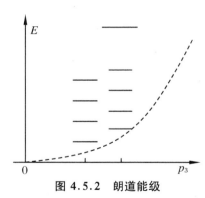

图 4.5.2 朗道能级

这里 H_n 是厄米多项式.

从波函数看,粒子一方面以平面波形式在 xz 平面内移动,另一方面则绕着平衡面 $y = y_0$ 振动.

从能谱看,能量本征谱是在一个连续背景上的等间隔分立谱,它被称为 **朗道能级**(图 4.5.2).

由于动量 $\hat{p}_x$ 的本征值 p_1 不出现在能级里,所以带电粒子在磁场中运动的能级一般是无穷简并的.

4.5.2 守恒量和简并

从上面看到,粒子振动的中心是不变的,它可以看做力学量

$$\hat{y}_0 = -\frac{\hat{p}_x}{qB} \tag{4.5.13}$$

的本征值,而此力学量是守恒量. 此外,我们还可以定义一个不显含时的力学量

$$\hat{x}_0 = \hat{x} + \frac{\hat{p}_y}{qB} \tag{4.5.14}$$

与哈氏量可对易：

$$[\hat{x}_0, \hat{H}] = 0 \tag{4.5.15}$$

因而它也是守恒量. 而两个守恒量 $\hat{x}_0$ 和 $\hat{y}_0$ 之间是绝对不可交换的：

$$[\hat{x}_0, \hat{y}_0] = -i\hbar\frac{1}{qB} \tag{4.5.16}$$

或者说，它们是**共轭**或**相克力学量**. 一个系统有一对相克力学量同时作为守恒量，则此系统一般是无穷简并的. 你能否想明白个中的道理？

4.5.3　反磁性

电子在磁场中的运动的能量可以看做一个磁矩与外磁场的作用. 如果把朗道能级写成磁矩磁场作用能形式，则有

$$\left(n + \frac{1}{2}\right)\frac{\hbar|qB|}{M} = -\mu_z B \tag{4.5.17}$$

马上有磁矩

$$\mu_z = -(2n+1)\frac{|q|\hbar}{2M}\frac{B}{|B|} \tag{4.5.18}$$

我们看到，不管粒子的电荷符号如何，外磁场诱发的磁矩总是与外磁场相反的，即倾向于抵消外磁场的作用. 这种性质称为**反磁性**. 这意味着，带负电的粒子总是绕着磁场作右旋，而带正电的粒子则左旋.

4.5.4　对称规范

如果矢量势取为

$$\boldsymbol{A} = (-By/2, Bx/2, 0) \tag{4.5.19}$$

则哈氏量为

$$\hat{H} = \frac{1}{2M}\left[\left(\hat{p}_x + \frac{qB}{2}y\right)^2 + \left(\hat{p}_y - \frac{qB}{2}x\right)^2 + \hat{p}_z^2\right]$$

$$= \frac{1}{2M}\left[(\hat{p}_x^2 + \hat{p}_y^2 + \hat{p}_z^2) + \frac{1}{4}(qB)^2(x^2 + y^2) - qB\hat{L}_z\right] \tag{4.5.20}$$

这里 $\hat{L}_z$ 是轨道角动量在 z 方向的投影. 显然在这种情况下用**柱坐标系** (ρ, φ, z) 比较好：

$$\begin{cases} x = \rho\cos\varphi, \quad y = \rho\sin\varphi \\ x^2 + y^2 = \rho^2 \end{cases} \tag{4.5.21}$$

此时角动量算符

$$\hat{L}_z = \frac{\hbar}{i}\frac{\partial}{\partial\varphi} \tag{4.5.22}$$

哈氏量变为

$$\hat{H} = -\frac{\hbar^2}{2M}\frac{1}{\rho}\frac{\partial}{\partial\rho}\left(\rho\frac{\partial}{\partial\rho}\right) + \frac{1}{8M}(qB)^2\rho^2 + \frac{1}{2M\rho^2}\hat{L}_z^2 - \frac{qB}{2M}\hat{L}_z + \frac{1}{2M}\hat{p}_z^2 \tag{4.5.23}$$

从这个哈氏量可以看出,头两项为垂直于磁场方向的聚散(柱面径向)运动,第三、四项是围绕磁场方向的转动,而最后一项是沿着磁场方向的平动. 于是可选下面的完全力学量组:

$$(\hat{H}, \hat{p}_z, \hat{L}_z) \tag{4.5.24}$$

这三个力学量相互可以对易. 而能量本征态可以写成

$$\psi(\rho,\varphi,z) = e^{ip_3 z/\hbar}e^{im\varphi}\chi(\rho) \tag{4.5.25}$$

代到定态方程

$$\hat{H}\psi(\rho,\varphi,z) = E\psi(\rho,\varphi,z)$$

马上得到 $\chi(\rho)$ 满足的方程:

$$\begin{cases} \chi'' + \frac{1}{\rho}\chi' + \left[\frac{2M\varepsilon}{\hbar^2} - \frac{1}{4}\left(\frac{qB}{\hbar}\right)^2\rho^2 - \frac{m^2}{\rho^2}\right]\chi = 0 \\ E = \varepsilon + \frac{p_3^2}{2M} + \frac{mqB\hbar}{2M} \end{cases} \tag{4.5.26}$$

为解此方程,先无量纲化,令

$$\xi = \alpha\rho, \quad \alpha = \sqrt{\frac{|qB|}{2\hbar}}$$

$$\chi(\rho) = \chi(\xi/\alpha) = v(\xi) \tag{4.5.27}$$

$$v'' + \frac{1}{\xi}v' + \left(\beta - \xi^2 - \frac{m^2}{\xi^2}\right)v = 0 \tag{4.5.28}$$

$$\beta = \frac{2M\varepsilon}{\hbar^2\alpha^2} = \frac{4M\varepsilon}{\hbar|qB|} \tag{4.5.29}$$

对原点和无穷远处的行为讨论后,可以把这些行为明示出来而令

$$v(\xi) = \xi^{|m|}e^{-\xi^2/2}g(\xi) \tag{4.5.30}$$

$$g'' + 2\left(\frac{|m|+1}{\xi} - \xi\right)g' + 4n_\rho g(\xi) = 0 \qquad (4.5.31)$$

这里

$$4n_\rho = \beta - 2|m| - 2 \qquad (4.5.32)$$

可以判断出 g 应是 ξ^2 的函数,故令

$$\begin{cases} \eta = \xi^2 \\ g(\xi) = h(\eta) \end{cases} \qquad (4.5.33)$$

则 h 满足

$$\eta h'' + \left(|m| + \frac{3}{2} - \eta\right)h' + n_\rho h(\eta) = 0 \qquad (4.5.34)$$

此为合流超几何方程,其解为

$$F(-n_\rho, |m| + 3/2, \eta) \qquad (4.5.35)$$

只有当

$$n_\rho = 0, 1, 2, \cdots \qquad (4.5.36)$$

时才有正则解. 于是我们得到

$$\varepsilon = \frac{1}{4M}\hbar|qB|\beta = \frac{\hbar|qB|}{2M}(2n_\rho + |m| + 1) \qquad (4.5.37)$$

代到式(4.5.26),有

$$E = E_{p_3 n} = \frac{p_3^2}{2M} + \frac{\hbar|qB|}{M}\left[n_\rho + \frac{1}{2}\left(|m| + \frac{qB}{|qB|}m\right) + \frac{1}{2}\right]$$

$$= \frac{p_3^2}{2M} + \hbar\omega\left(n + \frac{1}{2}\right), \quad n = 0, 1, 2, \cdots \qquad (4.5.38)$$

这里

$$\begin{cases} \omega = \dfrac{|qB|}{M} \\[2mm] n = n_\rho + \dfrac{1}{2}\left(|m| + \dfrac{qB}{|qB|}m\right) \\[2mm] n_\rho = 0, 1, 2, \cdots, \quad m = 0, \pm 1, \pm 2, \cdots \end{cases} \qquad (4.5.39)$$

如果磁场沿正 z 方向($B>0$),运动粒子是电子,$q = -e$,那么量子数

$$n = n_\rho + |m| - m$$
$$= \begin{cases} n_\rho, & m \geqslant 0 \\ n_\rho - m, & m < 0 \end{cases} \qquad (4.5.40)$$

而总的波函数为

$$\begin{cases} \psi(\rho,\varphi,z) = \psi_{n_\rho m p_3}(\rho,\varphi,z) \\ \qquad = N \left[\sqrt{\frac{|qB|}{2\hbar}}\, \rho \right]^{|m|} e^{-\frac{|qB|}{4\hbar}\rho^2} F\left(-n_\rho, |m| + \frac{3}{2}, \frac{|qB|}{2\hbar}\rho^2\right) e^{im\varphi} e^{i\frac{p_3 z}{\hbar}} \\ n_\rho = 0,1,2,\cdots \\ m = 0, \pm 1, \pm 2, \cdots \\ p_3 \in (-\infty, \infty) \end{cases}$$

$$(4.5.41)$$

其中 N 为归一化系数.这一波函数描述这样的运动图像:带电粒子在沿磁场方向 z 方向平动,同时绕磁场方向转动,在垂直于磁场的 ρ 方向则是聚散.

从这里我们可以看到,矢量势取不同的规范,导致不同的完全力学量组,从而得到不同的运动分解,用不同形式的波函数来描写.在不同的表象里看问题,运动图像是不一样的.

(思考:这两种规范之间的规范变换是什么?)

4.6 原子磁矩和塞曼效应

4.6.1 原子磁矩

前面我们已经求出了氢原子里电子相对原子核运动的波函数.作为氢原子波函数的一个应用,我们来看看氢原子中由于电子运动所形成的电流.

电流密度由电子所处运动状态决定.电子相对于核运动的状态由波函数(4.2.47)描写.

由概率守恒定律知道,电流密度 $\boldsymbol{J}_e$ 等于电子电荷 $(-e)$ 乘上概率流密度:

$$\boldsymbol{J}_e = (-e)\boldsymbol{J} = \frac{\mathrm{i}e\hbar}{2\mu}(\psi_{nlm}^* \nabla \psi_{nlm} - \psi_{nlm} \nabla \psi_{nlm}^*) \tag{4.6.1}$$

在球坐标下,梯度算符形式为

$$\nabla = e_r \frac{\partial}{\partial r} + e_\theta \frac{1}{r}\frac{\partial}{\partial \theta} + e_\varphi \frac{1}{r\sin\theta}\frac{\partial}{\partial \varphi}$$

$$\boldsymbol{J}_e = e_r J_{e_r} + e_\theta J_{e_\theta} + e_\varphi J_{e_\varphi} \tag{4.6.2}$$

e_r, e_θ, e_φ 分别表示沿 r, θ, φ 增加方向的单位矢量. 把波函数(4.2.47)代入后:

$$
\begin{cases}
J_{e_r} = \dfrac{\mathrm{i}\hbar e}{2\mu}\left\{\psi_{nlm}^* \dfrac{\partial}{\partial r}\psi_{nlm} - \psi_{nlm}\dfrac{\partial \psi_{nlm}^*}{\partial r}\right\} = 0 \\[3mm]
J_{e_\theta} = \dfrac{\mathrm{i}\hbar e}{2\mu}\dfrac{1}{r}\left\{\psi_{nlm}^* \dfrac{\partial}{\partial \theta}\psi_{nlm} - \psi_{nlm}\dfrac{\partial \psi_{nlm}^*}{\partial \theta}\right\} = 0 \\[3mm]
J_{e_\varphi} = \dfrac{\mathrm{i}\hbar e}{2\mu r\sin\theta}\left\{\psi_{nlm}^* \dfrac{\partial}{\partial \varphi}\psi_{nlm} - \psi_{nlm}\dfrac{\partial \psi_{nlm}^*}{\partial \varphi}\right\} \\[3mm]
\qquad = -\dfrac{e\hbar m}{\mu r\sin\theta}\mid \psi_{nlm}\mid^2 = -\dfrac{e\hbar m}{\mu r\sin\theta}\left[R_{nl}(r)\mathrm{P}_l^m(\cos\theta)\right]^2
\end{cases}
\tag{4.6.3}
$$

这些式子表明,电流只在垂直于 Z 轴的平面内流动,电流的大小与方位角 φ 无关,在同一 (r, θ) 处的电流大小一样. 这就是说有一稳定圆周电流绕 Z 轴流动.

现在在点 (r, θ, φ) 处,垂直于电流流动方向 (e_φ) 取一横截面积 $\mathrm{d}s$,则流过 $\mathrm{d}s$ 的圆周电流强度为

$$\mathrm{d}I = J_{e_\varphi}\mathrm{d}s \tag{4.6.4}$$

它产生一**磁矩**. 根据电动力学,磁矩大小为

$$\mathrm{d}M_z = A\mathrm{d}I = \pi r^2\sin^2\theta J_{e_\varphi}\mathrm{d}s \tag{4.6.5}$$

$A = \pi r^2\sin^2\theta$ 是圆周电流所环绕的平面区域面积. 用式(4.6.3)代入,有

$$
\begin{aligned}
\mathrm{d}M_z &= -\frac{e\hbar m}{2\mu}2\pi r\sin\theta\mathrm{d}s\mid\psi_{nlm}\mid^2 \\[2mm]
&= -\frac{e\hbar}{2\mu}m\mid\psi_{nlm}\mid^2\mathrm{d}\tau
\end{aligned}
\tag{4.6.6}
$$

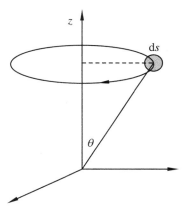

图 4.6.1 轨道电流

$\mathrm{d}\tau = 2\pi r\sin\theta\mathrm{d}s$ 为圆电流管所占的体积. 为求得原子中电子相对核运动产生的总磁矩,我们可对整个空间积分. 由于波函数的归一化,得到

$$M_Z = -\frac{e\hbar}{2\mu}m\int\mid\psi_{nlm}\mid^2\mathrm{d}\tau = -\frac{e\hbar}{2\mu}m \approx -\mu_B m \tag{4.6.7}$$

式中

$$\mu_B = \frac{e\hbar}{2m_e} = 5.7883817555(79)\times 10^{-11}(\text{MeV}\cdot\text{T}^{-1}) \tag{4.6.8}$$

称为**玻尔磁子**. 原子磁矩比例于轨道角动量的投影量子数 m,因而 m 被称为**磁量子数**. 因为磁量子数 m 取分立值,所以原子的磁矩是量子化的.

从式(4.6.7)看,S 态原子没有磁矩,因此氢原子基态磁矩为零;只有轨道角动

量激发态才可能有磁矩,而且激发得愈高,磁矩可能越大.(思考:组合态的磁矩? 如能量为 E_2 的定态的磁矩.非定态的磁矩?)

原子磁矩与角动量大小之比称为原子的**回转磁比率**(gyromagnetic ratio).这 里的值为

$$\gamma = \left| \frac{M_z}{L_z} \right| = \frac{e}{2\mu} \tag{4.6.9}$$

这个值与经典理论中得到的结果是一样的.因为 Z 轴方向可以任意取,所以磁矩 与角动量在任何方向投影的比也由式(4.6.9)给出,于是对原子一般有

$$\begin{cases} \boldsymbol{M} = \gamma \boldsymbol{L} \\ \gamma = \dfrac{e}{2\mu} = g_l \dfrac{e}{2\mu} \\ g_l = 1 \end{cases} \tag{4.6.10}$$

这里的比例数 g_l 一般被称为 g **因子**.我们看到,对电子轨道角动量产生的磁矩, g 因子等于 1.

原子会因为电子的运动产生磁矩,那么当原子处于外磁场中,磁场对它就会有 作用,对电子运动的能量产生影响,从而引起光谱的变化.

4.6.2 塞曼效应

1896 年荷兰物理学家塞曼(Pieter Zeeman)首先观察到,将钠光源放在磁场 中,在磁场外垂直于磁力线方向用光谱仪测量谱线,发现钠的光谱线会变宽.这个 效应是相当小的,只有用高分辨率的谱仪才能观察到.在当时可以达到的磁场强度 下,用谱仪观测到谱线的宽度约为钠的黄色双线间隔的 1/30,即相当于 0.02 nm. 后人称这种现象为**塞曼效应**(图 4.6.2).磁场能改变电磁波的振荡频率,这在当时 是很难理解的.为了进一步确认,在磁铁极上打孔,观察沿着磁力线方向的光谱线, 发现有相同的现象.

洛伦兹在塞曼效应发现后不久,就用经典电子论给出了理论解释.他认为光的 发射是由物质中电子的振荡引起的.任意一个方向上的振动都可以分解为沿磁场 方向的振动和在垂直于磁场方向平面内两个反向的圆运动,共三个分量.在磁场中 的光源,由于磁场对运动的电子的作用会产生以下效果:对平行于磁场的电子振 荡,洛伦兹力为 0,电子振荡频率不改变,它发射的光是沿磁场方向的线偏振的光; 对两个作相反方向圆运动的电子运动,洛伦兹力会分别使频率变慢和变快,这两个 分量发射的是垂直于磁场方向的圆偏振的光.因此,在磁场中光源发出的谱线会分

裂为三条谱线,而且分裂后的各条谱线是偏振的.

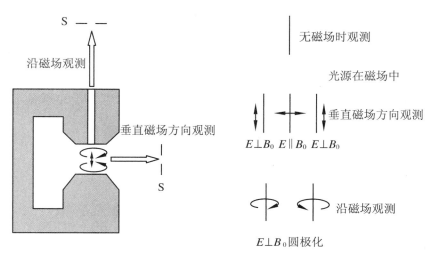

图 4.6.2　塞曼效应（图中用电矢量 E 表示谱线的极化特性）

4.6.3　理论解释

按照薛定谔关于单电子原子的理论,原子态由三个量子数:主量子数、轨道角动量量子数和磁量子数决定.在没有外场的情况下,原子的能量对磁量子数是简并的.当一个原子处在外磁场中的时候,由于原子磁矩和外磁场的作用,磁矩 μ_l 在强度为 B 的磁场中的位能是

$$\Delta E = - \boldsymbol{\mu}_l \cdot \boldsymbol{B} \qquad (4.6.11)$$

设磁场方向为 z 轴,用前面算得的原子磁矩代入,则有

$$\Delta E_m = m_l g_l \mu_B B \qquad (4.6.12)$$

具有不同磁量子数 m_l 的态的位能不相同.而磁矩在磁场中可能有 $2l+1$ 个取向,因此一个具有角动量 l 的原子态,若它的能量在没有外磁场时为 E_l,在外磁场中获得附加能量,它的总能量就可能处在 $2l+1$ 子能级中的某一个上,能量值 E_{ml} 为

$$E_{ml} = E_l + \Delta E_m \qquad (4.6.13)$$

能级分裂如图 4.6.3 所示.

设原子在能级 E_2 和 E_1 间跃迁,在无磁场时原子发射的谱线频率为 ν,

$$h\nu = E_2 - E_1 \qquad (4.6.14)$$

在外磁场中能级发生分裂:

$$\begin{cases} E_2' = E_2 + \Delta E_2 = E_2 + m_{l'}g_l\mu_B B \\ E_1' = E_1 + \Delta E_1 = E_1 + m_l g_l\mu_B B \end{cases} \tag{4.6.15}$$

分裂的能级是等间隔的. 此时在磁场中，原子发射的谱线的频率为 ν'，

$$\begin{aligned} h\nu' &= E_2' - E_1' = (E_2 - E_1) + (m_{l'} - m_l)g_l\mu_B B \\ &= h\nu + (m_{l'} - m_l)g_l\mu_B B \end{aligned} \tag{4.6.16}$$

存在磁场时发射的谱线与原谱线的能量之差为

$$h(\nu' - \nu) = (m_{l'} - m_l) \cdot g_l\mu_B B = \Delta m \cdot \mu_B B \tag{4.6.17}$$

所以，原来原子角向激发 P 态($l=1, m=1, 0, -1$)到基态 S 态($l=0, m=0$)跃迁只产生一条谱线，在磁场中就会分裂成三条($\Delta m = 1, 0, -1$). 这就很清楚地解释了三分裂的塞曼效应(图 4.6.3).

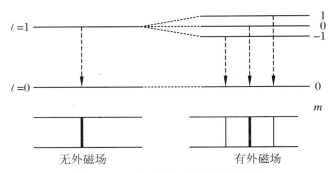

图 4.6.3　在磁场中原子能级的分裂

4.7　电　子　自　旋

4.7.1　施特恩-格拉赫实验

我们已经知道，原子的轨道角动量在空间的取向是量子化的，原子有磁矩，那是否可以用实验直接来验证和测量呢？1921 年施特恩（O. Stern）和格拉赫（W. Gerlach）根据多年分子束实验的经验提出一个实验方案，用以直接显示原子的空间量子化并测量原子的磁矩.

由电磁理论知道，磁矩在不均匀磁场中除了由于受到力矩的作用，产生绕磁场

的进动外,还将受到一个平移力 **F** 作用,

$$\boldsymbol{F} = \nabla(\boldsymbol{\mu} \cdot \boldsymbol{B})$$ (4.7.1)

它取决于磁矩和磁场梯度. 设磁场方向沿 z 轴,且只是在 z 轴方向是不均匀的,则平移力也在 z 轴方向:

$$F_z = \mu_z \frac{\mathrm{d}B}{\mathrm{d}z}$$ (4.7.2)

将 $\mu_z = -m_l g_l \mu_B$ 代入,得

$$F_z = -m_l g_l \mu_B \frac{\mathrm{d}B}{\mathrm{d}z}$$ (4.7.3)

式中的负号表示当 m_l 为负值时,μ_z 和磁场同方向,平移力沿磁场增加方向. 很明显,磁矩受力的情况和角动量在空间取向的量子化有关. 将原子射入磁场区,若磁场梯度 $\dfrac{\mathrm{d}B}{\mathrm{d}z}$ 和原子束流方向垂直,则在平移力的作用下,原子将沿磁场梯度方向发生位移. 这样,对处在轨道角动量态量子数为 l 的原子,在经过一个不均匀磁场区域后,由于它磁矩的不同取向,束流将分散成 $2l+1$ 个空间成分. 于是由束线分裂的数目可以定出 l. 如果已知磁场梯度、原子运动的速度等实验参数,根据原子束的位移就可推断出磁矩的大小.

图 4.7.1 是施特恩-格拉赫实验装置示意图. 在真空室中将银放在一个加热容器中,蒸发后的银原子从容器的小孔射出,通过准直缝后成为细束. 银原子束从垂直于磁场的方向射入,穿过磁场区后射在真空室内的屏上,在屏上银原子会冷凝形成斑纹.

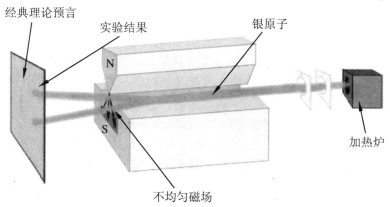

图 4.7.1　施特恩-格拉赫实验装置示意图

实验结果是观察到屏上在垂直于束流方向形成两条斑纹,它们对称地分布在原子束射入位置的两侧,但在对应束线入射位置处并没有斑纹.图 4.7.2 是施特恩在实验成功后寄给玻尔的明信片,那是用实验结果的照片做的.从经典力学的观点看,原子轨道角动量的取向应是随机分布的,在屏上应观察到一条连续分布的斑纹,但结果明显与此不同.因此施特恩-格拉赫实验肯定了空间量子化的理论.但由薛定谔理论分析,若原子的状态量子数为 l,则应有 $2l+1$ 条斑纹.不论 l 是何值,都应该有奇数条斑纹.而实验的结果却出现了偶数,两条!

 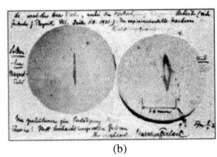

(a)   (b)

图 4.7.2　施特恩的明信片

(b)为施特恩-格拉赫银原子实验的结果:左图是不加磁场时的束流位置;右图是有磁场的情况

1927 年,施特恩和格拉赫用氢原子做了实验.氢原子处于基态时的轨道角动量为零,即 $l=0$,轨道磁矩也应为零.按薛定谔理论,氢原子束在不均匀磁场中不应该分裂,在屏上只应在原束线入射位置上有一条斑纹.但实验结果是氢原子束分裂成两束,在屏上出现两条分立的斑纹.实验结果说明基态氢原子一定也有磁矩.实验中的磁场梯度是可以测定的,通过测量原子束经过磁场后的偏转位移可以测量原子的磁矩,结果是氢原子和银原子基态的磁矩都是一个玻尔磁子.氢原子中只有一个电子,而磁矩总是和角动量联系在一起的.因此,原子中电子除了有轨道角动量以外,还可能具有其他未被我们认识的角动量,而这个角动量是电子固有的.

由原子束的施特恩-格拉赫实验结果可以引出下列结论:

证实了空间量子化,原子的磁矩在磁场中只能有几个分立的不连续的取向;

通过对原子束线通过不均匀磁场后位移的定量计算,可以测量原子磁矩;

对单价原子,即最外层只有一个电子的原子(如银原子和氢原子),在磁场中受到的平移力都是相同的,这说明所有原子内层电子的角动量和磁矩都相互抵消了,实验测量的只是最外层电子的效应;

氢原子基态的磁矩为一个玻尔磁子,这只能是来自电子本身磁矩的贡献.

【例 4.7.1】 银原子的施特恩-格拉赫实验,实验时加热银蒸气的炉温为 1 320 K,不均匀磁场区的长度 d 为 0.1 m,磁场梯度是 2 300 T/m,冷凝屏放在磁场末端.屏上两条斑纹的间隔为 4 mm.试求银原子的磁矩.

解 设银原子以水平初速度 v 射入磁场中,原子经过不均匀磁场所需的时间是 $t = d/v$.在通过磁场区后原子沿磁场方向的偏离位移为

$$S = \frac{1}{2}at^2 = \frac{1}{2}\frac{F_z}{M}\left(\frac{d}{v}\right)^2$$

其中 M 是银原子的质量.原子的均方根速率 $v = \sqrt{\dfrac{3kT}{M}}$,所以

$$S = \frac{1}{2}\left(\mu_z \frac{dB}{dz}\right)\frac{d^2}{3kT} = 0.002(\mathrm{m})$$

$$\mu_z = \frac{6kT \cdot 0.002}{2300 \cdot 0.1^2} = 0.95 \times 10^{-23}(\mathrm{J \cdot T^{-1}}) \approx \mu_B$$

因此,银原子的磁矩约为一个玻尔磁矩.

4.7.2 钠原子光谱线的精细结构

氢原子能级的主要结构是由原子中电子和原子核间的静电作用决定的,通过解薛定谔方程计算氢原子的能级,能够很好地解释用一般分辨率的光谱仪测得的氢原子光谱.碱金属原子是类氢原子,照例应该有和氢原子类似的光谱.由银原子的施特恩-格拉赫实验也说明对单价电子原子,所有原子内层电子的角动量都相互抵消了,只要考虑价电子的角动量.因此,碱金属原子的光谱也较简单,只是由价电子的能级跃迁引起的.但实际上发现,碱金属如钠,其许多光谱线都有双线结构.这表明钠原子的能级有较氢原子复杂的结构.图 4.7.3(a)给出钠的发射谱和在太阳光谱中的吸收线,图 4.7.3(b)给出钠的相应能级.作为参考,在图的右侧画出了氢原子的能级.可以看到,在主量子数较大时钠能级逐渐和氢原子的接近.碱金属原子光谱的黄色谱线是 3p-3s 间的跃迁,当用较高分辨率的光谱仪观察时,发现它有双线结构,即谱线有**精细结构**.钠的黄色谱线常被称做 D 双线,两条谱线的波长分别为 589.0 nm 和 589.6 nm.

用高分辨率的光谱仪观察氢原子的光谱,同样发现了光谱线的**精细结构**.光谱的精细结构是指当人们用分辨率高的光谱仪观察原子光谱时,发现原来的一条谱线实际上包含着两条或几条波长非常接近的谱线.氢原子的精细结构光谱显示出,

巴耳末系中的每一谱线都具有双线结构,双线间隔约为 $0.36\ \text{cm}^{-1}$,相应的能级分裂为 4.5×10^{-5} eV.如何从原子的能级来解释氢原子光谱的精细结构? 早期索末菲(A. Sommerfeld)提出可用电子能量的**相对论修正**来解释.索末菲认为按照相对论,电子运动时其质量要随速度而变化.电子以椭圆轨道运动时它的速度变化将对电子的能量产生影响.他由此对玻尔模型的能级公式进行了修正,所得的结果与氢原子光谱相当符合.但将索末菲的理论应用到碱金属原子时遇到了困难.在碱金属原子中,价电子的运动速度较氢原子中的电子速度要慢,其质量随速度的变化很小,相应能量的修正很小,因此而引起谱线的分裂应很小.然而实际观察到的是,对钠原子光谱波长为 589.3 nm 的谱线,其精细结构的双线间隔,用波数表示是 $\Delta\tilde{\nu}=17\ \text{cm}^{-1}$,相应的能量分裂 $\Delta E=2.1\times10^{-3}$ eV.可以看到碱金属原子谱线的分裂比氢原子谱线的分裂要大得多,因此索末菲的理论不适用.

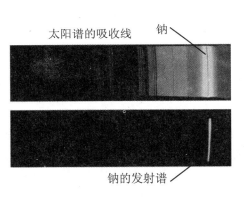

(a) 钠的吸收线和发射谱线

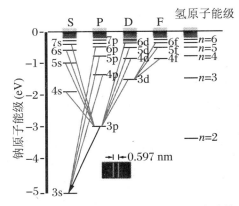

(b) 钠原子的能级图和黄色谱线的双线结构

图 4.7.3　钠原子的谱线和能级

4.7.3　电子自旋假设

1925 年,乌伦贝克和哥德斯密脱为了解释这些实验现象,首先提出了**电子自旋假设**:

(1) 每一个电子都具有内禀角动量(称为自旋 spin)**S**,它在空间任何方向上的投影只可能取两个数值:

$$S_z=\pm\frac{\hbar}{2} \tag{4.7.4}$$

(2) 每个电子都具有自旋磁矩 $\boldsymbol{\mu}_s$,它和自旋角动量的关系为

$$\boldsymbol{\mu}_s = -\frac{e}{m_e}\boldsymbol{S} \tag{4.7.5}$$

这里 $-e$ 为电子电荷，m_e 为电子质量. $\boldsymbol{\mu}_s$ 在空间任意方向的投影只能取两个数值：

$$\mu_{sz} = \pm\frac{e\hbar}{2m_e} = \pm\mu_B \tag{4.7.6}$$

式中 $\mu_B = e\hbar/(2m_e)$，是玻尔磁子.

以后大量的实验证明，这两条假设是正确的，从而证实了电子自旋的存在.

除了电子有自旋以外，实验还发现，所有的微观粒子都有自旋，例如质子、中子、μ 子自旋为 $\hbar/2$，π 介子自旋为 0，光子自旋为 $\hbar$. 自从高能加速器建造成功以来，实验中又发现了大量新的微观粒子及"共振态"，它们都具有自旋，取值从 $0,1/2$ 直到 $1,3/2,2,5/2$ 以至更高. 这些事实说明，自旋与微观粒子的本性有关，是一种与空间自由度运动无关的内禀运动，自旋变量只能取分立的数值.

我们知道原子中电子的轨道运动（轨道角动量）会产生磁矩，电子的自旋也会产生磁矩，两者有什么不同呢？

我们来看自旋的旋磁比. 由上面的假定出发，电子自旋的旋磁比为

$$\begin{cases} \gamma = \left|\dfrac{\mu_{s_z}}{S_z}\right| = \dfrac{e}{m_e} = \dfrac{e}{2m_e}g_s \\ g_s = 2 \end{cases} \tag{4.7.7}$$

即自旋产生磁矩的 g 因子是 2，而轨道角动量产生磁矩的 g 因子是 1！这给自旋的起因带来了神秘色彩.

4.7.4 自旋波函数

由于微观粒子具有自旋，描写粒子所处的状态，除了像前面用三个变数来描写一个粒子的空间运动以外，还需要引进第四个变数，即自旋在空间某给定方向（例如 z 方向）上的投影 S_z 来描写自旋态，这就是说，微观粒子具有四个自由度：三个坐标和一个自旋变量. 自旋变量可以作为一个指标加在波函数上，因而粒子的波函数成为

$$\psi = \psi(x,y,z,s_z,t) \tag{4.7.8}$$

由于自旋变量只取两个分立的值，我们干脆把全函数写出来成一列矩阵：

$$\psi = \begin{bmatrix} \psi(x,y,z,S_z = \hbar/2,t) \\ \psi(x,y,z,S_z = -\hbar/2,t) \end{bmatrix} = \begin{bmatrix} \psi_1(\boldsymbol{x},t) \\ \psi_2(\boldsymbol{x},t) \end{bmatrix} \tag{4.7.9}$$

它有时被称为**旋量波函数**，ψ_1 称为**朝上分量**，ψ_2 称为**朝下分量**.

按照波函数的概率解释，整体归一后，$|\psi_1(\boldsymbol{x},t)|^2$ 就是在坐标 $\boldsymbol{x}$ 处发现粒子自旋朝上的概率密度，$|\psi_2(\boldsymbol{x},t)|^2$ 则为自旋朝下的概率密度. $\int |\psi_1(\boldsymbol{x},t)|^2 \mathrm{d}\tau$ 则为整个空间中粒子自旋朝上的概率，$\int |\psi_2(\boldsymbol{x},t)|^2 \mathrm{d}\tau$ 为自旋朝下的概率. 于是归一化条件为

$$
\begin{aligned}
1 &= \int |\psi_1(\boldsymbol{x},t)|^2 \mathrm{d}\tau + \int |\psi_2(\boldsymbol{x},t)|^2 \mathrm{d}\tau = \int \mathrm{d}\tau \sum |\psi_i(\boldsymbol{x},t)|^2 \\
&= \int \mathrm{d}\tau \sum_{S_z = \pm \hbar/2} |\psi(\boldsymbol{x}, S_z, t)|^2 = \int \mathrm{d}\tau \psi^+ \psi
\end{aligned}
\tag{4.7.10}
$$

旋量波函数(4.7.9)也可写为

$$
\begin{aligned}
\psi &= \psi_1(\boldsymbol{x},t) \begin{pmatrix} 1 \\ 0 \end{pmatrix} + \psi_2(\boldsymbol{x},t) \begin{pmatrix} 0 \\ 1 \end{pmatrix} \\
&= \psi_1(\boldsymbol{x},t) \chi_{1/2} + \psi_2(\boldsymbol{x},t) \chi_{-1/2}
\end{aligned}
\tag{4.7.11}
$$

其中纯自旋波函数为

$$
\begin{cases}
\chi_{1/2} = \begin{pmatrix} 1 \\ 0 \end{pmatrix} \equiv \chi_+ \equiv \chi_\uparrow \equiv |+\rangle \equiv |\uparrow\rangle \equiv |0\rangle \\
\chi_{-1/2} = \begin{pmatrix} 0 \\ 1 \end{pmatrix} \equiv \chi_- \equiv \chi_\downarrow \equiv |-\rangle \equiv |\downarrow\rangle \equiv |1\rangle
\end{cases}
\tag{4.7.12}
$$

它们分别是自旋朝上和朝下的本征态. 这么多不同的表示法暗示了这些态的广泛重要性.

在许多情况下，粒子的空间部分可与自旋分开，此时波函数可写为

$$
\begin{cases}
\boldsymbol{\Psi} = \psi(\boldsymbol{x},t) \chi \\
\chi = \begin{pmatrix} a \\ b \end{pmatrix} = a\chi_+ + b\chi_-
\end{cases}
\tag{4.7.13}
$$

而自旋部分的归一化条件便是

$$
\chi^+ \chi = a^* a + b^* b = 1
\tag{4.7.14}
$$

亦即 $|a|^2$ 为此时此地自旋朝上的概率，$|b|^2$ 为此时此地自旋朝下的概率.

4.7.5 自旋算符

作用于自旋变量上的算符，就是自旋角动量算符. 电子的自旋算符 $\hat{\boldsymbol{S}}$ 应满足和轨道角动量一样的对易关系，即

$$
\hat{\boldsymbol{S}} \times \hat{\boldsymbol{S}} = \mathrm{i}\hbar \hat{\boldsymbol{S}}
\tag{4.7.15}
$$

或写成分量形式:

$$\left[\hat{S}_i , \hat{S}_j\right] = i\,\hbar \sum_k \varepsilon_{ijk}\hat{S}_k , \quad i,j = 1,2,3 \tag{4.7.16}$$

引进自旋平方算符

$$\hat{S}^2 = \hat{S}_x^2 + \hat{S}_y^2 + \hat{S}_z^2 \equiv \sum \hat{S}_i^2 \tag{4.7.17}$$

它和自旋的各个分量 $\hat{S}_x , \hat{S}_y , \hat{S}_z$ 是相互对易的. 由前面的讨论, $\hat{S}^2$ 的本征值为 $S(S+1)\hbar^2$, $\hat{S}$ 的分量 $\hat{S}_z$ 的本征值为 $m_s\hbar$, 可能的 m_s 值从 $-S$ 到 $+S$, 共有 $(2S+1)$ 个值. 但实验上, 自旋分量只能取两种可能的值, 这表明 $2S+1=2$, 因此 $S = \dfrac{1}{2}$, 而 $m_s = +\dfrac{1}{2}, -\dfrac{1}{2}$, 即电子的自旋等于 $\dfrac{1}{2}(\hbar)$. 若以 χ_{m_s} 表示 $\hat{S}^2 , \hat{S}_z$ 的共同本征态, 则有

$$\begin{cases} \hat{S}^2 \chi_{m_s} = \dfrac{1}{2}\left(\dfrac{1}{2}+1\right)\hbar^2 \chi_{m_s} = \dfrac{3}{4}\hbar^2 \chi_{m_s} \\[2mm] \hat{S}_z \chi_{m_s} = m_s \hbar \chi_{m_s} , m_s = \pm \dfrac{1}{2} \end{cases} \tag{4.7.18}$$

由于自旋的三个分量 $\hat{S}_x , \hat{S}_y , \hat{S}_z$ 处于完全等同的地位, 因此将式 (4.7.18) 中的 $\hat{S}_z$ 换成 $\hat{S}_x , \hat{S}_y$ 即可看出, $\hat{S}_x , \hat{S}_y$ 的本征值也是 $\pm\hbar/2$.

通常为了表述的方便, 引入算符 $\hat{\boldsymbol{\sigma}}(\hat{\sigma}_x , \hat{\sigma}_y , \hat{\sigma}_z)$ 代替 $\hat{\boldsymbol{S}}(\hat{S}_x , \hat{S}_y , \hat{S}_z)$, $\hat{\boldsymbol{\sigma}}$ 与 $\hat{\boldsymbol{S}}$ 的关系是

$$\hat{\boldsymbol{S}} = \frac{\hbar}{2}\hat{\boldsymbol{\sigma}} \tag{4.7.19}$$

写成分量形式为

$$\hat{S}_x = \frac{\hbar}{2}\hat{\sigma}_x , \quad \hat{S}_y = \frac{\hbar}{2}\hat{\sigma}_y , \quad \hat{S}_z = \frac{\hbar}{2}\hat{\sigma}_z \tag{4.7.20}$$

由 $\hat{\boldsymbol{S}}$ 的性质不难推得算符 $\hat{\boldsymbol{\sigma}}$ 具有下列性质:

(1) 由 $\hat{\boldsymbol{S}}$ 的对易关系式 (4.7.16) 可以得出 $\hat{\boldsymbol{\sigma}}$ 满足如下对易关系:

$$\begin{cases} \hat{\boldsymbol{\sigma}} \times \hat{\boldsymbol{\sigma}} = 2i\hat{\boldsymbol{\sigma}} \\[2mm] \left[\hat{\sigma}_i , \hat{\sigma}_j\right] = 2i \sum_k \varepsilon_{ijk}\hat{\sigma}_k \end{cases} \tag{4.7.21}$$

写成分量形式为

$$\begin{cases} \hat{\sigma}_x\hat{\sigma}_y - \hat{\sigma}_y\hat{\sigma}_x = \left[\hat{\sigma}_x , \hat{\sigma}_y\right] = 2i\hat{\sigma}_z \\[2mm] \hat{\sigma}_y\hat{\sigma}_z - \hat{\sigma}_z\hat{\sigma}_y = \left[\hat{\sigma}_y , \hat{\sigma}_z\right] = 2i\hat{\sigma}_x \\[2mm] \hat{\sigma}_z\hat{\sigma}_x - \hat{\sigma}_x\hat{\sigma}_z = \left[\hat{\sigma}_z , \hat{\sigma}_x\right] = 2i\hat{\sigma}_y \end{cases} \tag{4.7.22}$$

（2）由于 $\hat{S}_x,\hat{S}_y,\hat{S}_z$ 的本征值为 $\pm\hbar/2$，可知 $\hat{\sigma}_x,\hat{\sigma}_y,\hat{\sigma}_z$ 的本征值为 ± 1，而 $\hat{\sigma}_x^2$，$\hat{\sigma}_y^2,\hat{\sigma}_z^2$ 的本征值为 1，即 $\hat{\sigma}_x^2,\hat{\sigma}_y^2,\hat{\sigma}_z^2$ 皆为单位算符：

$$\hat{\sigma}_x^2 = \hat{\sigma}_y^2 = \hat{\sigma}_z^2 = 1 \tag{4.7.23}$$

（3）$\hat{\boldsymbol{\sigma}}$ 的三个分量相互反对易，即

$$\begin{cases} \hat{\sigma}_x\hat{\sigma}_y + \hat{\sigma}_y\hat{\sigma}_x = \{\hat{\sigma}_x,\hat{\sigma}_y\} = 0 \\ \hat{\sigma}_y\hat{\sigma}_z + \hat{\sigma}_z\hat{\sigma}_y = \{\hat{\sigma}_y,\hat{\sigma}_z\} = 0 \\ \hat{\sigma}_z\hat{\sigma}_x + \hat{\sigma}_x\hat{\sigma}_z = \{\hat{\sigma}_z,\hat{\sigma}_x\} = 0 \end{cases} \tag{4.7.24}$$

我们来证明其中之一. 由式(4.7.22)有

$$\hat{\sigma}_x\hat{\sigma}_y + \hat{\sigma}_y\hat{\sigma}_x = \frac{1}{2\mathrm{i}}(\hat{\sigma}_y\hat{\sigma}_z - \hat{\sigma}_z\hat{\sigma}_y)\hat{\sigma}_y + \frac{1}{2\mathrm{i}}\hat{\sigma}_y(\hat{\sigma}_y\hat{\sigma}_z - \hat{\sigma}_z\hat{\sigma}_y)$$

$$= \frac{1}{2\mathrm{i}}(\hat{\sigma}_y\hat{\sigma}_z\hat{\sigma}_y - \hat{\sigma}_z\hat{\sigma}_y^2 + \hat{\sigma}_y^2\hat{\sigma}_z - \hat{\sigma}_y\hat{\sigma}_z\hat{\sigma}_y)$$

由于 $\hat{\sigma}_y^2 = 1$，则得到

$$\hat{\sigma}_x\hat{\sigma}_y + \hat{\sigma}_y\hat{\sigma}_x = 0$$

同理可证式(4.7.24)中的另外两式. 结合前面的关系，可以把反对易关系写为

$$\{\hat{\sigma}_i,\hat{\sigma}_j\} = 2\delta_{ij}, \quad i,j = 1,2,3 \tag{4.7.25}$$

再和对易关系结合，有下面很实用的一般关系：

$$\hat{\sigma}_i\hat{\sigma}_j = \frac{1}{2}\{\hat{\sigma}_i,\hat{\sigma}_j\} + \frac{1}{2}[\hat{\sigma}_i,\hat{\sigma}_j] = \delta_{ij} + \mathrm{i}\sum_k \varepsilon_{ijk}\hat{\sigma}_k \tag{4.7.26}$$

（4）将式(4.7.22)中的头一式作用到 $\hat{\sigma}_z$ 上，可得等式

$$\hat{\sigma}_x\hat{\sigma}_y\hat{\sigma}_z = \mathrm{i}I \tag{4.7.27}$$

其中 I 是单位算符，不引起误会的话，以后一般就不明显写出来了.

根据前面的表象理论，我们可以写下自旋算符在它自己的表象中的矩阵形式. 由于 $(\hat{S}^2,\hat{S}_z)$ 只有两个共同本征态 χ_+,χ_-，因此自旋算符都是二阶矩阵. 首先 $(\hat{S}^2,\hat{S}_z)$ 在其表象中是对角的，对角元即为本征值，于是有

$$\hat{S}^2 = \frac{3}{4}\hbar^2 \begin{pmatrix} 1 & 0 \\ 0 & 1 \end{pmatrix} = \frac{3}{4}\hbar^2 I \tag{4.7.28}$$

$$\hat{S}_z = \frac{\hbar}{2}\hat{\sigma}_z = \frac{\hbar}{2} \begin{pmatrix} 1 & 0 \\ 0 & -1 \end{pmatrix} \equiv \frac{\hbar}{2}\sigma_z \tag{4.7.29}$$

再由前面的对易关系，适当选择相位后，可得其他两个自旋算符的形式：

$$\hat{S}_x = \frac{\hbar}{2}\hat{\sigma}_x = \frac{\hbar}{2} \begin{pmatrix} 0 & 1 \\ 1 & 0 \end{pmatrix} \equiv \frac{\hbar}{2}\sigma_x \tag{4.7.30}$$

$$\hat{S}_y = \frac{\hbar}{2}\hat{\sigma}_y = \frac{\hbar}{2}\begin{pmatrix} 0 & -i \\ i & 0 \end{pmatrix} \equiv \frac{\hbar}{2}\sigma_y \tag{4.7.31}$$

式中的三个矩阵

$$\sigma_x \equiv \sigma_1 = \begin{pmatrix} 0 & 1 \\ 1 & 0 \end{pmatrix}, \quad \sigma_y \equiv \sigma_2 = \begin{pmatrix} 0 & -i \\ i & 0 \end{pmatrix}, \quad \sigma_z \equiv \sigma_3 = \begin{pmatrix} 1 & 0 \\ 0 & -1 \end{pmatrix}$$
$$\tag{4.7.32}$$

称为**泡利（Pauli）自旋矩阵**，显然，它们是厄米矩阵，相互反对易，并满足从式
(4.7.22)～(4.7.27)确立的全部关系.

4.7.6 自旋在任意方向投影的波函数

前面我们有了自旋在 z 方向的投影 $\hat{S}_z$ 的本征波函数 χ_{m_s}，如果考虑自旋在空间任意方向 $\boldsymbol{n} = (\sin\theta\cos\varphi, \sin\theta\sin\varphi, \cos\theta)$ 的投影 $\hat{\boldsymbol{S}}\cdot\boldsymbol{n}$，那么它的本征态又如何呢？从自旋矩阵的具体形式，我们有

$$\hat{\boldsymbol{S}}\cdot\boldsymbol{n} = \frac{\hbar}{2}\boldsymbol{\sigma}\cdot\boldsymbol{n} = \frac{\hbar}{2}\begin{pmatrix} \cos\theta & \sin\theta e^{-i\varphi} \\ \sin\theta e^{i\varphi} & -\cos\theta \end{pmatrix} \tag{4.7.33}$$

本征方程：

$$\begin{cases} \hat{\boldsymbol{S}}\cdot\boldsymbol{n}\chi = \dfrac{\hbar}{2}r\chi \\ \boldsymbol{\sigma}\cdot\boldsymbol{n}\chi = r\chi \end{cases} \tag{4.7.34}$$

由此可求出两个本征态的显示式来（$r = \pm 1$）：

$$\begin{cases} \chi_+(\boldsymbol{n}) = \begin{pmatrix} \cos\dfrac{\theta}{2}e^{-i\varphi/2} \\ \sin\dfrac{\theta}{2}e^{i\varphi/2} \end{pmatrix} = \cos\dfrac{\theta}{2}e^{-i\varphi/2}\chi_+ + \sin\dfrac{\theta}{2}e^{i\varphi/2}\chi_- \\ \\ \chi_-(\boldsymbol{n}) = \begin{pmatrix} -\sin\dfrac{\theta}{2}e^{-i\varphi/2} \\ \cos\dfrac{\theta}{2}e^{i\varphi/2} \end{pmatrix} = -\sin\dfrac{\theta}{2}e^{-i\varphi/2}\chi_+ + \cos\dfrac{\theta}{2}e^{i\varphi/2}\chi_- \end{cases} \tag{4.7.35}$$

下面列出自旋在 x 方向和 y 方向投影的本征态：

$$\begin{cases} \chi_+(x) = \dfrac{1}{\sqrt{2}}\begin{pmatrix} 1 \\ 1 \end{pmatrix}, & \chi_-(x) = \dfrac{-1}{\sqrt{2}}\begin{pmatrix} 1 \\ -1 \end{pmatrix} \\ \\ \chi_+(y) = \dfrac{e^{-i\pi/4}}{\sqrt{2}}\begin{pmatrix} 1 \\ i \end{pmatrix}, & \chi_-(y) = \dfrac{e^{-i3\pi/4}}{\sqrt{2}}\begin{pmatrix} 1 \\ -i \end{pmatrix} \end{cases} \tag{4.7.36}$$

它们分别是 σ_x 和 σ_y 的本征态(实用上为了方便,常常可忽略掉一个整体相因子).

4.7.7　泡利方程

前面我们说到过质量为 M、电荷为 q 的粒子在由电磁势 $(\varphi, \mathbf{A})$ 描写的电磁场中运动的哈氏量.现在考虑到此粒子还有内部自由度——自旋,它所产生的磁矩也要与磁场作用,于是哈氏量需改写为

$$\hat{H} = \frac{1}{2M}(\hat{\mathbf{p}} - q\mathbf{A})^2 + q\varphi + (-\boldsymbol{\mu} \cdot \mathbf{B}) \tag{4.7.37}$$

如果是电子,则

$$q = -e, \quad -\boldsymbol{\mu} \cdot \mathbf{B} = \frac{e}{m_e}\hat{\mathbf{S}} \cdot \mathbf{B} = \frac{e\hbar B}{2m_e}\boldsymbol{\sigma} \cdot \mathbf{n}, \quad \mathbf{n} = \mathbf{B}/B \tag{4.7.38}$$

因此自旋的电子在电磁场中的运动方程为

$$\begin{cases} i\hbar\dfrac{\partial \Psi}{\partial t} = \hat{H}\Psi = \left[-\dfrac{\hbar^2}{2m_e}\left(\nabla + \dfrac{ie}{\hbar}\mathbf{A}\right)^2 - e\varphi + \dfrac{e}{m_e}\hat{\mathbf{S}} \cdot \mathbf{B}\right]\Psi \\[2mm] \Psi = \begin{pmatrix} \psi_1 \\ \psi_2 \end{pmatrix} \end{cases} \tag{4.7.39}$$

这就是考虑了电子自旋的**泡利方程**.如果电磁场不依赖于时间,则我们有定态方程

$$\begin{cases} \left[-\dfrac{\hbar^2}{2m_e}\left(\nabla + \dfrac{ie}{\hbar}\mathbf{A}\right)^2 - e\varphi + \dfrac{e\hbar B}{2m_e}\boldsymbol{\sigma} \cdot \mathbf{n}\right]\Psi = E\Psi \\[2mm] \Psi = \begin{pmatrix} \psi_1 \\ \psi_2 \end{pmatrix} \end{cases} \tag{4.7.40}$$

加上初始条件和相应的边界条件就可以求解了.

4.7.8　自旋磁矩在磁场中的转动

在很多讨论自旋运动的情况中,轨道运动与自旋运动可以分离.下面我们只讨论自旋磁矩在稳定磁场中的转动.此时哈氏量就是

$$\begin{cases} \hat{H} = -\boldsymbol{\mu}_s \cdot \mathbf{B} = \dfrac{e}{m_e}\hat{\mathbf{S}} \cdot \mathbf{B} = \dfrac{e\hbar B}{2m_e}\boldsymbol{\sigma} \cdot \mathbf{n} = \hbar\omega\boldsymbol{\sigma} \cdot \mathbf{n} \\[2mm] \mathbf{n} \equiv \mathbf{B}/B, \quad \omega = eB/(2m_e) \end{cases} \tag{4.7.41}$$

显然,$\mathbf{n}$ 即为粒子所在地的磁场方向,与时间无关;2ω 是**拉莫尔(Larmor)频率**.

考虑了初始条件的定解方程为

$$\begin{cases} \mathrm{i}\hbar \dfrac{\partial \Psi}{\partial t} = \hat{H}\Psi = \hbar\omega\boldsymbol{\sigma}\cdot\boldsymbol{n}\Psi \\[2mm] \Psi(t) = \begin{pmatrix} \psi_1(t) \\ \psi_2(t) \end{pmatrix} \\[4mm] \Psi(t=0) = \begin{pmatrix} \psi_1(0) \\ \psi_2(0) \end{pmatrix} = \chi_i \end{cases} \quad (4.7.42)$$

这个方程可以用各种方法解,例如写成分量,用联合方程解,也可用 $\boldsymbol{\sigma}\cdot\boldsymbol{n}$ 的本征态展开解.这里我们提供另一种解法.

由于哈氏量不显含时间,方程可以形式上积出来,

$$\begin{aligned} \Psi(t) &= \mathrm{e}^{-\frac{\mathrm{i}}{\hbar}\int_0^t \hat{H}\mathrm{d}\tau}\Psi(t=0) \\ &= \mathrm{e}^{-\mathrm{i}\omega t\boldsymbol{\sigma}\cdot\boldsymbol{n}}\chi_i \end{aligned} \quad (4.7.43)$$

利用泡利矩阵的性质可知

$$(\boldsymbol{\sigma}\cdot\boldsymbol{n})^2 = 1 \quad (4.7.44)$$

于是我们有

$$\begin{aligned} \mathrm{e}^{-\mathrm{i}\omega t\boldsymbol{\sigma}\cdot\boldsymbol{n}} &= \sum_{m=0}^{\infty} \frac{(-\mathrm{i}\omega t\boldsymbol{\sigma}\cdot\boldsymbol{n})^m}{m!} \\ &= \sum_{k=0}^{\infty} \frac{(-\mathrm{i}\omega t)^{2k+1}(\boldsymbol{\sigma}\cdot\boldsymbol{n})^{2k+1}}{(2k+1)!} + \sum_{k=0}^{\infty} \frac{(-\mathrm{i}\omega t)^{2k}(\boldsymbol{\sigma}\cdot\boldsymbol{n})^{2k}}{(2k)!} \\ &= \sum_{k=0}^{\infty} \frac{(-\mathrm{i}\omega t)^{2k+1}(\boldsymbol{\sigma}\cdot\boldsymbol{n})}{(2k+1)!} + \sum_{k=0}^{\infty} \frac{(-\mathrm{i}\omega t)^{2k}}{(2k)!} \\ &= \cos\omega t - \mathrm{i}\boldsymbol{\sigma}\cdot\boldsymbol{n}\sin\omega t \\ &= \begin{pmatrix} \cos\omega t - \mathrm{i}\cos\theta\sin\omega t & -\mathrm{i}\sin\theta\sin\omega t\,\mathrm{e}^{-\mathrm{i}\varphi} \\ -\mathrm{i}\sin\theta\sin\omega t\,\mathrm{e}^{\mathrm{i}\varphi} & \cos\omega t + \mathrm{i}\cos\theta\sin\omega t \end{pmatrix} \end{aligned} \quad (4.7.45)$$

这样知道了初始态,就可以从式(4.7.43)算出任一时刻的自旋波函数,求出自旋沿某方向的概率.

例如,设外磁场沿 z 方向,开始时,电子自旋沿 x 方向(自旋磁矩则沿 $-x$ 方向),问 t 时刻电子自旋沿 y 方向的概率是多少.

把这些条件写下来就可运算,

$$\boldsymbol{n} = (0,0,1), \quad \chi_i = \chi_+(x) = \frac{1}{\sqrt{2}}\begin{pmatrix} 1 \\ 1 \end{pmatrix}, \quad \chi_f = \chi_+(y) = \frac{\mathrm{e}^{-\mathrm{i}\pi/4}}{\sqrt{2}}\begin{pmatrix} 1 \\ \mathrm{i} \end{pmatrix}$$

$$\begin{aligned} \Psi(t) &= \mathrm{e}^{-\mathrm{i}\omega t\sigma_z}\chi_i \\ &= (\cos\omega t - \mathrm{i}\sigma_z\sin\omega t)\chi_i \end{aligned}$$

$$= \frac{1}{\sqrt{2}} \begin{pmatrix} \mathrm{e}^{-\mathrm{i}\omega t} \\ \mathrm{e}^{\mathrm{i}\omega t} \end{pmatrix} = \cos \omega t \chi_+ (x) + \mathrm{i} \sin \omega t \chi_- (x)$$

这状态表明,自旋矢量在 xy 平面内以角速度 ω(拉莫频率的一半)绕磁场方向(z 轴)转动.这可以从表 4.7.1 中看出.

表 4.7.1　各时刻的波函数

$t = 0$	$t = \dfrac{\pi}{4\omega}$	$t = \dfrac{\pi}{2\omega}$	$t = \dfrac{3\pi}{4\omega}$	$t = \dfrac{\pi}{\omega}$
$\dfrac{1}{\sqrt{2}} \begin{pmatrix} 1 \\ 1 \end{pmatrix} = \chi_+(x)$	$\dfrac{\mathrm{e}^{-\mathrm{i}\pi/4}}{\sqrt{2}} \begin{pmatrix} 1 \\ \mathrm{i} \end{pmatrix} = \chi_+(y)$	$\dfrac{\mathrm{i}}{\sqrt{2}} \begin{pmatrix} -1 \\ 1 \end{pmatrix} = \mathrm{i}\chi_-(x)$	$\dfrac{\mathrm{e}^{-\mathrm{i}3\pi/4}}{\sqrt{2}} \begin{pmatrix} 1 \\ -\mathrm{i} \end{pmatrix} = \chi_-(y)$	$\dfrac{1}{\sqrt{2}} \begin{pmatrix} 1 \\ 1 \end{pmatrix} = \chi_+(x)$

可算出 t 时刻电子自旋沿 y 方向的概率:

$$
\begin{aligned}
P(y, t) &= \left| \chi_f^+ \Psi(t) \right|^2 \\
&= \left| \chi_f^+ (\cos \omega t - \mathrm{i}\sigma_z \sin \omega t) \chi_i \right|^2 \\
&= \left| \frac{\mathrm{e}^{\mathrm{i}\pi/4}}{\sqrt{2}} (1 - \mathrm{i}) \begin{pmatrix} \cos \omega t - \mathrm{i}\sin \omega t & 0 \\ 0 & \cos \omega t + \mathrm{i}\sin \omega t \end{pmatrix} \frac{1}{\sqrt{2}} \begin{pmatrix} 1 \\ 1 \end{pmatrix} \right|^2 \\
&= (1 + \sin 2\omega t)/2
\end{aligned}
$$

4.8　角动量理论

以前我们讨论过轨道角动量,用解微分方程的办法求出了其本征值以及本征波函数.上节我们又讨论了自旋,用表象的办法给出了自旋力学量的矩阵形式.一个粒子作轨道运动,具有轨道角动量,可能又有自旋,它们都是角动量,那么合起来粒子是否有个总的角动量呢? 合起来以后,本征值又是怎样的?

4.8.1　角动量算符的本征值和矩阵表示

角动量算符的本征值由它们的对易关系完全决定.

下面我们从角动量算符所满足的对易关系出发,求出角动量算符的本征值和矩阵表示.

一般角动量算符的对易关系写出来就是

$$\begin{cases} \hat{J}_x \hat{J}_y - \hat{J}_y \hat{J}_x = \mathrm{i}\,\hbar \hat{J}_z \\ \hat{J}_y \hat{J}_z - \hat{J}_z \hat{J}_y = \mathrm{i}\,\hbar \hat{J}_x \\ \hat{J}_z \hat{J}_x - \hat{J}_x \hat{J}_z = \mathrm{i}\,\hbar \hat{J}_y \end{cases} \tag{4.8.1}$$

或

$$[\hat{J}_i, \hat{J}_j] = \mathrm{i}\,\hbar \sum_k \varepsilon_{ijk} \hat{J}_k, \quad i,j = 1,2,3 \tag{4.8.2}$$

引进角动量平方算符:

$$\hat{J}^2 \equiv \hat{J}_x^2 + \hat{J}_y^2 + \hat{J}_z^2 = \sum_k \hat{J}_k^2 \tag{4.8.3}$$

$\hat{J}^2$ 和 $\hat{J}_x, \hat{J}_y, \hat{J}_z$ 都是互相对易的:

$$[\hat{J}^2, \hat{J}_i] = 0, \quad i = 1,2,3 \tag{4.8.4}$$

即

$$[\hat{J}^2, \hat{J}_x] = [\hat{J}^2, \hat{J}_y] = [\hat{J}^2, \hat{J}_z] = 0 \tag{4.8.5}$$

因此,角动量算符的平方 $\hat{J}^2$ 可以和角动量 $\hat{J}$ 的任一分量同时对角化(当然必须注意,$\hat{J}^2$ 只能和 $\hat{J}$ 的分量之一同时对角化,而不是和三个分量同时对角化,因为 $\hat{J}_x, \hat{J}_y, \hat{J}_z$ 彼此是不对易的).

我们现在考虑 $\hat{J}^2$ 和 $\hat{J}_z$ 是同时对角化的,即它们有共同的本征函数 $|\lambda m\rangle$. 下面就来求,在 $\hat{J}^2$ 和 $\hat{J}_z$ 同时对角化的表象(**角动量表象**)内,角动量算符 $\hat{J}^2, \hat{J}_z, \hat{J}_x, \hat{J}_y$ 的具体矩阵表示.

我们引进两个新的算符:

$$\begin{cases} \hat{J}_+ = \hat{J}_x + \mathrm{i}\hat{J}_y \\ \hat{J}_- = \hat{J}_x - \mathrm{i}\hat{J}_y \end{cases} \tag{4.8.6}$$

或

$$\hat{J}_\pm = \hat{J}_x \pm \mathrm{i}\hat{J}_y \tag{4.8.7}$$

利用前面角动量的对易关系,可知 $\hat{J}_\pm$ 和 $\hat{J}_z, \hat{J}^2$ 间满足下面的对易关系:

$$\begin{cases} [\hat{J}^2, \hat{J}_\pm] = 0 \\ [\hat{J}_z, \hat{J}_\pm] = \pm\,\hbar \hat{J}_\pm \\ [\hat{J}_+, \hat{J}_-] = 2\hbar J_z \end{cases} \tag{4.8.8}$$

而此时角动量平方可表达为

$$\hat{J}^2 = \frac{1}{2}(\hat{J}_+ \hat{J}_- + \hat{J}_- \hat{J}_+) + \hat{J}_z^2 \tag{4.8.9}$$

现令 $\lambda \hbar^2$ 和 $m\hbar$ 分别是 $\hat{J}^2$ 和 $\hat{J}_z$ 相应于共同的本征函数 $|\lambda m\rangle$ 的本征值,即

$$\begin{cases} \hat{J}^2 |\lambda m\rangle = \lambda \hbar^2 |\lambda m\rangle \\ \hat{J}_z |\lambda m\rangle = m\hbar |\lambda m\rangle \end{cases} \tag{4.8.10}$$

问 λ 等于多少,m 等于多少.

(1) $\lambda \geqslant 0$.这是由于任何一个厄米算符 $\hat{A}$ 平方的对角元非负,即

$$(A^2)_{nn} = \sum_k A_{nk} A_{kn} = \sum_k A_{kn}^* A_{kn} = \sum_k |A_{kn}|^2 \geqslant 0$$

几个厄米算符平方和的矩阵当然也有此性质.

(2) $|m| \leqslant \sqrt{\lambda}$.由式(4.8.3)和式(4.8.10)可知,$\hat{J}_x^2 + \hat{J}_y^2 = \hat{J}^2 - \hat{J}_z^2$ 也是对角化的,因为

$$(\hat{J}_x^2 + \hat{J}_y^2)|\lambda m\rangle = (\hat{J}^2 - \hat{J}_z^2)|\lambda m\rangle = (\lambda - m^2)\hbar^2 |\lambda m\rangle \tag{4.8.11}$$

而 $\hat{J}_x^2 + \hat{J}_y^2$ 是厄米算符的平方和,其对角矩阵元 $\geqslant 0$,由此得出 λ 和 m 必须满足的一个条件:

$$\lambda - m^2 \geqslant 0 \tag{4.8.12}$$

式(4.8.12)表明,对于一个给定的 λ 来说,角动量在 z 轴上的投影量子数 m 受下面的限制:

$$-\sqrt{\lambda} \leqslant m \leqslant \sqrt{\lambda} \tag{4.8.13}$$

(3) 如果 $|\lambda m\rangle$ 是 $\hat{J}^2$ 和 $\hat{J}_z$ 的本征态,相应的本征值分别是 $\lambda \hbar^2$ 和 $m\hbar$,那么 $\hat{J}_\pm |\lambda m\rangle$ 也是 $\hat{J}^2$ 和 $\hat{J}_z$ 的本征态,相应的本征值分别是 $\lambda \hbar^2$ 和 $(m \pm 1)\hbar$.

$$\hat{J}^2(\hat{J}_\pm |\lambda m\rangle) = \hat{J}_\pm \hat{J}^2 |\lambda m\rangle = \lambda \hbar^2 (\hat{J}_\pm |\lambda m\rangle) \tag{4.8.14}$$

$$J_z(\hat{J}_\pm |\lambda m\rangle) = (J_\pm J_z \pm \hbar J_\pm)|\lambda m\rangle = (m \pm 1)\hbar(\hat{J}_\pm |\lambda m\rangle) \tag{4.8.15}$$

因此 $\hat{J}_\pm |\lambda m\rangle$ 和归一化的本征函数 $|\lambda m + 1\rangle$ 一定只相差一个常数,令这常数为 $N_\pm$,则有

$$\hat{J}_\pm |\lambda m\rangle = N_\pm |\lambda m \pm 1\rangle \tag{4.8.16}$$

由于式(4.8.16),$\hat{J}_+$,$\hat{J}_-$ 有时分别被称为"**升**"算符和"**降**"算符(有时也总称为**梯算符**),因为它们使本征值 m 分别增加 1 和减少 1.

(4) 从式(4.8.14)可以看出,对某一固定的 λ 值(固定的总角动量平方本征值)来说,m 值是受限制的,m 必然有一个最大值 m_2 和一个最小值 m_1,于是就有

两个约束条件：

$$\hat{J}_+ |\lambda m_2\rangle = 0 \qquad\qquad (4.8.17)$$

$$\hat{J}_- |\lambda m_1\rangle = 0 \qquad\qquad (4.8.18)$$

将式(4.8.17)从左作用 $\hat{J}_-$，式(4.8.18)从左作用 $\hat{J}_+$，再利用关系式

$$\hat{J}_\mp \hat{J}_\pm = J^2 - \hat{J}_z(\hat{J}_z \pm h) \qquad\qquad (4.8.19)$$

就可以得到

$$\begin{cases} \lambda - m_2(m_2 + 1) = 0 \\ \lambda - m_1(m_1 - 1) = 0 \end{cases} \qquad (4.8.20)$$

从式(4.8.20)中消去 λ，则得

$$m_2(m_2 + 1) = m_1(m_1 - 1)$$

或

$$(m_2 + m_1)(m_2 - m_1 + 1) = 0 \qquad\qquad (4.8.21)$$

从式(4.8.21)得到两种解：$m_1 = -m_2$ 和 $m_2 = m_1 - 1$，由于 $m_2 \geqslant m_1$，所以 $m_2 = m_1 - 1$ 是不合理的，唯一合理的解是

$$m_1 = -m_2 \qquad\qquad (4.8.22)$$

由于两个相继的 m 值差数为 1，所以 $m_2 - m_1$ 是一个非负的整数，我们用 $2j$ 来表示这个整数，就有

$$m_2 - m_1 = 2j \qquad\qquad (4.8.23)$$

从式(4.8.23)和式(4.8.22)解出

$$m_1 = -j, \quad m_2 = j \qquad\qquad (4.8.24)$$

因此对于一个确定的 j，m 的许可值是 $-j \leqslant m \leqslant j$，即

$$m = j, j-1, j-2, \cdots, -j+1, -j \qquad\qquad (4.8.25)$$

于是对于每一个 j，有 $2j+1$ 个许可的 m 值.

（5）由于 $2j$ 是非负的整数，因而 j 可以是零和正的整数或半整数，即

$$j = 0, 1/2, 1, 3/2, 2, \cdots \qquad\qquad (4.8.26)$$

将 m_2（或 m_1）的值代入式(4.8.20)就得到

$$\lambda = j(j + 1) \qquad\qquad (4.8.27)$$

由于最大角动量投影量子数 j（有时称为**权**）完全决定了 λ，因此我们改记本征态 $|\lambda m\rangle$ 为 $|jm\rangle$.

总结以上结果，我们有

$$\begin{cases} \hat{J}^2 \mid jm \rangle = j(j+1)\hbar^2 \mid jm \rangle \\ \hat{J}_z \mid jm \rangle = m\hbar \mid jm \rangle \\ m = j, j-1, \cdots, -j \\ j = 0, 1/2, 1, 3/2, 2, \cdots \end{cases} \qquad (4.8.28)$$

（6）**归一化系数**. 找到了 $\hat{J}^2$ 及 $\hat{J}_z$ 的本征值以后，不难求出常数 $N_\pm$ 的数值. 从式（4.8.16）有

$$1 = \langle jm+1 \mid jm+1 \rangle = \frac{1}{\mid N_+ \mid^2} \langle jm \mid \hat{J}_+^+ \hat{J}_+ \mid jm \rangle = \frac{1}{\mid N_+ \mid^2} \langle jm \mid \hat{J}_- \hat{J}_+ \mid jm \rangle$$

$$= \frac{1}{\mid N_+ \mid^2} \langle jm \mid \hat{J}^2 - \hat{J}_z^2 - \mathrm{i}[\hat{J}_y, \hat{J}_x] \mid jm \rangle = \frac{1}{\mid N_+ \mid^2} \langle jm \mid \hat{J}^2 - \hat{J}_z^2 - \hbar \hat{J}_z \mid jm \rangle$$

$$= \frac{1}{\mid N_+ \mid^2} [j(j+1) - m(m+1)]\hbar^2 \qquad (4.8.29)$$

注意算符 $\hat{J}_\pm$ 是互为厄米的. 由此得

$$\mid N_+ \mid^2 = [j(j+1) - m(m+1)]\hbar^2 \qquad (4.8.30)$$

同样可得

$$\mid N_- \mid^2 = [j(j+1) - m(m-1)]\hbar^2 \qquad (4.8.31)$$

在波函数 $\mid jm \rangle$ 中适当选取相位，就可以使 $N_\pm$ 是实数，于是

$$N_\pm = \sqrt{(j \mp m)(j \pm m + 1)}\,\hbar \qquad (4.8.32)$$

代入式（4.8.16），即有

$$\hat{J}_\pm \mid jm \rangle = \sqrt{(j \mp m)(j \pm m + 1)}\,\hbar \mid jm \pm 1 \rangle \qquad (4.8.33)$$

（7）**角动量矩阵元**. 现在我们有了整套的本征态，根据厄米算符本征态的性质，知道它们正交归一，

$$\langle jm \mid j'm' \rangle = \delta_{jj'} \delta_{mm'} \qquad (4.8.34)$$

它们构成 $(\hat{J}^2, \hat{J}_z)$ 表象的基. 从式（4.8.28）和式（4.8.33）就不难写出在 $(\hat{J}^2, \hat{J}_z)$ 表象内，算符 $\hat{J}^2, \hat{J}_z, \hat{J}_\pm$ 的矩阵表示：

$$(\hat{J}^2)_{jm, j'm'} = \langle jm \mid \hat{J}^2 \mid j'm' \rangle = j(j+1)\hbar^2 \delta_{jj'} \delta_{mm'} \qquad (4.8.35)$$

$$(\hat{J}_z)_{jm, j'm'} = \langle jm \mid \hat{J}_z \mid j'm' \rangle = m\hbar \, \delta_{jj'} \delta_{mm'} \qquad (4.8.36)$$

$$(\hat{J}_\pm)_{jm, j'm'} = \langle jm \mid \hat{J}_\pm \mid j'm' \rangle = \sqrt{(j \pm m)(j \mp m + 1)}\,\hbar \delta_{jj'} \delta_{m, m' \pm 1}$$
$$(4.8.37)$$

由式（4.8.7）可以解出

$$\begin{cases} \hat{J}_x = \dfrac{1}{2}(\hat{J}_+ + \hat{J}_-) \\[2mm] \hat{J}_y = \dfrac{1}{2\mathrm{i}}(\hat{J}_+ - \hat{J}_-) \end{cases} \tag{4.8.38}$$

因而从 $\hat{J}_\pm$ 的矩阵表示式 (4.8.37) 可以得到 $\hat{J}_x , \hat{J}_y$ 的矩阵表示：

$$\begin{cases} (\hat{J}_x)_{jm,j'm'} = \langle jm \mid \hat{J}_x \mid j'm' \rangle \\[2mm] \qquad = \dfrac{\hbar}{2}\delta_{jj'}\left[\sqrt{(j+m)(j-m+1)}\,\delta_{mm'+1} + \sqrt{(j-m)(j+m+1)}\,\delta_{mm'-1}\right] \\[3mm] (\hat{J}_y)_{jm,j'm'} = \langle jm \mid \hat{J}_y \mid j'm' \rangle \\[2mm] \qquad = \dfrac{\hbar}{2\mathrm{i}}\delta_{jj'}\left[\sqrt{(j+m)(j-m+1)}\,\delta_{mm'+1} - \sqrt{(j-m)(j+m+1)}\,\delta_{mm'-1}\right] \end{cases}$$

$$\tag{4.8.39}$$

4.8.2　自旋角动量算符

作为例子，我们写下电子自旋角动量算符 $\hat{S}$ 的矩阵形式. 此时 $j = 1/2$，$m = \pm 1/2$.

$$(\hat{S}^2)_{mm'} = \langle m \mid \hat{S}^2 \mid m' \rangle = \frac{1}{2}\Big(\frac{1}{2}+1\Big)\hbar^2 \delta_{mm'} = \frac{3}{4}\hbar^2 \delta_{mm'}$$

$$(\hat{S}_z)_{mm'} = \langle m \mid \hat{S}_z \mid m' \rangle = m\hbar\,\delta_{mm'}$$

$$(\hat{S}_x)_{mm'} = \frac{\hbar}{2}\Big(\sqrt{3/4 - m(m-1)}\,\delta_{mm'+1} + \sqrt{3/4 - m(m+1)}\,\delta_{mm'-1}\Big)$$

$$(\hat{S}_y)_{mm'} = \frac{\hbar}{2\mathrm{i}}\Big(\sqrt{3/4 - m(m-1)}\,\delta_{mm'+1} - \sqrt{3/4 - m(m+1)}\,\delta_{mm'-1}\Big)$$

整体写下来就有

$$S^2 = \frac{3\hbar^2}{4}\begin{pmatrix} 1 & 0 \\ 0 & 1 \end{pmatrix}$$

$$S_x = \frac{\hbar}{2}\begin{pmatrix} 0 & 1 \\ 1 & 0 \end{pmatrix}, \quad S_y = \frac{\hbar}{2}\begin{pmatrix} 0 & -\mathrm{i} \\ \mathrm{i} & 0 \end{pmatrix}, \quad S_z = \frac{\hbar}{2}\begin{pmatrix} 1 & 0 \\ 0 & -1 \end{pmatrix}$$

不难看到著名的**泡利矩阵**，和前面我们用的一样.

再看看**自旋升、降算符**的形式：

$$S_+ = \hbar\begin{pmatrix} 0 & 1 \\ 0 & 0 \end{pmatrix}, \quad S_- = \hbar\begin{pmatrix} 0 & 0 \\ 1 & 0 \end{pmatrix}$$

4.9 角动量的耦合

4.9.1 两个角动量的耦合

现在我们来考虑两个角动量耦合的问题,这两个角动量可以是两个粒子的轨道角动量,两个粒子的自旋角动量,或一个粒子的轨道角动量和自旋等等.

考虑体系的两个角动量算符 $\hat{\boldsymbol{J}}_1, \hat{\boldsymbol{J}}_2$,分别满足角动量的一般对易关系:

$$\hat{\boldsymbol{J}}_1 \times \hat{\boldsymbol{J}}_1 = \mathrm{i}\hbar \hat{\boldsymbol{J}}_1 \tag{4.9.1}$$

$$\hat{\boldsymbol{J}}_2 \times \hat{\boldsymbol{J}}_2 = \mathrm{i}\hbar \hat{\boldsymbol{J}}_2 \tag{4.9.2}$$

而它们又是相互独立的(两个自由度),可以彼此对易,即

$$[\hat{\boldsymbol{J}}_{1i}, \hat{\boldsymbol{J}}_{2j}] = 0, \quad i,j = 1,2,3 \tag{4.9.3}$$

根据角动量算符的一般性质,不难验证 $\hat{J}_1^2, \hat{J}_{1z}, \hat{J}_2^2, \hat{J}_{2z}$ 四个算符是相互对易的,可以构成一个**完全力学量组**(CSCO).以 $|j_1 m_1\rangle$ 和 $|j_2 m_2\rangle$ 分别表示 $\hat{J}_1^2, \hat{J}_{1z}$ 和 $\hat{J}_2^2, \hat{J}_{2z}$ 的本征函数,即有

$$\begin{cases} \hat{J}_1^2 |j_1 m_1\rangle = j_1(j_1+1)\hbar^2 |j_1 m_1\rangle \\ \hat{J}_{1z} |j_1 m_1\rangle = m_1\hbar |j_1 m_1\rangle \end{cases} \tag{4.9.4}$$

$$\begin{cases} \hat{J}_2^2 |j_2 m_2\rangle = j_2(j_2+1)\hbar^2 |j_2 m_2\rangle \\ \hat{J}_{2z} |j_2 m_2\rangle = m_2\hbar |j_2 m_2\rangle \end{cases} \tag{4.9.5}$$

则它们的直接乘积 $|j_1 m_1; j_2 m_2\rangle \equiv |j_1 m_1\rangle |j_2 m_2\rangle$ 就是这四个力学量的共同本征态,组成正交归一的完备系.以这些本征函数作为基矢的表象称为**非耦合表象**.在这个表象中,对固定角动量量子数 j_1, j_2,表示子空间是 $(2j_1+1)(2j_2+1)$ 维的,力学量 $\hat{J}_1^2, \hat{J}_{1z}, \hat{J}_2^2, \hat{J}_{2z}$ 都是 $(2j_1+1)(2j_2+1)$ 阶的对角矩阵.

现在我们用另一个观点来看问题.把两个角动量加起来,称

$$\hat{\boldsymbol{J}} = \hat{\boldsymbol{J}}_1 + \hat{\boldsymbol{J}}_2 \tag{4.9.6}$$

为体系的**总角动量算符**.可以证明 $\hat{\boldsymbol{J}}$ 也满足角动量的对易关系式.事实上,

$$\begin{aligned}
\left[\hat{\boldsymbol{J}}_i, \hat{\boldsymbol{J}}_j\right] &= \left[\hat{\boldsymbol{J}}_{1i} + \hat{\boldsymbol{J}}_{2i}, \hat{\boldsymbol{J}}_{1j} + \hat{\boldsymbol{J}}_{2j}\right] \\
&= \left[\hat{\boldsymbol{J}}_{1i}, \hat{\boldsymbol{J}}_{1j}\right] + \left[\hat{\boldsymbol{J}}_{1i}, \hat{\boldsymbol{J}}_{2j}\right] + \left[\hat{\boldsymbol{J}}_{2i}, \hat{\boldsymbol{J}}_{1j}\right] + \left[\hat{\boldsymbol{J}}_{2i}, \hat{\boldsymbol{J}}_{2j}\right] \\
&= \mathrm{i}\,\hbar \sum_k \varepsilon_{ijk} \hat{\boldsymbol{J}}_{1k} + 0 + 0 + \mathrm{i}\,\hbar \sum_k \varepsilon_{ijk} \hat{\boldsymbol{J}}_{2k} \\
&= \mathrm{i}\,\hbar \sum_k \varepsilon_{ijk} \hat{\boldsymbol{J}}_k
\end{aligned} \tag{4.9.7}$$

写成矢量形式即为

$$\hat{\boldsymbol{J}} \times \hat{\boldsymbol{J}} = \mathrm{i}\,\hbar \hat{\boldsymbol{J}} \tag{4.9.8}$$

因而 $\hat{\boldsymbol{J}}$ 也是角动量. 总角动量平方算符

$$\hat{\boldsymbol{J}}^2 = \hat{\boldsymbol{J}}_x^2 + \hat{\boldsymbol{J}}_y^2 + \hat{\boldsymbol{J}}_z^2 \tag{4.9.9}$$

和它的分量 $\hat{\boldsymbol{J}}_x, \hat{\boldsymbol{J}}_y, \hat{\boldsymbol{J}}_z$ 中的任一个都是相互对易的, 即

$$\left[\hat{\boldsymbol{J}}^2, \hat{\boldsymbol{J}}\right] = 0 \tag{4.9.10}$$

另外, $\hat{\boldsymbol{J}}^2$ 又可以写成

$$\hat{\boldsymbol{J}}^2 = (\hat{\boldsymbol{J}}_1 + \hat{\boldsymbol{J}}_2)^2 = \hat{\boldsymbol{J}}_1^2 + \hat{\boldsymbol{J}}_2^2 + 2\hat{\boldsymbol{J}}_1 \cdot \hat{\boldsymbol{J}}_2 \tag{4.9.11}$$

上式中利用了 $\hat{\boldsymbol{J}}_1$ 和 $\hat{\boldsymbol{J}}_2$ 的可对易性. 由式(4.9.9)可知 $\hat{\boldsymbol{J}}^2$ 与 $\hat{\boldsymbol{J}}_1^2$ 和 $\hat{\boldsymbol{J}}_2^2$ 都对易, 即

$$\left[\hat{\boldsymbol{J}}^2, \hat{\boldsymbol{J}}_1^2\right] = 0 \tag{4.9.12}$$

$$\left[\hat{\boldsymbol{J}}^2, \hat{\boldsymbol{J}}_2^2\right] = 0 \tag{4.9.13}$$

但是, $\hat{\boldsymbol{J}}^2$ 和 $\hat{\boldsymbol{J}}_{1x}, \hat{\boldsymbol{J}}_{1y}, \hat{\boldsymbol{J}}_{1z}$ 以及 $\hat{\boldsymbol{J}}_{2x}, \hat{\boldsymbol{J}}_{2y}, \hat{\boldsymbol{J}}_{2z}$ 都是不对易的, 这从式(4.9.11)中含有 $\hat{\boldsymbol{J}}_1 \cdot \hat{\boldsymbol{J}}_2$ 的项就可以看出来.

不难证明, 总角动量的分量 $\hat{\boldsymbol{J}}_z$ 和 $\hat{\boldsymbol{J}}_1^2, \hat{\boldsymbol{J}}_2^2$ 也是可对易的,

$$\left[\hat{\boldsymbol{J}}_z, \hat{\boldsymbol{J}}_1^2\right] = 0 \tag{4.9.14}$$

$$\left[\hat{\boldsymbol{J}}_z, \hat{\boldsymbol{J}}_2^2\right] = 0 \tag{4.9.15}$$

四个独立的力学量 $\hat{\boldsymbol{J}}^2, \hat{\boldsymbol{J}}_z, \hat{\boldsymbol{J}}_1^2, \hat{\boldsymbol{J}}_2^2$ 互易, 可以是另一套 CSCO, 有共同本征函数系, 令其本征态为 $|j_1 j_2 jm\rangle$ 或简写为 $|jm\rangle$(对固定的 j_1, j_2),

$$\begin{cases}
\hat{\boldsymbol{J}}_1^2 \mid jm\rangle = j_1(j_1 + 1)\hbar^2 \mid jm\rangle \\
\hat{\boldsymbol{J}}_2^2 \mid jm\rangle = j_2(j_2 + 1)\hbar^2 \mid jm\rangle \\
\hat{\boldsymbol{J}}^2 \mid jm\rangle = j(j + 1)\hbar^2 \mid jm\rangle \\
\hat{\boldsymbol{J}}_z \mid jm\rangle = m\hbar \mid jm\rangle
\end{cases} \tag{4.9.16}$$

以$|jm\rangle$为基矢的表象称为**耦合表象**.在这个表象中,对已确定的总角动量量子数j,力学量$\hat{J}^2,\hat{J}_z,\hat{J}_1^2,\hat{J}_2^2$都是$2j+1$阶对角矩阵.非耦合表象和耦合表象都在同一个态空间,态空间维数为$(2j_1+1)(2j_2+1)$.表象转换不会改变空间维数.因此,对固定的角动量j_1,j_2值,总角动量的本征值j可能要取一组数值.

另外,$|j_1m_1\rangle|j_2m_2\rangle$不仅是$\hat{J}_1^2,\hat{J}_{1z},\hat{J}_2^2,\hat{J}_{2z}$的共同本征函数,而且也是$\hat{J}_z,\hat{J}_1^2,\hat{J}_2^2$的共同本征函数,因为

$$\hat{J}_z|j_1m_1\rangle|j_2m_2\rangle = (\hat{J}_{1z}+\hat{J}_{2z})|j_1m_1\rangle|j_2m_2\rangle$$
$$= (m_1+m_2)\hbar|j_1m_1\rangle|j_2m_2\rangle \qquad (4.9.17)$$

但是$|j_1m_1\rangle|j_2m_2\rangle$不是总角动量平方$\hat{J}^2$的本征函数.为了得到$\hat{J}^2,\hat{J}_z,\hat{J}_1^2,\hat{J}_2^2$的共同本征函数,可以将$|j_1m_1\rangle|j_2m_2\rangle$进行线性组合(表象变换),

$$|jm\rangle = \sum_{m_1m_2} C_{j_1m_1j_2m_2}^{jm}|j_1m_1\rangle|j_2m_2\rangle$$
$$\equiv \sum_{m_1m_2}|j_1m_1\rangle|j_2m_2\rangle\langle j_1m_1j_2m_2|jm\rangle \qquad (4.9.18)$$

上式对m_1,m_2的所有可能值求和.式中的系数$C_{j_1m_1j_2m_2}^{jm}\equiv\langle j_1m_1j_2m_2|jm\rangle$称为**矢量耦合系数**或**克来布施-高登(Clebsch-Gordon)系数**.将$\hat{J}_z$作用于式(4.9.18)两边,可以得出

$$\sum_{m_1m_2}(m-m_1-m_2)\langle j_1m_1j_2m_2|jm\rangle|j_1m_1\rangle|j_2m_2\rangle = 0$$

从中看出,只有当

$$m = m_1+m_2 \qquad (4.9.19)$$

时,系数$\langle j_1m_1j_2m_2|jm\rangle$才可能不为0.所以式(4.9.18)中的求和实际上只需要对m_1进行,而m_2可用$m-m_1$代入:

$$|jm\rangle = \sum_{m_1}|j_1m_1\rangle|j_2m-m_1\rangle\langle j_1m_1j_2m-m_1|jm\rangle \qquad (4.9.20)$$

式(4.9.18)或式(4.9.20)就是从非耦合表象基矢$|j_1m_1\rangle|j_2m_2\rangle$到耦合表象基矢$|jm\rangle$之间的一个**酉变换**,矢量耦合系数是酉变换矩阵的矩阵元.

现在我们来求当j_1和j_2给定时,总角动量j可能取的数值.

由于磁量子数相加,$m=m_1+m_2$,而m_1,m_2的最大值分别是j_1,j_2,故m的最大值就是j_1+j_2,所以j的最大值可以立即得出:

$$j_{\max} = j_1+j_2 \qquad (4.9.21)$$

而且j只有这一个最大值.于是可取总角动量的最大投影态为

$$|\,j_{\max}\,j_{\max}\rangle = |\,j_1 + j_2 j_1 + j_2\rangle = |\,j_1 j_1\rangle\,|\,j_2 j_2\rangle \tag{4.9.22}$$

这相当于取 C-G 系数：

$$\langle j_1 j_1 j_2 j_2\,|\,j_1 + j_2 j_1 + j_2\rangle = 1 \tag{4.9.23}$$

在式(4.9.22)两边作用以降算符：

$$\hat{J}_- = \hat{J}_{1-} + \hat{J}_{2-}$$

根据降算符作用的性质,左边为

$$\hat{J}_-\,|\,j_{\max}\,j_{\max}\rangle = \sqrt{2 j_{\max}}\,\hbar\,|\,j_{\max}\,j_{\max} - 1\rangle = \sqrt{2(j_1 + j_2)}\,\hbar\,|\,j_1 + j_2 j_1 + j_2 - 1\rangle$$

而右边为

$$(\hat{J}_{1-} + \hat{J}_{2-})\,|\,j_1 j_1\rangle\,|\,j_2 j_2\rangle = \hat{J}_{1-}\,|\,j_1 j_1\rangle\,|\,j_2 j_2\rangle + |\,j_1 j_1\rangle\hat{J}_{2-}\,|\,j_2 j_2\rangle$$

$$= \sqrt{2 j_1}\,\hbar\,|\,j_1 j_1 - 1\rangle\,|\,j_2 j_2\rangle + \sqrt{2 j_2}\,\hbar\,|\,j_1 j_1\rangle\,|\,j_2 j_2 - 1\rangle$$

两边等起来,我们就得到了最大总角动量的第二个态：

$$|\,j_{\max}\,j_{\max} - 1\rangle = |\,j_1 + j_2 j_1 + j_2 - 1\rangle$$

$$= \sqrt{\frac{j_1}{j_1 + j_2}}\,|\,j_1 j_1 - 1\rangle\,|\,j_2 j_2\rangle + \sqrt{\frac{j_2}{j_1 + j_2}}\,|\,j_1 j_1\rangle\,|\,j_2 j_2 - 1\rangle$$

$$\tag{4.9.24}$$

我们实际上求出了两个 C-G 系数：

$$\begin{cases} \langle j_1 j_1 - 1 j_2 j_2\,|\,j_1 + j_2 j_1 + j_2 - 1\rangle = \sqrt{j_1/(j_1 + j_2)} \\ \langle j_1 j_1 j_2 j_2 - 1\,|\,j_1 + j_2 j_1 + j_2 - 1\rangle = \sqrt{j_2/(j_1 + j_2)} \end{cases} \tag{4.9.25}$$

同样再用降算符作用在式(4.9.24)两边,可求得第三个态：

$$|\,j_{\max}\,j_{\max} - 2\rangle = |\,j_1 + j_2 j_1 + j_2 - 2\rangle$$

及相应的 C-G 系数,如此一直算到最后一个态：

$$|\,j_{\max} - j_{\max}\rangle = |\,j_1 + j_2 - (j_1 + j_2)\rangle$$

我们就得到了最大总角动量的一组态：

$$\{|\,j_1 + j_2 m\rangle, \quad m = j_1 + j_2, j_1 + j_2 - 1, \cdots, -(j_1 + j_2)\}$$

接着来求仅次于最大总角动量的态.这时剩下的非耦合态中,m 的最大值是 $j_1 + j_2 - 1$,这个值来自两个非耦合态：$m_1 = j_1, m_2 = j_2 - 1$ 和 $m_1 = j_1 - 1, m_2 = j_2$,这两个态的一种组合给出耦合态$|\,j_1 + j_2 j_1 + j_2 - 1\rangle$,而另外一种组合只能给出耦合态 $m = j = j_1 + j_2 - 1$.设

$$|\,j_1 + j_2 - 1 j_1 + j_2 - 1\rangle = a\,|\,j_1 j_1 - 1\rangle\,|\,j_2 j_2\rangle + b\,|\,j_1 j_1\rangle\,|\,j_2 j_2 - 1\rangle$$

它本身归一,且必须与$|\,j_1 + j_2 j_1 + j_2 - 1\rangle$正交,

$$\langle j_1 + j_2 j_1 + j_2 - 1 \mid j_1 + j_2 - 1 j_1 + j_2 - 1 \rangle = 0$$

$$\langle j_1 + j_2 - 1 j_1 + j_2 - 1 \mid j_1 + j_2 - 1 j_1 + j_2 - 1 \rangle = 1$$

由此得两个关于系数 a, b 的方程:

$$a \sqrt{\frac{j_1}{j_1 + j_2}} + b \sqrt{\frac{j_2}{j_1 + j_2}} = 0$$

$$|a|^2 + |b|^2 = 1$$

可解出(选择实系数)

$$a = \sqrt{\frac{j_2}{j_1 + j_2}}, \quad b = -\sqrt{\frac{j_1}{j_1 + j_2}}$$

亦即

$$|j_1 + j_2 - 1 j_1 + j_2 - 1\rangle$$

$$= \sqrt{\frac{j_2}{j_1 + j_2}} |j_1 j_1 - 1\rangle |j_2 j_2\rangle - \sqrt{\frac{j_1}{j_1 + j_2}} |j_1 j_1\rangle |j_2 j_2 - 1\rangle \quad (4.9.26)$$

从此态出发,利用降算符的作用,可以生成总角动量为 $j_1 + j_2 - 1$ 的全部 $2(j_1 + j_2 - 1) + 1 = 2(j_1 + j_2) - 1$ 个投影态:

$$\{ |j_1 + j_2 - 1 m\rangle, \quad m = j_1 + j_2 - 1, j_1 + j_2 - 2, \cdots, -(j_1 + j_2 - 1) \}$$

这样计算下去,我们就发现 j 可以依次取值

$$j_1 + j_2, \quad j_1 + j_2 - 1, \quad j_1 + j_2 - 2, \quad \cdots$$

每两个相邻的 j 值都差 1,而最后 j 一定有一个最小值 j_{min}. 为了定出 j_{min},我们利用一个条件,即非耦合表象中基矢 $|j_1 m_1\rangle |j_2 m_2\rangle$ 的总数和耦合表象中基矢 $|j m\rangle$ 的总数应该是相等的.

非耦合表象基矢的总数为 $(2j + 1)(2j_2 + 1)$ 个. 而对于耦合表象,基矢为 $\{ |j m\rangle, m = j, j - 1, \cdots, -j; j = j_{max}, j_{max} - 1, \cdots, j_{min}; j_{max} = j_1 + j_2 \}$. 于是两个表象中基矢总数相等的条件就变成

$$\sum_{j = j_{min}}^{j_{max}} (2j + 1) = (2j_1 + 1)(2j_2 + 1) \quad (4.9.27)$$

上式左边是一个等差级数的求和(相邻的 j 值差 1),很容易求出

$$\sum_{j = j_{min}}^{j_{max}} (2j + 1) = \frac{(2j_{max} + 1) + (2j_{min} + 1)}{2} (j_{max} - j_{min} + 1)$$

$$= (j_{max} + j_{min} + 1)(j_{max} - j_{min} + 1) = (j_{max} + 1)^2 - j_{min}^2$$

$$= (j_1 + j_2 + 1)^2 - j_{min}^2 \quad (4.9.28)$$

将式(4.9.28)代入式(4.9.27),可得

$$j_{\min}^2 = (j_1 - j_2)^2$$

由于 $j_{\min} \geqslant 0$,故得

$$j_{\min} = |j_1 - j_2| \qquad (4.9.29)$$

由此可知,当 j_1 和 j_2 给定时,j 可能取的值是

$$j = j_1 + j_2, \; j_1 + j_2 - 1, \; j_1 + j_2 - 2, \cdots, |j_1 - j_2| \qquad (4.9.30)$$

为了简明起见,我们常用下式表示这一约化过程:

$$\underline{j_1} \otimes \underline{j_2} = \underline{j_1 + j_2} \oplus \underline{j_1 + j_2 - 1} \oplus \cdots \oplus \underline{|j_1 - j_2|}$$

在熟悉的情况下,这里的直乘、直和符号常用普通的乘号、加号代替,例如 $\dfrac{1}{2} \times \dfrac{1}{2} = \underline{0} + \underline{1}$.

如果用矢量来形象地表示角动量,式(4.9.30)就表示两个角动量矢量之和可以由两角动量数值之和变为它们的数值之差(平行变为反平行),每一步的改变都是 $1. j_1, j_2, j$ 所满足的关系(4.9.30)称为**三角形关系**,通常以 $\Delta(j_1 j_2 j)$ 表示(图 4.9.1).

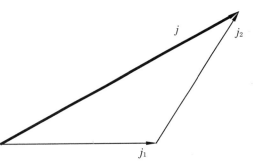

图 4.9.1　两个角动量的耦合

知道了两个角动量的耦合,那么多个角动量的耦合也就可依次进行了.

4.9.2　矢量耦合系数(C-G 系数)

上一节我们求得了 j 和 m 的值,解决了 j^2 和 j_z 的本征值问题,至于总角动量的本征函数 $|jm\rangle$,由式(4.9.18)或式(4.9.20)可知,需要知道矢量耦合系数才能确定.这一节我们就来讨论矢量耦合(C-G)系数 $\langle j_1 m_1 j_2 m_2 | jm \rangle$ 的性质及其具体表达式.

矢量耦合系数有下列性质:

(1) 如果 j_1, j_2, j 不满足三角形关系,则矢耦合数为 0,即

$$\langle j_1 m_1 j_2 m_2 | jm \rangle = 0, \quad 如果 \Delta(j_1 j_2 j) 不成立 \qquad (4.9.31)$$

如果 $m \neq m_1 + m_2$,则矢耦合系数为 0,即

$$\langle j_1 m_1 j_2 m_2 | jm \rangle = 0, \quad 如果 m \neq m_1 + m_2 \qquad (4.9.32)$$

如果 $m = j = j_1 + j_2$ 取最大值,有

$$\langle j_1 j_1 j_2 j_2 \mid j_1 + j_2 j_1 + j_2 \rangle = 1 \qquad (4.9.33)$$

因为展开式只有一项.

(2) 适当选择相位,C-G 系数总可选为实的:

$$\langle j_1 m_1 j_2 m_2 \mid jm \rangle^* = \langle j_1 m_1 j_2 m_2 \mid jm \rangle$$

(3) C-G 系数实现表象变换,是一个么正变换的矩阵元,满足下列正交关系:

$$\sum_{m_1 = -j_1}^{j_1} \langle j_1 m_1 j_2 m - m_1 \mid jm \rangle \langle j_1 m_1 j_2 m' - m_1 \mid j'm' \rangle = \delta_{jj'} \delta_{mm'}$$

$$(4.9.34)$$

$$\sum_{j = |j_1 - j_2|}^{j_1 + j_2} \langle j_1 m_1 j_2 m - m_1 \mid jm \rangle \langle j_1 m_1' j_2 m' - m_1' \mid jm' \rangle = \delta_{m_1 m_1'} \delta_{mm'}$$

$$(4.9.35)$$

利用这种正交关系,我们可以证明变换式(4.9.20)的逆变换式为

$$\mid j_1 m_1 \rangle \mid j_2 m_2 \rangle = \sum_j \langle j_1 m_1 j_2 m_2 \mid jm \rangle \mid jm \rangle \qquad (4.9.36)$$

(4) C-G 系数有下列对称性质:

$$\langle j_1 m_1 j_2 m_2 \mid jm \rangle = (-1)^{j_1 + j_2 - j} \langle j_1 - m_1 j_2 - m_2 \mid j - m \rangle \qquad (4.9.37)$$

$$\langle j_1 m_1 j_2 m_2 \mid jm \rangle = (-1)^{j_1 + j_2 - j} \langle j_2 m_2 j_1 m_1 \mid jm \rangle \qquad (4.9.38)$$

$$\langle j_1 m_1 j_2 m_2 \mid jm \rangle = (-1)^{j_1 - m_1} \left(\frac{2j + 1}{2j_2 + 1} \right)^{\frac{1}{2}} \langle j_1 m_1 j - m \mid j_2 - m_2 \rangle$$

$$(4.9.39)$$

式(4.9.37)右边的 C-G 系数是由左边的 C-G 系数中的 m_1, m_2, m 反号得出的,式(4.9.39)右边的 C-G 系数是把左边的 j_2 和 j 互换以及将 m_2 和 m 互换并且反号得出的.这些 C-G 系数中 m 都等于 m_1 与 m_2 之和,否则系数为零.C-G 系数的对称关系中上述三个是独立的,从它们还可以推导出其他的关系,例如从式(4.9.37)~(4.9.39)可以推出关系:

$$\langle j_1 m_1 j_2 m_2 \mid jm \rangle = (-1)^{j_2 + m_2} \left(\frac{2j + 1}{2j_1 + 1} \right)^{1/2} \langle j - m j_2 m_2 \mid j_1 - m_1 \rangle$$

$$(4.9.40)$$

对称关系的证明要用到 C-G 系数的明显表示式,在这里就不详述了.矢量耦合系数的明显表示式的推导比较复杂,结果是

$$\langle j_1 m_1 j_2 m_2 \mid j_3 m_3 \rangle$$

$$= \delta_{m_3,\, m_1+m_2} \times \Bigg[(2j_3 + 1)\, \frac{(j_1 + j_2 - j_3)!\,(j_3 + j_1 - j_2)!\,(j_3 + j_2 - j_1)!}{(j_1 + j_2 + j_3 + 1)!}$$

$$\times\, (j_1 + m_1)!\,(j_1 - m_1)!\,(j_2 + m_2)!\,(j_2 - m_2)!\,(j_3 + m_3)!\,(j_3 - m_3)! \Bigg]^{\frac{1}{2}}$$

$$\times \sum_{\nu} \frac{(-1)^\nu}{\nu!} \Big[(j_1 + j_2 - j_3 - \nu)!\,(j_1 - m_1 - \nu)!\,(j_2 + m_2 - \nu)!$$

$$\times\, (j_3 - j_2 + m_1 + \nu)!\,(j_3 - j_1 - m_2 + \nu)! \Big]^{-1} \tag{4.9.41}$$

式中求和指标 ν 所取的值只限于使求和项内所有阶乘符号里面的数不为负数,这是会自动满足的,因为当 n 为正整数时,定义 $\dfrac{1}{(-n)!} = 0$.

C-G 系数的数值并不常常直接用到,因为有许多分析工作常常可以利用正交关系式(4.9.34)、式(4.9.35)和对称关系式(4.9.37)~(4.9.39)来完成.但有时也需要 C-G 系数的数值,人们为了实际应用的方便,就作出一些常用的 C-G 系数表,以备查用.杂志上可见到类似图 4.9.2.

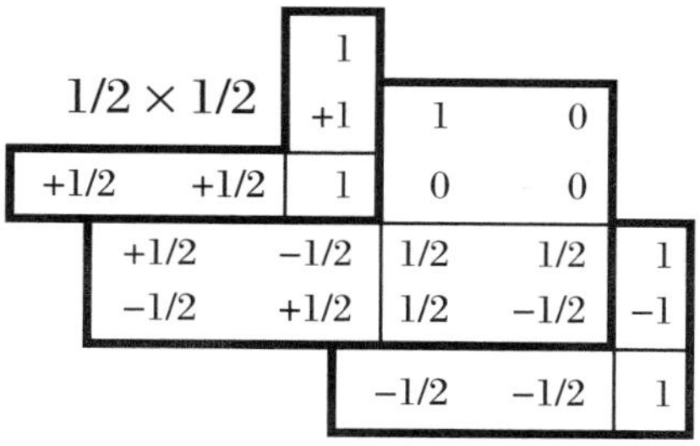

1/2 × 1/2		1		
		+1	1	0
+1/2	+1/2	1	0	0
+1/2	-1/2	1/2	1/2	1
-1/2	+1/2	1/2	-1/2	-1
		-1/2	-1/2	1

图 4.9.2　自旋-自旋耦合 C-G 系数

它表示的是两个自旋 $\hbar/2$ 的耦合系数,即 $\langle \frac{1}{2} m_1 \frac{1}{2} m_2 \mid jm \rangle$.为了印刷方便,把开根号的符号省去了.例如应从表上读出 $\langle \frac{1}{2} -\frac{1}{2} \frac{1}{2} \frac{1}{2} \mid 00 \rangle = -\sqrt{\frac{1}{2}}$.

下面再给出 $\underline{1} \otimes \underline{\frac{1}{2}}$ 的 C-G 系数(图 4.9.3).

4.9.3　自旋角动量的耦合

应用上经常要用到两个自旋的耦合.由关系 $\underline{\frac{1}{2}} \times \underline{\frac{1}{2}} = \underline{0} + \underline{1}$ 知道,两个自旋 1/2 的粒子,可以耦合出一

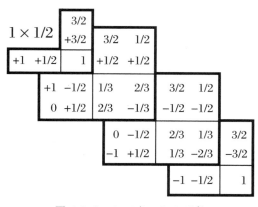

图 4.9.3　1 × 1/2　C-G 系数

个单态(总自旋为0)和一个三态(总自旋为1).直接做,或从前面的 C-G 系数,可以写出耦合的态:

$$\begin{cases} |00\rangle = \dfrac{1}{\sqrt{2}}\left(|\dfrac{1}{2}\rangle_1 |-\dfrac{1}{2}\rangle_2 - |-\dfrac{1}{2}\rangle_1 |\dfrac{1}{2}\rangle_2 \right) \\[2mm] |11\rangle = |\dfrac{1}{2}\rangle_1 |\dfrac{1}{2}\rangle_2 \\[2mm] |10\rangle = \dfrac{1}{\sqrt{2}}\left(|\dfrac{1}{2}\rangle_1 |-\dfrac{1}{2}\rangle_2 + |-\dfrac{1}{2}\rangle_1 |\dfrac{1}{2}\rangle_2 \right) \\[2mm] |1-1\rangle = |-\dfrac{1}{2}\rangle_1 |-\dfrac{1}{2}\rangle_2 \end{cases} \tag{4.9.42}$$

我们注意到,单态对两个粒子的交换是反对称的,而三态则是对称的.

当然反过来,非耦合态可用耦合态表达出来:

$$\begin{cases} |\dfrac{1}{2}\rangle_1 |\dfrac{1}{2}\rangle_2 = |11\rangle \\[2mm] |\dfrac{1}{2}\rangle_1 |-\dfrac{1}{2}\rangle_2 = \dfrac{1}{\sqrt{2}}(|10\rangle + |00\rangle) \\[2mm] |-\dfrac{1}{2}\rangle_1 |\dfrac{1}{2}\rangle_2 = \dfrac{1}{\sqrt{2}}(|10\rangle - |00\rangle) \\[2mm] |-\dfrac{1}{2}\rangle_1 |-\dfrac{1}{2}\rangle_2 = |1-1\rangle \end{cases} \tag{4.9.43}$$

4.10 自旋轨道耦合和能级精细结构

我们在前面讨论氢原子或类氢原子时都只考虑了静电作用.单原子光谱的复杂现象告诉我们,单考虑静电作用是远远不够的.

4.10.1 托马斯耦合

描述电子的相对论性运动方程叫狄拉克方程,狄拉克方程里自旋会自然地出现.从运动在有心势场 $V(r)$ 中的电子狄拉克方程出发,作非相对论近似,会得到下面的哈氏量:

$$\hat{H} = \frac{1}{2\mu}\hat{p}^2 + V(r) + \frac{1}{2\mu^2 c^2}\frac{1}{r}\frac{\mathrm{d}V(r)}{\mathrm{d}r}\hat{L}\cdot\hat{S}$$

$$= \hat{H}_0 + \hat{H}' \tag{4.10.1}$$

该哈氏量比以前原子哈氏量多出的一项:

$$\begin{cases} H' = \xi(r)\hat{L}\cdot\hat{S} \\ \xi(r) = \frac{1}{2\mu^2 c^2}\frac{1}{r}\frac{\mathrm{d}V(r)}{\mathrm{d}r} \end{cases} \tag{4.10.2}$$

称为**托马斯(Thomas)耦合项**. 从磁矩与角动量的关系可知,它代表了轨道磁矩与自旋磁矩之间的相互作用.

4.10.2 CSCO

以前讲氢原子时,没有托马斯项,那时我们选的完全力学量组是三个:$(\hat{H},\hat{L}^2,\hat{L}_z)$. 现在自旋进来了,多了个自由度,至少要增加一个力学量. 另外,原来的是否还可以继续"留任"呢? 要检查.

哈氏量式(4.10.1)有个自旋轨道耦合 $\hat{L}\cdot\hat{S}$,我们看轨道角动量是否可与哈氏量对易,关键要看对易关系

$$\begin{aligned} \left[\hat{L}_i,\hat{L}\cdot\hat{S}\right] &= \left[\hat{L}_i,\sum_j\hat{L}_j\hat{S}_j\right] = \sum_j\left[\hat{L}_i,\hat{L}_j\hat{S}_j\right] \\ &= \sum_j\hat{L}_j\left[\hat{L}_i,\hat{S}_j\right] \\ &= \mathrm{i}\hbar\sum\varepsilon_{ijk}\hat{L}_k\hat{S}_j \neq 0 \end{aligned} \tag{4.10.3}$$

这里用了自旋与轨道两种自由度,可以交换. 由此可知$[\hat{L},\hat{H}]\neq 0$,$\hat{L}_z$ 不适合进"完备班子"了,但注意

$$\left[\hat{L}^2,\hat{L}\cdot\hat{S}\right] = \sum_i\left[\hat{L}^2,\hat{L}_i\right]\hat{S}_i = 0 \tag{4.10.4}$$

所以轨道角动量平方可以"留任".

再看自旋角动量:

$$\begin{aligned} \left[\hat{S}_i,\hat{L}\cdot\hat{S}\right] &= \left[\hat{S}_i,\sum_j\hat{L}_j\hat{S}_j\right] = \sum_j\left[\hat{S}_i,\hat{L}_j\hat{S}_j\right] \\ &= \sum_j\left[\hat{S}_i,\hat{L}_j\right]\hat{S}_j + \sum_j\hat{L}_j\left[\hat{S}_i,\hat{S}_j\right] \\ &= \mathrm{i}\hbar\sum\varepsilon_{ijk}\hat{L}_j\hat{S}_k = -\left[\hat{L}_i,\hat{L}\cdot\hat{S}\right] \neq 0 \end{aligned} \tag{4.10.5}$$

因此自旋投影 $\hat{S}_z$ 也不适合进完备组. 从上面两个对易关系看, 轨道角动量和自旋角动量的和(总角动量)

$$\hat{\boldsymbol{J}} = \hat{\boldsymbol{L}} + \hat{\boldsymbol{S}} \qquad (4.10.6)$$

是与哈氏量可易的:

$$[\hat{J}_i, \hat{\boldsymbol{L}} \cdot \hat{\boldsymbol{S}}] = [\hat{L}_i, \hat{\boldsymbol{L}} \cdot \hat{\boldsymbol{S}}] + [\hat{S}_i, \hat{\boldsymbol{L}} \cdot \hat{\boldsymbol{S}}] = 0 \qquad (4.10.7)$$

$$\begin{cases} [\hat{\boldsymbol{J}}, \hat{H}] = 0 \\ [\hat{\boldsymbol{J}}^2, \hat{H}] = 0 \end{cases} \qquad (4.10.8)$$

因此我们可选力学量完备组为

$$\{\hat{H}, \hat{\boldsymbol{L}}^2, \hat{\boldsymbol{J}}^2, \hat{J}_z\}$$

4.10.3 角向本征波函数——球旋量

哈氏量是与具体系统有关的(决定于势), 而完全组中三个角动量有普遍意义. 我们先来求出它们的共同本征波函数, 这相当于一个轨道角动量与一个 1/2 自旋的耦合. 轨道角动量的本征态为球谐函数 $\{Y_{lm}, m = l, l-1, \cdots, -l; l = 0, 1, 2, \cdots\}$, 自旋波函数是 $\{\chi_s, s = \pm 1/2\}$.

依据上节的角动量耦合理论我们可得到总角动量平方、总角动量投影以及轨道角动量平方的共同本征态:

$$\begin{cases} |JM\rangle = \sum_{M=m+s} \langle lm\, \frac{1}{2}s | JM \rangle Y_{lm} \chi_s \\ M = J, J-1, \cdots, -J \\ J = l + 1/2, l - 1/2 \end{cases} \qquad (4.10.9)$$

利用 C-G 系数的表达式, 可以写出它们在坐标表象中的具体形式:

$$\langle \boldsymbol{x} | J = l + \frac{1}{2} \quad M \rangle = \sqrt{\frac{l + M + 1/2}{2l+1}} Y_{lM-1/2} \chi_{1/2} + \sqrt{\frac{l - M + 1/2}{2l+1}} Y_{lM+1/2} \chi_{-1/2}$$

$$= \begin{pmatrix} \sqrt{\dfrac{l + M + 1/2}{2l+1}} Y_{lM-1/2} \\ \sqrt{\dfrac{l - M + 1/2}{2l+1}} Y_{lM+1/2} \end{pmatrix} \qquad (4.10.10)$$

$$\langle \boldsymbol{x} | J = l - \frac{1}{2} \quad M \rangle = -\sqrt{\frac{l - M + 1/2}{2l+1}} Y_{lM-1/2} \chi_{1/2} + \sqrt{\frac{l + M + 1/2}{2l+1}} Y_{lM+1/2} \chi_{-1/2}$$

$$= \begin{pmatrix} -\sqrt{\dfrac{\ell - M + 1/2}{2\ell + 1}} Y_{\ell M - 1/2} \\ \sqrt{\dfrac{\ell + M + 1/2}{2\ell + 1}} Y_{\ell M + 1/2} \end{pmatrix} \tag{4.10.11}$$

它们被称为**球旋量**，满足的本征方程为

$$\begin{cases} \hat{\boldsymbol{J}}^2 \mid JM \rangle = J(J+1) \hbar^2 \mid JM \rangle \\ \hat{J}_z \mid JM \rangle = M \hbar \mid JM \rangle \\ \hat{\boldsymbol{L}}^2 \mid JM \rangle = \ell(\ell+1) \hbar^2 \mid JM \rangle \end{cases} \tag{4.10.12}$$

利用关系

$$\hat{\boldsymbol{L}} \cdot \hat{\boldsymbol{S}} = \frac{1}{2}(\hat{\boldsymbol{J}}^2 - \hat{\boldsymbol{L}}^2 - \hat{\boldsymbol{S}}^2) \tag{4.10.13}$$

我们知道球旋量也是托马斯项的角向本征函数

$$\hat{\boldsymbol{L}} \cdot \hat{\boldsymbol{S}} \mid JM \rangle = \frac{\hbar^2}{2}\left[J(J+1) - \ell(\ell+1) - \frac{3}{4} \right] \mid JM \rangle \tag{4.10.14}$$

4.10.4　一般解

哈氏量式(4.10.1)的定态方程为

$$\begin{cases} \hat{H}\Psi = E\Psi \\ \Psi = R(r) \mid JM \rangle \end{cases} \tag{4.10.15}$$

径向函数满足的方程为

$$\frac{1}{r^2}\frac{\mathrm{d}}{\mathrm{d}r}r^2\frac{\mathrm{d}R}{\mathrm{d}r} + \left[\frac{2\mu}{\hbar^2}(E - V(r)) - \frac{\ell(\ell+1)}{r^2}\right]R$$

$$- \frac{[J(J+1) - \ell(\ell+1) - 3/4]}{2\mu c^2}\frac{1}{r}\frac{\mathrm{d}V(r)}{\mathrm{d}r}R = 0 \tag{4.10.16}$$

有了具体形成原子的位势，就可以解出本征值和本征波函数：

$$\begin{cases} E = E_{n_r \ell J} \\ R = R_{n_r \ell J}(r) \\ \Psi_{n_r \ell JM} = R_{n_r \ell J}(r) \mid JM \rangle \end{cases} \tag{4.10.17}$$

如果忽略方程最后那反映自旋轨道耦合的项，这方程就是我们过去解氢原子时的径向薛定谔方程，其解就是 $R_{n_r \ell}(r)$.

4.10.5　能级修正

现在我们来看看考虑了自旋轨道耦合后能级的变化.

能量本征值为

$$
\begin{aligned}
E_{n_r lJ} &= \langle n_r lJM \mid \hat{H} \mid n_r lJM \rangle \\
&= \langle n_r lJM \mid \hat{H}_0 \mid n_r lJM \rangle + \langle n_r lJM \mid \hat{H}' \mid n_r lJM \rangle \\
&= \langle n_r lJM \mid \hat{H}_0 \mid n_r lJM \rangle + \frac{\hbar^2}{2}\Big[J(J+1) - l(l+1) - \frac{3}{4} \Big] \langle n_r lJM \mid \xi \mid n_r lJM \rangle \\
&= \langle R_{n_r lJ} \mid \hat{H}_0 \mid R_{n_r lJ} \rangle + \frac{\hbar^2}{2}\Big[J(J+1) - l(l+1) - \frac{3}{4} \Big] \langle R_{n_r lJ} \mid \xi \mid R_{n_r lJ} \rangle
\end{aligned}
$$

$$(4.10.18)$$

其中径向函数 $R_{n_r lJ}$ 满足上小节中的方程(4.10.16).考虑到自旋轨道耦合的修正比较小,我们可以在求解径向方程时先忽略掉它的影响,这时的解就是 $R_{n_r l}(r)$.于是我们可得到

$$
\begin{cases}
E_{n_r lJ} = E_{n_r l} + \dfrac{\hbar^2}{2}\Big[J(J+1) - l(l+1) - \dfrac{3}{4} \Big] \langle R_{n_r lJ} \mid \xi \mid R_{n_r lJ} \rangle \\[2mm]
\qquad\;\; = E_{n_r l} + E'_{n_r lJ} \\[2mm]
E'_{n_r lJ} = \dfrac{\hbar^2}{2}\Big[J(J+1) - l(l+1) - \dfrac{3}{4} \Big] \langle R_{n_r lJ} \mid \xi \mid R_{n_r lJ} \rangle \\[2mm]
\qquad\;\; = \begin{cases} \dfrac{\hbar^2}{2} l A , & J = l + 1/2 \\[3mm] -\dfrac{(l+1)\hbar^2}{2} A , & J = l - 1/2 \end{cases} \\[6mm]
A = \langle R_{n_r lJ} \mid \xi \mid R_{n_r lJ} \rangle = \displaystyle\int r^2 \mathrm{d}r R_{n_r lJ}^2 \xi(r)
\end{cases}
$$

$$(4.10.19)$$

对于氢原子或类氢原子,$V(r) = -Ze^2/(4\pi\varepsilon_0 r)$,利用 4.2 节中的波函数,即用 $R_{n_r l}(r)$ 代替 $R_{n_r lJ}(r)$,可算得

$$
\begin{aligned}
A = \langle \xi \rangle &= \left\langle \frac{1}{2\mu^2 c^2} \frac{1}{r} \frac{\mathrm{d}V}{\mathrm{d}r} \right\rangle = \frac{Ze^2}{8\pi\varepsilon_0 \mu^2 c^2} \left\langle \frac{1}{r^3} \right\rangle \\
&= \frac{e^2}{8\pi\varepsilon_0 \mu^2 c^2 a_0^3} \frac{Z^4}{n^3 l(l+1/2)(l+1)}, \quad l > 0
\end{aligned}
$$

$$(4.10.20)$$

现在我们得到,原来一个能级,由于自旋轨道耦合的作用而分裂为两个能级,

能量分别是

$$
\begin{cases}
E_{nlJ=l+1/2} = E_{nl} + \dfrac{\mu c^2}{2}\left(\dfrac{Z\alpha}{n}\right)^4 \dfrac{n}{(2l+1)(l+1)} \\[4mm]
E_{nlJ=l-1/2} = E_{nl} - \dfrac{\mu c^2}{2}\left(\dfrac{Z\alpha}{n}\right)^4 \dfrac{n}{(2l+1)l}
\end{cases}
\tag{4.10.21}
$$

这里精细结构常数 $\alpha = e^2/(4\pi\varepsilon_0 \hbar c) \approx 1/137$. 能级分裂的间隔大小为

$$
\begin{aligned}
\Delta E'_n &= \frac{\mu c^2}{2}\left(\frac{Z\alpha}{n}\right)^4 \frac{n}{l(l+1)} \\[2mm]
&= -E_n \frac{(Z\alpha)^2}{n^2}\frac{n}{l(l+1)}
\end{aligned}
\tag{4.10.22}
$$

与原来能级高度的比

$$
\frac{\Delta E'}{|E_{nl}|} = \frac{(Z\alpha)^2}{nl(l+1)} \approx 10^{-4}
$$

即自旋轨道耦合修正约为万分之一.

图 4.10.1 显示了对钠原子 3P 能级算出的精细结构.

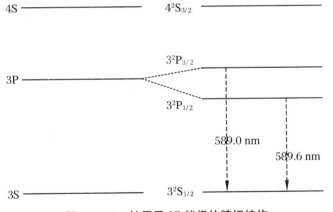

图 4.10.1　钠原子 3P 能级的精细结构

4.10.6　相对论动能修正

对于氢原子的能级,光用自旋轨道耦合还不足以解释实际的分裂,还有两项同样量级的修正需要考虑.

一是动能的修正. 从相对论质能关系

$$E^2 = \mu^2 c^4 + p^2 c^2 \tag{4.10.23}$$

出发，我们得到动能为

$$T = E - \mu c^2 = \sqrt{\mu^2 c^4 + p^2 c^2} - \mu c^2$$

$$= \mu c^2 \left(\sqrt{1 + \frac{p^2}{\mu^2 c^2}} - 1 \right) \tag{4.10.24}$$

当动量较小时，我们有

$$T = \mu c^2 \left\{ \frac{1}{2} \frac{p^2}{\mu^2 c^2} - \frac{1}{8} \left(\frac{p^2}{\mu^2 c^2} \right)^2 + \cdots \right\} = \frac{p^2}{2\mu} - \frac{p^4}{8\mu^3 c^2} + \cdots$$

$$\approx T_0 - \frac{p^4}{8\mu^3 c^2} \tag{4.10.25}$$

算符化后我们可得到动能的相对论修正算符

$$\Delta \hat{T} = -\frac{p^4}{8\mu^3 c^2} = -\frac{1}{2\mu c^2} \left(\frac{p^2}{2\mu} \right)^2 = -\frac{1}{2\mu c^2} \hat{T}_0^2$$

$$= -\frac{1}{2\mu c^2} (\hat{H}_0 - V)^2 \tag{4.10.26}$$

在能量本征态里，此动能修正的期望值为

$$\Delta E_{n_r \ell}'' = \langle \Delta \hat{T} \rangle = -\frac{1}{2\mu c^2} \langle (\hat{H}_0 - V)^2 \rangle$$

$$= -\frac{1}{2\mu c^2} \langle (E_n - V)^2 \rangle = -\frac{1}{2\mu c^2} \langle E_n^2 - 2E_n V + V^2 \rangle$$

$$= -\frac{1}{2\mu c^2} (E_{n_r \ell}^2 - 2E_{n_r \ell} \langle V \rangle + \langle V^2 \rangle) \tag{4.10.27}$$

对于类氢原子：

$$\begin{cases} E_n = -\frac{1}{2} \mu c^2 (Z\alpha)^2 \frac{1}{n^2} \\[2mm] \langle V \rangle = -2\langle \hat{T} \rangle = 2E_n = -\mu c^2 (Z\alpha)^2 \frac{1}{n^2} \\[2mm] \langle V^2 \rangle = (Ze^2)^2 \langle \frac{1}{r^2} \rangle = \frac{(\mu c^2)^2 (Z\alpha)^4}{n^3 (\ell + 1/2)} \end{cases} \tag{4.10.28}$$

于是有

$$\Delta E_n'' = -\frac{1}{2} \mu c^2 (Z\alpha)^2 \frac{1}{n^2} \frac{(Z\alpha)^2}{n^2} \left(\frac{3}{4} - \frac{n}{\ell + 1/2} \right)$$

$$= - E_n \frac{(Z\alpha)^2}{n^2} \left(\frac{3}{4} - \frac{n}{\ell + 1/2} \right) \tag{4.10.29}$$

这一修正消除了原来氢原子的 ℓ 简并,它比例于精细结构常数的平方,约为原来能级的万分之一,与自旋轨道耦合修正同量级.

4.10.7 波函数零点值修正

对于氢原子的 S 态 $(\ell = 0)$,还有一项特别的修正.因为对于非 S 态,波函数在原点的值为零:$|\psi(r = 0)|^2 = 0$,于是做非相对论近似的条件 $V \ll \mu c^2$ 很容易满足(库仑势的大值在原点附近).而对于 S 态,原点波函数不为零,此时电子在核附近的行为起主要作用,从相对论方程出发可计算其修正为

$$\Delta E_n''' = \frac{\pi \hbar^2 Z e^2}{2\mu^2 c^2} \, |\psi(0)|^2 \tag{4.10.30}$$

代入原子波函数可得

$$\Delta E_n''' = - E_n \frac{(Z\alpha)^2}{n^2}, \quad \ell = 0 \tag{4.10.31}$$

把上面三项修正加在一起我们可得到能级的精细结构.它们源自相对论的修正,等价于**修正哈密顿量**:

$$\hat{H}'_{\text{rel}} = - \frac{\hat{p}^4}{8\mu^3 c^2} + \frac{Z e^2 \hbar^2}{8\varepsilon_0 \mu^2 c^2} \delta^{(3)}(\boldsymbol{x}) + \frac{Z e^2}{8\pi\varepsilon_0 \mu^2 c^2} \frac{\hat{\boldsymbol{S}} \cdot \hat{\boldsymbol{L}}}{r^3} \tag{4.10.32}$$

相应的能级修正为

$$\begin{aligned}
\Delta E_n &= \Delta E_n' + \Delta E_n'' \\
&= - E_n \frac{(Z\alpha)^2}{n} \left\{ \left(\frac{3}{4n} - \frac{1}{\ell + 1/2} \right) + \frac{J(J+1) - \ell(\ell+1) - s(s+1)}{2\ell(\ell+1/2)(\ell+1)} \right\}, \quad \ell > 0
\end{aligned}$$

$$\tag{4.10.33}$$

$$\Delta E_n = \Delta E_n'' + \Delta E_n''' = - E_n \frac{(Z\alpha)^2}{n^2} \left(\frac{3}{4} - n \right), \quad \ell = 0 \tag{4.10.34}$$

我们发现,如果在前一式中代以 $\ell = 0, J = s = 1/2$,则就可得到后一式.

再具体把 $J = \ell \pm 1/2, s = 1/2$ 代入前一公式,我们可得到相对论修正后的氢原子能级公式:

$$\begin{cases}
E_{nJ} = E_n \left\{ 1 - \frac{(Z\alpha)^2}{n^2} \left(\frac{3}{4} - \frac{n}{J + 1/2} \right) \right\} \\
J = 1/2, 3/2, \cdots, n - 1/2
\end{cases} \tag{4.10.35}$$

于是原来一条以主量子数 n 标志的氢原子能级,现在分裂为 n 条.分裂开的能级间隔约为原来能级的万分之一.能级的这种精细结构会带来氢光谱线的**精细结构**(图 4.10.2).当然实际的氢原子光谱的精细结构还要复杂,因为氢原子核有自旋,有核磁矩等,都会对能谱造成影响,形成能级的**超精细结构**.

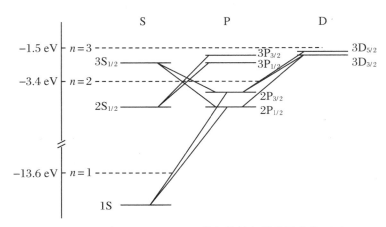

图 4.10.2   氢原子 $n=1,2,3$ 能级的精细结构及允许跃迁

4.10.8   光谱项符号

我们看到,考虑了托马斯项以后,能级一般用三个量子数 nlJ 标志,由于总角动量投影量子数 M 不出现,故此能级一般是 $2J+1$ 重简并的.为了标记具体电子的角动量态,我们采用符号组合

$$^{2S+1}L_j$$

即中间是与轨道角动量量子数对应的符号,右下角是总角动量,而左上角称自旋多重数,S 是自旋角动量量子数.表 4.10.1 给出自旋 $S=1/2$ 与轨道耦合光谱项的一些例子.

表 4.10.1   光谱项符号

l	0	1		2		3		4	
J	1/2	1/2	3/2	3/2	5/2	5/2	7/2	7/2	9/2
L_J	$S_{1/2}$	$P_{1/2}$	$P_{3/2}$	$D_{3/2}$	$D_{5/2}$	$F_{5/2}$	$F_{7/2}$	$G_{7/2}$	$G_{9/2}$
$^{2S+1}L_J$	$^2S_{1/2}$	$^2P_{1/2}$	$^2P_{3/2}$	$^2D_{3/2}$	$^2D_{5/2}$	$^2F_{5/2}$	$^2F_{7/2}$	$^2G_{7/2}$	$^2G_{9/2}$

对于多电子原子,电子的角动量态的耦合可以有不同的路线.两种极端情

况是:

(1) 所有电子的自旋先耦合成总自旋,所有电子的轨道角动量先耦合成总轨道角动量,然后总自旋与总轨道角动量耦合成系统总角动量.这被称为 **L-S 耦合**.

(2) 每个电子的自旋与其轨道角动量耦合成单个电子的总角动量,然后所有电子的总角动量耦合成系统的总角动量.这叫 **J-J 耦合**.

对于复杂原子的角动量态,也用类似于单电子的符号 $^{2S+1}L_J$,不同处为,此时 S 表示原子总自旋,即左上角数字表示系统**总内部自由度**;对同样的轨道量子数(现在是系统的总轨道角动量),用大写的英文字母表示,例如 $^2S_{1/2}$, $^2P_{1/2}$ 等.

4.11　自旋电子的塞曼效应

考虑了自旋,原子的各种性质都会受影响.

4.11.1　原子总磁矩

以前我们讨论过原子的轨道磁矩,即由绕原子核作空间运动的电子产生的磁矩.现在考虑到电子有自旋,有自旋磁矩,以前的原子磁矩要做修改.

磁矩与角动量紧密联系.角动量矢量可以直接相加成总角动量,但由于 g 因子不同,磁矩却不能像角动量那样简单相加.作轨道运动的自旋电子的总磁矩是

$$\hat{\boldsymbol{\mu}} = - g_l(\mu_B/\hbar)\hat{\boldsymbol{L}} - g_S(\mu_B/\hbar)\hat{\boldsymbol{S}} \tag{4.11.1}$$

这里 $\mu_B = e\hbar/(2m_e)$ 是玻尔磁子,$g_l = 1$, $g_S = 2$.

实验上只要求出磁矩的**最大投影值**.为此我们计算下面的平均值:

$$
\begin{aligned}
\mu &= \langle JM \mid \hat{\mu}_z \mid JM \rangle \big|_{M=J} = \langle JJ \mid \hat{\mu}_z \mid JJ \rangle \\
&= -(\mu_B/\hbar)\langle JJ \mid g_l\hat{L}_z + g_S\hat{S}_z \mid JJ \rangle \\
&= -(\mu_B/\hbar)\langle JJ \mid g_l(\hat{J}_z - \hat{S}_z) + g_S\hat{S}_z \mid JJ \rangle \\
&= -(\mu_B/\hbar)J + (\mu_B/\hbar)(g_l - g_S)\langle JJ \mid \hat{S}_z \mid JJ \rangle
\end{aligned}
\tag{4.11.2}
$$

写出波函数:

$$| JJ \rangle = \langle lJ - \tfrac{1}{2}\ \tfrac{1}{2}\ \tfrac{1}{2} \mid JJ \rangle Y_{lJ-1/2}\chi_{1/2} + \langle lJ + \tfrac{1}{2}\ \tfrac{1}{2}\ -\tfrac{1}{2} \mid JJ \rangle Y_{lJ+1/2}\chi_{-1/2}$$

$$\tag{4.11.3}$$

于是可以算得

$$\langle JJ \mid \hat{S}_z \mid JJ \rangle = \frac{\hbar}{2} \left(\mid \langle \ell J - \frac{1}{2} \frac{1}{2} \frac{1}{2} \mid JJ \rangle \mid^2 - \mid \langle \ell J + \frac{1}{2} \frac{1}{2} - \frac{1}{2} \mid JJ \rangle \mid^2 \right)$$

$$= \begin{cases} \dfrac{\hbar}{2}, & J = \ell + \dfrac{1}{2} \\ -\dfrac{\hbar}{2} \dfrac{\ell - 1/2}{\ell + 1/2}, & J = \ell - \dfrac{1}{2} \end{cases} \qquad (4.11.4)$$

这样磁矩投影的最大平均值为

$$\mu = \begin{cases} -\mu_{\mathrm{B}}(\ell + 1), & J = \ell + 1/2 \\ -\mu_{\mathrm{B}} \dfrac{\ell(2\ell - 1)}{2\ell + 1}, & J = \ell - 1/2 \end{cases} \qquad (4.11.5)$$

这里自然假定轨道角动量 $\ell > 0$. 当轨道态是 S 态时, 总角动量就是自旋, 总磁矩也就是自旋磁矩.

这样当自旋的电子在外磁场中时, 即使轨道角动量相同, 不同的总角动量态与磁场的相互作用能量也不同, 能级还要分裂.

4.11.2 总磁矩在总角动量方向的投影

我们看到总磁矩矢量与总角动量矢量不是平行的. 在很多原子过程中, 总角动量守恒, 因此比较有物理意义的是总磁矩在总角动量方向的**投影**. 这一投影比例于

$$\hat{\boldsymbol{\mu}} \cdot \hat{\boldsymbol{J}} = -(\mu_{\mathrm{B}}/\hbar)(g_\ell \hat{\boldsymbol{L}} + g_{\mathrm{s}} \hat{\boldsymbol{S}}) \cdot (\hat{\boldsymbol{L}} + \hat{\boldsymbol{S}})$$

$$= -(\mu_{\mathrm{B}}/\hbar) \big[g_\ell \hat{\boldsymbol{L}}^2 + g_{\mathrm{s}} \hat{\boldsymbol{S}}^2 + (g_\ell + g_{\mathrm{s}})(\hat{\boldsymbol{L}} \cdot \hat{\boldsymbol{S}}) \big]$$

$$= -(\mu_{\mathrm{B}}/\hbar) \big[g_\ell \hat{\boldsymbol{L}}^2 + g_{\mathrm{s}} \hat{\boldsymbol{S}}^2 + (g_\ell + g_{\mathrm{s}}) \frac{1}{2}(\hat{\boldsymbol{J}}^2 - \hat{\boldsymbol{L}}^2 - \hat{\boldsymbol{S}}^2) \big]$$

$$= -(\mu_{\mathrm{B}}/2\hbar) \big[(g_\ell + g_{\mathrm{s}})\hat{\boldsymbol{J}}^2 - (g_{\mathrm{s}} - g_\ell)\hat{\boldsymbol{L}}^2 + (g_{\mathrm{s}} - g_\ell)\hat{\boldsymbol{S}}^2 \big] \qquad (4.11.6)$$

考虑到方向, 形式上可以定义一个**与总角动量矢量平行的总磁矩矢量**:

$$\hat{\boldsymbol{\mu}}_J \equiv \hat{\boldsymbol{\mu}} \cdot \hat{\boldsymbol{J}} \hat{\boldsymbol{J}} / \hat{\boldsymbol{J}}^2$$

$$= -(\mu_{\mathrm{B}}/2\hbar) \big[(g_\ell + g_{\mathrm{s}})\hat{\boldsymbol{J}}^2 - (g_{\mathrm{s}} - g_\ell)\hat{\boldsymbol{L}}^2 + (g_{\mathrm{s}} - g_\ell)\hat{\boldsymbol{S}}^2 \big] \hat{\boldsymbol{J}} / \hat{\boldsymbol{J}}^2 \qquad (4.11.7)$$

在耦合表象中它可写成

$$\begin{cases} \hat{\boldsymbol{\mu}}_J = -(\mu_{\mathrm{B}}/\hbar) g_J \hat{\boldsymbol{J}} \\ g_J = 1 + \dfrac{J(J + 1) - \ell(\ell + 1) + s(s + 1)}{2J(J + 1)} \end{cases} \qquad (4.11.8)$$

g_J 有时被称为**朗德 g 因子**.

4.11.3　自旋电子的塞曼效应

前面讨论过氢原子和类氢原子的能级在外加磁场的作用下产生分裂的现象. 现在考虑到电子有自旋, 因此要用泡利方程. 仍设恒常外磁场 B 沿 z 方向, 取对称规范

$$\boldsymbol{A} = \left(-\frac{1}{2}By, \frac{1}{2}Bx, 0 \right)$$

哈氏量为

$$\hat{H} = \frac{1}{2\mu}(\hat{\boldsymbol{p}} + e\boldsymbol{A})^2 + U(r) - \boldsymbol{\mu}_{\mathrm{S}} \cdot \boldsymbol{B}$$

$$= -\frac{\hbar^2}{2\mu}\nabla^2 - \frac{\mathrm{i}e\hbar}{2\mu}\frac{\mathrm{i}}{\hbar}B\hat{L}_z + \frac{\hbar^2}{2\mu}\frac{B^2}{4}(x^2 + y^2) + U(r) + \frac{e\hbar}{\mu}B\hat{S}_z$$

$$= \hat{H}_0 + \frac{eB}{2\mu}(\hat{L}_z + 2\hat{S}_z) + \frac{\hbar^2 B^2}{8\mu}(x^2 + y^2) \qquad (4.11.9)$$

其中算符 $\hat{H}_0$ 即为没有外磁场时形成原子的哈氏量. 我们看到, 有了外磁场, 能量增加了两项, 一项是由原子轨道磁矩和电子自旋磁矩引起的, 而另一项则起因于电子在垂直于磁场的平面内的振动. 我们可以估计这两项能量的大小之比:

$$\left| \frac{\dfrac{\hbar^2 B^2}{8\mu}(x^2 + y^2)}{\dfrac{eB}{2\mu}(\hat{L}_z + 2\hat{S}_z)} \right| \approx \frac{\hbar B}{4}\frac{a_0^2}{e} = 4 \times 10^{-6} B$$

这里原子的大小用氢原子半径 a_0 来代替, 而最后的数字中磁场单位是特斯拉. 在通常的实验室中, 外磁场一般小于几十特斯拉, 因此作为一级近似, 振动能量可以忽略.

于是我们可以取一个等效的哈氏量:

$$\hat{H}_1 = -\frac{\hbar^2}{2\mu}\nabla^2 + U(r) + \frac{e}{2\mu}B\hat{L}_z + \frac{e}{\mu}B\hat{S}_z$$

$$= \hat{H}_0 + \frac{eB}{2\mu}(\hat{L}_z + 2\hat{S}_z) \qquad (4.11.10)$$

从这个哈氏量可以看出, 原先原子的两个角动量力学量 $\hat{\boldsymbol{L}}^2, \hat{L}_z$ 仍可以选为完全组的力学量, 因为它们与自旋可以交换. 但现在自由度增加, 必须要添一个力学量, 当然非自旋 $\hat{S}_z$ 莫属. 于是此时的完全力学量组为

$$(\hat{H}_1, \hat{L}^2, \hat{L}_z, \hat{S}_z)$$

而角动量部分的共同本征态波函数是

$$\varphi_{lms}(\boldsymbol{x}) = \mathbf{Y}_{lm}(\boldsymbol{x}/r)\chi_s$$

$$m = l, l - 1, \cdots, -l, \quad l = 0, 1, 2, \cdots$$

$$s = 1/2, -1/2$$

由于 $\hat{H}_0$ 与 $\hat{H}_1$ 可易,因此只要把 $\hat{H}_0$ 的本征函数稍加扩充就可以得到 $\hat{H}_1$ 的本征波函数:

$$\psi_{nlms}(r, \theta, \varphi; s) = R_{nl}(r)\mathbf{Y}_{lm}(\theta, \varphi)\chi_s \tag{4.11.11}$$

它满足下面的本征方程:

$$\begin{cases} \hat{H}_1 \psi_{nlms}(r, \theta, \varphi; s) = E_{nlms}\psi_{nlms}(r, \theta, \varphi; s) \\ \hat{L}^2 \psi_{nlms}(r, \theta, \varphi; s) = l(l+1)\hbar^2 \psi_{nlms}(r, \theta, \varphi; s) \\ \hat{L}_z \psi_{nlms}(r, \theta, \varphi; s) = m\hbar \psi_{nlms}(r, \theta, \varphi; s) \\ \hat{S}_z \psi_{nlms}(r, \theta, \varphi; s) = s\hbar \psi_{nlms}(r, \theta, \varphi; s) \end{cases} \tag{4.11.12}$$

于是我们得到考虑了电子自旋后原子在磁场中的能级为

$$E_{nlms} = E_{nlms}(B = 0) + \frac{e\hbar B}{2\mu}(m + 2s)$$

$$= E_{nl}(B = 0) + \frac{e\hbar B}{2\mu}(m + 2s) \tag{4.11.13}$$

我们看到,除了磁量子数外,自旋量子数也对能量有影响,即对不同的自旋量子态,能量也可能不同. 图 4.11.1 给出 4.6 节相同的原子在外磁场中的能级分裂,加上了自旋的影响.

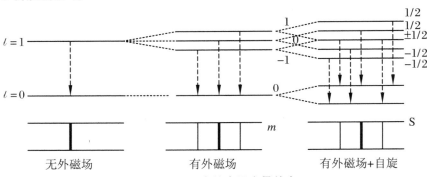

图 4.11.1 自旋电子塞曼效应

由式(4.11.13),在外磁场中电子从能级 E_{nlms} 跃迁到 $E_{n'l'm's'}$ 时,谱线的频率为

$$\omega = \frac{E_{n'l'm's'} - E_{nlms}}{\hbar} = \omega_0 + \frac{eB}{2\mu}\Delta m + \frac{eB}{\mu}\Delta s \qquad (4.11.14)$$

式中 $\omega_0 = \dfrac{E_{n'l'} - E_{nl}}{\hbar}$ 是没有外磁场时的跃迁频率,$\Delta m = m' - m$ 是跃迁中轨道磁量子数的改变,$\Delta s = s' - s$ 则为跃迁中自旋投影量子数的改变.

在强外场中,跃迁主要是轨道磁矩作用,自旋磁矩的作用弱,可略去.此时内部自由度不会改变,即自旋量子数保持不变($\Delta s = 0$),因此上图中的光谱线仍分裂为 3 条(**正常塞曼效应**).如果磁场很弱,电子的自旋与轨道相互作用不能略去,这时能级的分裂比正常塞曼效应要复杂得多,称为**复杂(或反常)塞曼效应**.

4.11.4　反常塞曼效应

现在我们讨论弱的外磁场情形.所谓"弱"是指外磁场比原子内的磁场要弱,即由外磁场引起的能级分裂比精细结构小,也就是自旋-轨道间的耦合比起它们任一个与外磁场的耦合要强.但是自旋-轨道耦合的强度随核电荷 Z 很快增加,所以对轻原子来说是强的场,对重原子就不是了.例如,钠的 D 双线的间距是 $17.2\ \mathrm{cm}^{-1}$,而锂原子谱线相应的间距是 $0.3\ \mathrm{cm}^{-1}$.在 B 为 30 kG 的外磁场中,能级的塞曼劈裂对它们是相同的,约为 $1\ \mathrm{cm}^{-1}$.这外场对于锂原子是强场,但对钠原子就是弱场.

在弱外磁场时可用 L-S 耦合近似,这时总角动量为 J 的原子磁矩见式 (4.11.8).设外场方向沿 z 方向,则磁矩在 z 方向投影为

$$(\mu_J)_{j,z} = -m_j g_j \mu_B, \quad m_j = j, j-1, \cdots, -j \qquad (4.11.15)$$

对一个量子数为 (l, S, j, m_j) 的状态,在磁场中的能级劈裂为 $2j + 1$ 个能级,这些能级的能量间隔 ΔE 为

$$\Delta E = g_j \mu_B B \qquad (4.11.16)$$

以钠原子的 D 双线为例,它所涉及的能态是 ${}^2\mathrm{P}_{1/2}, {}^2\mathrm{P}_{3/2}, {}^2\mathrm{S}_{1/2}$ 三个态,在弱磁场中相应能级的劈裂如图 4.11.2 所示.

在弱磁场中各态的朗德因子分别为:

${}^2\mathrm{S}_{1/2}$ 态:状态量子数为 $S = 1/2, l = 0, j = 1/2$,轨道角动量为 0,所以 g_j 因子由自旋决定,这时 $g_j = g_s = 2$.能级分裂为两条.$\Delta E = \pm \mu_B B$.

${}^2\mathrm{P}_{1/2}$ 态:状态量子数为 $S = 1/2, l = 1, j = 1/2$,计算得 $g_j = 2/3$.能级分裂为两条.$\Delta E = \pm(1/3)\mu_B B$.

${}^2\mathrm{P}_{3/2}$ 态:状态量子数为 $S = 1/2, l = 1, j = 3/2$,计算得 $g_j = 4/3$.能级分裂为四条.$\Delta E = \pm(2/3)\mu_B B$ 和 $\Delta E = \pm 2\mu_B B$.

跃迁时初末态之间有选择定则，$\Delta m_j = \pm 1, 0$，知道从 $^2\mathrm{P}_{1/2}$ 态到 $^2\mathrm{S}_{1/2}$ 的跃迁分裂为四条谱线，$^2\mathrm{P}_{3/2}$ 态到 $^2\mathrm{S}_{1/2}$ 的跃迁分裂为六条谱线.

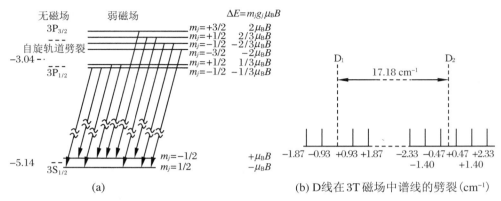

图 4.11.2　钠的 D 线所对应能级在弱磁场中的能级劈裂和相应的光谱线

由上面讨论可见，在光学跃迁中涉及的两个能级的 g_j 因子，一般是不同的．因此塞曼效应的谱线就不是简单地分裂为三条．这是相应于更普遍的塞曼效应的情形，由于历史的原因反而将这称为"反常"，而把特殊情形，即没考虑自旋磁矩时原子能态间发生的跃迁，称为"正常塞曼效应".

4.11.5　帕邢-巴克效应

当磁场 B 是很强场时，能级的劈裂就变得简单了．外场将精细结构的耦合解除了，自旋轨道耦合相对不重要，轨道角动量 $\boldsymbol{L}$ 和自旋 $\boldsymbol{S}$ 分别绕外场 $\boldsymbol{B}$ 进动．总角动量 j 的物理含义就没有了．这个极端情形导致所谓**帕邢-巴克效应**.

这实际就又回到前面讨论过的情形．由式(4.11.13)，能级分裂为

$$\Delta E = (\Delta m + 2\Delta s)\mu_{\mathrm{B}}B \tag{4.11.17}$$

若 $g_s = 2$，那么 $(m = -1, s = 1/2)$ 态和 $(m = 1, s = -1/2)$ 态在磁场中的能量是一样的，见图 4.11.3(c).

对光学跃迁同样要遵循选择定则，对电偶极跃迁不可能有自旋的翻转，所以选择定则是

$$\Delta s = 0 \qquad \begin{array}{ll} \Delta m = 0 & \pi \text{ 偏振} \\ \Delta m = \pm 1 & \sigma \text{ 偏振} \end{array}$$

由选择条件 $\Delta s = 0$ 决定了谱线在强磁场中劈裂为三条，就像正常塞曼效应一样．图 4.11.3 给出(a)钠原子的 D 双线，(b)弱场中的谱线劈裂，(c)极强磁场的帕邢-巴

克效应.

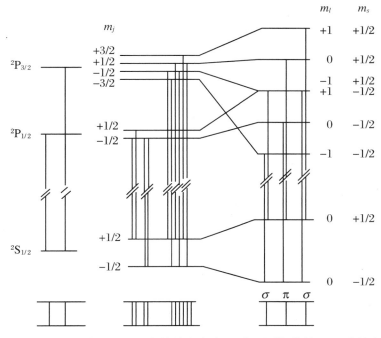

(a) 钠原子的D双线　(b) 弱场中的谱线劈裂　(c) 极强磁场的帕邢-巴克效应

图 4.11.3　钠原子在磁场中

对中等场强的情形,这时外磁场的作用和自旋-轨道相互作用的强度相近,j、l 和 s 都不是好量子数,只有 m_j 是好量子数,具体计算就比较复杂了.

习　题　4

4.1　设粒子在球对称势场中运动的波函数为

$$\psi(\boldsymbol{r}) = (x + y + 3z)f(r)$$

(a) $\psi(\boldsymbol{r})$ 是不是角动量平方算符 $\hat{\boldsymbol{L}}^2$ 的本征态? 如果是的,相应的角动量量子数 l 为多少? 如果不是的,那么在态 $\psi(\boldsymbol{r})$ 中测量 $\hat{\boldsymbol{L}}^2$,可能得到的值是

多少?

(b) 当轨道角动量量子数 l 给定时,对于不同的 m_l,粒子处于 $|l, m_l\rangle$ 的概率是多少?

4.2 质量为 μ 的粒子在有心力场 $V(r)$ 中运动,处于束缚态定态 $\psi_E(\boldsymbol{x})$.证明零点值关系:

$$\frac{2\pi\hbar^2}{\mu} |\psi_E(0)|^2 = \left\langle \frac{\mathrm{d}V}{\mathrm{d}r} \right\rangle - \left\langle \frac{\boldsymbol{L}^2}{\mu r^3} \right\rangle$$

4.3 氢原子的波函数为 $\psi_{nlm}(r, \theta, \varphi)$,证明克拉默(Kramers)公式:

$$\frac{s+1}{n^2}\langle r^s \rangle - (2s+1)a_0\langle r^{s-1} \rangle + \frac{s}{4}\left[(2l+1)^2 - s^2\right]a_0^2\langle r^{s-2} \rangle = 0$$

其中 $\langle r^s \rangle$ 为 r^s 在态 $\psi_{nlm}(r, \theta, \varphi)$ 中的期望值,a_0 为氢原子半径,$s > -2l - 3$.

4.4 荷电 q,质量为 μ 的粒子在均匀恒定外磁场 $\boldsymbol{B}$ 中运动,其哈氏量为

$$\hat{H} = \frac{1}{2\mu}(\hat{\boldsymbol{p}} - q\boldsymbol{A})^2$$

设磁场沿 z 方向.考虑平面内的运动.定义

$$\hat{Q} = \sqrt{\frac{1}{\hbar qB}}(\hat{p}_x - qA_x)$$

$$\hat{P} = \sqrt{\frac{1}{\hbar qB}}(\hat{p}_y - qA_y)$$

证明它们满足对易关系:

$$[\hat{Q}, \hat{P}] = \mathrm{i}$$

于是哈氏量可改写为

$$\hat{H} = \frac{1}{2}\hbar\omega(\hat{Q}^2 + \hat{P}^2), \quad \omega = |q|B/\mu$$

由此参考粒子数表象的方法求出系统的能量本征值(朗道能级).

4.5 荷电 q,质量为 μ 的粒子在沿 z 方向均匀恒定外磁场 $\boldsymbol{B}$ 和与此磁场垂直的沿 x 方向均匀恒定电场 $\boldsymbol{E}$ 中运动.求其能谱及波函数.

4.6 证明如果一个算符与角动量 $\hat{\boldsymbol{J}}$ 的两个分量对易,那么也将与 $\hat{\boldsymbol{J}}$ 的第三个分量对易.

4.7 考虑一个自旋为 $1\hbar$ 的粒子,即 $s = 1$.

(a) 在 $(\hat{S}^2, \hat{S}_z)$ 表象中写出 $\hat{S}_x, \hat{S}_y, \hat{S}_z$ 的矩阵形式.

(b) 证明三个算符 $\hat{S}_x^2, \hat{S}_y^2, \hat{S}_z^2$ 是彼此对易的.

(c) 在 $(\hat{S}_x^2, \hat{S}_y^2, \hat{S}_z^2)$ 表象中再次写出 $\hat{S}_x, \hat{S}_y, \hat{S}_z$ 的矩阵形式.

4.8　证明在角动量投影 $\hat{L}_z$ 的本征态中, $\hat{L}_x^2$ 与 $\hat{L}_y^2$ 有相同期望值.

4.9　一个自旋态为

$$\chi = \begin{pmatrix} a \\ b \end{pmatrix} = \begin{pmatrix} 5 \\ 3i \end{pmatrix}$$

问它是自旋在哪个方向的投影的本征态, 本征值是多少?

4.10　角动量算符 $\hat{J}^2$ 和 $\hat{J}_z$ 的共同本征态记做 $|jm\rangle$. 计算均方差和

$$(\Delta J_x)^2 + (\Delta J_y)^2 + (\Delta J_z)^2$$

的最小值.

4.11　两个自旋都是 $1/2$ 的粒子 1 和 2 组成的系统, 处于由波函数

$$|\psi\rangle = a\,|0\rangle_1\,|1\rangle_2 + b\,|1\rangle_1\,|0\rangle_2$$

描写的状态, 其中 $|0\rangle$ 表示自旋朝下(沿 $-z$ 方向), $|1\rangle$ 表示自旋朝上. 当数 a 和 b 都不为 0 时, 此态不能表示成两个单个粒子状态的直接乘积形式 $|\,\rangle_1|\,\rangle_2$, 称为纠缠态. 试求在上面的纠缠态中,

(a) 两个粒子的自旋互相平行的概率;

(b) 两个粒子的自旋互相反平行的概率;

(c) 此系统处于总自旋为 0 的概率;

(d) 测量得到粒子 1 自旋朝上的概率多大? 发现粒子 1 自旋朝上时, 粒子 2 处于什么状态?

4.12　电子处于自旋 $\hat{S}$ 在方向 $\boldsymbol{n} = (\sin\theta\cos\varphi, \sin\theta\sin\varphi, \cos\theta)$ 上的投影 $\hat{S}\cdot\boldsymbol{n}$ 的本征态, 本征值为 $\hbar/2$.

(a) 求出相应的本征波函数;

(b) 若在上面的态中, 自旋的 x 分量和 y 分量有相等的均方差, 请求出方向角 θ, φ.

4.13　设算符 $\hat{F}$ 和角动量算符 $\hat{J}$ 对易, 即 $\hat{F}$ 为标量算符. 证明:

(a) 在 $(\hat{J}^2, \hat{J}_z)$ 共同本征态 $|jm\rangle$ 下, $\hat{F}$ 的平均值和量子数 m 无关;

(b) 给定 j 后, 在 $|jm\rangle$ 子空间中 $\hat{F}$ 可以表示成常数矩阵.

4.14　自旋为 $\hbar/2$ 的粒子, 处于 $\{\hat{L}^2, \hat{J}^2, \hat{j}_z\}$ 的共同本征态 $|ljm\rangle$, 证明:

$$\langle \boldsymbol{S}\rangle = \langle \boldsymbol{J}\rangle \frac{j(j+1) - l(l+1) + 3/4}{2j(j+1)}$$

4.15 设想一个质量为 m,自旋为 $1/2$ 的自由粒子,并定义算符 $\hat{D} = \dfrac{1}{\sqrt{2m}} \hat{p} \cdot \boldsymbol{\sigma}$,

其中 $\hat{p}$ 是动量算符,$\boldsymbol{\sigma}$ 是已知的通常的泡利算符.

(a) 证明 $\hat{D}$ 有性质 $\hat{D}^2 = \hat{T}$,其中 $\hat{T}$ 是通常的动能算符.作为明显的结果是有函数能够同时成为 $\hat{D}$ 和 $\hat{T}$ 的本征函数,证明这一点.

(b) 求形式为 $\begin{bmatrix} a \\ b \end{bmatrix} \exp(\mathrm{i}\boldsymbol{k} \cdot \boldsymbol{r})$ 的 $\hat{D}$, $\hat{T}$ 和 $\hat{p}$ 的共同本征函数以及 $\hat{D}$ 的有关本征值.

4.16 定义自旋为 $\hbar/2$ 的粒子的极化矢量为 $\boldsymbol{P} = \langle \boldsymbol{\sigma} \rangle$.

(a) 设 $t = 0$ 时,自旋态为

$$\begin{bmatrix} \cos \delta \mathrm{e}^{-\mathrm{i}\alpha} \\ \sin \delta \mathrm{e}^{\mathrm{i}\alpha} \end{bmatrix}$$

其中 δ, α 为非负实数,$\delta \leqslant \pi/2$,$\alpha \leqslant \pi$.计算极化矢量 $\boldsymbol{P}$ 的空间方位角 θ_0, φ_0.

(b) 设粒子受到沿 z 方向的磁场 $B(t)$ 的作用,$H = -\mu_0 \sigma_z B(t)$,求极化矢量 $\boldsymbol{P}$ 随时间变化的规律.

4.17 在磁场中钙原子的一条 $\lambda = 422.7$ nm 谱线呈现正常塞曼效应.求 $B = 3$ T 时,分裂谱线的频率差和波长差.

4.18 一个质量为 μ、电荷为 q 的粒子被束缚在半径为 R 的平面圆周上运动.在与圆周垂直的方向上有一个均匀磁场 $\boldsymbol{B}$.计算此粒子的能级.

第5章 近似方法

　　研究量子体系的行为,在很多情形中和很大程度上就是求解薛定谔方程.原则上,知道了体系的哈密顿量,由薛定谔方程解出体系的能级和波函数,就了解了体系的运动.而薛定谔方程是一个二阶偏微分方程,势能的形式也多种多样,可以精确求解的具体问题不多.前面我们曾经精确解出了氢原子和谐振子等体系的哈密顿算符的本征值和本征函数,这仅仅是薛定谔方程能够严格求解的少数特例中的两个.在平常遇到的大量实际问题中,由于体系比较复杂,往往不能求出精确解,即使对于最简单的多电子体系,如氦原子和氢分子,它们的波动方程都没有被严格解出过.虽然日益发展的计算机技术可以帮助人们得到很好的数值解,但是仍然有必要了解在具体的物理问题中寻求近似解的方法.

　　近似方法通常是从简单问题的精确解出发,来求复杂问题的近似解.一般可以分为两类:一类用于体系的哈密顿量不是时间的显函数,处理的是定态问题.这时求解的是哈密顿算符的定态本征方程,如定态微扰论和变分法等都属这一类.另一类体系的哈密顿量是时间的显函数,这时须求解波函数随时间变化的薛定谔方程,处理的是体系从一个状态跃迁到其他状态的问题.与时间有关的微扰(含时微扰)及其在光发射和吸收问题上的应用,就属于这一类.

　　各种近似方法都只是在一定范围内、一定的条件下适用.在应用时,必须首先注意各种近似方法可以适用的物理学条件,然后根据问题的性质,决定采用哪一种方法最适当.

　　20世纪下半叶开始,由量子力学促进发展的计算机进入人类社会,大大提高了人类的计算能力和认识能力.对物理而言,计算机技术是科学实验之外的又一重大实践手段.对一般的复杂问题,计算机技术可以帮助人们得到很好的数值解,达到解决实际问题以够应用需求的当前目标.即便如此,近似方法的研究还是完全有必要的.一方面计算方法本身也需近似;另一方面,在恰当的物理近似后进行计算效率会更高.因此,即使在计算机技术日趋强大的今天,我们仍然有必要了解研究在具体的物理问题中如何寻求近似解的方法.

需要提醒的一点是,近似不一定是无能为力.一方面,凡事都有精度要求,只需要满足工作要求,就是好的,这样还能兼顾到效率;另一方面,抓住主要矛盾,更能看清大势,揭示本质,在某种意义上可能更精确.

还有一种情况在科学史上也经常发生.开始以为复杂,就想找个近似解;后来发现,这近似解竟然就是个精确的.我们在应用近似方法处理问题时,不要错过这种美好的机缘!

5.1　定态微扰理论(非简并态)

当一个定态体系受到外界的微小扰动,而扰动与时间无关(例如,谐振子受到一微弱的非简谐力作用;氢原子受到一均匀恒定外电场的作用),体系的运动状态就会发生变化.由于整个系统(原来体系加上扰动)仍为定态系统,我们可以来讨论新的能级波函数等问题.定态微扰理论就是用来讨论扰动后体系能级和波函数发生的变化的理论处理办法.

5.1.1　基本方程

设一个定态量子体系在被扰动前用哈密顿量 $\hat{H}_0$ 描写,其能量本征态构成正交归一完备系

$$\begin{cases} \hat{H}_0 \mid \varphi_n \rangle = \varepsilon_n \mid \varphi_n \rangle \\ \langle \varphi_m \mid \varphi_n \rangle = (\varphi_m, \varphi_n) = \delta_{mn} \\ \sum \mid \varphi_n \rangle \langle \varphi_n \mid = 1 \end{cases} \tag{5.1.1}$$

为方便起见,我们先假定整个系统**无简并**,即每个能级只有一个本征态.

从某时刻开始,系统受到了一个不含时的扰动 $\hat{H}'$,此后系统的哈密顿量当为

$$\hat{H} = \hat{H}_0 + \hat{H}' = \hat{H}_0 + \lambda \hat{W} \tag{5.1.2}$$

我们假定 $\hat{H}'$ 是对 $\hat{H}_0$ 一个小的修正(故称为**微扰**;$\hat{H}'$ 很小的明确意义将在后面具体说明),系统受了扰动后,主体结构只发生小小的变化.为了明显地表示出微小的程度,我们引进一个实参数 λ,形式上将 $\hat{H}'$ 写成 $\lambda \hat{W}$.在计算以后,可以让 $\lambda =$

1,这样实际上 $\hat{W}$ 可以等同于微扰 $\hat{H}'$. 我们的任务是如何计算出这个变化来.

现在求解系统的总的量子行为主要是处理新的定态问题

$$\begin{cases} \hat{H} \mid \psi\rangle = E \mid \psi\rangle \\ \langle \psi \mid \psi\rangle = 1 \end{cases} \tag{5.1.3}$$

如果能精确求解方程(5.1.3),那就得到了精确解,问题全解决了,也用不着微扰论了.一般是方程(5.1.3)很难精确求解,希望在知道未扰系统解(5.1.1)的情况下,得到扰动后的修正.

由于未扰态完备,故我们可将精确态$\mid \psi\rangle$按 $\hat{H}_0$ 的本征函数系$\mid \varphi_n\rangle$展开,

$$\mid \psi\rangle = \sum_n a_n \mid \varphi_n\rangle \tag{5.1.4}$$

代入方程(5.1.3),得到

$$(\hat{H}_0 + \lambda W) \sum_n a_n \mid \varphi_n\rangle = E \sum_n a_n \mid \varphi_n\rangle$$

将上式从左边乘以$\langle \varphi_m \mid$,就得到

$$\sum_n a_n \varepsilon_n \delta_{mn} + \lambda \sum_n a_n W_{mn} = E \sum_n a_n \delta_{mn}$$

即

$$\varepsilon_m a_m + \lambda \sum_n a_n W_{mn} = E a_m$$

或写成

$$(E - \varepsilon_m) a_m = \lambda \sum_n a_n W_{mn} \tag{5.1.5}$$

上式中矩阵元

$$W_{mn} = \langle \varphi_m \mid \hat{W} \mid \varphi_n\rangle = \int \varphi_m^* \hat{W} \varphi_n \mathrm{d}\tau \tag{5.1.6}$$

称为微扰矩阵元.

方程(5.1.5)就是方程(5.1.3)在 $\hat{H}_0$ 表象中的表达形式,a_n 就是波函数$\mid \psi\rangle$在该表象中的表示.

波函数 a_n(或$\mid \psi\rangle$)和能量 E 都与外界微扰有关,也依赖于表征微扰强度的参数 λ,即是 λ 的函数.我们把 a_n 和 E 都按 λ 的升幂进行展开:

$$a_n = a_n^{(0)} + \lambda a_n^{(1)} + \lambda^2 a_n^{(2)} + \cdots$$
$$= \sum_{\gamma=0}^{\infty} \lambda^\gamma a_n^{(\gamma)} \tag{5.1.7}$$

$$E = E^{(0)} + \lambda E^{(1)} + \lambda^2 E^{(2)} + \cdots$$
$$= \sum_{\gamma=0}^{\infty} \lambda^\gamma E^{(\gamma)} \tag{5.1.8}$$

把式(5.1.7)代入式(5.1.4):

$$| \psi \rangle = \sum_n \varphi_n \sum_\gamma \lambda^\gamma a_n^{(\gamma)} = \sum_\gamma \lambda^\gamma \sum_n a_n^{(\gamma)} | \varphi_n \rangle$$

$$= \sum_\gamma \lambda^\gamma | \psi^{(\gamma)} \rangle \qquad (5.1.9)$$

其中 $a_n^{(0)}(| \psi^{(0)} \rangle = \sum a_n^{(0)} | \varphi_n \rangle)$ 和 $E^{(0)}$ 为体系未受微扰作用时的波函数和能量,称为**零级近似波函数**和**零级近似能量**;$\lambda a_n^{(1)}(\lambda | \psi^{(1)} \rangle = \lambda \sum a_n^{(1)} | \varphi_n \rangle)$ 和 $\lambda E^{(1)}$ 是**一级波函数修正**和**一级能量修正值**;$\lambda^2 a_n^{(2)}(\lambda^2 \psi^{(2)})$ 和 $\lambda^2 E^{(2)}$ 是**二级波函数修正**和**二级能量修正值**,依此类推下去.由于参数 λ 是个"拐杖",最后可令它等于1,故常常在叙述时把 λ 忽略掉.

将式(5.1.7)和式(5.1.8)代入式(5.1.5),可以得到

$$(E^{(0)} - \varepsilon_m + \lambda E^{(1)} + \lambda^2 E^{(2)} + \cdots)(a_m^{(0)} + \lambda a_m^{(1)} + \lambda^2 a_m^{(2)} + \cdots)$$

$$= \lambda \sum_n W_{mn}(a_n^{(0)} + \lambda a_n^{(1)} + \lambda^2 a_n^{(2)} + \cdots)$$

上式对任意 λ 成立,则等式两边 λ 的同次幂的系数应相等,因而可以得到下面一系列的方程:

$$\lambda^0 \qquad (E^{(0)} - \varepsilon_m)a_m^{(0)} = 0 \qquad (5.1.10)$$

$$\lambda^1 \qquad (E^{(0)} - \varepsilon_m)a_m^{(1)} + E^{(1)} a_m^{(0)} = \sum_n W_{mn} a_n^{(0)} \qquad (5.1.11)$$

$$\lambda^2 \qquad (E^{(0)} - \varepsilon_m)a_m^{(2)} + E^{(1)} a_m^{(1)} + E^{(2)} a_m^{(0)} = \sum_n W_{mn} a_n^{(1)} \qquad (5.1.12)$$

$$\cdots$$

$$\lambda^\gamma \qquad \sum_{\rho=0}^\gamma E^{(\rho)} a_m^{(\gamma-\rho)} - \varepsilon_m a_m^{(\gamma)} = \sum_n W_{mn} a_n^{(\gamma-1)} \qquad (5.1.13)$$

同样地,对式(5.1.3)中的归一化条件可以进行类似的计算.将 $| \psi \rangle = \sum_n a_n | \varphi_n \rangle$ 代入式(5.1.3)第2式,可得到

$$\sum_m a_m^* \sum_n a_n \langle \varphi_m | \varphi_n \rangle = 1$$

即

$$\sum_n | a_n |^2 = 1 \qquad (5.1.14)$$

将展开式(5.1.7)代入式(5.1.14),可得

$$\sum_n (a_n^{(0)*} + \lambda a_n^{(1)*} + \lambda^2 a_n^{(2)*} + \cdots)(a_n^{(0)} + \lambda a_n^{(1)} + \lambda^2 a_n^{(2)} + \cdots) = 1$$

比较上式 λ 同次幂的系数,可得下面一系列方程:

$$\lambda^0 \qquad \sum_n |a_n^{(0)}|^2 = 1 \qquad\qquad (5.1.15)$$

$$\lambda^1 \qquad \sum_n (a_n^{(0)*} a_n^{(1)} + a_n^{(1)*} a_n^{(0)}) = 0 \qquad\qquad (5.1.16)$$

$$\lambda^2 \qquad \sum_n (a_n^{(0)*} a_n^{(2)} + a_n^{(1)*} a_n^{(1)} + a_n^{(2)*} a_n^{(0)}) = 0 \qquad (5.1.17)$$

$$\cdots\cdots$$

$$\lambda^\gamma \qquad \sum_{\rho=0}^{\gamma} \sum_n a_n^{(\rho)*} a_n^{(\gamma-\rho)} = 0 \qquad\qquad (5.1.18)$$

方程(5.1.10)和(5.1.15)就是零级波函数 $a_n^{(0)}$ 和零级近似能量 $E^{(0)}$ 所满足的方程,方程(5.1.11)和(5.1.16)就是一级波函数 $a_n^{(1)}$ 和一级近似能量 $E^{(1)}$ 所满足的方程,方程(5.1.12)和(5.1.17)就是二级波函数 $a_n^{(2)}$ 和二级近似能量 $E^{(2)}$ 所满足的方程,依此类推.所有级的近似都得到了,精确解也就有了.

定态微扰论的问题通常是这样的:在没有受到扰动前,系统处于某个状态,或处于某个能级,问受到扰动后,状态怎样变化,能量如何修正.所以零级近似波函数或零能近似能量,在问题中是已知的.设未扰前,系统处于能级 ε_k,即 $E^{(0)} = \varepsilon_k$.用波函数说,就是零级近似波函数 $|\psi^{(0)}\rangle = |\varphi_k\rangle = \sum_m a_m^{(0)} |\varphi_m\rangle$,因而在 $\hat{H}_0$ 表象中,

$$a_m^{(0)} = \delta_{mk}, \quad E^{(0)} = \varepsilon_k \qquad\qquad (5.1.19)$$

显然式(5.1.19)是满足零级方程(5.1.10)和(5.1.15)的.

下面我们讨论外界微扰对体系的能量和本征函数所产生的影响.

5.1.2　一级微扰修正

考虑到式(5.1.19)之后,一级微扰方程(5.1.11)和归一化条件(5.1.16)变成

$$(\varepsilon_k - \varepsilon_m) a_m^{(1)} + E^{(1)} \delta_{mk} = W_{mk} \qquad\qquad (5.1.20)$$

$$a_k^{(1)} + a_k^{(1)*} = 0 \qquad\qquad (5.1.21)$$

(1) $m = k$ 时,由式(5.1.20)得一级能量修正值:

$$E^{(1)} = W_{kk} \qquad\qquad (5.1.22)$$

(2) $m \neq k$ 时,由式(5.1.20)得一级波函数修正值:

$$a_m^{(1)} = \frac{W_{mk}}{\varepsilon_k - \varepsilon_m} \qquad\qquad (5.1.23)$$

但式(5.1.23)中的 $a_m^{(1)}$ 不包括 $m = k$ 的情况,即 $a_k^{(1)}$ 还未定.为定 $a_k^{(1)}$,利用式(5.1.21),可以看出 $a_k^{(1)}$ 的实部为零,即纯虚数 $a_k^{(1)} = \mathrm{i}\delta, \delta^* = \delta$.由于 $|a_k^{(1)}|$ 是一级小量,所以 δ 也是一级小量.$a_k^{(1)}$ 对原来的波函数 φ_k 的影响是使 $|\varphi_k\rangle \to$

$(1 + a_k^{(1)}) \mid \varphi_k \rangle = (1 + i\delta) \mid \varphi_k \rangle \approx e^{i\delta} \mid \varphi_k \rangle$，仅仅是改变零级波函数 $\mid \varphi_k \rangle$ 的相因子. 而波函数的相因子是可以任意选取的，因此可以取 $\delta = 0$，即可取

$$a_k^{(1)} = 0. \tag{5.1.24}$$

至此，公式 (5.1.22)、(5.1.23) 和 (5.1.24) 加上定义式 (5.1.6) 就完全决定了一级能量修正 $E^{(1)}$ 和一级波函数修正 $a_m^{(1)}$. 这里波函数 $a_m^{(1)}$ 是在 $\hat{H}_0$ 表象中的表达；如果换到一般表示，用 $\mid \psi^{(1)} \rangle$ 表示一级波函数修正值，则

$$\mid \psi^{(1)} \rangle = \lambda \sum_m a_m^{(1)} \mid \varphi_m \rangle = -\lambda \sum_{m \neq k} \frac{W_{mk}}{\varepsilon_m - \varepsilon_k} \mid \varphi_m \rangle$$

$$= -\sum_m{}' \frac{H'_{mk}}{\varepsilon_m - \varepsilon_k} \mid \varphi_m \rangle$$

上式中求和号上的撇号表示求和时除去了 $m = k$ 的项. 以后凡是求和号上带有撇号，我们都作这样的理解.

5.1.3 二级微扰修正

把上面求得的一级修正代入二级微扰方程 (5.1.12) 和 (5.1.17)，得

$$(\varepsilon_k - \varepsilon_m) a_m^{(2)} + E^{(1)} a_m^{(1)} + E^{(2)} \delta_{km} = \sum_n W_{mn} a_n^{(1)} \tag{5.1.25}$$

$$a_k^{(2)*} + a_k^{(2)} + \sum_m \mid a_m^{(1)} \mid^2 = 0 \tag{5.1.26}$$

(1) 当 $m = k$ 时，方程 (5.1.25) 成为

$$E^{(1)} a_k^{(1)} + E^{(2)} = \sum_n W_{kn} a_n^{(1)} \tag{5.1.27}$$

移项后可得

$$E^{(2)} = \sum_n W_{kn} a_n^{(1)} - W_{kk} a_k^{(1)} = \sum_n{}' W_{kn} a_n^{(1)}$$

$$= -\sum_n{}' \frac{W_{kn} W_{nk}}{\varepsilon_n - \varepsilon_k} = -\sum_n{}' \frac{\mid W_{nk} \mid^2}{\varepsilon_n - \varepsilon_k} \tag{5.1.28}$$

(2) 当 $m \neq k$ 时，由方程 (5.1.25) 得到

$$(\varepsilon_m - \varepsilon_k) a_m^{(2)} + E^{(1)} a_m^{(1)} = \sum_n W_{mn} a_n^{(1)} \tag{5.1.29}$$

把式 (5.1.22) 和 (5.1.23) 代入上式，可得二级波函数修正值：

$$a_m^{(2)} = -\frac{1}{\varepsilon_m - \varepsilon_k} \left(\sum_n W_{mn} a_n^{(1)} - W_{kk} a_m^{(1)} \right)$$

$$= -\frac{W_{kk} W_{mk}}{(\varepsilon_m - \varepsilon_k)^2} + \sum_n{}' \frac{W_{mn} W_{nk}}{(\varepsilon_m - \varepsilon_k)(\varepsilon_n - \varepsilon_k)} \tag{5.1.30}$$

但式 (5.1.30) 的 $a_m^{(2)}$ 不包括 $m = k$ 的情况. 欲求 $a_k^{(2)}$, 须利用式 (5.1.26), 得

$$a_k^{(2)} + a_k^{(2)*} + \sum_m |a_m^{(1)}|^2 = 0$$

同 $a_k^{(1)}$ 的情况一样, $a_k^{(2)}$ 的虚部只改变波函数相因子, 故可取 $\mathrm{Im}\, a_k^{(2)} = 0$ 使 $a_k^{(2)}$ 为实数, 结果得到

$$a_k^{(2)} = -\frac{1}{2} \sum_m |a_m^{(1)}|^2 = -\frac{1}{2} \sum_m{}' \frac{|W_{mk}|^2}{(\varepsilon_m - \varepsilon_k)^2} \tag{5.1.31}$$

公式 (5.1.28) 决定了二级能量修正, 公式 (5.1.30) 和 (5.1.31) 决定了二级波函数修正, 其中的 $a_m^{(2)}$ 是在 $\hat{H}_0$ 表象中的波函数修正, 若换到一般形式, 二级波函数修正为

$$
\begin{aligned}
|\psi^{(2)}\rangle &= \sum_m a_m^{(2)} |\varphi_m\rangle \\
&= \sum_m{}' \left[\sum_n{}' \frac{W_{mn} W_{nk}}{(\varepsilon_m - \varepsilon_k)(\varepsilon_n - \varepsilon_k)} - \frac{W_{kk} W_{mk}}{(\varepsilon_m - \varepsilon_k)^2} \right] |\varphi_m\rangle \\
&\quad - \frac{1}{2} \sum_m{}' \frac{|W_{mk}|^2}{(\varepsilon_m - \varepsilon_k)^2} |\varphi_k\rangle
\end{aligned}
\tag{5.1.32}
$$

应用类似的方法可以求得三级以至更高级的修正值.

5.1.4　微扰论适用条件

总结上述一级和二级微扰的结果, 利用展开式 (5.1.7) 和 (5.1.8), 到二级修正, 系统的能量和波函数为

$$
\left\{
\begin{aligned}
E &= \varepsilon_k + H'_{kk} - \sum_n{}' \frac{|H'_{nk}|^2}{(\varepsilon_n - \varepsilon_k)} \\
|\psi\rangle &= |\psi^{(0)}\rangle + |\psi^{(1)}\rangle + |\psi^{(2)}\rangle \\
&= |\varphi_k\rangle - \sum_n{}' \frac{H'_{nk}}{\varepsilon_n - \varepsilon_k} |\varphi_n\rangle \\
&\quad + \sum_m{}' \left[\sum_n{}' \frac{H'_{nk} H'_{mn}}{(\varepsilon_m - \varepsilon_k)(\varepsilon_n - \varepsilon_k)} - \frac{H'_{mk} H'_{kk}}{(\varepsilon_m - \varepsilon_k)^2} \right] |\varphi_m\rangle \\
&\quad - \frac{1}{2} \sum_m{}' \frac{|H_{km}|^2}{(\varepsilon_m - \varepsilon_k)^2} |\varphi_k\rangle
\end{aligned}
\right.
\tag{5.1.33}
$$

从上述结果可以看出, 微扰理论适用的条件为

$$\left| \frac{H'_{mk}}{\varepsilon_m - \varepsilon_k} \right| \ll 1, \quad m \neq k \tag{5.1.34}$$

即微扰修正矩阵元相对于能级间隔而言要很小,这时 E 及 $|\psi\rangle$ 级数收敛得很快,只须计算前面几项就可以得到相当准确的结果.当条件(5.1.34)不满足时,级数收敛很慢甚至发散,这时微扰论用起来结果就不准确,或须计算高级近似而不方便,甚至不能应用.式(5.1.34)就是本节开始所述 $\hat{H}'$ 很小的确切含义.从这个条件看,微扰论是否适用不仅决定于矩阵元 H'_{mk} 的大小,而且还决定于能级间的距离 $\varepsilon_m - \varepsilon_k$. 例如在库仑场中体系能级与量子数 n 的平方成反比(见式(4.2.45)),当 n 大时,能级间距很小,从而微扰论常只适用于计算低能级(n 小)的修正,而不能用来计算高能级(n 大)的修正.

以上的讨论是对于未扰系统 $\hat{H}_0$ 只有分立谱的情况.事实上本节的结果很容易推广到 $\hat{H}_0$ 既有分立谱又有连续谱的情形.这时 $|\psi\rangle$ 按 $\hat{H}_0$ 完备本征系展开时,要考虑到完备系中不仅有分立谱而且有连续谱,其余步骤则和本节所讲的完全一样.但必须指出,在这种情况下,由于条件(5.1.34)的限制,对于连续区的能量和波函数是不能用微扰论的,这是因为对连续谱中的某一 ε_k,一定有无限接近的态存在,可使 $(\varepsilon_m - \varepsilon_k) \to 0$,因而条件(5.1.34)不能满足.所以上述微扰论只能用来讨论分立能级及其相应波函数的修正.同样,当 $\hat{H}_0$ 只具有连续谱的情况下,上述微扰论也不能适用.

5.1.5 弱电场中的带电谐振子

作为一个例子说明定态微扰理论如何应用,我们来讨论弱电场中的带电一维谐振子问题.

一个质量为 μ、自然频率为 ω 的一维谐振子,带有电量 q,处在均匀的常电场 ε 中,用微扰论计算其能级的修正.

这个系统的哈氏量为

$$\hat{H} = -\frac{\hbar^2}{2\mu}\frac{\mathrm{d}^2}{\mathrm{d}x^2} + \frac{1}{2}\mu\omega^2 x^2 - q\varepsilon x \tag{5.1.35}$$

很自然地,我们对它作如下的划分:

$$\begin{cases} \hat{H}_0 = -\dfrac{\hbar^2}{2\mu}\dfrac{\mathrm{d}^2}{\mathrm{d}x^2} + \dfrac{1}{2}\mu\omega^2 x^2 \\ \hat{H}' = -q\varepsilon x \end{cases} \tag{5.1.36}$$

之所以这样做,是因为原来未扰系统就是 $\hat{H}_0$,且它有清楚的解;而电场项本来就是扰动,我们要研究受了它影响后系统运动如何变;对弱电场而言,微扰是小项,可以用微扰论处理.

$\hat{H}_0$ 的能级和本征态是

$$E_n^{(0)} = (n + 1/2)\hbar\omega$$

$$\psi_n(x) = N_n H_n(\alpha x)\mathrm{e}^{-\alpha^2 x^2/2}$$

$$n = 0, 1, 2, \cdots$$

这是个非简并系统. 在计算微扰修正中最重要的是计算微扰项的矩阵元.

$$H'_{mn} = \langle m \mid \hat{H}' \mid n \rangle = \int \mathrm{d}x \psi_m^* \hat{H}' \psi_n$$

$$= - q\varepsilon \int \mathrm{d}x \psi_m^* x \psi_n = - q\varepsilon x_{mn}$$

在前面我们已得公式(用波函数积分算,或在粒子数表象做),矩阵元

$$x_{mn} = \frac{1}{\sqrt{2}\,\alpha} \sqrt{m + 1}\,\delta_{m, n-1} + \frac{1}{\sqrt{2}\,\alpha} \sqrt{m}\,\delta_{m, n+1}$$

其中 $\alpha = \sqrt{\mu\omega/\hbar}$,于是有

$$H'_{mn} = \lambda(\sqrt{m+1}\,\delta_{m, n-1} + \sqrt{m}\,\delta_{m, n+1})$$

$$\lambda = - \frac{q\varepsilon}{2} \sqrt{\frac{2\hbar}{\mu\omega}}$$

一级微扰修正:

$$E_n^{(1)} = H'_{nn} = 0$$

一般总要求计算出**非零的微扰修正**,于是看二级修正:

$$E_n^{(2)} = - \sum_m' \frac{|H'_{mn}|^2}{E_m - E_n}$$

$$= - \sum_m' \frac{1}{[(m + 1/2) - (n + 1/2)]\hbar\omega} \lambda^2 (\sqrt{m+1}\,\delta_{n, m+1} + \sqrt{m}\,\delta_{m, n+1})^2$$

$$= - \frac{\lambda^2}{\hbar\omega} = - \frac{q^2\varepsilon^2}{2\mu\omega^2}$$

我们看到,到二级修正后,系统的能量为

$$E_n = (n + 1/2)\hbar\omega - \frac{q^2\varepsilon^2}{2\mu\omega^2}, \quad n = 0, 1, 2, \cdots \tag{5.1.37}$$

所有能级都下降了. 如再计算高级修正,皆得零. 事实上,这是系统**精确解**. 我们可用另一种办法算. 前面弱场中的谐振子哈氏量可改写一下:

$$\hat{H}(x) = - \frac{\hbar^2}{2\mu} \frac{\mathrm{d}^2}{\mathrm{d}x^2} + \frac{1}{2}\mu\omega^2 x^2 - q\varepsilon x = - \frac{\hbar^2}{2\mu} \frac{\mathrm{d}^2}{\mathrm{d}x^2} + \frac{1}{2}\mu\omega^2 \left(x - \frac{q\varepsilon}{\mu\omega^2}\right)^2 - \frac{q^2\varepsilon^2}{2\mu\omega^2}$$

$$= -\frac{\hbar^2}{2\mu}\frac{\mathrm{d}^2}{\mathrm{d}x'^2} + \frac{1}{2}\mu\omega^2 x'^2 - \frac{q^2\varepsilon^2}{2\mu\omega^2} = H_0(x') - \frac{q^2\varepsilon^2}{2\mu\omega^2}$$

$$x' = x - \frac{q\varepsilon}{\mu\omega^2}$$

我们看到,哈氏量 $\hat{H}_0(x')$ 描写了一个坐标平移后的谐振子,它的能量本征值我们是知道的,于是就可求得系统 $\hat{H}(x)$ 的本征值,它不过是能级平移一下而已:

$$E_n = (n + 1/2)\omega - \frac{q^2\varepsilon^2}{2\mu\omega^2}$$

这确实是个精确结果!

5.1.6 非谐振子

谐振子一般只是真实力学体系的理想情况,在实际情况下,体系的势能不像 $\mu\omega^2 x^2/2$ 那样简单,而是由比较复杂的函数 $V(x)$ 表示的. 例如两个原子组成的分子的振动势能就是如此. 设 r 为两个原子之间的距离,则振动势只是 r 的函数,记为 $V(r)$. 我们可以将 $V(r)$ 在振动的平衡位置 r_0 附近展开:

$$V(r) = V(r_0) + \frac{1}{2}\frac{\mathrm{d}^2 V(r)}{\mathrm{d}r^2}\Big|_{r=r_0}(r-r_0)^2 + \frac{1}{3!}\frac{\mathrm{d}^2 V(r)}{\mathrm{d}r^3}\Big|_{r=r_0}(r-r_0)^3 + \cdots$$

引入记号

$$\frac{\mathrm{d}^2 V(r)}{\mathrm{d}r^2}\Big|_{r=r_0} = \mu\omega^2, \quad \frac{1}{6}\frac{\mathrm{d}^3 V(r)}{\mathrm{d}r^3}\Big|_{r=r_0} = \beta$$

$$r - r_0 = x$$

则有

$$V(x) = V(r_0) + \frac{\mu\omega^2}{2}x^2 + \beta x^3 + \cdots \tag{5.1.38}$$

如果振动势能曲线和理想的谐振子势能 $V(r_0) + \frac{\mu\omega^2}{2}x^2$ 差别很小,则 $V(x)$ 的展开式中我们只要取前几项(例如前三项)就可以了. 这就是说,$V(x)$ 还是可以用谐振子势来作近似的,但是要附加一个微小的非谐振项 βx^3. 这样的振子就称为**非谐振子**. 这种近似在讨论分子的振动能级时常用到.

因此,一个非谐振子体系的哈密顿算符可以写成(取平衡位置的势能 $V(r_0)$ 为零)

$$\hat{H} = -\frac{\hbar^2}{2\mu}\frac{\mathrm{d}^2}{\mathrm{d}x^2} + \frac{1}{2}\mu\omega^2 x^2 + \beta x^3 = \hat{H}_0 + \hat{H}' \tag{5.1.39}$$

式中 $\hat{H}_0$ 为线性谐振子的哈密顿算符,$\hat{H}' = \beta x^3$ 是非谐振项,可以看做微扰.

现在我们来讨论原来的谐振子处于第 k 个激发态时受到非简谐势 βx^3 微扰作用后的情况.根据前面的讨论,直到二级微扰的能量为

$$\begin{aligned}
E_k &= \varepsilon_k + H'_{kk} + \sum_n{}' \frac{|H'_{kn}|^2}{\varepsilon_k - \varepsilon_n} \\
&= \varepsilon_k + \beta(x^3)_{kk} + \beta^2 \sum_n{}' \frac{|(x^3)_{kn}|^2}{\varepsilon_k - \varepsilon_n}
\end{aligned} \tag{5.1.40}$$

式中 $\sum_n{}'$ 表示求和中不包括 $n = k$ 的项.$\varepsilon_k = (k + 1/2)\hbar\omega$ 为已知,因此整个问题就归结为计算矩阵元 $(x^3)_{mn}$.

从前面我们已知道矩阵元 x_{mn}.按照矩阵的乘法法则,我们可由矩阵元 x_{mn} 来计算矩阵元 $(x^3)_{mn}$,即

$$\begin{aligned}
(x^3)_{mn} &= \sum_k (x^2)_{mk} x_{kn} = \sum_{k\ell} x_{m\ell} x_{\ell k} x_{kn} \\
&= \frac{1}{2\sqrt{2}\alpha^3}\Big[\sqrt{(m+1)(m+2)(m+3)}\,\delta_{n,m+3} + 3(m+1)\sqrt{m+1}\,\delta_{n,m+1} \\
&\quad + 3m\sqrt{m}\,\delta_{n,m-1} + \sqrt{m(m-1)(m-2)}\,\delta_{n,m-3}\Big]
\end{aligned} \tag{5.1.41}$$

由上式可以看出,矩阵元 $(x^3)_{mn}$ 只有当 $n = m \pm 1, n = m \pm 3$ 时才不为零.因此 $(x^3)_{kk} = 0$,即一级能量修正值为零.二级能量微扰修正为

$$E^{(2)} = \beta^2 \sum_n{}' \frac{|(x^3)_{kn}|^2}{\varepsilon_k - \varepsilon_n} \tag{5.1.42}$$

由于 $(x^3)_{mn}$ 是厄米矩阵元,从式(5.1.41)可以看出它又是对称矩阵,即 $(x^3)_{mn} = (x^3)_{nm}$,故有

$$\begin{aligned}
|(x^3)_{kn}|^2 &= (x^3)^*_{kn}(x^3)_{kn} = (x^3)^+_{nk}(x^3)_{kn} \\
&= (x^3)_{kn}(x^3)_{kn} = [(x^3)_{kn}]^2
\end{aligned}$$

所以

$$\begin{aligned}
E^{(2)} &= \beta^2 \left\{ \frac{[(x^3)_{k,k+3}]^2}{\varepsilon_k - \varepsilon_{k+3}} + \frac{[(x^3)_{k,k+1}]^2}{\varepsilon_k - \varepsilon_{k+1}} + \frac{[(x^3)_{k,k-1}]^2}{\varepsilon_k - \varepsilon_{k-1}} + \frac{[(x^3)_{k,k-3}]^2}{\varepsilon_k - \varepsilon_{k-3}} \right\} \\
&= -\frac{15}{4}\frac{\beta^2}{\hbar\omega}\left(\frac{\mu\omega}{\hbar}\right)^{-3}\left(k^2 + k + \frac{11}{30}\right)
\end{aligned} \tag{5.1.43}$$

因此求得非谐振子的能量(至二级微扰)为

$$E_k = \varepsilon_k + E^{(2)}$$

$$= \left(k + \frac{1}{2}\right)\hbar\omega - \frac{15}{4}\frac{\beta^2}{\hbar\omega}\left(\frac{\hbar}{\mu\omega}\right)^3\left(k^2 + k + \frac{11}{30}\right) \tag{5.1.44}$$

最后再讨论一下这个方法的适用条件. 根据式 (5.1.34), 微扰方法适用的条件是

$$\left|\frac{H'_{kn}}{\varepsilon_k - \varepsilon_n}\right| \ll 1, \quad n \neq k$$

现在, 在数量级上, 当 k 比较大时, 从式 (5.1.41) 可以看出

$$H'_{mn} \approx \frac{\beta}{\alpha^3}m^{3/2} = \beta\left(\frac{\mu\omega}{\hbar}\right)^{3/2}m^{3/2}$$

而

$$\varepsilon_m - \varepsilon_n \approx \hbar\omega$$

因此适用条件变成

$$\beta\left(\frac{\mu\omega}{\hbar}\right)^{-3/2}k^{3/2} \ll \hbar\omega$$

即

$$k \ll \left(\frac{\hbar\omega}{\beta}\right)^{2/3}\left(\frac{\mu\omega}{\hbar}\right)$$

它表明 k 不能太大, 能级不能太高. 对越低的能级, 用微扰计算结果越好. 用经典的语言来说, 就是振动的振幅不应太大. 物理上这是显然的. 在远离平衡点的地方, 微扰项的作用非常大, 可能连束缚态都没有了!

5.1.7 对称谐振子高阶修正

在对称势阱平衡点附近展开, 对谐振子的最低高阶修正是坐标的四次方, 即哈氏量为

$$\begin{cases} \hat{H} = -\frac{\hbar^2}{2\mu}\frac{\mathrm{d}^2}{\mathrm{d}x^2} + \frac{1}{2}\mu\omega^2 x^2 + \lambda x^4 = \hat{H}_0 + \hat{H}' \\ \hat{H}' = \lambda x^4 \equiv \hbar\omega\alpha^4\gamma x^4 \\ \alpha = \sqrt{\mu\omega/\hbar}, \quad \gamma = \alpha^4\hbar\omega \end{cases} \tag{5.1.45}$$

我们一样可以来计算微扰项小时对能级的修正.

对基态的修正是

$$\Delta E_0^{(1)} = \langle 0 \mid \hat{H}' \mid 0 \rangle = \frac{3}{4}\frac{\lambda}{\alpha^4} = \frac{3}{4}\hbar\omega\gamma \tag{5.1.46}$$

而对基态的二级修正为

$$\Delta E_0^{(2)} = \sum_{n \neq 0} \frac{\langle 0 \mid \hat{H}' \mid n \rangle \langle n \mid \hat{H}' \mid 0 \rangle}{\varepsilon_0 - \varepsilon_n}$$

$$= -\frac{21}{8} \frac{\lambda^2}{\hbar \omega \alpha^8} = -\frac{21}{8} \hbar \omega \gamma^2 \qquad (5.1.47)$$

所以到二级修正,基态能量为

$$E_0 = \frac{1}{2} \hbar \omega \left(1 + \frac{3}{2} \gamma - \frac{21}{4} \gamma^2 \right) \qquad (5.1.48)$$

5.1.8　氢原子基态能级的超精细结构——原子氢 21 厘米线

对氢原子基态$[(n, l) = (1, 0)]$,由原子核与电子的自旋(均为 1/2)耦合引起的一种超精细相互作用为

$$\hat{H}' = -\frac{8\pi}{3} \frac{1}{4\pi\varepsilon_0 c^2} \hat{\boldsymbol{\mu}}_p \cdot \hat{\boldsymbol{\mu}}_e \delta^{(3)}(\boldsymbol{x}) \qquad (5.1.49)$$

(接触相互作用)其中 $|\boldsymbol{x}|$ 为电子与原子核的相对距离,$\hat{\boldsymbol{\mu}}_p = g_p \dfrac{e}{2m_p} \hat{s}_p$

($g_p = 5.586$)为质子自旋磁矩;$\hat{\boldsymbol{\mu}}_e = -g_s \dfrac{e}{2m_e} \hat{s}_e (g_s = 2)$ 为电子自旋磁矩.质子磁矩的 g 因子包含了反常磁矩.我们用微扰论来计算由此作用引起的氢原子基态能级的超精细分裂.

由于相互作用包含了质子自旋与电子自旋的耦合,因此可采用耦合表象.改写一下:

$$\hat{H}' = -\frac{8\pi}{3} \frac{1}{4\pi\varepsilon_0 c^2} \hat{\boldsymbol{\mu}}_p \cdot \hat{\boldsymbol{\mu}}_e \delta^{(3)}(\boldsymbol{x}) = A(\hat{S}^2 / \hbar^2 - 3/2] \delta^{(3)}(\boldsymbol{x}) \qquad (5.1.50)$$

这里 $\hat{S} = \hat{s}_p + \hat{s}_e$ 是核子电子系统总自旋;$A = \dfrac{\pi g_p g_e \hbar^2 e^2}{12\pi\varepsilon_0 c^2 m_p m_e}$.

考虑到自旋部分后,氢原子基态波函数为

$$\psi_0 = \frac{1}{\sqrt{\pi a_0^3}} e^{-r/a_0} \chi(e, p) \qquad (5.1.51)$$

其中 $\chi(e, p)$ 为角动量耦合表象本征态,分为三态(总自旋量子数 $F = 1$)χ_{11},χ_{10},χ_{1-1} 和单态(总自旋量子数 $F = 0$)χ_{00}.在耦合表象中,微扰作用的角动量部分已对角化,于是只要算坐标部分.一级能量修正为

$$E^{(1)} = \langle \psi_0 \mid \hat{H}' \mid \psi_0 \rangle = A\left[F(F+1) - 3/2\right] \int \mathrm{d}^3 x \delta^{(3)}(\boldsymbol{x}) \left| \psi_{100} \right|^2$$

$$= \frac{1}{\pi a_0^3} A\left[F(F+1) - 3/2\right]$$

$$= \frac{2\pi g_\mathrm{p}}{3} \frac{m_\mathrm{e} m_\mathrm{p}^2}{(m_\mathrm{e} + m_\mathrm{p})^3} \left[F(F+1) - 3/2\right] \alpha^4 m_\mathrm{e} c^2 \tag{5.1.52}$$

这里已用了

$$a_0 = \frac{4\pi\varepsilon_0 \hbar^2}{\mu e^2} = \frac{4\pi\varepsilon_0 \hbar^2 (m_\mathrm{e} + m_\mathrm{p})}{m_\mathrm{e} m_\mathrm{p} e^2} = a_\infty \frac{m_\mathrm{p} + m_\mathrm{e}}{m_\mathrm{p}}$$

α 为精细结构常数. 对两种总角动量态, 能量修正分别为

$$\begin{cases} E_{F=0}^{(1)} = - g_\mathrm{p} \dfrac{m_\mathrm{e} m_\mathrm{p}^2}{(m_\mathrm{e} + m_\mathrm{p})^3} \alpha^4 m_\mathrm{e} c^2 \\[3mm] E_{F=1}^{(1)} = \dfrac{1}{3} g_\mathrm{p} \dfrac{m_\mathrm{e} m_\mathrm{p}^2}{(m_\mathrm{e} + m_\mathrm{p})^3} \alpha^4 m_\mathrm{e} c^2 \end{cases} \tag{5.1.53}$$

即基态能级三态较高而单态较低. 分裂间隔为

$$\Delta E = E_{F=1}^{(1)} - E_{F=0}^{(1)} = \frac{4}{3} g_\mathrm{p} \frac{m_\mathrm{e} m_\mathrm{p}^2}{(m_\mathrm{e} + m_\mathrm{p})^3} \alpha^4 m_\mathrm{e} c^2$$

$$\approx \frac{4}{3} g_\mathrm{p} \frac{m_\mathrm{e}}{m_\mathrm{p}} \alpha^4 m_\mathrm{e} c^2 = 5.88 \times 10^{-6} (\mathrm{eV}) \tag{5.1.54}$$

这两态之间的跃迁放出的光子的波长为 $\lambda = \dfrac{2\pi\hbar c}{\Delta E} = 21.1 \times 10^{-2}$ m, 频率约为 1 420 MHz(图 5.1.1). 这就是有名的原子氢 21 厘米线; 在天体物理中正是利用此

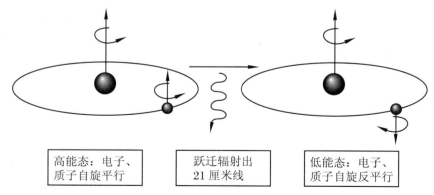

| 高能态: 电子、 | 跃迁辐射出 | 低能态: 电子、 |
| 质子自旋平行 | 21 厘米线 | 质子自旋反平行 |

图 5.1.1　中性氢原子 21 厘米线的形成

射电短波来探测宇宙中广泛存在的中性原子氢云. 利用氢原子超精细结构跃迁频率作为时间标准, 可做成原子钟.

5.2　定态微扰论(简并态)

5.2.1　简并态微扰论

定态微扰论要解的问题是

$$\begin{cases} \hat{H} \mid \psi \rangle = E \mid \psi \rangle \\ \langle \psi \mid \psi \rangle = 1 \end{cases} \tag{5.2.1}$$

其中 $\hat{H}$ 是系统总哈密顿量. 问题有时复杂不好解. 如果系统的总哈密顿量可以分拆为两部分:

$$\hat{H} = \hat{H}_0 + \hat{H}' = \hat{H}_0 + \lambda \hat{W} \tag{5.2.2}$$

其中未扰动部分 $\hat{H}_0$ 是可解的, 运动情况是清楚的; 微扰部分 $\hat{H}'$ 是小的, 那么可以用微扰论来求得运动的变化. 上一节讨论了非简并微扰论, 那里 $\hat{H}_0$ 的本征值与本征态是一一对应的. 对于用不同的量子数 m 和 n 标记的两个本征态 $\mid m \rangle$ 和 $\mid n \rangle$, 相应的能量本征值一定是不相同的. 如果存在简并, 则允许不同形式的本征态对应于同一个本征值. 换句话说, 系统本征态的个数将多于本征值的个数, 于是需要引入其他的量子数(比如量子数 μ)来完全标志系统的本征态. 此时 $\hat{H}_0$ 的本征方程应该是

$$\begin{cases} \hat{H}_0 \mid \varphi_{m\mu} \rangle = E_m \mid \varphi_{m\mu} \rangle \\ \mu = 1, 2, \cdots, f_m \end{cases} \tag{5.2.3}$$

新引入的量子数 μ 用来区别对应于同一个能级的不同的量子态, f_m 记为该能级的简并度. 同一个能量的这些本征态 $\mid \varphi_{m\mu} \rangle$, 张成系统希尔伯特空间的一个子空间, 其维数为 f_m. 所有的态则满足正交归一完备关系:

$$\begin{cases} \langle \varphi_{m\mu} \mid \varphi_{n\nu} \rangle = \delta_{mn} \delta_{\mu\nu} \\ \sum_{m\mu} \mid \varphi_{m\mu} \rangle \langle \varphi_{m\mu} \mid = 1 \end{cases} \tag{5.2.4}$$

用微扰论的观点来解式(5.2.1),可把波函数$|\psi\rangle$和能量E用$\hat{H}_0$的本征态展开:

$$\begin{cases} |\psi\rangle = \sum_{m\mu} a_{m\mu} |\varphi_{m\mu}\rangle = \sum_{\gamma} \lambda^{\gamma} \sum_{m\mu} a_{m\mu}^{(\gamma)} |\varphi_{m\mu}\rangle = \sum_{\gamma} \lambda^{\gamma} |\psi^{(\gamma)}\rangle \\ E = \sum_{\gamma} \lambda^{\gamma} E^{(\gamma)} \end{cases} \quad (5.2.5)$$

代入式(5.2.1),利用本征态$|\varphi_{m\mu}\rangle$的正交归一性,比较λ同次幂的系数,得到下面的方程:

$$\begin{cases} (E^{(0)} - \varepsilon_m) a_{m\mu}^{(0)} = 0 \\ \sum_{\rho=0}^{\gamma} E^{(\rho)} a_{m\mu}^{(\gamma-\rho)} - \varepsilon_m a_{m\mu}^{(\gamma)} = \sum_{n\nu} W_{m\mu,n\nu} a_{n\nu}^{(\gamma-1)} \\ \gamma = 1,2,3,\cdots \end{cases} \quad (5.2.6)$$

其中**微扰矩阵元**为

$$W_{m\mu,n\nu} \equiv \langle \varphi_{m\mu} | \hat{W} | \varphi_{n\nu} \rangle \quad (5.2.7)$$

而归一化条件给出

$$\begin{cases} \sum_{m\mu} a_{m\mu}^{(0)*} a_{m\mu}^{(0)} = 1 \\ \sum_{\rho=0}^{\gamma} \sum_{m\mu} a_{m\mu}^{(\gamma-\rho)*} a_{m\mu}^{(\rho)} = 0, \quad \gamma = 1,2,\cdots \end{cases} \quad (5.2.8)$$

方程(5.2.6)～(5.2.8)就是在$\hat{H}_0$表象中的方程(5.2.1).

现在我们设所考察要求微扰修正的能级为ε_k.和上节不同,这时我们不知道相应的具体波函数,因为能级简并,有好几个波函数都对应此能级.我们只能假定它们的线性组合

$$\begin{cases} a_{m\mu}^{(0)} = b_\mu \delta_{mk} \\ |\psi^{(0)}\rangle = \sum_{m\mu} a_{m\mu}^{(0)} |\varphi_{m\mu}\rangle = \sum_\mu b_\mu |\varphi_{k\mu}\rangle \end{cases} \quad (5.2.9)$$

其中系数b_μ还定不下来,但我们知道至少有一个不为零.把式(5.2.9)代入式(5.2.6)的第一个方程,得

$$(E^{(0)} - \varepsilon_m) b_\mu \delta_{mk} = 0 \quad (5.2.10)$$

当$m = k$时,得

$$E^{(0)} = \varepsilon_k \quad (5.2.11)$$

这与初始条件自洽.把式(5.2.9)代入归一化条件(5.2.8)第一式,得

$$\sum_\mu b_\mu^* b_\mu = 1 \quad (5.2.12)$$

我们再也得不到 b_μ 的其他信息了. 先往下走, 进入一阶修正, 方程为

$$E^{(1)} a_{m\mu}^{(0)} + (E^{(0)} - \varepsilon_m) a_{m\mu}^{(1)} = \sum_{n\nu} W_{m\mu,n\nu} a_{n\nu}^{(0)}$$

当 $m = k$ 时, 它给出

$$E^{(1)} b_\mu = \sum_\nu W_{k\mu,k\nu} b_\nu$$

或改写成本征方程形式:

$$\begin{cases} \sum_{\nu=1}^{f_k} (W_{k\mu,k\nu} - \delta_{\mu\nu} E^{(1)}) b_\nu = 0 \\ \mu = 1, 2, \cdots, f_k \end{cases} \tag{5.2.13}$$

这是关于矩阵 $W_k = (W_{k\mu,k\nu})$ 的本征方程, 其中待求的一阶能量修正 $E^{(1)}$ 是相应本征值, 而还没有完全定下的零级波函数 b_μ 是本征矢量!

从线性代数知道, 方程(5.2.13)有非零解的充分必要条件是矩阵行列式为零:

$$\mathrm{Det}(W_{k\mu,k\nu} - E^{(1)} \delta_{\mu\nu}) = 0 \tag{5.2.14}$$

这在历史上称为**久期方程**, 它是 $E^{(1)}$ 的 f_k 次代数方程, 有 f_k 个解:

$$E^{(1)\alpha}, \quad \alpha = 1, 2, \cdots, f_k \tag{5.2.15}$$

由于 $\hat{W}$ 是厄米的, 这些解都是实的. 把其中一个解代入方程组(5.2.13), 可得到相应的本征函数 b_μ^α; 代入方程(5.2.9), 我们得到相应的零级波函数显示式:

$$| \psi^{(0)\alpha} \rangle = \sum_{\mu=1}^{f_k} b_\mu^\alpha | \varphi_{k\mu} \rangle, \quad \alpha = 1, 2, \cdots, f_k \tag{5.2.16}$$

而此时到一级修正, 能量值为

$$\begin{cases} E = E^{(0)} + \lambda E^{(1)} = \varepsilon_k + \lambda E^{(1)\alpha} \\ \alpha = 1, 2, \cdots, f_k \end{cases} \tag{5.2.17}$$

5.2.2　几点讨论

从上面的表述可以看到, 和非简并态不同, 在有简并的时候, 我们不能同时决定能级和波函数的同级修正. 前面我们在讨论一级修正时, 求出了能量的一级修正, 而波函数只定出了零级项. 往下也是如此. 由于往后的计算决定于前面的情况, 我们没法给出一般的公式.

上面的计算告诉我们, 求简并态的一级修正, 实际上是把微扰哈氏量 $\hat{W}(\hat{H}')$ 在由能量 ε_k 标志的希尔伯特子空间中的表示矩阵 W_k 对角化, 对角后的对角元就是能量修正值.

如果能量的一级修正不为零, 那么原先简并的能级由于微扰的影响可能出现

分裂,或者说,简并可能被微扰有所解除.

如果一级修正的根(本征值式(5.2.15))都不同,那么原来一条能级 ε_k 就分裂为 f_k 条能级,简并完全消除(如图 5.2.1).接着下去就可按非简并态做高级修正了.

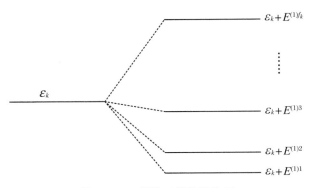

图 5.2.1　微扰对简并的作用

如果所有的根都一样(此时 W_k 是单位矩阵倍数),那么简并完全没消除,微扰最多只是使能级移动一下.

如果有一部分本征值相同,那么原来简并部分被消除.

5.2.3　耦合振子

一个质量为 μ、自然频率为 ω 的三维各向同性谐振子,其第一激发态是简并的.如果加上一个在 xy 平面内的微扰 $\hat{H}' = bxy$,其中 b 为常量,则能级可能会分裂.我们用简并态微扰论来求此能级的分裂.

三维各向同性谐振子的哈氏量为

$$
\begin{aligned}
\hat{H}_0 &= \frac{1}{2\mu}(\hat{p}_x^2 + \hat{p}_y^2 + \hat{p}_z^2) + \frac{1}{2}\mu\omega^2(x^2 + y^2 + z^2) \\
&= \frac{1}{2\mu}\hat{p}^2 + \frac{1}{2}\mu\omega^2 r^2
\end{aligned}
\tag{5.2.18}
$$

它可以看作三个一维谐振子运动的叠加,因此能级和波函数为

$$
\begin{cases}
E_N^{(0)} = (n_1 + n_2 + n_3 + 3/2)\hbar\omega = (N + 3/2)\hbar\omega \\
n_1, n_2, n_3 = 0, 1, 2, \cdots \\
N = n_1 + n_2 + n_3 = 0, 1, 2, \cdots
\end{cases}
\tag{5.2.19}
$$

$$\begin{cases} \psi_{n_1 n_2 n_3}(x,y,z) = \psi_{n_1}(x)\psi_{n_2}(y)\psi_{n_3}(z) \\ \psi_{n_1}(x) = N_{n_1} H_{n_1}(\alpha x) e^{-\alpha^2 x^2/2}, \cdots \end{cases} \tag{5.2.20}$$

第一激发态 $N=1$ 是三重简并的.

我们也可以跑到粒子数表象中来处理它. 这时能量本征态可记为

$$|n_1 n_2 n_3\rangle \equiv |n_1\rangle |n_2\rangle |n_3\rangle \tag{5.2.21}$$

第一激发态可编序为

$$|\psi_1\rangle = |100\rangle, \quad |\psi_2\rangle = |010\rangle, \quad |\psi_3\rangle = |001\rangle \tag{5.2.22}$$

现在考虑微扰, 它可以利用吸收发射算符改写:

$$\begin{cases} H' = bxy = b\dfrac{\hbar}{2\mu\omega}(a_1 + a_1^+)(a_2 + a_2^+) \\ \quad = \lambda(a_1 + a_1^+)(a_2 + a_2^+) \\ \lambda = \dfrac{b\hbar}{2\mu\omega} \end{cases} \tag{5.2.23}$$

其中 a_1, a_2 分别代表 x 和 y 方向的吸收算符.

算出微扰项在第一激发态之间的矩阵元 $H'_{mn} = \langle \psi_m | H' | \psi_n \rangle$, 实际上就是算得微扰在此子空间的表示矩阵. 费些工夫可得

$$H' = \lambda \begin{pmatrix} 0 & 1 & 0 \\ 1 & 0 & 0 \\ 0 & 0 & 0 \end{pmatrix} \tag{5.2.24}$$

解久期方程

$$\det|H' - E^{(1)}| = 0 \tag{5.2.25}$$

就可求得能量修正值, 它们也就是矩阵 H' 的本征值. 从 H' 的形式看, 它的左上方块是泡利矩阵 σ_1, 本征值我们熟悉.

于是我们可得三维各向同性谐振子第一激发态的能级修正值和相应的零级波函数:

$$\begin{cases} \Delta E_1^{(1)1} = \lambda = b\hbar/(2\mu\omega), \quad |\psi_1^{(0)}\rangle = (|\psi_1\rangle + |\psi_2\rangle)/\sqrt{2} = (|100\rangle + |010\rangle)/\sqrt{2} \\ \Delta E_1^{(1)2} = -\lambda = -b\hbar/(2\mu\omega), \quad |\psi_2^{(0)}\rangle = (|\psi_1\rangle - |\psi_2\rangle)/\sqrt{2} = (|100\rangle - |010\rangle)/\sqrt{2} \\ \Delta E_1^{(1)3} = 0, \quad |\psi_3^{(0)}\rangle = |\psi_3\rangle = |001\rangle \end{cases}$$

$$\tag{5.2.26}$$

在微扰作用下, 一条能级分裂为三条能级, 简并完全解除.

5.2.4　弱电场中的电偶极矩

如果在一根长为 $2r$ 的无质量轻杆的两端各固定有一个质量为 μ 的粒子, 当限

制两粒子绕其质心作平面转动时,其哈密顿量可写为

$$\hat{H}_0 = \frac{\hat{L}_z^2}{2I} = -\frac{\hbar^2}{2I}\frac{\partial^2}{\partial\theta^2} \tag{5.2.27}$$

其中 $I = 2\mu r^2$ 是系统的转动惯量,已经设转动平面为 xy 面,转动轴则为 z 轴.这也相当于一个质量为 2μ 的粒子,在平面上绕离其距离为 r 处的中心转动时的哈密顿量.这样的系统称为**转子**(Rotator).

转子的能谱以前求过.能量本征值和相应的波函数为

$$\begin{cases} E_m^{(0)} = m^2\hbar^2/(2I) \\ \psi_m^{(0)}(\theta) = \mathrm{e}^{im\theta}/\sqrt{2\pi}, \quad m = 0, \pm 1, \pm 2, \cdots \end{cases} \tag{5.2.28}$$

我们看到,基态($m=0$)是非简并的;而其他激发态皆是两重简并的.

如果两粒子带有相反的电荷 $\pm q$,于是系统就有了电偶极矩,大小为 $p = 2rq$,方向则由负电粒子指向正电粒子.现在外加一沿 x 轴方向的均匀恒定弱电场 ε,问系统的能量将发生怎样的变化(图 5.2.2).

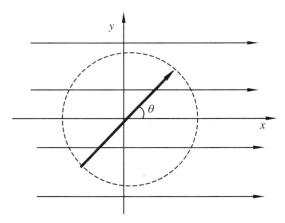

图 5.2.2　弱场中的电偶极矩

受到外场作用后,系统受到了微扰,相应的微扰哈密顿量为

$$\begin{cases} V = -\boldsymbol{p}\cdot\boldsymbol{\varepsilon} = -p\varepsilon\cos\theta = \lambda\cos\theta \\ \lambda = -p\varepsilon \end{cases} \tag{5.2.29}$$

我们来计算由于微扰引起的能量变化.

对于基态,由于是非简并的,可以利用非简并微扰论算.一级修正为

$$\Delta E_0^{(1)} = \langle 0\,|\,V\,|\,0\rangle = \int \mathrm{d}\theta\,\sqrt{1/(2\pi)}\,\lambda\cos\theta\,\sqrt{1/(2\pi)} = 0 \tag{5.2.30}$$

二级修正为

$$\Delta E_0^{(2)} = \sum{}' \frac{|\langle 0 \mid V \mid m \rangle|^2}{E_0^0 - E_m^0} \tag{5.2.31}$$

矩阵元计算

$$\langle 0 \mid V \mid m \rangle = \frac{\lambda}{2\pi} \int \mathrm{d}\theta \cos\theta \mathrm{e}^{im\theta}$$

$$= \frac{\lambda}{2} (\delta_{m,1} + \delta_{m,-1}) \tag{5.2.32}$$

于是,基态的二级能量修正为

$$\Delta E_0^{(2)} = -\lambda^2 I / \hbar^2 = -p^2 \varepsilon^2 I / \hbar^2$$

$$= -8\mu r^4 q^2 \varepsilon^2 / \hbar^2 \tag{5.2.33}$$

对于第一激发态,能级双重简并,需要用简并态微扰论. 实际上要把微扰 V 在此态空间的表示矩阵对角化. 微扰项在此空间的矩阵元为

$$V_{mn} = \langle m \mid V \mid n \rangle = \lambda \langle m \mid \cos\theta \mid n \rangle$$

$$= \frac{\lambda}{2\pi} \int \mathrm{d}\theta \mathrm{e}^{-im\theta} \cos\theta \mathrm{e}^{in\theta}$$

$$= \frac{\lambda}{2} (\delta_{m,n+1} + \delta_{m,n-1}) \tag{5.2.34}$$

易得

$$V_{mn} = 0, \quad m, n = \pm 1 \tag{5.2.35}$$

一级微扰修正为零! 简并未能解除. 怎么办?

这时最好回到原来的出发点来做.

加上了微扰的薛定谔方程为

$$\begin{cases} \hat{H}\psi = E\psi \\ (\hat{H}_0 + V)\psi = (\hat{H}_0 + \lambda\cos\theta)\psi = E\psi \end{cases} \tag{5.2.36}$$

由于 $\hat{H}_0$ 的解是完备的,精确解可按它们进行展开

$$\psi = \sum_{m=-\infty}^{\infty} C_m \psi_m^{(0)} \tag{5.2.37}$$

代入方程后利用 $\psi_m^{(0)}$ 的正交性得系列方程:

$$(E - E_n^{(0)}) C_n - (\lambda/2) C_{n-1} - (\lambda/2) C_{n+1} = 0 \tag{5.2.38}$$

这里已经用了微扰矩阵元的表达式.

对弱场,λ 可视做小量,用它来展开波函数和能量本征值:

$$E = \sum_{\gamma=0}^{\infty} E^{(\gamma)} \lambda^{\gamma}, \quad C_n = \sum_{\gamma=0}^{\infty} C_n^{(\gamma)} \lambda^{\gamma} \tag{5.2.39}$$

代到上面方程,取 λ 同幂次项系数,得各阶微扰方程:

$$\begin{cases} \lambda^0: & (E^{(0)} - E_n^{(0)}) C_n^{(0)} = 0 \\ \lambda^1: & (E^{(0)} - E_n^{(0)}) C_n^{(1)} + E^{(1)} C_n^{(0)} - (1/2) C_{n-1}^{(0)} - (1/2) C_{n+1}^{(0)} = 0 \\ \lambda^2: & (E^{(0)} - E_n^{(0)}) C_n^{(2)} + E^{(1)} C_n^{(1)} + E^{(2)} C_n^{(0)} - (1/2) C_{n-1}^{(1)} - (1/2) C_{n+1}^{(1)} = 0 \\ \cdots\cdots \end{cases}$$

$$\tag{5.2.40}$$

先考虑第一激发态,取

$$E^{(0)} = E_1^{(0)} \tag{5.2.41}$$

则由零级方程得

$$C_n^{(0)} = a_1 \delta_{n,1} + a_{-1} \delta_{n,-1} \tag{5.2.42}$$

a_1 和 a_{-1} 不能同时为零. 把上两式代到一级方程:

$$(E_1^{(0)} - E_n^{(0)}) C_n^{(1)} + E^{(1)} C_n^{(0)} - (1/2)(a_1 \delta_{n-1,1} + a_{-1} \delta_{n-1,-1} + a_1 \delta_{n+1,1} + a_{-1} \delta_{n+1,-1}) = 0$$

$$\tag{5.2.43}$$

当 $n = \pm 1$ 时,得

$$E^{(1)} = 0 \tag{5.2.44}$$

即上面得到过的结果:一级修正为零. 把此值代回上面方程,对于非 ± 1 的项,得到波函数的修正

$$C_n^{(1)} = (-1/2)(C_{n-1}^{(0)} + C_{n+1}^{(0)})/(E_n^{(0)} - E_1^{(0)}), \quad n \neq \pm 1 \tag{5.2.45}$$

现在把 $E^{(0)}, E^{(1)}, C_n^{(1)}$ 代到二级方程,并取 $n = \pm 1$,则得

$$\begin{cases} E^{(2)} C_n^{(0)} = (1/2)(C_{n-1}^{(1)} + C_{n+1}^{(1)}) \\ \qquad = -(1/4)\big[(C_{n-2}^{(0)} + C_n^{(0)})/(E_{n-1}^{(0)} - E_n^{(0)}) + (C_{n+2}^{(0)} + C_n^{(0)})/(E_{n+1}^{(0)} - E_n^{(0)}) \big] \\ n = \pm 1 \end{cases}$$

$$\tag{5.2.46}$$

展开为

$$\begin{cases} E^{(2)} C_1^{(0)} = -(1/4)\{ C_1^{(0)}\big[1/(E_2^{(0)} - E_1^{(0)}) - 1/E_1^{(0)} \big] - C_{-1}^{(0)}/E_1^{(0)} \} \\ E^{(2)} C_{-1}^{(0)} = -(1/4)\{ -C_1^{(0)}/E_1^{(0)} + C_{-1}^{(0)}\big[1/(E_2^{(0)} - E_1^{(0)}) - 1/E_1^{(0)} \big] \} \end{cases}$$

$$\tag{5.2.47}$$

或者写成齐次方程形式:

$$\begin{cases} \{ -(1/4)\big[1/(E_2^{(0)} - E_1^{(0)}) - 1/E_1^{(0)} \big] - E^{(2)} \} C_1^{(0)} + C_{-1}^{(0)}/4 E_1^{(0)} = 0 \\ C_1^{(0)}/4 E_1^{(0)} + \{ -(1/4)\big[1/(E_2^{(0)} - E_1^{(0)}) - 1/E_1^{(0)} \big] - E^{(2)} \} C_{-1}^{(0)} = 0 \end{cases}$$

$$\tag{5.2.48}$$

由于 $C_1^{(0)} = a_1$ 和 $C_{-1}^{(0)} = a_{-1}$ 不能同时为零,即上面方程要有非零解,于是其行列式为零,即得久期方程.解此久期方程可得

$$\begin{cases} E_1^{(2)+} = 1/(4E_1^{(0)}) - [1/(E_2^{(0)} - E_1^{(0)}) - 1/(E_1^{(0)})] \\ E_1^{(2)-} = -1/(4E_1^{(0)}) - [1/(E_2^{(0)} - E_1^{(0)}) - 1/(E_1^{(0)})] \end{cases} \tag{5.2.49}$$

代入具体表达式后,得第一激发态的非零能级修正值为

$$\begin{cases} \Delta E_1^{(2)+} = 5\lambda^2 I/(6\hbar^2) \\ \Delta E_1^{(2)-} = -\lambda^2 I/(6\hbar^2) \end{cases} \tag{5.2.50}$$

简并度解除了.

其他激发态能级的处理要容易些.

5.2.5　对称破缺

在很多情形下,量子体系的能级简并常与系统的对称性和守恒量有关.而简并的消除或减小则与对称的破缺相联系.在 5.2.3 小节的例子中,未扰系统三维各向同性谐振子有球对称性,因而高能级有简并.当加上了微扰后,对称被破坏了一部分.虽然绕 z 轴的转动对称依然存在,但绕 x 轴和绕 y 轴的转动对称不再存在.于是简并度减少.第一激发态的简并度甚至完全消除了! 5.2.4 小节的例子也是如此.以前我们在讨论塞曼效应时见过这种情况.外磁场破坏了原子的球对称性,于是原来能级发生劈裂,光谱线也分裂了.可见,引入别种形式的力学量或者相互作用,使对称变化或破缺,是增加区分度的一个好方法.

5.3　斯塔克效应

以前我们讨论过的塞曼效应缘于外磁场对于原子能级的影响,本节将考察原子在外加电场中的一些行为,它被称为**斯塔克效应**,是获 1919 年诺贝尔奖的研究对象.

5.3.1　外电场中的氢原子

考虑单电子原子——氢原子或类氢原子,在外壳层只有一个电子. 设电子的质量为 μ,带电量为 $-e(e>0)$. 没有外电场的时候,电子处于原子核(或者更一

般地说成原子实)的有心力场 V_0 中,哈密顿量为

$$\hat{H}_0 = \frac{\hat{\boldsymbol{p}}^2}{2\mu} + V_0(r) \tag{5.3.1}$$

我们又知道,电子相对于原子核的位置为 $\boldsymbol{r}$,则电子与原子核之间存在电偶极矩 $-e\boldsymbol{r}$(注意电偶极矩的方向是从电子指向原子核,即 $-\boldsymbol{r}$ 方向).绝大多数情形下,电子处于基态,波函数的空间分布是均匀的,且没有简并,于是 $\boldsymbol{r}$ 的期望值 $\langle\boldsymbol{r}\rangle$ 为零,原子不会表现出永久的电偶极矩.从对称性的角度说,若系统的哈密顿量在空间反射变换下不变,而且系统的量子态没有简并,那么该量子系统不存在**永久电偶极矩**.

如果原子处于匀强常电场 $\boldsymbol{E}$ 中,电场指向 $+z$ 方向,即 $\boldsymbol{E} = E\boldsymbol{e}_z$,则电子电偶极矩与电场之间会有相互作用 $\hat{H}'$,

$$\hat{H}' = e\boldsymbol{r} \cdot \boldsymbol{E} = eEz = eEr\cos\theta \tag{5.3.2}$$

此时电子运动的哈密顿量由两部分构成:

$$\hat{H} = \hat{H}_0 + \hat{H}' \tag{5.3.3}$$

通常外电场强度 $\leqslant 10^5$ V/cm,而原子内部电场强度可估计为 $e/(4\pi\varepsilon_0 a_0^2)$,其数值约为 $[4.8\times10^{-10}/(5.29\times10^{-9})^2]\times300$ V/cm$\sim5\times10^9$ V/cm.由此可见,外电场强度比原子内部电场强度要小好几个数量级,外电场可以当做微扰处理.

对于单电子的类氢原子,H_0 的本征方程为

$$\hat{H}_0 \mid n\ell m\rangle = \varepsilon_{n\ell} \mid n\ell m\rangle$$

这里 n 为主量子数,ℓ 和 m 为轨道角动量的量子数.为避免与电场的记号混淆,用 ε 表示能量.

5.3.2　基态的微扰

首先考虑非简并情形,即原子的基态,$n=1$,$\ell=m=0$.能级的一级修正由式 (5.1.22)给出,在这里是 $\langle100\mid\hat{H}'\mid100\rangle = eE\langle100\mid z\mid100\rangle$.在求 z 关于态 $\mid100\rangle$ 的期望值时,要在全空间积分,而 z 是奇函数,该式的结果为零.于是

$$\varepsilon_{100}^{(1)} = \langle100 \mid \hat{H}' \mid 100\rangle = 0 \tag{5.3.4}$$

实际上,容易看出,对于原子的任意态 $\mid n\ell m\rangle$,总有 $\langle n\ell m\mid z\mid n\ell m\rangle = 0$.

式(5.3.4)表明,对于非简并的基态,不存在线性斯塔克效应,即不存在正比于电场强度的能量修正项.电场引起的能级偏移将表现为电场大小的平方项或者更高次项.

5.3.3　激发态能级的修正

下面我们讨论激发态的修正.这里涉及氢原子的一级斯塔克效应.斯塔克效应是原子的光谱在外电场中产生分裂的现象.当外电场不存在时,电子在氢原子中受球对称的有心力场作用,能级由总量子数 n 决定,存在着 n^2 度简并.如果从外面加上一个沿 z 轴方向的电场,则势场的球对称性就被破坏,而只保留围绕 z 轴旋转的对称性,这时简并的电子能级就会分裂,使一部分简并被消除.由于能级的劈裂,使得由于能级之间跃迁而产生的光谱线也就发生了分裂.这种分裂可以用微扰论计算出来.

我们考虑第一激发态 $n=2$ 的情形.氢原子第一激发态的能量本征值为

$$\varepsilon_2 = -\frac{\mu e^4}{8 \times (4\pi\varepsilon_0)^2 \hbar^2} = -\frac{e^2}{32\pi\varepsilon_0 a_0}$$

此能级是 $2^2 = 4$ 度简并的,坐标空间中四个简并波函数为

$$
\left\{
\begin{aligned}
\varphi_{21} &= \psi_{200} = R_{20}(r)Y_{00}(\theta,\varphi) = \frac{1}{4\sqrt{2\pi}}\left(\frac{1}{a_0}\right)^{3/2}\left(2 - \frac{r}{a_0}\right)e^{-r/(2a_0)} \\
\varphi_{22} &= \psi_{210} = R_{21}(r)Y_{10}(\theta,\varphi) = \frac{1}{4\sqrt{2\pi}}\left(\frac{1}{a_0}\right)^{3/2}\left(\frac{r}{a_0}\right)e^{-r/(2a_0)}\cos\theta \\
\varphi_{23} &= \psi_{211} = R_{21}(r)Y_{11}(\theta,\varphi) = -\frac{1}{8\sqrt{\pi}}\left(\frac{1}{a_0}\right)^{3/2}\left(\frac{r}{a_0}\right)e^{-r/(2a_0)}\sin\theta\,e^{i\varphi} \\
\varphi_{24} &= \psi_{21-1} = R_{21}(r)Y_{1-1}(\theta,\varphi) = \frac{1}{8\sqrt{\pi}}\left(\frac{1}{a_0}\right)^{3/2}\left(\frac{r}{a_0}\right)e^{-r/(2a_0)}\sin\theta e^{-i\varphi}
\end{aligned}
\right.
$$

$$(5.3.5)$$

由式(5.2.14)可知,欲求一级能量修正,必须解久期方程.为此必须先求出 $\hat{H}'$ 在 $\hat{H}_0$ 的简并本征态波函数 φ_{21},φ_{22},φ_{23},φ_{24} 之间的矩阵元,$H'_{2i,2j} = \langle\varphi_{2i}|\hat{H}'|\varphi_{2j}\rangle$.直接计算给出,非零矩阵元只有两个:

$$H'_{21,22} = H'_{22,21} = -3eEa_0 \qquad (5.3.6)$$

其余皆为零.

将这些矩阵元代入 5.2 节中的久期方程(5.2.14),得到

$$
\begin{vmatrix}
-E_2^{(1)} & -3eEa_0 & 0 & 0 \\
-3eEa_0 & -E_2^{(1)} & 0 & 0 \\
0 & 0 & -E_2^{(1)} & 0 \\
0 & 0 & 0 & -E_2^{(1)}
\end{vmatrix} = 0 \qquad (5.3.7)
$$

或

$$-E_2^{(1)2}\left[-E_2^{(1)2}-(3eEa_0)^2\right]=0$$

解此方程得到 $E_2^{(1)}$ 的四个根为

$$E_{2,1}^{(1)}=3eEa_0,\quad E_{2,2}^{(1)}=-3eEa_0,\quad E_{2,3}^{(1)}=E_{2,4}^{(1)}=0 \tag{5.3.8}$$

它们也就是一级能级修正,其大小与外电场呈线性关系.加上能级修正后的第一激发态能量为

$$\varepsilon_{2,i}=\varepsilon_2+E_{2,i}^{(1)},\quad i=1,2,3,4 \tag{5.3.9}$$

这说明原来四度简并的一条能级 ε_2 在外电场的微扰作用下分裂成为三条能级,简并部分地消除了,但仍然还有一个能级是两重简并的.我们可以用图 5.3.1 来表示能级和相应光谱线的分裂情况,这就是斯塔克效应.

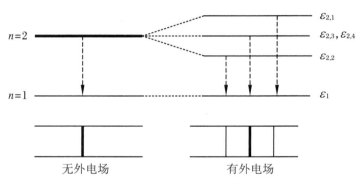

图 5.3.1 斯塔克效应

图 5.3.1 中,左图为原来的能级,从 ε_2 到 ε_1 跃迁时只有一条光谱线,右图为加了电场后,第一激发态分裂为三条能级,从而在实验上就可以观察到光谱线的分裂.不过这种分裂是很小的. ε_2 分裂后的上下能级差 $\Delta\varepsilon=6eEa_0\approx3\times10^{-8}E$ eV (E 用 V/cm 为单位),甚至当 $E=10^4$ V/cm 时,$\Delta\varepsilon=3\times10^{-4}$ eV,而 $\varepsilon_2-\varepsilon_1\approx$ 10 eV,所以 $\Delta\varepsilon\ll\varepsilon_2-\varepsilon_1$.

利用式(5.2.6)还可以求得与分裂的能级相对应的零级近似波函数.为此将 $H'_{2i,2j}$ 的值代入,可得一组线性代数方程:

$$\begin{cases}3eEa_0c_2^{(0)}+E_2^{(1)}c_1^{(0)}=0\\3eEa_0c_1^{(0)}+E_2^{(1)}c_2^{(0)}=0\\E_2^{(1)}c_3^{(0)}=0\\E_2^{(1)}c_4^{(0)}=0\end{cases} \tag{5.3.10}$$

(1) 当 $E_2^{(1)}=E_{2,1}^{(1)}=3eEa_0$ 时,解式(5.3.10)可得

$$c_1^{(0)1} = -c_2^{(0)1}, \quad c_3^{(0)1} = c_4^{(0)1} = 0$$

故对应于能级 $\varepsilon_{2,1} = \varepsilon_2 + 3eEa_\infty$ 的零级近似波函数为

$$\psi_{2,1}^{(0)} = \frac{1}{\sqrt{2}}(\varphi_{21} - \varphi_{22}) = \frac{1}{\sqrt{2}}(\psi_{200} - \psi_{210}) \tag{5.3.11}$$

（2）当 $E_2^{(1)} = E_{2,2}^{(1)} = -3eEa_0$ 时,可解得

$$c_1^{(0)2} = c_2^{(0)2}, \quad c_3^{(0)2} = c_4^{(0)2} = 0$$

故对应于能级 $\varepsilon_{2,1} = \varepsilon_2 - 3eEa_\infty$ 的零级近似波函数为

$$\psi_{2,2}^{(0)} = \frac{1}{\sqrt{2}}(\varphi_{21} + \varphi_{22}) = \frac{1}{\sqrt{2}}(\psi_{200} + \psi_{210}) \tag{5.3.12}$$

注意 $\psi_{2,1}^{(0)}$ 和 $\psi_{2,2}^{(0)}$ 中,轨道角动量在 Z 轴上的投影是零,但现在分别是 $(l,m) = (0,0)$ 与 $(l,m) = (1,0)$ 两个波函数的组合.

（3）当 $E_2^{(1)} = E_{2,3}^{(1)} = 0$ 或 $E_2^{(1)} = E_{2,4}^{(1)} = 0$ 时,可解得

$$c_1^{(0)3} = c_2^{(0)3} = 0, \quad c_3^{(0)3} c_4^{(0)3} \neq 0$$

$$c_1^{(0)4} = c_2^{(0)4} = 0, \quad c_3^{(0)4} c_4^{(0)4} \neq 0$$

亦即 $c_3^{(0)3}$ 和 $c_4^{(0)3}$ 不能同时为零;同样,$c_3^{(0)4}$ 和 $c_4^{(0)4}$ 也不同时为零. 于是可知零级波函数仍不定,

$$\begin{cases} \psi_{2,3}^{(0)} = c_3^{(0)3}\varphi_{23} + c_4^{(0)3}\varphi_{24} = c_3^{(0)3}\psi_{211} + c_4^{(0)3}\psi_{21-1} \\ \psi_{2,4}^{(0)} = c_3^{(0)4}\varphi_{23} + c_4^{(0)4}\varphi_{24} = c_3^{(0)4}\psi_{211} + c_4^{(0)4}\psi_{21-1} \end{cases} \tag{5.3.13}$$

这说明,$(l,m) = (1,1)$ 和 $(l,m) = (1,-1)$ 的两个波函数仍然属于同一能量,即角动量相同而在 Z 轴上的投影只差负号的两个态仍然是简并的. 这个结果一般在均匀电场引起的斯塔克效应中都存在.

以上只讨论了 $n = 2$ 的情况,用同样的方法也可以讨论 $n > 2$ 的情况.

5.4　含时微扰论

可以严格地得到解析解的定态薛定谔方程已然为数不多,能够精确求解的含时薛定谔方程更是少之又少.绝大多数情形下我们不得不借助近似方法寻求近似解.前面讲过的定态微扰理论曾假定,体系受到的外界微扰不随时间而改变,因此体系的总能量是运动积分,可以讨论能级和能级的修正值.当外界微扰与时间有关

时,体系的总哈密顿算符随时间而改变,故能量不是运动积分,即体系能量不守恒,不存在定态,因而也谈不上能量的修正值.问题变为体系经过扰动从一个态跃迁到另一个态的可能性.本节讨论与时间有关的微扰时的波函数,从而可以计算量子体系由一个量子态跃迁到另一个量子态的概率等物理性质.

5.4.1 含时微扰论

我们来讨论一个定态系统受到随时间变化的微扰时,如何来处理.

受含时微扰的系统的总哈氏量是

$$\hat{H} = \hat{H}(t) = \hat{H}_0 + \hat{H}'(t) = \hat{H}_0 + \lambda \hat{W}(t) \tag{5.4.1}$$

和以前一样,我们引入一个参数 λ 来表征微扰是小的,最后可让它为 1. 含时薛定谔方程为

$$i\hbar \frac{\partial}{\partial t} |\psi(t)\rangle = [\hat{H}_0 + \lambda \hat{W}(t)] |\psi(t)\rangle \tag{5.4.2}$$

未扰定态部分 $\hat{H}_0$ 的本征值和本征态被当做是已知的

$$\begin{cases} \hat{H}_0 |n\rangle = E_n |n\rangle \\ \langle m | n\rangle = \delta_{mn} \\ \sum_n |n\rangle\langle n| = 1 \end{cases} \tag{5.4.3}$$

这里标志量子态的量子数 n 可以不止是一个,依赖于系统的自由度.方程(5.4.2)的解可以展开为

$$|\psi(t)\rangle = \sum_n a_n(t) e^{-iE_n t/\hbar} |n\rangle \tag{5.4.4}$$

显然,若 $\lambda = 0$,则方程(5.4.2)的解形如式(5.4.4),但 a_n 为常数.可以想象,若 $\lambda \neq 0$ 但较小,则 $a_n(t)$ 对于时间的依赖将表现得不甚明显,换句话说,$da_n(t)/dt$ 较小,我们就只需计算低阶变化.含时微扰论正是基于这样的直观的想法.

将式(5.4.4)代入式(5.4.2),有

$$\sum_n \left[i\hbar \frac{da_n(t)}{dt} + E_n a_n(t) \right] e^{-iE_n t/\hbar} |n\rangle = \sum_n [E_n a_n(t) + \lambda \hat{W}(t) a_n(t)] e^{-iE_n t/\hbar} |n\rangle$$

考虑到 $\{|n\rangle\}$ 的正交归一性,以 $\langle m|$ 左乘上式两端,继续有

$$i\hbar \frac{da_m(t)}{dt} = \lambda \sum_n \langle m | \hat{W}(t) | n\rangle e^{i\omega_{mn} t} a_n(t)$$

$$\equiv \lambda \sum_n W_{mn}(t) \mathrm{e}^{\mathrm{i}\omega_{mn}t} a_n(t) \tag{5.4.5}$$

其中 $\omega_{mn} = (E_m - E_n)/\hbar$. 至此尚未作任何近似处理,式(5.4.5)表明含时展开式中的系数 $a_n(t)$ 完全由微扰项 $\lambda\hat{W}(t)$(或其矩阵元)确定.将 $a_n(t)$ 展开为参数 λ 的级数:

$$\begin{aligned} a_n(t) &= a_n^{(0)}(t) + \lambda a_n^{(1)}(t) + \lambda^2 a_n^{(2)}(t) + \cdots \\ &= \sum_\gamma \lambda^\gamma a_n^{(\gamma)} \end{aligned} \tag{5.4.6}$$

把它代入式(5.4.5)并按照 λ 的幂次整理,给出一组递归方程:

$$\begin{cases} \mathrm{i}\hbar\dfrac{\mathrm{d}}{\mathrm{d}t}a_m^{(0)} = 0 \\[2mm] \mathrm{i}\hbar\dfrac{\mathrm{d}}{\mathrm{d}t}a_m^{(1)} = \sum_n W_{mn}a_n^{(0)}\mathrm{e}^{\mathrm{i}\omega_{mn}t} \\[2mm] \mathrm{i}\hbar\dfrac{\mathrm{d}}{\mathrm{d}t}a_m^{(\gamma+1)} = \sum_n W_{mn}a_n^{(\gamma)}\mathrm{e}^{\mathrm{i}\omega_{mn}t}, \quad \gamma = 0,1,2,\cdots \end{cases} \tag{5.4.7}$$

这相当于 $\hat{H}_0$ 表象中的方程(5.4.2),但它提供了一种近似的方案.

第一个方程,λ^0 项给出解

$$a_m^{(0)}(t) = a_m^{(0)}(0) \tag{5.4.8}$$

这对应于不存在微扰时的情形,相当于初始条件.通常的物理问题这样提:在开始时,系统处于某个定态,例如 $\hat{H}_0$ 的本征态 $|i\rangle$,即处于能级 E_i.

$$a_m^{(0)} = \delta_{mi} \tag{5.4.9}$$

把式(5.4.9)代到式(5.4.7)第二个方程,积分得到一级修正,

$$a_m^{(1)}(t) = \frac{1}{\mathrm{i}\hbar}\int_0^t W_{mi}(\tau)\mathrm{e}^{\mathrm{i}\omega_{mi}\tau}\mathrm{d}\tau \tag{5.4.10}$$

这显然已包含了微扰的影响.把它代到式(5.4.7)的下面方程中,依次可求得 $a_m^{(2)}$,$a_m^{(3)}$ 等高阶修正.

这样,到一级修正,系统在 t 时刻的波函数为

$$\begin{aligned} |\psi(t)\rangle &= |\varphi_i(t)\rangle + \lambda\sum_m a_m^{(1)}(t)|\varphi_m(t)\rangle \\ &= \mathrm{e}^{-\mathrm{i}E_i t/\hbar}|\varphi_i\rangle + \lambda\sum_m a_m^{(1)}(t)\mathrm{e}^{-\mathrm{i}E_m t/\hbar}|\varphi_m\rangle \end{aligned} \tag{5.4.11}$$

从式(5.4.11)可以看到,系统不再完全处于原来的状态.有了波函数,就可以求出 t 时刻的波函数处于某个别的定态 $|m\rangle$ $(m \neq i)$ 的概率.由波函数概率解释,知道它等于

$$P_{mi}(t) = |\langle \varphi_m(t) \mid \psi(t) \rangle|^2 = |\lambda a_m^{(1)}(t)|^2$$

$$= \left| \frac{1}{\mathrm{i}\,\hbar} \int_0^t H'_{mi}(\tau) \mathrm{e}^{\mathrm{i}\omega_{mi}\tau} \mathrm{d}\tau \right|^2 \tag{5.4.12}$$

这相当于从原来的初态 $|i\rangle$ 经微扰 $\hat{H}'$ 作用而在 t 时刻跃迁到别的态 $|m\rangle$ 的概率，故称为**跃迁概率**.

5.4.2 简谐微扰

相当一类含时微扰问题，是微扰项简谐地依赖于时间. 具有这样形式的微扰称为简谐微扰，其形式为

$$\hat{H}'(t) = \hat{F}\mathrm{e}^{-\mathrm{i}\omega t} + \hat{F}^+ \mathrm{e}^{\mathrm{i}\omega t}, \quad t > 0 \tag{5.4.13}$$

其中 $\hat{F}$ 和 $\hat{F}^+$ 是不依赖于时间的算符.

设系统的初态是未受扰的 $\hat{H}_0$ 的能量为 E_i 的本征态 $|i\rangle$. 根据前面已有的结论式(5.4.10)，其中与某个 $|f\rangle (f \neq i)$ 对应的 $a_f(t)$ 的一级修正为

$$a_f^{(1)}(t) = \frac{1}{\mathrm{i}\,\hbar} \int_0^t \langle f \mid \hat{H}'(\tau) \mid i \rangle \mathrm{e}^{\mathrm{i}\omega_{fi}\tau} \mathrm{d}\tau$$

$$= \frac{1}{\mathrm{i}\,\hbar} \langle f \mid \hat{F} \mid i \rangle \int_0^t \mathrm{e}^{\mathrm{i}(\omega_{fi}-\omega)\tau} \mathrm{d}\tau + \frac{1}{\mathrm{i}\,\hbar} \langle f \mid \hat{F}^+ \mid i \rangle \int_0^\tau \mathrm{e}^{\mathrm{i}(\omega_{fi}+\omega)\tau} \mathrm{d}\tau$$

$$= \frac{\langle f \mid \hat{F} \mid i \rangle}{\hbar} \frac{1 - \mathrm{e}^{\mathrm{i}(\omega_{fi}-\omega)t}}{\omega_{fi} - \omega} + \frac{\langle f \mid \hat{F}^+ \mid i \rangle}{\hbar} \frac{1 - \mathrm{e}^{\mathrm{i}(\omega_{fi}+\omega)t}}{\omega_{fi} + \omega} \tag{5.4.14}$$

在能级非简并的情形下，$|a_f^{(1)}(t)|^2$ 即是从初态能级 E_i 跃迁到末态能级 E_f 的概率.

对式(5.4.14)作进一步分析. 从其表达式看，是两个极点项，只有当两项中某一项的分母接近于零时，振幅才有显著变化. 当 $\omega \to \omega_{fi}$ 时，第一项重要；当 $\omega \to -\omega_{fi}$ 时，第二项重要. 在这两种情形下，$|a_f^{(1)}(T)|^2$ 有着较显著的变化(图 5.4.1)，$\omega = \pm \omega_{fi}$ 即为共振条件. 若 $\omega > 0$，式(5.4.14)的第一项对应着能量的共振吸收，即系统吸收能量 $\hbar\omega = E_f - E_i$，从初态能级 E_i 跃迁至较高的末态能级 E_f；第二项意味着共振辐射，即系统放出能量 $\hbar\omega = E_i - E_f$，从初态能级 E_i 跃迁至较低的末态能级 E_f.

以共振吸收为例，此时式(5.4.14)右端第一项是主要的，而第二项表现为振荡，是有界的，故共振吸收的概率为

$$P_{fi}(t) = |a_f^{(1)}(t)|^2 = \frac{|\langle f \mid \hat{F} \mid i \rangle|^2}{\hbar^2} \frac{|1 - \mathrm{e}^{\mathrm{i}(\omega_{fi}-\omega)t}|^2}{(\omega_{fi} - \omega)^2}$$

$$= \frac{|\langle f | \hat{F} | i \rangle|^2}{\hbar^2} \left[\frac{\sin \frac{\omega_{fi} - \omega}{2} t}{\frac{\omega_{fi} - \omega}{2}} \right]^2 \tag{5.4.15}$$

跃迁概率不但依赖于 $|H'_{fi}|^2$，而且和末态能级 E_f 有关. 如果能级的分布是离散的，那么该结果可以近似说明微扰导致的态的变化和能量的改变.

如果能级分布是连续的，则情况要复杂一些，我们只能追问这样的问题：系统的能量处于 E_f 的一个小邻域内的概率是多少？令

$$\alpha = (E - E_i)/\hbar - \omega \tag{5.4.16}$$

考察式(5.4.15)中与时间紧密相关的那一部分，即函数 $4 \sin^2 \frac{\alpha t}{2} \big/ \alpha^2$. 该函数在 $\alpha = \omega_{fi} - \omega$ 附近的行为有助于回答上述问题. 图 5.4.1 给出了此函数的图像.

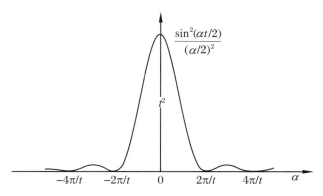

图 5.4.1　对于给定的 t，函数 $\sin^2(\alpha t)/\alpha^2$ 关于 α 的图像

可以看出，在偏离 $\alpha = 0$ 附近的区域，函数衰减得很快，最大值(峰值)为 t^2，中间最大的波包的宽度正比于 $1/t$. 系统有较大的可能性跃迁至分布于区域 $\alpha \in (-2\pi/t, 2\pi/t)$ 内的能级，而跃迁至其他能级上的概率很小而可被忽略.

从 $t = 0$ 开始，微扰作用于系统的时间间隔为 $\Delta t \sim t$，其间系统的能级可能有所变化，有些变化量以较大的概率发生，这些较为显著的变化范围为 $\Delta \alpha = \Delta[(E - E_i)/\hbar - \omega] = \Delta E/\hbar$，由图 5.4.1 可见 $\Delta \alpha \sim 2\pi/t$，或

$$\Delta E \Delta t = \hbar \Delta \alpha \Delta t \sim \frac{2\pi\hbar}{t} t = h \tag{5.4.17}$$

这是不确定关系的一个体现. 若微扰的影响时间较短，Δt 较小，图中的最高峰较低而平缓，微扰引起的能级的弥散较大，其不确定度亦大. 反之，若微扰作用了较

长时间,图中的最高峰变得很尖锐,末态能级的不确定度就很小.

图 5.4.1 曲线下面的面积与时间 t 成正比.这一结果的物理意义是什么呢?我们下面来加以说明.

我们首先指出,物理上感兴趣的是单位时间的跃迁概率,这个跃迁概率应是确定的值,与时间无关,而实验上的结果正是这样的.研究我们的结果式(5.4.15)就会发现,只有当考虑末态是连续分布或接近连续分布时,才能得出单位时间的跃迁概率与时间无关的结论.这是因为,假如末态是一组连续分布或是接近连续分布的态 f,能量与 $E_i + \hbar\omega$ 相差不大,而微扰矩阵远 H'_{fi} 对这些末态可近似地看做与 f 无关.那么当我们考虑从初态 φ_i 跃迁到这组 f 态中的任意一个(不是其中固定的一个)态的概率时,就要对跃迁到这组 f 态中的不同态的概率求和,这相应于图5.4.1上 $\omega_{fi} - \omega$ 不是一个点而是在 0 附近的一段 $\Delta(\omega_{fi} - \omega)$,总的跃迁概率比例于

$$\frac{\sin^2 \frac{1}{2}(\omega_{fi} - \omega)}{(\omega_{fi} - \omega)^2} \mathrm{d}(\omega_{fi} - \omega)$$ 的积分,是正比于曲线下面的面积的,因而与 t 成正比,

结果单位时间的跃迁概率就与 t 无关.

如果我们考虑 $t \to \infty$ 的极限情况(这相当于常微扰 $\hat{H}'$ 从 $t = 0$ 加入后,一直存在下去),以上的讨论就可以从数学形式上看得更清楚.我们知道 δ 函数有下述表达式:

$$\lim_{t \to \infty} \frac{\sin^2 \alpha t}{\pi t \alpha^2} = \delta(\alpha) \tag{5.4.18}$$

利用式(5.4.18),式(5.4.15)可以改写为

$$P_{Afi} \overset{t \to \infty}{=} |a_f^{(1)}(t)|^2 \overset{t \to \infty}{=} \frac{|H'_{fi}|^2}{\hbar^2} \left[\frac{\sin^2 \frac{1}{2}(\omega_{fi} - \omega)t}{\pi t \left[\frac{1}{2}(\omega_{fi} - \omega) \right]^2} \right] \pi t$$

$$= \frac{|H'_{fi}|^2}{\hbar^2} \delta \left[\frac{1}{2}(\omega_{fi} - \omega) \right] \pi t = \frac{2\pi}{\hbar} |H'_{fi}|^2 \delta(E_f - E_i - \hbar\omega) \cdot t$$

$$\tag{5.4.19}$$

它与时间成正比例.而有意义的可比较的是跃迁概率的时间变化率,它称为**跃迁速率**.从式(5.4.19)得跃迁速率

$$w_A = \frac{\mathrm{d}P_A}{\mathrm{d}t} = \frac{2\pi}{\hbar} |H'_{fi}|^2 \delta(E_f - E_i - \hbar\omega) \tag{5.4.20}$$

式(5.4.20)中出现了一个 $\delta(E_f - E_i - \hbar\omega)$,它表示跃迁过程中能量必须守恒.当

$E_f \neq E_i + \hbar\omega$ 时,跃迁不能发生;当 $E_f = E_i + \hbar\omega$ 时,即满足能量守恒.

下面我们就把末态是连续分布(或近于连续分布)的情况从数学上表示出来,从而得到跃迁速率 w 的显示表达式.考虑一组特殊的末态 φ_f,有能量分布 $E_f + \Delta E_f, E_f$ 为连续分布(或接近连续分布).这时体系由 φ_i 态跃迁到 φ_f 这组态中的任一态的概率为到上述每一终态跃迁概率之和,因此

$$P = \int \mathrm{d}P = \int |a_f^{(1)}|^2 \mathrm{d}f \qquad (5.4.21)$$

其中 $\mathrm{d}f$ 为末态 φ_f 附近态的数目.令

$$\mathrm{d}f = \frac{\mathrm{d}f}{\mathrm{d}E_f}\mathrm{d}E_f = \rho(E_f)\mathrm{d}E_f \qquad (5.4.22)$$

$\rho(E)$ 被称为**态密度**.现在考虑 t 很大的情况,将式(5.4.19)代入式(5.4.21),得到

$$P = \frac{2\pi t}{\hbar}\int_{-\infty}^{\infty} |H'_{fi}|^2 \rho(E_f)\delta(E_f - E_i - \hbar\omega)\mathrm{d}E_f$$

$$= \frac{2\pi}{\hbar}|H'_{fi}|^2 \rho(E_i + \hbar\omega) \cdot t \qquad (5.4.23)$$

而跃迁速率为

$$w = \frac{2\pi}{\hbar}|H'_{fi}|^2 \rho(E_i + \hbar\omega) \qquad (5.4.24)$$

此公式中出现的 E_f 要求等于 $E_i + \hbar\omega$,这正是能量守恒所要求的,而所得到的 w 与时间无关,符合我们上面的讨论.虽然上述公式(5.4.24)是在 $t \to \infty$ 时得到的,但是所得结果 w 与 t 无关,因此也适用于 t 为有限值的情况.式(5.4.24)被称为**费米黄金规则**.

类似地有辐射跃迁速率,

$$w_E = \frac{\mathrm{d}P}{\mathrm{d}t} = \frac{2\pi}{\hbar}|\langle f | F^+ | i \rangle|^2 \rho(E_i - \hbar\omega) \qquad (5.4.25)$$

5.4.3 氢原子的电离

作为一个例子来演示上面表述的一般框架,我们来计算氢原子电离速率.设氢原子处于基态,受到一单频强交变电场

$$\boldsymbol{\varepsilon} = \boldsymbol{\varepsilon}_0 \cos \omega t \qquad (5.4.26)$$

的作用,其中 $\boldsymbol{\varepsilon}_0$ 是常矢量.假定 $\hbar\omega$ 比氢原子的电离能大.现在我们用微扰论一级近似来计算电离速率.

这里的微扰哈氏量是

$$\hat{H}' = -(-e\boldsymbol{\varepsilon} \cdot \boldsymbol{x}) = e(\boldsymbol{\varepsilon}_0 \cdot \boldsymbol{x})\cos \omega t$$

$$= \frac{1}{2}e(\boldsymbol{\varepsilon}_0 \cdot \boldsymbol{x})\mathrm{e}^{-\mathrm{i}\omega t} + \frac{1}{2}e(\boldsymbol{\varepsilon}_0 \cdot \boldsymbol{x})\mathrm{e}^{\mathrm{i}\omega t} \tag{5.4.27}$$

不妨先设电磁场极化沿 z 坐标轴,$\boldsymbol{\varepsilon}_0 \parallel e_z$,则式(5.4.27)可具体写为

$$\begin{cases} \hat{H}' = -(-e\boldsymbol{\varepsilon} \cdot \boldsymbol{x}) = e(\boldsymbol{\varepsilon}_0 \cdot \boldsymbol{x})\cos \omega t \\ \qquad = \frac{1}{2}e\varepsilon_0 r\cos\theta\,\mathrm{e}^{-\mathrm{i}\omega t} + \frac{1}{2}e\varepsilon_0 r\cos\theta\,\mathrm{e}^{\mathrm{i}\omega t} \\ F = \frac{1}{2}e\varepsilon_0 r\cos\theta \end{cases} \tag{5.4.28}$$

系统初态是基态氢,其波函数为

$$\varphi_i = \psi_{100} = \left(\frac{1}{\pi a_0^3}\right)^{1/2}\mathrm{e}^{-r/a_0} \tag{5.4.29}$$

末态是电离电子自由态,设其动量为 $\boldsymbol{p}$,能量为 $E_f = \boldsymbol{p}^2/(2\mu)$

$$\varphi_f = \psi_p = \frac{1}{L^{3/2}}\mathrm{e}^{\mathrm{i}p\cdot r/\hbar} = \frac{1}{L^{3/2}}\mathrm{e}^{\mathrm{i}k\cdot r} \tag{5.4.30}$$

它是动量本征态. 这里我们取了箱归一化的波函数.

到一级近似,跃迁的振幅为

$$a_f(t) = \frac{1}{\mathrm{i}\hbar}\int_0^t \mathrm{d}\tau\langle\varphi_f \mid \hat{H}'(\tau) \mid \varphi_i\rangle\mathrm{e}^{\mathrm{i}\omega_{fi}\tau}$$

$$= \frac{1}{\mathrm{i}\hbar}\int_0^t \mathrm{d}\tau\langle\varphi_f \mid e\varepsilon_0 r\cos\theta \mid \varphi_i\rangle\cos\omega\tau\,\mathrm{e}^{\mathrm{i}\omega_{fi}\tau}$$

$$= \frac{\langle\varphi_f \mid e\varepsilon_0 r\cos\theta \mid \varphi_i\rangle}{2\mathrm{i}\hbar}\left(\frac{\mathrm{e}^{\mathrm{i}(\omega_{fi}-\omega)t}-1}{\mathrm{i}(\omega_{fi}-\omega)} + \frac{\mathrm{e}^{\mathrm{i}(\omega_{fi}+\omega)t}-1}{\mathrm{i}(\omega_{fi}+\omega)}\right)$$

于是当时间较长时,吸收跃迁概率为

$$|a_A(t)|^2 = \frac{|\langle\varphi_f \mid e\varepsilon_0 r\cos\theta \mid \varphi_i\rangle|^2}{\hbar^2}\frac{\left(\sin\dfrac{\omega_{fi}-\omega}{2}t\right)^2}{4(\omega_{fi}-\omega)^2}$$

$$\xrightarrow{t\to\infty} \frac{2\pi t(e\varepsilon_0)^2}{\hbar}|\langle\varphi_f \mid r\cos\theta \mid \varphi_i\rangle|^2\delta[E_f-(E_i+\omega)] \tag{5.4.31}$$

其中矩阵元算出为

$$\langle\varphi_f \mid r\cos\theta \mid \varphi_i\rangle = \frac{-\mathrm{i}32\pi}{(\pi a_0^3 L^3)^{1/2}}\frac{k}{a_0}\frac{1}{\left[\left(\dfrac{1}{a_0}\right)^2 + k^2\right]^3} \tag{5.4.32}$$

末态是简并的,故需要对末态求和,为此先要求出态密度.

相空间的态数由普朗克常量 h 度量.体积 V 中动量微分元 $\mathrm{d}^3 p$ 的微分态密度为

$$\frac{V\mathrm{d}^3 p}{(2\pi\hbar)^3}$$

把动量方向积掉后,得到只与能量有关的态密度为

$$\rho(E)\mathrm{d}E = \frac{V}{(2\pi\hbar)^3}4\pi p^2\mathrm{d}p$$

对于自由电子,能量动量关系为

$$2\mu E = p^2$$

于是

$$\mathrm{d}p = \frac{\mu}{\sqrt{2\mu\mathrm{E}}}\mathrm{d}E$$

这样我们得到

$$\rho(E)\mathrm{d}E = \left(\frac{L}{2\pi\hbar}\right)^3 4\pi\mu\sqrt{2\mu E}\mathrm{d}E \tag{5.4.33}$$

最后可计算出吸收电离速率

$$\begin{cases} w = \dfrac{\mathrm{d}}{\mathrm{d}t}\displaystyle\int \rho(E_f)\mathrm{d}E_f\,|\,a_A\,|^2 \\[2mm] \quad = \displaystyle\int \mathrm{d}E_f\left(\dfrac{L}{2\pi\hbar}\right)^3 4\pi\mu\sqrt{2\mu E_f}\dfrac{2\pi}{\hbar}(e\varepsilon_0)^2 \\[2mm] \quad\quad \cdot \dfrac{(32\pi)^2}{\pi(La_0)^3}\dfrac{2\mu E_f}{a_0^2\hbar^2}\dfrac{1}{\left[a_0^{-2}+2\mu E_f\hbar^{-2}\right]^6}\delta\left[E_f-(E_i+\hbar\omega)\right] \\[2mm] \quad = \dfrac{2^{10}\mu e^2\varepsilon_0^2 a_0^4}{\hbar^3}\dfrac{(2\mu E_f a_0^2\hbar^{-2})^{3/2}}{(1+2\mu E_f a_0^2\hbar^{-2})^6} \\[2mm] E_f = \hbar\omega - |\,E_i\,| \end{cases} \tag{5.4.34}$$

$|\,E_i\,|$ 即为氢原子电离能.上面的计算中,我们假定微扰入射波的偏振与 z 方向平行.如果入射波的偏振与 z 方向有个夹角 θ',则在最后计算结果中要乘以因子 $\cos^2\theta'$;如果入射波是非极化的,则需对各方向平均,最后结果还需乘上因子 $1/3$.

5.5 磁 共 振

作为含时微扰论的重要应用,我们来讨论磁矩在随时间变化的磁场中的运动.这种磁矩的载体可以是电子、原子、质(核)子或其他系统.这种运动的讨论以及技术的发展导致非常广泛的**磁共振**(MR)技术(电子顺磁共振 EPR、核磁共振 NMR 等).常见的也是经常被讨论的是磁场中自旋为 1/2 的带电粒子,它可以作为一般的二能级系统的代表.

5.5.1 自旋进动

具有自旋角动量 S 的带电粒子有相应的磁矩 $\boldsymbol{\mu}$,

$$\boldsymbol{\mu} = \gamma \boldsymbol{S} \tag{5.5.1}$$

常量 γ 与粒子的性质有关,对于电子而言,$\gamma_e = -e/m_e$,注意电子的带电量 $-e < 0$,故 γ_e 为负.下面以电子为例讨论自旋磁矩在磁场中的运动.

设匀强磁场 $\boldsymbol{B}_0$ 指向 $+z$ 方向,$\boldsymbol{B}_0 = B_0 \boldsymbol{e}_z$. 某个自旋为 1/2 的带电粒子有磁矩 $\boldsymbol{\mu} = \gamma \boldsymbol{S}$. 自旋角动量 $\boldsymbol{S}$ 可以用泡利矩阵表示为 $\boldsymbol{S} = \dfrac{\hbar}{2} \boldsymbol{\sigma}$,故粒子的哈密顿量为

$$\begin{cases} \hat{H} = -\boldsymbol{\mu} \cdot \boldsymbol{B}_0 = \hbar \omega_0 \sigma_z \\ \omega_0 = -\gamma B_0/2 \end{cases} \tag{5.5.2}$$

泡利矩阵 σ_z 的本征值为 $+1$ 和 -1,相应的本征态记做 $|+\rangle$ 和 $|-\rangle$. 本征态 $|+\rangle$ 对应的能量本征值为 $\hbar \omega_0 = -\gamma \hbar B_0/2$,本征态 $|-\rangle$ 对应的能量本征值为 $-\hbar \omega_0 = \gamma \hbar B_0/2$.

以前我们用变换法解过此问题,现在换一种做法.可以将一个二维复希尔伯特空间的基矢量设为 $|+\rangle$ 和 $|-\rangle$,也就是说,选择 σ_z 表象,那么该空间中的任意一个矢量可以在这组基矢量上展开. 对应于正在考虑的具体问题,这意味着,在 t 时刻自旋 1/2 粒子的态可以表示为

$$|\psi(t)\rangle = c_1(t)|+\rangle + c_2(t)|-\rangle \tag{5.5.3}$$

其中 $c_1(t)$ 和 $c_2(t)$ 是时间的复函数.描述粒子运动的薛定谔方程为

$$i\hbar \begin{pmatrix} \dot{c}_1(t) \\ \dot{c}_2(t) \end{pmatrix} = H \begin{pmatrix} c_1(t) \\ c_2(t) \end{pmatrix} = \hbar\omega_0 \begin{pmatrix} 1 & 0 \\ 0 & -1 \end{pmatrix} \begin{pmatrix} c_1(t) \\ c_2(t) \end{pmatrix} \tag{5.5.4}$$

容易解出

$$c_1(t) = a_1 e^{-i\omega_0 t}, \quad c_2(t) = a_2 e^{i\omega_0 t} \tag{5.5.5}$$

其中 a_1, a_2 由初始条件确定. 设 $t = 0$ 时刻的态是

$$|\psi(0)\rangle = \begin{pmatrix} \cos\dfrac{\theta}{2} \\ \sin\dfrac{\theta}{2} \end{pmatrix} = \begin{pmatrix} a_1 \\ a_2 \end{pmatrix} \tag{5.5.6}$$

则有

$$|\psi(t)\rangle = \begin{pmatrix} e^{-i\omega_0 t} \cos\dfrac{\theta}{2} \\ e^{i\omega_0 t} \sin\dfrac{\theta}{2} \end{pmatrix} \tag{5.5.7}$$

这实际上就是算符

$$\sigma_n = \sigma_x \sin\theta\cos(2\omega_0 t) + \sigma_y \sin\theta\sin(2\omega_0 t) + \sigma_z \cos\theta \tag{5.5.8}$$

的本征值为 +1 的本征态. 计算任意时刻 t 自旋角动量 $\hat{S}$ 的各个分量在态 $|\psi(t)\rangle$ 中的期望值, 可以发现平均值 $\langle S_z \rangle$ 不变, 而 $\langle \hat{S} \rangle$ 在 xy 平面上的投影则以角速度 $2\omega_0$ 绕 z 轴转动, 即 $\langle \hat{S} \rangle$ 是以角速度 $2\omega_0$ 作进动.

5.5.2　海森堡图像

以前我们解量子力学定态问题的种种方法, 都是在薛定谔图像中进行的. 薛定谔图像是一类表象的总称. 在此图像中, 力学量不随时间变化, 而状态则随时间演化. 于是系统的性质、力学量的平均值会随时间变化.

作为图像理论的演示, 现在我们跑到海森堡图像中去看上面自旋的进动. 在海森堡图像中, 系统的状态完全由初态给定, 不随时间演化; 而力学量则随时间演化; 于是系统的性质、力学量的平均值随时间而变. 从薛定谔图像到海森堡图像的变换是个酉变换:

$$|\Psi^H\rangle = \hat{U}^{-1}(t)|\Psi^S(t)\rangle = e^{i\hat{H}^S t/\hbar}|\Psi^S(t)\rangle$$

$$\hat{F}^H = \hat{U}^{-1}(t)\hat{F}^S \hat{U}(t) = e^{i\hat{H}^S t/\hbar}\hat{F}^S e^{-i\hat{H}^S t/\hbar} \tag{5.5.9}$$

而定解系统为

$$
\begin{cases}
i\hbar\dfrac{\partial}{\partial t}\hat{F}^{\mathrm{H}} = \left[\hat{F}^{\mathrm{H}},\hat{H}\right] \\[2mm]
i\hbar\dfrac{\partial}{\partial t}\left|\Psi^{\mathrm{H}}\right\rangle = 0 \\[2mm]
\left|\Psi^{\mathrm{H}}\right\rangle = \left|\Psi^{\mathrm{H}}(t=0)\right\rangle = \left|\psi^{\mathrm{S}}(t=0)\right\rangle \\[2mm]
\langle F\rangle = \left\langle\Psi^{\mathrm{H}}\left|\hat{F}^{\mathrm{H}}\right|\Psi^{\mathrm{H}}\right\rangle = \left\langle\Psi^{\mathrm{H}}(0)\left|\hat{F}^{\mathrm{H}}\right|\Psi^{\mathrm{H}}(0)\right\rangle
\end{cases}
\tag{5.5.10}
$$

式中第一个方程也称为海森堡方程,在量子力学中其地位相当于薛定谔方程.因此在海森堡图像中解量子力学问题,主要就是解海森堡方程.

在海森堡图像中去看前面讨论的自旋的进动,此时运动方程为

$$
\begin{cases}
i\hbar\dfrac{\mathrm{d}}{\mathrm{d}t}\hat{\boldsymbol{S}}^{\mathrm{H}} = \left[\hat{\boldsymbol{S}}^{\mathrm{H}},\hat{H}\right] \\[2mm]
\hat{H} = -\gamma\hat{\boldsymbol{S}}^{\mathrm{H}}\cdot\boldsymbol{B}_0
\end{cases}
\tag{5.5.11}
$$

利用自旋角动量的对易关系,上面的方程也可以等价地表示为

$$
\frac{\mathrm{d}\hat{\boldsymbol{S}}^{\mathrm{H}}}{\mathrm{d}t} = -\hat{\boldsymbol{S}}^{\mathrm{H}}\times\gamma\boldsymbol{B}_0
\tag{5.5.12}
$$

这是表示自旋矢量旋转运动的方程:自旋矢量 $\hat{\boldsymbol{S}}^{\mathrm{H}}$ 以频率 $2\omega_0 = -\gamma B_0$ 绕磁场 $\boldsymbol{B}_0$ 方向作逆时针进动. 直接计算给出式(5.5.12)的解($\boldsymbol{B}_0 = B_0\boldsymbol{e}_z$):

$$
\begin{cases}
S_x^{\mathrm{H}}(t) = S_x^{\mathrm{H}}(0)\cos 2\omega_0 t + S_y^{\mathrm{H}}(0)\sin 2\omega_0 t \\[2mm]
S_y^{\mathrm{H}}(t) = -S_x^{\mathrm{H}}(0)\sin 2\omega_0 t + S_y^{\mathrm{H}}(0)\cos 2\omega_0 t \\[2mm]
S_z^{\mathrm{H}}(t) = S_z^{\mathrm{H}}(0)
\end{cases}
\tag{5.5.13}
$$

其中的 $S_{x,y,z}^{\mathrm{H}}(0)$ 由初始条件确定.

5.5.3 电子自旋共振(ESR)精确解

若只有静磁场 $\boldsymbol{B}_0$ 存在,则粒子的能量保持不变,没有能级的跃迁. 现在引入随时间变化的磁场 $\boldsymbol{B}_1(t)$,

$$
\boldsymbol{B}_1(t) = \boldsymbol{e}_x B_1\cos\omega t + \boldsymbol{e}_y B_1\sin\omega t
\tag{5.5.14}
$$

$\boldsymbol{B}_1(t)$ 位于 xy 平面中,大小不变但以角速度 ω 绕 z 轴转动.自旋 $1/2$ 的粒子处于随时间变化的磁场 $\boldsymbol{B}(t)$ 中,

$$
\boldsymbol{B}(t) = \boldsymbol{B}_0 + \boldsymbol{B}_1(t)
\tag{5.5.15}
$$

相应的哈密顿量为

$$\hat{H} = -\,\hat{\boldsymbol{\mu}} \cdot \boldsymbol{B} = -\,\gamma B_0 \hat{S}_z - \gamma B_1 \hat{S}_n \tag{5.5.16}$$

其中 $\hat{S}_n$ 表示粒子自旋沿磁场 $\boldsymbol{B}_1(t)$ 方向的分量,即

$$\hat{S}_n = \hat{S}_x \cos \omega t + \hat{S}_y \sin \omega t \tag{5.5.17}$$

可以将 $\hat{S}_n$ 表示为

$$\hat{S}_n = \mathrm{e}^{-\mathrm{i}\omega t \hat{S}_z/\hbar} \hat{S}_x \mathrm{e}^{\mathrm{i}\omega t \hat{S}_z/\hbar} \tag{5.5.18}$$

于是式(5.5.16)所示的哈密顿量可改写为

$$\hat{H} = -\,\gamma B_0 \hat{S}_z - \gamma B_1 \mathrm{e}^{-\mathrm{i}\omega t \hat{S}_z/\hbar} \hat{S}_x \mathrm{e}^{\mathrm{i}\omega t \hat{S}_z/\hbar} \tag{5.5.19}$$

在薛定谔图像中求解方程

$$\mathrm{i}\hbar \frac{\partial}{\partial t} |\psi\rangle = \hat{H} |\psi\rangle \tag{5.5.20}$$

在方程两端左乘酉算符 $\mathrm{e}^{\mathrm{i}\omega t \hat{S}_z/\hbar}$,有

$$\mathrm{i}\hbar \mathrm{e}^{\mathrm{i}\omega t \hat{S}_z/\hbar} \frac{\partial}{\partial t} |\psi\rangle = \mathrm{e}^{\mathrm{i}\omega t \hat{S}_z/\hbar} \hat{H} \mathrm{e}^{-\mathrm{i}\omega t \hat{S}_z/\hbar} \mathrm{e}^{\mathrm{i}\omega t \hat{S}_z/\hbar} |\psi\rangle$$

$$= -\,[\gamma B_0 \hat{S}_z + \gamma B_1 \hat{S}_x] \mathrm{e}^{\mathrm{i}\omega t \hat{S}_z/\hbar} |\psi\rangle \tag{5.5.21}$$

对态 $|\psi\rangle$ 作变换,令

$$|\psi\rangle = \mathrm{e}^{-\mathrm{i}\omega t \hat{S}_z/\hbar} |\varphi\rangle \tag{5.5.22}$$

并代入式(5.5.21),有

$$\begin{cases} \mathrm{i}\hbar \dfrac{\partial}{\partial t} |\varphi\rangle = -\,[(\gamma B_0 + \omega)\hat{S}_z + \gamma B_1 \hat{S}_x] |\varphi\rangle \\[2mm] \qquad\quad = \hat{H}_{\mathrm{eff}} |\varphi\rangle \\[2mm] \hat{H}_{\mathrm{eff}} = -\,[(\gamma B_0 + \omega)\hat{S}_z + \gamma B_1 \hat{S}_x] \end{cases} \tag{5.5.23}$$

这里 $\hat{H}_{\mathrm{eff}}$ 被当做等效哈密顿量,它是不随时间变化的. 我们看到,通过式(5.5.22)所示的变换,原先的含时问题变为定态问题了. 这可以形象地理解为,在绕 z 轴以角速度 ω 旋转的参考系中,磁场 $\boldsymbol{B}_1$ 不再是旋转的了,而是等效于一个 x 方向的分量为 B_1,z 方向的分量为 ω/γ 的静磁场.

　　设 $t = 0$ 时刻,在匀强的静磁场 $\boldsymbol{B}_0$ 中,自旋 $1/2$ 粒子处于 S_z 的本征值为 $\hbar/2$ 的本征态 $|+\rangle = \begin{pmatrix} 1 \\ 0 \end{pmatrix}$(当 $\gamma > 0$ 时,这是体系的基态;对电子而言,$\gamma_e < 0$,这是激发态). 同时假定,旋转磁场式(5.5.14)介入但仅在时间间隔 $0 \leqslant t \leqslant T$ 中存在;当 $t > T$ 后,旋转磁场去除. 我们关注这样的问题:粒子有多大的概率与旋转磁场交换

能量而发生能级间的跃迁?

对于初态 $|\psi(0)\rangle = |+\rangle$,相应 $|\varphi(0)\rangle = |+\rangle$,$|\varphi(t)\rangle$ 的时间演化由式 (5.5.23)确定. 在 T 时刻,$|\varphi(T)\rangle = e^{-i\hat{H}_{\text{eff}}T/\hbar}|+\rangle$,故

$$|\psi(T)\rangle = e^{-i\omega TS_z/\hbar}e^{-i\hat{H}_{\text{eff}}T/\hbar}|+\rangle \tag{5.5.24}$$

令 $-\gamma B_0 = 2\omega_0$,$-\gamma B_1 = 2\omega_1$,有效哈密顿量改写为

$$H_{\text{eff}} = \hbar[(\omega_0 - \omega/2)\sigma_z + \omega_1\sigma_x] \tag{5.5.25}$$

考虑 xz 平面中一个具有如下形式的方向单位矢量 $\boldsymbol{u}$:

$$\boldsymbol{u} = [\omega_1 e_x - (\omega_0 - \omega/2)e_z]/[\omega_1^2 + (\omega_0 - \omega/2)^2]^{1/2} \tag{5.5.26}$$

那么可以看出,$\hat{H}_{\text{eff}}$ 与 $\boldsymbol{\sigma}\cdot\boldsymbol{u} = \sigma_u$ 有关,即

$$\hat{H}_{\text{eff}} = \hbar\Omega\sigma_u \tag{5.5.27}$$

其中

$$\Omega = [(\omega_0 - \omega/2)^2 + \omega_1^2]^{1/2} \tag{5.5.28}$$

有效哈密顿量 $\hat{H}_{\text{eff}}$ 确定了时间演化算符:

$$\exp\left[-\frac{i\hat{H}_{\text{eff}}t}{\hbar}\right] = I\cos\Omega t + i\sigma_u\sin\Omega t$$

$$= \begin{pmatrix} \cos\Omega t + \dfrac{i(\omega_0 - \omega/2)}{\Omega}\sin\Omega t & \dfrac{i\omega_1}{\Omega}\sin\Omega t \\[3mm] \dfrac{i\omega_1}{\Omega}\sin\Omega t & \cos\Omega t - \dfrac{i(\omega_0 - \omega/2)}{\Omega}\sin\Omega t \end{pmatrix} \tag{5.5.29}$$

上式作用于初态 $\begin{pmatrix}1\\0\end{pmatrix}$ 上,得到 t 时刻的 $|\varphi(t)\rangle$:

$$|\varphi(t)\rangle = \exp\left[-\frac{i\hat{H}_{\text{eff}}t}{\hbar}\right]\begin{pmatrix}1\\0\end{pmatrix} = a_1(t)|+\rangle + a_2(t)|-\rangle \tag{5.5.30}$$

其中系数 $a_1(t)$ 和 $a_2(t)$ 分别是式(5.5.29)中矩阵第一行中的两个矩阵元. 由式 (5.5.22),我们得到 $|\psi(t)\rangle$ 的形式:

$$|\psi(t)\rangle = \exp\left[-\frac{i\omega\sigma_z t}{2}\right]|\varphi(t)\rangle$$

$$= e^{-i\omega t/2}a_1(t)|+\rangle + e^{i\omega t/2}a_2(t)|-\rangle, \quad 0\leqslant t\leqslant T \tag{5.5.31}$$

上式描述的是在时间间隔 $0\leqslant t\leqslant T$ 中态的演化情况. 当 $t > T$ 时,旋转磁场被移去,粒子在固定的静磁场 $\boldsymbol{B}_0$ 中继续演化,于是,当 $t > T$ 时,有

$$|\psi(t)\rangle = e^{-i\omega_0(t-T)}e^{-i\omega T/2}a_1(T)|+\rangle + e^{i\omega_0(t-T)}e^{i\omega T/2}a_2(T)|-\rangle$$

$$\tag{5.5.32}$$

$|\psi(t)\rangle$ 为 $|+\rangle$ 和 $|-\rangle$ 的叠加态，它们分别对应于能级 $\hbar\omega_0$ 和 $-\hbar\omega_0$. 从式(5.5.32)可以得到粒子处在能级 $-\hbar\omega_0$ 的概率.

$$|\langle-|\psi(t \geqslant T)\rangle|^2 = |a_2(T)|^2 = \frac{\omega_1^2}{\Omega^2}\sin^2\Omega T \qquad (5.5.33)$$

这就是前面提到的由于旋转磁场的介入，粒子的自旋方向发生翻转的概率. 上述讨论中，初态为 $|+\rangle$，经历了 T 时间的演化后，系统有一定的概率处于能量不同的另一个态，说明粒子与旋转磁场发生了能量交换. 如果初态设为 $|-\rangle$ (对电子而言就是基态)，那么类似的计算也会给出时刻 T 以后粒子处于高能级 $\hbar\omega_0$ 的概率.

　　如果将式(5.5.33)给出的概率视做旋转磁场的作用时间 T 的函数，那么其最大值为

$$\frac{\omega_1^2}{\Omega^2} = \frac{\omega_1^2}{(\omega_0-\omega/2)^2+\omega_1^2} \leqslant 1 \qquad (5.5.34)$$

进一步地，还可以调整旋转磁场的进动频率，使得 $\omega_0-\omega/2=0$，即 $\omega=-\gamma B_0$ 或者 $\Omega=\omega_1$，那么上式给出的概率为 1，意味着粒子的自旋方向一定发生翻转，$\omega_0-\omega/2=0$ 就是**共振条件**.

　　共振情形下，自旋发生翻转的概率式(5.5.33)可重新表示为

$$|\langle-|\psi(t \geqslant T)\rangle|^2 = \sin^2\omega_1 T \qquad (5.5.35)$$

选择旋转磁场的进动频率，使之满足共振条件，然后调节其大小和作用时间，可以使粒子的自旋方向在 $+z$ 方向和 $-z$ 方向之间发生周期性的改变，这就实现了对于粒子自旋方向的操控. 这一原理被用于核磁共振.

　　对于共振及共振条件可以作形象的描述. 与静磁场 $\boldsymbol{B}_0$ 及相应的哈密顿量 $-\boldsymbol{\mu}\cdot\boldsymbol{B}_0$ 对应的时间演化算符为 $\exp(\mathrm{i}\gamma B_0 t S_z/\hbar)$，若 $\gamma>0$，粒子的自旋方向将绕 z 轴顺时针旋转；引入旋转变换式(5.5.22)，即 $\exp[-\mathrm{i}\omega t S_z/\hbar]$，它使得粒子绕 z 轴逆时针旋转. 当 $\omega=-\gamma B_0$ 时，两者相互抵消. 在旋转参考系中，粒子仅仅受到指向 x 方向的大小为 B_1 的静磁场的作用并绕其旋转，故自旋方向在 $+z$ 和 $-z$ 之间连续变化.

　　虽然我们讨论的是自旋 1/2 粒子，但其本质是二维复希尔伯特空间中的态，以上分析和推导过程适用于所有的两能级系统(或者说两态系统). 如果某个原子有较大的概率处于基态或者第一激发态，而处于更高的激发态的概率很小并可以被忽略，那么这样的原子也可以被当做两态系统对待，也可以将其置于周期性变化的外场中，实现原子状态的操控.

　　上面的一般原理被用于各种**磁共振**(MR). 若样品主体为电子磁矩，则称为**电子自旋共振**(ESR)，也称为**电子顺磁共振**(EPR)；若样品主体为原子核(核子)磁

矩,则称为**核磁共振**(NMR).原子磁矩不为零的原子,在外磁场中的磁矩有向磁场方向取向的趋势,所以称做顺磁原子.上面对自由电子的讨论也适用于自由的顺磁原子,只是要将电子自旋磁矩改为原子的总角动量磁矩 μ_J,此时称为**原子顺磁共振**(APR).

5.5.4 电子自旋共振近似解

上面讨论了带电自旋 1/2 粒子在旋转磁场中的行为,并得到了精确解.现在我们采用微扰论的方法来处理,并将近似解的结果与精确解作比较.

设粒子的初态为 $|i\rangle = |+\rangle$,对应的能级为 $E_i = \hbar\omega_0$,在从 0 到 T 的时间间隔内有旋转磁场存在;T 时刻以后,粒子处于能级 $E_f = -\hbar\omega_0$(相应的能量本征态为 $|f\rangle = |-\rangle$)的概率由式(5.5.33)严格地给出,即 $|a_f(T)|^2 = \dfrac{\omega_1^2}{\Omega^2}\sin^2\Omega T$,其中 $\Omega = [(\omega_0 - \omega/2)^2 + \omega_1^2]^{1/2}$.

若采用含时微扰论,则将哈密顿量中的含时部分当成微扰项.与旋转磁场 $\boldsymbol{B}_1(t) = \boldsymbol{e}_x B_1\cos\omega t + \boldsymbol{e}_y B_1\sin\omega t$ 相关的哈密顿量为 $\hat{H}'(t) = -\boldsymbol{\mu}\cdot\boldsymbol{B}_1(t)$.根据式(5.4.10),跃迁振幅是

$$a_f^{(1)}(T) = \frac{1}{i\hbar}\int_0^T \langle f \mid H'(t) \mid i\rangle e^{i\omega_{fi}t}\,dt = \frac{1}{i\hbar}\int_0^T \langle - \mid (-\boldsymbol{\mu}\cdot\boldsymbol{B}_1(t)) \mid +\rangle e^{i\omega_0 t}\,dt$$

$$= i\frac{\omega_1}{2(\omega_0 - \omega/2)}\left[e^{-i(2\omega_0 - \omega)T} - 1\right] \tag{5.5.36}$$

相应的概率为

$$|a_f^{(1)}(T)|^2 = [\sin(\omega_0 - \omega/2)T]^2 \frac{\omega_1^2}{(\omega_0 - \omega/2)^2} \tag{5.5.37}$$

因为 $a_f^{(0)}$ 始终为零,故上式结果即为 T 时刻以后粒子处于能级 $E_f = -\hbar\omega_0$ 的概率的一级近似值.与精确结果式(5.5.33)比较,当 $|\omega_1/(\omega_0 - \omega/2)| \ll 1$(这意味着旋转磁场的强度很弱)时,精确结果关于 ω_1 的一级展开给出近似值(5.5.37).需要注意的是共振情形,共振条件是 $\omega_0 - \omega/2 = 0$,此时上述条件不可能被满足.精确解给出式(5.5.35),

$$|a_f(T)|^2 = \sin^2\omega_1 T$$

而近似解结果为

$$|a_f^{(1)}(T)|^2 = (\omega_1 T)^2 \tag{5.5.38}$$

显然,微扰论的结果只有当 $|\omega_1 T| \ll 1$ 时才成立,或者说,在共振情形下,不论旋

转磁场的强度有多小,只要它起作用的时间稍长,那么微扰论给出的结果就将失去意义.

5.5.5　电子自旋共振技术

在稳定磁场中的自旋电子可能吸收交变的外磁场的能量而从低能级跃迁到高能级,相对背景就能得到吸收谱线;处于高能级的电子会向低能级跃迁而向四面八方放出特定的发射谱线.这些识别谱线的位置、强度、形状等都与所在位置电子浓度、周围的环境、电子与环境的作用等密切相关.因此通过计算机技术,就可以利用测量得到的共振波谱来成像(磁共振成像,MRI,magnetic resonance imaging),从而获得关于电子分布、周围环境、相互作用等信息.这就是今天广泛应用的各种磁共振成像技术的基本原理.

电子自旋共振是 1944 年由俄罗斯物理学家查伏斯基(Ye. K. Zavoisky)首先观察到的.现在电子自旋共振谱仪已是许多物理和化学实验室的标准设施.图 5.5.1 是电子顺磁共振(EPR)装置的示意图.谱仪工作时通常用固定的频率,而改变磁场来满足共振条件,得到共振吸收跃迁(或发射跃迁).通常样品放在微波共振腔内;经常用的波长在 3 cm,由速调管产生微波辐射,用高频二极管或辐射探测器进行测量.

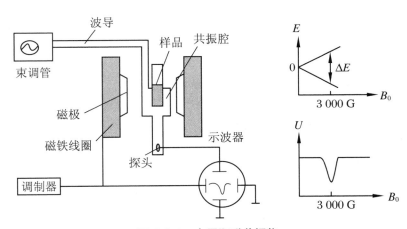

图 5.5.1　电子顺磁共振仪

左图是仪器示意图;右上图:自由电子的能级随外磁场的变化;

右下图:在调制外场 B_0 时高频二极管获得的信号

电子自旋共振研究对象是原子和分子、离子中含有不配对的电子或轨道磁矩未完全猝灭的情形,如含有自由基的化合物、过渡金属离子、稀土元素离子及化合物、固体中的杂质和缺陷等等.

5.6 原 子 辐 射

含时微扰论最早被用来研究物质的辐射现象.较为形象而直观的辐射现象是,处于外加电磁场中的原子吸收能量跃迁到较高能级,或者从较高能级跃迁至较低能级而放出光子.这些现象分别是光的吸收和辐射,它们缘于原子与外场(一般是电磁场或光场,统称为辐射场)的相互作用,光的吸收和发射由外场诱导所致.解决这类问题时,可以将外场视做对于原子的含时干扰.本节将采用半经典的近似处理.所谓半经典,就是一方面将原子视做量子体系,并且只考虑单个原子而不涉及原子间的关联与合作现象;另一方面将辐射场作为经典意义上的场对待.还存在着原子的自发辐射现象,即在没有外场的情况下,处于激发能级的原子跃迁至能量较低的能级而放出光子.处理自发辐射问题须把电磁场量子化,这属于量子电动力学的内容.本节将介绍爱因斯坦提出的一个半唯象地处理自发辐射的理论.该理论出现的时候,量子力学的理论体系尚未完全建立,而其结果在现代量子电动力学看来依然成立.

5.6.1 哈密顿量

我们用含时微扰论的方法讨论原子中的电子与经典辐射场的相互作用,解释外场作用下原子对光的吸收和发射.

设电子的质量为 μ,带电量为 $-e<0$,在原子的势场 V 中运动.电磁场的标量势和矢量势分别为 φ 和 $\boldsymbol{A}$,则电子的哈密顿量为

$$\hat{H} = \frac{1}{2\mu}(\hat{\boldsymbol{p}} + e\boldsymbol{A})^2 - e\varphi + V \tag{5.6.1}$$

对于微扰论而言,可以选择未受扰的哈密顿量为自由原子中电子的哈密顿量,即

$$\hat{H}_0 = \frac{\hat{\boldsymbol{p}}^2}{2\mu} + V \tag{5.6.2}$$

而含时微扰项则是

$$\hat{H}'(t) = \frac{e}{2\mu}(\hat{\boldsymbol{p}} \cdot \boldsymbol{A} + \boldsymbol{A} \cdot \hat{\boldsymbol{p}}) + \frac{e^2}{2\mu}(\boldsymbol{A} \cdot \boldsymbol{A}) - e\varphi \tag{5.6.3}$$

$\hat{H}'(t)$ 描述了电子与辐射场的相互作用.

5.6.2 电偶极近似

首先让我们来比较一下原子的大小与辐射波的波长. 频率为 ω 的辐射光子具有能量 $\hbar\omega$，其量级应该相当于原子的能级差，即

$$\hbar\omega \sim \frac{Ze^2}{a_0/Z} \approx \frac{Ze^2}{R_{\text{atom}}}$$

其中 Z 为核电荷数，R_{atom} 指原子半径. 注意到 $c/\omega = \lambda$，有

$$\lambda \sim \frac{\hbar c R_{\text{atom}}}{Ze^2} \approx \frac{137 R_{\text{atom}}}{Z}$$

也就是说

$$\frac{R_{\text{atom}}}{\lambda} \sim \frac{Z}{137} \tag{5.6.4}$$

对于轻原子，上式远小于 1，就是说，绝大多数情形下，辐射场的波长比原子的尺度大得多，于是可以忽略在原子尺度范围内场的变化.

再来考虑电场和磁场对于原子中电子作用力的大小. 辐射场的电场成分和磁场成分有着相同的量级，而对于以速度 v 运动的电子，磁场力的大小在量级上相当于电场力乘以 v/c，可见磁场力很小而可被忽略. 我们所谓的电偶极便近似建立在这两个条件上：(a) 在原子尺度的范围内辐射场的变化可以忽略；(b) 磁场的影响可以忽略.

既然磁场可忽略，那么对于电场 $\boldsymbol{E}(\boldsymbol{x}, t)$ 以及零磁场，可以选择矢量势和标量势为

$$\boldsymbol{A} = 0, \quad \varphi = -\int_0^{\boldsymbol{x}} \boldsymbol{E}(\boldsymbol{x}', t) \cdot \mathrm{d}\boldsymbol{x}'$$

由于 $\boldsymbol{B} = 0$，$\nabla \times \boldsymbol{E} = -\partial \boldsymbol{B}/\partial t = 0$，故上式中的积分不依赖于路径. 又因为在原子大小的范围内辐射场的变化可以忽略，我们可以通过规范变换使得矢量势和标量势具有如下形式：

$$\boldsymbol{A} = 0, \quad \varphi = -\boldsymbol{x} \cdot \boldsymbol{E}(0, t) \tag{5.6.5}$$

设原子核(或者说原子的正电荷中心)位于 $\boldsymbol{x} = 0$ 处，则电子在外场中具有的电势能 $-e\varphi$ 来自于电子与原子核间的电偶极矩与电场间的相互作用. 在电场较弱时，

式(5.6.3)表示的微扰哈密顿量为

$$H_1 = e\boldsymbol{x} \cdot \boldsymbol{E}(0, t) \tag{5.6.6}$$

式(5.6.6)是微扰项(5.6.3)基于电偶极近似的结果.

5.6.3 吸收系数和发射系数

为了利用 5.4 节中有关简谐微扰的分析来讨论原子受外场影响而诱导的辐射和吸收,我们设式(5.6.6)的函数微扰具有如下形式:

$$\hat{H}'(t) = e\boldsymbol{x} \cdot \boldsymbol{E} = \frac{1}{2} e\boldsymbol{x} \cdot \boldsymbol{E}_0 (\mathrm{e}^{-\mathrm{i}\omega t} + \mathrm{e}^{\mathrm{i}\omega t}) \tag{5.6.7}$$

其中 $\boldsymbol{E}_0$ 是常矢量,给出了辐射场的强度和极化方向. 辐射场的频率是单一的 ω,表明这里采用的辐射场模型相当于单色光场. 式(5.6.7)给出的微扰相当于在式(5.4.13)中令 $F = F^+ = e\boldsymbol{x} \cdot \boldsymbol{E}_0/2$. 若 $t = 0$ 时电子的初态为 $\hat{H}_0$ 的具有能量 E_i 的本征态,那么在 t 时刻,电子处于终态能级 E_f 的概率为 $|a_f^{(1)}|^2$,而概率幅 $a_f^{(1)}$ 由式(5.4.14)给出.

如果初态能级和末态能级都是离散分布的,那么我们所关注的跃迁相当于发生在一个两能级系统内的能级跃迁,于是这种情形就非常类似于自旋共振. 而需要注意的是,由含时微扰方法得到的跃迁概率在很大程度上依赖于微扰项的作用时间.

让我们考虑式(5.6.7)所示的微扰项引起系统发生共振吸收($E_f > E_i$)的概率. 当辐射场的频率 ω 近似等于 $\omega_{fi} = (E_f - E_i)/\hbar$ 的时候,式(5.4.14)的第一项是主要的,辐射场引起原子的共振(或近共振)吸收的概率为

$$|a_f^{(1)}(t)|^2 = \frac{e^2 |\langle f | \boldsymbol{x} \cdot \boldsymbol{E}_0 | i \rangle|^2}{4\hbar^2} \left[\frac{\sin \dfrac{\omega - \omega_{fi}}{2} t}{\dfrac{\omega - \omega_{fi}}{2}} \right]^2 \tag{5.6.8}$$

这个表达式告诉我们的仅仅是具有单一频率 ω 并且是线性极化的辐射场引起的能级跃迁概率. 我们可以也应该考虑更为一般的情形,于是作如下两种推广:

(1)辐射场不是单一频率(单色)的平面波,而是由一系列频率呈连续分布的单色光非相干地叠加而成的;

(2)辐射场不是线性极化的,而是非极化的自然光,也就是说,电场 $\boldsymbol{E}_0$ 的指向在空间中是各向同性的.

对于第一种推广，可以对辐射场作频谱分析从而知道**频谱密度**，再注意到组成辐射场的单色光是非相干地叠加的，于是可以将式(5.6.8)给出的 $|a_f^{(1)}(t)|^2$ 乘以频谱密度然后对频率作积分. 对于第二种推广，我们对 $\boldsymbol{E}_0$ 的方向作平均，有

$$|\langle f\mid \boldsymbol{x}\cdot\boldsymbol{E}_0\mid i\rangle|^2 \xrightarrow{\text{对 }\boldsymbol{E}_0\text{ 方向平均}}$$

$$\frac{1}{3}\,|\boldsymbol{E}_0|^2\,|\langle f\mid \boldsymbol{x}\mid i\rangle|^2 = \frac{1}{3}\,|\boldsymbol{E}_0|^2\langle f\mid \boldsymbol{x}\mid i\rangle\cdot\langle i\mid \boldsymbol{x}\mid f\rangle \quad (5.6.9)$$

这里出现了 $|\boldsymbol{E}_0|^2$，这与电磁场的能量密度有关，提示我们须将频谱密度和能量密度联系起来. 我们知道，电磁场的瞬时能量密度可以表示为 $|\boldsymbol{E}|^2/(4\pi)$，这里包括了来自电场和磁场的贡献. 回顾式(5.6.7)，微扰项中的电场为 $\boldsymbol{E}=\boldsymbol{E}_0\cos\omega t$，故一个周期内 $|\boldsymbol{E}|^2$ 的平均值为 $|\boldsymbol{E}_0|^2/2$. 设在 ω 的邻域 $(\omega,\omega+\mathrm{d}\omega)$ 内，能量密度的时间平均为 $u(\omega)\mathrm{d}\omega$，我们有

$$\frac{|\boldsymbol{E}_0|^2}{2\times 4\pi} = u(\omega)\mathrm{d}\omega \quad (5.6.10)$$

将 $|\boldsymbol{E}_0|^2$ 代之以 $8\pi u(\omega)\mathrm{d}\omega$，考虑微扰作用的时间较长，即

$$\lim_{t\to\infty}\left[\frac{\sin\dfrac{\omega-\omega_{fi}}{2}t}{\dfrac{\omega-\omega_{fi}}{2}}\right]^2 = 2\pi\delta(\omega-\omega_{fi})t$$

于是得到共振吸收的跃迁概率

$$P_{吸收} = \int|a_f^{(1)}(t)|^2 = \frac{4\pi^2}{3}\left(\frac{e}{\hbar}\right)^2 u(\omega_{fi})\,|\langle f\mid \boldsymbol{x}\mid i\rangle|^2\,t \quad (5.6.11)$$

为了形式上的简洁，上式的积分表达式中没有明确注明积分参量，但是其意义已经体现于上述讨论中，即考虑了辐射场的频率的连续变化和电场方向的随机分布.

跃迁概率的时间变化率，即跃迁速率为

$$\begin{cases} w_{吸收} = t^{-1}\int|a_f^{(1)}(t)|^2 = \dfrac{4\pi^2}{3}\left(\dfrac{e}{\hbar}\right)^2 u(\omega_{fi})\,|\langle f\mid \boldsymbol{x}\mid i\rangle|^2 \\[2mm] \quad\equiv B_{if}u(\omega_{fi}) \\[2mm] B_{if} = \dfrac{4\pi^2}{3}\left(\dfrac{e}{\hbar}\right)^2|\langle f\mid \boldsymbol{x}\mid i\rangle|^2 \end{cases} \quad (5.6.12)$$

其中 B_{if} 称为(偶极辐射)**吸收系数**.

若原子受外场诱导发生退激发,即从较高能级 E_f 跃迁至较低能级 E_i,则放出光子. 基本上相同的计算过程可以给出这种受激辐射的概率:

$$P_{发射} = \frac{4\pi^2}{3} \left(\frac{e}{\hbar}\right)^2 u(\omega_{fi}) \, |\langle i \mid \boldsymbol{x} \mid f \rangle|^2 \, t \tag{5.6.13}$$

受激辐射的跃迁速率为

$$\begin{cases} w_{发射} = P_{发射}/t = \dfrac{4\pi^2}{3} \left(\dfrac{e}{\hbar}\right)^2 u(\omega_{fi}) \, |\langle i \mid \boldsymbol{x} \mid f \rangle|^2 \\[2mm] \qquad \equiv B_{fi} u(\omega_{fi}) \\[2mm] B_{fi} = \dfrac{4\pi^2}{3} \left(\dfrac{e}{\hbar}\right)^2 |\langle i \mid \boldsymbol{x} \mid f \rangle|^2 \end{cases} \tag{5.6.14}$$

系数 B_{fi} 称为(偶极辐射)**发射系数**.

5.6.4 选择定则

要能发生跃迁,则至少吸收系数或发射系数不为零.这些系数依赖于矩阵元

$$\langle f \mid \boldsymbol{x} \mid i \rangle$$

原子的初态和末态可分别一般地表示为

$$|i\rangle = |n\ell m\rangle, \quad |f\rangle = |n'\ell'm'\rangle$$

而从球谐函数的表达式知

$$\begin{cases} x = -r\sqrt{\dfrac{2\pi}{3}}(\mathbf{Y}_{11} - \mathbf{Y}_{1-1}) \\[3mm] y = \mathrm{i}r\sqrt{\dfrac{2\pi}{3}}(\mathbf{Y}_{11} + \mathbf{Y}_{1-1}) \\[3mm] z = r\sqrt{\dfrac{4\pi}{3}}\mathbf{Y}_{10} \end{cases} \tag{5.6.15}$$

于是知矩阵元为

$$\langle f \mid \boldsymbol{x} \mid i \rangle \sim \langle n'\ell'm' \mid r\mathbf{Y}_{1q} \mid n\ell m\rangle, \quad q = 1, 0, -1 \tag{5.6.16}$$

我们看这个矩阵元中的角向积分

$$\langle \ell'm' \mid \mathbf{Y}_{1q} \mid \ell m\rangle = \int \mathrm{d}\Omega \, \mathbf{Y}_{\ell m'}^{*} \mathbf{Y}_{1q} \mathbf{Y}_{\ell m} \tag{5.6.17}$$

利用公式

$$\begin{cases} Y_{10} Y_{lm} = \sqrt{\dfrac{3}{4\pi} \dfrac{(l+1)^2 - m^2}{(2l+1)(2l+3)}} Y_{l+1\,m} + \sqrt{\dfrac{3}{4\pi} \dfrac{l^2 - m^2}{(2l-1)(2l+1)}} Y_{l-1\,m} \\[3mm] Y_{11} Y_{lm} = -\sqrt{\dfrac{3}{8\pi} \dfrac{(l-m)(l-m-1)}{(2l-1)(2l+1)}} Y_{l-1\,m+1} + \sqrt{\dfrac{3}{8\pi} \dfrac{(l+m+1)(l+m+2)}{(2l+1)(2l+3)}} Y_{l+1\,m+1} \\[3mm] Y_{1-1} Y_{lm} = -\sqrt{\dfrac{3}{8\pi} \dfrac{(l+m)(l+m-1)}{(2l-1)(2l+1)}} Y_{l-1\,m-1} + \sqrt{\dfrac{3}{8\pi} \dfrac{(l-m+1)(l-m+2)}{(2l+1)(2l+3)}} Y_{l+1\,m-1} \end{cases}$$

$$(5.6.18)$$

由球谐函数的正交归一性知道,积分不为零的必要条件是

$$\begin{cases} \Delta l = l' - l = \pm 1 \\ \Delta m = m' - m = 0, \pm 1 \end{cases} \tag{5.6.19}$$

也就是说,它们是原子发生辐射跃迁的必要条件.不满足此条件的初末态之间是不会发生辐射的,即相应的光谱线是禁戒的.式(5.6.19)称为原子偶极跃迁的**选择定则**.选择定则与相互作用有关.由于电偶极本身有负宇称,因此偶极跃迁只允许在不同宇称的态之间发生,这被称为**拉波特(O. Laport)定则**.

5.6.5 自发辐射

在前面我们讨论的是,原子受到外场的诱导而发生能级跃迁,包括能量的吸收和辐射.另一方面,我们又知道,处于激发态的原子可以自发地放出能量而跃迁到基态,这种现象不能用我们已知的含时微扰论加以解释.其主要原因在于我们把原子当做量子系统而把电磁场作为经典场处理.在没有外场的时候,微扰项 $\hat{H}'$ 恒为零,非微扰项 $\hat{H}_0$ 的所有本征态均为定态,于是引发能级跃迁的机制无从谈起.

当我们把电磁场作为量子系统看待的时候,有其相应的哈密顿量为 $\hat{H}_{em}$,其量子态为一定态 $|em\rangle$.设原子的哈密顿量为 $\hat{H}_{at}$(这也就是前面提到的 $\hat{H}_0$),原子处于 $\hat{H}_{at}$ 的某一个本征态 $|atom\rangle$——不论是基态或者是激发态.如原子与电磁场之间没有相互作用,那么原子和场的整体的哈密顿量为 $\hat{H} = \hat{H}_{at} + \hat{H}_{em}$.由于 $\hat{H}_{at}$ 和 $\hat{H}_{em}$ 描述的是不同的体系,故这两个哈密顿量是彼此对易的,而整个体系的态可以表示为 $|atom\rangle \otimes |em\rangle$,这是一个定态,即使原子的状态为激发态,也不可能跃迁到能量较低的能级.但是,原子和场之间是有相互作用的,更为合理的描述原子和场的哈密顿量应该是

$$\hat{H} = \hat{H}_{\text{at}} + \hat{H}_{\text{em}} + \hat{H}_{\text{int}}$$

表示相互作用的项 $\hat{H}_{\text{int}}$ 与其他两项不对易,一般来说,描述原子的哈密顿量 $\hat{H}_{\text{at}}$ 与整体哈密顿量 $\hat{H}$ 也是不对易的,故 $\hat{H}_{\text{at}}$ 的本征态不再是 $\hat{H}$ 的本征态,随着时间的演化,原子有可能发生能级跃迁.

只有把辐射场作为量子体系处理才能解释原子的自发辐射,而这么做需要量子力学以后发展出来的量子电动力学.而在量子理论尚未完全建立的 1917 年,爱因斯坦用其特有的技巧给出了关于自发辐射的最重要的结论.

不妨设处于能级 E_n 的原子数为 $N(n)$,并考虑原子在能级 E_i 和 $E_f(>E_i)$ 之间跃迁.原子受外场激发,从低能级跃迁到高能级需要从外场中吸收能量,相应的跃迁概率和跃迁速率已经在上面给出.式(5.6.12)表明,单个原子从 E_i 激发至 E_f 的跃迁速率具有形式 $B_{if}u(\omega_{fi})$,$u(\omega_{fi})$ 是电磁场在频率 ω_{fi} 附近的能量密度.而处于能级 E_i 的原子个数为 $N(i)$,单位时间内发生跃迁 $E_i \to E_f$ 的概率为 $B_{if}u(\omega_{fi})N(i)$.原子从高能级退激发而跃迁至低能级则分为两种情况:受外场诱导而发生的**受激辐射**以及无外场时的**自发辐射**.由式(5.6.14),受激辐射的跃迁速率可以表示为 $B_{fi}u(\omega_{fi})N(f)$,其中 $N(f)$ 为处于激发态能级 E_f 的原子的个数.对于自发辐射,爱因斯坦唯象地将其跃迁速率表示为 $A_{fi}N(f)$,并且认为,系统稳定时原子的激发与退激发应该达到平衡,也就是

$$B_{fi}u(\omega_{fi})N(f) + A_{fi}N(f) = B_{if}u(\omega_{fi})N(i) \tag{5.6.20}$$

进一步地,爱因斯坦假设原子受激辐射的概率等于原子吸收能量而被激发的概率.实际上,比较(5.6.12)和(5.6.14)两式可以发现:

$$B_{if} = \frac{4\pi^2}{3}\left(\frac{e}{\hbar}\right)^2 |\langle f \mid \boldsymbol{x} \mid i \rangle|^2 = \frac{4\pi^2}{3}\left(\frac{e}{\hbar}\right)^2 |\langle i \mid \boldsymbol{x} \mid f \rangle|^2 = B_{fi}$$

即这个假设与量子理论的计算结果是吻合的.由式(5.6.20),可以将电磁场在频率 ω_{fi} 附近的能量密度 $u(\omega_{fi})$ 表示为

$$u(\omega_{fi}) = \frac{A_{fi}N(f)}{B_{fi}[N(i) - N(f)]} \tag{5.6.21}$$

再来考虑 $N(i)$ 与 $N(f)$ 的关系.在热平衡状态下,原子占据不同能级的个数(或概率)服从**玻尔兹曼分布**.在温度为 T 时,有

$$\frac{N(i)}{N(f)} = \exp\left(\frac{E_f - E_i}{kT}\right) = \exp\left(\frac{\hbar\omega_{fi}}{kT}\right) \tag{5.6.22}$$

能量密度就可改写为

$$u(\omega_{fi}) = \frac{A_{fi}/B_{fi}}{\exp[\hbar\omega_{fi}/(kT)] - 1} \tag{5.6.23}$$

到目前为止，尚未完全确定的量有 $u(\omega_{fi})$ 和 A_{fi}. 注意到这个结果非常类似于普朗克的黑体辐射的频谱公式，这提示我们去寻求 $u(\omega_{fi})$ 与普朗克公式的对应. 式(5.6.23)中的 A_{fi} 和 B_{fi} 实际上来自于量子力学意义上的概率，它们与温度无关，所以可以将式(5.6.23)看成是普朗克公式在高温低频时的形式，即瑞利-琴斯公式：

$$u(\omega_{fi}) = \frac{\omega_{fi}^2}{\pi^2 c^3} kT \tag{5.6.24}$$

于是有

$$A_{fi} = \frac{\hbar \omega_{fi}^3}{\pi^2 c^3} B_{fi} \tag{5.6.25}$$

这就是爱因斯坦关于**自发辐射跃迁速率**的公式. 虽然这一结果是通过唯象的考虑——即式(5.6.21)而得到的，但是在量子电动力学中仍然成立. 顺便说一下，如果把(5.6.25)代入式(5.6.23)，我们又得到了黑体的普朗克分布公式.

5.6.6　激发态寿命

处于受激态的原子可以自发地跃迁到低能态，这说明原子处于受激态的时间是有限的. 显然，自发跃迁的概率越大，原子越容易产生自发跃迁，原子处于受激态的时间就越短. 现在我们设处于受激态 $|f\rangle = |\varepsilon_2\rangle \equiv |2\rangle$ 的原子数为 N_2，在时间 t 到 $t + \mathrm{d}t$ 间隔内自发跃迁到低能态 $|i\rangle = |\varepsilon_1\rangle \equiv |1\rangle$ 的数目是

$$- \mathrm{d}N_2 = A_{21} N_2 \mathrm{d}t \tag{5.6.26}$$

上式左边取负号的原因是自发跃迁的原子数目就等于受激态原子数目的减少（$-\mathrm{d}N_2$）. 对式(5.6.26)积分，就得到 N_2 随时间变化的规律：

$$N_2 = N_{20} \mathrm{e}^{-A_{21} t} \tag{5.6.27}$$

式中 N_{20} 是 $t = 0$ 时 N_2 的数值，即自发跃迁之前原子的总数. 现在我们来求受激态 $|2\rangle$ 的平均寿命. 我们知道 $A_{21} N_2 \mathrm{d}t$ 表示在 t 到 $t + \mathrm{d}t$ 内从 ε_2 跃迁到 ε_1 的原子数，而它同时也就是在受激态寿命为 t 的原子数. 它们的寿命之和就等于 $t A_{21} N_2 \mathrm{d}t$，而在时间从 $0 \to \infty$ 经历了跃迁的所有一切原子的寿命的总和将是 $\int_0^\infty t A_{21} N_2 \mathrm{d}t$，于是平均寿命 τ_{21} 为

$$\tau_{21} = \int_0^\infty t A_{21} N_2 \mathrm{d}t / N_{20}$$

将式(5.6.27)代入上式，就得

$$\tau_{21} = \int_0^\infty t A_{21} \mathrm{e}^{-A_{21}t} \mathrm{d}t = -\int_0^\infty t \frac{\mathrm{d}}{\mathrm{d}t}(\mathrm{e}^{-A_{21}t}) \mathrm{d}t = \int_0^\infty \mathrm{e}^{-A_{21}t} \mathrm{d}t$$

$$= 1/A_{21} \tag{5.6.28}$$

式(5.6.28)表示,原子从激发态 $|2\rangle$ 自发跃迁到 $|1\rangle$ 态的平均寿命等于相应的自发跃迁概率 A_{21} 的倒数.将式(5.6.28)代入式(5.6.27),就得到

$$N_2 = N_{20} \mathrm{e}^{-t/\tau_{21}} \tag{5.6.29}$$

从式(5.6.26)可以看出,$\mathrm{d}t$ 时间内发生自发跃迁的原子数为 $A_{21}N_2\mathrm{d}t$,每一个原子跃迁时放出能量 $\hbar\omega_{21}$($\omega_{21}=(\varepsilon_2-\varepsilon_1)/\hbar$),因此单位时间内放出的能量,即光照强度为

$$J = \hbar\omega_{21} A_{21} N_{20} \mathrm{e}^{-t/\tau_{21}} = J_0 \mathrm{e}^{-t/\tau_{21}} \tag{5.6.30}$$

这里 $J_0 = A_{21}N_{20}\hbar\omega_{21}$.这就是说,一个受激体系辐射的光照强度须按照指数规律随着时间而衰减.实验上证实了这一规律的存在,同时还可以利用这一规律来测定受激态的平均寿命 τ_{21}.在表5.6.1中列出了若干种原子激发态的平均寿命.

表 5.6.1　各种原子激发态的平均寿命

原子	谱线符号	波长(单位:nm)	τ(单位:s)
H	$1^2 S_{1/2} - 2^2 P$	121.6	1.2×10^{-8}
Na	$3^2 S_{1/2} - 3^2 P$	589.659	1.6×10^{-8}
K	$4^2 S_{1/2} - 4^2 P$	769.979	2.7×10^{-8}
Cd	$5^1 S_0 - 5^3 P_1$	326.1	2.5×10^{-6}
Hg	$6^1 S_0 - 6^3 P_1$	253.7	1×10^{-7}

从表5.6.1可以看出,原子处于激发态的平均寿命是非常短的,一般为 10^{-8} s 左右.经过这样长的时间,原子就会从激发态自发地跃迁到基态,并放出光子.但是,在某些原子中,还存在着一种特殊的激发态,它们的寿命特别长,平均寿命可达到 $10^{-3} \sim 10^0$ s 数量级,也就是说,它们比通常的原子激发态平均寿命要长 $10^5 \sim 10^8$ 倍,这种比较稳定的状态,称为**亚稳态**.在氦原子中,激发态 $1S2^3S_1$ 和 $1S2^1S_0$ 就是两个亚稳态,从它们自发跃迁到氦的基态 $1S1^1S_0$ 的概率都很小,寿命很长.在其他如氖原子、氩原子、氙原子、铬离子、钕离子、二氧化碳分子等量子体系中都存在这样的亚稳态能级.在后面我们将看到,这些亚稳态能级的存在,提供了制备激光的重要条件.

5.7　激　光

激光是应用量子力学基本原理而导致的重要发明之一,今天它已是现代光谱学中不可缺少的光源,是生产生活甚至战争中的一种重要资源.激光的产生过程也是一个应用光和原子相互作用基本知识的很好例子.

激光,英文是"Light Amplification by Stimulated Emission of Radiation",缩写为 Laser.

5.7.1　激光基本原理

激光器由三个基本单元组成:

(1) 工作介质.它可以在固体,如含钕的石榴石(钕作为发射激光的活性原子),红宝石(掺铬离子的氧化铝晶体),也可以在半导体(如砷化镓 GaAs),气体(如:He-Ne,CO_2,Ar)或某些染料溶液中发生.染料激光器由于可以连续调频,在实际应用中起了特别重要的作用.

(2) 谐振腔.激活介质的两端是由镜子密封的.两端放置的两块相互平行并与激活介质的轴线垂直的反射镜,和激活介质一起构成了光学谐振腔.只有轴向运动的光子在两镜子间来回反射,而其他方向运动的光子会很快地飞离激光器.

(3) 泵浦.由上节的讨论已知,在热平衡条件下在不同能级上的原子数服从玻尔兹曼分布,一般情况下原子总是集中在较低能级.而要产生激光必须要使原子的分布反转,即占有较高能级的粒子数比低能级的多(称为**粒子数反转**或**粒子数布居反转**,也称**负温度**)(如图 5.7.1 所示),从而可以产生大量的辐射跃迁,放出大量光子,提高激光强度.为此,激光器必须不断地由外界泵入能量到激活介质中,把原子从低能级提升到高能级.

泵浦的方法取决于激活介质的原子.如氦-氖激光器装有 2~3 mmHg 的氦、氖混合气体(85%的氦气和 15%的氖气)的放电管.放电过程中的高速电子使氦原子处于 2^1S 的亚稳态,然后氦原子通过和氖原子的碰撞,将能量传给氖原子,使氖原子处在激发态,图 5.7.1 (a)是激活过程的示意图,(b)给出氦和氖原子相应的能级.于是处在激发态的原子会自发发射出光子,光子和其他的激发原子相互作用而使原子受激发射光子.不断地重复这过程,就形成了**光子雪崩**.当然,同时会有越来越多的原子落到基态,所以需要通过泵浦不断地补充能量,增加在激发态上的原子,使系统达到平衡.

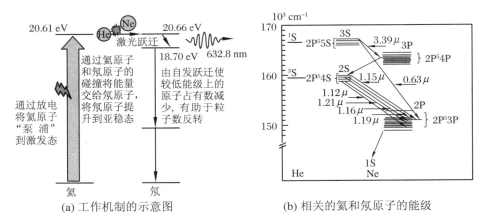

(a) 工作机制的示意图　　　　　　　(b) 相关的氦和氖原子的能级

图 5.7.1　氦-氖激光器

图 5.7.2 是氦-氖激光器的示意图.氦-氖激光器是最普通和便宜的气体激光器,一般它工作在 632.8 nm 的波长上,放出红光.它也可产生波长为 543.5 nm 的绿光或波长为 1 523 nm 的红外线.在光线到达一端反射镜的光路上放置棱镜(或光栅),调整到只有某个波长的光通过棱镜后能垂直射在反射镜上,这样可调整激光器使得只输出某个波长的光.

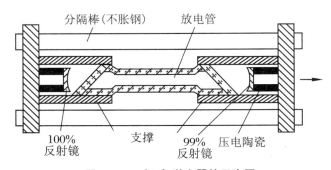

图 5.7.2　氦-氖激光器的示意图

5.7.2　形成激光的基本条件

我们简要地来讨论单模激光器中形成激光过程的一些主要条件.

1. 粒子数反转

在激光器内有各种不同运动方向的光子,但只有在轴向运动的光子在激光过程中是重要的,因为它们处在两端镜子之间的时间最长,能引起受激发射的机会最大.假设这种光子的频率为 ν,数目为 n.受激辐射和自发辐射会使光子数增加,而吸收则会使光子数减少.由前节相应公式,可得光子数的时间变化率:

$$\frac{\mathrm{d}n}{\mathrm{d}t} = B_{21}(N_2 - N_1)hn/V + A_{21}N_2 - n/t_0 \tag{5.7.1}$$

其中 V 是介质的体积,t_0 是光子在激光器中的寿命,n/t_0 是光子单位时间的损失.我们只对与 n 成正比的项(与光子雪崩有关)感兴趣,且自发辐射项基本上只是引起噪声,所以可忽略.将爱因斯坦关系式代入,又 $A_{21} \approx 1/\tau$,τ 是能级的寿命.于是

$$\frac{\mathrm{d}n}{\mathrm{d}t} \approx \frac{c^3}{8\pi h \nu^3 \tau}(N_2 - N_1)n/V - n/t_0 \tag{5.7.2}$$

要能形成激光,则一定 $n \neq 0$,$\mathrm{d}n/\mathrm{d}t > 0$,这样就有

$$\frac{N_2 - N_1}{V} > \frac{8\pi \nu^3 \tau}{c^3 t_0} \tag{5.7.3}$$

即只有单位体积内的粒子占有的反转数满足条件 (5.7.3) 时才有可能形成激光.式子右边的值越小,就越容易达到.于是频率越高的激光,越难形成.另外光子在激光器中的寿命必须尽可能地长,也就是要用尽量好的存储器(如镜子).

2. 粒子反转的阈值

对一个如图 5.7.3 所示的三能级体系,在能级 2 上原子的数目变化可写为

$$\frac{\mathrm{d}N_2}{\mathrm{d}t} = \underbrace{- B_{21}N_2 n/V + B_{12}N_1 n/V}_{\text{受激相互作用}} + \underbrace{w_{02}N_0 - w_{21}N_2}_{\text{泵浦+复合}} \tag{5.7.4}$$

上式右侧的前两项描述由于受激发射和吸收而引起占有数 N_2 的变化;第三项是泵浦将基态的原子提升而使 N_2 增加,w_{02} 表示由态 0 提升到态 2 的泵浦率;最后一项是态 2 通过非辐射的复合过程跳到态 1 的效应,这对激光没有贡献.同样,

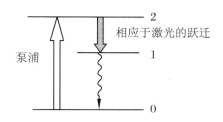

图 5.7.3　三能级系统激光泵浦的配置

$$\frac{\mathrm{d}N_1}{\mathrm{d}t} = B_{21}N_2 n/V - B_{12}N_1 n/V + w_{21}N_2 - w_{10}N_1 \tag{5.7.5}$$

$$\frac{\mathrm{d}N_0}{\mathrm{d}t} = -w_{02}N_0 + w_{10}N_1 \qquad (5.7.6)$$

如果忽略态 2 跳到态 1 的非辐射复合过程,并假设态 1 到态 0 的跃迁是非常快的,所以态 1 基本上不被占有,$N_1 \sim 0$. 于是 $\mathrm{d}N_2/\mathrm{d}t$ 可写为

$$\frac{\mathrm{d}N_2}{\mathrm{d}t} = -B_{21}N_2 n/V + w_{21}\left(\frac{w_{02}}{w_{21}}N_0 - N_2\right) = -B_{21}N_2 n/V + w_{21}(\bar{N}_2 - N_2) \qquad (5.7.7)$$

其中 $\bar{N}_2 = w_{02}N_0/w_{21}$,代表 $n = 0$ 时由泵浦和弛豫过程产生的 N_2. 光子数的表示式(5.7.2)也可简化为

$$\frac{\mathrm{d}n}{\mathrm{d}t} \approx B_{21}N_2 n/V - n/t_0 \qquad (5.7.8)$$

在激光器连续发射运行时,要求 $\mathrm{d}n/\mathrm{d}t = 0, \mathrm{d}N_2/\mathrm{d}t = 0$,于是可得

$$N_2 = V/B_{21}t_0 \equiv N_{2,\mathrm{th}} \qquad (5.7.9)$$

这说明在激光过程中即使泵浦提供更多的能量,N_2 也保持不变. 泵浦的能量必定是转换为光子的能量,解式(5.7.7)可得

$$n = \frac{Vw_{21}}{B_{21}}\left(\frac{\bar{N}_2}{N_{2,\mathrm{th}}} - 1\right) \qquad (5.7.10)$$

激光过程只有 $n \geqslant 0$ 才有意义,也就是只有当粒子反转数达到和大于 $N_{2,\mathrm{th}}$ 时,激光过程才开始,所以 $N_{2,\mathrm{th}}$ 称为占有数的阈值. 另外 $\bar{N}_2$ 随泵浦率 w_{02} 而增加,光子数也随之增加. 图 5.7.4 给出单模激光器的一个发射特性,发射本领随泵浦功率的变化. 在阈值以下,即小于临界泵浦功率时,由自发辐射的光子产生的

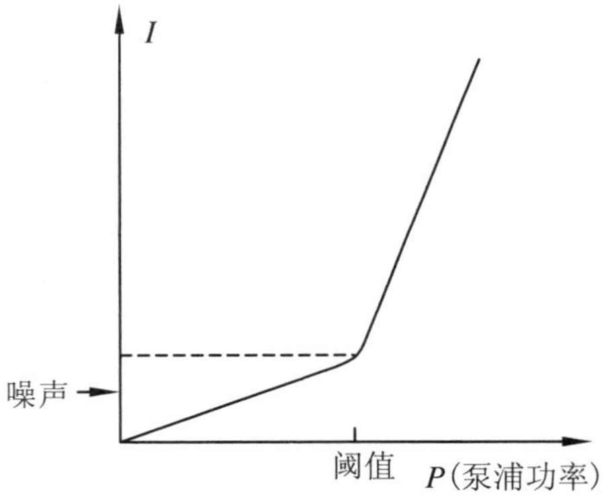

图 5.7.4　发射光强和泵浦功率的关系

波列形成的是噪声,只有在泵浦功率大于临界值后,激光器才激活.

5.7.3　激光特点

激光不仅是一个光子放大器,还是一种特殊的光源,它发射的光具有如下的特性:

1. 高单色性

激光器只发射单色光,它的线宽在 10 Hz 量级,也就在可见光区,它的相对

线宽 $\Delta\nu/\nu\leqslant10^{-15}$. 现代各种激光光谱仪能精密测量谱线的频率,对研究原子过程有十分重要的意义. 如染料激光器用在"消多普勒饱和光谱仪"中测量兰姆移位. 图 5.7.5 给出光谱仪实验测得的谱线和理论值.

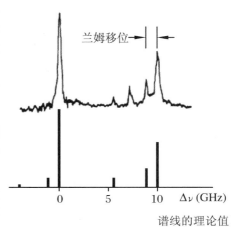

谱线的理论值

图 5.7.5 氢原子 $n=3\rightarrow2$ 能级间跃迁的精细结构和超精细结构

2. 具有好的时间相干性和空间相干性

相干长度($L=c/\Delta\nu$)可达几十万公里. 激光束中不同部位的光在很长时间内保持确定的相位关系. 时间和空间相干性对于全息技术是非常重要的. 而一般光源发出的光是随机地由各个原子在 $\sim10^{-8}$ s 内发射的,它们是不相干的.

3. 光子的运动方向平行性极好

光子在激光共振腔两端的反射镜之间不断地来回运动. 能维持这样运动的光路,必定是非常好地垂直于反射镜的,所以激光束是非常窄的光束. 准直性极好的激光束有极大的应用价值,同时也有很大的危险性. 一方面,激光的高准直性和能聚焦的特点,可以在医学中用于激光手术;另一方面,很强的平行性很好的激光束可以聚焦在人的眼睛视网膜极小的点上,瞬时就会损坏视网膜. CO_2 激光器是效率最高的激光器,在工业上有广泛应用,如焊接、切割等. He-Ne 和各种半导体激光器广泛应用于定位和测距等方面,半导体激光器的应用见表 5.7.1.

表 5.7.1　半导体激光器的应用

类型	峰值功率	波长	应用
GaAs	5 mW	840 nm	激光唱机
AlGaAs	50 mW	760 nm	激光打印机
GaInAsP	20 mW	1 300 nm	光纤通信

4. 高强度

在脉冲运行时,功率可达 $10^{12}\sim10^{13}$ W,因此可在很窄的光谱区有很高的光子流密度,可产生高强度的超短(10^{-14} s)光脉冲. 脉冲红宝石激光器曾用于著名的激光测距实验. 高强度激光器正被用于引发原子核聚变;在军事方面的应用更是无需赘言了.

5.7.4　自由电子激光

在外场作用下使自由电子以一定的模式振荡产生的光发射可生成激光,见图5.7.6.它和同步辐射光源或微波管很相似,能在相当宽的频率范围产生具有高相干性和高准直性的辐射,可连续调制.这是其他相干光源难以达到的.产生交变磁场的这种磁铁称为**扭摆磁铁**(wiggler magnet).自由电子激光器可产生波长为$10^{-5} \sim 1$ cm的相干辐射.在某些波段,如毫米波范围,能有很高的功率.预期在同位素分离、核聚变中等离子体加热、长程高分辨率雷达和加速器加速粒子等方面能有广泛的应用.

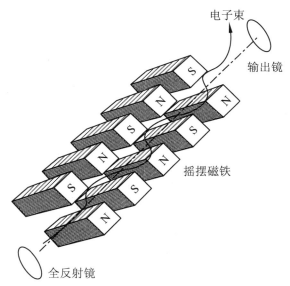

电子束

输出镜

摇摆磁铁

全反射镜

图 5.7.6　自由电子激光器(free-electron laser)示意图

5.8　绝　热　近　似

在含时微扰论里有两个特别的情形.一个是原来一个定态系统,处于某个状态,然后在某个时刻,突然转变为另一个定态系统(势域扩充,耦合系数变化,电离,衰变等等),要问以后处于新系统里某个态的概率.这在历史上称为**突变微扰论**.由于是突变,来不及交换,因此能量必须守恒.实际上这是个**初值**问题,利用波函数的时间连续性就可以解了.另一类含时微扰走另一个极端.微扰的时间变化特别慢,以至于状态的特征与系统同步,短时间内基本不变.对这类系统,发展了一种近似处理方法——**绝热近似**.

5.8.1　瞬时本征态

一个含时系统,其哈密顿量为 $\hat{H}(t)$,则其定解问题为

$$\begin{cases} \mathrm{i}\hbar\dfrac{\partial}{\partial t}\mid\Psi\rangle = \hat{H}\mid\Psi\rangle \\ \mid\Psi(t=0)\rangle = \mid\Psi(0)\rangle \end{cases} \tag{5.8.1}$$

在量子力学里,时间是个参数,并没有被量子化.对一个固定的时刻,厄米的哈密顿量有完备的正交归一的本征态系:

$$\begin{cases} \hat{H}(t)\mid n(t)\rangle = E_n(t)\mid n(t)\rangle \\ \langle n(t)\mid m(t)\rangle = \delta_{nm} \\ \displaystyle\sum\mid n(t)\rangle\langle n(t)\mid = 1 \end{cases} \tag{5.8.2}$$

瞬时本征值 $E_n(t)$ 显然是实的,$\mid n(t)\rangle$ 称为**瞬时本征态**.式(5.8.1)的解可以用这套本征态展开:

$$\mid\Psi(t)\rangle = \sum_n a_n(t)\mid n(t)\rangle\mathrm{e}^{\frac{1}{\mathrm{i}\hbar}\int_0^t \mathrm{d}\tau E_n(\tau)} \tag{5.8.3}$$

把它代到方程(5.8.1),两边作用以 $\langle m(t)\mid$,则可得方程

$$\dot{a}_m(t) \equiv \frac{\mathrm{d}a_m(t)}{\mathrm{d}t} = -\sum_n a_n(t)\langle m(t)\mid \dot{n}(t)\rangle\mathrm{e}^{-\frac{\mathrm{i}}{\hbar}\int_0^t \mathrm{d}\tau[E_n(\tau)-E_m(\tau)]}$$

这相当于在随时间变化的 H 表象中写下的薛定谔方程.定解问题一般就化为:设开始时($t=0$)系统处于哈氏量的某个本征态 $\mid k(0)\rangle$,问 t 时刻系统处于态 $\mid m(t)\rangle$ 的概率.数学上就相当于解下面的初值问题:

$$\begin{cases} \dot{a}_m(t) \equiv \dfrac{\mathrm{d}a_m(t)}{\mathrm{d}t} = -\displaystyle\sum_n a_n(t)\langle m(t)\mid \dot{n}(t)\rangle\mathrm{e}^{-\frac{\mathrm{i}}{\hbar}\int_0^t \mathrm{d}\tau[E_n(\tau)-E_m(\tau)]} \\ a_m(0) = \delta_{mk} \end{cases}$$

$$\tag{5.8.4}$$

而回答就是,t 时刻系统处于态 $\mid m(t)\rangle$ 的概率等于

$$P_m(t) = |\langle m(t) | \Psi(t)\rangle|^2 = |a_m(t)|^2 \tag{5.8.5}$$

5.8.2　绝热近似

现在假定,系统演化特别的慢,具体讲就是下面几个量的时间变化率特别小:$\dot{a}_n(t), \langle m(t) | \dot{n}(t)\rangle, \dot{E}(t)$.这时方程(5.8.4)的右侧可用初始条件代替而变为

$$\begin{cases} \dot{a}_m(t) = -\sum_n \delta_{nk} \langle m(0) | \dot{n}(0)\rangle e^{\frac{1}{i\hbar}\int_0^t d\tau [E_n(0) - E_m(0)]} \\ \\ \qquad = -\langle m(0) | \dot{k}(0)\rangle e^{-i\omega_{km}t} \\ \\ \omega_{km} \equiv \dfrac{E_k(0) - E_m(0)}{\hbar} \end{cases} \tag{5.8.6}$$

积分出来,当 $m \neq k$ 时,

$$a_m(t) = -2\langle m(0) | \dot{k}(0)\rangle \frac{\sin \dfrac{\omega_{km}t}{2}}{\omega_{km}} e^{-i\omega_{km}t/2} \tag{5.8.7}$$

如何计算矩阵元 $\langle m(t) | \dot{n}(t)\rangle$? 由瞬时本征方程(5.8.2)出发,两边对时间求导,从左作用以 $\langle m(t)|$,我们得到($m \neq k$)

$$\langle m | \dot{k}\rangle = \frac{1}{\hbar \omega_{km}} \langle m | \frac{\partial H}{\partial t} | k\rangle \tag{5.8.8}$$

代回前面,

$$a_m(t) = -\frac{2}{\hbar \omega_{km}^2} \langle m | \frac{\partial H}{\partial t} | k\rangle \Big|_{t=0} \sin \frac{\omega_{km}t}{2} e^{-i\omega_{km}t/2} \tag{5.8.9}$$

最后得到 t 时刻系统处于状态 $|m(t)\rangle (m \neq k)$ 的概率为

$$P_{km}(t) = |a_m(t)|^2 = \frac{4}{\hbar^2 \omega_{km}^4} |\langle m | \frac{\partial H}{\partial t} | k\rangle \Big|_{t=0}|^2 \sin^2 \frac{\omega_{km}t}{2} \tag{5.8.10}$$

在推导上面的公式中,要求系统演化特别的慢,故称为**绝热近似**,也有文绉绉地称**寝渐近似**的.由于引起变化的量都非常小,那么系统偏离原来状态跃迁到其他态的可能就比较小,也就是说,系统基本留在原始状态里,随时间推移,从 $|k(0)\rangle$ 变到 $|k(t)\rangle$,只有小概率跃迁到别的态 $|m(t)\rangle (m \neq k)$.这种状态演化,有时称为**绝热演化**.既然 P_{km} 远小于1,那就可以从式(5.8.10)得到对哈氏量变化率矩阵元的要求.

5.8.3　漂移振子

以前我们讨论过的简谐振子,其平衡点是固定的.实际系统中,微振动的中心

点(例如单摆的悬挂点)常会微微变化. 下面的哈氏量描写的振动系统,

$$\hat{H}(t) = -\frac{\hbar^2}{2\mu}\frac{\mathrm{d}^2}{\mathrm{d}x^2} + \frac{1}{2}k\left[x - \eta(t)\right]^2 \qquad (5.8.11)$$

表明, 平衡位置在 $\eta(t)$, 是时间的函数. 如果 $\eta(t)$ 随时间的变化比较慢, 那就可用绝热近似来讨论状态的变化.

利用我们知道的**粒子数表象**的方法, 式(5.8.11)可以改写为

$$\hat{H}(t) = -\frac{\hbar^2}{2\mu}\frac{\mathrm{d}^2}{\mathrm{d}(x-\eta)^2} + \frac{1}{2}k(x - \eta)^2$$

$$= \left[\hat{a}^+(t)\hat{a}(t) + \frac{1}{2}\right]\hbar\omega \qquad (5.8.12)$$

其中

$$\begin{cases} \omega = \sqrt{\dfrac{k}{\mu}} \\[2mm] \hat{a}^+(t) = \sqrt{\dfrac{\mu\omega}{2\hbar}}\left(\hat{x} - \eta(t) + \dfrac{1}{\mathrm{i}\mu\omega}\hat{p}\right) \\[2mm] \hat{a}(t) = \sqrt{\dfrac{\mu\omega}{2\hbar}}\left(\hat{x} - \eta(t) - \dfrac{1}{\mathrm{i}\mu\omega}\hat{p}\right) \end{cases} \qquad (5.8.13)$$

显然可知对易关系

$$\left[\hat{a}(t), \hat{a}^+(t)\right] = 1$$

依然成立, 即 $\hat{a}(t), \hat{a}^+(t)$ 依然可解释为吸收算符和发射算符. 于是瞬时本征方程

$$\hat{H}(t) \mid n(t)\rangle = E_n \mid n(t)\rangle$$

的解, 本征值和本征态为

$$\begin{cases} E_n = \left(n + \dfrac{1}{2}\right)\hbar\omega \\[2mm] \mid n(t)\rangle = \dfrac{1}{\sqrt{n!}}\hat{a}^{+n}(t) \mid 0\rangle \\[2mm] n = 0,1,2,\cdots \end{cases} \qquad (5.8.14)$$

要求出状态的变化, 关键是计算矩阵元 $\langle m \mid \dfrac{\partial \hat{H}}{\partial t} \mid k\rangle$. 哈氏量的时间变化为

$$\frac{\partial \hat{H}}{\partial t} = -k(x - \eta)\dot{\eta} = -\sqrt{\frac{\hbar\mu\omega}{2}}\omega\dot{\eta}(a + a^+)$$

它在态中的矩阵元是

$$\langle m \mid \frac{\partial \hat{H}}{\partial t} \mid k \rangle = -\sqrt{\frac{\mu \hbar \omega}{2}} \omega \dot{\eta} \langle m \mid (a + a^{+}) \mid k \rangle$$

$$= -\sqrt{\frac{\mu \hbar \omega}{2}} \omega \dot{\eta} (\sqrt{k} \delta_{mk-1} + \sqrt{k+1} \delta_{mk+1}) \qquad (5.8.15)$$

因此,从初态$|k(0)\rangle$到时刻变到态$|m(t)\rangle$的概率为

$$P_{k \to m}(t) = \frac{2\mu}{\hbar \omega_{km}^{4}} \omega^{3} \dot{\eta}^{2}(0) \left[\sqrt{k} \delta_{mk-1} + \sqrt{k+1} \delta_{mk+1} \right]^{2} \sin^{2} \frac{\omega_{km} t}{2} \qquad (5.8.16)$$

例如,设 $t = 0$ 时,系统处于基态$|0\rangle$,即 $k = 0$,则在 t 时刻,系统处于瞬时第一激发态的概率为

$$P_{0 \to 1}(t) = \frac{2\mu \dot{\eta}^{2}(0)}{\hbar \omega} \sin^{2} \frac{\omega t}{2} \qquad (5.8.17)$$

那么绝热近似适用的条件为

$$| \dot{\eta}(0) | \ll \sqrt{\frac{\hbar \omega}{2\mu}} \qquad (5.8.18)$$

5.8.4 弛豫振子

类似地,可以讨论弛豫振子问题.例如下面哈氏量描写的系统:

$$\hat{H}(t) = -\frac{\hbar^{2}}{2\mu} \frac{d^{2}}{dx^{2}} + \frac{1}{2} k(t) x^{2} \qquad (5.8.19)$$

它表示刚性系数随时间会老化什么的.当然同样可把式(5.8.19)写成粒子数表象的形式:

$$\hat{H}(t) = \left[\hat{a}^{+}(t) \hat{a}(t) + \frac{1}{2} \right] \hbar \omega \qquad (5.8.20)$$

不过此时频率是时间的函数,吸收发射算符形式上则同于第4章的

$$\begin{cases} \omega = \omega(t) = \sqrt{\frac{k(t)}{\mu}} \\ \hat{a}^{+}(t) = \sqrt{\frac{\mu \omega(t)}{\hbar}} \left(x + \frac{1}{i\mu\omega(t)} \hat{p} \right) \end{cases} \qquad (5.8.21)$$

矩阵元计算:

$$\frac{\partial \hat{H}}{\partial t} = \frac{1}{2} \dot{k} x^{2} = \frac{1}{2} \hbar \dot{\omega} (\hat{a}^{+2} + 2\hat{a}^{+} \hat{a} + \hat{a}^{2} + 1)$$

$$\langle m \mid \frac{\partial \hat{H}}{\partial t} \mid n \rangle = \frac{1}{2} \hbar \dot{\omega} \left[\sqrt{(n+2)(n+1)} \delta_{mn+2} + (2n+1)\delta_{mn} + \sqrt{n(n-1)} \delta_{mn-2} \right]$$

$$(5.8.22)$$

由此知,从初态 $\mid n(0) \rangle$ 出发,到时刻 t 可能跃迁到两个态 $\mid (n+2)(t) \rangle$, $\mid (n-2)(t) \rangle$,跃迁概率分别为

$$\begin{cases} P_{n \to n+2}(t) = \dfrac{(n+1)(n+2)}{4} \dfrac{\dot{\omega}^2(0)}{\omega^4(0)} \sin^2 \omega(0) t \\[3mm] P_{n \to n-2}(t) = \dfrac{n(n-1)}{4} \dfrac{\dot{\omega}^2(0)}{\omega^4(0)} \sin^2 \omega(0) t \end{cases} \qquad (5.8.23)$$

5.8.5　玻恩-奥本海默近似　氢分子离子 H_2^+

原子可以构成分子.最简单的分子是双原子分子,这是两个束缚态合起来构成的束缚态,形成分子束缚态的相互作用通常称为化学键.双原子分子已经是一个相当复杂的系统.每个原子可能有很多电子;每个电子除了受到本原子的原子核和其他电子的作用外,还要受到另一个原子的原子核和那里电子的作用.若只考虑库仑作用,双原子分子的非相对论哈密顿算符如下(a 和 b 代表两个原子核,R 代表原子核的空间坐标,r 表示电子的坐标):

$$\hat{H} = -\frac{\hbar^2}{2m_e} \sum_i \nabla_i^2 - \frac{\hbar^2}{2M_a} \nabla_a^2 - \frac{\hbar^2}{2M_b} \nabla_b^2$$

$$+ \frac{Z_a Z_b e^2}{4\pi\varepsilon_0 R_{ab}} - \sum_i \frac{Z_a e^2}{4\pi\varepsilon_0 r_{ai}} - \sum_i \frac{Z_b e^2}{4\pi\varepsilon_0 r_{bi}} + \sum_{i,j<i} \frac{e^2}{4\pi\varepsilon_0 r_{ij}} \qquad (5.8.24)$$

式中第一、二项和第三项是电子和原子核的动能算符,m_e 是电子的质量,M_a,M_b 分别是原子核 a,b 的质量.Z 是相应原子核的电荷数,R_{ab};r_{ai},r_{bi} 和 r_{ij} 分别表示原子核之间、核与电子之间以及电子与电子之间的距离.要解的相应定态薛定谔方程为

$$\hat{H} \psi(r_i, R_a) = E \psi(r_i, R_a) \qquad (5.8.25)$$

要精确解这样的方程几乎是不可能的,必须简化.

分子光谱的实验结果表明,分子的能级由三个主要部分组成:**电子能级**、**振动能级**和**转动能级**.分子中的电子在两个或几个原子核的库仑场中运动,形成不同的电子态.分子电子能级的能量间隔和原子能级的间隔相近.分子的电子能级间的跃迁所产生的光谱一般是在紫外和可见光区域.组成分子的各原子核在其平衡位置附近作微小振动,其能量量子化的结果形成振动能级.在同一电子态的振动能级间

跃迁所产生的光谱叫做**纯振动光谱**,一般是在近红外区域,它们的波长在微米数量级.分子可以作整体运动,例如双原子分子绕通过质心并垂直于两个原子核连线的轴作转动,这会形成转动能级.转动能级间的跃迁所产生的光谱叫**转动光谱**,是在远红外和微波区域,波长在毫米或厘米量级.

　　原子核的质量比电子的质量要大数千倍.在分子体系中电子的运动速度比原子核的运动速度要快得多.可以认为,电子的波函数取决于原子核的位置,但和原子核的速度无关,也就是,原子核运动很慢(**慢变量**),每当原子核发生变化,电子的运动(**快变量**)都能迅速地建立起对应于原子核位置变化的平衡.于是可以先把原子核的位置看成是一定的,求出电子的运动,而原子核运动时只受到高速运动电子平均场的影响.基于这种考虑,波恩和奥本海默在 1926 年提出一种近似方法,把分子中电子运动和原子核的运动分开,波函数分为与电子坐标有关的项和与核的位置有关的项,总波函数是这两部分相乘:

$$\psi(r_i, R_\alpha) = \psi_e(r_i, R_\alpha)\psi_N(R_\alpha) \tag{5.8.26}$$

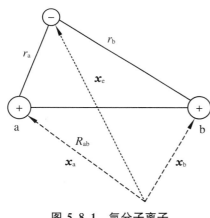

图 5.8.1　氢分子离子

电子波函数 ψ_e 的参数依赖原子核的坐标,决定于电子状态;ψ_N 描写在平均势场中原子核的运动状态:振动和转动.这种处理方法称为**波恩-奥本海默近似**.这种近似实际上就是把原子核坐标作为绝热变量的绝热近似.下面我们以最简单的分子态——氢分子离子作为例子来演示 B-O 近似.

　　氢分子离子(H_2^+)的化学键是最简单的情形.在氢的放电过程中氢分子失去一个电子而成为氢分子离子.测得它的**束缚能**,即**解离能**是 2.65 eV.这里涉及的是两个氢原子核和一个电子.以 a 和 b 标记两个核,见图 5.8.1.

1. 定解问题

只考虑库仑作用时,氢分子离子的哈氏量为

$$\hat{H} = \hat{T}_N + \hat{T}_e + V(\boldsymbol{x}_e, \boldsymbol{x}_a, \boldsymbol{x}_b)$$

$$= \hat{T}_a + \hat{T}_b + \hat{T}_e + V_a(\boldsymbol{x}_e, \boldsymbol{x}_a) + V_b(\boldsymbol{x}_e, \boldsymbol{x}_b) + V_N(\boldsymbol{x}_a, \boldsymbol{x}_b)$$

$$= -\frac{\hbar^2}{2M_a}\nabla_a^2 - \frac{\hbar^2}{2M_b}\nabla_b^2 - \frac{\hbar^2}{2m_e}\nabla_e^2$$

$$- \frac{e^2}{4\pi\varepsilon_0 |\, \boldsymbol{x}_e - \boldsymbol{x}_a\,|} - \frac{e^2}{4\pi\varepsilon_0 |\, \boldsymbol{x}_e - \boldsymbol{x}_b\,|} + \frac{e^2}{4\pi\varepsilon_0 |\, \boldsymbol{x}_b - \boldsymbol{x}_a\,|}$$

$$= -\frac{\hbar^2}{2M_a} \nabla_a^2 - \frac{\hbar^2}{2M_b} \nabla_b^2 - \frac{\hbar^2}{2m_e} \nabla_e^2 - \frac{e^2}{4\pi\varepsilon_0 r_a} - \frac{e^2}{4\pi\varepsilon_0 r_b} + \frac{e^2}{4\pi\varepsilon_0 R_{ab}} \tag{5.8.27}$$

决定能量的定态方程为

$$\hat{H}\Psi(\boldsymbol{x}_e, \boldsymbol{x}_a, \boldsymbol{x}_b) = E\Psi(\boldsymbol{x}_e, \boldsymbol{x}_a, \boldsymbol{x}_b) \tag{5.8.28}$$

根据前面分析的 B-O 近似精神,电子的力学量为**快变量**,原子核的变量是**慢变量**.我们把慢的当做不动,先处理快的.此时可选快变部分电子运动的哈氏量为

$$\hat{H}_e = \hat{T}_e + V(\boldsymbol{x}_e, \boldsymbol{x}_a, \boldsymbol{x}_b) \tag{5.8.29}$$

其能量本征方程为

$$\hat{H}_e \varphi_n(\boldsymbol{x}_e, \boldsymbol{x}_a, \boldsymbol{x}_b) = \varepsilon_n(\boldsymbol{x}_a, \boldsymbol{x}_b)\varphi_n(\boldsymbol{x}_e, \boldsymbol{x}_a, \boldsymbol{x}_b) \tag{5.8.30}$$

显然此时此地核的坐标 $\boldsymbol{x}_a, \boldsymbol{x}_b$ 只是参数.而上面的 n 记标志状态的一套量子数.

态 φ_n 当然是正交归一完备的:

$$\begin{cases} (\varphi_m, \varphi_n) = \delta_{mn} \\ \sum_n |\,\varphi_n\rangle\langle\varphi_n\,| = 1 \end{cases} \tag{5.8.31}$$

于是我们可把式(5.8.28)中的波函数在此基础上展开:

$$\Psi(\boldsymbol{x}_e, \boldsymbol{x}_a, \boldsymbol{x}_b) = \sum_n \eta_n(\boldsymbol{x}_a, \boldsymbol{x}_b)\varphi_n(\boldsymbol{x}_e, \boldsymbol{x}_a, \boldsymbol{x}_b) \tag{5.8.32}$$

代入式(5.8.28),即

$$(\hat{T}_N + \hat{H}_e)\sum_n \eta_n \varphi_n = E\sum_n \eta_n \varphi_n \tag{5.8.33}$$

适当运算后,再利用 φ_n 的正交性即得

$$\hat{T}_N \eta_n(\boldsymbol{x}_a, \boldsymbol{x}_b) + \varepsilon_n(\boldsymbol{x}_a, \boldsymbol{x}_b)\eta_n(\boldsymbol{x}_a, \boldsymbol{x}_b) = E\eta_n(\boldsymbol{x}_a, \boldsymbol{x}_b) \tag{5.8.34}$$

这相当于一个量子系统的定态方程,此系统的哈氏量为

$$\widetilde{H}_N = \hat{T}_N + \varepsilon_n(\boldsymbol{x}_a, \boldsymbol{x}_b)$$

$$= \hat{T}_a + \hat{T}_b + \varepsilon_n(\boldsymbol{x}_a, \boldsymbol{x}_b) \tag{5.8.35}$$

从方程(5.8.34)解出总能量 E 和相应本征函数 $\eta_{nE}(\boldsymbol{x}_a, \boldsymbol{x}_b)$,代入式(5.8.32)我们可得到总的能量波函数

$$\Psi_E(\boldsymbol{x}_e, \boldsymbol{x}_a, \boldsymbol{x}_b) = \sum_n \eta_{nE}(\boldsymbol{x}_a, \boldsymbol{x}_b)\varphi_n(\boldsymbol{x}_e, \boldsymbol{x}_a, \boldsymbol{x}_b) \tag{5.8.36}$$

2. 电子能

我们来看电子本征方程(5.8.30),看它有没有束缚态解,即两个氢原子能否形

成分子或称能否成键. 哈氏量的具体形式为

$$\hat{H}_e = \hat{T}_e + V_a + V_b + V_N$$
$$= \frac{p_e^2}{2\mu} - \frac{e^2}{4\pi\varepsilon_0 r_a} - \frac{e^2}{4\pi\varepsilon_0 r_b} + \frac{e^2}{4\pi\varepsilon_0 R_{ab}} \tag{5.8.37}$$

我们用微扰论来求式(5.8.30)的解,以判断氢分子离子的存在.

如果两个核相距很远,电子可以在原子核 a 附近或在核 b 附近,它的波函数应该就是氢原子的波函数. 为方便运算起见,我们不妨设图 5.8.1 中的坐标原点选在两核连线的中点上,此时有

$$R = x_a - x_b, \quad x_a = \frac{1}{2}R, \quad x_b = -\frac{1}{2}R \tag{5.8.38}$$

我们定义电子与两个核之间的分矢径为

$$\begin{cases} r_a = x_e - x_a = x_e - R/2 \\ r_b = x_e - x_b = x_e + R/2 \end{cases} \tag{5.8.39}$$

设电子与原子核 a 组成的氢原子的波函数为 φ_a,基态能为 $E_a^{(0)}$,它对应的薛定谔方程为

$$(\hat{T}_e + V_a)\varphi_a(r_a) = E_a^{(0)}\varphi_a(r_a) \tag{5.8.40}$$

同样,对电子单与原子核 b 组成的氢原子的波函数为 φ_b,能量为 $E_b^{(0)}$:

$$(\hat{T}_e + V_b)\varphi_b(r_b) = E_b^{(0)}\varphi_b(r_b) \tag{5.8.41}$$

且有

$$E_a^{(0)} = E_b^{(0)} \equiv E^{(0)} \tag{5.8.42}$$

我们规定 φ_a, φ_b 都取为实的并已归一.

当两个核互相靠近时,核之间库仑斥力增加;对原来束缚在核 a 的电子,就会受到核 b 的库仑引力. 同样如果电子原来束缚在核 b,将受到核 a 的库仑引力. 所以就要全面考虑包含两个核对电子的库仑引力及核之间的库仑斥力才能判断系统的稳定性. 要定出波函数,可以用微扰的方法. 电子可能在核 a 或 b 附近,具有相同的能量. 这两个能态 φ_a 和 φ_b 是**简并**的. 离得较远的核对电子的作用可以看做是对电子态的微扰. 这样就会将简并解除,即退简并. 根据上面的考虑,我们把两种极端的氢原子态组合起来作为候选波函数:

$$\varphi(r_a, r_b) = c_1\varphi_a(r_a) + c_2\varphi_b(r_b) \equiv \psi(x_e, R) \tag{5.8.43}$$

其中 c_1, c_2 是两个待定的系数. 把它代入哈氏量(5.8.37)的本征方程:

$$(\hat{T}_e + V_a + V_b + V_N)(c_1\varphi_a + c_2\varphi_b) = \varepsilon(c_1\varphi_a + c_2\varphi_b) \tag{5.8.44}$$

利用方程(5.8.40)和(5.8.41),上式化为

$$c_1(E^{(0)} - \varepsilon' + V_b)\varphi_a + c_2(E^{(0)} - \varepsilon' + V_a)\varphi_b = 0 \tag{5.8.45}$$

其中

$$\varepsilon' = \varepsilon - V_N \tag{5.8.46}$$

在方程(5.8.45)两边分别与 φ_a, φ_b 做内积,则可得到两个代数方程:

$$\begin{cases} (\Delta\varepsilon + C)c_1 + (\Delta\varepsilon \cdot S + D)c_2 = 0 \\ (\Delta\varepsilon + C)c_2 + (\Delta\varepsilon \cdot S + D)c_1 = 0 \end{cases} \tag{5.8.47}$$

这里

$$\begin{cases} \Delta\varepsilon = \varepsilon - E^{(0)} - V_N \\ S = \int \varphi_a^* \varphi_b d^3 x_e = S^* \\ C = \int \varphi_a^*(\boldsymbol{r}_a)\left(\dfrac{e^2}{4\pi\varepsilon_0 r_b}\right)\varphi_a(\boldsymbol{r}_a)d^3 x_e \\ D = \int \varphi_a^*(\boldsymbol{r}_a)\left(\dfrac{e^2}{4\pi\varepsilon_0 r_a}\right)\varphi_b(\boldsymbol{r}_b)d^3 x_e \end{cases} \tag{5.8.48}$$

给出波函数的具体形式,例如氢原子基态

$$\begin{cases} \varphi_a(\boldsymbol{r}_a) = (\lambda^3/\pi)^{1/2}e^{-\lambda r_a} \\ \qquad = \pi^{-1/2} a_0^{-3/2}e^{-r_a/a_0} = \pi^{-1/2} a_0^{-3/2}e^{-\sqrt{(\boldsymbol{x}_e - \boldsymbol{R}/2)^2}/a_0} \\ \lambda = 1/a_0 \end{cases} \tag{5.8.49}$$

就可算出这些积分值(你试试):

$$\begin{cases} S = e^{-\lambda R}\left[1 + (\lambda R) + (\lambda R)^2/3\right] \\ C = \dfrac{e^2}{4\pi\varepsilon_0}\dfrac{1}{R}\left[1 - (1 + \lambda R)e^{-2\lambda R}\right] \\ D = \dfrac{e^2}{4\pi\varepsilon_0}\dfrac{1}{R}\lambda R(1 + \lambda R)e^{-\lambda R} \end{cases} \tag{5.8.50}$$

它们都是正的,是原子核间距 R 的函数. 从波函数的形状知道,重叠积分 S 是小于 1 的, C 一般是大于 D 的.

式(5.8.47)有非零解的充分必要条件为其系数行列式为零,由此解得第一个解

$$\Delta\varepsilon = \Delta\varepsilon_A = -\frac{C - D}{1 - S} \tag{5.8.51}$$

相应求出 $c_2 = -c_1$,相应的归一化波函数为反对称波函数:

$$\psi = \psi_A = c_1(\varphi_a - \varphi_b) = \frac{1}{\sqrt{2(1 - S)}}(\varphi_a - \varphi_b) \tag{5.8.52}$$

第二个解是

$$\Delta\varepsilon = \Delta\varepsilon_S = -\frac{C+D}{1-S} \tag{5.8.53}$$

相应求出 $c_2 = c_1$，相应的归一波函数为对称波函数：

$$\psi = \psi_S = c_1(\varphi_a + \varphi_b) = \frac{1}{\sqrt{2(1+S)}}(\varphi_a + \varphi_b) \tag{5.8.54}$$

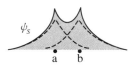

此时电子能量为

$$\varepsilon = \varepsilon' + V_N = E^{(0)} + V_N + \Delta\varepsilon$$

$$= E^{(0)} + \Delta\varepsilon + \frac{e^2}{4\pi\varepsilon_0 R^2} \tag{5.8.55}$$

$\Delta\varepsilon_A$ 和 $\Delta\varepsilon_S$ 都小于零. 如果先不计及原子核间的作用，那么当两个核靠近时，体系的能量是减少的，这是因为核对电子的库仑吸引增加了. 我们也看到，电子能量的分裂和减小，与波

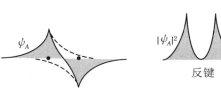

图 5.8.2　波函数及对应的概率密度

函数的空间对称性有关. 波函数及概率密度分布如图 5.8.2 所示. 当两个核靠近时，在对称波函数的情形，能量要减小得多. 这是因为此时在两核中间的电子多，形成一个吸引中心.

3. 成键

　　能否形成氢分子离子，即能否成键，关键还要看原子核之间的排斥能. 从式(5.8.55)看，排斥能随核间距的减小而平方反比增加. 于是整个电子能量随原子和间距的变化可画在图 5.8.3 上.

　　图中上面的线代表的电子能量是

$$\varepsilon = \varepsilon_A = E^{(0)} + \Delta\varepsilon_A + \frac{e^2}{4\pi\varepsilon_0 R^2} \tag{5.8.56}$$

随着原子核间距的减小，迅速上升，能量变正，因而形不成束缚态，即不

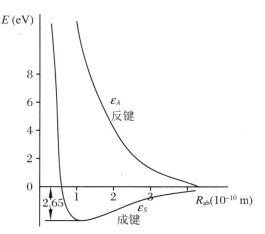

图 5.8.3　氢分子离子成键态和反键态的能量与原子核间距的关系

能形成氢原子离子,称为**反键态**.图中下面的线,代表的能量是

$$\varepsilon = \varepsilon_S = E^{(0)} + \Delta\varepsilon_S + \frac{e^2}{4\pi\varepsilon_0 R^2} \qquad (5.8.57)$$

对应的是对称电子波函数.我们看到,随着核间距的减小,开始电子的能量也减小.只是当核间距非常小时,排斥太强才开始变正.在某个合适位置(R_0)有最低的谷,这里是个束缚态.

结合前面关于两种态电子的概率密度分布可看出,在对称波函数的情形,电子密度集中在两个氢核之间有较大的概率,两个核对电子的库仑吸引力使 H_2^+ 能量下降,电子为两个核共有.在 $R_0 = 0.106\,nm$ 时,能量有极小值,能量为 $-2.65\,eV$,构成稳定的氢分子离子.因此是个**成键态**,或称是**成键轨函**(bonding orbital).而反对称波函数的能量总是为正,它是不稳定的反键态.

4. 振动和转动

现在来考虑慢运动即原子核的运动的作用.方程就是(5.8.34).

$$\left[\frac{\hat{p}_a^2}{2m_p} + \frac{\hat{p}_b^2}{2m_p} + \varepsilon_S(R)\right]\eta(x_a, x_b) = E\eta(x_a, x_b) \qquad (5.8.58)$$

其中 ε_S 就是式(5.8.57)中成键态的电子能量,而 E 就是氢分子离子的总能量.这是个两体问题.由于作用位势只与两核的距离有关,故可分离变量,化为质心整体运动与相对运动.如果像我们前面那样取了两核质心坐标,相当于只考虑相对运动,那么式(5.8.58)就化为

$$\begin{cases} \left[-\frac{\hbar^2}{2\mu}\nabla_R^2 + \varepsilon_S(R)\right]\psi(\boldsymbol{R}) = E\psi(\boldsymbol{R}) \\ \mu = m_p/2 \end{cases} \qquad (5.8.59)$$

电子的能量成了原子核运动的位势.这是有心力场中的运动,我们知道标准解法.把波函数用角动量本征态展开:

$$\begin{cases} \psi(\boldsymbol{R}) = \dfrac{\chi(R)}{R}Y_{IM}(\boldsymbol{R}/R) \\ \hat{L}^2 Y_{IM}(\boldsymbol{R}/R) = I(I+1)\hbar^2 Y_{IM}(\boldsymbol{R}/R) \\ \hat{L}_z Y_{IM}(\boldsymbol{R}/R) = M\hbar Y_{IM}(\boldsymbol{R}/R) \end{cases} \qquad (5.8.60)$$

代到式(5.8.59)中得到等效一维运动方程

$$-\frac{\hbar^2}{2\mu}\frac{d^2\chi}{dR^2} + \left[\varepsilon_S + \frac{I(I+1)\hbar^2}{2\mu R^2}\right]\chi = E\chi \qquad (5.8.61)$$

我们从图 5.8.3 看到,在成键态的某个位置 R_0 有个稳定点.原子核的运动缓慢,不妨在此稳定点附近展开:

$$
\begin{cases}
\varepsilon_S(R) = \varepsilon_S(R_0) + \varepsilon_S{}'(R_0)(R - R_0) + \dfrac{1}{2}\varepsilon_S{}''(R_0)(R - R_0)^2 + \cdots \\[3mm]
\quad\doteq \varepsilon_S(R_0) + \dfrac{1}{2}\mu\omega^2(R - R_0)^2 \\[3mm]
\omega \equiv \sqrt{\varepsilon_S{}''(R_0)/\mu}
\end{cases}
\tag{5.8.62}
$$

代到式(5.8.61)中,得

$$
-\frac{\hbar^2}{2\mu}\frac{\mathrm{d}^2\chi}{\mathrm{d}R^2} + \left[\frac{1}{2}\mu\omega^2(R - R_0)^2 + \frac{I(I+1)\hbar^2}{2\mu R^2}\right]\chi = \left[E - \varepsilon_S(R_0)\right]\chi
\tag{5.8.63}
$$

从这方程看,原子核的相对运动相当于三维振子.

从分子光谱看,振动光谱与转动光谱分得很开.因此我们不妨假定,原子核的相对转动不太厉害,两核之间的距离基本保持不变,分子不至于散架.那么我们可把转动离心能取为常值:

$$
\frac{I(I+1)\hbar^2}{2\mu R^2} \sim \frac{I(I+1)\hbar^2}{2\mu R_0^2}
\tag{5.8.64}
$$

这时式(5.8.63)又可写为

$$
-\frac{\hbar^2}{2\mu}\frac{\mathrm{d}^2\chi}{\mathrm{d}R^2} + \frac{1}{2}\mu\omega^2(R - R_0)^2\chi = \left[E - \varepsilon_S(R_0) - \frac{I(I+1)\hbar^2}{2\mu R_0^2}\right]\chi
\tag{5.8.65}
$$

这等效于一维振子方程,马上可读出能谱来:

$$
E = E_{\nu I} = \varepsilon_S(R_0) + \left(\nu + \frac{1}{2}\right)\hbar\omega + \frac{I(I+1)\hbar^2}{2\mu R_0^2}
\tag{5.8.66}
$$

这里第一项是电子的能量,第二项为原子核径向振动能,第三项为两核转动能.原子核相对运动波函数为

$$
\psi_N(\mathbf{R}) = \frac{\chi_\nu(R - R_0)}{R}Y_{IM}(\mathbf{R}/R)
\tag{5.8.67}
$$

如果加上电子波函数,总的氢分子离子波函数(电子处基态)为

$$
\Psi(\mathbf{x}_e, \mathbf{x}_a, \mathbf{x}_b) = \Psi(\mathbf{x}_e, \mathbf{R}/2, -\mathbf{R}/2)
$$

$$
= \frac{\chi_\nu(R - R_0)}{R - R_0}Y_{IM}(\mathbf{R}/R)\psi_S(\mathbf{x}_e, \mathbf{R})
\tag{5.8.68}
$$

5. 能量量级估计

在氢分子离子能量表示中,三种能量的大小不一样.可以来估计一下它们的量级.

电子能量可用德布罗意关系或不确定关系来估计.设分子空间尺度大小为 a,则 $|\Delta x_e| \sim a$,$|\Delta p_e| \sim \hbar/a$,于是电子能量量级为

$$\varepsilon_e \sim \frac{(\Delta p_e)^2}{2m_e} \sim \frac{\hbar^2}{2m_e a^2} \tag{5.8.69}$$

如果一个原子核离开平衡位置的距离超过分子大小 a,则分子就散伙了.此时振动能就相当于分子离解能(电子的束缚能)

$$\frac{1}{2}\mu\omega^2 a^2 = \frac{1}{4}m_p\omega^2 a^2 \sim \frac{\hbar^2}{2m_e a^2}$$

$$\omega \sim \frac{\hbar^2}{2m_e a^2}\sqrt{\frac{8m_e}{m_p}}$$

于是振动能量级为

$$E_\propto \sim \hbar\omega = \frac{\hbar^2}{2m_e a^2}\sqrt{\frac{8m_e}{m_p}} \sim \varepsilon_e\sqrt{\frac{m_e}{m_p}} \tag{5.8.70}$$

转动能大小为

$$E_r \sim \frac{I(I+1)\hbar^2}{2\mu a^2} \sim \frac{\hbar^2}{2m_e a^2}\frac{m_e}{m_p/2} \sim E_\propto\sqrt{\frac{m_e}{m_p}} \tag{5.8.71}$$

于是我们可得到分子中三种能量的量级比为

$$\varepsilon_e : E_\propto : E_r = 1 : \sqrt{\frac{m_e}{m_p}} : \frac{m_e}{m_p} = 1 : \frac{1}{49} : \frac{1}{1840} \tag{5.8.72}$$

三种谱线的密集程度相差非常明显,很容易区分出来.

6. 谱线特征

除了密集程度外,光谱之间的间隔分布也不同.

振动光谱,能级等间隔,因此光谱线也是等间隔的;转动能级,比例于 $I(I+1)$,即 $0,2,6,12,20,\cdots$,因此能级间隔比为 $2:4:6:8:\cdots = 1:2:3:4:\cdots$,光谱线之间间隔也按此排列,即越往上越疏.

这样总的来看,分子的能级是分离得很宽的一些组,每一组对应于分子的一种电子态.对于给定的电子态,能级又分成几乎是等间隔的一些组,每一组相应于分子的一种振动态.在每个振动能级间有一些间距小而且越高越疏的能级,它一们对应分子的转动态(图 5.8.4).

上面的讨论是对氢原子离子进行的,但实际上这些特征是一般的双原子分子共有的.

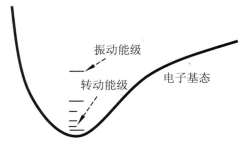

图 5.8.4　双原子分子能级示意图

5.8.6　贝尔相位

在相当一类广泛的含时问题中,系统的时间变化有周期性,这种周期性是通过某个参数的周期变化实现的,例如前面旋转磁场中的自旋.在这样的系统中会有一个特别的现象.

设某含时系统的哈氏量依赖于某个周期参数 $\boldsymbol{R}(t)$:

$$\begin{cases} \hat{H} = \hat{H}[\boldsymbol{R}(t)] \\ \boldsymbol{R}(t+T) = \boldsymbol{R}(t) \end{cases} \tag{5.8.73}$$

这里周期 T 比较长,即系统变化比较慢.设开始时系统处于瞬时本征态 $|k\rangle$:

$$t = 0, \quad a_m(t=0) = \delta_{mk}$$

由状态演化方程(5.8.4)知,t 时刻,$|k\rangle$ 前的系数满足方程

$$\dot{a}_k = - a_k \langle k \mid \dot{k} \rangle - \sum_{n \neq k} a_n \langle k \mid \dot{n} \rangle e^{\frac{1}{i\hbar} \int_0^t d\tau [E_n(\tau) - E_k(\tau)]} \tag{5.8.74}$$

过了一个周期,到 $t = T$,系统哈氏量又回到原来的 $H[\boldsymbol{R}(T)] = H[\boldsymbol{R}(0)]$,在绝热近似下,系统基本上应该回到原来的态 $|k\rangle$.这就是说在方程(5.8.74)中右方第二项近似为零:

$$a_n \langle k \mid \dot{n} \rangle \sim 0 \tag{5.8.75}$$

于是式(5.8.74)变为

$$\frac{da_k}{dt} = - a_k \langle k \mid \dot{k} \rangle \tag{5.8.76}$$

积分出来:

$$a_k(t) = e^{-\int_0^t d\tau \langle k(\tau) \mid \frac{d}{d\tau} k(\tau) \rangle} \tag{5.8.77}$$

这样开始时的状态 $\Psi(t=0)=|k(0)\rangle$, 在 t 时刻变为

$$
\begin{aligned}
\Psi(t) &= a_k(t)\mathrm{e}^{\frac{1}{\mathrm{i}\hbar}\int_0^t \mathrm{d}\tau E_k(\tau)}\,|k(t)\rangle \\
&= \mathrm{e}^{\frac{1}{\mathrm{i}\hbar}\int_0^t \mathrm{d}\tau E_k(\tau)}\,\mathrm{e}^{-\mathrm{i}\gamma_k(t)}\,|k(t)\rangle
\end{aligned}
\tag{5.8.78}
$$

即除了瞬时本征态自己从 $|k(0)\rangle$ 随时间变化到 $|k(t)\rangle$ 外, 状态还获得两个相因子. 第一个相因子

$$
\mathrm{e}^{\frac{1}{\mathrm{i}\hbar}\int_0^t \mathrm{d}\tau E_k(\tau)}
\tag{5.8.79}
$$

称为**动力学相因子**. 在定态情形, 它就是以哈氏量的本征值——能量为特征的时间振荡相因子. 第二个相因子称为 **Berry 相因子**, 相因子的相角形式为

$$
\gamma_k(t) = -\mathrm{i}\int_0^t \mathrm{d}\tau \langle k(\tau)|\frac{\partial}{\partial\tau}|k(\tau)\rangle
\tag{5.8.80}
$$

它是由瞬时本征态的时间变化引起的. 从哈氏量本征方程

$$
\hat{H}[\boldsymbol{R}(t)]\,|k[\boldsymbol{R}(t)]\rangle = E_k[\boldsymbol{R}(t)]\,|k[\boldsymbol{R}(t)]\rangle
$$

出发, 此相角可表示为

$$
\left\{
\begin{aligned}
\gamma_k(t) &= -\mathrm{i}\int_0^t \mathrm{d}\tau \langle k|\nabla_{\boldsymbol{R}}|k\rangle\cdot\frac{\mathrm{d}\boldsymbol{R}}{\mathrm{d}\tau} = -\int_0^t \mathrm{i}\langle k|\nabla_{\boldsymbol{R}}|k\rangle\cdot\mathrm{d}\boldsymbol{R} \\
&\equiv \int_{\boldsymbol{R}(0)}^{\boldsymbol{R}(t)} \boldsymbol{A}\cdot\mathrm{d}\boldsymbol{R} \\
\boldsymbol{A} &= -\mathrm{i}\langle k(\boldsymbol{R})|\nabla_{\boldsymbol{R}}|k(\boldsymbol{R})\rangle
\end{aligned}
\right.
\tag{5.8.81}
$$

知道了瞬时态依赖于参数的具体形式, 就可以算出来了. $\boldsymbol{A}$ 被称为 **Berry 势**.

　　过了一个周期, 除了动力学相外, 状态还获得一个额外的 Berry 相, 其相角大小为

$$
\begin{aligned}
\gamma_k(T) &= \int_{\boldsymbol{R}(0)}^{\boldsymbol{R}(T)} \boldsymbol{A}\cdot\mathrm{d}\boldsymbol{R} = \oint \boldsymbol{A}\cdot\mathrm{d}\boldsymbol{R} \\
&= \int \nabla\times\boldsymbol{A}\cdot\mathrm{d}\boldsymbol{S}\ \left(\equiv \int \boldsymbol{B}\cdot\mathrm{d}\boldsymbol{S}\right)
\end{aligned}
\tag{5.8.82}
$$

上式中用了 Stokes 定理. 面积分的范围是参数矢量 $\boldsymbol{R}$ 演化一个周期所围出的面积.

　　Berry 相是在 1984 年由 M. V. Berry 在一类特别的系统里发现的. 后来的研究表明, 这是类比较普遍的现象, 并且有着深刻的数学背景. Berry 相因子也称**拓扑相因子**、**几何相因子**, $\boldsymbol{A}$ 被称为 **Berry 联络**, 其旋度 $\nabla\times\boldsymbol{A}$ 则被称为 **Berry 曲率**.

　　下面我们用旋转磁场中磁矩的 Berry 相作为例子, 来演示它的意义.

　　自旋 $1/2$ 的带电粒子, 在外磁场中运动的哈氏量为

$$\hat{H} = -\boldsymbol{\mu} \cdot \boldsymbol{B} = \gamma \boldsymbol{\sigma} \cdot \boldsymbol{n}$$

这里,

$$\boldsymbol{B} = B_0 \boldsymbol{n}$$

$$\boldsymbol{n} = (\sin\theta\cos\omega t, \sin\theta\sin\omega t, \cos\theta)$$

这是个大小不变的旋转磁场,单位方向矢量 $\boldsymbol{n}$ 以角速度 ω 绕 z 轴顺时针旋转. 由于 $\boldsymbol{\sigma} \cdot \boldsymbol{n}$ 的平方是常量,所以其本征值不依赖于时间:

$$\hat{H} | a \rangle = E_a | a \rangle$$

$$a = \pm 1, \quad E_a = a\gamma$$

但是状态是随时间变化的,因为方向随时间变化:

$$\dot{\boldsymbol{n}} = \omega \boldsymbol{e}_z \times \boldsymbol{n}$$

设开始时粒子自旋处于 $a = +1$ 的态 $| +1 \rangle$,

$$| + \rangle = \begin{pmatrix} \cos\dfrac{\theta}{2} \\[2mm] \sin\dfrac{\theta}{2}\, \mathrm{e}^{\mathrm{i}\omega t} \end{pmatrix}$$

计算

$$\langle + | \frac{\partial}{\partial\tau} | + \rangle = \begin{pmatrix} \cos\dfrac{\theta}{2} & \sin\dfrac{\theta}{2}\mathrm{e}^{-\mathrm{i}\omega\tau} \end{pmatrix} \begin{pmatrix} 0 \\[2mm] \mathrm{i}\omega\sin\dfrac{\theta}{2}\mathrm{e}^{\mathrm{i}\omega\tau} \end{pmatrix}$$

$$= \mathrm{i}\omega\sin^2\frac{\theta}{2}$$

于是我们得到一个周期后的 Berry 相角:

$$\gamma_+ (T) = -\int_0^T \mathrm{d}\tau\, \mathrm{i}\langle + | \frac{\partial}{\partial\tau} | + \rangle = \omega T \sin^2\frac{\theta}{2}$$

$$= 2\pi\sin^2\frac{\theta}{2} = \frac{1}{2}(1 - \cos\theta) \cdot 2\pi$$

$$= \frac{1}{2}\Omega$$

$$\Omega = \pi(1 - \cos\theta) = \iint \mathrm{d}\Omega = \int_0^{2\pi}\mathrm{d}\varphi \int_0^\theta \sin\theta\mathrm{d}\theta$$

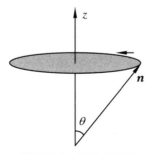

图 5.8.5 旋转磁场的 Berry 相角,

这个相角由两部分组成. 第一个因子 $1/2$,是自旋投影值;第二个因子 Ω,从图 5.8.5 可以看到,它正是单位矢量顶端旋转一周轨道相对于原点张的立体角—— 一个地地道道的几何量!

5.9　变　分　法

前面我们讲过一种近似方法——微扰论,其适用条件是,体系的哈密顿算符可以分成 $\hat{H}_0$ 和 $\hat{H}'$ 两部分,而主体部分 $\hat{H}_0$ 可以精确求解,扰动部分 $\hat{H}'$ 很小.但有时哈氏量极不易精确求解,又不方便分为两部分,这时可以应用别的近似方法,其中有一种整体的方法——**变分法**.

5.9.1　薛定谔方程的变分描述

变分法最初被用来近似地决定体系的基态能量.其基本出发点是:一个体系的基态能量的上限可以由哈密顿算符在任意一个态上的平均值来决定.下面来证明这一点.

设 ψ_n 是体系哈密顿算符 $\hat{H}$ 的本征函数,相应的本征值为 E_n.所有的 ψ_n 构成一完备正交归一系.为了简单,假定所有的 E_n 都是分立的.体系任意的一个归一化波函数 ψ,可以按照 ψ_n 展开:

$$\psi = \sum_n c_n \psi_n \tag{5.9.1}$$

$$\hat{H}\psi_n = E_n \psi_n \tag{5.9.2}$$

哈密顿算符 $\hat{H}$ 在态 ψ 上的平均值为

$$\bar{H} = \int \psi^* \hat{H} \psi \mathrm{d}\tau \tag{5.9.3}$$

利用式(5.9.1)和式(5.9.2),以及 ψ_n 的正交归一性,得到

$$\bar{H} = \int \sum_{n'} c_{n'}^* \psi_{n'}^* \hat{H} \sum_n c_n \psi_n \mathrm{d}\tau = \sum_{nn'} c_{n'}^* c_n E_n \delta_{nn'}$$

$$= \sum_n |c_n|^2 E_n \tag{5.9.4}$$

从式(5.9.4)可以推出一个有用的不等式.如果在式(5.9.4)的右边把所有的 E_n 用 E_0 代替,就可以得到

$$\bar{H} \geqslant \sum_n |c_n|^2 E_0 = E_0 \sum_n |c_n|^2 \tag{5.9.5}$$

由于 ψ 是归一化的,所以 $\sum\limits_n |c_n|^2 = 1$,这就是得到了不等式

$$E_0 \leqslant \bar{H} = \int \psi^* \hat{H}\psi \mathrm{d}\tau \qquad (5.9.6)$$

当 ψ 不是归一化的时候,$\hat{H}$ 的平均值成为

$$\bar{H} = \frac{\int \psi^* \hat{H}\psi \mathrm{d}\tau}{\int \psi^* \psi \mathrm{d}\tau} \qquad (5.9.7)$$

式(5.9.6)也随之写成

$$E_0 \leqslant \frac{\int \psi^* \hat{H}\psi \mathrm{d}\tau}{\int \psi^* \psi \mathrm{d}\tau} \qquad (5.9.8)$$

式(5.9.6)和式(5.9.8)表明,基态的能量 E_0 小于或等于 $\hat{H}$ 在任意一个态 ψ 上的平均值 $\bar{H}$.要使 $\bar{H}$ 恰好等于 E_0,则波函数必须是个特别的函数,也就是系统的基态波函数.在数学上,这就是把 $\bar{H}$ 看成波函数 ψ 的泛函而对 ψ 求变分,令 $\delta\bar{H} = 0$ 以使 $\bar{H}$ 取最小值.这种方法称为**变分法**.

事实上,原来的薛定谔方程求解问题可以表达为一个变分问题.

标准的薛定谔定态方程为

$$\begin{cases} \hat{H}\psi = E\psi \\ (\psi, \psi) = 1 \end{cases} \qquad (5.9.9)$$

今定义一个泛函

$$\bar{H}(\Psi) = (\Psi, \hat{H}\Psi) \qquad (5.9.10)$$

因为函数受归一化的约束,故我们用一个实的不定乘子 λ 来做变分条件:

$$\delta\bar{H} - \lambda\delta(\Psi, \Psi) = 0 \qquad (5.9.11)$$

变分对函数 Ψ 进行$(\Psi \rightarrow \Psi + \delta\Psi)$.

这个变分条件相当于薛定谔方程.运算如下:

$$\begin{aligned} 0 &= \delta\bar{H} - \lambda\delta(\Psi, \Psi) = \delta(\Psi, \hat{H}\Psi) - \lambda\delta(\Psi, \Psi) \\ &= (\delta\Psi, \hat{H}\Psi) + (\Psi, \hat{H}\delta\Psi) - \lambda(\delta\Psi, \Psi) - \lambda(\Psi, \delta\Psi) \\ &= [\delta\Psi, (\hat{H} - \lambda)\Psi] + [\Psi, (\hat{H} - \lambda)\delta\Psi] \\ &= [\delta\Psi, (\hat{H} - \lambda)\Psi] + [(\hat{H} - \lambda)\Psi, \delta\Psi] \end{aligned} \qquad (5.9.12)$$

由于复函数 Ψ 的变分 $\delta\Psi^*$, $\delta\Psi$ 分别独立且任意, 于是有

$$(\hat{H} - \lambda)\Psi = 0 \tag{5.9.13}$$

这就是薛定谔方程, 而乘子 λ 就是能量本征值.

变分原理是个选择原理, 在一切可能的态中选出物理态.

也有人把上面的推理表达成一个操作性的程序.

设系统的哈密顿量 $\hat{H}$ 有下确界, 即对任意态矢, 有关系

$$(\psi, \hat{H}\psi)/(\psi, \psi) \geqslant C = \mathrm{const.} \tag{5.9.14}$$

记 ψ_n 为哈密顿量的本征态

$$\hat{H}\psi_n = E_n\psi_n \tag{5.9.15}$$

本征值可排成不降序列

$$E_0 \leqslant E_1 \leqslant E_2 \leqslant \cdots \leqslant E_m \leqslant E_{m+1} \leqslant \cdots \tag{5.9.16}$$

而这些态之间互相正交归一化,

$$(\psi_i, \psi_j) = \delta_{ij} \tag{5.9.17}$$

则量 $(\psi, \hat{H}\psi)/(\psi, \psi)$ 的最小值是:

(1) E_0, 如果 ψ 可取任意态矢;

(2) E_1, 如果 ψ 可取与基态正交的所有态矢, $(\psi_0, \psi) = 0$;

(3) E_2, 如果 ψ 可取与基态和第一激发态正交的所有态矢, $(\psi_0, \psi) = 0$, $(\psi_1, \psi) = 0$;

……

5.9.2　利兹变分法

根据变分原理, 发展出不少种变分近似方法, 下面我们叙述的是**利兹（Ritz）变分法**.

我们选择包含有几个独立参数的一定类型函数 $\Phi(c_1, c_2, \cdots)$ 作为**试探函数**, 计算系统哈密顿量的平均值:

$$\bar{H} = (\Phi, \hat{H}\Phi)/(\Phi, \Phi) \equiv \bar{H}(c_1, c_2, \cdots) \tag{5.9.18}$$

它是这些参数的函数. 极值条件要求

$$0 = \delta\bar{H} = \sum \frac{\delta\bar{H}}{\delta c_i}\delta c_i = \sum \frac{\partial\bar{H}}{\partial c_i}\delta c_i$$

或

$$\frac{\partial \overline{H}}{\partial c_i} = 0, \quad i = 1, 2, \cdots \tag{5.9.19}$$

从这组方程解出参数 $c_i = c_i^*$,代回期望值表达式(5.9.18),即得基态能量近似值;用这组参数表示的试探函数即为近似波函数:

$$\begin{cases} E = \overline{H}(c_1^*, c_2^*, \cdots) \\ \psi = \Phi(c_1^*, c_2^*, \cdots) \end{cases} \tag{5.9.20}$$

5.9.3 示例

(1) 用变分法求氢原子的基态能量.

选取洛仑兹型函数 $\psi = \exp(-\lambda r)$ 作为试探函数,λ 为参数.氢原子的哈密顿量

$$\hat{H} = \frac{\hat{p}^2}{2\mu} - k\frac{e^2}{r} = -\frac{\hbar^2}{2\mu}\nabla^2 - k\frac{e^2}{r}$$

在试探函数上的平均值为

$$\begin{aligned} \overline{H} &= (\psi, \hat{H}\psi)/(\psi, \psi) \\ &= \frac{\hbar^2}{2\mu}\lambda^2 - ke^2\lambda \end{aligned}$$

由变分条件

$$0 = \frac{\partial \overline{H}}{\partial \lambda} = \frac{\hbar^2}{\mu}\lambda - ke^2$$

得参数值

$$\lambda = \lambda^* = k\mu e^2/\hbar^2 = 1/a_0$$

代回得氢原子基态的近似值:

$$E = \overline{H}(\lambda^*) = -\frac{1}{2}\frac{ke^2}{a_0} = -\frac{e^2}{8\pi\varepsilon_0 a_0}$$

这实际上是个精确值.我们看到,如果选对了函数的类型,是很可能得到精确解的.而选类型除了从数学角度考虑外,还可以从物理角度判断. ·

(2) 试用高斯型波函数作为试探函数,估计氢原子的基态能量.

氢原子的哈氏量为

$$\hat{H} = \frac{1}{2\mu}\hat{p}^2 - \frac{ke^2}{r}$$

高斯型函数是指形如

$$\psi(r) = e^{-\lambda r^2}$$

的函数,其中 λ 为参数.计算氢原子哈氏量的期望值:

$$\overline{H} = (\psi, \hat{H}\psi)/(\psi, \psi)$$

$$= \frac{3\hbar^2\lambda}{2\mu} - 2ke^2\sqrt{2\lambda}/\sqrt{\pi}$$

变分条件给出方程

$$0 = \frac{\partial \overline{H}}{\partial \lambda} = \frac{3\hbar^2}{2\mu} - \frac{ke^2\sqrt{2}}{\sqrt{\lambda\pi}}$$

由此解出参数值

$$\lambda = \lambda^* = \left(\frac{2\sqrt{2}\mu ke^2}{3\hbar^2\sqrt{\pi}}\right)^2 = \frac{8}{9\pi}\frac{1}{a_0^2}$$

于是得基态能量的近似值:

$$E = \overline{H}(\lambda^*) = -\frac{ke^2}{2a_0}\left(\frac{8}{3\pi}\right) = -\frac{e^2}{8\pi\varepsilon_0 a_0} \times 0.849$$

比精确值高出 15%.

(3) 试用库仑型波函数作为试探函数,估计谐振子的基态能量.

最常用的试探波函数为高斯型与库仑型,一方面它代表了典型的量子系统的运动,另一方面它也容易被积分.如果用高斯型函数作为试探函数求谐振子基态能量,那也会得到精确结果.现在用库仑型函数求近似值.

一维谐振子的哈氏量为

$$\hat{H} = \frac{1}{2\mu}\hat{p}^2 + \frac{1}{2}\mu\omega^2 x^2$$

库仑型函数为

$$\psi(x) = e^{-\lambda|x|}$$

λ 为变分参数.计算期望值

$$E(\lambda) = \langle H \rangle = \int dx\,\psi^*(x)\hat{H}\psi(x) \Big/ \int dx\,\psi^*(x)\psi(x)$$

$$= \int_{-\infty}^{\infty} dx\,e^{-\lambda|x|}\left(-\frac{\hbar^2}{2\mu}\frac{d^2}{dx^2} + \frac{1}{2}\mu\omega^2 x^2\right)e^{-\lambda|x|} \Big/ \int dx\,e^{-2\lambda|x|}$$

有几个积分要算.分母简单,

$$\int_{-\infty}^{\infty} \mathrm{d}x \mathrm{e}^{-2\lambda|x|} = 2\int_0^{\infty} \mathrm{d}x \mathrm{e}^{-2\lambda x} = 1/\lambda$$

但动能项积分要小心,因为试探函数一阶导数有奇异性.注意

$$\mathrm{e}^{-\lambda|x|} = \begin{cases} \mathrm{e}^{\lambda x}, & x < 0 \\ \mathrm{e}^{-\lambda x}, & x > 0 \end{cases} = \mathrm{e}^{\lambda x}\theta(-x) + \mathrm{e}^{-\lambda x}\theta(x)$$

其中

$$\theta(x) = \begin{cases} 0, & x < 0 \\ 1, & x > 0 \end{cases}$$

是阶跃函数.

$$\begin{aligned}
\frac{\mathrm{d}}{\mathrm{d}x}\mathrm{e}^{-\lambda|x|} &= \frac{\mathrm{d}}{\mathrm{d}x}\big[\mathrm{e}^{\lambda x}\theta(-x) + \mathrm{e}^{-\lambda x}\theta(x)\big] \\
&= \lambda\mathrm{e}^{\lambda x}\theta(-x) - \mathrm{e}^{\lambda x}\delta(-x) - \lambda\mathrm{e}^{-\lambda x}\theta(x) + \mathrm{e}^{-\lambda x}\delta(x) \\
&= \lambda\big[\mathrm{e}^{\lambda x}\theta(-x) - \mathrm{e}^{-\lambda x}\theta(x)\big] \\
\frac{\mathrm{d}^2}{\mathrm{d}x^2}\mathrm{e}^{-\lambda|x|} &= \frac{\mathrm{d}}{\mathrm{d}x}\lambda\big[\mathrm{e}^{\lambda x}\theta(-x) - \mathrm{e}^{-\lambda x}\theta(x)\big] \\
&= \lambda\big[\lambda\mathrm{e}^{\lambda x}\theta(-x) - \mathrm{e}^{\lambda x}\delta(-x) + \lambda\mathrm{e}^{-\lambda x}\theta(x) - \mathrm{e}^{-\lambda x}\delta(x)\big] \\
&= \lambda^2\big[\mathrm{e}^{\lambda x}\theta(-x) + \mathrm{e}^{-\lambda x}\theta(x) - 2\delta(x)\big] = \lambda\big[\lambda\mathrm{e}^{-\lambda|x|} - 2\delta(x)\big]
\end{aligned}$$

于是动能部分

$$\begin{aligned}
&\int_{-\infty}^{\infty} \mathrm{d}x \mathrm{e}^{-\lambda|x|}\left(-\frac{\hbar^2}{2\mu}\frac{\mathrm{d}^2}{\mathrm{d}x^2}\mathrm{e}^{-\lambda|x|}\right)\Big/\int_{-\infty}^{\infty}\mathrm{d}x\mathrm{e}^{-2\lambda|x|} \\
&= -\frac{\hbar^2\lambda^2}{2\mu}\int_{-\infty}^{\infty}\mathrm{d}x\big[\mathrm{e}^{-2\lambda|x|} - 2\delta(x)\big]\Big/\int_{-\infty}^{\infty}\mathrm{d}x\mathrm{e}^{-2\lambda|x|} \\
&= \frac{\hbar^2\lambda^2}{2\mu}
\end{aligned}$$

势能部分好算:

$$\int_{-\infty}^{\infty}\mathrm{d}x\mathrm{e}^{-\lambda|x|}\frac{1}{2}\mu\omega^2 x^2\mathrm{e}^{-\lambda|x|}\Big/\int_{-\infty}^{\infty}\mathrm{d}x\mathrm{e}^{-2\lambda|x|} = \mu\omega^2\int_0^{\infty}\mathrm{d}x x^2\mathrm{e}^{-2\lambda x}\Big/\int_{-\infty}^{\infty}\mathrm{d}x\mathrm{e}^{-2\lambda|x|}$$
$$= \frac{\mu\omega^2}{4\lambda^2}$$

于是有

$$E(\lambda) = \frac{\hbar^2\lambda^2}{2\mu} + \frac{\mu\omega^2}{4\lambda^2}$$

变分条件要求

$$0 = \frac{\partial E}{\partial \lambda} = \frac{\hbar^2 \lambda}{\mu} - \frac{\mu \omega^2}{2\lambda^3}$$

由此解出

$$\lambda^* = \frac{1}{2^{1/4}} \sqrt{\frac{\mu \omega}{\hbar}} = \frac{1}{2^{1/4}} \alpha$$

代回能量表达式得基态近似能量

$$E = \frac{1}{2} \hbar \omega \cdot \sqrt{2}$$

比精确值高出 40%.

（4）设质量为 μ 的粒子在吸引 δ 势 $V(x) = -V_0 \delta(x)$（$V_0 > 0$）中运动，请以氢原子基态型波函数为试探函数，用变分法求束缚态的近似能量.

在一维情况下，考虑到位势的对称性以及波函数的基本要求，试探函数应取为下面的形式：

$$\psi(x) = N e^{-\lambda |x|}$$

其中 λ 为变分参数.

粒子在势中运动的哈氏量为

$$\hat{H} = -\frac{\hbar^2}{2\mu} \frac{\mathrm{d}^2}{\mathrm{d}x^2} - V_0 \delta(x)$$

根据变分法基本要求，首先计算平均能量：

$$E(\lambda) = \langle \hat{H} \rangle = \int \mathrm{d}x \psi^*(x) \hat{H} \psi(x) \Big/ \int \mathrm{d}x \psi^*(x) \psi(x)$$

$$= \int_{-\infty}^{\infty} \mathrm{d}x e^{-\lambda |x|} \left[-\frac{\hbar^2}{2\mu} \frac{\mathrm{d}^2}{\mathrm{d}x^2} - V_0 \delta(x) \right] e^{-\lambda |x|} \Big/ \int \mathrm{d}x e^{-2\lambda |x|}$$

只有一个新积分要算：

$$\int_{-\infty}^{\infty} \mathrm{d}x e^{-\lambda |x|} \left[-V_0 \delta(x) \right] e^{-\lambda |x|} = -V_0$$

动能项以前算过. 所以总的平均值

$$E(\lambda) = \left(\frac{\hbar^2 \lambda}{2\mu} - V_0 \right) \Big/ (1/\lambda) = \frac{\hbar^2 \lambda^2}{2\mu} - V_0 \lambda$$

对参数变分求极值：

$$0 = \frac{\mathrm{d}E}{\mathrm{d}\lambda} = \frac{\hbar^2 \lambda}{\mu} - V_0$$

解出

$$\lambda^* = \frac{V_0 \mu}{\hbar^2}$$

代回平均值表达式得所求近似能量：

$$E = E(\lambda^*) = -\frac{\mu V_0{}^2}{2\hbar^2}$$

从解薛定谔方程我们知道，这是一个精确值，因此相应的波函数也为精确解.

在用变分法解问题时，尝试波函数的选取对结果的好坏有决定性的意义. 至于应当如何选取，则并无固定的规则，一般是根据已有的知识作物理上的考虑，例如对称性、节点等等.

如果得到了基态能量近似值和相应的近似波函数，要继续用变分法求激发态的能量近似值，则切记选用的新的试探函数要与基态近似波函数正交.

除了求能量近似值等外，变分法也可用来证明一些定理或一般结论.

(5) 束缚态存在性.

设质量为 μ 的粒子在一维位势 $V(x)$ 中运动. 已知 V 有如下性质：

$$V(x) \leqslant 0$$
$$V(x) \to 0, \quad |x| \to \infty$$

证明粒子至少有一个束缚态.

（a）设粒子在一维对称方阱中运动，则哈氏量为

$$H_s = \frac{\hat{p}^2}{2\mu} + V_s$$

$$V_s = \begin{cases} -V_0, & |x| < a \\ 0, & |x| > a \end{cases}$$

取已归一的试探函数为

$$\psi = \left(\frac{2\lambda}{\pi}\right)^{1/4} e^{-\lambda x^2}$$

然后计算哈氏量在其上面的平均值

$$\bar{H}_s = \bar{T} + \bar{V}_s = \frac{\sqrt{2}\hbar^2\lambda}{\mu} - \frac{2V_0 \Gamma(\sqrt{2\lambda}a)}{\sqrt{\pi}}$$

$$\Gamma(a) = \int_0^a e^{-y^2} \mathrm{d}y$$

我们看到，无论势阱参数 V_0 和 a 多么小，我们总可以选择变分参数 λ 使 $\bar{H} < 0$. 这

意味着,系统能量小于零,为束缚态.我们早在讨论有限对称势阱时就知道了,但那时是通过具体求解得到的结论.

（b）考虑题中位势,由于它处处小于等于零,一定可以在某处搁置一个很浅的对称势阱,不失一般性,就选在坐标原点附近,如图 5.9.1 所示.显然有

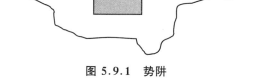

$$V(x) < V_s(x)$$

于是仍用上面的试探函数,计算得

$$\bar{H} = \bar{T} + \bar{V} = \bar{T} + \bar{V}_s + \bar{V} - \bar{V}_s$$

$$= \bar{H}_s + \overline{(V - V_s)} < 0$$

图 5.9.1　势阱

这表明,系统的能量可以小于零,即存在束缚态.

（c）本题也可以用 Feynman-Hellmann 定理来证明.

做一个线性依赖某个参数的综合位势:

$$V(\lambda) = \lambda V_s + (1 - \lambda) V$$

相应哈氏量为

$$\hat{H}(\lambda) = \hat{T} + V(\lambda)$$

显然

$$\hat{H}(0) = \hat{H}_s$$

$$\hat{H}(1) = \hat{H}$$

设 $\hat{H}(\lambda)$ 的本征值为 $E(\lambda)$,则 $E(0)$ 是 $\hat{H}$ 的本征值,$E(1)$ 是 $\hat{H}_s$ 的本征值.由 Feynman-Hellmann 定理,本征值随参数的变化是

$$\frac{\partial E(\lambda)}{\partial \lambda} = \langle \frac{\partial \hat{H}(\lambda)}{\partial \lambda} \rangle = \langle V_s - V \rangle > 0$$

于是知道,对同样的量子数（例如都是基态）,

$$E(0) < E(1)$$

由于已知 $E(1)$ 小于零,即存在束缚态,于是也有 $E(0)$ 小于零,即体系 $\hat{H}$ 存在束缚态.

变分法在解定态问题的近似方法中应用范围较广.当微扰法和其他一些近似方法不能应用时,往往可以用变分法,而且在计算步骤上,特别是求基态能量时,变分法较为简单,这些都是变分法的优点.但是变分法也有它的缺点,主要是难以估计近似的程度,高阶近似也较难进行.

习　题　5

5.1　一个质量为 μ 的粒子被限制在一维区域 $-a < x < a$ 运动，$t = 0$ 时处于基态. 今势阱突然向两边对称地扩展一倍，即可以在 $-2a < x < 2a$ 范围内运动. 问：

(a) $t = t_0 (>0)$ 时粒子处于新系统中基态的概率；

(b) $t = t_0$ 时，粒子能量的平均值.

5.2　一维谐振子的哈氏量为 $\hat{H}_0 = \dfrac{\hat{p}^2}{2\mu} + \dfrac{1}{2}\mu\omega^2\hat{x}^2$，引入微扰项 $\hat{H}' = \lambda\hat{x}^4$，$\lambda$ 为实数，求对能级的修正(到二级).

5.3　设类氢原子的原子核带电量 Ze 均匀地分布在一个半径为 R 的球体内，考虑原子核的有限大小对于类氢原子基态能级的修正.

5.4　质量为 μ、频率为 ω 而自旋为 $1/2$ 的三维各向同性谐振子，处于基态. 设此系统受到一个微扰 $\hat{H}' = \lambda\boldsymbol{\sigma} \cdot \boldsymbol{x}$ 的作用，这里 λ 为实数，$\boldsymbol{\sigma}$ 为泡利矩阵. 求其能级修正(准确到二级).

5.5　核子(自旋为 $1/2$)处于三维各向同性谐振子势中，$V(r) = \mu\omega^2 r^2/2$，能级为 $E_N = (N + 3/2)\hbar\omega$，$N = 2n_r + \ell = 0, 1, 2, 3, \cdots$；$n_r = 0, 1, 2, \cdots$. 如果此系统受到自旋-轨道耦合 $-C\hat{\boldsymbol{L}} \cdot \hat{\boldsymbol{S}}\ (C > 0)$ 的微扰，问 $N = 2$ 能级将如何分裂？画出能级分裂图，给出分裂后各能级简并度.

5.6　有一个一维束缚体系(如一维谐振子)，其哈氏量为 $\hat{H}_0$，束缚定态记为 $|0\rangle$，$|1\rangle, \cdots, |n\rangle, \cdots$(均已归一化)，相应的能量本征态为 $\varepsilon_0 < \varepsilon_1 < \cdots < \varepsilon_n < \cdots$. 现体系受到微扰作用，微扰 Hamilton 量可以表示为

$$\hat{H}' = i\lambda[\hat{A}, \hat{H}_0]$$

其中 λ 为小的实数常量，$\hat{A}$ 为已知的厄米算符. 请计算微扰后体系的束缚定态波函数(要求准确到 λ 一阶)和能级(要求准确到 λ 二阶).

5.7　一个带电的线性谐振子处于随时间变化的匀强电场中，电场强度与时间的关系为

$$E(t) = \frac{A}{\sqrt{\pi}\tau}e^{-(t/\tau)^2}$$

其中 A 和 τ 均为常数. 假设在 $t=-\infty$ 时, 谐振子处于基态, 那么当 $t\to\infty$ 时, 谐振子处于第一激发态的概率是多少?

5.8　将氢原子置于一个随时间变化的电场 $E(t)$ 中,

$$E(t)=\frac{A\tau}{e\pi}\frac{1}{\tau^2+t^2}$$

其中 A 和 τ 为常数. 设 $t=-\infty$ 时氢原子处于基态, 计算当 $t\to\infty$ 时氢原子处于 2P 能级的概率.

5.9　氢原子 2P 能级的电偶极辐射的平均寿命是 1.6 ns, 试估计一价氦离子的 2P 能级的寿命.

5.10　一束极化沿某一均匀磁场 $\boldsymbol{B}$ 的中子分为两半, 一半继续通过均匀磁场, 另一半则经过一旋转磁场. 旋转磁场与均匀磁场振幅相同, 只是缓慢地改变方向. 两束中子穿越相同的路程后会合, 测量中子的总强度. 今假定一束中子在其静止系里受到旋转磁场

$$\boldsymbol{B}=B_0(\sin\theta\cos\varphi(t)\boldsymbol{e}_x+\sin\theta\sin\varphi(t)\boldsymbol{e}_y+\cos\theta\boldsymbol{e}_z)$$

的作用, 这里 $\varphi(t)$ 绝热地从 0 变到 2π, 而另一束中子则只受到一个常磁场 $\boldsymbol{B}'=B_0(\sin\theta\boldsymbol{e}_x+\cos\theta\boldsymbol{e}_z)$ 的作用. 请用绝热近似计算穿过磁场后两束中子的相位改变及会合后的强度.

5.11　系统哈氏量为 $\hat{H}=\frac{1}{2\mu}\hat{p}^2+\lambda x^{2n}(\lambda>0)$, 请用变分法求基态能量近似值, 选试探波函数为 $\psi(x)=Ne^{-\beta x^2/2}$, 其中 β 为变分参数.

5.12　某双态体系的哈氏量可表示为 $\hat{H}=\hat{H}_0+\hat{H}'$, 而 $\hat{H}_0$ 的两个归一化本征态分别为 $|a\rangle,|b\rangle$, 相应的能量本征值分别为 E_a,E_b, 满足 $E_a<E_b$. 在 H_0 表象, $\hat{H}'$ 可表示为

$$H'=\begin{pmatrix}0 & \mathrm{i}\varepsilon\\ -\mathrm{i}\varepsilon & 0\end{pmatrix}$$

其中 ε 为一正的实常量, 满足 $\varepsilon\ll E_b-E_a$. 取试探态为

$$|\psi\rangle=\cos\theta|a\rangle+e^{\mathrm{i}\varphi}\sin\theta|b\rangle$$

θ,φ 为变分参数, 试用变分法计算体系的基态能级.

5.13　考虑到高阶修正的一维谐振子的哈氏量为 $\hat{H}_0=\frac{\hat{p}^2}{2\mu}+\frac{1}{2}\mu\omega^2\hat{x}^2+\lambda\hat{x}^4$, 试用变分法求基态能量, 并与微扰论结果比较.

第6章 全同粒子

6.1 全同粒子和泡利原理

到现在为止,我们基本上只讨论了单粒子的问题.但实际存在的体系(原子、分子、原子核、液体和固体等等)一般说来都是由多个粒子组成的,即是个多粒子体系.多粒子体系问题常常比较复杂难解,这在经典物理里就知道,例如著名的引力三体问题.在量子力学里,多体问题更加具有实际的意义,但远比单粒子问题要复杂和困难得多.多粒子体系的薛定谔方程往往无法精确求解,因此常借助于各种近似方法.同时,量子力学中所处理的多粒子体系往往是性质完全相同的微观粒子,即所谓全同粒子.全同粒子在量子理论中有一些特殊的性质和要求,它们在经典物理中是不存在的.

6.1.1 全同粒子

所谓**全同粒子**,就是指质量、电荷、自旋等固有性质完全相同的微观粒子,例如所有的电子是全同粒子,所有的质子也是全同粒子,所有的光子也是全同的.

量子全同粒子的特点是在同样的条件下(例如同样的外场),它们的行为是完全相同的,不可区分,因而当用一个粒子去代换另一个全同粒子时,不会引起物理状态的改变.

在经典力学中,粒子的全同性不会引起麻烦.尽管两个粒子的固有性质完全相同,我们依然可以区分这两个粒子.因为在运动过程中,每个粒子都有自己确定的轨道:在任一时刻都有确定的位置和速度.这样,我们就可以判断哪个是第一个粒子,哪个是第二个粒子.

在量子力学中,情况就不一样了.

由于波粒二象性,我们必须用分布来描写粒子的行为.而每一时刻,两个粒子的分布常常是重叠的,即每个地点,既可能有这个粒子,又可能有那个粒子,根本区分不开.

从坐标的和动量的不确定关系看,如果在某一时刻一个粒子的位置确定,则它的动量就完全不确定,因而在下一时刻,这个粒子走到了哪里,就完全不能确定了.这就是说,粒子没有确定的轨道.因此,在全同粒子组成的体系中,我们无法追踪其中的某一个粒子,这就导致全同粒子的不可分辨性.

量子粒子的这种全同性会对它们状态的描述带来什么影响,有什么观测的后果呢?

6.1.2　交换对称

粒子的全同性是种对称性,与对称性相联系的是守恒量.

以两个全同的自旋 1/2 带电粒子(例如电子)在均匀恒定外磁场中的自旋运动为例,其哈氏量为

$$
\begin{aligned}
\hat{H}(\boldsymbol{S}_1, \boldsymbol{S}_2) &= -\boldsymbol{\mu}_1 \cdot \boldsymbol{B} - \boldsymbol{\mu}_2 \cdot \boldsymbol{B} \\
&= -\gamma(\boldsymbol{S}_1 + \boldsymbol{S}_2) \cdot \boldsymbol{B} \\
&= \hbar\omega(\sigma_z^{(1)} + \sigma_z^{(2)}) \equiv \hat{H}(\sigma_z^{(1)}, \sigma_z^{(2)}) \\
\omega &= eB/(2\mu)
\end{aligned} \tag{6.1.1}
$$

定态方程为

$$
\hat{H}(\sigma_z^{(1)}, \sigma_z^{(2)}) \psi(s_1, s_2) = E\psi(s_1, s_2) \tag{6.1.2}
$$

其中 s_1, s_2 分别为两个粒子的自旋变量.定义一个交换算符 $\hat{P}_{12}$,它的作用是交换两个粒子的指标,例如

$$
\hat{P}_{12} \psi(s_1, s_2) \equiv \psi(s_2, s_1) \tag{6.1.3}
$$

那么从式(6.1.1)知,它与哈氏量是可以交换的,

$$
\hat{P}_{12} \hat{H}(\sigma_z^{(1)}, \sigma_z^{(2)}) = \hat{H}(\sigma_z^{(1)}, \sigma_z^{(2)}) \hat{P}_{12}
$$

或

$$
[\hat{P}_{12}, \hat{H}(\sigma_z^{(1)}, \sigma_z^{(2)})] = 0 \tag{6.1.4}
$$

从前面的讨论知道,此厄米交换算符代表系统的一个守恒力学量,它与哈氏量有共同的完备本征态,即系统的态可选为交换算符的本征态,有确定的交换算符本征值.这个本征值称为**交换宇称**.交换算符也称为**交换宇称算符**.从式(6.1.3)知,

交换宇称只能取 $+1$, -1 两个值,因为有

$$\hat{P}_{12}^2 = 1 \tag{6.1.5}$$

于是上面系统运动的波函数可以选成交换对称的或交换反对称的:

$$\hat{P}_{12}\psi(s_1, s_2) = \pm\,\psi(s_1, s_2) \tag{6.1.6}$$

在能级是非简并的情形下,则波函数必须有确定的交换宇称,即要么对称,要么反对称.这情形和空间宇称一样.

守恒量的量子数是好量子数.如果定态体系一开始具有某个交换宇称,则以后此体系永远具有此宇称,即波函数的交换对称性永远保持着.

6.1.3 泡利原理

泡利在解释氢原子光谱时发现必须引入第四个量子数,后来知道那是自旋;接着在解释多电子原子能谱时,发现必须假定两个电子不能占据同一个量子态,这就是最早的泡利原理.后来的研究发现,量子粒子的全同性是个非常深刻的概念,是微观世界的普遍特性.

全同量子粒子体系整体上必须有确定的交换宇称.至于具有什么宇称,依赖于粒子的自旋.原来,所有的微观粒子都有确定的自旋,其大小是普朗克常量的整数倍或半整数倍.自旋为半整数的粒子叫**费米子**,如电子 e,质子 p,中子 n 等,它们的自旋为 $1/2$,是费米子.核子共振态 Δ 自旋为 $3/2$,也是费米子.自旋为普朗克常量的整数倍的粒子叫**玻色子**.π 子自旋为零,是玻色子;光子 γ,ρ 介子,中间玻色子 W,Z,胶子 g 等自旋为 1,也是玻色子.

费米子系统必须遵循**费米-狄拉克统计**,系统的波函数对任意两个粒子的交换必须反对称,即具有负的交换宇称;玻色子系统必须遵循**玻色-爱因斯坦统计**,系统的波函数对任意两个粒子的交换必须对称,即具有正的交换宇称.这就是关于全同粒子系统的**泡利原理**.

泡利原理是对物理态的一个选择.例如对上一小节的例子,在没有泡利原理要求的时候,系统的一般态可以是任意的,可以是对称的,可以是反对称的,也可以是混合的.但当考虑到电子是费米子,波函数必须具有负的交换宇称,于是此系统的解就只有一个,即总自旋为零,单态.

如果几个粒子紧密地束缚在一起,组成粒子集团或叫**复合粒子**,则复合粒子的统计性质由它所包含的费米子数目是偶数还是奇数来决定.奇数个费米子组成的复合粒子仍是费米子,而偶数个费米子组成的复合粒子则成为玻色子.

　　例如氢原子是由一个电子和质子束缚而成的,交换两个氢原子实际上就是交换一对电子和一对质子.电子和质子都是费米子,交换后,波函数要改变符号两次,因而交换两个氢原子,波函数不变号,所以氢原子是玻色子.同样的道理,像氦 3(^{3}He)这样的核,它由三个费米子(两个质子,一个中子)组成,就是费米子.

　　显然,复合粒子若是费米子,则总自旋一定是半整数.同理,若复合粒子是玻色子,则它内部必定只包含偶数个费米子,总自旋一定是整数.

6.2　全同粒子体系的波函数

　　在 6.1 节我们已经讲了,全同粒子体系的波函数只能是对称的或者反对称的,现在我们来讨论如何构造这种对称的或反对称的波函数.

6.2.1　无作用多粒子体系的波函数

　　考虑 N 个全同粒子组成的体系.假设粒子之间的相互作用可以忽略,则体系的哈密顿算符 $\hat{H}$(设 $\hat{H}$ 不显含时间)可写为

$$\hat{H} = \hat{H}_0(q_1) + \hat{H}_0(q_2) + \cdots + \hat{H}_0(q_N) = \sum_{i=1}^{N} \hat{H}_0(q_i) \qquad (6.2.1)$$

其中 $\hat{H}_0$ 是单个粒子的哈密顿算符,q_i 为第 i 个粒子的全部坐标.以 ε_i 和 φ_i 表示单粒子的本征能量和本征波函数

$$\hat{H}_0(q)\varphi_i(q) = \varepsilon_i\varphi_i(q) \qquad (6.2.2)$$

在这种情况下,可以把解多粒子体系薛定谔方程的问题归结为解单个粒子薛定谔方程的问题(分离变量).事实上,体系的哈密顿算符的本征能量和本征波函数是

$$E = \varepsilon_{i_1} + \varepsilon_{i_2} + \cdots + \varepsilon_{i_N} \qquad (6.2.3)$$

$$\Phi(q_1, q_2, \cdots, q_N) = \varphi_{i_1}(q_1)\varphi_{i_2}(q_2)\cdots\varphi_{i_N}(q_N) \qquad (6.2.4)$$

只需把 $\hat{H}$ 的表达式(6.2.1)代到多粒子体系的定态薛定谔方程

$$\hat{H}\Phi = E\Phi \qquad (6.2.5)$$

中去,并考虑到算符 $\hat{H}_0(q_i)$ 作用在 $\varphi_{i_k}(q_k)$ 上,利用式(6.2.2),就可得出

$$\hat{H}\Phi = \left\{ \sum_{i=1}^{N} \hat{H}_0(q_i) \right\} \varphi_{i_1}(q_1) \varphi_{i_2}(q_2) \cdots \varphi_{i_N}(q_N)$$

$$= (\varepsilon_{i_1} + \varepsilon_{i_2} + \cdots + \varepsilon_{i_N}) \varphi_{i_1}(q_1) \varphi_{i_2}(q_2) \cdots \varphi_{i_N}(q_N)$$

$$= E\Phi$$

确实,由无相互作用的粒子所组成的多粒子体系的哈密顿算符本征函数等于其单粒子哈密顿算符本征函数的乘积,而本征能量则等于各单粒子的本征能量之和.

6.2.2 玻色子系统的波函数

但是波函数式(6.2.4)既非交换对称,也非交换反对称,不满足全同粒子体系波函数的条件.因此要设法使它对称化或反对称化,以符合泡利原理,描述全同粒子体系的状态.

如果所讨论的是由玻色子组成的全同粒子体系,则体系的波函数应是对称函数,它可以由式(6.2.4)出发进行对称化.例如

$$\Phi_S(q_1, q_2, \cdots, q_N) = \frac{1}{\sqrt{N!}} \{ \varphi_{i_1}(q_1) \varphi_{i_2}(q_2) \cdots \varphi_{i_N}(q_N)$$

$$+ \varphi_{i_1}(q_2) \varphi_{i_2}(q_1) \cdots \varphi_{i_N}(q_N) + \cdots \}$$

$$= \frac{1}{\sqrt{N!}} \sum_P P \varphi_{i_1}(q_1) \varphi_{i_2}(q_2) \cdots \varphi_{i_N}(q_N) \quad (6.2.6)$$

上式中的 $\sum_P P$ 代表对 N 个指标 $i_1, i_2, \cdots, i_N$ 的各种可能的不同置换(相应于 N 个粒子的各种互换)求和.因此式(6.2.6)一般共有 $N!$ 项(这里已预先假定了 N 个指标全不同), $\frac{1}{\sqrt{N!}}$ 是归一化常数.由此可见, Φ_S 是交换对称的,任何两个粒子的交换都不引起 Φ_S 的改变.例如,对于两个全同玻色子组成的体系,式(6.2.6)变成

$$\Phi_S(q_1, q_2) = \frac{1}{\sqrt{2}} [\varphi_{i_1}(q_1) \varphi_{i_2}(q_2) + \varphi_{i_1}(q_2) \varphi_{i_2}(q_1)] \quad (6.2.7)$$

对两粒子交换是对称的(已假定 $i_1 \neq i_2$).

6.2.3 费米子系统的波函数

对由全同费米子组成的全同粒子体系,体系的波函数应是交换反对称函数.它也可以由式(6.2.6)中的 φ 来构造,具体为

$$\Phi_A(q_1, q_2, \cdots, q_N) = \frac{1}{\sqrt{N!}} \begin{vmatrix} \varphi_{i_1}(q_1) & \varphi_{i_1}(q_2) & \cdots & \varphi_{i_1}(q_N) \\ \varphi_{i_2}(q_1) & \varphi_{i_2}(q_2) & \cdots & \varphi_{i_2}(q_N) \\ \cdots & \cdots & \cdots & \cdots \\ \varphi_{i_N}(q_1) & \varphi_{i_N}(q_2) & \cdots & \varphi_{i_N}(q_N) \end{vmatrix} \quad (6.2.8)$$

它是由单粒子波函数 $\varphi_i(q)$ 组成的一个函数行列式,一般称为**斯莱特行列式**(Slater determinant).

显然在略去粒子之间相互作用的情况下,Φ_A 是属于本征值为 E 的哈密顿算符 $\hat{H}$ 的本征函数,

$$\hat{H}\Phi_A = E\Phi_A$$

波函数式(6.2.8)是反对称的,因为任何两个粒子之间的交换相当于行列中两列之间的互相交换,行列式必然改变一个符号.例如对于由两个全同费米子组成的体系,式(6.2.8)变成

$$\Phi_A(q_1, q_2) = \frac{1}{\sqrt{2}} [\varphi_{i_1}(q_1)\varphi_{i_2}(q_2) - \varphi_{i_1}(q_2)\varphi_{i_2}(q_1)] \quad (6.2.9)$$

(假定了 $i_1 \neq i_2$),显然它对两粒子的交换是反对称的.

如果行列式中有两行相同,则行列式等于零.所以从式(6.2.8)可知,如果有两个粒子的状态相同,则 $\Phi_A = 0$.这表示不能有两个或两个以上的费米子同时处在同一状态,这正是当初泡利不相容原理的要求.

上面我们构成全同粒子体系的对称或反对称波函数时,都忽略了粒子之间的相互作用,因而体系的波函数可以由单粒子波函数的直接乘积构成.但是,当粒子之间存在着相互作用时,全同粒子体系的波函数就很难由式(6.2.4)那样的单粒子波函数乘积构成,但是仍然可以用类似的方法将其对称化或反对称化.

例如两个全同粒子的体系,当相互作用不能忽略时,体系定态波函数由 $\varphi(q_1, q_2)$ 表示时,由它可以构成对称函数:

$$\Phi_S(q_1, q_2) = \varphi(q_1, q_2) + \varphi(q_2, q_1) \quad (6.2.10)$$

和反对称函数:

$$\Phi_A(q_1, q_2) = \varphi(q_1, q_2) - \varphi(q_2, q_1) \quad (6.2.11)$$

6.2.4 空间和自旋可分开的情形

前面已经讨论到,当不考虑 N 个粒子之间的相互作用时,体系的波函数可以写成 N 个单粒子波函数的乘积.现在我们考虑 N 个粒子之间有相互作用,但是不

考虑自旋和轨道相互作用,那么,由上面类似的考虑立即可以推知,体系的波函数可以写成坐标的函数和自旋函数的乘积.注意 q 包括了粒子的坐标和自旋 $q = (\boldsymbol{r}, s)$,因此,粒子体系的波函数

$$\Phi(q_1, q_2, \cdots, q_N) = \Phi(\boldsymbol{r}_1, s_1; \boldsymbol{r}_2, s_2; \cdots; \boldsymbol{r}_N, s_N)$$
$$= \varphi(\boldsymbol{r}_1, \boldsymbol{r}_2, \cdots, \boldsymbol{r}_N)\chi(s_1, s_2, \cdots, s_N) \quad (6.2.12)$$

如果是费米子系统,则要求 Φ 是反对称的,这一条件可以由下面两种方式来满足:

(1) φ 对称;χ 反对称.

(2) φ 反对称;χ 对称.

这样当交换两粒子时,不论(1)与(2)哪种情况,φ 与 χ 都是一个变号一个不变号,因而乘积 $\varphi\chi$ 一定变号,所以 Φ 总是反对称的.我们在第 4 章就轨道角动量和自旋的情况已经演示了这一点.

6.3 氦 原 子

6.3.1 氦原子的光谱和能级

1868 年 8 月 18 日在太阳的日珥光谱中首次观察到了一条波长为 586.5 nm 的黄色谱线,这条谱线与钠原子的 D1 和 D2 线非常接近,因此称为 D3 线.这条谱线不属于当时已知元素的光谱线,被认为是一种新元素的谱线,这种元素称做氦(Helium),并被称为**太阳元素**,以为只在太阳上才有此种元素.在可见光区域氦原子的光谱线如图 6.3.1 所示.谱线的波长(以 nm 为单位)为 438.793 w,443.755 w,

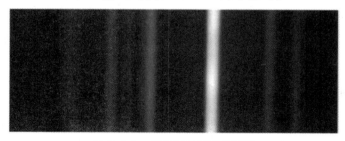

图 6.3.1 氦原子的可见光谱线

446.15 s,471.31 m,492.19 m,501.57 s,504.774 w,586.56 s,666.815 m(以 s 表示强，m 表示中等，w 表示弱).

氦原子是由一个原子核和两个电子组成的原子,是最简单的多电子原子.实验发现,它的光谱也有各个谱线系,但所不同的是氦原子的各线系有两套谱线.这两套谱线的精细结构有显著差别,一套谱线全是单线,而另一套谱线却有复杂的结构,若用高分辨率的仪器,则可以观察到原来的一条谱线实际上包含有三个波长非常接近的成分,如著名的黄色 D3 线三个成分的波长分别为 586.596 nm,586.564 nm 和 586.560 nm.早期的观察者曾误认为有两种氦,故将有复杂结构光谱的称做**正氦**(orthohelium),单线光谱的称为**仲氦**(parahelium).

进一步的实验表明这一假说并不正确.事实上周期表中所有的第二族元素,如铍(Be)、镁(Mg)、钙(Ca)、锶(Sr)等的光谱均有与氦相似的光谱结构.由氦原子的光谱可推出它的能级及相应的跃迁如图 6.3.2 所示.氦原子的能级有以下几个特点:

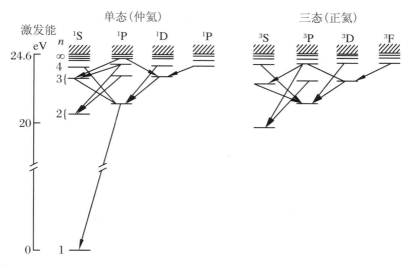

图 6.3.2　氦原子的能级及与其光谱相应的跃迁

（1）有两套能级.一套能级是单层的,而另一套有三层结构.与这两套能级相对应的原子多重态称做单态和三重态.表示氦原子的多重态的符号标在图的第一行.在实验观测到的光谱中未发现存在三重态和单态之间的跃迁,这说明在两套能级间没有跃迁,只是由每套能级各自的跃迁产生了相应的两套光谱线系.

（2）基态和第一激发态之间的能量差很大，约为 19.8 eV；而且氦的电离能是所有元素中最大的（一级电离能 = 24.58 eV；所谓一级电离能指一个电子跑到无穷远处静止所需的能量）.

（3）三重态的能级总是低于相应的单态的能级. 例如 2^1S_0 比 2^3S_1 高 0.8 eV.

（4）$n = 1$ 的原子态没有三重态.

（5）第一激发态 2^1S_0 和 2^3S_1 都是亚稳态，如果氦原子被激发到这两个状态，则通过辐射跃迁到基态的概率是极小的，这两个能级的寿命很长，实验测得 2^1s_0 的寿命为 19.5 ms.

6.3.2　氦原子基态能量粗估

由于在氦原子中有两个核外电子，所以除了原子核和两个电子的库仑相互作用处，还有两个电子之间的库仑相互作用，以及每个电子的自旋-轨道相互作用、一个电子的自旋和另一个电子的轨道相互作用、两个电子之间的轨道-轨道相互作用和自旋－自旋相互作用. 可以看出氦原子中的相互作用要比氢原子的复杂得多. 在氢原子的讨论中，我们已经知道，自旋、轨道之间的相互作用都是磁相互作用，而且磁相互作用比起静电相互作用来是很小的，在氢原子中由磁相互作用引起的能量约为 10^{-5} eV. 如果我们只考虑能级的主要结构（粗结构），而不涉及精细结构，则可以先忽略这些较小的相互作用.

为叙述方便，我们用数字 1 和 2 来分别标志氦原子中的两个电子. 若以原子核为坐标原点，r_1 和 r_2 分别表示第一个电子和第二个电子与原子核的距离，r_{12} 表示两个电子之间的距离. 于是在只计入库仑相互作用时，氦原子的哈密顿量为

$$
\begin{aligned}
\hat{H} &= \hat{T}_1 + \hat{T}_2 + V(\boldsymbol{r}_1, \boldsymbol{r}_2) \\
&= -\frac{\hbar^2}{2\mu}\nabla_1^2 - \frac{\hbar^2}{2\mu}\nabla_2^2 - \frac{Ze^2}{4\pi\varepsilon_0 r_1} - \frac{Ze^2}{4\pi\varepsilon_0 r_2} + \frac{e^2}{4\pi\varepsilon_0 r_{12}}
\end{aligned}
\tag{6.3.1}
$$

式中 Ze 为原子核的电荷量，对氦原子 $Z = 2$. 假设当两个电子都在无限远时的势能为零. 这样氦原子的定态薛定谔方程为

$$
\left[-\frac{\hbar^2}{2\mu}(\nabla_1^2 + \nabla_2^2) + V(\boldsymbol{r}_1, \boldsymbol{r}_2)\right]\psi(\boldsymbol{r}_1, \boldsymbol{r}_2) = E\psi(\boldsymbol{r}_1, \boldsymbol{r}_2)
\tag{6.3.2}
$$

由于位势中含有 r_{12}，在解式(6.3.2)时无法进行分离变量运算.

要精确解氦原子的薛定谔方程是很困难的. 我们先作最粗略的计算，忽略两个电子间的库仑相互作用，于是零级哈密顿量可写为

$$\begin{cases} \hat{H}_0 = -\dfrac{\hbar^2}{2\mu}\nabla_1^2 - \dfrac{\hbar^2}{2\mu}\nabla_2^2 + V_0(\boldsymbol{r}_1,\boldsymbol{r}_2) \\[2mm] V_0(\boldsymbol{r}_1,\boldsymbol{r}_2) = -\dfrac{Ze^2}{4\pi\varepsilon_0 r_1} - \dfrac{Ze^2}{4\pi\varepsilon_0 r_2} \end{cases} \qquad (6.3.3)$$

也就是说,把氦原子的两个电子看做彼此独立运动.这样,氦原子的薛定谔方程可以写成

$$\left[-\frac{\hbar^2}{2\mu}\nabla_1^2 - \frac{\hbar^2}{2\mu}\nabla_2^2 - \frac{Ze^2}{4\pi\varepsilon_0 r_1} - \frac{Ze^2}{4\pi\varepsilon_0 r_2} \right]\psi(\boldsymbol{r}_1,\boldsymbol{r}_2) = E\psi(\boldsymbol{r}_1,\boldsymbol{r}_2) \qquad (6.3.4)$$

分离变量,令

$$\psi(\boldsymbol{r}_1,\boldsymbol{r}_2) = \psi(\boldsymbol{r}_1)\varphi(\boldsymbol{r}_2) \qquad (6.3.5)$$

将它代入式(6.3.4)可以分离出两个类氢离子的方程,每个解形式都是类氢原子波函数 $\psi_{n\ell m}$.由氢原子情况知,每个电子相应有一组量子化的能量

$$E_n^{(0)} = -\frac{Z^2}{n^2}\left(\frac{e^2}{4\pi\varepsilon_0 \cdot 2a_0} \right) = -\frac{4\times 13.6}{n^2} = -\frac{54.4}{n^2}(\mathrm{eV})$$

氦原子能量为两个电子能量之和.

对基态而言,波函数就是

$$\psi(\boldsymbol{r}_1,\boldsymbol{r}_2) = \psi_{100}(\boldsymbol{r}_1)\psi_{100}(\boldsymbol{r}_2) \qquad (6.3.6)$$

其中

$$\psi_{100}(\boldsymbol{r}) = \frac{1}{\sqrt{\pi}}\left(\frac{Z}{a_0} \right)^{3/2} \mathrm{e}^{-Zr/a_0} \qquad (6.3.7)$$

于是,中性氦原子的基态能量为

$$E'_g = 2E_1^{(0)} = -108.8\,(\mathrm{eV})$$

由上面的粗略估算得出,氦的电离能(使氦原子失去一个电子所需的最低能量)为 54.4 eV.而实验值为 24.58 eV,两者差别达 30 eV.这说明忽略电子间相互作用的估算和实际相差太远.电子间的静电排斥相互作用能量会使能级向上移动.

6.3.3　微扰论计算的氦原子基态能量

可先用微扰论来计算电子间的库仑斥力对能级的修正.我们以方程(6.3.4)解得的波函数作为零级近似,即开始只考虑电子和原子核的相互作用,然后把两电子间的相互作用($\hat{H}' = e^2/(4\pi\varepsilon_0 r_{12})$)作为一级微扰修正来处理.

根据非简并态的能量修正公式,我们知由于电子间作用引起的基态能量修正为

$$
\begin{aligned}
\Delta E &= \frac{e^2}{4\pi\varepsilon_0}\left\langle\frac{1}{r_{12}}\right\rangle \\
&= \frac{e^2}{4\pi\varepsilon_0}\iint\mathrm{d}\tau_1\mathrm{d}\tau_2\,\psi_{100}^*(\boldsymbol{r}_1)\psi_{100}^*(\boldsymbol{r}_2)\frac{1}{|\boldsymbol{r}_1-\boldsymbol{r}_2|}\psi_{100}(\boldsymbol{r}_1)\psi_{100}(\boldsymbol{r}_2) \\
&= \frac{e^2}{4\pi\varepsilon_0}\left(\frac{Z^3}{\pi a_0^3}\right)^2\iint\mathrm{d}\tau_1\mathrm{d}\tau_2\frac{1}{r_{12}}\mathrm{e}^{-2Z(r_1+r_2)/a_0} \quad\quad (6.3.8)
\end{aligned}
$$

要积出这个值,需要用到展开公式,

$$
\frac{1}{r_{12}}=\frac{1}{|\boldsymbol{r}_1-\boldsymbol{r}_2|}=\frac{1}{\sqrt{r_1^2+r_2^2-2r_1r_2\cos\theta}}=
\begin{cases}
\dfrac{1}{r_1}\displaystyle\sum_{l=0}^{\infty}\left(\dfrac{r_2}{r_1}\right)^l P_l(\cos\theta),& r_1>r_2 \\[3mm]
\dfrac{1}{r_2}\displaystyle\sum_{l=0}^{\infty}\left(\dfrac{r_1}{r_2}\right)^l P_l(\cos\theta),& r_1<r_2
\end{cases}
$$

$$(6.3.9)$$

其中 θ 为两个矢量 $\boldsymbol{r}_1,\boldsymbol{r}_2$ 之间的夹角.把式(6.3.9)代入积分式(6.3.8),先完成对角度的积分,然后分区域完成对 r_1,r_2 的积分,可得最后结果

$$\Delta E=\frac{5}{8}\frac{Ze^2}{4\pi\varepsilon_0 a_0} \quad\quad (6.3.10)$$

代以 $Z=2$ 和氢原子电离能,可得

$$\Delta E=34\,(\mathrm{eV})$$

于是氦原子基态的能量为

$$E_g=E_g'+\Delta E=-108.8+34=-74.8\,(\mathrm{eV})$$

由此得出氦的电离能的计算值为 $E_i=-54.4-(-74.8)=20.4\,\mathrm{eV}$,这数值和实验值接近了,但看来还要进行高阶计算才能得到比较好的结果.从上面的讨论可知,在多电子原子能级的讨论中,电子间的静电相互作用是不可忽略的.

6.3.4 变分法计算的氦原子基态能量

下面我们用另一种近似方法——变分法来计算氦原子基态的能量.应用变分法的关键在于如何适当地选取试探波函数,这要根据已有的知识和物理的考虑.对于像式(6.3.1)这样的一个哈密顿算符,我们知道,如果排斥项 $e^2/(4\pi\varepsilon_0 r_{12})$ 不存在,那么,$\hat{H}_0$ 的基态本征函数就是两个类氢原子基态波函数的乘积,其具体形式为

$$
\begin{aligned}
\psi(\boldsymbol{r}_1,\boldsymbol{r}_2) &= \psi_{100}(\boldsymbol{r}_1)\psi_{100}(\boldsymbol{r}_2) \\
&= \frac{Z^3}{\pi a_0^3}\mathrm{e}^{-Z(r_1+r_2)/a_0} \quad\quad (6.3.11)
\end{aligned}
$$

式中 Z 是原子序数, 在现在的情况下, $Z = 2$. 现在把排斥项 $e^2/(4\pi\varepsilon_0 r_{12})$ 考虑进来, 会有什么变化呢? $e^2/(4\pi\varepsilon_0 r_{12})$ 代表氦原子中两个电子的相互作用. 从物理上考虑, 原子中电子受原子核的吸引, 原子的能量与原子序数 Z 应有很大的关系. 现在加入了电子与电子的相互作用以后, 对每个电子来说, 除了受到核正电场的吸引作用之外, 还要受到一个电子负电场的排斥作用, 这就相当于对原来的核正电场起了一个库仑屏蔽作用, 等效于使得核的原子序数 Z 发生了变化, 即 Z 现在不等于 2, 而是比 2 要小一些. 因此, 排斥能 $e^2/(4\pi\varepsilon_0 r_{12})$ 的加入, 就等效于使原子序数 Z 发生实际上的变化. 这样一种物理考虑, 启发我们想到, 试探波函数仍可采取式 (6.3.11) 那样的形式, 但是其中的 Z 认为不再是常数而看做**变分参数**. 下面我们就用这样选取的尝试波函数来进行计算.

氦原子哈氏量 $\hat{H}$ 在已归一的试探波函数 (6.3.11) 上的平均值为

$$
\begin{aligned}
\bar{H} &= \iint \psi^*(\boldsymbol{r}_1, \boldsymbol{r}_2) \hat{H} \psi(\boldsymbol{r}_1, \boldsymbol{r}_2) \mathrm{d}\tau_1 \mathrm{d}\tau_2 \\
&= \iint \psi^* \left[-\frac{\hbar^2}{2\mu}(\nabla_2^2 + \nabla_2^2) - \frac{2e^2}{4\pi\varepsilon_0}\left(\frac{1}{r_1} + \frac{1}{r_2}\right) + \frac{e^2}{4\pi\varepsilon_0 r_{12}} \right] \psi \, \mathrm{d}\tau_1 \mathrm{d}\tau_2 \\
&= \left(\frac{Z^3}{\pi a_0^3}\right)^2 \iint \mathrm{e}^{-Z(r_1+r_2)/a_0} \left[-\frac{\hbar^2}{2\mu}(\nabla_2^2 + \nabla_2^2) - \frac{2e^2}{4\pi\varepsilon_0}\left(\frac{1}{r_1} + \frac{1}{r_2}\right) + \frac{e^2}{4\pi\varepsilon_0 r_{12}} \right] \mathrm{e}^{-Z(r_1+r_2)/a_0} \mathrm{d}\tau_1 \mathrm{d}\tau_2 \\
&\equiv A + B + C
\end{aligned}
\tag{6.3.12}
$$

其中

$$
A = \left(\frac{Z^3}{\pi a_0^3}\right)^2 \iint \mathrm{e}^{-Z(r_1+r_2)/a_0} \left(-\frac{\hbar^2}{2\mu}\right)(\nabla_1^2 + \nabla_2^2)\mathrm{e}^{-Z(r_1+r_2)/a_0} \mathrm{d}\tau_1 \mathrm{d}\tau_2
\tag{6.3.13}
$$

为两个电子的动能平均值.

$$
B = \left(\frac{Z^3}{\pi a_0^3}\right)^2 \iint \mathrm{e}^{-Z(r_1+r_2)/a_0} \left(-\frac{2e^2}{4\pi\varepsilon_0}\right)\left(\frac{1}{r_1} + \frac{1}{r_2}\right)\mathrm{e}^{-Z(r_1+r_2)/a_0} \mathrm{d}\tau_1 \mathrm{d}\tau_2
\tag{6.3.14}
$$

是两电子受原子核的吸引能的平均值.

$$
C = \left(\frac{Z^3}{\pi a_0^3}\right)^2 \iint \mathrm{e}^{-Z(r_1+r_2)/a_0} \, \frac{e^2}{4\pi\varepsilon_0 r_{12}} \mathrm{e}^{-Z(r_1+r_2)/a_0} \mathrm{d}\tau_1 \mathrm{d}\tau_2
\tag{6.3.15}
$$

是两个电子排斥能的平均值, 在前面我们实际上已算过它 [式 (6.3.10)], 不过这里 Z 是个待定的参数了.

具体的计算给出

$$A = \frac{Z^2 e^2}{4\pi\varepsilon_0 a_0}$$

$$B = -\frac{4Z e^2}{4\pi\varepsilon_0 a_0}$$

$$C = \frac{5}{8} \frac{Z e^2}{4\pi\varepsilon_0 a_0}$$

于是我们得到哈氏量式(6.3.1)的平均值：

$$\bar{H}(Z) = \frac{Z^2 e^2}{4\pi\varepsilon_0 a_0} - \frac{Z e^2}{\pi\varepsilon_0 a_0} + \frac{5Z e^2}{32\pi\varepsilon_0 a_0} \tag{6.3.16}$$

因而 $\bar{H}(Z)$ 是参数 Z 的函数,按变分法的步骤,现在要对 Z 求极值. $\bar{H}(Z)$ 取最小值的条件是

$$\frac{\partial \bar{H}(Z)}{\partial Z} = \frac{Z e^2}{2\pi\varepsilon_0 a_0} - \frac{e^2}{\pi\varepsilon_0 a_0} + \frac{5 e^2}{32\pi\varepsilon_0 a_0} = 0 \tag{6.3.17}$$

于是可得

$$Z = Z^* = \frac{27}{16} \approx 1.69 \tag{6.3.18}$$

这个 $Z^* < 2$,与最初我们物理上的库仑屏蔽效应的考虑是一致的.

将 Z^* 代入式(6.3.16),就得到了氦原子基态能量的上限：

$$E_0 \approx \frac{e^2}{4\pi\varepsilon_0 a_0}\left[Z^{*2} - \frac{27}{8}Z^*\right] = -2.85\frac{e^2}{4\pi\varepsilon_0 a_0} = -77.52\,(\text{eV}) \tag{6.3.19}$$

由此算出氦原子电离能为 $E_i = -54.4 - (-77.52) = 23.12$ eV.这结果比微扰论好,但与实际还有距离,看来还必须考虑非静电相互作用.

6.3.5 自旋耦合与交换简并

为什么氦的能谱会分成单线线系和三重线线系？为什么在单线线系和三重线线系的能级之间不发生跃迁？这些问题,只有在详细地研究了氦原子体系的量子力学性质之后才能作出回答.

氦原子的核外有两个电子,是最简单的多电子原子.但电子有自旋自由度,因此在讨论氦的能级之前,有必要先写出两个电子的自旋波函数.

前面知道,两个电子自旋耦合,可产生一个单态和一个三态,其波函数如下：

$$\chi_S^{(2)} = \chi_{11}(s_{1z}, s_{2z}) = \chi_{1/2}(s_{1z})\chi_{1/2}(s_{2z}) \tag{6.3.20}$$

$$\chi_S^{(3)} = \chi_{1-1}(s_{1z}, s_{2z}) = \chi_{-1/2}(s_{1z})\chi_{-1/2}(s_{2z}) \tag{6.3.21}$$

$$\chi_S^{(1)} = \chi_{10}(s_{1z}, s_{2z}) = \frac{1}{\sqrt{2}}\left[\chi_{1/2}(s_{1z})\chi_{-1/2}(s_{2z}) + \chi_{-1/2}(s_{1z})\chi_{1/2}(s_{2z})\right] \tag{6.3.22}$$

$$\chi_A = \chi_{00}(s_{1z}, s_{2z}) = \frac{1}{\sqrt{2}}\left[\chi_{1/2}(s_{1z})\chi_{-1/2}(s_{2z}) - \chi_{-1/2}(s_{1z})\chi_{1/2}(s_{2z})\right] \tag{6.3.23}$$

从式(6.3.20)～(6.3.23)很容易看出,总自旋为1的三重态 $\chi_S^{(1)}, \chi_S^{(2)}, \chi_S^{(3)}$ 对于两个电子交换不变号,是对称的,而总自旋为0的单态 χ_A 对于两电子交换变号,是反对称的.因此,两个电子的自旋角动量在耦合时,自动地得到了三个对称的自旋波函数和一个反对称的自旋波函数.

现在我们再用微扰论来计算氦原子的能级,以 $r_1, s_1; r_2, s_2$ 表示氦原子核外两个电子的坐标和自旋.由于 $\hat{H}$ 中不含自旋变量,所以描写氦原子状态的波函数可以写为坐标波函数和自旋波函数的乘积:

$$\Phi(r_1, r_2; s_{1z}, s_{2z}) = \varphi(r_1, r_2)\chi(s_{1z}, s_{2z}) \tag{6.3.24}$$

其中坐标波函数 $\varphi(r_1, r_2)$ 是哈密顿算符 $\hat{H}$ 的本征函数:

$$\hat{H}\varphi(r_1, r_2) = E\varphi(r_1, r_2) \tag{6.3.25}$$

$\chi(s_{1z}, s_{2z})$ 是两电子的自旋波函数.

前面已经将 $\hat{H}$ 分为两部分:

$$\hat{H} = \hat{H}_0 + \hat{H}' \tag{6.3.26}$$

$$\hat{H}_0 = -\frac{\hbar^2}{2\mu}\nabla_1^2 - \frac{\hbar^2}{2\mu}\nabla_2^2 - \frac{2e^2}{4\pi\varepsilon_0 r_1} - \frac{2e^2}{4\pi\varepsilon_0 r_2} \tag{6.3.27}$$

两电子之间的相互作用视做微扰:

$$\hat{H}' = \frac{e^2}{4\pi\varepsilon_0 r_{12}} \tag{6.3.28}$$

算符 $\hat{H}_0$ 的本征值和本征波函数分别是(为简洁起见,我们先忽略轨道量子数和磁量子数)

$$E^{(0)} = \varepsilon_n + \varepsilon_m \tag{6.3.29}$$

$$\Psi_1(r_1, r_2) = \psi_n(r_1)\psi_m(r_2) \tag{6.3.30}$$

波函数式(6.3.30)描写的是第一个电子处于态 $\psi_n(r_1)$,第二个电子处于态

$\psi_m(\boldsymbol{r}_2)$;如果第一个电子处在能量为 ε_m 的态 $\psi_m(\boldsymbol{r}_1)$ 中,第二个电子处在能量为 ε_n 的态 $\psi_n(\boldsymbol{r}_2)$ 中,则体系的波函数为

$$\psi_2(\boldsymbol{r}_1,\boldsymbol{r}_2) = \psi_m(\boldsymbol{r}_1)\psi_n(\boldsymbol{r}_2) \tag{6.3.31}$$

对应的能量本征值 $E^{(0)} = \varepsilon_m + \varepsilon_n$. 这表示能量本征值 $E^{(0)}$ 是简并的:同一个能量 $E^{(0)}$ 对应着两个本征函数 $\psi_1(\boldsymbol{r}_1,\boldsymbol{r}_2)$ 和 $\psi_2(\boldsymbol{r}_1,\boldsymbol{r}_2)$.

在这里遇见了一种从前没有见过的特殊的简并性,这种简并性的产生是由于两个全同粒子的交换所引起的,因此这种简并称为**交换简并**.

由于交换简并的存在,我们必须运用简并情况下的微扰理论来计算能级和波函数.零级近似波函数应当是简并态的叠加:

$$\varphi(\boldsymbol{r}_1,\boldsymbol{r}_2) = c_1\psi_1(\boldsymbol{r}_1,\boldsymbol{r}_2) + c_2\psi_2(\boldsymbol{r}_1,\boldsymbol{r}_2) \tag{6.3.32}$$

由微扰论典型公式知系数 c_1,c_2 必须满足下列方程组:

$$\begin{cases} (H'_{11} - E_1)c_1 + H'_{12}c_2 = 0 \\ H'_{21}c_1 + (H'_{22} - E_1)c_2 = 0 \end{cases} \tag{6.3.33}$$

式中 $H'_{11},H'_{12},H'_{21},H'_{22}$ 为微扰矩阵元,

$$\begin{aligned}
H'_{11} &= \iint \psi_1^* \hat{H}' \psi_1 \mathrm{d}\tau_1 \mathrm{d}\tau_2 \\
&= \frac{e^2}{4\pi\varepsilon_0} \iint \frac{|\psi_n(\boldsymbol{r}_1)|^2 |\psi_m(\boldsymbol{r}_2)|^2}{r_{12}} \mathrm{d}\tau_1 \mathrm{d}\tau_2 \\
&= \iint \psi_2^* \hat{H}' \psi_2 \mathrm{d}\tau_1 \mathrm{d}\tau_2 = H'_{22} = K
\end{aligned} \tag{6.3.34}$$

$$\begin{aligned}
H'_{12} &= \iint \psi_1^* \hat{H}' \psi_2 \mathrm{d}\tau_1 \mathrm{d}\tau_2 \\
&= \frac{e^2}{4\pi\varepsilon_0} \iint \frac{\psi_n^*(\boldsymbol{r}_1)\psi_m^*(\boldsymbol{r}_2)\psi_m(\boldsymbol{r}_1)\psi_n(\boldsymbol{r}_2)}{r_{12}} \mathrm{d}\tau_1 \mathrm{d}\tau_2 \\
&= \iint \psi_2^* \hat{H}' \psi_1 \mathrm{d}\tau_1 \mathrm{d}\tau_2 = H'_{21} = A
\end{aligned} \tag{6.3.35}$$

上面两式都考虑了当 $\boldsymbol{r}_1$ 和 $\boldsymbol{r}_2$ 互换时积分不变.得出式(6.3.33)有非零解的条件是

$$\begin{vmatrix} H'_{11} - E_1 & H'_{12} \\ H'_{21} & H'_{22} - E_1 \end{vmatrix} = 0$$

或者写为

$$\begin{vmatrix} K - E_1 & A \\ A & K - E_1 \end{vmatrix} = 0 \tag{6.3.36}$$

由此得出

$$E_1 = K \pm A \tag{6.3.37}$$

以 $E_1 = K + A$ 代入式(6.3.33),我们得到

$$c_1 = c_2$$

同样,以 $E_1 = K - A$ 代入,得

$$c_1 = - c_2$$

考虑到归一化条件,最后我们得到两组归一化后的解:

$$\begin{cases} \varphi_S(\boldsymbol{r}_1, \boldsymbol{r}_2) = \dfrac{1}{\sqrt{2}}(\psi_1 + \psi_2) = \dfrac{1}{\sqrt{2}}[\psi_n(\boldsymbol{r}_1)\psi_m(\boldsymbol{r}_2) + \psi_m(\boldsymbol{r}_1)\psi_n(\boldsymbol{r}_2)] \\ \varphi_A(\boldsymbol{r}_1, \boldsymbol{r}_2) = \dfrac{1}{\sqrt{2}}(\psi_1 - \psi_2) = \dfrac{1}{\sqrt{2}}[\psi_n(\boldsymbol{r}_1)\psi_m(\boldsymbol{r}_2) - \psi_m(\boldsymbol{r}_1)\psi_n(\boldsymbol{r}_2)] \end{cases}$$

$$\tag{6.3.38}$$

相应的本征能量为

$$\begin{cases} E_S = \varepsilon_n + \varepsilon_m + K + A \\ E_A = \varepsilon_n + \varepsilon_m + K - A \end{cases} \tag{6.3.39}$$

由式(6.3.38)很容易看出:φ_S 是空间对称态,φ_A 是空间反对称态.因为氦原子的总波函数 Φ[式(6.3.24)]描写两个电子的状态,而电子是费米子,根据泡利原理,必须用反对称波函数描写.因此对称的空间波函数 φ_S 必须与反对称的自旋波函数 χ_A 相乘,而空间反对称的 φ_A 必须与对称的自旋波函数 χ_S 相乘,即 Φ 的可能形式是

$$\begin{cases} \Phi_1 = \varphi_S(\boldsymbol{r}_1, \boldsymbol{r}_2)\chi_A(s_{1z}, s_{2z}) \\ \Phi_2 = \varphi_A(\boldsymbol{r}_1, \boldsymbol{r}_2)\chi_S(s_{1z}, s_{2z}) \end{cases} \tag{6.3.40}$$

Φ_1 中自旋是单态,Φ_2 中自旋是三态.处于单态的氦称为仲氦,而处于三重态的氦则称为正氦.

6.3.6　基态、单重项与三重项

氦原子的基态即最低能态,每个电子都应处于最低的能级上,即处于 1s ($n=1, l=0, m=0$)态,波函数分别为 $\psi_{100}(\boldsymbol{r}_1), \psi_{100}(\boldsymbol{r}_2)$,能量都是 ε_1.空间波函数对称,故自旋必须反对称,总自旋必须为 0.这就是说,只有仲氦能够处于能量最低的态,即基态.我们可以用符号 1s1s $^1S_0$ 来表示基态.这时,描写氦原子基态的波函数是

$$\Phi_1 = \varphi_S(\boldsymbol{r}_1, \boldsymbol{r}_2)\chi_A(s_{1z}, s_{2z}) = \psi_{100}(\boldsymbol{r}_1)\psi_{100}(\boldsymbol{r}_2)\chi_A(s_{1z}, s_{2z})$$

$$= \frac{Z^3}{\pi a_0^3} \, \mathrm{e}^{-Z(r_1+r_2)/a_0} \, \chi_{\mathrm{A}}(s_{1z}, s_{2z}) \tag{6.3.41}$$

微扰论计算的基态能量是

$$E_1 = 2\varepsilon_1 + K \tag{6.3.42}$$

在前面我们用变分法求氦原子的基态能量时,没有考虑电子的自旋及波函数的对称性质.从现在的分析看来,基态的自旋恰好是 0,所以完全不必考虑它,而且我们在那里所取的尝试空间波函数恰恰对两电子交换是对称的,因此在那里近似求得的就是仲氦的最低能级.

仲氦的总自旋为 0,所以总角动量就等于轨道角动量,因而对于轨道角动量一定的能级项总是单一的,$^1\mathrm{S}_0$,$^1\mathrm{P}_1$,$^1\mathrm{D}_2$ 等;正氦的总自旋为 1,对于一个确定的轨道角量 $D \neq 0$,总角动量 J 可以取 $D+1$,D,$D-1$ 三个数值,考虑到自旋与轨道相互作用之后,这三个不同 J 值的态能量是不同的,因而能级会出现类似于精细结构的三重项.例如,对于两个电子处于 1s2p 的组态,总轨道角动量 $D=1$,当总自旋为 0 时,总角动量 $J=D=1$,只能形成单项 $^1\mathrm{P}_1$;当总自旋为 1 时,总角动量可取 $J = 0,1,2$,于是可以形成三重项 $^3\mathrm{P}_0$,$^3\mathrm{P}_1$,$^3\mathrm{P}_2$(左上角的"3"标志出它们属于三重项).这种区分对任何组态 1s3p,1s3d 等都是存在的.

因此,氦的能级有单重项与三重项之分,它取决于氦是处于单态还是三重态.

6.3.7 选择定则

在氦原子的三重态能级与单重态能级之间,除了一条跃迁概率很小的谱线 591.6 Å 以外,几乎不可能发生跃迁.其原因是这里出现了一个新的选择定则,它禁戒了三重态与单态之间的跃迁.

从前面我们知道,电偶极跃迁概率正比于电子电矩的矩阵元,也即正比于电子位置矢径 r_1 在所述状态之间的矩阵元.对于两个电子系统来说,系统的电矩等于个别粒子电矩之和,因而跃迁概率正比于 $(r_1 + r_2)$ 的矩阵元.现在考虑在氦的三重态与单态之间的跃迁,由于空间波函数在三重态是反对称的 φ_{A},在单态是对称的 φ_{S},因而偶极跃迁概率正比于

$$(r_1 + r_2)_{mn} = \iint \varphi_{\mathrm{A}}^*(r_1 + r_2)\varphi_{\mathrm{S}} \mathrm{d}\tau_1 \mathrm{d}\tau_2 \tag{6.3.43}$$

现在将积分中的两粒子坐标 r_1,r_2 互换,则相当于只改变积分变量,积分的数值应该不变.

但互换 r_1 和 r_2 就相当于交换两个电子,所以 φ_{S} 不变号而 φ_{A}^* 变号,结果得到

$$(\boldsymbol{r}_1 + \boldsymbol{r}_2)_{mn} = -\iint \varphi_A^* (\boldsymbol{r}_1 + \boldsymbol{r}_2) \varphi_S \mathrm{d}\tau_2 \mathrm{d}\tau_1 = - (\boldsymbol{r}_1 + \boldsymbol{r}_2)_{mn} = 0$$

$$(6.3.44)$$

这就是说,三重能级与单重能级之间的跃迁概率是零,即这种跃迁是禁戒的.这就解释了为什么氦存在着单线线系和三重线线系两个独立的线系的问题.

至于 $^3P_1 - {}^1S_0$ 这一例外产生 591.6 Å 的三重态与单态之间的跃迁,则可以从自旋和轨道角动量的相互作用来解释.上面我们得出三重态与单态之间跃迁禁戒的选择定则时,只考虑了空间坐标函数的积分.在忽略自旋-轨道相互作用的情况下,这样做是允许的.因为这时波函数可以分成空间波函数与自旋波函数的乘积.但是当考虑自旋-轨道相互作用时,波函数就不能写成空间部分与自旋部分的乘积,结果求选择定则时就不能只考虑空间波函数,还要一起考虑自旋部分,这时就会得到违反上述禁戒的相互组合的可能性.

6.3.8　交换能

下面我们讨论微扰能量的两部分——K 和 A 的物理意义,为此,我们引进新的符号:

$$\begin{cases} \rho_{nn}(\boldsymbol{r}_1) = - e\psi_n^*(\boldsymbol{r}_1)\psi_n(\boldsymbol{r}_1) \\ \rho_{mm}(\boldsymbol{r}_2) = - e\psi_m^*(\boldsymbol{r}_2)\psi_m(\boldsymbol{r}_2) \\ \rho_{mn}(\boldsymbol{r}_1) = - e\psi_m^*(\boldsymbol{r}_1)\psi_n(\boldsymbol{r}_1) \\ \rho_{mn}^*(\boldsymbol{r}_2) = - e\psi_m(\boldsymbol{r}_2)\psi_n^*(\boldsymbol{r}_2) \end{cases}$$

$$(6.3.45)$$

利用这些符号,K 和 A 可以改写为

$$K = \iint \frac{\rho_{nn}(\boldsymbol{r}_1)\rho_{mm}(\boldsymbol{r}_2)}{4\pi\varepsilon_0 r_{12}} \mathrm{d}\tau_1 \mathrm{d}\tau_2 \tag{6.3.46}$$

$$A = \iint \frac{\rho_{mn}(\boldsymbol{r}_1)\rho_{mn}^*(\boldsymbol{r}_2)}{4\pi\varepsilon_0 r_{12}} \mathrm{d}\tau_1 \mathrm{d}\tau_2 \tag{6.3.47}$$

显然,$\rho_{nn}(\boldsymbol{r}_1)$ 表示第一个电子在 $\psi_n(\boldsymbol{r}_1)$ 态时,在 $\boldsymbol{r}_1$ 处所产生的平均电荷密度;$\rho_{mm}(\boldsymbol{r}_2)$ 表示第二个电子处于 $\psi_m(\boldsymbol{r}_2)$ 态时,在 $\boldsymbol{r}_2$ 处所产生的平均电荷密度,因此 K 表示两个电子相互作用的库仑能.

$\rho_{mn}(\boldsymbol{r}_1)$ 和 $\rho_{mn}^*(\boldsymbol{r}_2)$ 虽然不能直接用通常的电荷密度来解释,但是可以形象地将 $\rho_{mn}(\boldsymbol{r}_1)$ 理解为由于第一个电子部分地在 $\psi_m(\boldsymbol{r}_1)$ 态和部分地在 $\psi_n(\boldsymbol{r}_1)$ 态所产生的电荷密度,这种密度称为**交换密度**.同理,$\rho_{mn}^*(\boldsymbol{r}_2)$ 是第二个电子的交换密度.这样 A 就可以理解为两电子的交换能.

应当指出,实际上 K 和 A 都来自电子的库仑作用.关于这一点,可以由以下的讨论看出.

根据微扰理论,能量的一级修正是微扰哈密顿算符 $\hat{H}'$ 在非微扰状态中的平均值.在我们所讨论的问题中,这一点也是容易证实的,因为微扰 $\hat{H}'$ 的平均值是

$$\overline{H}' = \langle \frac{e^2}{4\pi\varepsilon_0\, r_{12}} \rangle = \frac{e^2}{4\pi\varepsilon_0} \iint \frac{1}{r_{12}} \mid \varphi \mid^2 \mathrm{d}\tau_1 \mathrm{d}\tau_2 \qquad (6.3.48)$$

其中的 φ 应取使 $\hat{H}'$ 对角化的零级近似波函数.由于全同性要求,这个波函数或者是式(6.3.38)所给出的对称函数 φ_{S},或者是反对称函数 φ_{A},即

$$\varphi = \varphi_{\mathrm{S}} = \frac{1}{\sqrt{2}}(\psi_1 + \psi_2)$$

或

$$\varphi = \varphi_{\mathrm{A}} = \frac{1}{\sqrt{2}}(\psi_1 - \psi_2)$$

将它们代入式(6.3.48)中,得

$$\overline{H}' = \frac{1}{2}\iint \frac{e^2}{4\pi\varepsilon_0\, r_{12}} \big[\mid \psi_1 \mid^2 + \mid \psi_2 \mid^2 \pm \psi_1^* \psi_2 \pm \psi_1 \psi_2^* \big] \mathrm{d}\tau_1 \mathrm{d}\tau_2 \quad (6.3.49)$$

由式(6.3.34)和式(6.3.35)得到

$$\overline{H}' = K \pm A \qquad (6.3.50)$$

因此修正能量就是在态 φ_{S} 或 φ_{A} 中电子库仑作用的平均能量.微扰能量之所以分成两部分,交换能之所以出现,正是由于描写全同粒子的波函数必须是对称的或反对称的缘故,这一个要求在经典力学中是没有的,交换能的出现是量子力学中特有的结果.

由于交换能 A 与交换密度 $\rho_{mn}(\boldsymbol{r}) = -e\psi_m^*(\boldsymbol{r})\psi_n(\boldsymbol{r})$ 有关,因此它与空间波函数 $\psi_m(\boldsymbol{r})$ 与 $\psi_n(\boldsymbol{r})$ 的重合程度有关,如果 ψ_n 和 ψ_m 集中在空间的两个不同部分,以致在 ψ_m 很大的地方 ψ_n 很小,ψ_n 很大的地方 ψ_m 很小,则在这种情况下,交换能就很小,以致趋向于零.

不难看出,交换能不一定只对库仑相互作用有效.对于任何相互作用的势能,都可以在形式上将它的平均值分为两个部分,其中之一就是交换能.事实上,交换能来自积分式(6.3.49)中括号内后两项.

6.3.9 氦原子的激发态能级

我们用电子组态来描述原子中各个电子所处的状态.原子中两个电子都处在

激发态的情形是很少发生的.若没有特别指出,与光谱有关的激发态一般是指原子中一个电子被激发的情形.氦原子的激发态就是指,原子中一个电子处在基态即 1s 态,而另一个电子处在 $n > 1$ 的各种激发态,这样它的电子组态表示为"$1snl$",n 是电子的主量子数,l 是它的轨道量子.氢原子(类氢离子)波函数的径向分布显示 1s 电子的分布比 nl 电子更靠近原子核.因此在 nl 电子看来,1s 电子起着屏蔽原子核的作用,nl 电子受到一个等效核电荷为(Z^*)的静电作用,$1 \leqslant Z^* < 2$.n,l 的数值越大,这种屏蔽就越完全.当 n 很大时,nl 电子远离原子核,此时只有 1s 电子完全感受到原子核的静电作用,而 nl 电子和原子核的静电作用由于 1s 电子的完全屏蔽,相当于 $Z^* = 1$.这样氦原子的位势可近似地写成

$$V = -\frac{Ze^2}{4\pi\varepsilon_0 r_{1s}} - \frac{Z^* e^2}{4\pi\varepsilon_0 r_{nl}} \tag{6.3.51}$$

式中 r_{1s},r_{nl} 表示 1s 电子和 nl 电子与原子核的距离.因此氦原子的激发态能量在 n 和 l 很大时,应该近似于类氢离子能量 E_{1s} 与氢原子能量 E_{nl} 之和.表 6.3.1 列出氦原子与氢原子能级的数据.

表 6.3.1　氦原子与氢原子能级比较

氦原子的电子组态	原子的多重态	氦 ($-E/10^5$ m^{-1})	单态与三重态的能量差/10^5 m^{-1}	氢 ($-E/10^5$ m^{-1})
$1s^2$	^3S	不存在		
	^1S	198.311		109.678
1s2s	^3S	38.451		
	^1S	32.039	6.422	27.419
1s2p	^3P	29.230	2.048	
	^1P	27.182		
1s3s	^3S	15.080	1.628	
	^1S	13.452		
1s3p	^3P	12.752	0.645	12.186
	^1P	12.107		
1s3d	^3D	12.215	0.003	
	^1D	12.212		
1s4s	^3S	8.019	0.543	

氦原子的 电子组态	原子的 多重态	氦 $(-E/10^5 \text{ m}^{-1})$	单态与三重态的 能量差/10^5 m^{-1}	氢 $(-E/10^5 \text{ m}^{-1})$
	^1S	7.376		
1s4p	^3P	7.100	0.276	
	^1P	6.824		
1s4d	^3D	6.872	0.002	6.854
	^1D	6.870		
1s4f	^3F	6.864 4	0.000 6	
	^1F	6.863 8		

这里以无限远处一个动能为零的电子及 $\text{He}^+(1s)$ 所组成系统的能量值作为氦原子能量的零点. 由表 6.3.1 可看出：① 由于电子间的库仑作用，氦的能级对 l 的简并消失了，例如在 $n=2$ 时，1s2p 组态比 1s2s 组态的能量平均约大 $9\times10^5 \text{ m}^{-1}$，这是由于 n 相同而 l 不同的电子出现在空间各处的概率不同，因此原子核被屏蔽的程度也就不同. ② 同一电子组态中三重态的能量比单态要低，且差别相当大，如 1s2s 组态中两者的能量差约为 $6.4\times10^5 \text{ m}^{-1}$. ③ 随 n 的增大，氦能级的数值与氢能级越来越接近.

氦原子激发态的能级，尤其是具有三重态和单态的特性使早期薛定谔理论陷入困境，对当时没有考虑自旋的量子力学提出了挑战.

6.4　元素周期表

1869 年，俄国人门捷列夫（D. I. Mendeleev）提出，如果将元素按原子量排列，元素的化学性质和物理性质呈现出周期性变化. 图 6.4.1 给出原子的电离势能（a）和原子半径（b）随原子序数变化的曲线，曲线表明在 $Z=2,10,18,36,\cdots$ 处的电离能都是极大值. 与这些原子序数对应的是氦、氖、氩、氪、氙等惰性气体原子. 在 $Z=3,11,19,37,\cdots$ 处，对应于锂、钠、钾、铷、铯等碱金属原子，电离能都是极小值，它们的化学性质都很活泼. 自发明以后，元素周期表（已改为按原子序数排列）不断地被扩充和修改.元素周期表的背后实质是什么?

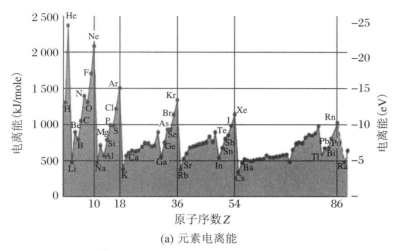

(a) 元素电离能

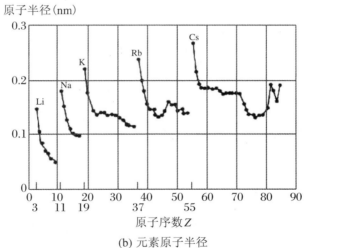

(b) 元素原子半径

图 6.4.1 元素性质的周期性

6.4.1 泡利原理对组态的要求

除了氢原子外,所有原子的原子核外都不止一个电子.这些电子组成一个多电子系统.电子是费米子.根据泡利原理,费米子系统的波函数对任何两个费米子的交换都必须是反对称的.于是一个结果便是任何两个粒子不能处于同一个量子态.

泡利原理反映了微观世界的特性,是对物理的状态的一个选择规则,是对波函数的强力限制.

如果考虑 L - S 耦合,我们可以用处于同一个量子态 nl 的两个电子(称为等效电子,旧称同科电子)为例.此时电子 1 和 2 的波函数分别为

$$
\psi_{nlm_1 s_1}(1) = \varphi_{nlm_1}(\boldsymbol{x}_1)\chi_{s_1} \equiv | lm_1\rangle\chi_{s_1}
$$
$$
\psi_{nlm_2 s_2}(2) = \varphi_{nlm_2}(\boldsymbol{x}_2)\chi_{s_2} \equiv | lm_2\rangle\chi_{s_2}
$$

(6.4.1)

假定我们先把轨道耦合(L - S 耦合)起来成总轨道角动量,

$$
| LM_L\rangle = \sum_{m_1 + m_2 = M_L} \langle lm_1 lm_2 | LM_L\rangle | lm_1\rangle | lm_2\rangle
$$

(6.4.2)

同时两个电子的自旋也耦合(S - 耦合)成总自旋:

$$
| SM_S\rangle = \sum_{s_1 + s_2 = M_s} \langle \frac{1}{2}s_1 \frac{1}{2}s_2 | SM_S\rangle \chi_{s_1}\chi_{s_2}
$$

(6.4.3)

然后再把总轨道和总自旋耦合起来(L - S 耦合)做出系统的总波函数:

$$
| JM_J\rangle = \sum_{M_L + M_S = M_J} \langle LM_L SM_S | JM_J\rangle | LM_L\rangle | SM_S\rangle
$$

(6.4.4)

现在我们对系统应用泡利原理:

$$
\hat{P}_{12} | JM_J\rangle = - | JM_J\rangle
$$

(6.4.5)

左方给出

$$
\begin{cases}
\hat{P}_{12} | JM_J\rangle = \sum_{M_L + M_S = M_J} \langle LM_L SM_S | JM_J\rangle \hat{P}_{12}(| LM_L\rangle | SM_S\rangle) \\
\quad = \sum_{M_L + M_S = M_J} \langle LM_L SM_S | JM_J\rangle(\hat{P}_{12} | LM_L\rangle)(\hat{P}_{12} | SM_S\rangle) \\[2mm]
\hat{P}_{12} | LM_L\rangle = \sum_{m_1 + m_2 = M} \langle lm_1 lm_2 | LM_L\rangle \hat{P}_{12}(| lm_1\rangle_1 | lm_2\rangle_2) \\
\quad = \sum_{m_1 + m_2 = M} \langle lm_1 lm_2 | LM_L\rangle | lm_1\rangle_2 | lm_2\rangle_1 \\
\quad = \sum_{m_1 + m_2 = M} (-1)^{l+l-L}\langle lm_2 lm_1 | LM_L\rangle | lm_1\rangle_2 | lm_2\rangle_1 \\
\quad = (-1)^{2l-L} | LM_L\rangle \\
\hat{P}_{12} | SM_S\rangle = (-1)^{2\times(1/2)-S} | SM_S\rangle = -(-1)^S | SM_S\rangle
\end{cases}
$$

(6.4.6)

这里用到了 C - G 系数的性质.于是

$$
\hat{P}_{12} | JM_J\rangle = -(-1)^{L+S} | JM_J\rangle
$$

(6.4.7)

代入要求式(6.4.5)后得

$$\begin{cases} -(-1)^{L+S} = -1 \\ L + S = 偶数 \end{cases} \tag{6.4.8}$$

即物理态要求系统的总轨道与总自旋之和须为偶数.这样,用原子态记号来表示,则满足泡利原理的原子态为

$$^{2S+1}L_J, \quad L + S = 偶数$$

对于 J - J 耦合,也可作类似的讨论.

6.4.2 原子的壳层结构

元素化学性质的周期性主要反映了原子中电子组态特别是价电子组态的周期性.这种周期性是怎样形成的?

在原子序数为 Z 的多电子原子中,一个电子除了受到原子核的有心力作用外,还会受到电子间的排斥作用.如果忽略电子间作用的非各向同性,那么我们可以认为各个电子都是独立地在一个等效电荷为 Z^* 的有心力场中运动. Z^* 与 Z 的差就反映了电子的屏蔽作用.在这样的场中运动的电子能量有分立结构,能级可以表示为

$$\begin{cases} E_n = -\dfrac{\alpha^2 m_e c^2}{2} \cdot \dfrac{(Z^*)^2}{n^2} \\ n = n_r + l + 1 = 1, 2, 3, \cdots \\ n_r = 0, 1, 2, \cdots \\ l = 0, 1, \cdots, n - 1 \end{cases} \tag{6.4.9}$$

而每个电子的状态可以用四个量子数 n, l, m_l, m_s 表达,其中磁量子数 $m_l = l, l-1, \cdots, -l$;自旋量子数 $m_s = 1/2, -1/2$.因此,能级是 $D(E_n) = 2n^2$ 重简并的.

能量虽然有分立结构,但如果每个状态中不限制电子的个数,那么所有电子都会占据最低能态,就不会导致周期结构.这时泡利原理就显出其关键作用了.泡利原理要求一个量子态最多只允许一个电子占领,于是,电子就会形成分层结构,因为一个能级的量子态个数是有限的.例如能级 E_n 最多只允许 $2n^2$ 个电子.

为了形象起见,我们把用主量子数代表的能级叫主壳,并用符号 K,L,M,N,O,P,$\cdots$ 来分别代表 $n = 1, 2, 3, 4, 5, 6, \cdots$ 的主壳.在同一个主壳里,轨道角动量 l 可以不同,取 n 个值,我们把不同 l 标志的态叫(l)支壳.电子组态的周期性和特定壳层上可容纳的电子数有关.而电子的排列自然遵循能量最小的原则由低向高进行.

例如氢原子,外面只有一个电子,自然占据 $n=1$ 的能级即 K 壳,此电子叫 K 电子;其轨道角动量量子数 $\ell=0$,即处于 S 态.

对于氦原子,$Z=2$,核外有两个电子.由于 K 壳可容纳两个电子,因此它们都处于 K 壳,且都是 S 态.为了满足泡利原理,它们的自旋必须耦合成单态,于是氦原子的基态为 $^1S_0$.

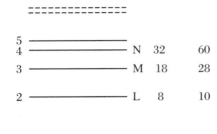

由于 K 层最多只能容纳两个电子,故氦原子中 K 层已经占满了,这样的壳叫**满壳**.再增加电子,例如锂原子,核外有三个电子,除了两个占领 K 层外,余下的一个电子只能到更高的层——L($n=2$)壳去了.这样的电子叫**满壳外电子**.如果化学性质主要由在外层的电子起作用,那么锂原子和氢原子最外层都只有一个电子,化学性质应相近.这就出现了周期性.

从类氢原子的能级分布可以看出,每个主壳的满壳层电子数是 2,8,18,32,…,累计达到满壳的原子序数为 $Z=2,10,28,60,…$(图 6.4.2).我们看到这里出现了周期表中发现的两个幻数:2 和 10.但其他还不怎么对,怎么办?

图 6.4.2　电子能壳分布

6.4.3　自旋轨道耦合

在前面我们介绍过,在从相对论情形作非相对论近似时,自然出现一个托马斯耦合项:

$$\begin{cases} H' = \xi(r)\hat{L}\cdot\hat{S} \\ \xi(r) = \dfrac{1}{2\mu^2 c^2}\dfrac{1}{r}\dfrac{\mathrm{d}V(r)}{\mathrm{d}r} \end{cases} \tag{6.4.10}$$

它源于电子自旋与其轨道角动量的耦合.当形成原子的势是确定的时候,这一项也是完全确定的.

由于这自旋轨道耦合项的出现,能级将要按新的完全力学量组量子数 (n, ℓ, J, m_J) 分类,原来能级里对轨道量子数的简并会部分解除.经过计算后,类氢原子的能级分布如图 6.4.3 所示.图中左边显示不同的 ℓ 的态,因自旋轨道耦合修正不同,能级的 ℓ 简并解除;右边则是修正后总的能级分布.我们看到能级分成一组一组,两组间的间隔明显大于组内的能级间隔,从而形成一个一个新的能壳.最右边的一排数字显示了满能壳时的电子总填充数,它们分别是 2, 10, 18, 36, 54, 86, ⋯. 这正是那位俄国人发现的幻数! 这些满壳的原子分别对应 He, Ne, Ar, Kr, Xe, Rn, ⋯,都是化学性质不活泼的稀有(惰性)气体.

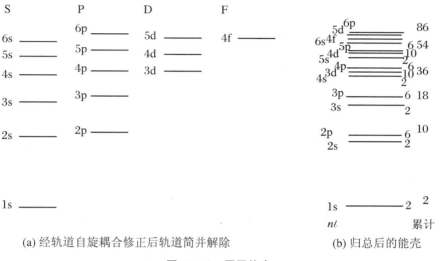

(a) 经轨道自旋耦合修正后轨道简并解除　　　　　　(b) 归总后的能壳

图 6.4.3　原子能壳

我们看到,元素周期律的本质是:

(1) 形成原子的基本作用是有心力场;它提供原子能级的一个基本框架.

(2) 电子是自旋 1/2 的费米子. 于是一要考虑自旋轨道耦合,二要遵循泡利不相容原理.

由此形成核外电子排列的壳层结构、外层电子的周期分布,从而导致化学元素性质的周期性.

6.4.4　几个特点

1. 满壳层电子的电荷分布是球对称的

满壳层中各支壳全都占满了,因此电子的概率密度分布为

$$2 \sum_{l=0}^{n-1} \sum_{m_l=-l}^{l} |\psi_{nlm_l}|^2 = 2 \sum_{l=0}^{n-1} \sum_{m_l=-l}^{l} |R_{nl}(r)|^2 |Y_{lm_l}(\theta, \varphi)|^2$$

$$= \frac{1}{2\pi} \sum_{l=0}^{n-1} (2l+1) R_{nl}^2(r)$$

这里用了球谐函数的一个基本性质：

$$\sum_{m=-l}^{l} Y_{lm}^{*}(\theta,\varphi) Y_{lm}(\theta,\varphi) = \frac{2l+1}{4\pi}$$

它是球对称的.

2. 满壳层电子的总角动量及磁矩等于零

满壳中所有电子的轨道角动量投影之和为零；所有的电子自旋投影也为零.因此总轨道角动量和总自旋为零，由 L‐S 耦合的总角动量为零，故总磁矩也为零.

这样满壳的电子加上原子核可以看做一个只有等效电荷的"原子核"，称为**原子实**.讨论原子的性质时可以主要关心非满壳电子的行为.这种电子称为**价电子**.

实际原子的基态中电子如何分布，要根据相互作用进行能态的计算，然后根据泡利原理和能量最小规则进行安排.对于简单原子，这比较容易做到.对于复杂原子，由于电子的增加及相互作用的复杂，计算相当费劲.有人就总结出一些经验规则来说明实验提供的数据.1925 年洪德（F. Hund）就提出一个关于原子态能量次序的规则，称为**洪德定则**：对于一个给定的电子组态形成的一组原子态，当某个原子态的总自旋最大时，具有的能量最低；对同一个总自旋，轨道角动量最大的能量最小.用这规则可以解释某些复杂原子中的电子排列特殊现象.原子中的电子组态如表 6.4.1 所示.

表 6.4.1　原子中的电子组态

（基项指原子基态能级，电离电势指基态原子失去一个电子所需能量）

元　素	K	L		M			N		基　项	电离电势（eV）
	1s	2s	2p	3s	3p	3d	4s	4p		
H 氢 1	1	—						—	$^2S_{1/2}$	13.598
He 氦 2	2	—	—					—	$^1S_0$	24.581
Li 锂 3	2	1						—	$^2S_{1/2}$	5.390
Be 铍 4	2	2	—					—	$^1S_0$	9.320
B 硼 5	2	2	1					—	$^2P_{1/2}$	8.296
C 碳 6	2	2	2					—	$^3P_0$	11.256
N 氮 7	2	2	3					—	$^4S_{3/2}$	14.545
O 氧 8	2	2	4					—	$^3P_2$	13.614
F 氟 9	2	2	5					—	$^2P_{3/2}$	17.418
Ne 氖 10	2	2	6					—	$^1S_0$	21.559

续表

元素	K	L		M			N		基 项	电离电势 (eV)
	1s	2s	2p	3s	3p	3d	4s	4p		
Na 钠 11				1	—	—	—	—	$^2S_{1/2}$	5.138
Mg 镁 12				2	—	—	—	—	$^1S_0$	7.644
Al 铝 13				2	1	—	—	—	$^2P_{1/2}$	5.984
Si 硅 14		氖的组态		2	2	—	—	—	$^3P_0$	8.149
P 磷 15				2	3	—	—	—	$^4S_{1/2}$	10.484
S 硫 16				2	4	—	—	—	$^3P_2$	10.357
Cl 氯 17				2	5	—	—	—	$^2P_{3/2}$	13.01
Ar 氩 18				2	6	—	—	—	$^1S_0$	15.755

元素	内层 组态	M		N			O	基 项	电离电势 (eV)
		3d	4s	4p	4d	4f	5s		
K 钾 19		—	1	—	—	—	—	$^2S_{1/2}$	4.339
Ca 钙 20		—	2	—	—	—	—	$^1S_0$	6.111
Sc 钪 21		1	2	—	—	—	—	$^2D_{3/2}$	6.538
Ti 钛 23		2	2	—	—	—	—	$^3F_2$	6.818
V 钒 23	氩的组态	3	2	—	—	—	—	$^4F_{3/2}$	6.543
Cr 铬 24		5	1	—	—	—	—	$^7S_3$	6.564
Mn 锰 25		5	2	—	—	—	—	$^6S_{5/2}$	7.432
Fe 铁 26		6	2	—	—	—	—	$^5D_4$	7.868
Co 钴 27		7	2	—	—	—	—	$^4F_{9/2}$	7.862
Ni 镍 28		8	2	—	—	—	—	$^3F_4$	7.633
Cu 铜 29		10	1	—	—	—	—	$^2S_{1/2}$	7.724
Zn 锌 30		10	2	—	—	—	—	$^1S_0$	9.391
Ga 镓 31		10	2	1	—	—	—	$^2P_{1/2}$	6.00
Ge 锗 32	氩的组态	10	2	2	—	—	—	$^3P_0$	7.88
As 砷 33		10	2	3	—	—	—	$^4S_{3/2}$	9.81
Se 硒 34		10	2	4	—	—	—	$^3P_2$	9.75
Br 溴 35		10	2	5	—	—	—	$^2P_{3/2}$	11.84
Kr 氪 36		10	2	6	—	—	—	$^1S_0$	13.996

元素	内层组态	M	N				O	基项	电离电势(eV)
		3d	4s	4p	4d	4f	5s		
Rb 铷 37					—	—	1	$^2S_{1/2}$	4.176
Sr 锶 38					—	—	2	$^1S_0$	5.692
Y 钇 39					1	—	2	$^2D_{3/2}$	6.377
Zr 锆 40					2	—	2	$^3F_2$	6.835
Nb 铌 41	氪的组态				4	—	1	$^6D_{1/2}$	6.881
Mo 钼 42					5	—	1	$^7S_3$	7.10
Tc 锝 43					5	—	2	$^6S_{5/2}$	7.228
Ru 钌 44					7	—	1	$^5F_5$	7.365
Rh 铑 45					8	—	1	$^4F_{9/2}$	7.461
Rd 钯 46					10	—	—	$^1S_0$	8.334

元素	内层组态	N	O				P	基项	电离电势(eV)
		4f	5s	5p	5d	5f	6s		
Ag 银 47		—	1	—	—	—	—	$^2S_{1/2}$	7.574
Cd 镉 48		—	2	—	—	—	—	$^1S_0$	8.991
In 铟 49		—	2	1	—	—	—	$^2P_{1/2}$	5.785
Sn 锡 50	钯的组态	—	2	2	—	—	—	$^3P_0$	7.342
Sb 锑 51		—	2	3	—	—	—	$^4S_{3/2}$	8.639
Te 碲 52		—	2	4	—	—	—	$^3P_2$	9.01
I 碘 53		—	2	5	—	—	—	$^2P_{3/2}$	10.454
Xe 氙 54		—	2	6	—	—	—	$^1S_0$	12.127
Cs 铯 55		—			—		1	$^2S_{1/2}$	3.893
Ba 钡 56		—			—		2	$^1S_0$	5.210
La 镧 57		—			1		2	$^2D_{3/2}$	5.61
Ce 铈 58	从1s到4d共含46个电子	1	5s和5p含有8个电子		1		2	$^1G_4$	5.54
Pr 镨 59		3			—		2	$^4I_{9/2}$	5.48
Nd 钕 60		4			—		2	$^5I_4$	5.51
Pm 钷 61		5			—		2	$^6H_{5/2}$	5.55
Sm 钐 62		6			—		2	$^7F_0$	5.63

续表

元素	内层组态	N	O				P	基项	电离电势(eV)
		4f	5s	5p	5d	5f	6s		
Eu 铕 63		7			—		2	$^8S_{7/2}$	5.67
Gd 钆 64		7			1		2	$^9D_2$	6.16
Tb 铽 65		9			—		2	$^6H_{15/2}$	5.86
Dy 镝 66		10			—		2	$^5I_8$	6.82
Ho 钬 67		11			—		2	$^4I_{15/2}$	6.02
Er 铒 68		12			—		2	$^3H_6$	6.10
Tm 铥 69		13			—		2	$^2H_{7/2}$	6.18
Yb 镱 70		14			—		2	$^1S_0$	6.22
Lu 镥 71		14			1		2	$^2D_{3/2}$	5.43
Hf 铪 72		14			2		2	$^3F_2$	6.83
Ta 钽 73		14			3		2	$^4F_{3/2}$	7.55
W 钨 74		14			4		2	$^5D_0$	7.86

元素	内层组态	O		P		Q		基项	电离电势(eV)
		5d	5f	6s	6p	6d	7s		
Re 铼 75	从1s到5p层共含68个电子	5	—	2	—	—	—	$^6S_{5/2}$	7.87
Os 锇 76		6	—	2	—	—	—	$^5D_4$	8.44
Ir 铱 77		7	—	2	—	—	—	$^4F_{9/2}$	8.97
Pt 铂 78		9	—	1	—	—	—	$^3D_3$	8.96
Au 金 79	从1s到5d层共含78个电子	—		1	—	—	—	$^2S_{1/2}$	9.223
Hg 汞 80		—		2	—	—	—	$^1S_0$	10.434
Ti 铊 81		—		2	1	—	—	$^2P_{1/2}$	6.106
Pb 铅 82		—		2	2	—	—	$^3P_0$	7.415
Bi 铋 83		—		2	3	—	—	$^4S_{3/2}$	7.287
Po 钋 84		—		2	4	—	—	$^3P_2$	8.43
At 砹 85		—		2	5	—	—	$^2P_{3/2}$	9.5
Rn 氡 86		—		2	6	—	—	$^1S_0$	10.745
Fr 钫 87		—		2	6	—	1	$^2S_{1/2}$	4.0
Ra 镭 88		—		2	6	—	2	$^1S_0$	5.277

续表

元素	内层组态	O		P			Q	基项	电离电势(eV)
		5d	5f	6s	6p	6d	7s		
Ac 锕 89			—	2	6	1	2	$^2D_{3/2}$	5.17
Th 钍 90			—	2	6	2	2	$^3F_2$	6.31
Pa 镤 91			2	2	6	1	2	$^4K_{11/2}$	5.89
U 铀 92			3	2	6	1	2	$^5L_6$	6.19
Np 镎 93			4	2	6	1	2	$^6L_{11/2}$	6.26
Pu 钚 94			6	2	6	—	2	$^7F_0$	6.02
Am 镅 95	从 1s 到 5d 层共含 78 个电子		7	2	6	—	2	$^8S_{7/2}$	5.94
Cm 锔 96			7	2	6	1	2	$^9D_2$	
Bk 锫 97			9	2	6	—	2	$^6H_{15/2}$	
Cf 锎 98			10	2	6	—	2	$^5I_8$	
Es 锿 99			11	2	6	—	2	$^4I_{15/2}$	
Fm 镄 100			12	2	6	—	2	$^3H_6$	
Md 钔 101			13	2	6	—	2	$^2F_{7/2}$	
No 锘 102			14	2	6	—	2	$^1S_0$	

元素	内层组态	O	P			Q	基项	电离电势(eV)
		5f	6s	6p	6d	7s		
Lr 铹 103		14	2	6	1	2	$^2D_{5/2}$	
Rf □ 104		14	2	6	2	2		
Db □ 105		14	2	6	3	2		
Sg □ 106								
Bh □ 107	从 1s 到 5d 层共含 78 个电子							
Hs □ 108								
Mt □ 109								
Ds □ 110								
Rg □ 111								
Cn 112								

6.5 X 射 线

6.5.1 X射线的发现

前面讨论了原子外层或价电子的能态.现在讨论一下原子内层电子的能态,其主要表现在原子的 X 射线谱上.我们将看到,原子的 X 射线谱可以用单电子模式来处理.历史上 X 射线谱的研究导向了原子壳层结构理论的发展.

1895 年伦琴(W. C. Roentgen)在进行阴极射线放电管的实验中发现了一种神秘的射线,称为 **X 射线**.这种射线具有几个特点:它具有很强的穿透性,能透过纸板、薄铝板和人体等;它以直线传播,不因电磁场作用而偏转;它能使照相底片感光,使气体电离.1901 年伦琴因发现 X 射线而成为诺贝尔物理奖的第一个获得者.X 射线发现后在全世界引起强烈反响,世界各地的报纸上都刊登了伦琴发现 X 射线的消息及显示人手骨骼的照片.物理学家几乎都停下了正在进行的工作,而将兴趣集中在研究这射线的性质并试图去理解新发现的含义.经过 17 年的努力,最后由劳厄(M. von Lane)建议的 X 射线晶体衍射实验证实 X 射线是波长很短的电磁波.它的波长范围一般在 10^{-3} nm 到 1 nm.这个波长范围和晶体的格点间隔相当.X 射线发现

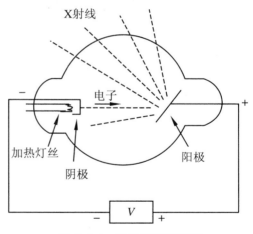

图 6.5.1　X射线管示意图

后,很快就在医学、晶体学等领域得到了广泛的应用.

X 射线一般通过高速电子轰击靶的方法产生,如图 6.5.1 所示.X 射线可以用照相底片、计数管、闪烁探测器和半导体探测器等仪器来测量.

6.5.2　韧致辐射谱

X 射线管产生的 X 射线谱如图 6.5.2 所示,它包括两个部分:一部分是波长连续变化的连续谱,用不同动能的电子轰击不同材料的靶时,所产生的连续谱有相似的形状,都有确定的最短波长 λ_{min},其数值只和电子的动能有关,与靶材料无关;另一部分是具有分立的线状谱,这些谱线的波长只取决于靶材料的化学元素.每种元素有一套特定的波长的谱线,可作为该元素的标志,故 X 射线的线状谱称为**标志谱**.X 射线谱的这些特点可由电子和靶材料原子的相互作用及靶原子的电子壳层结构来解释.

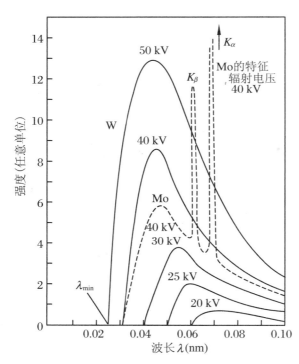

图 6.5.2　不同电压及靶材料(钼和钨)的 X 射线谱

当高速电子打到靶上,它在与靶原子的碰撞过程中,在靶原子核的库仑场作用下,其速度骤然减小,所损失的能量转化为辐射能.这种方式引起的辐射被称为**韧致辐射**——减速过程中产生的辐射,实际上就是**逆光电效应**.设入射电子的动能为 T,电子与靶原子一次碰撞后动能由 T 减至 T',所损失的动能转化为辐射.由量子论的观点来看,光子的能量应为

$$h\nu = T - T' \qquad (6.5.1)$$

一般地,入射电子要经过许多次的碰撞后才失去全部动能,最后才停止在阳极靶内.电子每次碰撞损失的能量都不相同,可为小于 T 的任何值.这过程如图 6.5.3 所示.因此,韧致辐射产生的 X 射线的波长呈现连续谱.在极限情况,入射电子在一次碰撞中失去全

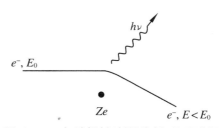

图 6.5.3　韧致辐射(射线发射)物理过程

部动能,则辐射出的光子就具有最短的波长 λ_{min},

$$\lambda_{min} = hc/T \tag{6.5.2}$$

可见短波限只取决于轰击靶阳极的电子的动能 T. 在 X 射线管中,电子是通过电势差为 V_a 的电场加速而获得动能的,即有 $T = eV_a$,所以

$$\lambda_{min} = hc/T = hc/(eV_a) \tag{6.5.3}$$

这式子说明,只要精确测定 λ_{min} 和 V_a,可由 e 和 c 定出普朗克常量 h 的值. 经典电动力学计算得到的辐射谱是不存在短波限的,短波限的存在是量子论的一个实验证据.

韧致辐射的强度和靶原子核的电荷 Z 有关,强度随 Z 而增加,而它的频率分布与靶材料无关,只由入射粒子的能量,即 X 射线管的加速电压所决定. 实验结果证实了理论的正确性.

6.5.3　线状特征谱

当外加电压大于某个定值时,在连续谱上出现分立的线状谱(谱线). 谱线的波长与入射电子的能量无关,而只决定于靶极材料组成的化学元素,即为标志谱. 1913 年莫塞莱(H. Moseley)系统地测量了从铝到金共 39 种元素的特征谱. 他观察到大多数元素的特征谱包含两组谱线,按波长次序称为 K 系和 L 系. 对各种元素,X 射线特征谱的线系如 K 系或 L 系都有相似的结构. 对原子序数大的元素会出现更多的谱系,它们是 M 系,N 系. 对同一元素,L 系谱线的频率较 K 系的低.

莫塞莱发现,谱线的频率随原子序数的增加而缓慢增加. K 线系一般可以观察到三条谱线 K_α,K_β,K_γ,其中 K_α 线最强,波长最长. 如果把各元素的 K_α 线频率的平方根对原子序数作图,就得到如图 6.5.4 所示的线性关系,显示出元素的特征 X

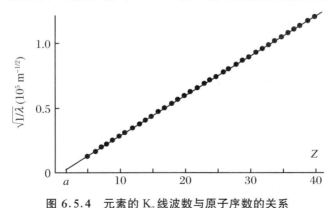

图 6.5.4　元素的 K_α 线波数与原子序数的关系

射线是由原子序数决定的.莫塞莱首先指出原子序数实质上就是原子核的电荷数.他并且总结出 K_α 线的波数服从下面的经验公式：

$$\tilde{\nu}_{K\alpha} = R (Z - 1)^2 \left(\frac{1}{1^2} - \frac{1}{2^2} \right) \tag{6.5.4}$$

式中 R 是里德伯常量,Z 是原子核电荷数.同样对 L 线系的研究,发现波数的平方根与 Z 也有线性关系,对 L 线系的第一条谱线 L_α 也有类似的公式：

$$\tilde{\nu}_{L\alpha} = R (Z - 7.4)^2 \left(\frac{1}{2^2} - \frac{1}{3^2} \right) \tag{6.5.5}$$

由此他提出：X 射线特征谱各线系谱线的波数平方根 $\sqrt{\tilde{\nu}}$ 与原子序数 Z 有线性关系,称为 **莫塞莱定律**.这些式子和玻尔氢原子的公式非常相似,所不同的是用 $(Z-1)$ 代替了 Z,这是因为在多电子原子的内壳层 $n=1$ 层出现空位时,考虑到电子的屏蔽效应,在 $n=2$ 层中的电子感受到的是$(Z-1)$个正电荷的库仑作用,所以 X 射线的 K_α 谱线频率有式(6.5.4)的形式.同理可将 L_α 谱线解释为对应于内层电子在 $n=3$ 和 $n=2$ 之间的跃迁.这些都说明 X 射线特征谱是由原子中内层电子的跃迁产生的.

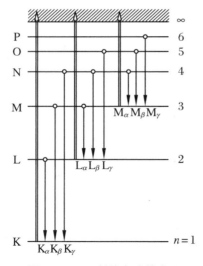

图 6.5.5　X 射线名称的定义

一般情况下,原子的内壳层都是被电子占满的,由泡利不相容原理可以知道,内层电子态之间不可能发生跃迁.因此要产生特征 X 射线的先决条件是,原子内层有未满壳层,即内层有电子空位或空穴.在某些情形下,用高速带电粒子如电子轰击原子,或用 X 射线照射,使原子内层电子电离而出现空穴,从而使原子处在较高的能量状态即处于激发态.这时较外层的电子才有可能填充到空穴上,发出 X 射线.内层电子受到原子核的束缚要比外层电子强得多.对重原子,使它的内层电子电离需要的能量约为 10^4 eV,所以用来轰击原子的电子或光子的能量必须大于这电离能,这才可能出现特征谱.K 线系是 $n>1$ 各层的电子到 $n=1$ 壳层的跃迁,而 L 线是 $n>2$ 各层到 $n=2$ 层的跃迁,相关谱线的名称定义如图 6.5.5.

6.5.4 原子的内层能级

X 射线特征谱发射的过程中,外壳层电子填入内壳层中的空位后在外壳层中留下了一个空位.所以也可以把产生特征谱的过程等效地看成内壳层的空位跃迁到外壳层.内层电子能量主要由主量子数 n 决定,随 n 增加而增加(即随 n 增大束缚减弱).对内层电子,在同一 n 值时,由于对不同 l 量子数的电子的屏蔽不同,随 l 量子数的增大而能量增大.另外必须考虑精细结构,自旋-轨道相互作用能随 Z^4 很快地增加.对重原子,如铀,自旋-轨道作用引起的分裂可达 2 keV! 在满壳层中有一个空位时,这个支壳层的角动量与所失去的电子角动量是相同的,只是方向相反.因此满壳层中具有一个空位的状态可以用原来占据该空位的电子的量子数 (n,l,j) 来表示. 内层电子的能量是负的,所以要在原子内层产生空穴必须给以正的能量.X 射线的特征谱相应的能级图如图 6.5.6 所示.

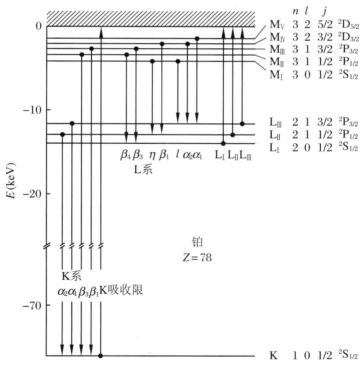

图 6.5.6 铂($Z=78$)X 射线谱相应的内层电子能级示意图

图 6.5.6 只是示意图,图上的能级间隔并不是按比例的.图上标出了和 X 射线有关的跃迁与名称(历史沿用,有的和定义不符).图上向上的箭头表示吸收,向下的表示发射.这些跃迁服从与单电子原子同样的选择定则,即

$$\Delta \ell = \pm 1, \quad \Delta j = 0, \pm 1$$

6.5.5 俄歇效应

原子的内层电子被激发、电离后原子处于激发状态,外层电子跃入内层空位时,其多余的能量通过发射 X 射线释放,仅是一种可能的退激发过程.还有另一种可能的非辐射过程,通过库仑相互作用将能量转移给另一个外层电子而可能发射出去.这种非辐射效应可用图 6.5.7 表示,称为**俄歇效应**,发射出的电子称为**俄歇电子**,1925 年被法国物理学家俄歇(P. P. Auger)首先观察到.俄歇电子的能量决定于原子内层能级的结构,因此对俄歇电子的能量和强度的研究能使我们得到关于原子的结合能、状态量子数的信息.测量固体材料的**俄歇电子谱**,可以用来分析材料,特别是关于表面的一些组成和结构的情况.对于原子序数 Z 小的原子,外层电子通过俄歇效应跃入内层空位的概率比发射 X 射线的概率大.当 Z 超过 35 时,发射 X 射线的概率将超过俄歇效应.在原子发射俄歇电子后,原子中将出现两个空位,它往往通过发射 X 射线而退激发,因此俄歇效应常伴随有 X 射线的发射.

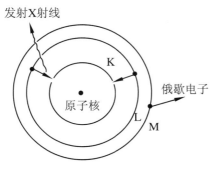

图 6.5.7 发射俄歇电子的过程与 X 射线发射的相互竞争

6.5.6 X 射线的吸收

X 射线能穿透物质,但在穿透过程中它的强度变弱.对不同能量的 X 射线,测量它透过吸收物质时的强度衰减可得 X 射线的吸收谱.图 6.5.8 是铅的 X 射线吸收截面随 X 射线能量的变化曲线.从图中可看出随着入射 X 射线能量的增加,吸收逐渐减少,表明能量越大的 X 射线穿透物质的能力越大.但是,当 X 射线能量在某些值时吸收截面突然增大,与此对应的能量称为**吸收限**,或称**吸收边缘**.图中 K 吸收限的能量对应于铅原子的 K 壳层电子电离的能量.因为此时 X 光子的能量正好可以使 K 层电子电离,该光子被原子吸收.L_I,L_{II},L_{III} 的吸收限反映了 L 层精

细结构的情形.所以,吸收限对应于相应 X 射线发射谱各线系的线系限.吸收限对应的频率和发射谱线的频率之间有着简单的关系.例如,K$_\alpha$ 线是由 K 能级和 L 能级之间的跃迁产生的,因此 K$_\alpha$ 线的频率就等于 K 吸收限与 L 吸收限的频率之差.采用高分辨率的仪器观察 X 射线吸收谱时,可发现在吸收限附近能量高的一侧吸收截面并不是简单地单调下降,而是具有精细结构.这些精细结构称为**广延 X 射线吸收精细结构**(EXAFS).这是由于吸收 X 射线后被电离的内层电子为邻近的原子散射所引起的**干涉效应**.对这一精细结构的分析可以确定吸收限周围环境的具体结构特征,这种方法现已成为结构研究的一种重要手段.

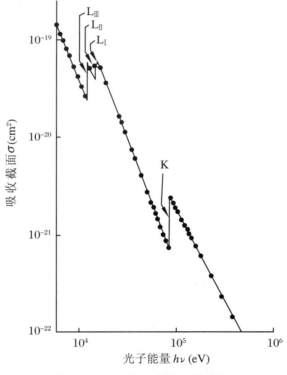

图 6.5.8　铅的 X 射线吸收截面

6.5.7　产生 X 射线的各种机制

引起原子发射 X 射线有各种机制,见图 6.5.9.常见的有高能粒子激发(a),光激发(b),γ 内转换(c),β 伴随的 γ 内转换(d),以及 K 俘获(e)等.

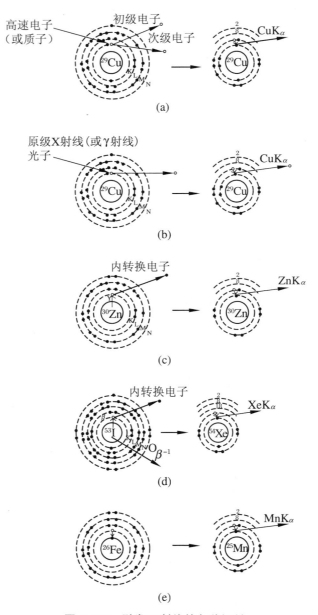

图 6.5.9　引发 X 射线的各种机制

6.6　氢分子和化学键

　　宏观物质的基础结构是分子.分子由原子组成,两个或两个以上的原子结合在一起可能形成稳定的分子.本节将讨论分子的结构、能级和光谱.与前面原子结构的讨论相似,利用分子光谱提供的信息,用量子力学的理论和方法来研究分子的结构.

　　分子结构的一个重要部分就是研究将几个原子结合在一起形成分子时原子间的相互作用,化学上通常用**化学键**来表示这种相互作用.一个稳定分子的能量一定比分开的组成原子的能量之和要低.分子在形成一对键时所放出的能量或在分离一对键时所需要的能量称为**键能**,键能的大小一般在电子伏量级.当原子组成分子时,每个原子的内层电子受到各自的原子核的紧密束缚,受到的扰动很小;而原子最外层的价电子由于和原子核结合得较松,容易受到其他原子的影响.所以,主要是原子的价电子参与化学键的形成,原子内部满壳层上的电子几乎不参与化学键的形成.价电子参与成键的情况不同就形成不同的化学键.离子键和共价键是最常见的化学键.

6.6.1　离子键

　　原子间可以共有或转移它们的价电子而形成化学键.一种极端的情况是,一个或多个电子从一个原子转移到另一个原子,而使它们每一个都有类似惰性气体原子的电子组态,成为一个正的离子或负的离子,它们相互吸引而形成的键,就是**离子键**.碱金属和碱土金属的原子只有一个或两个价电子,从原子电离能的周期性变化可知,这些元素的电离能很小,价电子与原子核结合得很松,原子容易失去价电子而成为正离子.电离能在一个周期中自左向右逐渐增加,惰性气体原子的电离能最大,例如锂的电离能为 $5.39\,\text{eV}$,而氖原子的电离能是 $21.6\,\text{eV}$.卤族和氧族元素原子有六七个价电子,它们有较强的电子亲和势,即当它俘获一个电子形成负离子时会释放能量.这些原子称做**负电性原子**.例如,气态的一个中性氯原子得到一个电子后形成一价的氯离子时,释放 $3.62\,\text{eV}$ 的能量.通常称它具有的**电子亲和势**为 $-3.62\,\text{eV/atom}$ 或 $-349\,\text{kJ/mol}$.在周期表中 VIA 和 VIIA 族有最大的电子亲和势.当电离能很小的金属原子和电子亲和势很大的非金属原子相互接近时,金属原子容易失去价电子而形成正离子,非金属原子获得电子而成为负离子.已具有满壳层电子组态的正负离子之间的库仑引力使它们进一步靠近,使两个离子间的势能降低.离子间的静电引力形成键.但当两个离子靠得很近时,它们的电子云相互重叠,产生强烈的排斥作用.当引力和斥力平衡时能量最低,形成稳定的分子.在固态情况,每个负离子被正离子包围,同样正离子周围是负离子,从而形成**离子晶体**.

氯化钠分子是离子键的典型例子.当原子离得很远时,使一个钠原子和氯原子成为一个钠正离子和一个氯负离子时需要给予 1.53 eV 的能量.正负离子间的库仑力使它们接近,势能降低,距离约在 0.94 nm 时,库仑势约为 -1.53 eV.这意味着,假如中性钠和氯原子靠近到小于 0.94 nm 时,在能量上,它们趋于使电子从钠原子转移到氯,而形成离子键.这两个离子系统的势能随它们中心间距 R 变化的曲线如图 6.6.1 所示.形成分子的过程决定于:产生正离子的**电离能**,负离子的**亲和势**,离子间的库仑势和泡利排斥能,以及这些能量的平衡.势能有最小值时的能

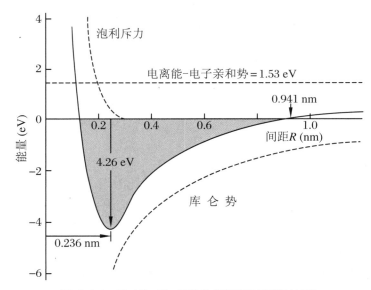

图 6.6.1 Na$^+$ 和 Cl$^-$ 间的势能随离子间距的变化

量就是离子键的键能,或称做分子的**结合能**、分子的**解离能**.它可以写成

$$E^+ + E^- - \frac{e^2}{4\pi\varepsilon_0 r} + C\frac{e^{-ar}}{r} = E_{解离} \tag{6.6.1}$$

等式左侧 E^+,E^- 是电离能和亲和势,第三、四项是库仑势和**泡利排斥能**.泡利能并

不容易计算,这里的两个参数 C 和 a 可根据实验数据来确定.泡利斥力不是简单的静电斥力,它主要来源于泡利不相容原理.当两个离子的间隔很大时,它们的电子波函数没有重叠,所以它们的电子可以有相同的量子数.但当两个离子逐渐靠近时,波函数的重叠越来越严重而迫使电子进入更高的能态,这就需要能量,也就是相当于有一种斥力.电离能、电子亲和势及解离能都可由实验测得.键的长度(及分子的平衡位置)可以由其他实验,例如分子谱(转动谱)的数据得到.这样利用关系式(6.6.1)就可以估算泡利斥能.表 6.6.1 列出碱金属卤化物的一些数据.

表 6.6.1　碱金属卤化物分子的基本数据

分子	正离子的电离能(eV)	负离子的亲和势(eV)	解离能(eV)	离子的间隔(键长)(nm)	平衡时的库仑能(eV)	平衡时的泡利斥能(eV)
NaCl	5.14	3.62	4.27	0.236	6.10	0.31
NaF	5.14	3.41	5.38	0.193	7.46	0.35
KCl	4.34	3.62	4.49	0.267	5.39	0.19
KBr	4.34	3.37	3.94	0.282	5.11	0.20

气态 NaCl 分子的两个离子间的平衡距离 $R_0 = 0.236$ nm.它的正离子和负离子在空间是分离的,正负电荷的中心不重合,由此 NaCl 分子具有**电偶极距**.由离子键形成的分子通常都是**极性分子**.

6.6.2　共价键

前面讨论的离子键比较容易理解,价电子由一个原子转移到另一个原子形成正离子和负离子,由库仑静电引力而结合在一起.还有其他成键的方式.两个氢原子能形成氢分子,它们之间是什么键? 氢原子的电离能为 13.6 eV,它的亲和势很小,只有 -0.8 eV.要使两个离子靠近,一定需要正的能量,所以不可能形成离子键.一定还有其他成键方式.两个氢原子是通过共价键结合为分子的.**共价键**是指一对价电子为两个原子所共有,价电子在两个核中间势能较低的区域,使两个原子系统的能量最低,形成稳定的分子.这时每个原子都具有惰性气体的组态.两个氢原子组成的氢分子是最简单的共价键分子.O_2,N_2,Cl_2 和 CO 都是共价键的分子.

为了解释共价键的形成,必须运用量子力学的知识.但在物理上仍还没有完全解决这些问题.要了解化学键需要考虑多粒子的各种相互作用:给定的 n 个原子核和 m 个电子,要找到系统的波函数和相应的能量.在解决这问题时只能采取一些近似方法. 我们先近似将原子核的质量看做是无穷大, 并忽略核的运动. 这里以最简单的氢分子为例来讨论.

6.6.3 氢分子

前面我们讨论过氢分子离子, 算是个单电子体系. 在氢分子的情形就不是只有一个电子了, 涉及两个原子核和两个电子. 以 a, b 标记两个原子核, 以 1 和 2 标记两个电子. 各个粒子之间有库仑力, 粒子间的距离用图 6.6.2 说明.

要计算氢分子的能量就要解它的薛定谔方程:

$$\hat{H}\psi(\boldsymbol{r}_1, \boldsymbol{r}_2) = E\psi(\boldsymbol{r}_1, \boldsymbol{r}_2) \tag{6.6.2}$$

哈密顿算符中包含电子 1、电子 2 的动能和各粒子间的库仑势:

$$\hat{H} = -\frac{\hbar^2}{2\mu}\nabla_1^2 - \frac{e^2}{4\pi\varepsilon_0 r_{a1}} - \frac{e^2}{4\pi\varepsilon_0 r_{a2}} - \frac{\hbar^2}{2\mu}\nabla_2^2 - \frac{e^2}{4\pi\varepsilon_0 r_{b1}}$$

$$- \frac{e^2}{4\pi\varepsilon_0 r_{b2}} + \frac{e^2}{4\pi\varepsilon_0 R_{ab}} + \frac{e^2}{4\pi\varepsilon_0 r_{12}} \tag{6.6.3}$$

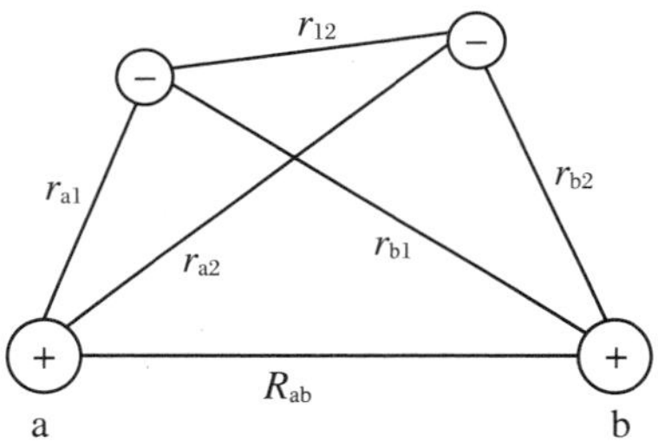

图 6.6.2 氢分子, 以 a, b 标记两个原子核, 以 1 和 2 标记两个电子. 图上标出各粒子间的距离

这里, 我们仍假定原子核的质量为无穷大.

当每个电子都独立地只和每个原子核作用时, 它们相应的波函数分别为 $\varphi_a(\boldsymbol{r}_1)$, $\varphi_b(\boldsymbol{r}_2)$, 分别是各个原子的解:

$$\left(-\frac{\hbar^2}{2m_e}\nabla_1^2 - \frac{e^2}{4\pi\varepsilon_0 r_{a1}}\right)\varphi_a(\boldsymbol{r}_1) = E_0^a\varphi_a(\boldsymbol{r}_1)$$

和

$$\left(-\frac{\hbar^2}{2m_e}\nabla_2^2 - \frac{e^2}{4\pi\varepsilon_0 r_{b2}}\right)\varphi_b(\boldsymbol{r}_2) = E_0^b\varphi_b(\boldsymbol{r}_2)$$

当两个原子核离得非常远时, 两个原子相互间可看做没有作用. 这时系统的波函数可简单地写为 $\varphi_a(\boldsymbol{r}_1)\varphi_b(\boldsymbol{r}_2)$. 但当两个原子靠近时, 必须考虑泡利不相容原理, 即系统的总波函数 (包括自旋波函数与空间波函数) 必须是交换反对称的. 就如同在处理氢原子的情形一样, 要涉及电子的自旋波函数. 所以总波函数可以是

$$\Psi = \chi_S(1,2)[\varphi_a(\boldsymbol{r}_1)\varphi_b(\boldsymbol{r}_2) - \varphi_a(\boldsymbol{r}_2)\varphi_b(\boldsymbol{r}_1)] \tag{6.6.4}$$

或

$$\Psi = \chi_A(1,2)[\varphi_a(\boldsymbol{r}_1)\varphi_b(\boldsymbol{r}_2) + \varphi_a(\boldsymbol{r}_2)\varphi_b(\boldsymbol{r}_1)] \tag{6.6.5}$$

这里 χ_S 和 χ_A 分别记自旋的对称态(三态)和反对称态(单态).当自旋波函数对称时,空间波函数一定是反对称的或称是"奇"函数,记做 ψ_u,

$$\psi_u = \varphi_a(\boldsymbol{r}_1)\varphi_b(\boldsymbol{r}_2) - \varphi_a(\boldsymbol{r}_2)\varphi_b(\boldsymbol{r}_1) \tag{6.6.6}$$

下标 u 是从德文"ungerade"得来的,表示反对称的意思.当自旋波函数反对称时,空间波函数一定是对称的或称是"偶"函数,记做 ψ_g,下标 g 源于德文"gerade".

$$\psi_g = \varphi_a(\boldsymbol{r}_1)\varphi_b(\boldsymbol{r}_2) + \varphi_a(\boldsymbol{r}_2)\varphi_b(\boldsymbol{r}_1) \tag{6.6.7}$$

将这两个波函数代入式(6.6.2)并用与处理氢分子离子相似的方法可以求得能量.这里我们不作计算了,但可以预期这两个不同的波函数会使能量有不同值,这里会出现量子力学效应即交换能.由氢分子离子的结果可以知道,与对称的波函数对应的态的电子云集中在两个原子中间,受到两个原子核的库仑吸引力,相应的能量要比"奇"波函数的低.交换效应使氢分子有很强的键,它的能量比两个独立氢原子的能量要低得多.两种波函数的能量与原子核的间距的关系可用

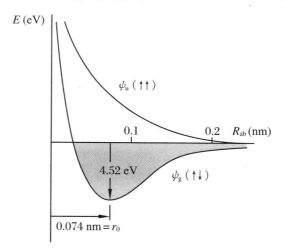

图 6.6.3　氢分子的束缚能与核间距离的关系

图 6.6.3 表示.由此可知,只有两个电子自旋反平行的状态才能形成稳定的氢分子.

形成氢分子的键是共价键.

共价键具有**饱和性**,即一个原子只能形成一定数目的共价键.当一个原子靠近另一个原子时,它的外层的自旋未配对的电子可以和另一原子中自旋未配对的电子组成共价键.由反键轨道的势能可解释,第三个氢原子不可能与氢分子的两个原子组成束缚态,因为必定会和一个原子形成反键,一定是被排斥的.所以,氢分子的键是饱和的,它不可能再接受另一个键.

6.6.4　极性键

由异类原子所组成的共价分子,虽然分子的总电荷是零,但电荷分布是不对称的,会产生永久的电偶极矩.这样的键称为**极性键**.由同类原子组成的共价分子,如

H_2和O_2,它们的电荷分布是对称的,正负电荷的中心是重合的,这样的分子没有永久的电偶极矩,分子的共价键是非极性的.

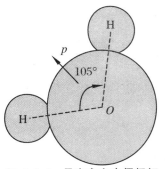

一个原子只能在某个特定的方向上形成共价键,因此,共价键有方向性.根据共价键的量子理论,共价键的强弱决定于形成共价键的两个电子轨函的相互交叠程度.原子在它价电子波函数最大的方向上形成共价键.例如,P态的电子云具有哑铃状,因此它在旋转对称轴的方向上形成共价键.水分子的结构如图6.6.4,它有永久电偶极距 p,其方向在对称平面内.异类原子组成的具有镜像对称的分子,如CO_2,CCl_4没有永久电偶极距.

图 6.6.4 具有永久电偶极矩的水分子

习 题 6

6.1 氦原子中两个电子分别激发到 2P 和 3D 状态.试求原子总轨道角动量量子数 L 的可能取值和可组成的各原子态.

6.2 两个质量均为 μ,相同的彼此无相互作用的粒子在一宽为 a 的无限深方势阱中运动,写出体系最低的两条能级的能量值及简并度.
（a）两个为非全同粒子,自旋为 1/2;
（b）两个为全同粒子,自旋为 1/2;
（c）两个为全同粒子,自旋为 1.

6.3 假设自由空间中有两个质量为 m、自旋为 $\hbar/2$ 的全同粒子,它们按如下自旋相关势:

$$V = \frac{g}{r} \boldsymbol{\sigma}_1 \cdot \boldsymbol{\sigma}_2$$

相互作用,其中 r 为两粒子之间的距离,$g>0$ 为常量,而 $\boldsymbol{\sigma}_i (i=1,2)$ 为分别作用于第 i 个粒子自旋的泡利矩阵.
（a）请写出该两粒子体系的一组可对易力学量完全集(CSCO);
（b）请给出该体系各束缚定态的能级和相应的简并度;
（c）请写出该体系的基态,并注明相应的量子数.

6.4 两全同的质量为 μ、自旋为 1/2 的费米子束缚在三维各向同性的谐振子势阱（频率为 ω）中.

(a) 写出系统基态与第一激发态的波函数；

(b) 若两粒子间有弱的与自旋无关的微扰短程相互作用 $V' = \lambda\delta^{(3)}(\boldsymbol{x}_1 - \boldsymbol{x}_2)$，求修正后（到 λ 的一级）基态和第一激发态的能量.

6.5 可以和对玻色子一样，定义费米子的吸收算符 b 及其厄米共轭——发射算符 b^+，它们满足反对易关系：

$$\{b, b\} \equiv bb + bb = 0$$
$$\{b^+, b^+\} = 0$$
$$\{b, b^+\} = 1$$

费米子粒子数算符定义为

$$\hat{N} = b^+ b$$

则可知它与吸收发射算符之间有对易关系：

$$[b, \hat{N}] = b$$
$$[b^+, \hat{N}] = -b^+$$

由 b, b^+ 及 $\hat{N}$ 构成的代数称为费米子代数.

(a) 计算 $\hat{N}$ 满足的代数方程，由此判断它只有两个不同的本征值，等于什么？

(b) 用真空态 $|0\rangle$（满足条件 $b|0\rangle = 0$）及发射算符 b^+ 来构建粒子数算符的本征态，它们构成费米子粒子数表象的基.

(c) 计算算符 b, b^+ 及 $\hat{N}$ 在此表象中的矩阵表示. 它们与泡利矩阵是什么关系？与角动量代数中的升降算符是什么关系？

6.6 一个简单超对称系统的哈氏量为

$$\hat{H} = a^+ a + b^+ b$$

其中 a 为玻色子吸收算符，b 为费米子吸收算符，当然不同类粒子之间是可交换的，

$$[a, b] = [a, b^+] = 0$$

系统哈氏量的本征态可表示为

$$|n_B, n_F\rangle = \frac{(a^+)^{n_B}}{\sqrt{n_B!}} (b^+)^{n_F} |0, 0\rangle$$

此处 n_B 为玻色子数，可取任意非零整数；n_F 是费米子数，只取 0 和 1 两个值. 显然只有一个玻色子的态和只有一个费米子的态能量相同，即它们简并.

（a）定义算符

$$\hat{Q} = b^+ a$$

证明满足反对易关系：

$$\{\hat{Q}, \hat{Q}^+\} = \hat{H}$$

（b）设

$$\hat{Q} = \hat{Q}_1 + i\hat{Q}_2, \quad \hat{Q}^+ = \hat{Q}_1 - i\hat{Q}_2$$

则显然 $\hat{Q}_i (i=1,2)$ 是厄米的，计算

$$\{\hat{Q}_i, \hat{Q}_j\}$$

（c）$|1,0\rangle$ 是只有一个玻色子的态．证明 $\hat{Q}|1,0\rangle$ 是只有一个费米子的态 $|0,1\rangle$，所以 $\hat{Q}$ 是把玻色子变为费米子的算符．什么算符把费米子转变为玻色子？

第7章 量子散射

    1911 年卢瑟福等人用一束 α 粒子与金箔碰撞,观测到被反弹回来的 α 粒子,从而推断出原子的有核模型.1914 年弗兰克和赫兹用电子与原子碰撞的实验证明了玻尔关于原子定态的假设.自此以后,散射或碰撞成为物理界主动探究自然获取规律的一种重要实验手段.虽然在经典力学和量子力学里都有散射,但在第 2 章里讨论一维散射的隧道效应时已经看到,由于波粒二象性,量子散射有着经典物理没有的许多特点.当然一般的散射总是在三维空间进行的,所以没有作特别说明时,本章讨论的散射多是三维的.

    散射过程是一个粒子从远处来到另一粒子附近经过相互作用后又向远方离去的过程.在碰撞问题中,体系的能量本征值具有连续谱,因而讨论这类问题的方法和讨论束缚态不同.在束缚态问题中(例如方势阱、线性谐振子、氢原子等),是利用粒子的波函数在无限远处为零的边界条件决定粒子的能级.在散射问题中,能量则是事先确定的,波函数在无限远处的情况也由已知条件得出,可以利用此散射边界条件来确定粒子被散射的情形.如果在散射中,两粒子之间只有动量的交换,粒子内部运动状态没有改变,则称这种散射碰撞为弹性散射;若散射中粒子内部运动状态有所改变,则称为非弹性散射.本章中我们只讨论弹性散射的问题.

7.1 散射和截面

7.1.1 散射过程

    实验室里的散射过程安排一般如图 7.1.1 所示.被观察的物理对象(一个物理

系统,常被称为**靶粒子**)被安排在实验室某个确定的地方.为探测其性质,人们通常
会用另外一种微观粒子(测量粒子,也叫入射粒子或**束流粒子**)来与这个待测粒子
碰撞.束流粒子在远离靶的地方被准备,调好一定能量经准直后射向靶粒子.开始
时两粒子相距几乎是无穷远,它们之间没有相互作用.当束流粒子靠近靶粒子进入
相互作用区后,两者发生相互作用.作用后束流粒子运动受了影响,跑出作用区后
向四面八方散开.在离靶粒子很远的地方有探测器计量被散射的粒子,测量其运动
性质.散射过程中可以把握的是两头即开始和末尾两粒子相离很远时的行为,或渐
近行为,但它反映的却是两粒子靠近时激烈相互作用的情形.根据散射粒子的分
布,可以分析推断靶粒子组成、相互作用、结构、性质和运动规律等.

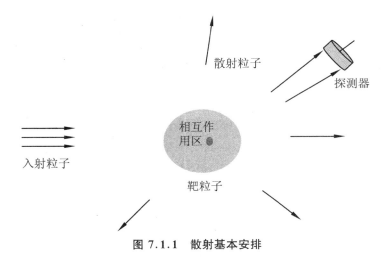

图 7.1.1 散射基本安排

在经典力学里也讨论散射,例如著名的卢瑟福散射.带有 $2e$ 正电荷的 α 粒子
以速度 v_0 射向靶原子,如图 7.1.2 所示.原子中电子很轻,考虑大角度散射时可忽

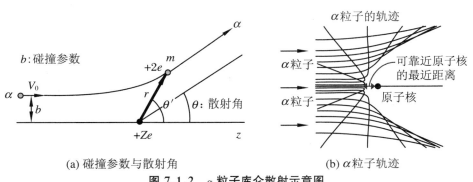

(a) 碰撞参数与散射角　　　　　　　(b) α 粒子轨迹

图 7.1.2 α 粒子库仑散射示意图

略.设原子核带的电荷为 Ze.把原子核与 α 粒子都当做点粒子,并且不妨把原子核看做无限重的.入射 α 粒子的入射方向与散射中心原子核的垂直距离称为**碰撞参数**,记做 b;散射粒子的出射方向与入射方向间的夹角 θ 为**散射角**.显然散射角是与碰撞参数紧密相关的.原子核与 α 粒子间的相互作用是库仑作用,因此它也被称为库仑散射.在经典力学里,粒子的运动有着确定的轨道.经典散射的关键是求出轨道,这里就是找出散射角与碰撞参数的关系,当然这就要用到牛顿运动定律.

另一个简单的例子,就是考虑一个入射粒子被一个半径为 R 的无限重刚性硬球散射,如图 7.1.3 所示.容易看出,当 $b < R$ 时,散射角 $\theta = 2\arccos(b/R)$;当 $b \geqslant R$ 时,散射角 $\theta = 0$.

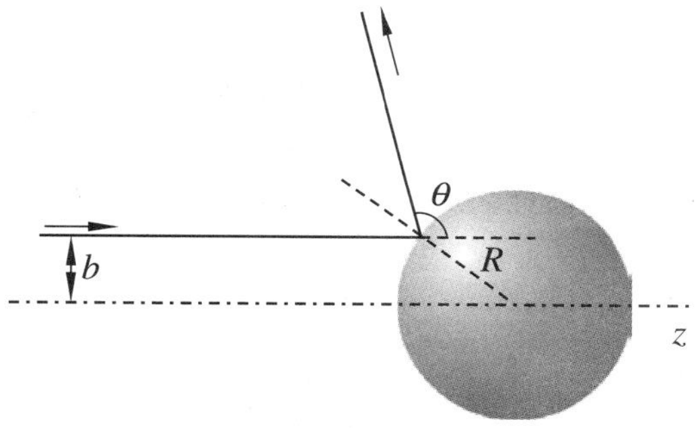

图 7.1.3　硬球散射

7.1.2　经典散射截面

一般地,初始时刻入射粒子距离散射中心很远,受靶粒子影响很弱.入射粒子流呈柱状沿同一个方向(z 方向)运动,并且有着不同的碰撞参数(图 7.1.4).在入射粒子流的横截面 Σ 上,考虑碰撞参数介于 b 和 $b + \mathrm{d}b$ 之间的粒子,它们分布在图 7.1.4 所示的一个环形区域内.如果束流粒子与靶粒子的相互作用相对于 z 轴是轴对称的,则入射粒子被散射后在空间的分布关于 z 轴是轴对称的,与方位角 φ 无关.所以,只要入射粒子具有相同的碰撞参数,被散射后就有

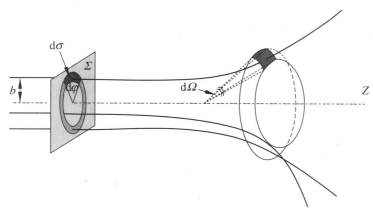

图 7.1.4　轴对称分布

着相同的散射角. 设入射横截面上 $d\sigma$ 面积元内的入射粒子被散射后位于大小为 $d\Omega$ 的立体角中. 显然,$d\sigma$ 越大,$d\Omega$ 也就越大. 定义二者的比值为**微分散射截面**,即

$$D(\theta) = \frac{d\sigma}{d\Omega} \tag{7.1.1}$$

而 $d\sigma = bdbd\varphi$,$d\Omega = \sin\theta d\theta d\varphi$,所以

$$D(\theta) = \frac{b}{\sin\theta}\left|\frac{db}{d\theta}\right| \tag{7.1.2}$$

上面的表达式中出现了绝对值符号,这是因为,随着碰撞参数 b 的增大,散射角将减小,故 $db/d\theta$ 是负值,而我们定义的微分截面为正值.

对于前面提到的刚性球散射,$db/d\theta = (-1/2)R\sin(\theta/2)$,所以微分散射截面为

$$D(\theta) \equiv \frac{d\sigma}{d\Omega} = \frac{R\cos(\theta/2)}{\sin\theta}\frac{R\sin(\theta/2)}{2} = \frac{R^2}{4} \tag{7.1.3}$$

是个常量. 将微分散射截面 $D(\theta)$ 对于整个立体角作积分,得到**总散射截面**,记做 σ,

$$\sigma = \int D(\theta)d\Omega \tag{7.1.4}$$

粗略地说,全截面是有可能被靶粒子散射的入射粒子分布在横截面 Σ 上的面积. 例如,硬球散射全截面为

$$\sigma = \frac{R^2}{4}\int d\Omega = \pi R^2 \tag{7.1.5}$$

这一结果符合直观图像:只有碰撞参数小于 R 的入射粒子才会与硬球发生碰撞,或粒子与硬球散射的总截面等于硬球的最大横截面. 这一截面也称为**几何截面**.

至于卢瑟福散射,计算要复杂一些. α 粒子与原子核的作用力即库仑力为

$$F = \frac{2Ze^2}{4\pi\varepsilon_0 r^2} \tag{7.1.6}$$

根据牛顿第二定律,知道此时 α 粒子的轨道是双曲线的一支. 我们也可以用下面的考虑来讨论. 促使 α 粒子偏离原来方向的力是库仑力的横向分量(图 7.1.2):

$$F_\perp = \frac{2Ze^2}{4\pi\varepsilon_0 r^2}\sin\theta' \tag{7.1.7}$$

由牛顿第二定律,在 dt 时间内,α 粒子横向速度 $v_\perp$ 的改变为

$$dv_\perp = \frac{F_\perp}{m}dt = \frac{2Ze^2\sin\theta'}{4\pi\varepsilon_0 r^2 m}dt \tag{7.1.8}$$

加上角动量守恒

$$L = mr^2 \frac{\mathrm{d}\theta'}{\mathrm{d}t} = mv_0 b \qquad (7.1.9)$$

可得

$$\mathrm{d}v_\perp = \frac{2Ze^2 \sin\theta'}{4\pi\varepsilon_0 mv_0 b} \mathrm{d}\theta' \qquad (7.1.10)$$

由能量守恒,出射粒子最终的横向速度 $v_{\perp\infty} = v_0 \sin\theta$,于是有

$$v_0 \sin\theta = \int_\pi^\theta \frac{2Ze^2}{4\pi\varepsilon_0 mv_0 b} \sin\theta' \mathrm{d}\theta' = \frac{2Ze^2}{4\pi\varepsilon_0 mv_0 b}(1 + \cos\theta) \qquad (7.1.11)$$

这就给出了散射角与瞄准距离的关系,即

$$b = \frac{1}{2} \frac{2Ze^2}{4\pi\varepsilon_0 E} \cot\theta \qquad (7.1.12)$$

其中 $E = \frac{1}{2}mv_0^2$ 是入射 α 粒子的能量. 把式(7.1.12)代到式(7.1.2)中,可得微分截面

$$D(\theta) = \frac{\mathrm{d}\sigma}{\mathrm{d}\Omega} = \frac{1}{16}\left(\frac{2Ze^2}{4\pi\varepsilon_0 E}\right)^2 \frac{1}{\sin^4(\theta/2)} \qquad (7.1.13)$$

它被称为**卢瑟福公式**.

散射截面具有面积的量纲,它的单位是**靶恩** b(barn),$1\ \mathrm{b} = 10^{-24}\ \mathrm{cm}^2$.

7.1.3　量子散射截面

由于波粒二象性,量子力学中一般不再使用轨道的语言,前面关于散射截面的定义就不太合适了. 为了使散射截面的定义更具有实际意义,让我们考虑入射和出射的粒子个数. 设入射方向为 z 轴的正方向,在入射粒子流的横截面 Σ 上,单位时间内单位面积上有 J_i 个粒子穿过该截面,J_i 实际上就是入射(粒子)流密度. 这些粒子被散射而运动到距离靶粒子足够远的地方后,受到靶粒子的影响很小,运动方向基本不变. 如果在出射粒子的运动方向上放置探测器,就可以记录出射粒子的个数. 设探测器和靶粒子间的距离为 r,探测器对于靶粒子张开的立体角为 $\mathrm{d}\Omega$,单位时间内接收到 $\mathrm{d}n$ 个粒子. 则一般此粒子数比例于入射粒子数 J_i,也比例于仪器所张立体角 $\mathrm{d}\Omega$. 比例系数就是**微分截面**:

$$\mathrm{d}n = D(\theta, \varphi)J_i \mathrm{d}\Omega$$

$$D(\theta, \varphi) \equiv \frac{\mathrm{d}n}{J_i \mathrm{d}\Omega} \qquad (7.1.14)$$

设在探测器处散射粒子流密度为 J_s,则有关系

$$\mathrm{d}n = J_s r^2 \mathrm{d}\Omega \tag{7.1.15}$$

而 $r^2 \mathrm{d}\Omega$ 就是收集粒子的仪器面积.这样,微分截面有着直接的物理定义:

$$D(\theta,\varphi) \equiv \frac{\mathrm{d}\sigma}{\mathrm{d}\Omega} = \frac{r^2 J_s}{J_i} \tag{7.1.16}$$

入射粒子流密度 J_i 和出射粒子流密度 J_s 是在实验上易于测量的量.**总截面**则为

$$\sigma = \int D(\theta,\varphi)\mathrm{d}\Omega = \int_0^{2\pi}\int_0^{\pi} D(\theta,\varphi)\sin\theta\mathrm{d}\theta\mathrm{d}\varphi \tag{7.1.17}$$

7.1.4　散射边界条件

与在一维的情形一样,散射过程的特殊安排提供了一种特殊的边界条件.在整个空间上,一方面我们主动发射有着确定能量、确定运动方向(设为 z 方向)的自由粒子流,是动量本征态,可用平面波 $\mathrm{e}^{\mathrm{i}kz}$(也叫**入射波**)代表,这里 k 为波数;另一方面,经在相互作用区作用后向四面八方飞去的出射粒子,在远处不再有相互作用,看起来都是从一个中心发出来的,相当于发散球面波(也叫**散射波**).考虑到能量守恒与径向运动粒子数的守恒,这个球面波可用 $\mathrm{e}^{\mathrm{i}kr}/r$ 代表.这样,定态波函数在无限远的行为(渐近行为)可以表达为

$$\begin{cases} \psi(\boldsymbol{r}) \xrightarrow{r \to \infty} \psi_i(\boldsymbol{r}) + \psi_s(\boldsymbol{r}) = \mathrm{e}^{\mathrm{i}kz} + f(\theta,\varphi)\dfrac{\mathrm{e}^{\mathrm{i}kr}}{r} \\ \psi_i = \mathrm{e}^{\mathrm{i}kz} \\ \psi_s = f(\theta,\varphi)\dfrac{\mathrm{e}^{\mathrm{i}kr}}{r} \end{cases} \tag{7.1.18}$$

其中 ψ_i 就是入射波,ψ_s 就是散射波.由于测量的是粒子数的相对比值,而入射部分是必不可少的,故我们方便地在平面波部分取了系数 1,即假定单位体积只有一个入射粒子.波数 k 与粒子能量的关系为

$$E = \frac{\boldsymbol{p}^2}{2\mu} = \frac{\hbar^2 k^2}{2\mu} \tag{7.1.19}$$

在势散射中 μ 就是入射粒子的质量,在质心系中它则为约化质量.在散射波中函数 $f(\theta,\varphi)$ 起着关键的作用,因为它决定着不同方向散射粒子的数目,决定着粒子的角分布.

7.1.5　微分截面和总截面

在量子力学里,粒子流密度用概率流密度代表:

$$J = \frac{\hbar}{2\mu i}(\psi^* \nabla\psi - \psi\nabla\psi^*)$$

现在我们分别计算入射波与散射波相应的概率流.

对入射波,$\psi_i = e^{ikz}$,相应的概率流密度为

$$J_i = \frac{\hbar k}{\mu}e_z \tag{7.1.20}$$

对散射波,$\psi_s = f(\theta,\varphi)e^{ikr}/r$,相应概率流的各球面分量为

$$\begin{cases} (J_s)_r = \frac{\hbar k}{\mu}\frac{|f(\theta,\varphi)|^2}{r^2} \\ (J_s)_\theta = \frac{\hbar}{\mu}\frac{1}{r^3}\mathrm{Re}\left[\frac{1}{i}f^*(\theta,\varphi)\frac{\partial}{\partial\theta}f(\theta,\varphi)\right] \\ (J_s)_\varphi = \frac{\hbar}{\mu}\frac{1}{r^3\sin\theta}\mathrm{Re}\left[\frac{1}{i}f^*(\theta,\varphi)\frac{\partial}{\partial\varphi}f(\theta,\varphi)\right] \end{cases} \tag{7.1.21}$$

当 r 很大时,相比于径向分量$(J_s)_r$,角向分量$(J_s)_\theta$和$(J_s)_\varphi$都很小,故散射概率流密度主要是径向的$(J_s)_r$.把这些代入前面微分截面的定义式(7.1.16)中,我们得到微分截面的计算式,

$$\frac{d\sigma}{d\Omega} = D(\theta,\varphi) = \frac{r^2(J_s)_r}{|J_i|} = |f(\theta,\varphi)|^2 \tag{7.1.22}$$

我们看到,微分散射截面等于函数 $f(\theta,\varphi)$ 的模的平方.函数 $f(\theta,\varphi)$ 与微分截面的关系相当于波函数(概率振幅)与概率的关系,故它被称为**散射振幅**.

这样,量子散射的关键是求散射振幅.散射振幅来源于波函数的渐近行为.至于波函数,当相互作用知道的时候,那就要从量子力学的基本规律——薛定谔方程来获得了.

碰撞问题一般是个两体问题.假定两个质量分别为 m_1 和 m_2 的粒子发生碰撞,相互作用只与它们的相对位置有关,则描写两粒子体系的薛定谔方程为

$$\left(-\frac{\hbar^2}{2m_1}\nabla_1^2 - \frac{\hbar^2}{2m_2}\nabla_2^2\right)\Psi + U(r_1 - r_2)\Psi = E_T\Psi \tag{7.1.23}$$

其中 U 是两粒子间的相互作用势能.这个二体问题可以化为一体问题.类似于以前关于氢原子的讨论,上面的薛定谔方程以分解为两个方程:一个描写体系的质心运动,另一个描写两粒子间的相对运动.后一个方程的形式是

$$-\frac{\hbar^2}{2\mu}\nabla^2\psi + U\psi = E\psi \tag{7.1.24}$$

式中 $\mu = \dfrac{m_1 m_2}{m_1 + m_2}$ 是两粒子体系的**约化质量**,E 是相对运动的能量.这方程可以看

做是描写质量为 μ 的假想粒子在势场 $U(r)$ 中的运动. 在散射问题中,它描写质量为 μ 的粒子对散射中心的散射,E 就是入射能量. 这种散射也称为**势散射**.

如果我们在**质心参考系**(即随质心一同运动的参考系)中讨论问题,质心可以看做是静止的,则两体散射问题就变成由方程(7.1.24)描写的一个粒子在势场 $U(r)$ 中的散射问题. 令

$$k^2 = \frac{2\mu E}{\hbar^2} = \frac{p^2}{\hbar^2} \tag{7.1.25}$$

$$V(r) = \frac{2\mu}{\hbar^2} U(r) \tag{7.1.26}$$

由式(7.1.24)可以改写为

$$\left[\nabla^2 + k^2 - V(r)\right]\psi(r) = 0 \tag{7.1.27}$$

从这方程里解出波函数,考虑 $r \to \infty$ 时的渐近行为,并与散射边界条件式(7.1.18)比较,求得散射振幅 $f(\theta, \varphi)$,就可计算出微分散射截面了.

当相互作用是有心力,即作用位势只与两粒子的距离有关,$V(r) = V(r)$,则散射过程对于入射方向 z 轴是旋转对称的. 那么显然散射振幅与方位角 φ 无关,即 $f(\theta, \varphi) \equiv f(\theta)$. 微分截面也只与极角 θ 有关了.

7.1.6 质心系与实验室系

理论计算在质心系比较容易进行,但实验大多是在实验室(靶粒子静止)系里做的. 为了比较,需要进行两个参考系的转换. 这一变换在理论力学中已经给出过.

设在实验室系中一个质量为 m_1 的粒子沿 z 轴射向静止的质量为 m_2 的粒子并发生碰撞,m_1 在实验室系的散射角(即与 Z 轴夹角)为 θ_L,在质心系的散射角为 θ,那么 θ_L 与 θ 的关系为

$$\tan \theta_L = \frac{m_2 \sin \theta}{m_1 + m_2 \cos \theta} \tag{7.1.28}$$

两个参考系中的微分散射截面的关系为

$$\sigma(\theta_L, \varphi_L) = \frac{(m_1^2 + m_2^2 + 2m_1 m_2 \cos \theta)^{3/2}}{m_2^2 |m_2 + m_1 \cos \theta|} \sigma(\theta, \varphi) \tag{7.1.29}$$

至于总散射截面 σ,则两个参考系中是一样的.

作为一个特殊例子,考虑两个等质量粒子碰撞 $m_1 = m_2$. 在质心系中是个均匀分布

$$\sigma(\theta, \varphi) = \sigma/(4\pi) \tag{7.1.30}$$

σ 是总截面,在实验室系此分布为

$$\sigma(\theta_L, \varphi_L) = \begin{cases} (\sigma/\pi)\cos\theta_L, & 0 \leqslant \theta_L \leqslant \pi/2 \\ 0, & \pi/2 \leqslant \theta_L \leqslant \pi \end{cases} \tag{7.1.31}$$

7.2　分　波　法

量子力学中,处理散射问题归结为求散射振幅 $f(\theta, \varphi)$,一般并不容易,于是发展出了各种近似方法.常用的近似方法有两种:一种是**分波法**,适用于有心力场中的低能散射.另一种是玻恩近似法,适用于任意势场里的高能散射.本节先讨论分波法.

7.2.1　方程决定的渐近行为

在有心力场中,相互作用只是距离的函数,$U(r) = U(r)$,也即 $V(r) = V(r)$,薛定谔方程式(7.1.27)成为

$$[\nabla^2 + k^2 - V(r)]\psi(r) = 0 \tag{7.2.1}$$

有心力场中角动量守恒,方程(7.2.1)的解的一般形式可以按轨道角动量的本征函数球谐函数 $Y_{lm}(\theta, \varphi)$ 展开,即

$$\psi(r, \theta, \varphi) = \sum_{lm} R_l(r) Y_{lm}(\theta, \varphi) \tag{7.2.2}$$

在现在讨论的问题中,波函数 ψ 与方位角 φ 无关,故磁量子数 $m = 0$,于是

$$\psi(r, \theta, \varphi) = \psi(r, \theta) = \sum_l R_l(r) P_l(\cos\theta) \tag{7.2.3}$$

上述展开式中每一项称为一个**分波**,$R_l(r) P_l(\cos\theta)$ 是第 l 个分波或 l 分波.

式(7.2.3)中的径向函数 $R_l(r)$ 满足下面的方程:

$$\frac{1}{r^2}\frac{d}{dr}\left(r^2\frac{dR_l(r)}{dr}\right) + \left[k^2 - V(r) - \frac{l(l+1)}{r^2}\right]R_l(r) = 0 \tag{7.2.4}$$

为了和 ψ 需满足的散射边界条件式(7.1.18)比较,我们讨论方程(7.2.4)在 $r \to \infty$ 时的渐近解.

先考虑没有相互作用势,即没有发生散射时的情形,此时 $V(r) = 0$,自由粒子运动.波函数满足的方程为

$$\frac{1}{r^2}\frac{d}{dr}\left(r^2\frac{dR_l(r)}{dr}\right) + \left[k^2 - \frac{l(l+1)}{r^2}\right]R_l(r) = 0 \tag{7.2.5}$$

我们在 4.3 节里讨论过它的解,一般是两个独立球贝塞尔函数 $j_l(kr)$ 和 $n_l(kr)$ 的组合.由于没有散射势作用,方程的解在全空间包括原点都应正则.此两函数在原点的行为如(见式 4.3.13)

$$j_l(kr) \xrightarrow{\ kr \to 0\ } \frac{2^l l!}{(2l+1)!}(kr)^{l+1}$$

$$n_l(kr) \xrightarrow{\ kr \to 0\ } \frac{(2l)!}{2^l l!}\frac{1}{(kr)^l}$$

显然 $n_l(kr)$ 不适合为解,于是无散射时的解为

$$R_l(kr) = A_l j_l(kr) \tag{7.2.6}$$

当 $r \to \infty$ 时,贝塞尔函数有如下的渐近行为:

$$\begin{cases} j_l(kr) \xrightarrow{\ r \to \infty\ } \dfrac{\sin(kr - l\pi/2)}{kr} \\[2mm] n_l(kr) \xrightarrow{\ r \to \infty\ } -\dfrac{\cos(kr - l\pi/2)}{kr} \end{cases} \tag{7.2.7}$$

于是无散射时,波函数的渐近行为如

$$R_l(kr) = A_l j_l(kr) \xrightarrow{\ r \to \infty\ } A_l \frac{\sin(kr - l\pi/2)}{kr} \tag{7.2.8}$$

如果存在散射相互作用,$V \neq 0$,但继续假定在无限远处作用消失,那么波函数满足的渐近方程还是式(7.2.5)的形式,然而,由于在原点作用情况不清,因此方程的一般解应是两个贝塞尔函数的组合:

$$R_l(kr) = A_l[\cos\delta_l j_l(kr) - \sin\delta_l n_l(kr)] \tag{7.2.9}$$

在 $r \to \infty$ 时,它的渐近行为变为

$$R_l(kr) = A_l[\cos\delta_l j_l(kr) - \sin\delta_l n_l(kr)] \xrightarrow{\ r \to \infty\ } A_l \frac{\sin(kr - l\pi/2 + \delta_l)}{kr}$$

$$\tag{7.2.10}$$

比较(7.2.8)和(7.2.10)两式,我们可以看到,有散射作用时,散射波在无限远处多了一个相位 δ_l,它被称为**散射相移**.显然这是处理散射的关键物理量!

将式(7.2.9)代入式(7.2.3),我们得到方程(7.2.1)的渐近解为

$$\psi(r,\theta,\varphi) \xrightarrow{\ r \to \infty\ } \sum_{l=0}^{\infty} \frac{A_l}{kr}\sin\left(kr - \frac{1}{2}l\pi + \delta_l\right) P_l(\cos\theta) \tag{7.2.11}$$

它也可以表达为

$$\psi(r,\theta,\varphi) \xrightarrow{\ r \to \infty\ } \sum_{l=0}^{\infty} \frac{A_l}{2i}\left(e^{i(\delta_l - l\pi/2)}\frac{e^{ikr}}{kr} - e^{-i(\delta_l - l\pi/2)}\frac{e^{-ikr}}{kr}\right) P_l(\cos\theta) \tag{7.2.12}$$

这是一个**球面发散波** e^{ikr}/r 与一个**球面汇聚波** e^{-ikr}/r 的叠加.

7.2.2　平面波的球面波展开

平面波和球面波本身都是完备的. 为了把由方程决定的波函数渐近行为与散射边界条件比较, 我们应该把边界条件中的入射平面波部分也用球面波展开.

利用数理方法里的公式

$$e^{ikz} = e^{ikr\cos\theta} = \sum_{l=0}^{\infty} (2l+1)i^l j_l(kr) P_l(\cos\theta) \tag{7.2.13}$$

代到散射边界条件 (7.1.18) 中, 再用 (7.2.7), 我们得到远方散射边界条件的球面波展开式

$$\psi(r,\theta,\varphi) \xrightarrow{r\to\infty} \sum_{l=0}^{\infty} (2l+1)i^l j_l(kr) P_l(\cos\theta) + f(\theta,\varphi)\frac{e^{ikr}}{r}$$

$$\xrightarrow{r\to\infty} \sum_{l=0}^{\infty} (2l+1)i^l \frac{1}{2ki}\left(e^{-il\pi/2}\frac{e^{ikr}}{r} - e^{il\pi/2}\frac{e^{-ikr}}{r}\right) P_l(\cos\theta) + f(\theta,\varphi)\frac{e^{ikr}}{r}$$

$$= \frac{e^{ikr}}{r}\left[f(\theta,\varphi) + \sum_{l=0}^{\infty} (2l+1)i^l \frac{1}{2ki}e^{-il\pi/2} P_l(\cos\theta)\right]$$

$$- \frac{e^{-ikr}}{r}\sum_{l=0}^{\infty} (2l+1)i^l \frac{1}{2ki}e^{il\pi/2} P_l(\cos\theta) \tag{7.2.14}$$

7.2.3　散射振幅和截面

我们已从两个方面得到了渐近行为. 式 (7.2.12) 是从薛定谔方程得出的, 式 (7.2.14) 则是散射边界条件要求的, 两者应该一致, 即有等式

$$\sum_{l=0}^{\infty} \frac{A_l}{2i}\left(e^{i(\delta_l - l\pi/2)}\frac{e^{ikr}}{kr} - e^{-i(\delta_l - l\pi/2)}\frac{e^{-ikr}}{kr}\right) P_l(\cos\theta)$$

$$= \frac{e^{ikr}}{r}\left[f(\theta,\varphi) + \sum_{l=0}^{\infty} (2l+1)i^l \frac{1}{2ki}e^{-il\pi/2} P_l(\cos\theta)\right]$$

$$+ \frac{e^{-ikr}}{r}\sum_{l=0}^{\infty} - (2l+1)i^l \frac{1}{2ki}e^{il\pi/2} P_l(\cos\theta) \tag{7.2.15}$$

按波型整理一下:

$$\frac{e^{ikr}}{r}\left\{f(\theta,\varphi) + \sum_{l=0}^{\infty}\left[(2l+1)i^l \frac{1}{2ki}e^{-il\pi/2} - \frac{A_l}{2ki}e^{i(\delta_l - l\pi/2)}\right] P_l(\cos\theta)\right\}$$

$$+ \frac{e^{-ikr}}{r}\sum_{l=0}^{\infty}\left[-(2l+1)i^l \frac{1}{2ki}e^{il\pi/2} + \frac{A_l}{2ki}e^{-i(\delta_l - l\pi/2)}\right] P_l(\cos\theta) = 0 \tag{7.2.16}$$

此方程告诉我们必有

$$\begin{cases} f(\theta,\varphi) + \sum_{l=0}^{\infty} \left[(2l+1)i^l \frac{1}{2ki}e^{-il\pi/2} - \frac{A_l}{2ki}e^{i(\delta_l - l\pi/2)} \right] P_l(\cos\theta) = 0 \\ \sum_{l=0}^{\infty} \left[-(2l+1)i^l \frac{1}{2ki}e^{il\pi/2} + \frac{A_l}{2ki}e^{-i(\delta_l - l\pi/2)} \right] P_l(\cos\theta) = 0 \end{cases}$$

$$(7.2.17)$$

利用勒让德函数的正交性,从第二个方程解出 A_l,

$$A_l = (2l+1)e^{i(\delta_l + l\pi/2)} \tag{7.2.18}$$

代到式(7.2.17)的第一个方程,就得到了散射振幅的计算式:

$$\begin{aligned} f(\theta,\varphi) \equiv f(\theta) &= -\frac{1}{2ki} \sum_{l=0}^{\infty} (2l+1) \left[1 - e^{i2\delta_l} \right] P_l(\cos\theta) \\ &= \frac{1}{k} \sum_{l=0}^{\infty} (2l+1)e^{i\delta_l} \sin\delta_l P_l(\cos\theta) \\ &= \frac{\sqrt{4\pi}}{k} \sum_{l=0}^{\infty} \sqrt{(2l+1)} e^{i\delta_l} \sin\delta_l Y_{l0}(\theta,\varphi) \end{aligned} \tag{7.2.19}$$

于是微分散射截面为

$$\frac{d\sigma}{d\Omega} = |f(\theta)|^2 = \frac{1}{k^2} \left| \sum_{l=0}^{\infty} (2l+1)e^{i\delta_l} \sin\delta_l P_l(\cos\theta) \right|^2 \tag{7.2.20}$$

对立体角积分后,得到总散射截面

$$\begin{aligned} \sigma_t &= \int_0^{2\pi} \int_0^{\pi} |f|^2 d\Omega = 2\pi \int_0^{\pi} |f(\theta)|^2 \sin\theta d\theta \\ &= \frac{2\pi}{k^2} \sum_{l=0}^{\infty} \sum_{l'=0}^{\infty} \int_0^{\pi} (2l+1)(2l'+1)e^{i\delta_l}e^{-i\delta_{l'}} \sin\delta_l \sin\delta_{l'} \\ &\quad \times P_l(\cos\theta)P_{l'}(\cos\theta)\sin\theta d\theta \\ &= \frac{4\pi}{k^2} \sum_{l=0}^{\infty} (2l+1)\sin^2\delta_l \equiv \sum_{l=0}^{\infty} \sigma_l \end{aligned} \tag{7.2.21}$$

这里已经用到了勒让德函数的正交性.式中

$$\sigma_l = \frac{4\pi}{k^2}(2l+1)\sin^2\delta_l \tag{7.2.22}$$

称为**第 l 个分波的散射截面**.式(7.2.22)表明,总散射截面是各个分波的散射截面的和.通常我们称 $l=0$(轨道角动量为零)的分波为 s 分波,$l=1$(轨道角动量为1)的分波为 p 分波等等,其对应的散射则称为 s 波(道)散射,p 波(道)散射等.

7.2.4 光学定理

从前面散射振幅的表达式(7.2.19)知道,在正前方 $\theta = 0$ 处的散射振幅(**朝前散射振幅**)为

$$f(0) = \frac{1}{k}\sum_{\ell=0}^{\infty}\sqrt{4\pi(2\ell+1)}\,\mathrm{e}^{\mathrm{i}\delta_\ell}\sin\delta_\ell\,\mathbf{Y}_{\ell 0}(0)$$

$$= \frac{1}{k}\sum_{\ell=0}^{\infty}(2\ell+1)\mathrm{e}^{\mathrm{i}\delta_\ell}\sin\delta_\ell \qquad (7.2.23)$$

其虚部为

$$\mathrm{Im}f(0) = \frac{1}{k}\sum_{\ell=0}^{\infty}(2\ell+1)\sin^2\delta_\ell \qquad (7.2.24)$$

再从前面关于总截面的表达式(7.2.21)可知

$$\sigma_t = \frac{4\pi}{k^2}\sum_{\ell=0}^{\infty}(2\ell+1)\sin^2\delta_\ell = \frac{4\pi}{k}\mathrm{Im}f(0) \qquad (7.2.25)$$

这一关于总截面与朝前散射振幅的关系称为光学定理.它不仅对于弹性散射成立,而且对于非弹性散射和吸收过程也是成立的,是碰撞过程中的一个普遍关系.由此出发我们还能得到一个关于朝前散射微分截面与总截面的关系:

$$\sigma(0) = |f(0)|^2 = [\mathrm{Im}f(0)]^2 + [\mathrm{Re}f(0)]^2$$

$$\geqslant [\mathrm{Im}f(0)]^2 = \left(\frac{k}{4\pi}\right)^2\sigma_t^2 \qquad (7.2.26)$$

或者反过来,得到关于总截面的一个限制:

$$\sigma_t \leqslant \frac{4\pi}{k}\sqrt{\sigma(0)} \qquad (7.2.27)$$

7.2.5 分波近似

上面讨论的结果说明,用分波法求散射截面的问题归结为计算相移 δ_ℓ.如果式(7.2.21)中的级数收得很快,我们只须计算前面几个分波的相移($\delta_0,\delta_1,\delta_2,\cdots$)就可以得到足够准确的结果.但是如果级数收敛得很慢,要得到较好的结果就须算出许多个分波的相移.这通常是比较困难的,分波法就很不方便.所以,尽管从原则上说,分波法是解有心力场散射问题的普遍方法,但是实际上有一定的适用范围.下面我们就这一问题进行具体分析.

设散射的势场 $U(r)$ 的作用范围是以散射中心为球心、R 为半径的球内,即当

$r>R$ 时，$U(r)$ 的值可略去不计. 入射波主要在这范围内受到散射，产生相移（图 7.2.1）. 图中虚线表示入射波第 l 个分波的径向函数 $j_l(kr)$，实线表示散射波第 l 个分波的径向函数 $R_l(r)$.（a）和（b）分别表示粒子在排斥力场[$U(r)\geqslant 0$]和吸引力场[$U(r)\leqslant 0$]中的散射. 根据数学中对球贝塞尔函数性质的分析，知道 $j_l(kr)$ 的第一个极大值是许多极大值中最大的一个，它的位置在 $r=l/k$ 附近；而对于比 l/k 要小得多的 r，$j_l(kr)$ 的渐近行为是

$$j_l(kr) \xrightarrow[kr\to 0]{} \frac{(kr)^l}{1\cdot 3\cdot 5\cdots (2l+1)}$$

即 $j_l(kr)$ 是很小的，随 r 的 l 次方趋于零. 分波愈高，l 愈大，$j_l(kr)$ 趋近于零也愈快. 如果 $(l/k)>R$，即 $j_l(kr)$ 最大值的位置在势场作用范围以外，那么在势场起作用的范围之内（$r\leqslant R$），$j_l(kr)$ 的数值就很小，这一分波受到势场的影响很小，散射所产生的相移 δ_l 就可以略去. 与此相反，如果 $(l/k)\leqslant R$ 或是 $l\leqslant kR$，这时 $j_l(kr)$ 的最大值位置处于势场作用范围之内，这样的分波将受到势场较大的影响而产生明显的相移. 根据这种分析，只须计算从 $l=0$ 到 $l\sim kR$ 的相移 δ_l 就可以了. 因此 kR 越小，须要考虑相移的 l 值越小，应用分波法就越简便，特别是当势场作用范围 R 小或是入射粒子能量低（波数 k 小），致使 $kR\ll 1$ 时，只要计算 s 波相移 δ_0，就能得出足够好的散射截面. 由此可见，分波法在短程力或低能（慢速粒子）散射的情况下最为适用.

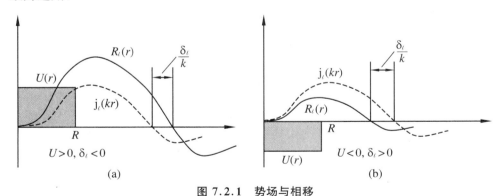

图 7.2.1　势场与相移

我们还可以用准经典的方法作简单的估计. 因为 R 是势场作用半径，当动量为 $p=\hbar k$ 的入射粒子的角动量 L 大于 pR 的数值，粒子将处于势场作用范围（$r<R$）以外，势场对这样角动量的分波没有散射，而在量子力学里 L 又可表示为 $l\hbar$（l 为轨道角动量量子数）. 由此可见，受势场散射的条件为

$$L\leqslant pR$$

即

$$\iota \leqslant kR \tag{7.2.28}$$

又回到上面的结论.

7.2.6 量子硬球散射

这是经典硬球散射的量子版本, 势能为

$$V(r) = \begin{cases} 0, & r > R \\ \infty, & r < R \end{cases} \tag{7.2.29}$$

假设入射粒子的能量很低, 更明确地说, 对于入射能量 E, $k = \sqrt{2\mu E}/\hbar$ 满足 $kR \ll 1$. 由式(7.2.28)可知, 只须考虑 $\iota = 0$ 的 s 分波对于散射振幅的贡献.

$$f(\theta) = \frac{1}{k} e^{i\delta_0} \sin \delta_0$$

微分散射截面为

$$D(\theta) = |f(\theta)|^2 = \frac{1}{k^2} \sin^2 \delta_0$$

全截面为

$$\sigma = \frac{4\pi}{k^2} \sin^2 \delta_0$$

为了计算相移 $\delta_0(k)$, 须解径向方程:

$$\left[\frac{d^2}{dr^2} + k^2 \right] u_{k,0}(r) = 0, \quad r > R \tag{7.2.30}$$

在 $r = R$ 处的边界条件是 $u(R) = 0$. 容易有

$$u_{k,0}(r) = \begin{cases} C \sin k(r - R), & r > R \\ 0, & r < R \end{cases} \tag{7.2.31}$$

相移由 $u_{k,0}(r)$ 的渐近行为确定:

$$u_{k,0}(r) \xrightarrow{\quad r \to \infty \quad} \sin(kr + \delta_0) \tag{7.2.32}$$

于是

$$\delta_0(k) = -kR \tag{7.2.33}$$

随之有全截面

$$\sigma = 4\pi R^2 \tag{7.2.34}$$

我们看到, 这里总截面是"硬球"最大横截面(也是经典散射的总截面)大小的 4 倍, 是"硬球"的全表面积. 这种更大的有效尺寸正是光学中长波散射(或衍射)的特点.

形象地说,波可以绕过障碍物,可以"触摸"到硬球四周的区域,而经典的粒子只可能"看到"其前方的路径.

一个自然的设想是,对于高能散射,粒子的行为是半经典的甚至经典的,那么全截面就应该等于硬球的几何尺寸(称为几何截面).随着 k 的增大,对散射截面有明显贡献的分波也逐渐增多.根据式(7.2.28),全截面式(7.2.21)的求和可以从 $l = 0$ 到 $l \simeq kR$:

$$\sigma = \frac{4\pi}{k^2} \sum_{l=0}^{l \simeq kR} (2l + 1) \sin^2 \delta_l \tag{7.2.35}$$

在 $r > R$ 的区域内分波的径向部分由式(7.2.9)给出,在 $r = R$ 处应该为零,即

$$j_l(kR) \cos \delta_l - n_l(kR) \sin \delta_l = 0$$

所以对于任何 l,有

$$\tan \delta_l = \frac{j_l(kR)}{n_l(kR)} \tag{7.2.36}$$

于是

$$\sin^2 \delta_l = \frac{\tan^2 \delta_l}{1 + \tan^2 \delta_l} = \frac{[j_l(kR)]^2}{[j_l(kR)]^2 + [n_l(kR)]^2} \tag{7.2.37}$$

利用渐近条件式(7.2.7),$\sin^2 \delta_l$ 可以表示为

$$\sin^2 \delta_l \simeq \sin^2 \left(kR - \frac{l\pi}{2} \right) \tag{7.2.38}$$

l 增大或者减小 1,$\sin^2 \delta_l$ 就变为 $\cos^2 \delta_l$. 于是式(7.2.21)中的求和分为 $\sin^2 \delta_l$ 和 $\cos^2 \delta_l$ 两部分. 当 kR 较大时,求和的项数足够多,在很好的近似下,有

$$\sigma = \frac{4\pi}{k^2} \frac{1}{2} (kR)^2 = 2\pi R^2 \tag{7.2.39}$$

可见,即使在高能散射情形下,粒子对于硬球的散射仍然表现出波动的特点.

7.2.7 球壳散射

设质量为 μ、能量为 E 的粒子被球壳势

$$U(r) = U_0 \delta(r - r_0) \tag{7.2.40}$$

散射,求 s 分波散射截面.

从前面知道,只要解角量子数 $l = 0$ 的分波满足的薛定谔方程,从解的渐近行为求出 s 分波相移,就能得到截面.

令径向波函数

$$R(r) = u(r)/r$$

代入薛定谔方程,得到

$$\begin{cases} u'' - \beta\delta(r - r_0)u + k^2 u = 0 \\ u(r \to 0) = 0 \end{cases} \tag{7.2.41}$$

这里

$$\beta = 2\mu U_0 / \hbar^2, \quad k^2 = 2\mu E / \hbar^2 \tag{7.2.42}$$

由于 δ 势有奇异性,我们要分区解:

$$\begin{cases} r < r_0, & u = C\sin kr \\ r > r_0, & u = B\sin(kr + \delta_0) \end{cases} \tag{7.2.43}$$

这里 B, C 都是常数.为求出相移,须利用 δ 势情况下的跳跃连接条件:波函数连续而波函数导数跳跃,

$$\begin{cases} u(r_{0-}) = u(r_{0+}) \\ u'(r_{0+}) - u'(r_{0-}) = \beta u(r_0) \end{cases} \tag{7.2.44}$$

第二个条件可直接从方程积分得到.具体代入波函数,得方程:

$$\begin{cases} C\sin kr_0 = B\sin(kr_0 + \delta_0) \\ Bk\cos(kr_0 + \delta_0) - Ck\cos kr_0 = \beta C\sin kr_0 \end{cases} \tag{7.2.45}$$

这是关于系数 B, C 的齐次方程.要有非零解的条件是行列式为零,

$$\begin{vmatrix} \sin(kr_0 + \delta_0) & -\sin kr_0 \\ k\cos(kr_0 + \delta_0) & -(k\cos kr_0 + \beta\sin kr_0) \end{vmatrix} = 0 \tag{7.2.46}$$

此方程给出关系

$$\begin{aligned} \tan(kr_0 + \delta_0) &= k\sin kr_0 / (k\cos kr_0 + \beta\sin kr_0) \\ &= \tan kr_0 / [1 + (\beta/k)\tan kr_0] \end{aligned} \tag{7.2.47}$$

由此可解得 s 波相移 δ_0.

在低能情况下,

$$E \to 0, \quad k \to 0, \quad \delta_0 \to 0 \tag{7.2.48}$$

上式可得近似解:

$$\begin{cases} \delta_0 \sim kr_0 / (1 + \beta r_0) - kr_0 = kA \\ A = -\beta r_0^2 / (1 + \beta r_0) = -r_0 U_0 r_0 / \left(\dfrac{\hbar^2}{2\mu} + U_0 r_0\right) \end{cases} \tag{7.2.49}$$

A 被称为**散射长度**.

于是我们最后得到球壳上的 s 波散射截面为

$$\frac{\mathrm{d}\sigma}{\mathrm{d}\Omega} = \sigma_0 = \frac{4\pi}{k^2}\delta_0^2 = 4\pi A^2 \tag{7.2.50}$$

7.2.8 势阱散射与共振散射

作为分波法的一个应用,我们来讨论质子与中子的**低能散射**.这时入射粒子的能量很小,它的德布罗意波长比势场作用范围大得多.

不考虑自旋时,质子与中子的相互作用势场可近似地表示为

$$U(r) = \begin{cases} -U_0, & r \leqslant a \\ 0, & r > a \end{cases} \tag{7.2.51}$$

$U_0 > 0$.因为$\dfrac{\hbar}{p} = \dfrac{1}{k} \gg a$,即$ka \ll 1$,所以只须讨论 s 波散射,即$l = 0$的分波.这时径向方程为

$$\frac{1}{r^2} \frac{\mathrm{d}}{\mathrm{d}r} \left(r^2 \frac{\mathrm{d}R(r)}{\mathrm{d}r} \right) + \left(\frac{2\mu E}{\hbar^2} + \frac{2\mu U_0}{\hbar^2} \right) R(r) = 0, \quad r \leqslant a \tag{7.2.52}$$

$$\frac{1}{r^2} \frac{\mathrm{d}}{\mathrm{d}r} \left(r^2 \frac{\mathrm{d}R(r)}{\mathrm{d}r} \right) + \frac{2\mu E}{\hbar^2} R(r) = 0, \quad r > a \tag{7.2.53}$$

令

$$\begin{cases} R(r) = \dfrac{u(r)}{r} \\[2mm] k^2 = \dfrac{2\mu E}{\hbar^2} \\[2mm] k'^2 = k^2 + \dfrac{2\mu U_0}{\hbar^2} = \dfrac{2\mu(E + U_0)}{\hbar^2} \end{cases} \tag{7.2.54}$$

代入径向方程,得

$$\frac{\mathrm{d}^2 u(r)}{\mathrm{d}r^2} + k'^2 u(r) = 0, \quad r \leqslant a \tag{7.2.55}$$

$$\frac{\mathrm{d}^2 u(r)}{\mathrm{d}r^2} + k^2 u(r) = 0, \quad r > a \tag{7.2.56}$$

方程(7.2.55)和(7.2.56)的解分别为

$$u(r) = A\sin(k'r + \delta_0'), \quad r \leqslant a \tag{7.2.57}$$

$$u(r) = B\sin(kr + \delta_0), \quad r > a \tag{7.2.58}$$

由边界条件$R(r) = \dfrac{u(r)}{r}$在$r = 0$时为有限,要求$u(0) = \sin \delta_0' = 0$,于是$\delta_0' = 0$.再由对数导数$\dfrac{1}{u} \dfrac{\mathrm{d}u}{\mathrm{d}r}$在$r = a$处连续(这个条件等同于$\dfrac{1}{R} \dfrac{\mathrm{d}R}{\mathrm{d}r}$在$r = a$处连续),可得

$$k' \cot k'a = k \cot(ka + \delta_0) \tag{7.2.59}$$

或者

$$\frac{k}{k'} \tan k'a = \tan(ka + \delta_0)$$

由此得到相移

$$\delta_0 = \tan^{-1}\left(\frac{k}{k'} \tan k'a\right) - ka \tag{7.2.60}$$

于是总散射截面为

$$\sigma \approx \sigma_0 = \frac{4\pi}{k^2} \sin^2 \delta_0$$

$$= \frac{4\pi}{k^2} \sin^2\left[\tan^{-1}\left(\frac{k}{k'} \tan k'a\right) - ka\right] \tag{7.2.61}$$

我们来讨论低能散射 $k \to 0$ 的情况. 因为在 $x \to 0$ 时, $\tan^{-1} x \approx x$, 所以相移式 (7.2.60)可简化为

$$\delta_0 \approx ka\left(\frac{\tan k'a}{k'a} - 1\right) \approx ka\left(\frac{\tan k_0 a}{k_0 a} - 1\right) \ll 1 \tag{7.2.62}$$

式中

$$k_0 = \frac{2\mu U_0}{\hbar^2} \approx k' \tag{7.2.63}$$

在前面的式(7.2.19)中, 只取 $l=0$ 的项, 并注意式(7.2.62), 得到散射振幅:

$$f(\theta) = \frac{1}{2ki}(e^{2i\delta_0} - 1) = \frac{1}{k} e^{i\delta_0} \sin \delta_0$$

$$\approx \frac{\delta_0}{k} \approx a\left(\frac{\tan k_0 a}{k_0 a} - 1\right) \tag{7.2.64}$$

由此得到散射微分截面:

$$\frac{d\sigma}{d\Omega} = |f(\theta)|^2 = a^2\left(\frac{\tan k_0 a}{k_0 a} - 1\right)^2 \tag{7.2.65}$$

将上式对角度积分就得到总散射截面:

$$\sigma \approx 4\pi a^2\left(\frac{\tan k_0 a}{k_0 a} - 1\right)^2 \tag{7.2.66}$$

这样我们就得到了一个重要结果: 对于低能散射($k \to 0$), 微分散射截面与角度无关. 散射是各向同性的, 而且散射截面与入射粒子能量无关.

但是总截面公式(7.2.66)中, 还有一个特殊情况. 就是当

$$k_0 a = (2n + 1) \frac{\pi}{2} \tag{7.2.67}$$

时,即 $k_0 a$ 是 $\frac{\pi}{2}$ 的奇数倍时,截面会变成无穷大,这显然没有物理意义.在这种情况下,近似式(7.2.62)不再成立.因而式(7.2.19)不再适用.必须修改截面公式.为此,我们首先来讨论式(7.2.67)的物理意义.

条件(7.2.67)是和三维球对称方势阱中束缚态分立能级的出现有关的.为了看出这一点,我们回想在 4.3 节中曾讨论过的球方势阱的 s 波束缚态.其能量本征值 ε 当然小于 0,可以令它为 $-|\varepsilon|$.只须将式(7.2.52)和式(7.2.53)中的能量 E 换成 $-|\varepsilon|$,就可以得到求解分立谱的 s 波径向薛定谔方程:

$$\frac{1}{r^2} \frac{\mathrm{d}}{\mathrm{d}r} \left(r^2 \frac{\mathrm{d}R(r)}{\mathrm{d}r} \right) + \frac{2\mu}{\hbar^2} (U_0 - |\varepsilon|) R(r) = 0, \quad r \leqslant a \tag{7.2.68}$$

$$\frac{1}{r^2} \frac{\mathrm{d}}{\mathrm{d}r} \left(r^2 \frac{\mathrm{d}R(r)}{\mathrm{d}r} \right) - \frac{2\mu|\varepsilon|}{\hbar^2} R(r) = 0, \quad r > a \tag{7.2.69}$$

令

$$\begin{cases} \dfrac{2\mu}{\hbar^2} (U_0 - |\varepsilon|) = \rho^2 \\[2mm] \dfrac{2\mu|\varepsilon|}{\hbar^2} = \rho'^2 \\[2mm] \rho^2 + \rho'^2 = \dfrac{2\mu U_0}{\hbar^2} \end{cases} \tag{7.2.70}$$

则 $u = rR$ 满足的方程是

$$\begin{cases} \dfrac{\mathrm{d}^2 u(r)}{\mathrm{d}r^2} + \rho^2 u(r) = 0, \quad r \leqslant a \\[2mm] \dfrac{\mathrm{d}^2 u(r)}{\mathrm{d}r^2} - \rho'^2 u(r) = 0, \quad r > a \end{cases} \tag{7.2.71}$$

$u(r)$ 应满足在原点 $r = 0$ 及无穷远处为有限的边界条件,因此

$$\begin{cases} u(r) = A' \sin \rho r, \quad r \leqslant a \\[2mm] u(r) = B' \mathrm{e}^{-\rho' r}, \quad r > a \end{cases} \tag{7.2.72}$$

在 $r = a$ 处对数导数 $\dfrac{1}{u} \dfrac{\mathrm{d}u}{\mathrm{d}r}$ 要连续,

$$\rho \cot(\rho a) = -\rho' = -\sqrt{\frac{2\mu|\varepsilon|}{\hbar^2}} \tag{7.2.73}$$

如果令

$$\begin{cases} \xi = \rho a \\ \eta = \rho' a \end{cases} \qquad (7.2.74)$$

上面方程加上式(7.2.70)中的约束就是

$$\begin{cases} \eta = -\xi \cot \xi = \xi \tan(\xi - \pi/2) \\ \xi^2 + \eta^2 = \dfrac{2\mu U_0 a^2}{\hbar^2} \end{cases} \qquad (7.2.75)$$

这就是决定球势阱 s 波分立谱的条件
(图 7.2.2),我们在前面式(4.3.34)
见到过,在更前面第 2 章讨论有限深
方阱中反对称解时也见过!

　　显然,当

$$\xi = \rho a = \frac{(2n+1)\pi}{2}$$

$$(7.2.76)$$

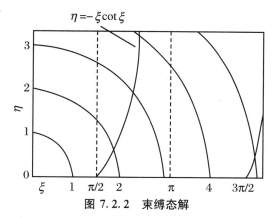

图 7.2.2　束缚态解

时,$|\varepsilon| = 0$ 是式(7.2.75)的一个
解,这表明 $|\varepsilon| = 0$ 是势阱的一个分
立能级,而 $|\varepsilon| = 0$ 意味着

$$\sqrt{2\mu(U_0 - |\varepsilon|)a^2/\hbar^2}\,\big|_{|\varepsilon|=0} = \frac{(2n+1)\pi}{2}$$

即

$$k_0 a = \frac{(2n+1)\pi}{2}$$

而这恰恰就是式(7.2.67).这就是说,散射截面无穷大的条件和势阱在阱口位置出

现一个分立谱的条件相同.换句话说,在势阱满足条件 $k_0 a = \dfrac{(2n+1)\pi}{2}$ 的情况下,

$|\varepsilon| = 0$ 是一条分立能级,当入射粒子能量 $k \to 0$ 时,也就是入射粒子能量十分接近
于束缚态 $|\varepsilon| = 0$ 的能量,几乎和它产生共振时,散射截面将变得很大,这种现象就
称之为**共振散射**.

　　如果位阱再深些,$k_0 a$ 不是恰好等于而是稍微大于(取大于是为保证有束缚
态)$\dfrac{\pi}{2}$ 的奇数倍,则从图 7.2.2 可看出,束缚态能量绝对值增加,原来这近井口的能
级稍微下降,$|\varepsilon| \neq 0$,但仍然十分接近于零.事实上,若令

$$\rho a = \frac{(2n+1)\pi}{2} + \tau \tag{7.2.77}$$

其中 τ 是一个很小的正数,则将式(7.2.77)代入式(7.2.75)以后,可得

$$\left[\frac{(2n+1)\pi}{2} + \tau\right]\cot\left[\frac{(2n+1)\pi}{2} + \tau\right] = -\sqrt{\frac{2\mu|\varepsilon|}{\hbar^2}}\,a$$

利用 $\cot(x+y) = \dfrac{\cot x \cdot \cot y - 1}{\cot x + \cot y}$ 以及 $\cot\dfrac{(2n+1)\pi}{2} = 0$ 可得

$$\left[\frac{(2n+1)\pi}{2} + \tau\right]\frac{(-1)}{\cot\tau} = -\sqrt{\frac{2\mu|\varepsilon|}{\hbar^2}}\,a$$

由于 δ 是小量,则 $\dfrac{1}{\cot\tau} = \tan\tau \approx \tau$,由此得

$$|\varepsilon| = \frac{\hbar^2}{2\mu a^2}\left[\tau + \frac{(2n+1)\pi}{2}\right]^2\tau^2 \tag{7.2.78}$$

是一个很小的量.因此,$k'a$ 稍微大于 $\dfrac{\pi}{2}$ 的奇数倍时,分立谱 $-|\varepsilon|$ 仍然很接近于零,这时还会有共振发生.

在出现共振散射的情况下,必须修改截面公式(7.2.66).在共振散射时,入射粒子能量 $k \to 0$,分立能级 $|\varepsilon| \to 0$,因此有

$$k' = \sqrt{\frac{2\mu(U_0 + E)}{\hbar^2}} \approx \sqrt{\frac{2\mu U_0}{\hbar^2}} = k_0 \tag{7.2.79}$$

$$\rho = \sqrt{\frac{2\mu(U_0 - |\varepsilon|)}{\hbar^2}} \approx \sqrt{\frac{2\mu U_0}{\hbar^2}} = k_0 \tag{7.2.80}$$

这时,注意比较一下决定散射相移 δ_0 的对数导数连续条件式(7.2.59)和决定分立能级 $|\varepsilon|$ 的对数导数连续条件式(7.2.73),就会发现,这两个式子的左边是相同的,这样我们就有可以通过波函数在 $r = a$ 处的对数导数 $\dfrac{1}{u}\dfrac{\mathrm{d}u}{\mathrm{d}r}$ 连续的条件使得散射相移 δ_0 与分立能级 $|\varepsilon|$ 联系起来.这种联系的物理实质在于,当 $k \to 0$,$|\varepsilon| \to 0$ 时,在势阱范围之内,散射问题与分立谱问题的波函数是近于相同的,这从波函数表达式(7.2.57)和(7.2.72)可以看出来,因而在 $r = a$ 处的对数导数也应相同.事实上,考虑到式(7.2.79)之后,式(7.2.59)成为

$$k_0\cot k_0 a = k_0\cot(ka + \delta_0) \approx k_0\cot\delta_0 \tag{7.2.81}$$

考虑到式(7.2.80)之后,式(7.2.73)成为

$$k_0 \cot k_0 a = -\sqrt{\frac{2\mu|\varepsilon|}{\hbar^2}} \tag{7.2.82}$$

比较式(7.2.81)和式(7.2.82)，就得到相移和分立能级的关系为

$$k \cot \delta_0 = -\sqrt{\frac{2\mu|\varepsilon|}{\hbar^2}} \tag{7.2.83}$$

利用 $k = \sqrt{\dfrac{2\mu E}{\hbar^2}}$，就得到

$$\cot \delta_0 = -\sqrt{\frac{|\varepsilon|}{E}} \tag{7.2.84}$$

散射总截面

$$\sigma = \frac{4\pi}{k^2} \sin^2 \delta_0 = \frac{4\pi}{k^2} \frac{1}{1 + \cot^2 \delta_0}$$

将式(7.2.83)代入，就得

$$\sigma = \frac{2\pi \hbar^2}{\mu(E + |\varepsilon|)} \tag{7.2.85}$$

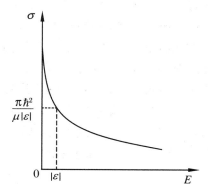

这就是共振弹性散射的总截面. 由于 E 和 $|\varepsilon|$ 都很小，当 $E \sim |\varepsilon|$ 时，共振散射的截面要比不存在共振时的截面大得多，并出现一个突出的极大值，称为**共振峰**(图7.2.3). 特别是由于 $ka \ll 1$，所以 σ 要比势作用半径的平方 a^2 大得多.

图7.2.3 共振散射截面

在以上的讨论中，只有当阱宽度与深度满足条件 $k_0 a \approx \dfrac{(2n+1)\pi}{2}$，有一条十分接近于零的分立能级(束缚态)时，才有可能产生共振. 如果 $k_0 a$ 离 $\dfrac{\pi}{2}$ 的奇数倍很远，以致势阱中最上边一条能级距离阱口较远时，即使 $k \to 0$，入射粒子能量也远离束缚态能量，就不能发生共振.

由于共振的发生要求有束缚态的存在，所以共振散射只出现在对吸引场(势阱)的散射中，而排斥场(势垒)不存在束缚态，所以对势垒的散射不会出现共振.

上面我们看到，给定粒子相互作用的势场 $U(r)$ 满足什么样的条件时，会发生共振散射. 这相当于用研究连续谱的方法来寻求分立谱. 我们在第2章讨论 δ 势阱中的散射幅时(2.7.6小节)，曾提到"束缚态藏在散射幅在复波数平面正虚轴上的

极点里".在极点处,截面就是发散的啦!回过头来看上小节中的式(7.2.49),如果球壳势是吸引的,$U_0 < 0$,并且正好满足

$$\hbar^2/(2\mu) + U_0 r_0 = 0$$

则散射长度 $A \to \infty$,总截面也发散了.这是否与吸引球壳势中的束缚态有关呢? 可检查一下.

如果势场 $U(r)$ 具体形式不知道,则可以利用分波法给出的相移和势场的关系、共振与势场的关系来确定势场,这是研究基本粒子间相互作用所常用的一种方法.

共振散射是散射问题中的一种非常普遍的现象,它不仅存在于弹性散射过程中,也出现于非弹性散射过程中.例如在 γ 射线和原子的作用,质子同原子核的作用,π 介子同质子的碰撞过程中,都可以观察到共振现象.一般情况下,两个粒子碰撞,如果它们的总能量恰好接近于体系的一个束缚态能量,则散射截面就会出现一个极大值,这时我们就说发生了共振,而这个极大值就称为**共振峰**.在原子和原子核的情况下,非弹性散射的共振峰往往相应于原子和原子核的激发态;而在基本粒子的碰撞中,共振峰往往对应于新粒子,这就是所谓基本粒子的"共振态".实验上通过对共振峰的分析,就可以获得关于该共振能级的知识.如从共振峰的位置就可以确定激发态的能量或"共振态"的质量,从共振峰的半宽度(即距峰值一半处的宽度,通常用它作共振能级的宽度)可以确定它们的寿命等.例如,π^+ 介子和质子碰撞,散射截面与 $(\pi^+ p)$ 系统的总能量(称为不变质量,包括粒子的静止质量在内)的关系,在 $(\pi^+ p)$ 质心系中如图 7.2.4 所示.

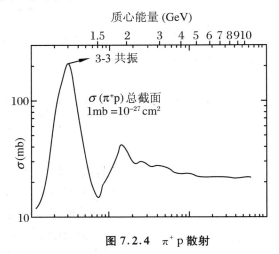

图 7.2.4 $\pi^+ p$ 散射

从图上我们清楚地看到,在 $(\pi^+ p)$ 系统能量为 1.236 GeV 附近,散射截面出现一个尖锐的共振峰,这样的共振峰就相应于 $(\pi^+ p)$ 的一个束缚态,即对应于一个新粒子,一般记为 $N^*_{3/2}(1236)$(行内称为 3-3 共振,因为它的自旋为 3/2,同位旋也是 3/2),括弧内的数字就表示它的质量,即共振峰所在位置,为 1.236 GeV 或 1 236 MeV.此外,从图上我们可以量出共振峰的半宽度 Γ,根据能量不确定关系,可得共振态的寿命 $\tau \sim \hbar/\Gamma$.

7.3 玻 恩 近 似

现在来讨论另一种处理散射的近似方法——玻恩近似,它适用于高能散射.前面我们已经指出,利用分波法虽然可以得散射截面的一般公式,但在实际计算中只适用于低能散射.在入射粒子的动能比相互作用的势能 $U(r)$ 大得多,即高能散射的情况下,分波法不便于应用.这时就可以采用玻恩近似法来计算散射截面.玻恩近似的实质就是把碰撞粒子的相互作用势能 $U(r)$ 当做微扰来处理.但由于讨论的是散射问题,粒子的能谱是连续的.所以在这种情况下,微扰计算的目的不在于决定能量本征值(这是没有意义的),而是由预先知道的能量求出经过微扰后的波函数,并使之同散射截面联系起来.因此,玻恩近似法实际上就是连续谱的微扰论.

7.3.1 玻恩近似

弹性散射实际上总是可归结为解方程(7.1.27):

$$\nabla^2 \psi + k^2 \psi = V(\boldsymbol{r})\psi \tag{7.3.1}$$

式中

$$k^2 = \frac{2\mu E}{\hbar^2} \tag{7.3.2}$$

$$V(\boldsymbol{r}) = \frac{2\mu U(\boldsymbol{r})}{\hbar^2} \tag{7.3.3}$$

并要求式(7.3.1)中 $r \to \infty$ 的渐近解具有形式:

$$\psi \xrightarrow{r \to \infty} e^{ikz} + f(\theta, \varphi)\frac{e^{ikr}}{r} \tag{7.3.4}$$

在粒子动能很大的情况下,$k^2 \gg |V(\boldsymbol{r})|$,这时可以把势场 $V(\boldsymbol{r})$ 看做微扰,ψ 的零

级近似看做实验安排的入射平面波 $\mathrm{e}^{\mathrm{i}kz}$,因此式(7.3.1)的一般解可写为

$$\psi = \mathrm{e}^{\mathrm{i}kz} + u \qquad (7.3.5)$$

其中 u 是由于散射中心作用而引起的微小修正项,与散射边界条件式(7.3.4)比较,它应有下面的渐近形式:

$$u \xrightarrow{\;r \to \infty\;} f(\theta, \varphi) \frac{\mathrm{e}^{\mathrm{i}kr}}{r} \qquad (7.3.6)$$

将式(7.3.5)代入式(7.3.1),并略去二级小量 uV 项,则得到 u 所满足的方程:

$$\nabla^2 u + k^2 u = V(\boldsymbol{r})\mathrm{e}^{\mathrm{i}kz} \qquad (7.3.7)$$

方程(7.3.7)可以用数理方法中的**格林函数**法求解.所谓格林函数是点源的解.例如式(7.3.7)左方算符的格林函数 $G(\boldsymbol{r})$ 为满足下面方程的解:

$$\nabla^2 G + k^2 G = \delta^{(3)}(\boldsymbol{r}) \qquad (7.3.8)$$

可以先跑到动量空间解出代数方程再返回来求得.具体形式为

$$G(\boldsymbol{r}) = -\frac{1}{4\pi r}\mathrm{e}^{\pm \mathrm{i}kr} \qquad (7.3.9)$$

如果波数 $k = 0$,这就是点电荷产生的库仑势! 有了格林函数,则式(7.3.7)的一般解就可叠加出来:

$$u(\boldsymbol{r}) = \int \mathrm{d}^3 r' G(\boldsymbol{r} - \boldsymbol{r}') V(\boldsymbol{r}')\mathrm{e}^{\mathrm{i}kz'} \qquad (7.3.10)$$

考虑到式(7.3.6)的渐近形式,我们在式(7.3.9)中取正号,于是有解:

$$
\begin{aligned}
u(\boldsymbol{r}) &= -\frac{1}{4\pi}\int \mathrm{d}^3 r' \, \frac{\mathrm{e}^{\mathrm{i}k|\boldsymbol{r}-\boldsymbol{r}'|}}{|\boldsymbol{r} - \boldsymbol{r}'|} V(\boldsymbol{r}')\mathrm{e}^{\mathrm{i}kz'} \\
&= -\frac{1}{4\pi}\int \mathrm{d}^3 r' \, \frac{\mathrm{e}^{\mathrm{i}k(|\boldsymbol{r}-\boldsymbol{r}'|+z')}}{|\boldsymbol{r} - \boldsymbol{r}'|} V(\boldsymbol{r}')
\end{aligned} \qquad (7.3.11)
$$

为了与式(7.3.4)比较,我们考虑 $r \to \infty$ 时上述的渐近行为.以 $\boldsymbol{n}$ 表示沿 $\boldsymbol{r}$ 的单位矢量,$\boldsymbol{e}_z$ 表示沿 z 方向的单位矢量,利用近似关系

$$
\left\{
\begin{aligned}
|\boldsymbol{r} - \boldsymbol{r}'| &= (r^2 + r'^2 - 2r\boldsymbol{n} \cdot \boldsymbol{r}')^{\frac{1}{2}} = r\left(1 - \frac{2\boldsymbol{n} \cdot \boldsymbol{r}'}{r} + \frac{r'^2}{r^2}\right)^{\frac{1}{2}} \\
&\approx r - \boldsymbol{n} \cdot \boldsymbol{r}' \\
|\boldsymbol{r} - \boldsymbol{r}'| &+ z' \approx r - (\boldsymbol{n} - \boldsymbol{e}_z) \cdot \boldsymbol{r}'
\end{aligned}
\right.
$$

$$(7.3.12)$$

式(7.3.11)可以写成

$$u(\boldsymbol{r}) \xrightarrow{\;r \to \infty\;} -\frac{\mathrm{e}^{\mathrm{i}kr}}{4\pi r}\int V(\boldsymbol{r}')\mathrm{e}^{-\mathrm{i}k(\boldsymbol{n}-\boldsymbol{e}_z) \cdot \boldsymbol{r}'}\mathrm{d}^3 r' \qquad (7.3.13)$$

比较式(7.3.13)和式(7.3.4),就得到散射幅 $f(\theta,\varphi)$ 的表达式:

$$f(\theta,\varphi) = -\frac{1}{4\pi}\int V(\boldsymbol{r}')\mathrm{e}^{-\mathrm{i}k(\boldsymbol{n}-\boldsymbol{e}_z)\cdot\boldsymbol{r}'}\mathrm{d}^3\boldsymbol{r}' \tag{7.3.14}$$

现在引进矢量

$$\boldsymbol{q} = k(\boldsymbol{n} - \boldsymbol{e}_z) \tag{7.3.15}$$

其大小为

$$q = \sqrt{k^2(\boldsymbol{n}-\mathrm{e}_z)^2} = k\sqrt{2(1-\cos\theta)}$$

$$= 2k\sin\frac{\theta}{2} \tag{7.3.16}$$

θ 是散射粒子与入射粒子方向之间的夹角(图7.3.1),量 $\hbar q$ 是散射过程中的**动量传递**或**动量转移**.

将式(7.3.15)代入式(7.3.14)即得

$$f(\theta,\varphi) = -\frac{1}{4\pi}\int V(\boldsymbol{r}')\mathrm{e}^{-\mathrm{i}\boldsymbol{q}\cdot\boldsymbol{r}'}\mathrm{d}^3\boldsymbol{r}'$$

$$= -\frac{\mu}{2\pi\hbar^2}\int U(\boldsymbol{r}')\mathrm{e}^{-\mathrm{i}\boldsymbol{q}\cdot\boldsymbol{r}'}\mathrm{d}\tau' \tag{7.3.17}$$

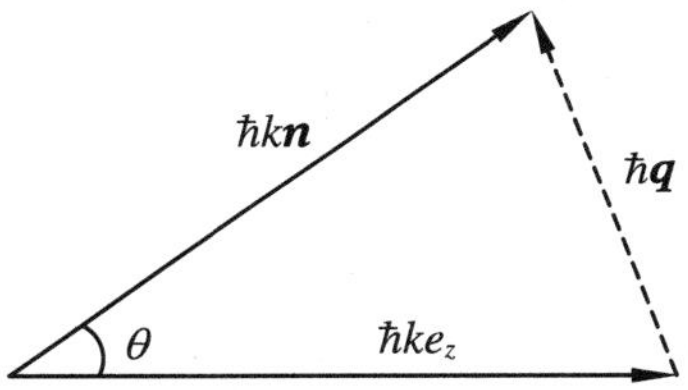

图 7.3.1　动量转移

这就是关于散射幅的**玻恩近似公式**. 由式(7.3.17)可得散射微分截面为

$$\frac{\mathrm{d}\sigma}{\mathrm{d}\Omega} = D(\theta,\varphi) = |f(\theta,\varphi)|^2$$

$$= \frac{\mu^2}{4\pi^2\hbar^4}\left|\int U(\boldsymbol{r}')\mathrm{e}^{-\mathrm{i}\boldsymbol{q}\cdot\boldsymbol{r}'}\mathrm{d}^3\boldsymbol{r}'\right|^2 \tag{7.3.18}$$

若势场是有心力场, $U(\boldsymbol{r}') = U(r')$, $f(\theta,\varphi) = f(\theta)$,由式(7.3.17)则有

$$f(\theta) = -\frac{\mu}{2\pi\hbar^2}\int U(r')\mathrm{e}^{-\mathrm{i}\boldsymbol{q}\cdot\boldsymbol{r}'}\mathrm{d}^3\boldsymbol{r}$$

$$= -\frac{\mu}{2\pi\hbar^2}\int U(r')r'^2\mathrm{d}r'\int_0^{2\pi}\mathrm{d}\varphi'\int_0^{\pi}\mathrm{e}^{-\mathrm{i}qr'\cos\theta'}\sin\theta'\mathrm{d}\theta'$$

$$= -\frac{2\mu}{q\hbar^2}\int_0^{\infty}r'\sin(qr')U(r')\mathrm{d}r' \tag{7.3.19}$$

由式(7.3.19)我们得到微分散射截面为

$$\frac{\mathrm{d}\sigma}{\mathrm{d}\Omega} = |f(\theta)|^2 = \frac{4\mu^2}{q^2\hbar^4}\left|\int_0^{\infty}r\sin qr U(r)\mathrm{d}r\right|^2 \tag{7.3.20}$$

如果知道了势场,就可以由上式直接求出微分散射截面.

7.3.2 适用条件

上面讲到的仅是一级微扰的情况.现在我们来看在什么情况下,只取第一级近似就已足够精确.由微扰理论我们知道,只需第一级近似的条件是式(7.3.5)中的第二项比第一项小得多.亦即对于任意的 r,必须满足下列关系式:

$$|u(r)| \ll |e^{ikz}|$$

即

$$|u(r)| \ll 1 \tag{7.3.21}$$

作为估计,我们考虑 $r = 0$ 的情况,并设势场是有心力,利用式(7.3.11),得到

$$|u(0)| = \frac{1}{4\pi}\left|\int \frac{V(r')e^{ikr'(1+\cos\theta)}}{r'}d^3r'\right| = \frac{1}{2k}\left|\int_0^\infty e^{ikr'(1+\cos\theta')}\Big|_0^\pi V(r')dr'\right|$$

$$= \frac{1}{2k}\left|\int_0^\infty (e^{2ikr'}-1)V(r')dr'\right| \tag{7.3.22}$$

进一步假定势场作用在有限范围内,即在半径为 a 的球内等于常数 U_0,而在球外则等于零,由式(7.3.3)有

$$V(r) = \frac{2\mu U(r)}{\hbar^2} = \begin{cases} \dfrac{2\mu}{\hbar^2}U_0, & r \leqslant a \\ 0, & r > a \end{cases} \tag{7.3.23}$$

将式(7.3.23)代入式(7.3.22),即得

$$|u(0)| = \frac{1}{2k}\frac{2\mu}{\hbar^2}U_0\left|\int_0^a(e^{2ikr'}-1)dr'\right| = \frac{\mu U_0}{2\hbar^2 k^2}\left|e^{2ika}-2ika-1\right|$$

$$= \frac{\mu U_0}{2\hbar^2 k^2}\left[(\cos 2ka - 1)^2 + (\sin 2ka - 2ka)^2\right]^{\frac{1}{2}}$$

令

$$\lambda = 2ka \tag{7.3.24}$$

并代入上式,则玻恩近似法适用条件可写为

$$|u(0)| = \frac{\mu U_0}{2\hbar^2 k^2}(\lambda^2 - 2\lambda\sin\lambda + 2 - 2\cos\lambda)^{\frac{1}{2}} \ll 1 \tag{7.3.25}$$

如果入射粒子的能量很低,则

$$\lambda \ll 1$$

$$\sin\lambda \approx \lambda - \frac{1}{6}\lambda^3$$

$$\cos \lambda \approx 1 - \frac{1}{2} \lambda^2 + \frac{1}{24} \lambda^4$$

式(7.3.25)可以写为

$$\frac{\mu U_0}{2\hbar^2 k^2} \left[\lambda^2 - 2\lambda \left(\lambda - \frac{1}{6} \lambda^3 \right) + 2 - 2 \left(1 - \frac{1}{2} \lambda^2 + \frac{1}{24} \lambda^4 \right) \right]^{\frac{1}{2}} \ll 1$$

即

$$\frac{\mu U_0}{2\hbar^2 k^2} \cdot \frac{\lambda^2}{2} \ll 1$$

或

$$\frac{\mu U_0}{\hbar^2} a^2 \ll 1 \tag{7.3.26}$$

由此可见,在低能情况下,如果需要采用玻恩近似的公式(7.3.17),则必须势场十分弱,作用力程特别短.对于入射粒子能量十分高的情况($\lambda \gg 1$),可以在式(7.3.25)中只保留 λ^2 项,结果得到

$$\frac{\mu U_0}{2\hbar^2 k^2} \lambda = \frac{\mu U_0}{2\hbar^2 k^2} \cdot 2ka = \frac{U_0 a}{\hbar v} \ll 1 \tag{7.3.27}$$

这里我们已使用速度

$$v = \frac{\hbar k}{\mu} \tag{7.3.28}$$

由此可见,即使势场并不很弱,力程并不很短,但只要入射粒子的动能足够大,条件(7.3.27)总可以满足.所以对于入射能量越大的情况,玻恩近似法也就越精确.

前一节讲的分波法最适用于 $ka < 1$ 的情况,而本节玻恩近似法最适用于 $ka \gg 1$ 的情况,两种方法正好互相补充.

7.3.3　汤川势中的散射

下面形式的势被称为汤川(Yukawa)势能:

$$U(r) = V_0 \frac{e^{-\alpha r}}{r} \tag{7.3.29}$$

其中 V_0 和 $\alpha > 0$ 为常量.汤川用如此形式的势能描述核子间的相互作用并发现了 π 介子.当 $\alpha = 0$ 时汤川势即是库仑势.势场对粒子的作用是排斥还是吸引取决于 V_0 的正负.可以看出,汤川势是一种短程相互作用,其范围大致为

$$r_0 = 1/\alpha$$

假设$|V_0|$较小，玻恩近似适用.式(7.3.17)给出散射振幅：

$$f(\theta,\varphi) = -\frac{\mu}{4\pi\hbar^2}\int \mathrm{d}^3 r'\, \mathrm{e}^{-\mathrm{i}q\cdot r'}U(r')$$

$$= -\frac{1}{4\pi}\frac{2\mu V_0}{\hbar^2}\int \mathrm{d}^3 r\, \mathrm{e}^{-\mathrm{i}q\cdot r}\frac{\mathrm{e}^{-\alpha r}}{r} \tag{7.3.30}$$

式(7.3.30)实际上是汤川势的傅里叶变换.在球坐标中积分，有

$$f(\theta,\varphi) = -\frac{1}{4\pi}\frac{2\mu V_0}{\hbar^2}\frac{4\pi}{q}\int_0^\infty r\sin(qr)\frac{\mathrm{e}^{-\alpha r}}{r}\mathrm{d}r$$

$$= -\frac{2\mu V_0}{\hbar^2}\frac{1}{\alpha^2+q^2} \tag{7.3.31}$$

注意到$q=2k\sin\dfrac{\theta}{2}$，则由玻恩近似得到的微分散射截面为

$$D(\theta) = \frac{4\mu^2 V_0^2}{\hbar^4}\frac{1}{\left[\alpha^2+4k^2\sin^2(\theta/2)\right]^2} \tag{7.3.32}$$

全截面为

$$\sigma = \int\mathrm{d}\Omega D(\theta) = \frac{4\mu^2 V_0^2}{\hbar^4}\frac{4\pi}{\alpha^2(\alpha^2+4k^2)} \tag{7.3.33}$$

注意到当式(7.3.29)中α趋近于零时，汤川势接近于库仑势.若令

$$\alpha = 0, \quad V_0 = Z_1 Z_2 e^2/(4\pi\varepsilon_0)$$

式(7.3.32)给出的玻恩近似微分散射截面为

$$D(\theta) = \frac{4\mu^2}{(4\pi\varepsilon_0)^2\hbar^4}\frac{Z_1^2 Z_2^2 e^4}{16k^4\sin^4(\theta/2)} = \frac{Z_1^2 Z_2^2 e^4}{(4\pi\varepsilon_0)^2 16E^2\sin^4(\theta/2)} \tag{7.3.34}$$

这正是卢瑟福公式!描述的是库仑场中的散射截面.需要指出的是，一般讲来，对于像库仑势这样的长程相互作用是需要特别处理的.但是我们看到，将汤川势的作用范围无限延伸，玻恩近似确实给出了库仑散射的结果.

7.3.4 电子-原子的弹性散射

作为玻恩近似法应用的一个重要例子，我们讨论一个高速电子对中性原子的库仑场的散射.

根据式(7.3.18)，微分散射截面

$$\frac{\mathrm{d}\sigma}{\mathrm{d}\Omega} = D(\theta,\varphi) = \frac{\mu^2}{4\pi^2\hbar^4}\left|\int\mathrm{d}\tau U(r)\mathrm{e}^{-\mathrm{i}q\cdot r}\right|^2 \tag{7.3.35}$$

其中 $q = k(n - e_z)$，$\hbar q$ 是散射过程中的动量转移. 式中的积分应是电子-原子相互作用在电子-原子初态与末态之间的矩阵元. 由于弹性散射不改变原子的内部运动状态，这个矩阵元对原子态是对角化的，因此式(7.3.35)中的 $U(r)$ 应是电子-原子相互作用对内部运动状态求平均，它等于 $[-e\varphi(r)]$，即

$$U(r) = -e\varphi(r) \tag{7.3.36}$$

这里 $\varphi(r)$ 是原子中的电荷平均分布在点 r 处的电势. 可以认为，原子中的电势 $\varphi(r)$ 是由电荷分布密度 $\rho(r)$ 产生的，它满足泊松方程

$$\Delta\varphi = -\rho(r)/\varepsilon_0 \tag{7.3.37}$$

式(7.3.35)中的积分实际上是 $U(r)$[即 $-e\varphi(r)$]的傅里叶分量 $\tilde{U}(q)$，其关系为

$$U(r) = \frac{1}{(2\pi)^3}\int \tilde{U}(q)\mathrm{e}^{\mathrm{i}q\cdot r}\mathrm{d}^3 q \tag{7.3.38}$$

或

$$\varphi(r) = \frac{1}{(2\pi)^3}\int \tilde{\varphi}(q)\mathrm{e}^{\mathrm{i}q\cdot r}\mathrm{d}^3 q \tag{7.3.39}$$

相应有

$$\rho(r) = \frac{1}{(2\pi)^3}\int \tilde{\rho}(q)\mathrm{e}^{\mathrm{i}q\cdot r}\mathrm{d}^3 q \tag{7.3.40}$$

将式(7.3.39)和(7.3.40)代入方程(7.3.37)，就可得到

$$\Delta\varphi(r) = \frac{1}{(2\pi)^3}\int \tilde{\varphi}(q)\Delta\mathrm{e}^{\mathrm{i}q\cdot r}\mathrm{d}q = \frac{1}{(2\pi)^3}\int\mathrm{d}^3 q(-q^2)\tilde{\varphi}(q)\mathrm{e}^{\mathrm{i}q\cdot r}$$

另一方面，

$$\Delta\varphi(r) = -\rho(r)/\varepsilon_0 = -(1/\varepsilon_0)\int \tilde{\rho}(q)\mathrm{e}^{\mathrm{i}q\cdot r}\mathrm{d}^3 q$$

比较上面两式，因此得

$$-q^2\tilde{\varphi}(q) = -\tilde{\rho}(q)/\varepsilon_0$$
$$\tilde{\varphi}(q) = \tilde{\rho}(q)/\varepsilon_0 q^2 \tag{7.3.41}$$

即

$$\int \varphi(r)\mathrm{e}^{-\mathrm{i}q\cdot r}\mathrm{d}\tau = \frac{1}{\varepsilon_0 q^2}\int \rho(r)\mathrm{e}^{-\mathrm{i}q\cdot r}\mathrm{d}\tau \tag{7.3.42}$$

原子的电荷密度 $\rho(r)$ 由电子分布的电荷密度与原子核看做点电荷分布这两部分组成，即

$$\rho(r) = -e\Theta(r) + Ze\delta^{(3)}(r) \tag{7.3.43}$$

这里 $-e\Theta(r)$ 是电子电荷密度. 代入式(7.3.42)就得到

$$\int \varphi(\boldsymbol{r}) \mathrm{e}^{-\mathrm{i} q \cdot r} \mathrm{d}\tau = \frac{1}{\varepsilon_0 q^2} \int \left[-e\Theta(\boldsymbol{r}) + Ze\delta^{(3)}(\boldsymbol{r}) \right] \mathrm{e}^{-\mathrm{i} q \cdot r} \mathrm{d}\tau$$

$$= \frac{e}{\varepsilon_0 q^2} \left[Z - \int \Theta(\boldsymbol{r}) \mathrm{e}^{-\mathrm{i} q \cdot r} \mathrm{d}\tau \right] \qquad (7.3.44)$$

因此

$$\int U(\boldsymbol{r}) \mathrm{e}^{-\mathrm{i} q \cdot r} \mathrm{d}\tau = \frac{-e^2}{\varepsilon_0 q^2} \left[Z - F(\boldsymbol{q}) \right] \qquad (7.3.45)$$

其中

$$F(\boldsymbol{q}) = \int \Theta(\boldsymbol{r}) \mathrm{e}^{-\mathrm{i} q \cdot r} \mathrm{d}\tau \qquad (7.3.46)$$

称为原子的**形状因子**,它是动量转移 $\hbar \boldsymbol{q}$ 的函数.

若电子电荷密度分布是球对称的,则式(7.3.46)便变为

$$F(\boldsymbol{q}) = \int \Theta(\boldsymbol{r}) \mathrm{e}^{-\mathrm{i} q \cdot r} \mathrm{d}\tau = \int_0^\infty \Theta(r) r^2 \mathrm{d}r \int_0^{2\pi} \mathrm{d}\varphi \int_0^\pi \mathrm{e}^{-\mathrm{i} q r \cos\theta} \sin\theta \mathrm{d}\theta$$

$$= \frac{4\pi}{q} \int_0^\infty r \mathrm{d}r \Theta(r) \sin qr \qquad (7.3.47)$$

将式(7.3.45)代入(7.3.20),就得到微分散射截面:

$$\frac{\mathrm{d}\sigma}{\mathrm{d}\Omega} = \frac{4\mu^2 e^4}{(4\pi\varepsilon_0)^2 \hbar^4 q^4} \left[Z - F(\boldsymbol{q}) \right]^2 \qquad (7.3.48)$$

利用

$$q = 2k\sin(\theta/2) = (2\mu v / \hbar)\sin(\theta/2)$$

式(7.3.48)可写为

$$\frac{\mathrm{d}\sigma}{\mathrm{d}\Omega} = \frac{e^4}{4\mu^2 \varepsilon_0^2 v^4 \sin^4(\theta/2)} \left\{ Z - F\left[(2\mu v / \hbar)\sin(\theta/2) \right] \right\}^2 \qquad (7.3.49)$$

考虑一个特殊情况.设电子与处于基态的类氢原子碰撞,此时电子的密度分布为

$$\Theta(r) = |\psi_{100}|^2 = \frac{1}{\pi} \frac{Z^3}{a_0^3} \mathrm{e}^{-2Zr/a_0} \qquad (7.3.50)$$

则形状因子为

$$F(q) = \frac{4\pi}{q} \int r \mathrm{d}r \Theta(r) \sin(qr)$$

$$= 1 \Big/ \left[1 + \left(\frac{qa_0}{2Z} \right)^2 \right]^2 \qquad (7.3.51)$$

于是电子与基态类氢原子散射微分截面为

$$\frac{\mathrm{d}\sigma}{\mathrm{d}\Omega} = \frac{4\mu^2 \mathrm{e}^4 Z^2}{(4\pi\varepsilon_0)^2 \hbar^4 q^4} \left[1 - \frac{1}{Z\left[1 + \left(\frac{qa_0}{2Z}\right)^2\right]^2} \right]^2 \tag{7.3.52}$$

在式(7.3.46)中,$F(q)$的积分主要在原子大小的范围内.设原子半径是 a,若

$$qa = 2ka\sin(\theta/2) \gg 1 \tag{7.3.53}$$

则式(7.3.46)被积函数中的因子 $\mathrm{e}^{-i\boldsymbol{q}\cdot\boldsymbol{r}}$ 是一个振荡很快的函数,因此该积分接近于零,微分截面(7.3.48)中的 $F(q)$ 可以略去,这样就得到

$$\frac{\mathrm{d}\sigma}{\mathrm{d}\Omega} = \frac{Z^2 \mathrm{e}^4}{4\mu^2 (4\pi\varepsilon_0)^2 v^4 \sin^4 \dfrac{\theta}{2}} \tag{7.3.54}$$

又回到了卢瑟福公式.得到上式时,忽略了 $F(q)$,这就相当于只考虑电子对原子核的散射而忽略掉核外电子的屏蔽作用.

下面说明形状因子 $F(q)$ 的物理意义.由式(7.3.46)可以看出,$F(q)$ 是与电子在原子内的分布相联系的,与原子核电荷的分布无关.原子核的电荷分布被认为是点电荷分布.如果 $F(q)=0$,则原子就只剩下一个裸原子核,核外电子将不存在,这时散射只对原子核发生.但一般情况下,核外电子总是存在的,因而 $F(q)$ 一般不等于零.把 $F(q)$ 展成 q 的级数.由式(7.3.47),

$$F(q) = \int \Theta(r) \frac{\sin qr}{qr} \mathrm{d}\tau \tag{7.3.55}$$

利用级数展开:

$$\frac{\sin qr}{qr} = 1 - \frac{q^2 r^2}{6} + \cdots \tag{7.3.56}$$

代入式(7.3.55),就得到

$$F(q) = \int \Theta(r)\mathrm{d}\tau - \frac{q^2}{6}\int r^2 \Theta(r)\mathrm{d}\tau + \cdots \tag{7.3.57}$$

由于

$$\int \Theta(r)\mathrm{d}\tau = Z \tag{7.3.58}$$

这是原子中的电子总数,而

$$\int r^2 \Theta(r)\mathrm{d}\tau = \langle r^2 \rangle \cdot Z \tag{7.3.59}$$

其中$\langle r^2 \rangle$为原子中电子距离原子核的距离平方平均.因此

$$F(q) = Z\left(1 - \frac{q^2}{6}\langle r^2 \rangle + \cdots\right) \tag{7.3.60}$$

从式(7.3.60)可以看出,如果把 $F(q)$ 按 q^2 展成级数,则展开式的第一项 $F(0) = Z$,给出了原子中的电子总数.另一方面,从式(7.3.46)可以看出,若取电子的密度分布为

$$\Theta(r) = Z\delta^{(3)}(r) \tag{7.3.61}$$

即 Z 个电子全部集中于原点,则

$$F(q) = \int Z\delta^{(3)}(r)e^{-iq\cdot r}d\tau = Z = F(0) \tag{7.3.62}$$

因此,$F(0)$ 就相应于原子中的 Z 个电子集中于一点产生的形状因子.从 $F(q)$ 的第二项可以看出

$$\frac{dF(q)}{dq^2}\bigg|_{q^2=0} = -\frac{Z\langle r^2 \rangle}{6} \tag{7.3.63}$$

将给出电子在原子中的平均半径 $\langle r^2 \rangle$.$\sqrt{\langle r^2 \rangle}$ 也称为原子的**电形状因子的平均半径**,它给出原子中电子电荷分布范围的一种估计.如果实验上知道了 $F(q) - q^2$ 的曲线,则从此曲线在 $q^2 = 0$ 点的斜率就可以定出原子中电子分布的平均平方半径.这同时也就说明,$F(q)$ 展开式中第二项以及高次项的存在,表明 Z 个电子的分布不是完全集中于一点的,表明原子有内部结构.

形状因子与电荷分布的对应关系,不仅存在于原子中,而且存在于其他系统例如基本粒子中.实验发现,高能电子与核子(质子、中子)的散射矩阵元中也会出现类似的形状因子.这意味着核子的电荷不是一个点电荷,反映了核子不是一个点而是有内部结构的.核子存在电磁形状因子的事实,是最初促使人们去进一步探索基本粒子内部结构的原因之一.

7.4　带自旋的玻恩近似

7.4.1　渐近边界条件

如果散射相互作用 V 中包含有自旋(例如自旋轨道耦合、自旋交换力等),那么前节的公式就要作适当的修改.

薛定谔方程依然是

$$(\nabla^2 + k^2)\psi(r) = V(r)\psi(r) \tag{7.4.1}$$

不过 $V = 2\mu U/\hbar^2$ 中可能包含有自旋变量.

我们假定,在无限远处,粒子自由入射,因此自旋部分和轨道部分可以分开.于是 7.1 节的散射边界条件可改写为

$$\psi(\boldsymbol{r}) \xrightarrow{r \to \infty} e^{ikz}\chi_i + f(\theta, \varphi)\chi_f \frac{e^{ikr}}{r} \tag{7.4.2}$$

这里 χ_i 和 χ_f 分别为被散射粒子的自旋初态和自旋末态.

7.4.2 散射振幅

应用玻恩近似那套程式:

$$\begin{cases} \psi = e^{ikz}\chi_i + u \\ u \to f(\theta, \varphi)\chi_f \dfrac{e^{ikr}}{r} \end{cases} \tag{7.4.3}$$

代入方程(7.4.1)有

$$(\nabla^2 + k^2)u = V\chi_i e^{ikz} \tag{7.4.4}$$

设初态自旋已归一化,末态自旋也可分出(远离相互作用)且已归一:

$$\chi_i^+ \chi_i = 1, \quad u = w\chi_f, \quad \chi_f^+ \chi_f = 1 \tag{7.4.5}$$

则轨道部分 w 满足方程

$$(\nabla^2 + k^2)w = \chi_f^+ V\chi_i e^{ikz} \tag{7.4.6}$$

现在我们可以利用上节的格林函数法求出轨道部分来:

$$w = -\frac{1}{4\pi}\int d^3 r' \frac{\chi_f^+ V\chi_i e^{ik(z' + |\boldsymbol{r} - \boldsymbol{r}'|)}}{|\boldsymbol{r} - \boldsymbol{r}'|} \tag{7.4.7}$$

它的渐近行为如

$$w \xrightarrow{r \to \infty} -\frac{1}{4\pi}\frac{e^{ikr}}{r}\int d^3 r' \chi_f^+ V\chi_i e^{-i\boldsymbol{q} \cdot \boldsymbol{r}'}$$

$$= -\frac{1}{4\pi}\frac{2\mu}{\hbar^2}\frac{e^{ikr}}{r}\int d^3 r' \chi_f^+ U\chi_i e^{-i\boldsymbol{q} \cdot \boldsymbol{r}'} \tag{7.4.8}$$

与散射边界条件式(7.4.2)比较,就得到此时的轨道散射振幅:

$$f_{fi} = -\frac{1}{4\pi}\frac{2\mu}{\hbar^2}\int d^3 r' \chi_f^+ U\chi_i e^{-i\boldsymbol{q} \cdot \boldsymbol{r}'} \tag{7.4.9}$$

从这个式子可以看出,它和通常的玻恩近似公式的差别仅在于,这里要对初末态的自旋投影分别考虑.而基本办法是把位势向自旋空间投影,然后常规操作.当然,这样做出的只是一个道的散射振幅,即从一个固定的自旋初态到一个固定的自旋末

态的散射振幅.如果过程包含有不同的道,则总截面要把各个道合起来.

7.4.3 费米子碰撞

设两个自旋都是 1/2 的粒子碰撞,靶粒子 2 可看做无限重;相互作用是有自旋交换力的汤川势,

$$V = A\boldsymbol{S}_1 \cdot \boldsymbol{S}_2 \frac{\mathrm{e}^{-\lambda r}}{r} \tag{7.4.10}$$

其中 $A,\lambda(>0)$ 皆为参量,$\boldsymbol{S}_1$ 和 $\boldsymbol{S}_2$ 分别是两个粒子的自旋算符.我们来计算它们的高能散射截面.

分别用 $\chi(1)$ 和 $\chi(2)$ 代表两个粒子的自旋波函数.设入射粒子 1 从原来的初始自旋状态 $\chi_i(1)$ 变为末态 $\chi_f(1)$,靶粒子 2 从原来的初始自旋状态 $\chi_i(2)$ 变为末态 $\chi_f(2)$.于是在玻恩近似下相应于这一道的散射振幅是

$$f_{fi} \equiv f(k,\theta,\varphi,\chi_i(1) \to \chi_f(1),\chi_i(2) \to \chi_f(2))$$
$$= -\frac{1}{4\pi}\frac{2\mu}{\hbar^2}\int \mathrm{d}^3 r' \chi_f^+(1)\chi_f^+(2)V\chi_i(1)\chi_i(2)\mathrm{e}^{-\mathrm{i}\boldsymbol{q}\cdot\boldsymbol{r}'} \tag{7.4.11}$$

把具体的势代入,计算出散射幅:

$$f_{fi} = -\frac{1}{4\pi}\frac{2\mu A}{\hbar^2}\chi_f^+(1)\chi_f^+(2)\boldsymbol{S}_1 \cdot \boldsymbol{S}_2\chi_i(1)\chi_i(2)\int \mathrm{d}^3 r' \frac{\mathrm{e}^{-\lambda r'}}{r'}\mathrm{e}^{-\mathrm{i}\boldsymbol{q}\cdot\boldsymbol{r}'}$$
$$= f_0\chi_f^+(1)\chi_f^+(2)\boldsymbol{S}_1 \cdot \boldsymbol{S}_2\chi_i(1)\chi_i(2) \tag{7.4.12}$$

其中 f_0 为不考虑自旋的散射幅,以前算过:

$$f_0 = -\frac{1}{4\pi}\frac{2\mu A}{\hbar^2}\int \mathrm{d}^3 r' \frac{\mathrm{e}^{-\lambda r'}}{r'}\mathrm{e}^{-\mathrm{i}\boldsymbol{q}\cdot\boldsymbol{r}'}$$
$$= -\frac{2\mu A}{\hbar^2}\frac{1}{(q^2+\lambda^2)} \tag{7.4.13}$$

现在关键是计算自旋投影部分.我们可以利用角动量理论里的升降算符来做:

$$\boldsymbol{P}_{1fi} \cdot \boldsymbol{P}_{2fi} \equiv \chi_f^+(1)\chi_f^+(2)\boldsymbol{S}_1 \cdot \boldsymbol{S}_2\chi_i(1)\chi_i(2)$$
$$= \chi_f^+(1)\boldsymbol{S}_1\chi_i(1) \cdot \chi_f^+(2)\boldsymbol{S}_2\chi_i(2)$$
$$= \chi_f^+(1)S_{1z}\chi_i(1)\chi_f^+(2)S_{2z}\chi_i(2) + \chi_f^+(1)S_{1+}\chi_i(1)\chi_f^+(2)S_{2-}\chi_i(2)$$
$$+ \chi_f^+(1)S_{1-}\chi_i(1)\chi_f^+(2)S_{2+}\chi_i(2)$$
$$= S_i(1)S_i(2)\delta_{S_i(1)S_f(1)}\delta_{S_i(2)S_f(2)}$$
$$+ [1/4 - S_i(1)S_i(2)]\delta_{S_i(1),-S_f(1)}\delta_{S_i(2),-S_f(2)} \tag{7.4.14}$$

这里 $S_i(1)$ 代表粒子 1 的初态自旋量子数,其余类推.从上面这个表达式清楚看出,第一项代表自旋保持项,第二项代表两个自旋都反转的项.可以把各种初末态组合的值列成表 7.4.1.

表 7.4.1　自旋道期望值

$\boldsymbol{P}_{1fi} \cdot \boldsymbol{P}_{2fi}/\hbar^2$		f			
		↑ ↑	↓ ↓	↑ ↓	↓ ↑
i	↑ ↑	1/4	0	0	0
	↓ ↓	0	1/4	0	0
	↑ ↓	0	0	$-1/4$	1/2
	↓ ↑	0	0	1/2	$-1/4$

为简明起见,表中用箭头朝上表示量子数为 $1/2$,朝下表示 $-1/2$;第一个箭头代表第一个粒子,第二个箭头代表第二个粒子.

现在可以写出各个道的散射振幅,例如

$$\begin{cases} f(\uparrow\uparrow \to \uparrow\uparrow) = f(\downarrow\downarrow \to \downarrow\downarrow) = \dfrac{1}{4}f_0 \\[2mm] f(\uparrow\downarrow \to \uparrow\downarrow) = f(\downarrow\uparrow \to \downarrow\uparrow) = -\dfrac{1}{4}f_0 \\[2mm] f(\uparrow\downarrow \to \downarrow\uparrow) = f(\downarrow\uparrow \to \uparrow\downarrow) = \dfrac{1}{2}f_0 \end{cases} \qquad (7.4.15)$$

其余道振幅为零.有了散射振幅,就可以求出各道的微分截面.例如

$$\begin{aligned} \frac{\mathrm{d}\sigma}{\mathrm{d}\Omega}(\uparrow\uparrow \to \uparrow\uparrow) &= |f(\uparrow\uparrow \to \uparrow\uparrow)|^2 = \frac{\hbar^4}{16}f_0^2 \\[2mm] &= \frac{1}{4}\frac{(\mu A)^2}{(q^2 + \lambda^2)^2} \end{aligned} \qquad (7.4.16)$$

这就是两个初始自旋都朝上的粒子经散射后自旋继续朝上的散射微分截面.其余道的微分截面可类似算得.

有时系统(束流粒子与靶粒子)的自旋是耦合好的,例如两个粒子总自旋为单态(自旋为零),那怎么办?利用波函数的叠加性,可把这样的道的散射振幅化为上面各道的叠加.

例如单态道,系统总自旋处于态

$$\chi_{00} = \frac{1}{\sqrt{2}}\big[\chi_{1/2}(1)\chi_{-1/2}(2) - \chi_{-1/2}(1)\chi_{1/2}(2)\big] \tag{7.4.17}$$

由于角动量守恒,末态也如此. 于是计算自旋交换期望值变为

$$
\begin{aligned}
\chi_{00}^{+}\boldsymbol{S}_1 \cdot \boldsymbol{S}_2\chi_{00} &= \frac{1}{2}\{(\langle \uparrow\downarrow | - \langle\downarrow\uparrow |)\boldsymbol{S}_1 \cdot \boldsymbol{S}_2(|\uparrow\downarrow\rangle - |\downarrow\uparrow\rangle)\} \\
&= \frac{1}{2}\{\langle\uparrow\downarrow | \boldsymbol{S}_1 \cdot \boldsymbol{S}_2 | \uparrow\downarrow\rangle - \langle\uparrow\downarrow | \boldsymbol{S}_1 \cdot \boldsymbol{S}_2 | \downarrow\uparrow\rangle \\
&\quad - \langle\downarrow\uparrow |)\boldsymbol{S}_1 \cdot \boldsymbol{S}_2 | \uparrow\downarrow\rangle + \langle\downarrow\uparrow |)\boldsymbol{S}_1 \cdot \boldsymbol{S}_2 | \downarrow\uparrow\rangle\} \\
&= \frac{1}{2}\Big(-\frac{1}{4} - \frac{1}{2} - \frac{1}{2} - \frac{1}{4}\Big)\hbar^2 = -\frac{3}{4}\hbar^2 \tag{7.4.18}
\end{aligned}
$$

用振幅写出来就是

$$
\begin{aligned}
f_{00} &= \frac{1}{2}\{f(\uparrow\downarrow \to \uparrow\downarrow) - f(\uparrow\downarrow \to \downarrow\uparrow) - f(\downarrow\uparrow \to \uparrow\downarrow) + f(\downarrow\uparrow \to \downarrow\uparrow)\} \\
&= -\frac{3}{4}f_0 \tag{7.4.19}
\end{aligned}
$$

于是我们得到单道微分散射截面为

$$\frac{\mathrm{d}\sigma}{\mathrm{d}\Omega}(0 \to 0) = |\hbar^2 f_{00}|^2 = \frac{9}{4}\frac{(\mu A)^2}{(q^2 + \lambda^2)^2} \tag{7.4.20}$$

如果要求仨道(总自旋等于1)的散射微分截面,怎么做呢? 或者要求自旋被打翻的微分截面,又该如何运算? 动动手.

7.5 全同粒子散射

前面的碰撞理论只考虑了不是全同的两粒子碰撞. 量子力学关于全同粒子有着特殊的处理,在散射问题上也如此.

7.5.1 全同粒子散射

我们首先假想两个实验,一个是全同粒子的碰撞,一个是不同粒子的碰撞,假定全同粒子之间的相互作用与不同粒子之间的相互作用是完全相同的. 在经典力

学中,这样进行的两个实验是没有区别的,因为在全同粒子与不同粒子两种情况下,都有可能区别入射粒子和靶粒子.但实际上,往往只在不同粒子的碰撞中进行区分,而在全同粒子的碰撞中不作区分.根据经典力学,在全同粒子碰撞中测得的微分截面就表示两个粒子中的任意一个被散射的微分截面,它等于不同粒子碰撞中测得的相应于入射粒子与靶粒子散射微分截面之和.但是在量子力学中,微观粒子运动没有确定的轨道.不可能由轨道来辨认哪一个粒子.因而区分哪一个是入射粒子哪一个是靶粒子就失去了意义.这样,我们将看到,原来在经典力学中得到的两个实验结果之间简单的截面相加的关系就不再存在.这一差别的出现,是由于在量子力学中全同粒子的不可分辨性.

如果两个粒子是全同粒子,则这两个粒子所组成体系的波函数应具有确定的对称性(泡利原理).当粒子之间的相互作用不包含自旋和轨道相互作用时,体系的波函数可以写为空间部分和自旋部分的乘积;如果再不包含自旋和自旋的相互作用,则体系的总自旋波函数又可以写成两粒子自旋波函数的乘积.现在我们先讨论波函数的空间部分,然后再讨论波函数的自旋部分.

考虑一个具体的例子:两个全同粒子在质心参考系中的碰撞或散射(图 7.5.1).碰撞前,假设两个粒子距离很远,不妨将左边的粒子标记为粒子 1,右边的为粒子 2.碰撞后,两个粒子向四面八方散开.在某个方向上放置的一个探测器 D 检测到了一个粒子,可以推知另一个粒子一定沿相反的方向运动.但是,我们无法断定 D 中检测到的是粒子 1 还是粒子 2.因此,有两种不同的"路径"符合实验结果.这就是它与不同粒子碰撞的区别.图 7.5.2 描绘了这两种"路径"的示意图.

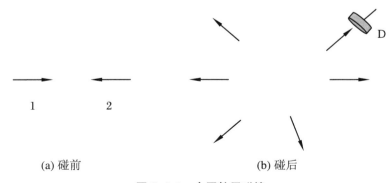

(a) 碰前　　　　　　　　　　(b) 碰后

图 7.5.1　全同粒子碰撞

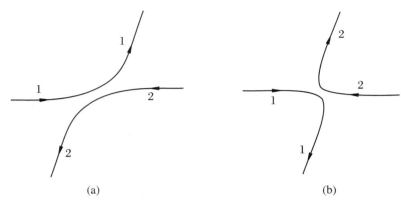

(a)　　　　　　　　　　　　　　　　　　(b)

图 7.5.2 "路径"示意图

7.5.2 散射微分截面

在 7.1 节中讨论过散射波函数的渐近形式,即

$$\psi(r) \xrightarrow{\ r \to \infty\ } e^{ikz} + f(\theta,\varphi)\frac{e^{ikr}}{r} \tag{7.5.1}$$

这里 r 可视为两个粒子的相对位置. 微分散射截面为 $D(\theta,\varphi) = |f(\theta,\varphi)|^2$. 现在需要考虑粒子的全同性以及量子态的交换对称或反对称. 粒子的互换相当于 $r \to -r$. 对于玻色子,波函数是交换对称的;而对于费米子,波函数为交换反对称. 所以式(7.5.1)所示的渐近形式需要改写为

$$(e^{ikz} \pm e^{-ikz}) + [f(\theta,\varphi) \pm f(\pi-\theta,\pi+\varphi)]\frac{e^{ikr}}{r} \tag{7.5.2}$$

一般有心力情形下,散射振幅 f 与角度 φ 无关,微分散射截面为

$$\begin{cases} \dfrac{d\sigma_S}{d\Omega} = |f(\theta) + f(\pi-\theta)|^2 \\[2mm] \qquad = |f(\theta)|^2 + |f(\pi-\theta)|^2 + 2\mathrm{Re}|f^*(\theta)f(\pi-\theta)| \\[2mm] \dfrac{d\sigma_A}{d\Omega} = |f(\theta) - f(\pi-\theta)|^2 \\[2mm] \qquad = |f(\theta)|^2 + |f(\pi-\theta)|^2 - 2\mathrm{Re}|f^*(\theta)f(\pi-\theta)| \end{cases} \tag{7.5.3}$$

下标 S 和 A 分别标志空间对称和空间反对称.

若粒子是可区分的,则无需构造对称化或者反对称化的波函数,上式右端的最后一项(即干涉项)随之消失,$D(\theta)$ 正好变为所观察的入射粒子的微分截面

$|f(\theta)|^2$ 和靶粒子的微分截面 $|f(\pi-\theta)|^2$ 之和,事实正该如此.

7.5.3 自旋权重

现在我们来讨论波函数的自旋部分,同时不考虑自旋和自旋的相互作用.我们所关心的只是体系总自旋波函数的对称性问题.设粒子自旋为 S,自旋本征值为 $\mu\hbar$,μ 可取的值有 $2S+1$ 个,即

$$S,S-1,\cdots,-S+1,-S$$

相应的自旋本征函数也有 $2S+1$ 个.分别以 $\chi_\mu(1)$ 和 $\chi_\nu(2)$ 表示第一个和第二个粒子的自旋波函数,则体系的自旋波函数为

$$\chi_\mu(1)\chi_\nu(2) \quad \mu,\quad \nu = S,S-1,\cdots,-S \tag{7.5.4}$$

它一共有 $(2S+1)^2$ 个.我们可以将这些乘积重新进行线性组合,来构成 $(2S+1)^2$ 个对称化了的自旋函数.其中一部分是两粒子处于相同的自旋态的乘积,

$$\chi_\mu(1)\chi_\mu(2),\quad \mu = S,\cdots,-S \tag{7.5.5}$$

显然,它们是两粒子交换的对称函数,共有 $2S+1$ 个.其余部分应该由乘积

$$\chi_\mu(1)\chi_\nu(2),\quad \mu \neq \nu$$

作线性组合构成.这种 $\mu \neq \nu$ 的乘积项的数目应该等于式(7.5.4)的数目减去式(7.5.5)的数目,即为

$$(2S+1)^2 - (2S+1) = 2S(2S+1)$$

对称的态

$$\chi_\mu(1)\chi_\nu(2) + \chi_\mu(2)\chi_\nu(1),\quad \mu \neq \nu$$

与反对称的态

$$\chi_\mu(1)\chi_\nu(2) - \chi_\mu(2)\chi_\nu(1),\quad \mu \neq \nu$$

是一一对应的.因此,它们的个数相等,都等于 $S(2S+1)$.

这样,我们就得到了 $(2S+1) + S(2S+1) = (S+1)(2S+1)$ 个对称的自旋波函数,$S(2S+1)$ 个反对称的自旋波函数.

在碰撞的过程中,每一个自旋态出现的概率相同,因而体系处于对称自旋态的概率为

$$\frac{(S+1)(2S+1)}{(2S+1)^2} = \frac{S+1}{2S+1} \tag{7.5.6}$$

而处于反对称自旋态的概率为

$$\frac{S(2S+1)}{(2S+1)^2} = \frac{S}{2S+1} \tag{7.5.7}$$

如果粒子是费米子, S 为半整数, 总波函数是反对称的, 则对称自旋波函数应和反对称空间波函数相乘, 而反对称的自旋波函数应和对称的空间波函数相乘. 根据这种考虑, 由式(7.5.3), 我们可以写出两个全同费米子弹性散射微分截面为

$$\frac{\mathrm{d}\sigma}{\mathrm{d}\Omega} = \frac{S}{2S+1}\frac{\mathrm{d}\sigma_S}{\mathrm{d}\Omega} + \frac{S+1}{2S+1}\frac{\mathrm{d}\sigma_A}{\mathrm{d}\Omega}$$

$$= |f(\theta)^2| + |f(\pi-\theta)|^2 - \frac{1}{2S+1}\big[f(\theta)f^*(\pi-\theta) + f^*(\theta)f(\pi-\theta)\big]$$

$$(7.5.8)$$

同样可以得到两个全同玻色子(自旋为整数)的弹性散射微分截面

$$\frac{\mathrm{d}\sigma}{\mathrm{d}\Omega} = \frac{S+1}{2S+1}\frac{\mathrm{d}\sigma_S}{\mathrm{d}\Omega} + \frac{S}{2S+1}\frac{\mathrm{d}\sigma_A}{\mathrm{d}\Omega}$$

$$= |f(\theta)^2| + |f(\pi-\theta)|^2 + \frac{1}{2S+1}\big[f(\theta)f^*(\pi-\theta) + f^*(\theta)f(\pi-\theta)\big]$$

$$(7.5.9)$$

这两个公式可以合写为

$$\frac{\mathrm{d}\sigma}{\mathrm{d}\Omega} = |f(\theta)^2| + |f(\pi-\theta)|^2 + \frac{(-1)^{2S}}{2S+1}\big[f(\theta)f^*(\pi-\theta) + f^*(\theta)f(\pi-\theta)\big]$$

$$(7.5.10)$$

由此式可看到全同粒子散射的一个特征:

$$\frac{\mathrm{d}\sigma}{\mathrm{d}\Omega}\left(\frac{\pi}{2}+\theta\right) = \frac{\mathrm{d}\sigma}{\mathrm{d}\Omega}\left(\frac{\pi}{2}-\theta\right) \tag{7.5.11}$$

即微分截面相对于前后是对称的.

7.5.4 汤川势中的费米子散射

作为例子, 我们来计算两个自旋 $1/2$ 的全同粒子在汤川势作用下的高能散射截面.

两个质量为 μ、自旋为 $1/2$ 的全同粒子, 它们之间有着汤川型相互作用

$$U(r) = A\mathrm{e}^{-\lambda r}/r \tag{7.5.12}$$

其中 $A, \lambda(>0)$ 皆为常量, 而 r 为两粒子之间的距离. 由于相互作用与自旋无关, 因此可以先算出轨道方面的散射振幅, 然后加上自旋权重. 在质心系中, 粒子完全对称, 相当于在两粒子连线中点有一个力心, 故一个粒子受到的作用为

$$U(\rho) = A\mathrm{e}^{-2\lambda\rho}/(2\rho) \tag{7.5.13}$$

这里 $\rho = r/2$,是一个粒子离力心的距离.

对高能散射,可用玻恩近似,散射振幅为

$$f(\theta) = -\frac{\mu}{2\pi\hbar^2}\int d^3\rho\, e^{-i\boldsymbol{q}\cdot\boldsymbol{\rho}}V(\rho) = -\frac{\mu A}{q\,\hbar^2}\int d\rho\sin(q\rho)e^{-2\lambda\rho}$$

$$= -\frac{\mu A}{\hbar^2\left[q^2 + (2\lambda)^2\right]} \tag{7.5.14}$$

其中动量转移 $q = 2k\sin(\theta/2)$.

现在考虑全同粒子系统的对称性,对不同的总自旋态,轨道方面的微分截面不同.

对反对称的自旋单态,$S = 0$,

$$\sigma_S = \left| f(\theta) + f(\pi - \theta) \right|^2$$

$$= \left(\frac{\mu A}{2\hbar}\right)^2\left[\frac{1}{k^2\sin^2(\theta/2) + \lambda^2} + \frac{1}{k^2\cos^2(\theta/2) + \lambda^2}\right]^2 \tag{7.5.15}$$

对对称的自旋三态,$S = 1$,

$$\sigma_A = \left| f(\theta) - f(\pi - \theta) \right|^2$$

$$= \left(\frac{\mu A}{2\hbar}\right)^2\left[\frac{1}{k^2\sin^2(\theta/2) + \lambda^2} - \frac{1}{k^2\cos^2(\theta/2) + \lambda^2}\right]^2 \tag{7.5.16}$$

如果入射粒子是非极化的,则我们可得平均的微分截面:

$$\sigma_T = \frac{1}{4}\sigma_S + \frac{3}{4}\sigma_A$$

$$= \left(\frac{\mu A}{4\hbar^2}\right)^2\frac{(k^2 + 2\lambda^2)^2 + 3(k^2\cos\theta)^2}{\left[(k^2\sin^2(\theta/2) + \lambda^2)(k^2\cos^2(\theta/2) + \lambda^2)\right]^2} \tag{7.5.17}$$

于是可知,末态粒子处于总自旋为 1 的概率为

$$P(S = 1) = \frac{3\sigma_A/4}{\sigma_T} = \frac{3(k^2\cos\theta)^2}{(k^2 + 2\lambda^2)^2 + 3(k^2\cos\theta)^2} \tag{7.5.18}$$

而发现两个粒子的自旋都沿 z 方向的概率为上面概率的 1/3,

$$P(\uparrow\uparrow) = \frac{\sigma_A/4}{\sigma_T} = \frac{(k^2\cos\theta)^2}{(k^2 + 2\lambda^2)^2 + 3(k^2\cos\theta)^2} \tag{7.5.19}$$

两粒子自旋平行的概率则为上式的两倍.

上面例子中相互作用与自旋无关.如果全同粒子相互作用中包含有与自旋相关的部分,例如上节中有自旋交换的汤川势,则当如何处理? 有点繁,但路子很清楚,不妨自己算算.

习　题　7

7.1　某粒子被一定相互作用散射的散射振幅为

$$f(\theta) = \frac{1}{k}(e^{ika}\sin ka + 3ie^{i2ka}\cos\theta)$$

此处 a 为相互作用的特征长度，k 为入射粒子的波数．计算 s 波的微分截面．

7.2　分析质量为 μ、能量为 E 的粒子的势散射，得到散射相移为

$$\delta_l = \sin^{-1}\frac{(ika)^l}{\sqrt{(2l+1)l!}}$$

其中 a 为势场特征长度．

(a) 总截面与能量 E 的关系怎样？

(b) 能量取何值时，s 波散射给出很好的近似？

7.3　质量为 μ 的粒子在势

$$V(r) = V_0\frac{1}{r^2}$$

上被散射．

(a) 用分波法求 l 分波的相移；

(b) 当 $\left|\dfrac{8\mu V_0}{\hbar^2}\right| \ll 1$ 时，δ_l 等于什么？

7.4　散射理论中的一个重要概念是散射长度 a．此长度定义为

$$a = -\lim_{k\to 0}f(\theta)$$

此处 k 为入射粒子波数．

(a) 对低能散射且相移较小时，证明

$$a = -\lim_{k\to\infty}\frac{\delta_0}{k}$$

(b) 在同样条件下，证明

$$\sigma = 4\pi a^2$$

(c) 当点粒子被半径为 r_0 的刚球散射时，散射长度等于什么？

7.5　质量为 μ、能量为 E 的粒子在有限高球势垒上被散射，

$$V(r) = \begin{cases} + V_0, & r \leqslant a \\ 0, & r > a \end{cases}$$

$$V_0 > 0$$

请用玻恩近似方法计算其微分散射截面.

7.6　质量为 μ、能量为 E 的粒子被高斯型势垒

$$V(r) = V_0 \exp\left[-\frac{r^2}{2a^2} \right]$$

散射,请用玻恩近似给出高能微分散射截面.

7.7　对于作用力程极小的相互作用势的散射,有时可视为 δ 势的散射. 考虑两个自旋 1/2 的全同粒子的散射,其相互作用势取为

$$V(r) = V_0 \delta^{(3)}(r)$$

粒子质量为 m,请用玻恩近似法计算粒子的微分散射截面和总截面.

习题参考答案

习 题 1

1.1 $T = 7\,000$ K

1.2 $\sin\theta' = \sin\theta \dfrac{1-\beta^2}{1+2\beta\cos\theta+\beta^2}$, $\quad\beta=\dfrac{V}{C}$

1.3 $\tau = \dfrac{1}{64\pi}\dfrac{e^2}{4\pi\varepsilon_0\,\hbar c}\dfrac{(mc^2)^2\,hc}{E_{\mathrm{B}}^3\,c} = 1.56\times10^{-11}$ s

1.4 (a) $\lambda = hc/\sqrt{3mc^2k_{\mathrm{B}}T} = 14.5$ nm

   (b) $V_{\max} = c\,\dfrac{hc}{dmc^2} = 495$ m/s

   (c) $T_{\mathrm{C}} = \dfrac{1}{12}\dfrac{(hc)^2}{mc^2k_{\mathrm{B}}\mathrm{d}^2} = 9.9$ K

   (d) $T_{\mathrm{Be}} = T_{\mathrm{C}}\,(d_{\mathrm{C}}/d_{\mathrm{Be}})^2 = 30$ K

1.5 (a) $T_{\mathrm{C}} = \dfrac{e^2}{12\pi\varepsilon_0\,d_c k} = 5.5\times10^9$ K

   (b) (1) $T_{\mathrm{C}} = \dfrac{GMm_p}{2k_B R}$

      (2) $\dfrac{M}{R} = \dfrac{2kT_{\mathrm{C}}}{Gm_p} = 1.4\times10^{24}\dfrac{kg}{m} \gg \dfrac{M_\Theta}{R_\Theta} = 2.9\times10^{21}\dfrac{kg}{m}$

   (c) $T_c = \dfrac{1}{6\pi^2}\left(\dfrac{e^2}{4\pi\varepsilon_0\,\hbar c}\right)^2\dfrac{mc^2}{k_{\mathrm{B}}} = 9.7\times10^6$ K

      $\dfrac{M}{R} = \dfrac{2kT_{\mathrm{C}}}{Gm_p} = \dfrac{1}{3\pi^2}\alpha^2\dfrac{c^2}{G} = 2.4\times10^{21}\dfrac{kg}{m} \approx \dfrac{M_\Theta}{R_\Theta}$

习 题 2

2.2 (b) $\dfrac{5\pi^2\,\hbar^2}{4\mu a^2}$

(c) $\dfrac{8\,\hbar}{3a}\sin\left(\dfrac{3\pi^2\,\hbar t}{2\mu a^2}\right)$

2.3 $\dfrac{\pi}{2}<\sqrt{\dfrac{\mu V_0 a^2}{2\,\hbar^2}}\leqslant\pi$

2.4 $d=\dfrac{1}{\kappa_2}=\dfrac{\hbar c}{\sqrt{2mc^2(V_0-E)}}\doteq0.1\,\mathrm{nm}$

2.5 $\mu=2\,\hbar^2/V_0 a^2$

2.6 $\dfrac{2\mu V_0 a}{\hbar^2}>1$

2.7 $E_4=\dfrac{\pi^2\,\hbar^2}{2\mu\,(2a)^2}\cdot 4^2=\dfrac{2\pi^2\,\hbar^2}{\mu a^2}$

2.8 $\langle p\rangle=\hbar K+\langle u\,|\,\hat{p}\,|\,u\rangle$

2.9 $V(x)=\dfrac{\hbar^2\alpha^4}{2\mu}(x^2-b^2)+\dfrac{n(n-1)\hbar^2}{2\mu}\left(\dfrac{1}{x^2}-\dfrac{1}{b^2}\right)$

$E=\left(n+\dfrac{1}{2}\right)\dfrac{\alpha^2\,\hbar^2}{\mu}-\dfrac{(\hbar\alpha^2 b)^2}{2\mu}-\dfrac{n(n-1)\hbar^2}{2\mu b^2}$

2.10 $|\lambda|<\mu\omega^2$，$E=E_{n_1 n_2}=\left(n_1+\dfrac{1}{2}\right)\hbar\omega\sqrt{1+\lambda/\mu\omega^2}+\left(n_2+\dfrac{1}{2}\right)\hbar\omega\sqrt{1-\lambda/\mu\omega^2}$

$n_1,n_2=0,1,2,\cdots$

2.11 $\psi(\theta,t)=\left(A+\dfrac{B}{2}\right)+\dfrac{B}{2}\mathrm{e}^{-\mathrm{i}\frac{2\hbar t}{\mu R^2}}\cos 2\theta$

$E=\dfrac{|B|^2\,\hbar^2}{4\mu R^2\left[\,|A|^2+\dfrac{3}{8}\,|B|^2+\dfrac{1}{2}(A^*B+B^*A)\right]}$

习　题　3

3.2　(a) $\dfrac{\partial f(p_x)}{\partial x}$

　　(b) $-a\exp\left(\dfrac{\mathrm{i}\,a\,\hat{p}_x}{\hbar}\right)$

　　(c) 本征值为 $x'-a$

3.8　(b) $2\overline{T}=\left\langle x\,\dfrac{\mathrm{d}}{\mathrm{d}x}(V_0x^\lambda)\right\rangle=\lambda\langle V\rangle=\lambda\overline{V}$

3.13　(a) $-\dfrac{\mathrm{i}\,\hbar}{m}\sin(\omega t_1-\omega t_2)$

　　(b) $\mathrm{i}\,\hbar\cos(\omega t_1-\omega t_2)$

　　(c) $-\mathrm{i}\,\hbar m\omega\sin(\omega t_1-\omega t_2)$

　　结果表明,即使对于同一个力学量,在不同的时刻也未必是对易的

3.14　$\dfrac{\hbar}{2m\omega}\mathrm{e}^{-\mathrm{i}\omega t}$

3.18　$E=f\lambda^{\frac{2}{\nu+2}}\left(\dfrac{\hbar^2}{2\mu}\right)^{\frac{\nu}{\nu+2}},f$ 与这些参数无关

3.19　(a) $\dfrac{1}{\sqrt{2}}(|0\rangle+|1\rangle)$

　　(b) $\dfrac{1}{\sqrt{2}}\mathrm{e}^{-\mathrm{i}\omega t/2}(|0\rangle+\mathrm{e}^{-\mathrm{i}\omega t}|1\rangle)$

　　(c) $\sqrt{\dfrac{\hbar}{2m\omega}}\cos\omega t$

3.20　$\beta=\alpha^*;n-\alpha\beta,\quad n=1,2,3,\cdots$

3.21　$\sin^2(\lambda t/\hbar)$

习题 4

4.1 (a) $\psi(\boldsymbol{r})$ 是 $\hat{\boldsymbol{L}}^2$ 的本征态，$l=1$

(b) 处于 $|1,0\rangle,|1,1\rangle,|1,-1\rangle$ 的概率分别为 $\dfrac{9}{11},\dfrac{1}{11},\dfrac{1}{11}$

4.5 对矢势取不对称规范，

$$E_{n,p_y,p_z}=\frac{p_y^2+p_z^2}{2\mu}-\frac{1}{2\mu}\left(p_y+\frac{\mu E}{B}\right)^2+\left(n+\frac{1}{2}\right)\frac{\hbar qB}{\mu}$$

$$n=0,1,2,\cdots$$

$$\psi_{n,p_y,p_z}=\frac{1}{2\pi\hbar}\sqrt{\frac{2}{\sqrt{\pi}2^n n!}}\,\mathrm{e}^{\mathrm{i}(p_y y+p_z z)/\hbar}\,\mathrm{e}^{-\frac{1}{2}\frac{\mu\omega}{\hbar}(x-x_0)^2}H_n\left[\sqrt{\frac{\mu\omega}{\hbar}}(x-x_0)\right]$$

$$x_0=\frac{p_y}{qB}+\frac{\mu E}{qB^2}$$

4.7 (a) $\hat{S}_x=\dfrac{\hbar}{\sqrt{2}}\begin{pmatrix}0&1&0\\1&0&1\\0&1&0\end{pmatrix}$, $\hat{S}_y=\dfrac{\hbar}{\sqrt{2}}\begin{pmatrix}0&-\mathrm{i}&0\\\mathrm{i}&0&-\mathrm{i}\\0&\mathrm{i}&0\end{pmatrix}$, $\hat{S}_z=\dfrac{\hbar}{\sqrt{2}}\begin{pmatrix}1&0&0\\0&0&0\\0&0&-1\end{pmatrix}$

(c) $\hat{S}_x=\hbar\begin{pmatrix}0&0&0\\0&0&1\\0&1&0\end{pmatrix}$, $\hat{S}_y=\hbar\begin{pmatrix}0&0&-\mathrm{i}\\0&0&0\\\mathrm{i}&0&0\end{pmatrix}$, $\hat{S}_z=\hbar\begin{pmatrix}0&1&0\\1&0&0\\0&0&0\end{pmatrix}$

4.10 当 $m=\pm j$ 时，有最小值 $j\hbar^2$.

4.11 (a) 0

(b) 1

(c) $\dfrac{|(a-b)|^2}{2(|a|^2+|b|^2)}$

(d) $\dfrac{|b|^2}{2(|a|^2+|b|^2)}$，粒子 2 自旋朝下

4.12 (b) $\theta=0$ 或 $\varphi=\dfrac{n\pi}{4}$，$n=1,3,5,7$

4.16　(a) $\theta_0 = 2\delta, \varphi_0 = 2\alpha$

(b) $\boldsymbol{P} = (\sin 2\delta \cos \varphi, \sin 2\delta \sin \varphi, \cos 2\delta), \quad \varphi = 2\alpha - \dfrac{2\mu_0}{\hbar} \displaystyle\int_0^t \mathrm{d}\tau B(\tau)$

4.17　正常塞曼效应，原子由 E_2 能级跃迁到 E_1 能级发射的光子频率：

$$h\nu = h\nu_0 + \mu_B B \Delta m_l$$

根据选择定则：

$$\Delta m_l = 0, \pm 1$$

谱线分裂的频率差：

$$\Delta\nu = \frac{\mu_B B}{h} = 4.2 \times 10^{10}\ \mathrm{Hz}$$

波长差：

$$\Delta\lambda = \lambda \frac{\Delta\nu}{\nu} = 0.025\ \mathrm{nm}$$

4.18　$E_n = \dfrac{\hbar^2}{2\mu R^2} \left(n - \dfrac{q\Phi}{2\pi\hbar} \right)^2$

$\Phi = \pi R^2 B, \quad n = 0, \pm 1, \pm 2, \cdots$

习　题　5

5.1　(a) $\dfrac{64}{9\pi^2}$

(b) $\dfrac{\pi^2 \hbar^2}{8\mu a^2}$

5.2　$\Delta E_n^{(1)} = \dfrac{3\lambda}{4\alpha^2} \big[2n(n+1) + 1 \big]$

$\Delta E_n^{(2)} = -\dfrac{1}{8} \dfrac{\lambda^2}{\hbar\omega\alpha^8} (34n^3 + 51n^2 + 59n + 21)$

$\alpha = \left(\dfrac{\mu\omega}{\hbar} \right)^{1/2}$

5.3 $\quad \Delta E = \dfrac{2\pi}{5}\dfrac{Z^3}{a_0^3\pi}\dfrac{Ze^2}{4\pi\varepsilon_0}R^2$

5.4 基态一级修正为零 $\Delta E_0 = E_0^{(1)} = 0$

二级修正为 $\Delta E_0 = E_0^{(2)} = -\dfrac{3\lambda^2}{2\mu_\omega}$

5.5

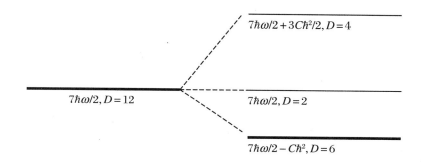

5.6 $\quad |\psi_n\rangle = |n\rangle + \mathrm{i}\lambda\left(\hat{A} - \langle n|A|n\rangle\right)|n\rangle$

$\quad E_n = \varepsilon_n - \lambda^2\langle n|\hat{A}\hat{H}_0\hat{A}|n\rangle + \lambda^2\varepsilon_n\langle n|\hat{A}^2|n\rangle$

5.7 $\quad \dfrac{e^2 A^2}{2m\hbar\omega}\mathrm{e}^{-(1/2)(\omega\tau)^2}$，其中 $\omega = (E_2 - E_1)/\hbar$

5.8 $\quad \dfrac{2^{15}A^2\tau^2a^2}{3^{10}\hbar^2\pi^2}\left|\displaystyle\int_{-\infty}^{+\infty}\dfrac{\mathrm{e}^{\mathrm{i}\omega t}}{\tau^2 + t^2}\mathrm{d}t\right|^2 = \dfrac{2^{15}A^2a^2}{3^{10}\hbar^2}\mathrm{e}^{-2\omega\tau}$

5.9 $\quad \tau_{\mathrm{He}} = \tau_{\mathrm{H}}/16 = 0.1\ \mathrm{ns}$

5.10 $\quad I = I_0\cos^2\left(\pi\sin^2\dfrac{\theta}{2}\right)$，其中 I_0 为 $\theta = 0$ 或磁场不旋转时的强度

5.11 $\quad E = \dfrac{n+1}{4n}\left(\dfrac{4n(2n-1)!!}{2^n}\right)^{\frac{1}{n+1}}\left(\dfrac{\hbar^2}{\mu}\lambda^{\frac{1}{n}}\right)^{\frac{n}{n+1}}$

5.12 $\quad E_1 = \dfrac{E_a + E_b - \sqrt{(E_b - E_a)^2 + 4\varepsilon^2}}{2}$

习　题　6

6.1　$L = 3$　　　$^1F_3$　　　$^3F_{2,3,4}$

　　　$L = 2$　　　$^1D_2$　　　$^3D_{1,2,3}$

　　　$L = 1$　　　$^1P_1$　　　$^3P_{0,1,2}$

6.2　(a) $E_1 = \dfrac{\pi^2 \hbar^2}{\mu a^2}$,　$D(E_1) = 4$

　　　　$E_2 = \dfrac{5\pi^2 \hbar^2}{2\mu}$,　$D(E_2) = 8$

　　　(b) $E_1 = \dfrac{\pi^2 \hbar^2}{\mu a^2}$,　$D(E_1) = 1$

　　　　$E_2 = \dfrac{5\pi^2 \hbar^2}{2\mu}$,　$D(E_2) = 4$

　　　(c) $E_1 = \dfrac{\pi^2 \hbar^2}{\mu a^2}$,　$D(E_1) = 6$

　　　　$E_2 = \dfrac{5\pi^2 \hbar^2}{2\mu}$,　$D(E_2) = 9$

6.3　(a) 例如

$$(\hat{H}, \hat{\boldsymbol{L}}^2, \hat{L}_z, \hat{\boldsymbol{S}}^2, \hat{S}_z)$$

　　　(b) $E_n = -\dfrac{\mu (3g)^2}{2\hbar^2} \dfrac{1}{n^2} = -\dfrac{9mg^2}{4\hbar^2} \dfrac{1}{n^2}$

$$D(E_n) = \sum_{l=0,2,\cdots}^{2[(n-1)/2]} (2l + 1) = \{[(n-1)/2] + 1\}\{2[(n-1)/2] + 1\}$$

　　　(c) $\dfrac{2}{a^{3/2}} \mathrm{e}^{-r/a} \mathrm{Y}_{00} \chi_{00}$

$$a = \dfrac{\hbar^2}{\mu (3g)^2} = \dfrac{2\hbar^2}{9mg^2}$$

6.4 （a）基态：能量 $E_0 = 3\hbar\omega$，态符号 $^{2S+1}L_j = {}^1S_0$，波函数

$$|{}^1S_0\rangle = |NLL_zSM\rangle = |00000\rangle = \psi_{000}(\boldsymbol{x}_1)\psi_{000}(\boldsymbol{x}_2)\chi_{00}$$

第一激发态：$E_1 = 4\hbar\omega$，共 12 个态

$^1P_1$

$$|{}^1P_1, m\rangle = |NLL_zSM\rangle = |11m00\rangle$$

$$= \frac{1}{\sqrt{2}}[\psi_{000}(\boldsymbol{x}_1)\psi_{01m}(\boldsymbol{x}_2) + \psi_{01m}(\boldsymbol{x}_1)\psi_{000}(\boldsymbol{x}_2)]\chi_{00}$$

$$m = -1, 0, 1$$

$^3P_J, J = 2, 1, 0$

$$|{}^3P_J, M\rangle = \sum_m \langle 1m1M-m \mid JM\rangle$$

$$\frac{1}{\sqrt{2}}[\psi_{000}(\boldsymbol{x}_1)\psi_{01m}(\boldsymbol{x}_2) - \psi_{01m}(\boldsymbol{x}_1)\psi_{000}(\boldsymbol{x}_2)]\chi_{1M-m}$$

$$M = -J, \cdots, J$$

（b）经微扰修正后基态能量为

$$E_0 = 3\hbar\omega + \lambda\left(\frac{\alpha}{\sqrt{2\pi}}\right)^3, \quad \alpha = \sqrt{\frac{\mu\omega}{\hbar}}$$

若 $\lambda > 0$，则第一激发态为 $^3P_J, J = 2, 1, 0, 9$ 重简并，能量仍为 $4\hbar\omega$；

若 $\lambda < 0$，则第一激发态为 $^1P_1, 3$ 重简并，能量为 $4\hbar\omega + \lambda\left(\frac{\alpha}{\sqrt{2\pi}}\right)^3$.

习 题 7

7.1 $\sigma_0 = 4\pi a^2\left(\frac{\sin ka}{ka}\right)^2$

7.2 （a）$\sigma = \frac{4\pi\hbar^2}{2\mu E}e^{-\frac{2\mu E a^2}{\hbar^2}}$

（b）$E < \frac{\hbar^2}{2\mu a^2}$

7.3 (a) $\delta_\ell = (\ell + 1/2) - \sqrt{(\ell + 1/2)^2 + 2\mu V_0/\hbar^2}$

   (b) $\delta_\ell = \dfrac{\mu V_0}{(\ell + 1/2)\hbar^2}$

7.4 (c) $a = r_0$

7.5 $\left(\dfrac{2\mu V_0}{\hbar^2 k^3}\right)^2 (\sin ka - ka\cos ka)^2$，其中$\hbar k = 2\sqrt{2mE}\sin\dfrac{\theta}{2}$.

7.6 $2\pi\left(\dfrac{\mu a^3 V_0}{\hbar^2}\right)^2 \exp\left(-4k^2 a^2\sin^2\dfrac{\theta}{2}\right)$

7.7 微分截面：

$$\sigma = \frac{1}{4}\sigma_0 + \frac{3}{4}\sigma_1 = \frac{m^2 V_0^2}{16\pi^2 \hbar^4}$$

   总截面：

$$\sigma_t = 4\pi\sigma = \frac{m^2 V_0^2}{4\pi \hbar^4}$$

附录 1　物理常量

物理量	符号	数值
真空中的光速	c	299 792 458 m/s
普朗克常数 约化普朗克常数	h $\hbar \equiv h/(2\pi)$	$6.626\,069\,3(11) \times 10^{-34}$ J·s $1.054\,571\,68(18) \times 10^{-34}$ J·s $= 6.582\,119\,15(56) \times 10^{-22}$ MeV·s
电子的电荷量 转换常数	e $\hbar c$ $(\hbar c)^2$	$1.602\,176\,53(14) \times 10^{-19}$ C $197.326\,968(17)$ MeV·fm $0.389\,379\,323(67)$ GeV^2·mbarn
电子的质量 质子的质量 氘核的质量 原子质量单位	m_e m_p m_d u	$0.510\,998\,918(44)$ MeV/c^2 $= 9.109\,382\,6(16) \times 10^{-31}$ kg $938.272\,029(80)$ MeV/c^2 $= 1.672\,621\,71(29) \times 10^{-27}$ kg $1875.612\,82(16)$ MeV/c^2 $931.494\,043(80)$ MeV/c^2 $= 1.660\,538\,86(28) \times 10^{-27}$ kg
真空的介电常数 真空的磁导率	$\varepsilon_0 = 1/(\mu_0 c^2)$ μ_0	$8.854\,187\,817 \times 10^{-12}$ F/m $4\pi \times 10^{-7}$ N/A^2 $= 12.566\,370\,614 \times 10^{-7}$ N/A^2
精细结构常数 电子的经典半径 电子的康普顿波长 玻尔半径($m_{原子核} = \infty$) 动量 1 eV/c 的粒子的波长 里德伯能量 汤姆孙截面	$\alpha = e^2/(4\pi\varepsilon_0 \hbar c)$ $r_e = e^2/(4\pi\varepsilon_0 m_e c^2)$ $\lambda_e = \hbar/(m_e c) = r_e \alpha^{-1}$ $a_\infty = 4\pi\varepsilon_0 \hbar^2/(m_e e^2)$ $= r_e \alpha^{-2}$ $hc/(1\ \text{eV})$ $hcR_\infty = m_e c^2 \alpha^2/2$ $\sigma_T = 8\pi r_e^2/3$	$7.297\,352\,568(24) \times 10^{-3}$ $= 1/137.035\,999\,11(46)$ $2.817\,940\,325(28) \times 10^{-15}$ m $3.861\,592\,678(26) \times 10^{-13}$ m $0.529\,177\,210\,8(18) \times 10^{-10}$ m $1.239\,841\,91(11) \times 10^{-6}$ m $13.605\,692\,3(12)$ eV $0.665\,245\,873(13)$ barn

物理量	符号	数值
玻尔磁子	$\mu_B = e\hbar/(2m_e)$	$5.788\,381\,804(39) \times 10^{-11}$ MeV/T
核磁子	$\mu_N = e\hbar/(2m_p)$	$3.152\,451\,259(21) \times 10^{-14}$ MeV/T
电子回旋频率/场	$\omega^e_{cycl}/B = e/m_e$	$1.758\,820\,12(15) \times 10^{11}$ rad/(s・T)
质子回旋频率/场	$\omega^p_{cycl}/B = e/m_p$	$9.578\,833\,76(82) \times 10^7$ rad/(s・T)
引力常数	G_N	$6.674\,2(10) \times 10^{-11}$ m^3/(kg・s^2) $= 6.708\,7(10) \times 10^{-39}\hbar c$ (GeV/c^2)$^{-2}$
标准引力加速度	g_n	$9.806\,65$ m/s^2
阿伏伽德罗常数	N_A	$6.022\,141\,5(10) \times 10^{23}$ mol^{-1}
玻尔兹曼常数	k	$1.380\,650\,5(24) \times 10^{-23}$ J/K $= 8.617\,343(15) \times 10^{-5}$ eV/K
克分子体积 (标准条件下的理想气体)	$N_A \dfrac{k(273.15\ \mathrm{K})}{101\,325\ \mathrm{Pa}}$	$22.413\,996(39) \times 10^{-3}$ m^3/mol
维恩位移律的常数	$b = \lambda_{max} T$	$2.897\,768\,5(51) \times 10^{-3}$ m・K
斯特藩-玻尔兹曼常数	$\sigma = \pi^2 k^4/(60\hbar^3 c^2)$	$5.670\,400(40) \times 10^{-8}$ W/(m^2・K^4)
费米耦合常数	$G_F/(\hbar c)^3$	$1.166\,37(1) \times 10^{-5}$ GeV^{-2}
弱混合角	$\sin^2\theta_W(M_z)$	$0.231\,20(15)$
$W^{\pm}$玻色子的质量	m_W	$80.425(38)$ GeV/c^2
Z^0玻色子的质量	m_Z	$91.187\,6(21)$ GeV/c^2
强作用耦合常数	$\alpha_s(M_z)$	$0.118\,7(20)$

$\pi = 3.141\,592\,653\,589\,793\,238$ 　　　　 e $= 2.718\,281\,828\,459\,045\,235$

1 in $\equiv 0.025\,4$ m　　1 G $\equiv 10^{-4}$ T　　1 eV $\equiv 1.602\,176\,53(14) \times 10^{-19}$ J　　0 ℃ $\equiv 273.15$ K

1 Å $\equiv 0.1$ nm　　1 dyn $\equiv 10^{-5}$ N　　1 barn $\equiv 10^{-28}$ m^2　　kT (300 K) $= [38.681\,648(68)]^{-1}$ eV

1 erg $\equiv 10^{-7}$ J　　　1 atm $\equiv 760$ Torr $\equiv 101\,325$ Pa

此表译自《粒子物理手册》.

表中括号内的数字表示物理量最后一位数值的标准误差.

附录 2 元素周期表

图例:

92 U —— 原子序数
铀 —— 元素名称(注*的是人造元素)
$5f^36d^17s^2$ —— 外围电子层排布(指可能的电子层排布)
238.0 —— 相对原子质量(加括号的数据为该放射性元素半衰期最长同位素的质量数)

注:相对原子质量录自2001年国际原子量表,并全部取4位有效数字。

周期	IA 1	IIA 2	IIIB 3	IVB 4	VB 5	VIB 6	VIIB 7	VIII 8	VIII 9	VIII 10	IB 11	IIB 12	IIIA 13	IVA 14	VA 15	VIA 16	VIIA 17	0 18
1	1 H 氢 $1s^1$ 1.008																	2 He 氦 $1s^2$ 4.003
2	3 Li 锂 $2s^1$ 6.941	4 Be 铍 $2s^2$ 9.012											5 B 硼 $2s^22p^1$ 10.81	6 C 碳 $2s^22p^2$ 12.01	7 N 氮 $2s^22p^3$ 14.01	8 O 氧 $2s^22p^4$ 16.00	9 F 氟 $2s^22p^5$ 19.00	10 Ne 氖 $2s^22p^6$ 20.18
3	11 Na 钠 $3s^1$ 22.99	12 Mg 镁 $3s^2$ 24.31											13 Al 铝 $3s^23p^1$ 26.98	14 Si 硅 $3s^23p^2$ 28.09	15 P 磷 $3s^23p^3$ 30.97	16 S 硫 $3s^23p^4$ 32.06	17 Cl 氯 $3s^23p^5$ 35.45	18 Ar 氩 $3s^23p^6$ 39.95
4	19 K 钾 $4s^1$ 39.10	20 Ca 钙 $4s^2$ 40.08	21 Sc 钪 $3d^14s^2$ 44.96	22 Ti 钛 $3d^24s^2$ 47.87	23 V 钒 $3d^34s^2$ 50.94	24 Cr 铬 $3d^54s^1$ 52.00	25 Mn 锰 $3d^54s^2$ 54.94	26 Fe 铁 $3d^64s^2$ 55.85	27 Co 钴 $3d^74s^2$ 58.93	28 Ni 镍 $3d^84s^2$ 58.69	29 Cu 铜 $3d^{10}4s^1$ 63.55	30 Zn 锌 $3d^{10}4s^2$ 65.41	31 Ga 镓 $4s^24p^1$ 69.72	32 Ge 锗 $4s^24p^2$ 72.64	33 As 砷 $4s^24p^3$ 74.92	34 Se 硒 $4s^24p^4$ 78.96	35 Br 溴 $4s^24p^5$ 79.90	36 Kr 氪 $4s^24p^6$ 83.80
5	37 Rb 铷 $5s^1$ 85.47	38 Sr 锶 $5s^2$ 87.62	39 Y 钇 $4d^15s^2$ 88.91	40 Zr 锆 $4d^25s^2$ 91.22	41 Nb 铌 $4d^45s^1$ 92.91	42 Mo 钼 $4d^55s^1$ 95.94	43 Tc 锝 $4d^55s^2$ [98]	44 Ru 钌 $4d^75s^1$ 101.1	45 Rh 铑 $4d^85s^1$ 102.9	46 Pd 钯 $4d^{10}$ 106.4	47 Ag 银 $4d^{10}5s^1$ 107.9	48 Cd 镉 $4d^{10}5s^2$ 112.4	49 In 铟 $5s^25p^1$ 114.8	50 Sn 锡 $5s^25p^2$ 118.7	51 Sb 锑 $5s^25p^3$ 121.8	52 Te 碲 $5s^25p^4$ 127.6	53 I 碘 $5s^25p^5$ 126.9	54 Xe 氙 $5s^25p^6$ 131.3
6	55 Cs 铯 $6s^1$ 132.9	56 Ba 钡 $6s^2$ 137.3	57-71 La-Lu 镧系	72 Hf 铪 $5d^26s^2$ 178.5	73 Ta 钽 $5d^36s^2$ 180.9	74 W 钨 $5d^46s^2$ 183.8	75 Re 铼 $5d^56s^2$ 186.2	76 Os 锇 $5d^66s^2$ 190.2	77 Ir 铱 $5d^76s^2$ 192.2	78 Pt 铂 $5d^96s^1$ 195.1	79 Au 金 $5d^{10}6s^1$ 197.0	80 Hg 汞 $5d^{10}6s^2$ 200.6	81 Tl 铊 $6s^26p^1$ 204.4	82 Pb 铅 $6s^26p^2$ 207.2	83 Bi 铋 $6s^26p^3$ 209.0	84 Po 钋 $6s^26p^4$ [209]	85 At 砹 $6s^26p^5$ [210]	86 Rn 氡 $6s^26p^6$ [222]
7	87 Fr 钫 $7s^1$ [223]	88 Ra 镭 $7s^2$ [226]	89-103 Ac-Lr 锕系	104 Rf 鑪* $(6d^27s^2)$ [261]	105 Db 𬭊* $(6d^37s^2)$ [262]	106 Sg 𬭳* [266]	107 Bh 𬭛* [264]	108 Hs 𬭶* [277]	109 Mt 鿏* [268]	110 Ds 𫟼* [281]	111 Rg 𬬭* [272]	112 Cn * [285]						

镧系:

57 La 镧 $5d^16s^2$ 138.9	58 Ce 铈 $4f^15d^16s^2$ 140.1	59 Pr 镨 $4f^36s^2$ 140.9	60 Nd 钕 $4f^46s^2$ 144.2	61 Pm 钷 $4f^56s^2$ [145]	62 Sm 钐 $4f^66s^2$ 150.4	63 Eu 铕 $4f^76s^2$ 152.0	64 Gd 钆 $4f^75d^16s^2$ 157.3	65 Tb 铽 $4f^96s^2$ 158.9	66 Dy 镝 $4f^{10}6s^2$ 162.5	67 Ho 钬 $4f^{11}6s^2$ 164.9	68 Er 铒 $4f^{12}6s^2$ 167.3	69 Tm 铥 $4f^{13}6s^2$ 168.9	70 Yb 镱 $4f^{14}6s^2$ 173.0	71 Lu 镥 $4f^{14}5d^16s^2$ 175.0

锕系:

89 Ac 锕 $6d^17s^2$ [227]	90 Th 钍 $6d^27s^2$ 232.0	91 Pa 镤 $5f^26d^17s^2$ 231.0	92 U 铀 $5f^36d^17s^2$ 238.0	93 Np 镎 $5f^46d^17s^2$ [237]	94 Pu 钚 $5f^67s^2$ [244]	95 Am 镅 $5f^77s^2$ [243]	96 Cm 锔 $5f^76d^17s^2$ [247]	97 Bk 锫 $5f^97s^2$ [247]	98 Cf 锎 $5f^{10}7s^2$ [251]	99 Es 锿 $5f^{11}7s^2$ [252]	100 Fm 镄 $5f^{12}7s^2$ [257]	101 Md 钔 $5f^{13}7s^2$ [258]	102 No 锘 $5f^{14}7s^2$ [259]	103 Lr 铹* $(5f^{14}6d^17s^2)$ [262]

0族电子数 / 电子层:

0族 18	电子层	0族电子数
2 He 氦 $1s^2$ 4.003	K	2
10 Ne 氖 $2s^22p^6$ 20.18	L K	8 2
18 Ar 氩 $3s^23p^6$ 39.95	M L K	8 8 2
36 Kr 氪 $4s^24p^6$ 83.80	N M L K	8 18 8 2
54 Xe 氙 $5s^25p^6$ 131.3	O N M L K	8 18 18 8 2
86 Rn 氡 $6s^26p^6$ [222]	P O N M L K	8 18 32 18 8 2

附录3 常用积分和级数公式

1. 高斯型积分

$$\int_{-\infty}^{\infty} \mathrm{d}x \mathrm{e}^{-x^2} = \sqrt{\pi}$$

$$\int_{-\infty}^{\infty} \mathrm{d}x x^{2n} \mathrm{e}^{-x^2} = \frac{(2n-1)!!\sqrt{\pi}}{2^n}, \quad n > 0$$

2. 库仑型积分

$$\int_0^{\infty} \mathrm{d}x x^n \mathrm{e}^{-x} = \Gamma(n+1)$$

当 n 为整数时,$\Gamma(n+1) = n!$

3. 三角函数积分

$$\int_0^{\frac{\pi}{2}} \sin^n\theta \mathrm{d}\theta = \int_0^{\frac{\pi}{2}} \cos^n\theta \mathrm{d}\theta = \frac{\sqrt{\pi}\Gamma\left(\dfrac{n+1}{2}\right)}{2\Gamma\left(1+\dfrac{n}{2}\right)}$$

$$\Gamma\left(\frac{1}{2}\right) = \sqrt{\pi}$$

4. 级数部分和

$$\sum_{k=1}^n k = \frac{1}{2}n(n+1)$$

$$\sum_{k=1}^n k^2 = \frac{1}{6}n(n+1)(2n+1)$$

$$\sum_{k=1}^n k^3 = \frac{1}{4}n^2(n+1)^2$$

$$\sum_{k=1}^n k^4 = \frac{1}{30}n(n+1)(2n+1)(3n^2+3n-1)$$

5. 无穷级数和

$$\sum_{k=1}^{\infty} \frac{1}{k^2} = \frac{\pi^2}{6}$$

$$\sum_{k=1}^{\infty} \frac{1}{k^4} = \frac{\pi^4}{90}$$

$$\sum_{k=1}^{\infty} \frac{1}{k^6} = \frac{\pi^6}{945}$$

$$\sum_{k=1}^{\infty} \frac{1}{(2k-1)^2} = \frac{\pi^2}{8}$$

$$\sum_{k=1}^{\infty} \frac{1}{(4k^2-1)} = \frac{1}{2}$$

$$\sum_{k=1}^{\infty} \frac{1}{(2k-1)^4} = \frac{\pi^4}{96}$$

$$\sum_{k=1}^{\infty} \frac{(-1)^{k+1}}{k} = \ln 2$$

$$\sum_{k=1}^{\infty} \frac{(-1)^{k+1}}{k^2} = \frac{\pi^2}{12}$$

$$\sum_{k=1}^{\infty} \frac{(-1)^{k+1}}{(2k-1)^3} = \frac{\pi^3}{32}$$

附录4 常用函数和方程

附4.1 δ 函 数

1. δ基本定义

$$\delta(x) = \begin{cases} 0, & x \neq 0 \\ \infty, & x = 0 \end{cases}$$

$$\int_{-\infty}^{\infty} \mathrm{d}x \delta(x) = 1$$

2. 基本性质

$$\delta(-x) = \delta(x)$$

$$\delta(\alpha x) = \frac{1}{|\alpha|}\delta(x)$$

$$f(x)\delta(x) = f(0)\delta(x)$$

$$f(x)\delta'(x) = -f'(0)\delta(x)$$

$$\delta[\varphi(x)] = \sum_i \frac{\delta(x-a_i)}{|\varphi'(a_i)|} = \sum_i \frac{\delta(x-a_i)}{|\varphi'(x)|}$$

$$(\varphi(a_i) = 0, \varphi'(a_i) \neq 0)$$

$$\int_{-\infty}^{\infty} \mathrm{d}x f(x)\delta(x) = f(0)$$

$$\int_{-\infty}^{\infty} \mathrm{d}x f(x)\delta'(x) = -f'(0)$$

$$\int_{-\infty}^{\infty} \mathrm{d}x f(x)\delta(x^2-a^2) = \frac{1}{2|a|}[f(a) + f(-a)]$$

3. 展开为函数系列极限

$$\delta(x) = \lim_{\substack{a \to 0 \\ aV = 1}} V[\theta(x) - \theta(x - a)]$$

$$= \lim_{\alpha \to \infty} \sqrt{\frac{\alpha}{\pi}} e^{-\alpha x^2}$$

$$= \lim_{\alpha \to \infty} \sqrt{\frac{\alpha}{\pi}} e^{i\pi/4} e^{-i\alpha x^2}$$

$$= \lim_{\alpha \to \infty} \frac{\sin \alpha x}{\pi x}$$

$$= \lim_{\alpha \to \infty} \frac{1}{2\pi} \int_{-\alpha}^{\alpha} dk\, e^{ikx} = \frac{1}{2\pi} \int_{-\infty}^{\infty} dk\, e^{ikx}$$

$$= \lim_{\alpha \to \infty} \frac{\sin^2 \alpha x}{\pi \alpha x^2}$$

$$= \lim_{\alpha \to \infty} \frac{\alpha}{2} e^{-\alpha |x|}$$

$$= \lim_{\alpha \to 0} \frac{\alpha}{x^2 + \alpha^2}$$

$$\delta^{(3)}(\boldsymbol{x}) = -\frac{1}{4\pi} \nabla^2 \frac{1}{r}$$

附 4.2　厄米多项式

1. 表达式

$$H_n(z) = (2z)^n - n(n-1)(2z)^{n-2} + \cdots + (-1)^{[n/2]} \frac{n!}{[n/2]} (2z)^{n-2[n/2]}$$

$$= \sum_{k=0}^{[n/2]} \frac{(-1)^k n!}{k!(n-2k)!} (2z)^{n-2k}$$

$$[n/2] = \begin{cases} n/2, & n = 偶 \\ (n-1)/2, & n = 奇 \end{cases}$$

$$H_n(z) = (-1)^n e^{z^2} \frac{d^n}{dz^n} e^{-z^2}$$

2. 常用的低阶厄米多项式

$$H_0(z) = 1$$
$$H_1(z) = 2z$$
$$H_2(z) = 4z^2 - 2$$

3. 满足的方程

$$\frac{d^2 H}{dz^2} - 2z \frac{dH}{dz} + 2n H(z) = 0$$

4. 性质

$$H_{2n}(z = 0) = (-1)^n \frac{(2)n!}{n!}$$

$$H_{2n+1}(z = 0) = 0$$

$$H_n(-z) = (-1)^n H_n(z)$$

$$H_{n+1}(z) - 2z H_n(z) + 2n H_{n-1}(z) = 0$$

$$H'_n(z) = 2z H_{n-1}(z)$$

$$\int_{-\infty}^{\infty} dz e^{-z^2} H_m(z) H_n(z) = \sqrt{\pi} 2^n n! \delta_{mn}$$

5. 母函数

$$e^{-t^2 + 2tz} = \sum_{n=0}^{\infty} \frac{H_n(z)}{n!} t^n$$

附4.3 勒让德多项式

1. 表达式

$$P_\ell(z) = \sum_{k=0}^{\ell} \frac{(2\ell - 2k)!}{2^\ell k!(\ell - k)!(\ell - 2k)!} z^{\ell - 2k}$$

$$= \frac{1}{2^\ell \ell!} \frac{d^\ell}{dz^\ell} (z^2 - 1)^\ell$$

2. 常用的低阶勒让德多项式

$$P_0(z) = 1$$

$$P_1(z) = z$$

$$P_2(z) = \frac{1}{2}(3z^2 - 1)$$

$$P_3(z) = \frac{1}{2}(5z^3 - 3z)$$

3. 满足的方程

$$(1 - z^2)\frac{\mathrm{d}^2 P}{\mathrm{d}z^2} - 2z\frac{\mathrm{d}P}{\mathrm{d}z} + \ell(\ell + 1)P(z) = 0$$

$$|z| \leqslant 1, \quad \ell = 0,1,2,\cdots$$

4. 性质

$$P_\ell(1) = 1$$

$$P_\ell(-1) = (-1)^\ell$$

$$P_\ell(0) = 0, \quad \ell \text{ 奇}$$

$$P_\ell(0) = 1(-1)^{\ell/2}\frac{(\ell - 1)!!}{\ell!!}, \quad \ell \text{ 偶}$$

$$P_\ell(-z) = (-1)^\ell P_\ell(z)$$

$$(\ell + 1)P_{\ell+1}(z) - (2\ell + 1)zP_\ell(z) + \ell P_{\ell-1}(z) = 0$$

$$zP_\ell{}' - P_{\ell-1}' = \ell P_\ell$$

$$P_{\ell+1}' = zP_\ell' + (\ell + 1)P_\ell$$

$$P_{\ell+1}' - P_{\ell-1}' = (2\ell + 1)P_\ell$$

$$\int_{-1}^{1} \mathrm{d}z P_\ell(z)P_k(z) = \frac{2}{2\ell + 1}\delta_{\ell k}$$

5. 母函数

$$\frac{1}{(1 - 2tz + t^2)^{1/2}} = \sum_{\ell=0}^{\infty} P_\ell(z) t^\ell$$

附 4.4　连带勒让德多项式

1. 表达式

$$P_\ell^{|m|}(z) = (1 - z^2)^{|m|/2} \frac{d^{|m|}}{dz^{|m|}} P_\ell(z)$$

$$= \frac{1}{2^\ell \ell!} (1 - z^2)^{|m|/2} \frac{d^{\ell+|m|}}{dz^{\ell+|m|}} (z^2 - 1)^\ell$$

$$|m| \leqslant \ell$$

定义

$$P_\ell^{-m}(z) = (-1)^m \frac{(\ell + m)!}{(\ell - m)!} P_\ell^m(z), \quad m > 0$$

2. 常用的低阶连带勒让德多项式

$$P_0^0 = 1$$
$$P_1^0(z) = z$$
$$P_1^1(z) = \sqrt{1 - z^2}$$
$$P_1^{-1}(z) = -2\sqrt{1 - z^2}$$

3. 满足的方程

$$(1 - z^2) \frac{d^2 P}{dz^2} - 2z \frac{dP}{dz} + \left[\ell(\ell + 1) - \frac{m^2}{1 - z^2} \right] P(z) = 0$$

$$|z| \leqslant 1; \quad \ell = 0, 1, 2, \cdots; \quad m = 0, \pm 1, \cdots, \pm \ell$$

4. 性质

$$P_\ell^m(-z) = (-1)^\ell P_\ell^m(z)$$

$$P_\ell^m(\pm 1) = 0, \quad m \neq 0$$

$$(2\ell + 1) z P_\ell^m = (\ell + m) P_{\ell-1}^m + (\ell - m + 1) P_{\ell+1}^m$$

$$(2\ell + 1)(1 - z^2)^{1/2} P_\ell^m = P_{\ell-1}^{m+1} - P_{\ell+1}^{m+1}$$

$$(2\ell + 1)(1 - z^2)^{1/2} P_\ell^m = (\ell - m + 2)(\ell - m + 1) P_{\ell+1}^{m-1} - (\ell + m)(\ell + m - 1) P_{\ell-1}^{m-1}$$

$$(2\ell + 1)(1 - z^2) \frac{d}{dz} P_\ell^m = (\ell + 1)(\ell + m) P_{\ell-1}^m - \ell(\ell - m + 1) P_{\ell+1}^m$$

$$\int_{-1}^1 dz P_\ell^m(z) P_{\ell'}^m(z) = \frac{2}{2\ell + 1} \frac{(\ell + m)!}{(\ell - m)!} \delta_{\ell\ell'}$$

$$\int_{-1}^1 dz P_\ell^m(z) P_\ell^{m'}(z) = \frac{1}{m} \frac{(\ell + m)!}{(\ell - m)!} \delta_{mm'}$$

附 4.5　合流超几何函数

1. 表达式

$$F(\alpha, \gamma, z) = 1 + \frac{\alpha}{\gamma} z + \frac{\alpha(\alpha + 1)}{\gamma(\gamma + 1)} \frac{z^2}{2!} + \cdots$$

$$= \sum_{k=0}^{\infty} \frac{(\alpha)_k}{(\gamma)_k} \frac{z^k}{k!}$$

$$(\alpha)_k \equiv \alpha(\alpha + 1) \cdots (\alpha + k - 1)$$

$$(\gamma)_k \equiv \gamma(\gamma + 1) \cdots (\gamma + k - 1)$$

$$\gamma \neq 0, -1, -2, \cdots$$

当 α 等于负整数时为有限多项式.

2. 满足的方程

$$z \frac{\mathrm{d}^2 F}{\mathrm{d}z^2} + (\gamma - z) \frac{\mathrm{d}F}{\mathrm{d}z} - \alpha F = 0$$

附 4.6　贝塞尔函数

1. 表达式

Bessel 函数

$$J_\nu(z) = \sum_{k=0}^{\infty} \frac{(-1)^k}{k! \Gamma(\nu + k + 1)} \left(\frac{z}{2} \right)^{2k+\nu}, \quad |\arg z| < \pi$$

Neumann 函数

$$N_\nu = \frac{\cos \nu \pi J_\nu(z) - J_{-\nu}(z)}{\sin \nu \pi}$$

Hankel 函数

$$H_\nu^{(1)}(z) = J_\nu(z) + i N_\nu(z)$$

$$H_\nu^{(2)}(z) = J_\nu(z) - iN_\nu(z)$$

2. 常用的低阶贝塞尔函数

$$J_{1/2}(z) = \sqrt{\frac{2}{\pi z}} \sin z$$

$$J_{-1/2}(z) = \sqrt{\frac{2}{\pi z}} \cos z$$

3. 满足的方程

$$\frac{d^2 J}{dz^2} + \frac{1}{z}\frac{dJ}{dz} + \left(1 - \frac{\nu^2}{z^2}\right)J = 0$$

4. 性质

$$J_0(0) = 1$$

$$J_n(0) = 0, \quad n \geq 1$$

$$\frac{d}{dz}(z^\nu J_\nu) = z^\nu J_{\nu-1}$$

$$\nu J_\nu + z J_\nu' = z J_{\nu-1}$$

$$J_{\nu-1} + J_{\nu+1} = \frac{2\nu}{z}J_\nu$$

$$J_{\nu-1} - J_{\nu+1} = 2J_\nu'$$

$$N_0(z) \xrightarrow{z \to 0} \frac{2}{\pi}\ln\left(\frac{z}{2}\right)$$

$$N_n(z) \xrightarrow{z \to 0} -\frac{(n-1)!}{\pi}\left(\frac{z}{2}\right)^{-n}, \quad n \geq 1$$

$$H_0^{(1)}(z) \xrightarrow{z \to 0} i\frac{\pi}{2}\ln\left(\frac{z}{2}\right)$$

$$H_n^{(1)}(z) \xrightarrow{z \to 0} -i\frac{(n-1)!}{\pi}\left(\frac{z}{2}\right)^{-n}, \quad n \geq 1$$

$$H_0^{(2)}(z) \xrightarrow{z \to 0} -i\frac{\pi}{2}\ln\left(\frac{z}{2}\right)$$

$$H_n^{(2)}(z) \xrightarrow{z \to 0} i\frac{(n-1)!}{\pi}\left(\frac{z}{2}\right)^{-n}, \quad n \geq 1$$

$$J_\nu(z) \xrightarrow{|z| \to \infty} \sqrt{\frac{2}{\pi z}}\cos\left[z - \left(\nu + \frac{1}{2}\right)\frac{\pi}{2}\right]$$

$$N_\nu(z) \xrightarrow{\;|z|\to\infty\;} \sqrt{\frac{2}{\pi z}}\sin\left[z - \left(\nu + \frac{1}{2}\right)\frac{\pi}{2}\right]$$

$$H_\nu^{(1)}(z) \xrightarrow{\;|z|\to\infty\;} \sqrt{\frac{2}{\pi z}}\,e^{i\left[z - \left(\nu + \frac{1}{2}\right)\frac{\pi}{2}\right]}$$

$$H_\nu^{(2)}(z) \xrightarrow{\;|z|\to\infty\;} \sqrt{\frac{2}{\pi z}}\,e^{-i\left[z - \left(\nu + \frac{1}{2}\right)\frac{\pi}{2}\right]}$$

$$J_n(x + y) = \sum_{k = -\infty}^{\infty} J_k(x)J_{n-k}(y)$$

$$J_0(r) = J_0(r_1)J_0(r_2) + 2\sum_{m=1}^{\infty} J_m(r_1)J_m(r_2)\cos\theta$$

$$r = \sqrt{r_1^2 + r_2^2 - 2r_1 r_2\cos\theta}, \quad \theta = (\widehat{\boldsymbol{r_1}, \boldsymbol{r_2}})$$

5. 母函数

$$e^{z(t^2-1)/2t} = \sum_{n=-\infty}^{\infty} J_n(z)\,t^n$$

附 4.7　球贝塞尔函数

1. 表达式

$$j_l(z) = \sqrt{\frac{\pi}{2z}}J_{l+1/2}(z)$$

$$n_l(z) = (-1)^{l+1}\sqrt{\frac{\pi}{2z}}J_{-l-1/2}(z) = (-1)^{l+1}j_{-l-1}(z)$$

$$h_l(z) = j_l(z) + in_l(z)$$

$$h_l^*(z) = j_l(z) - in_l(z)$$

$$j_l(z) = (-1)^l z^l\left(\frac{1}{z}\frac{d}{dz}\right)^l\frac{\sin z}{z}$$

$$n_l(z) = (-1)^{l+1}z^l\left(\frac{1}{z}\frac{d}{dz}\right)^l\frac{\cos z}{z}$$

$$h_l(z) = -i(-1)^l z^l \left(\frac{1}{z}\frac{d}{dz}\right)^l \frac{e^{iz}}{z}$$

2. 常用的低阶勒让德多项式

$$j_0(z) = \frac{\sin z}{z}$$

$$j_1(z) = \frac{\sin z}{z^2} - \frac{\cos z}{z}$$

$$j_{-1}(z) = \frac{\cos z}{z}$$

$$n_0(z) = -\frac{\cos z}{z}$$

$$n_1(z) = -\frac{\cos z}{z^2} - \frac{\sin z}{z}$$

$$h_0^{(1)}(z) = -\frac{i}{z}e^{iz}$$

$$h_1^{(1)}(z) = -\left(\frac{1}{z} + \frac{1}{z^2}\right)e^{iz}$$

$$h_0^{(2)}(z) = \frac{i}{z}e^{-iz}$$

$$h_1^{(2)}(z) = -\left(\frac{1}{z} + \frac{1}{z^2}\right)e^{-iz}$$

3. 满足的方程

$$\frac{d^2 j}{dz^2} + \frac{2}{z}\frac{dj}{dz} + \left[1 - \frac{l(l+1)}{z^2}\right]j = 0$$

4. 性质

$$j_l(z) \xrightarrow{z \to 0} \frac{z^l}{(2l+1)!!}$$

$$n_l(z) \xrightarrow{z \to 0} -\frac{(2l-1)!!}{z^{l+1}}$$

$$h_l(z) \xrightarrow{z \to 0} -i\frac{(2l-1)!!}{z^{l+1}}$$

$$j_l(z) \xrightarrow{z \to \infty} \frac{1}{z}\sin(z - l\pi/2)$$

$$\mathrm{n}_l(z) \xrightarrow{\ z \to \infty\ } -\frac{1}{z}\cos(z - l\pi/2)$$

$$\mathrm{h}_l(z) \xrightarrow{\ z \to \infty\ } -\mathrm{i}\,\frac{1}{z}\mathrm{e}^{\mathrm{i}(z - l\pi/2)}$$

附 4.8　球 谐 函 数

1. 表达式

$$\mathrm{Y}_{lm}(\theta,\varphi) = (-1)^m \sqrt{\frac{(2l+1)(l-m)!}{4\pi(l+m)!}}\,\mathrm{P}_l^m(\cos\theta)\mathrm{e}^{\mathrm{i}m\varphi}$$

$$l = 0,1,2,\cdots;\quad m = 0,\pm 1,\pm 2,\cdots,\pm l$$

$$\mathrm{Y}_{lm}(\theta,\varphi) = \Theta_{lm}(\theta)\Phi_m(\varphi)$$

$$\Theta_{lm}(\theta) = (-1)^m \sqrt{\frac{(2l+1)(l-m)!}{2(l+m)!}}\,\mathrm{P}_l^m(\cos\theta)$$

$$\Phi_m(\varphi) = \sqrt{\frac{1}{2\pi}}\,\mathrm{e}^{\mathrm{i}m\varphi}$$

2. 常用的低阶球谐函数

$$\mathrm{Y}_{00} = \sqrt{\frac{1}{4\pi}}$$

$$\mathrm{Y}_{1\pm 1} = \mp\sqrt{\frac{3}{8\pi}}\sin\theta\,\mathrm{e}^{\pm\mathrm{i}\varphi} = \mp\sqrt{\frac{3}{8\pi}}\,\frac{x \pm \mathrm{i}y}{r}$$

$$\mathrm{Y}_{10} = \sqrt{\frac{3}{4\pi}}\cos\theta = \sqrt{\frac{3}{4\pi}}\,\frac{z}{r}$$

$$\mathrm{Y}_{2\pm 2} = \sqrt{\frac{15}{32\pi}}\sin^2\theta\,\mathrm{e}^{\pm\mathrm{i}2\varphi} = \sqrt{\frac{15}{32\pi}}\,\frac{(x \pm \mathrm{i}y)^2}{r^2}$$

$$\mathrm{Y}_{2\pm 1} = \mp\sqrt{\frac{15}{8\pi}}\sin\theta\cos\theta\,\mathrm{e}^{\pm\mathrm{i}\varphi} = \sqrt{\frac{15}{8\pi}}\,\frac{(x \pm \mathrm{i}y)z}{r^2}$$

$$\mathrm{Y}_{20} = \sqrt{\frac{5}{16\pi}}(3\cos^2\theta - 1) = \sqrt{\frac{5}{16\pi}}\,\frac{(2z^2 - x^2 - y^2)}{r^2}$$

3. 满足的方程

$$\frac{1}{\sin\theta}\frac{\partial}{\partial\theta}\left[\sin\theta\frac{\partial}{\partial\theta}Y(\theta,\varphi)\right] + \frac{\partial^2}{\partial\varphi^2}Y(\theta,\varphi) + \ell(\ell+1)Y(\theta,\varphi) = 0$$

$$\frac{\partial^2 Y(\theta,\varphi)}{\partial\varphi^2} + m^2 Y(\theta,\varphi) = 0$$

$$\ell = 0,1,2,\cdots; \quad m = \ell,\ell-1,\cdots,-\ell$$

$$Y_{\ell m}(\theta,\varphi) = \Theta_{\ell m}(\theta)\Phi_m(\varphi)$$

$$\Phi_m(\varphi) = \frac{1}{\sqrt{2\pi}}e^{im\varphi}$$

$$\frac{1}{\sin\theta}\frac{d}{d\theta}(\sin\theta\frac{d}{d\theta}\Theta) + \left[\ell(\ell+1) - \frac{m^2}{\sin^2\theta}\right]\Theta = 0$$

$$\frac{d}{d\xi}\left[(1-\xi^2)\frac{d}{d\xi}\Theta\right] + \left[\ell(\ell+1) - \frac{m^2}{1-\xi^2}\right]\Theta = 0, \quad \xi = \cos\theta$$

4. 性质

$$Y_{\ell m}(\theta,\varphi) \equiv Y_{\ell m}(\boldsymbol{x}/r)$$

$$Y_{\ell m}(-\boldsymbol{x}/r) = (-1)^\ell Y_{\ell m}(\boldsymbol{x}/r)$$

$$Y_{\ell m}^* = (-1)^m Y_{\ell m}$$

$$\cos\theta Y_{\ell m} = \sqrt{\frac{(\ell+m)(\ell-m)}{(2\ell+1)(2\ell-1)}}Y_{\ell-1 m} + \sqrt{\frac{(\ell+m+1)(\ell-m+1)}{(2\ell+1)(2\ell+3)}}Y_{\ell+1 m}$$

$$\sin\theta e^{i\varphi}Y_{\ell m} = \sqrt{\frac{(\ell-m)(\ell-m-1)}{(2\ell+1)(2\ell-1)}}Y_{\ell-1 m+1} - \sqrt{\frac{(\ell+m+1)(\ell+m+2)}{(2\ell+1)(2\ell+3)}}Y_{\ell+1 m+1}$$

$$\sin\theta e^{-i\varphi}Y_{\ell m} = -\sqrt{\frac{(\ell+m)(\ell+m-1)}{(2\ell+1)(2\ell-1)}}Y_{\ell-1 m-1} + \sqrt{\frac{(\ell-m+1)(\ell-m+2)}{(2\ell+1)(2\ell+3)}}Y_{\ell+1 m-1}$$

$$\int d\Omega Y_{\ell m}^* Y_{\ell m'} = \int_0^{2\pi} d\varphi \int_0^\pi \sin\theta d\theta Y_{\ell m}^*(\theta,\varphi)Y_{\ell' m'}(\theta,\varphi) = \delta_{\ell\ell'}\delta_{mm'}$$

5. 母函数

$$e^{ikz} = e^{ikr\cos\theta} = \sum_{\ell=0}^{\infty}(2\ell+1)i^\ell j_\ell(kr)P_\ell(\cos\theta)$$

$$= \sum_{\ell=0}^{\infty}\sqrt{2\pi(2\ell+1)}i^\ell j_\ell(kr)Y_{\ell 0}(\theta)$$

$$\frac{1}{|\boldsymbol{x}_1 - \boldsymbol{x}_2|} = \begin{cases} \dfrac{1}{r_2} \displaystyle\sum_{l=0}^{\infty} \left(\dfrac{r_1}{r_2}\right)^l \mathrm{P}_l(\cos\theta), & r_1 < r_2 \\[3mm] \dfrac{1}{r_1} \displaystyle\sum_{l=0}^{\infty} \left(\dfrac{r_2}{r_1}\right)^l \mathrm{P}_l(\cos\theta), & r_1 > r_2 \end{cases}$$

$$\theta = (\widehat{\boldsymbol{x}_1, \boldsymbol{x}_2})$$

$$\mathrm{P}_l(\cos\theta) = \frac{4\pi}{2l+1} \sum_{m=-l}^{l} \mathrm{Y}_{lm}^*(\boldsymbol{x}_1/r_1) \mathrm{Y}_{lm}(\boldsymbol{x}_2/r_2)$$

名 词 索 引[*]

---

* 按汉语拼音字母顺序排列,后面数码为所在章节.